建筑安装工程施工图集

JIANZHU ANZHUANG GONGCHENG SHIGONG TUJI

（第二版）

7 常用仪表工程

袁国汀 主编

中国建筑工业出版社

图书在版编目（CIP）数据

建筑安装工程施工图集．7 常用仪表工程/袁国汀主编．—2版．—北京：中国建筑工业出版社，2007

ISBN 978-7-112-08949-9

Ⅰ.建… Ⅱ.袁… Ⅲ.①建筑安装工程—工程施工—图集②仪表—设备安装—图集 Ⅳ.TU758-64

中国版本图书馆CIP数据核字（2006）第153784号

本书包括的主要内容有：温度仪表；压力仪表安装和管路连接图；节流装置和测量仪表的安装图；物位仪表安装等内容。本图集以现行的施工规范、验收标准为依据，结合多年的施工经验，以图文形式编写而成，具有很强的实用性和可操作性，是广大施工人员必备的工具书。

本书可供设备安装工程仪表专业设计、施工、质量、预算、监理、监督等人员使用。也可供相关专业人员参考使用。

* * *

责任编辑：胡明安

责任设计：董建平

建筑安装工程施工图集

（第二版）

7 常用仪表工程

袁国汀 主编

*

中国建筑工业出版社出版、发行（北京西郊百万庄）

新 华 书 店 经 销

北京永峥印刷有限责任公司制版

北京云浩印刷有限责任公司印刷

*

开本：787×1092毫米 横1/16 印张：26 字数：630千字

2007年2月第二版 2007年2月第五次印刷

印数：8401—12400册 定价：**55.00**元

ISBN 978-7-112-08949-9

（15613）

（邮政编码 100037）

本社网址：http://www.cabp.com.cn

网上书店：http://www.china-building.com.cn

修 订 说 明

《建筑安装工程施工图集》（1~8）自第一版出版发行以来，一直深受广大读者的喜爱。由于近几年安装工程发展很快，各种新材料、新设备、新方法、新工艺不断出现，为了保持该套书的先进性和实用性，提高本套图集的整体质量，更好地为读者服务，中国建筑工业出版社决定再次修订本套图集。

本套图集以现行建筑安装工程施工及验收规范、规程和工程质量验收标准为依据，结合多年的施工经验和传统做法，以图文形式介绍建筑物中建筑设备、管道安装、电气工程、弱电工程、仪表工程等的安装方法。图集中涉及的安装方法既有传统的方法，又有目前正在推广使用的新技术。内容全面新颖、通俗易懂，具有很强的实用性和可操作性，是广大安装施工人员必备的工具书。

《建筑安装工程施工图集》(1~8)，每册如下：

1　消防　电梯　保温　水泵　风机工程（第三版）

2　冷库　通风　空调工程（第三版）

3　电气工程（第三版）

4　给水　排水　卫生　煤气工程（第三版）

5　采暖　锅炉　水处理　输运工程（第二版）

6　弱电工程（第三版）

7　常用仪表工程（第二版）

8　管道工程（第二版）

本套图集（1~8册），每部分的编号由汉语拼音第一个字母组成，编号如下：

XF—消防；

DT—电梯；

BW—保温；

SB—水泵；

FJ—风机；

LK—冷库；

KT—空调；

DQ—电气；

JS—给水；

PS—排水；

WS—卫生；

RQ—燃气；

GL—锅炉；

SCL—水处理；

SY—输运；

RD—弱电；

JK—仪表；

GD—管道；

TF—通风；　　　　　CN—采暖。

本图集服务于建筑安装企业的主任工程师、技术队长、工长、施工员、班组长、质量检查员、预算员及操作工人。是企业各级工程技术人员和管理人员进行施工准备、技术交底、质量控制、预算编制和组织技术培训的重要资料来源。也是指导安装工程施工的主要参照依据。

中国建筑工业出版社

第二版前言

《建筑安装工程施工图集　7　常用仪表工程》是一本建筑行业仪表专业的设计、施工工具书，其内容是建筑工程中常用的检测元件，就地显示仪表，变送器的安装图及常用的检测系统的管线连接图。

本书包括温度仪表、压力仪表、流量仪表、物位仪表的安装图及检测系统的管线连接图，直观性好，达到施工图设计深度，可直接使用，实用性强，是一本简捷的工具书，可供仪表、自动化专业从事施工、设计的工程技术人员使用。

修订版增加了新型仪表，特别是流量测量仪表和物位仪表，同时增加了仪表的技术参数、使用特点、安装要求及安装尺寸等内容，便于仪表的选型和施工安装。

本书由袁国汀主编，参加本书编写的还有：马维理　杜荣　王瑞华　张彦华

读者在使用本手册时如发现问题，请及时给予批评指正。

编　　者

第一版前言

《建筑安装工程施工图集　7　常用仪表工程》是一本建筑行业仪表专业的设计、施工工具书，其内容是建筑工程中常用的检测元件，就地显示仪表，变送器的安装图及常用的检测系统的管线连接图。

本书包括温度仪表、压力仪表、流量仪表、物位仪表的安装图及检测系统的管线连接图，直观性好，达到施工图设计深度，可直接使用，实用性强，是一本简捷的工具书，可供仪表、自动化专业从事施工、设计的工程技术人员使用。

读者在使用本手册时如发现问题，请及时给予批评指正。

编　者

目　录

1.2 双金属温度计安装

1.3 压力式温度计安装

1.4 通 用 图

2 压力仪表安装和管路连接图

说 明

2.0 压力表及压力变送器

2.1　压力表安装图

2.2　测压管路连接图

2.3 压力变送器安装

2.4 通 用 图

3 节流装置和流量测量仪表的安装图

3.2 节流装置安装图

3.3 流量测量仪表管路连接图

3.4 通 用 图

4 物位仪表安装

4.1 直接安装式物位仪表安装

4.3 差压法测量液位的管路连接图

4.4 通　用　图

编制说明

1.《建筑安装工程施工图集　7　常用仪表工程》适用于常用建筑工程中自动化仪表的安装，它包括常用检测元件和就地显示仪表、变送器的安装图及常用检测元件连接管线图，供施工和设计使用。

2. 本图集包括下述内容：

(1) JK1　温度仪表安装图。其中分：

JK1—0　温度仪表；

JK1—1　热电偶、热电阻安装；

JK1—2　双金属温度计安装；

JK1—3　压力式温度计安装；

JK1—4　通用图。

(2) JK2 压力仪表安装和管路连接图。其中分：

JK2—0　压力表及压力变送器；

JK2—1　压力表安装图；

JK2—2　测压管路连接图；

JK2—3　压力变送器安装；

JK2—4　通用图。

(3) JK3 节流装置和流量测量仪表的安装图。其中分：

JK3—0　常用流量仪表；

JK3—1　流量仪表安装图；

JK3—2　节流装置安装图；

JK3—3　流量测量仪表管路连接图；

JK3—4　通用图。

(4) JK4 物位仪表安装。其中分：

JK4—1　直接安装式物位仪表安装；

JK4—2　法兰差压式液位仪表安装；

JK4—3　差压法测量液位的管路连接；

JK4—4　通用图。

3. 本图集适用于压力小于 4.0MPa 的场所。

4. 节流装置安装图（JK3—2）与流量测量仪表管路连接图（JK3—3）组合使用；法兰差压式液位仪表安装图（JK4—2）与差压法测量液位的管路连接图（JK4—3）组合使用。

5. 设计执行标准

(1) 管材

施工中所选用管材均应符合下述标准：

无缝钢管（GB8162—99，GB8163—99）材质 10、20；

焊接钢管（GB/T3092—93），材质 Q235—A；

紫铜管（GB1527—87），材质 T2。

(2) 法兰与法兰垫片

1) 法兰及垫片标准

凸面板式平焊钢制法兰（GB/T 9119—2000）；

凸面对焊钢制管法兰（GB/T 9115—2000）；

管路法兰用石棉橡胶垫片（JB/T87—94）。

2) 法兰材质：

使用条件 压力（*PN*）、温度（℃）	材　质
PN≤2.5　300℃	Q235—A、B、C
PN≤20.0　450℃	20、25

3) 法兰连接螺栓、螺母：

使用条件 压力（*PN*）；温度（℃）	材　质
PN≤2.5；300℃（或425℃；1.3MPa）	Q235A
PN≤6.3；300℃（或425℃；3.2MPa）	35

螺母硬度应低于螺栓硬度。

(3) 螺栓、螺母标准

螺栓（GB5780—2000）；

螺母（GB41—86）。

(4) 管接头

1) 标准接头

焊接式隔壁直通管接头（JB974—77）；

焊接式直通管接头（JB970—77）；

焊接式端直通管接头（JB966—77）；

扩口式端直角管接头（GB5639.1—85）；

扩口式三通管接头（GB5631.1—85）；

卡套式隔壁直通管接头（GB1527—87）；

卡套式直通变径管接头（JB1955—77）。

2) 可锻铸铁管件（GB3289—82）

3) 厂标管件（YZ）

厂标管件(YZ5、YZ9、YZ10、YZ13等)是扬中化工仪表配件厂生产的厂标产品，现已有标准化生产厂商制造的各种管接头可由用户直接选用。

(5) 焊接

1) 焊缝代号（GB324—80）。

2) 手工电弧焊焊接接头的基本形式与尺寸（GB985—80）。

接头大样如下：图 0-1 对接焊缝，图 0-2 适用于≤5mm的角焊缝。

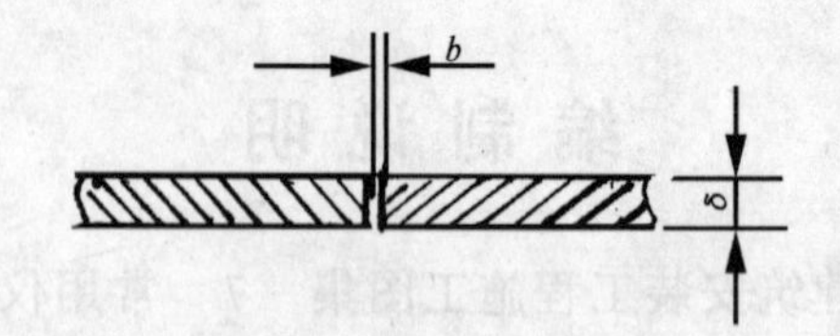

适用厚度 1～3mm 的对接焊缝

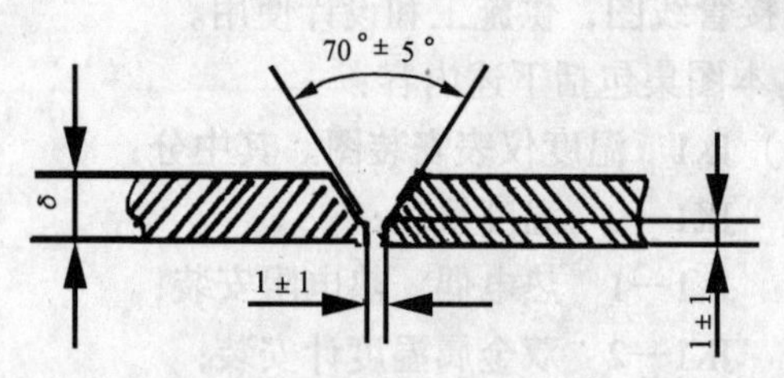

适用于 3～9mm 的对接焊缝

图 0-1

δ	≥1.5～2	>2～3
b	$0^{+0.5}$	$0^{+1.0}$

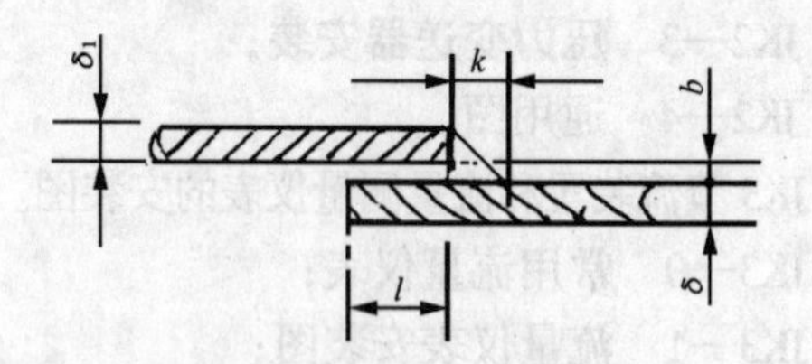

$\delta \geqslant 2 \sim 5$，$b = 0^{+1.0}$；

$l \geqslant 2\ (\delta_1 + \delta)$；$k = \delta + b$；

图 0-2　适用于≤5mm 的角焊缝

(6) 关于氧气测量仪表连接管道的材质

安装图中氧气管道明细表中均采用 1Cr18Ni9Ti 材质，这是在特殊情况下才使用的管材，在实际工程中可按下述推荐管材选用。

使用压力（MPa）	<0.6	≤3.0	3.0~4.0	液氧
管道材质	焊接钢管	无缝钢管	无缝钢管或不锈钢管	不锈钢管

6. 测压元件管线的连接形式

(1) 焊接连接件的螺纹连接形式

在安装图中的管线基本连接形式是在管端焊接螺纹管件，然后进行螺纹连接压垫密封。此种形式现场焊接工作量大，而且需用大量的钢制管件，可在使用压力大于 1.0MPa 的场所使用，但连接方便。

(2) 套丝连接方式（见测压管路连接图 JK2—2）

这是一种用圆柱管螺纹连接的管道连接方式，使用时在管端现场套制圆柱管螺纹，然后用可锻铸铁管件进行管道之间连接。此种连接方式减少现场焊缝和钢制管接头数量，可降低工程造价，适用于压力≤1.0MPa的场所，为拆卸方便，在适当位置可安装活接头（见图 JK2-2-01、02、07）

7. 阀门

应选用国家标准阀门，阀门上必须标有阀门使用压力和公称直径，以及产品合格证书。对于氧气阀门，密封材质应为聚四氟乙烯材质，阀门严禁带油，在特殊要求场所，建议使用型号为 Q11F—16P，Q11F—25PB，Q11F—40PB 球阀。

8. 关于明细表中螺栓、螺母、垫圈的表示。

用于法兰连接的普通螺栓（标准长度）、螺母、垫圈在未列入明细表中，随法兰配套供给；明细表中仅列出特殊材料螺栓、螺母、双头螺柱和非标准长度螺栓。

9. 图集中的标准件都注有相关的国家标准和部标等，其中注有“YZ”的是扬中化工仪表配件厂生产的标准件，同样也可使用同规格的其他厂家产品。

10. 使用本图集应遵循以下标准和手册：

(1) 工业自动化仪表工程施工及验收规范（GBJ93—86）；

(2) 流量测量节流装置的设计安装和使用（GB2624—81）；

流量测量节流装置设计手册（机械工业出版社 1966）。

11. 本图集主要参考文献为：

1) 《冶金工业自动化仪表与控制装置安装通用图册》YK01、02、04、06、07。

2) 陆德民等编．石油化工自动控制设计手册．北京：化学工业出版社，2000

3) 陈洪全，岳智主编．仪表工程施工手册．北京：化学工业出版社，2005

1 温度仪表

说　　明

1. 本部分适用于建筑工程中各种测温仪表和元件的安装。

2. 内容提要：

(1) 温度仪表安装图包含下述内容：

JK1—0　温度仪表数；

JK1—1　热电偶、热电阻安装；

JK1—2　双金属温度计安装；

JK1—3　压力式温度计安装；

JK1—4　通用图。

(2) 适用安装温度计的容器和管道的公称压力：大气压、$PN0.25 \sim PN4.0$。

3. 选型要求：

(1) 图中所选用的热电偶，热电阻等测温元件皆为全国统一设计的产品，其结构和安装尺寸应符合 JK1—0—02 表中的要求。

(2) 测温元件在管道上安装时，其插入深度 l 的选定应保证其感温点处于管道中心温度变化灵敏的地方，l 值可按下列公式计算，并将计算值圆整到邻近的产品规格长度即得。

垂直安装时 $l = H + (D/2)$；倾斜 45°安装时 $l = H + 0.7D$。

式中　l——测温元件插入深度计算值，mm；

　　H——安装件长度，mm；

　　D——管道外径，mm。

热电偶的感温点是其热接点；热电阻的感温点一般以绕线电阻棒的中点为准，电阻棒的长度：铂电阻为 30~80mm（由不同形式而定），铜电阻为 64mm，双金属温度计的感温点距端头不小于 50mm；压力式温度计的感温点是测温包长度的中点。

对于其他容器测温元件的插入深度应根据工艺的要求确定，但其最小插入深度，热电偶、热电阻应不低于其保护管外径（d 或 D）的 8~10 倍；双金属温度计应不小于 100mm；压力式温度计应不小于其测温包的长度。

(3) 所选用的固定螺纹连接头和扩大管是以扬中化工仪表配件厂（YZ）的产品绘制。亦可按 JK1—4—27 等规格尺寸定货。

(4) 图中选用的零配件及管道材质除注明外只适用于普通介质，若用于腐蚀性介质中，则应选择耐腐蚀和不锈钢材质。

(5) 带角钢保护的热电偶安装结构适用于烟尘大和机械磨损大的场所。

(6) 凡在公称直径 $DN \leqslant 80$mm 的管道上安装普通型热电偶、热电阻或双金属温度计时，均需采用带扩大管的安装图，以保证测量的准确性。

(7) 带金属保护套管的测温元件的安装，本图集中考虑了用法兰连接和带螺纹连接的两种形式，设计者可以根据需要任选一种。

(8) 快速装卸的热电偶安装图，其使用压力分为大气压与 $PN0.6$ 两种，以供选用。

4. 测温仪表安装及元件连接形式和结构尺寸表见表 1-1~表 1-6。

热电偶的安装连接形式和结构尺寸表 **表 1-1**

连接形式	连接形式和外形尺寸图	用于保护管的直径 d	连接尺寸（mm）				保护管材质	使用压力 PN (MPa)
			Md	H	S	D_0		
固定螺纹	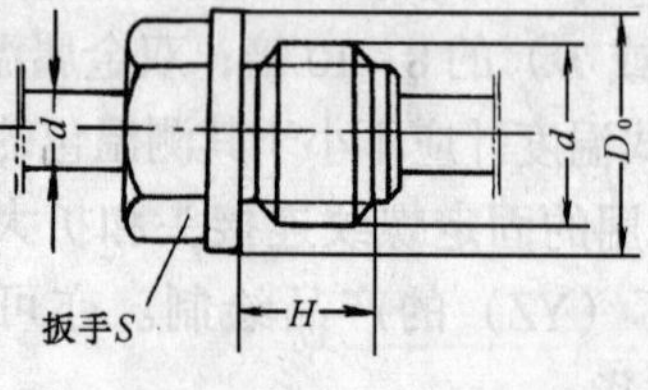	ϕ16	M27×2	32	32	ϕ40	20	1.0 或 4.0
		ϕ20	M33×2	35	36	ϕ48		
			D		K	d_0		
活动法兰	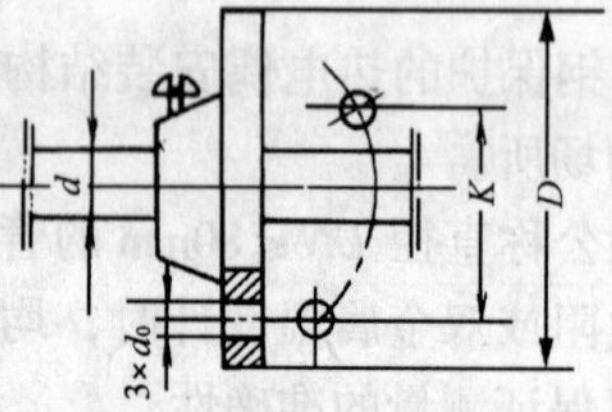	ϕ16 ϕ20	ϕ70		ϕ54	ϕ6	20	大气压

热电阻安装连接形式和结构尺寸表 表 1-2

连接形式	连接形式和外形尺寸图	用于保护管的直径 d	连接尺寸 (mm)				保护管材质	使用压力 PN (MPa)
				K	D	d_0		
松动法兰	d, K, D, $3\times d_0$			$\phi54$	$\phi70$	$\phi6$	20	大气压
固定法兰	d, D_0, K, D, $4\times d_0$, 3, 19	$\phi12$ 或 $\phi16$	D_0	K	D	d_0		
			$\phi45$	$\phi65$	$\phi95$	$\phi14$	20	1.0 或 4.0

热电阻安装连接形式和结构尺寸表 续表

连接形式	连接形式和外形尺寸图	用于保护管的直径 d	连接尺寸 (mm)				保护管材质	使用压力 PN (MPa)
			D	K	D_0	d_0		
固定法兰	d, $\phi16$ ($\phi20$), D_0, K, D, $4\times d_0$, 3, 19	$\phi16$	$\phi95$	$\phi65$	$\phi45$	$\phi14$	20	1.0 或 4.0
		$\phi20$	$\phi105$	$\phi75$	$\phi55$	$\phi14$		
固定螺纹	d, d_1, D_0, 扳手S, H	d	Md_1	H	S	D_0		
		$\phi12$ 或 $\phi16$	M27×2	32	32	$\phi40$	20	1.0

铂-铑-铂（镍铬-镍硅）热电偶安装外形尺寸表（mm）　　表 1-3

热电偶外形图	钢套管外径 D_0	瓷保护管外径 D	被测介质压力
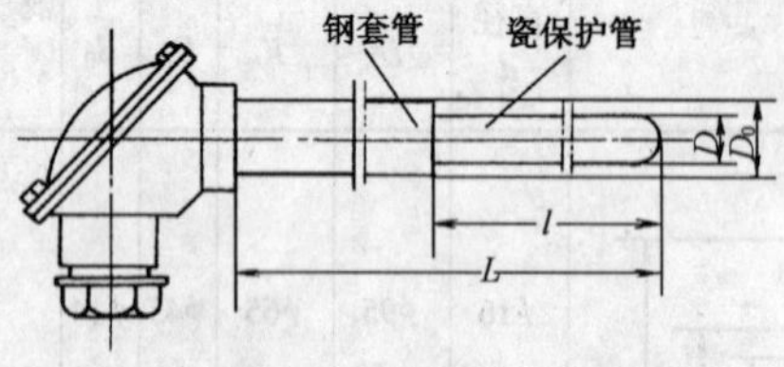	ϕ29 (ϕ20)	ϕ16	
	(ϕ29)	(ϕ20)	大气压
	ϕ34	ϕ25	

注：1. 括号内的尺寸是镍铬-镍硅热电偶用的。

2. l 为瓷保护管长度。

铠装热电偶、热电阻卡套式螺纹安装结构尺寸表　　表 1-4

安装螺丝外形图	尺寸代号	铠装热电偶、热电阻的外径 d（mm）		工作压力（MPa）
		ϕ2 ϕ3、ϕ4	ϕ4.5 ϕ5、ϕ6、ϕ8	
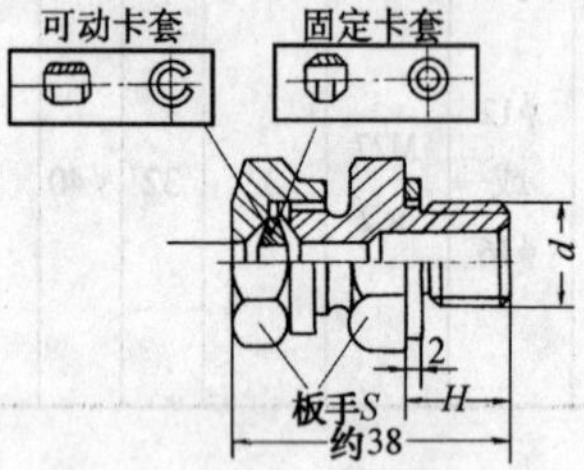	Md	M12×1.5	M16×1.5	4.0
	H	15	15	
	S	19	24	

双金属温度计安装结构尺寸表（mm）　　表 1-5

可动外螺纹外形图	保护管尺寸	
	长度 L	直径 d
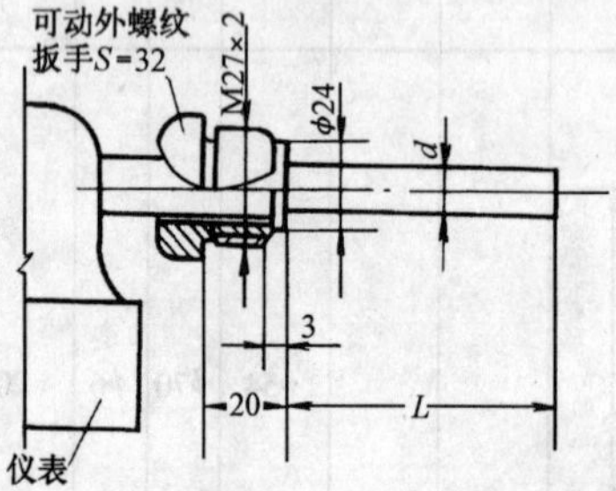	100 150 200 250 300 400 500 750 1000	ϕ10
	1250 1500	ϕ12

可动内螺纹外形图	保护管尺寸	
	长度 L	直径 d
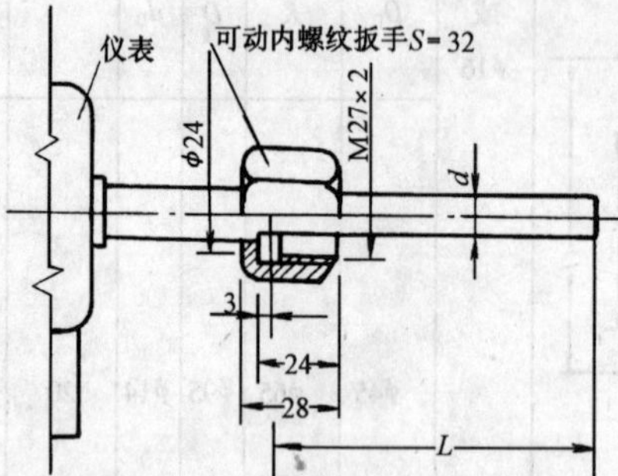	100 150 200 250 300 400 500 750 1000	ϕ10
	1250 1500	ϕ12

压力式温度计测温包安装结构尺寸表　　表 1-6

测温包外形图	测温包外径 d (mm)	连接螺纹	公称压力 PN (MPa)
最大插入深度 260 和 330*；150 和 220*；M27×2；16.5；S=32；φ15；毛细管；* 该尺寸为毛细管长 15~20m 的温度计测温包的尺寸。	φ15	M27×2	1.6
φ22；300；M33×2；22；最大插入深度 420；毛细管	φ22	M33×2	6.4

1.0 温度仪表

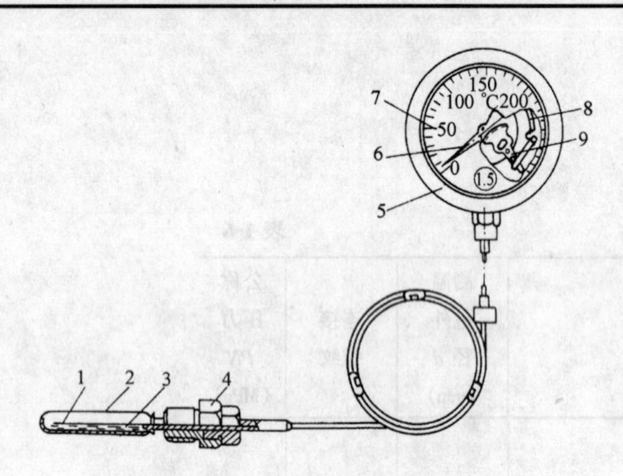

压力式温度计的结构

1—毛细管；2—温包；3—工作物质；4—活动螺母；5—表壳；
6—指针；7—刻度盘；8—弹簧管；9—传动机构

电接点压力式温度计基本参数

型号	表面尺寸(mm)	温包直径(mm)	毛细管长	安装螺纹(mm)	精度	测温范围(℃)
WTZ-280	φ100	15	1~20m	M27×2	2.5	-20~60,0~50
	φ125					
	φ150				1.5	0~100,20~120,60~160,100~200
WTZ-280	φ100				1.5	0~50,0~100
	φ150				2.5	20~120,60~160,100~200
WTQ-280	φ150	22		M33×2	2.5	-60~40,-40~60,0~200,0~300
WTQ-280						0~160,0~200
WTZ-280		15		M27×2		-20~60,0~50
WTQ-280					1.5	0~100,20~120,60~160,100~200
WTQ-280						-60~40,-40~60,0~200,0~300
WTQ-280		22		M33×2	2.5	-80~40,-60~40 0~160,0~200 0~250,0~300,0~400

压力式温度计基本参数

参数和符性 \ 温度计名称		气体压力式温度计	液体压力式温度计	低沸点液体压力式温度计
感温物质		氮 气	水银,二甲苯,甲醇,甘油	氯乙烷,氯甲烷,乙醚,甲苯,丙酮
测量范围(℃)		-100~500	-50~500	-20~500
精确度等级		1.0,1.5	1.0,1.5	1.5,2.5
时间常数(s)		80		
量程(mm)	最大	500		
	最小	120		
温包部分	长度(mm)	150,200,300	100,150,200	
	插入长度(mm)	200,250,300,400,500	150,200,250,300,400	
	安装固定螺纹	M33×2	M27×2	
	材料	紫铜(T_2)、不锈钢(1Cr18Ni9Ti)		
毛细管部分	耐公称压力(MPa)	1.6,6.4		
	内径(mm)	φ0.4±0.005		
	外径(mm)	φ1.2±0.02		
	长度(m)	1,2.5,5,10,20,30,40,60	1,2.5,5,10,20	1,2.5,5,10,20,30,40,60
	材料	紫铜(T_2)、不锈钢(1Cr18Ni9Ti)		
	外保护材料	紫铜编织,铝质蛇皮软管		
指示仪表部分	表壳直径(mm)	100,150,200		
	材料	胶木,铝合金		
	安装方式	凸装、嵌装、墙装		
	标度盘形式	白底黑字,黑底白字,黑底荧光粉字		
工作环境条件		温度为5~60℃,相对湿度不大于80%		

图名	压力式温度计	图号	JK1—0—1

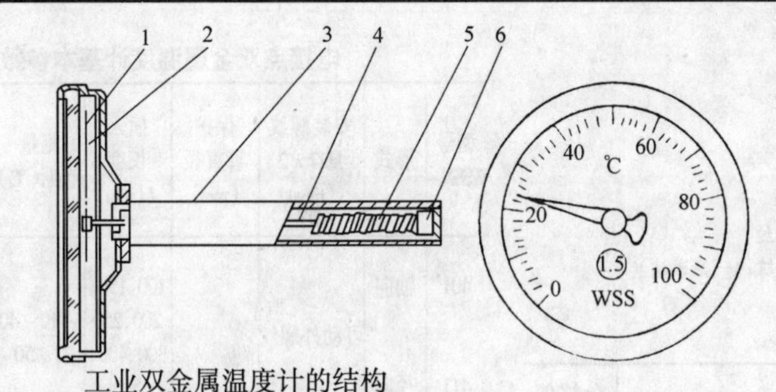

工业双金属温度计的结构

1—指针；2—标度盘；3—保护管；4—指针轴；5—感温元件；6—固定端

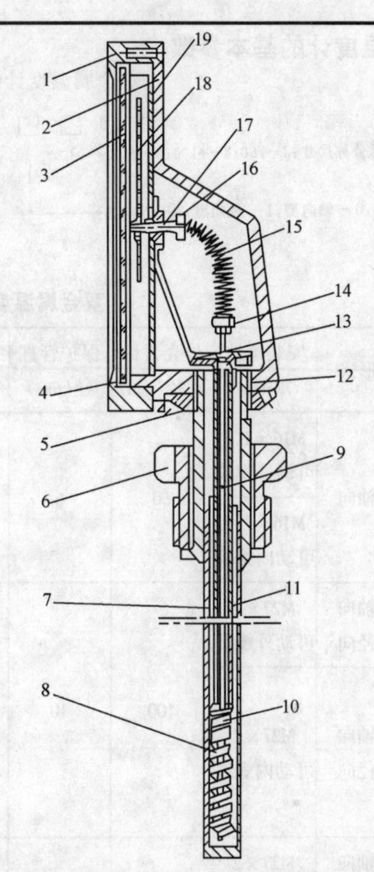

抽芯式防护型双金属温度计结构图

1—表盖；2—外壳；3—玻璃面板；4—密封圈；5—圆螺母；6—外螺纹接头；7—外保护管；8—双金属感温元件；9—转轴；10—不固定件；11—内保护管；12—上固定件；13—支架；14—转角弹簧不固定块；15—转角弹簧；16—转角弹簧上固定块；17—芯轴；18—指针；19—表盘

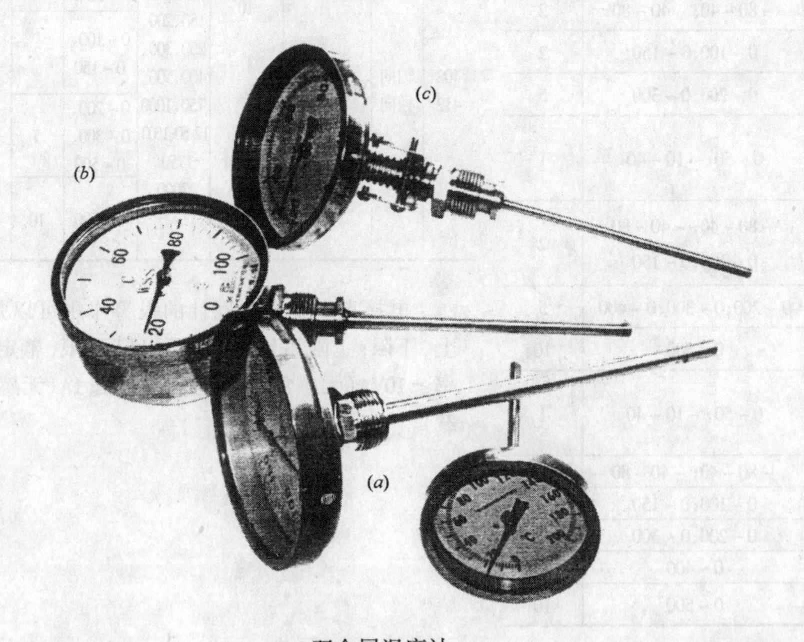

双金属温度计

(*a*)轴向型；(*b*)径向型；(*c*)万向型

图名	双金属温度计（一）	图号	JK1—0—2

双金属温度计的基本参数

双金属温度计的型号命名

WSS □ □ □ □

表盘公称尺寸：3—ϕ60；4—ϕ100；5—ϕ150

结构形式：0— 轴向型；1— 径向型；8— 万向型

0— 无固定装置；1— 可动外螺纹；2— 可动内螺纹；3— 固定外螺纹；4— 活动法兰

F— 防护型；O— 电接点型；MO— 大电流型；EX— 防爆型

双金属温度计基本参数

型号	形式	安装螺纹 T(mm)	外壳公称直径(mm)	保护管直径(mm)	插入长度 L(mm)	测量范围(℃)	分格值(℃)
WSS－301	轴向	M16×1.5 可动外螺纹	60	6	100、150、200、250、300	0～50	1
					75、100、150、200、250、300、400、500	－80～40；－40～80	2
WSS－302		M16×1.5 可动内螺纹				0～100；0～150	2
						0～200；0～300	5
WSS－401 WSS－411	轴向 径向	M27×2 可动外螺纹	100	10	75、100、150、200、250、300、400、500	0～50；－10～40	1
WSS－402 WSS－412	轴向 径向	M27×2 可动内螺纹			75、100、150、200、250、300、400、500、750、1000、1250、1500、1750、2000	－80～40；－40～80 0～100；0～150	2
						0～200；0～300；0～400	5
						0～500	10
WSS－501 WSS－511	轴向 径向	M27×2 可动外螺纹	150	10	150、200、250、300、400、500	0～50；－10～40	1
WSS－502 WSS－512	轴向 径向	M27×2 可动内螺纹			75、100、150、200、250、300、400、500、750、1000、1250、1500、1750、2000	－80～40；－40～80 0～100；0～150	2
						0～200；0～300 0～400	5
						0～500	10

电接点双金属温度计基本参数

型号 WSSX－	形式	安装螺纹 M27×2 (mm)	保护管直径 (mm)	插入长度 L(mm)	测量范围(℃)	分格值(℃)	外壳公称直径 (mm)
401 411	轴向 径向	可动外螺纹	10	100、150、200、250、300、400、500	－10～40 0～50	1	100
402 412	轴向 径向	可动内螺纹		75、100、150、200、250、300、400、500、750、1000、1250、1500、1750、2000	－80～40、－40～80、	2	
					0～100、0～150	2	
					0～200、0～300、0～500	5	
					0～500	10	

电接点双金属温度计的报警作用可以是：上、下限；上限和上上限；下限和下下限；额定功率≤10VA(无感负载)；工作电流≤1A(无感负载)。

图名	双金属温度计（二）	图号	JK1—0—3

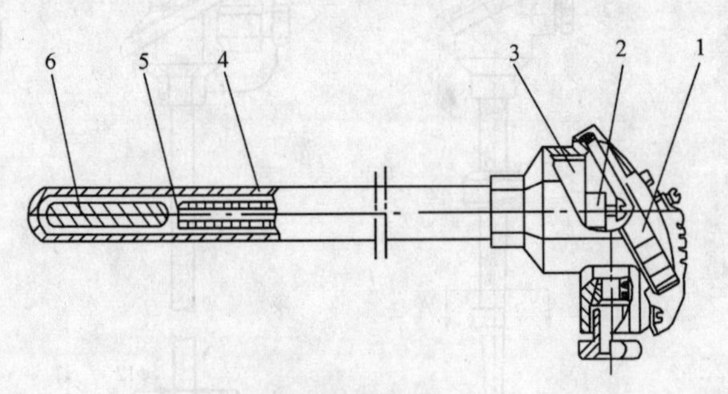

普通工业热电阻

1—接线盒；2—接线柱；3—接线座；4—保护管；
5—引出线；6—感温元件

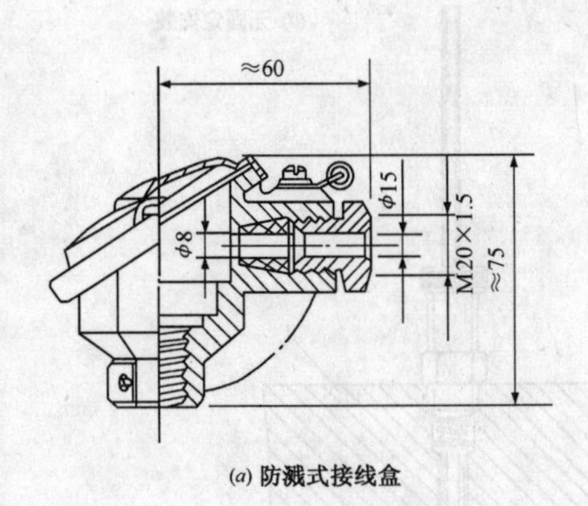

(a) 防溅式接线盒

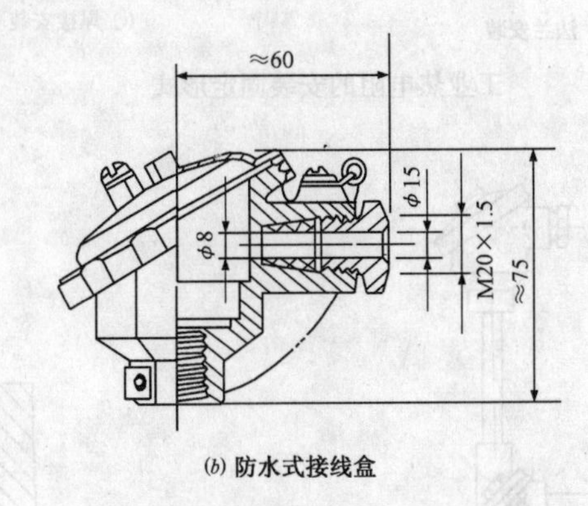

(b) 防水式接线盒

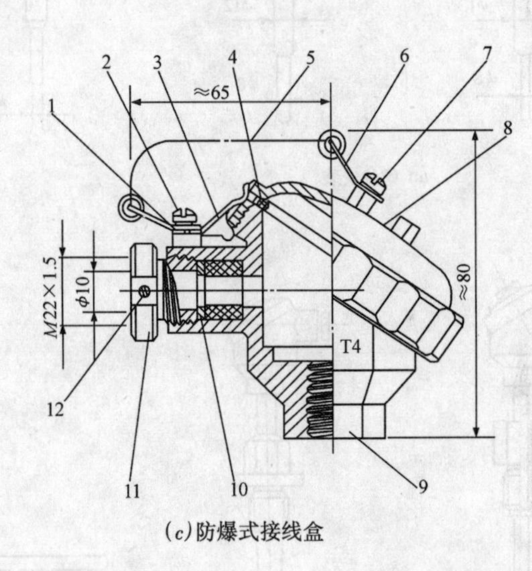

(c) 防爆式接线盒

工业热电阻的接线盒形式

1—弹簧垫圈；2、7—螺钉；3—锁紧板；4—密封圈；5—链条；6—链条托环；8—盖子；9—接线盒；10—垫圈；11—穿线螺栓；12—紧定螺钉

图名	普通工业热电阻及工业热电阻的接线盒形式（一）	图号	JK1—0—4

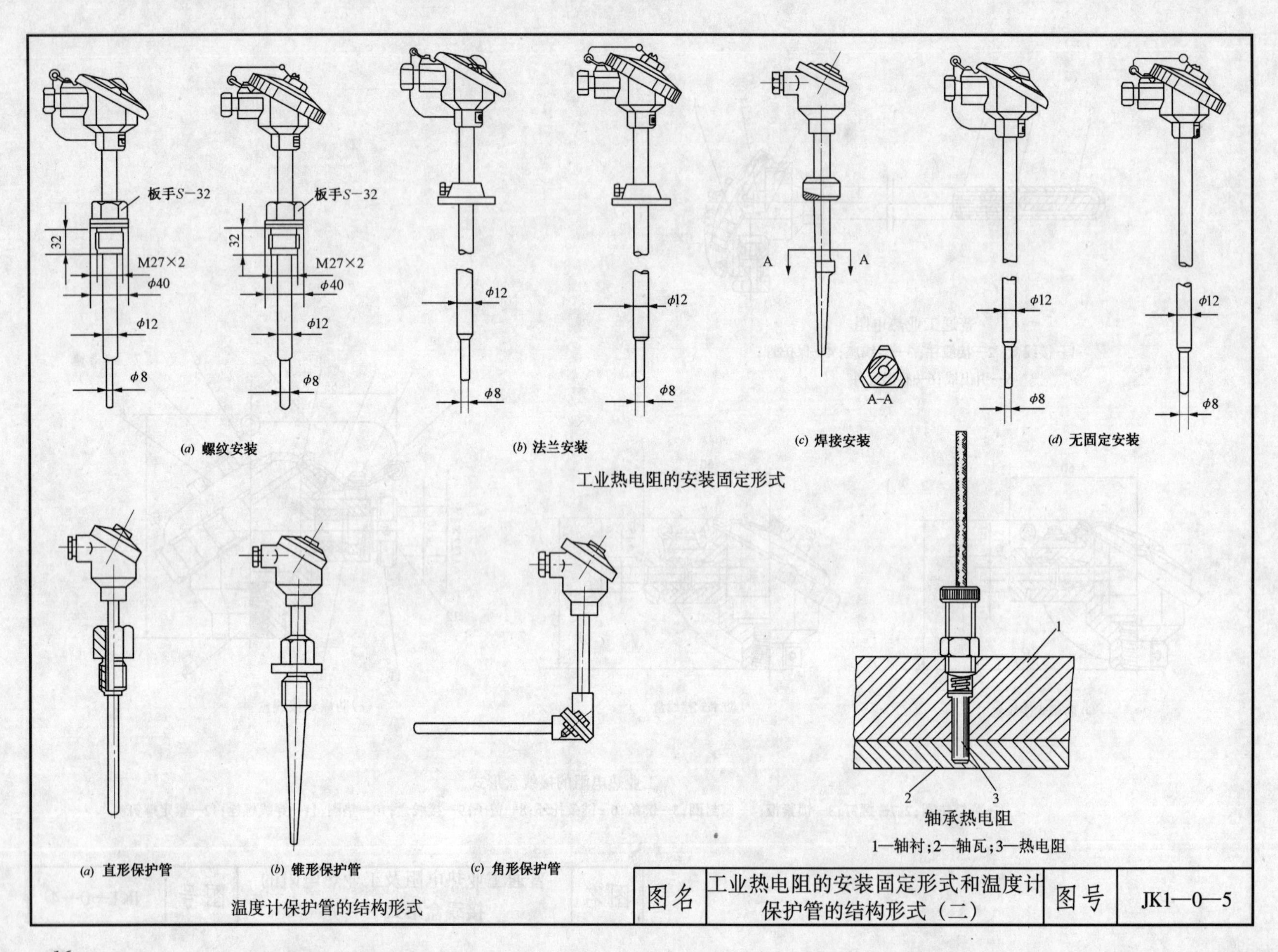

工业热电阻的安装固定形式

(a) 直形保护管　(b) 锥形保护管　(c) 角形保护管

温度计保护管的结构形式

轴承热电阻

1—轴衬；2—轴瓦；3—热电阻

图名	工业热电阻的安装固定形式和温度计保护管的结构形式（二）	图号	JK1—0—5

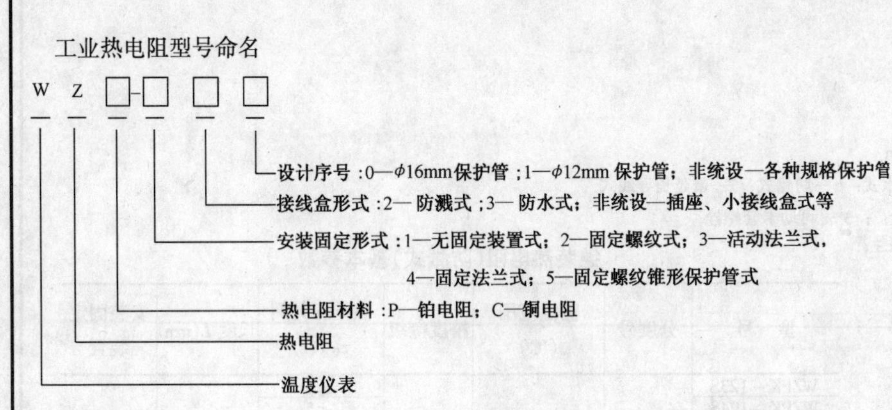

薄膜型铂热电阻基本参数

热电阻类别	产品型号	分度号	测温范围(℃)	规格 总长 L (mm)	长 l (mm)	宽 B (mm)	厚 (mm)	热响应时间 $\tau_{0.5}$ (s)
铂热电阻	WZP-002	(BA$_2$)	0~420	28	17	32	0.5	<15
感温元件	WZP-003	Pt100 (BA$_1$、BA$_2$)		82	32	10	0.5	
(薄片型)	WZP-002A		0~200	55	22	6	1	<10

工业热电阻基本参数

热电阻类别	产品型号	分度号	测温范围(℃)	保护管材料	直径 d (mm)	热响应时间 $\tau_{0.5}$ (s)
单支铂热电阻	WZP-220	Pt100 (BA$_1$、BA$_2$)	-100~420	不锈钢 1Cr18Ni9Ti	16	≤90
	WZP-221				12	≤30
	WZP-230				16	≤90
	WZP-231				12	≤30
双支铂热电阻	WZP$_2$-220		-200~420	不锈钢 0Cr18Ni12Mo9Ti	16	≤90
	WZP$_2$-221				12	≤45
	WZP$_2$-230				16	≤90
	WZP$_2$-231				12	≤45
单支铂热电阻	WZP-220A		-200~200 -100~420	黄铜 H62 不锈钢 1Cr18Ni9Ti	16	≤90
双支铂热电阻	WZP$_2$-220A		-200~420			≤90
铜热电阻	WZC-220	Cu50 (C)	-50~100	黄铜 H62 不锈钢 1Cr18Ni9Ti	12	≤120
	WZC-230					
	WZC-220A					

安 装 说 明

薄膜铂热电阻作为新一代的测温元件，目前也已经被广泛采用。薄膜铂热电阻以硅片为基体，采用溅射、光刻、激光调阻等新工艺，实现热电阻薄膜化、超小型化及全固态化。薄膜热电阻特点是响应快，可靠性高，具有良好的性能价格比。

图名	工业热电阻命名及基本参数（三）	图号	JK1—0—6

铠装热电阻型号命名

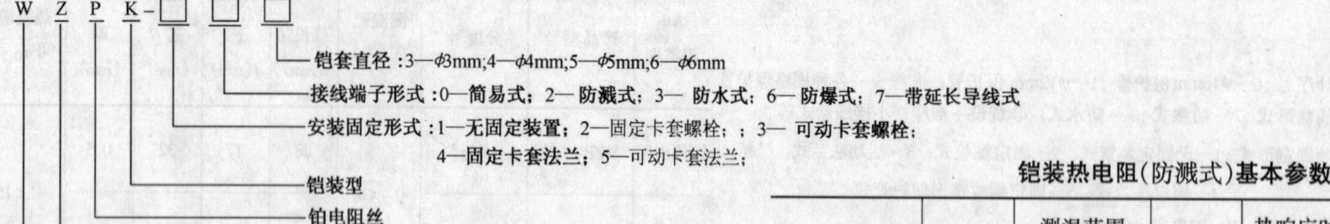

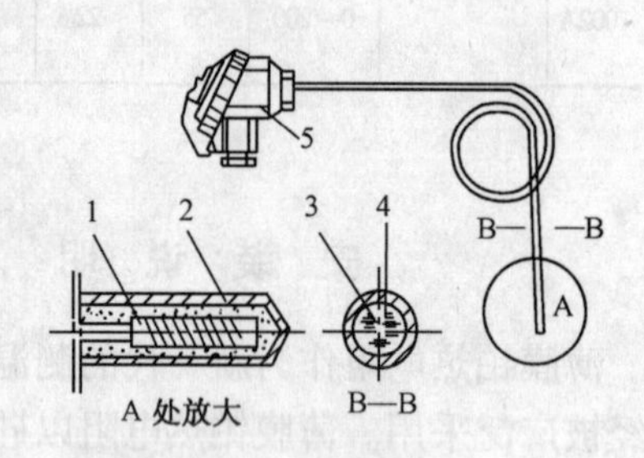

铠装热电阻

1—感温元件；2—金属套管；3—金属导线；4—绝缘材料；5—接线盒

安 装 说 明

铠装热电阻是一种直径小、易弯曲、抗振性能好的测温元件。它适宜安装在装配式热电阻无法安装的场所。由于它具有良好的机械强度，更适合在恶劣环境中使用。

铠装热电阻（防溅式）基本参数

型　号	分度号	测温范围（℃）	精度等级	热响应时间 $\tau_{0.5}$（s）	长度 L（mm）	安装固定装置
WZPK－123S	Pt100	－200～500	A级或B级	≤3	单支长度 100 150 200 250 300 400 500 750 1000 双支长度 100 150 200 250 300 400 500	无固定装置
WZPK－124S				≤5		
WZPK－125S				≤8		
WZPK－126S				≤12		
$WZPK_2$－125S				≤8		
$WZPK_2$－126S				≤12		
WZPK－223S				≤3		固定卡套螺栓
WZPK－224S				≤5		
WZPK－225S				≤8		
WZPK－226S				≤12		
$WZPK_2$－225S				≤8		
$WZPK_2$－226S				≤12		
WZPK－323S				≤3		可动卡套法兰
WZPK－324S				≤5		
WZPK－325S				≤8		
WZPK－326S				≤12		
$WZPK_2$－325S				≤8		
$WZPK_2$－326S				≤12		
WZPK－423S				≤3		固定卡套法兰
WZPK－424S				≤5		
WZPK－425S				≤8		
WZPK－426S				≤12		
$WZPK_2$－425S				≤8		
$WZPK_2$－426S				≤12		
WZPK－523S				≤3		可动卡套法兰
WZPK－524S				≤5		
WZPK－525S				≤8		
WZPK－526S				≤12		
$WZPK_2$－525S				≤8		
$WZPK_2$－526S				≤12		

图名	铠装热电阻命名及基本参数（四）	图号	JK1—0—7

隔爆热电阻基本参数

产品名称	型号	测温范围(℃)	分度号	结构特征	保护管 直径 d(mm)	保护管 材料	规格 总长度 L(mm)	规格 插入深度 l(mm)	隔爆等级	时间常数(s)	公称压力(MPa)
隔爆型单、双支铂热电阻	WZP-140 WZP_2-140	-200~650	Pt10 或 Pt100	无固定装置	12	1Cr18-Ni9Ti 不锈钢	400 450 550 650 900 1150		ExdⅡ	<90	常压
隔爆型固定螺纹单、双支铂热电阻	WZP-240 WZP_2-240			固定螺纹 M27×2			400 450 550 650 900 1150	250 300 400 500 750 1000			10
隔爆型固定螺纹单、双支铂热电阻	WZP-440 WZP_2-440			法兰标准: J81—59 JB82—59 公称通径: *DN*25 *DN*40	16						6.4 10
隔爆型固定螺纹高强度单、双支铂热电阻	WZP-640 WZP_2-640			固定螺纹 M33×2	锥形		225 250 300 350 400	75 100 150 200 250		<120	30
隔爆型单支铜热电阻	WZC-240	-50~150	Cu50	无固定装置	12	1Cr18-Ni9Ti 不锈钢	400 450 550 650 900 1150		ExdⅡ	<90	常压
隔爆型固定螺纹单支铜热电阻	WZC-240			固定螺纹 M27×2			400 450 550 650 900 1150	250 300 400 500 750 1000			10

注:隔爆型热电阻适用于 ExdⅡBT_4 温度组别区间场所的温度测量。

端面热电阻基本参数

型号	分度号	结构特征	测温范围(℃)	保护管材料	外接引线长度 L (mm)	热响应时间 $\tau_{0.5}$ (s)	公称压力(MPa)	规格 直径 d (mm)	规格 螺纹直径
WZCM-201	Cu50 或 Cu100		-50~+100	紫铜 T_2-Y	500 1000 1500 2000 2500	<15	常压	6	M8×0.75
WZPM-201	Pt10 Pt100	固定埋入或螺纹连接	-100~+100			<10		6	M8×0.75
WZPM-201B								8.7	M10×1

注:端面热电阻由特殊处理的线材绕制而成。与一般的热电阻相比,它能更紧地贴于被测物体表面,更正确地检测温度。

轴承热电阻主要技术性能

名称	型号	分度号	测温范围	热响应时间	保护管长度(mm)	精度等级
轴承铂电阻	WZPT-31	Pt100	0~100℃	$\tau_{0.5}$≤20s	100、150、200、250、300	B级

注:轴承热电阻用于测量带轴承设备上的轴承温度。温度计带有防振结构,能紧密贴在被测轴承表面(见 JK1-0-5 图)。

图名	隔爆热电阻、专用热电阻基本参数(五)	图号	JK1—0—8

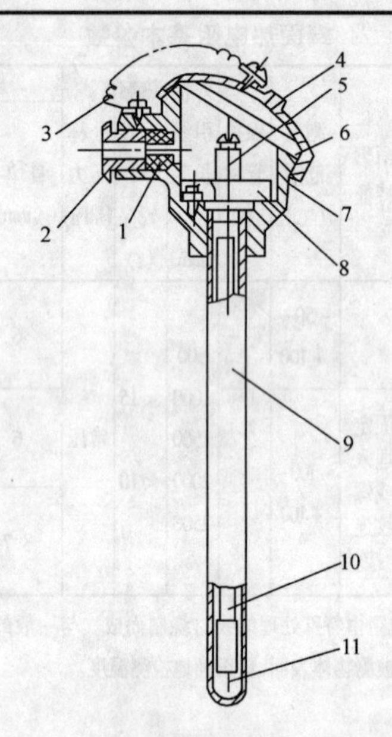

热电偶基型结构

1—出线孔密封圈；2—出线孔螺母；3—链条；4—盖；
5—接线柱；6—盖的密封圈；7—接线盒；8—接线座；
9—保护管；10—绝缘管；11—感温元件

目前生产的热电偶产品主要有以下几种：

名称	分度号	测量范围(℃)
铂铑 30－铂铑 6	B	0～1700
铂铑 13－铂	R	0～1600
铂铑 10－铂	S	0～1600
镍铬－镍硅(镍铬－镍铝)	K	－200～1200

常见型号热电偶允差表

产品名称	型号	分度号	允差等级 Ⅰ 允差值(±)	Ⅰ 温度范围(℃)	Ⅱ 允差值(±)	Ⅱ 温度范围(℃)	Ⅲ 允差值(±)	Ⅲ 温度范围(℃)
镍铬－镍硅(镍铝)	WRKK	K	1.5℃或 0.4%t	－40～1000	2.5℃或 0.75%t	－40～1100	2.5℃或 1.5%t	－200～40
镍铬－铜镍(康铜)	WREK	E		－40～700		－40～800		－200～40
铁－铜镍(康铜)	WRJK	J		－40～750		－40～750		—
铜－铜镍(康铜)	WRTK	T	0.5℃或 0.4%t	－40～350	1℃或 0.75%t	－40～800	1℃或 1.5%t	－200～40
铂铑 10－铂	WRSK	S	1℃或[1＋(t－1000) 0.003]℃	0～1100	1.5℃或 0.25%t	0～1100	4℃或 0.5%t	—
铂铑 13－铂	WRRK	R		0～1100		0～1100		—
铂铑 30－铂铑 6	WRBK	B		—		600～1600		600～1700

热电偶的接线盒结构及特点

普通式	防溅式	防水式	防爆式
保证有良好的电接触性能，结构简单，接线方便	能承受降雨量为 5mm/s 与水平成 45°角的人工雨，历时 5min(同时沿保护管轴旋转)，不得有水渗入接线盒内部	能承受距离为 5m 处，用喷嘴直径为 25mm 的水龙头喷水(喷嘴出口前水压不小于 0.2MPa)，历时 5min(同时沿保护管轴旋转)，不得有水渗入接线盒内部	统一设计的防爆接线盒隔爆式，防爆等级为"B3C" 具体技术要求按照《防爆电气设备制造、检定规程》的规定 防爆热电偶产品应经国家指定的检定单位检定合格，并发给合格证方能在现场使用
适用于环境条件良好、无腐蚀性气氛	适用于雨水和水滴能经常溅到的现场(例如有棚的生产设备或管道)	适用于露天的生产设备或管道以及有腐蚀性气体存在的环境	适用于《防爆电气设备制造、检定规程》规定的 3 级 C 组的爆炸物环境

图名	热电偶结构、产品种类、接线盒结构及允差表（一）	图号	JK1—0—9

热电偶固定装置形式和各种形式保护管结构特点及用途

序号	保护管形式	固定装置形式	结构特点及用途	示意图
1	直形	无固定装置	保护管材料为金属和非金属两种，非金属材料的保护管其感温元件为铂铑30－铂铑6；铂铑10－铂和镍铬—镍硅3种； 适用于常压，温度测量点经常移动或临时需要进行测温的设备上	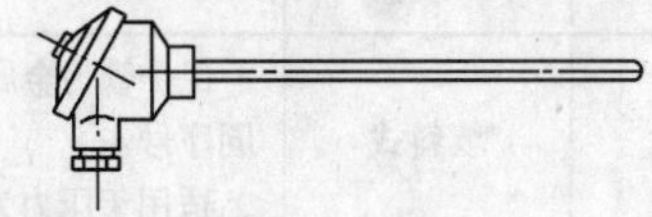
2	直形	活动法兰	保护管为金属材料，带活动法兰，感温元件为铜－康铜、镍铬－镍硅(镍铝)和镍铬－考铜3种； 适用于常压及插入深度经常需要变化的设备上	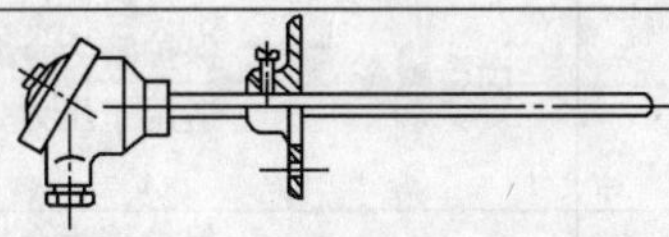
3	直形	固定法兰	保护管为金属材料带固定法兰，感温元件同序号4； 适用于压力为10MPa以下的设备上	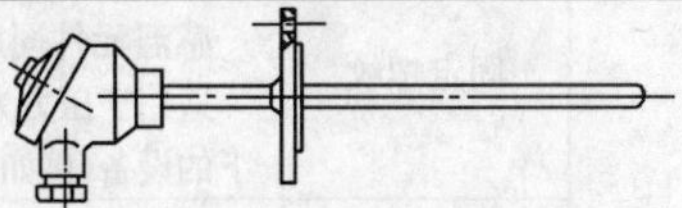
4	直形	活动内螺纹	保护管为金属材料，带活动内螺纹，感温元件同序号4； 适用于压力为6.4MPa以下，要求接线盒的出线孔可以在任意方向的设备上	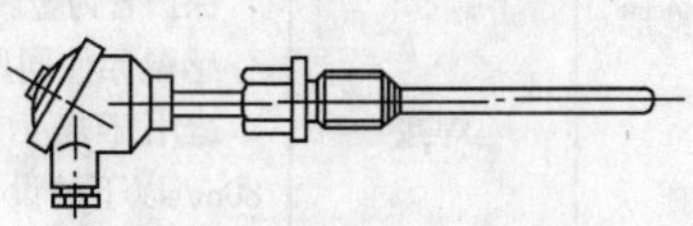
5	直形	活动外螺纹	保护管为金属材料，带活动外螺纹，感温元件同序号4； 用途同序号1	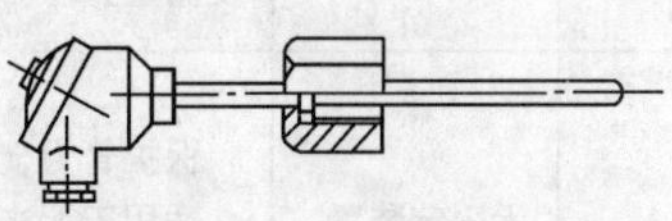
6	直形	带加固管的无固定装置	保护管的插入长度部分为非金属材料，外露部分为金属加固管； 感温元件同序号1； 用途同序号1	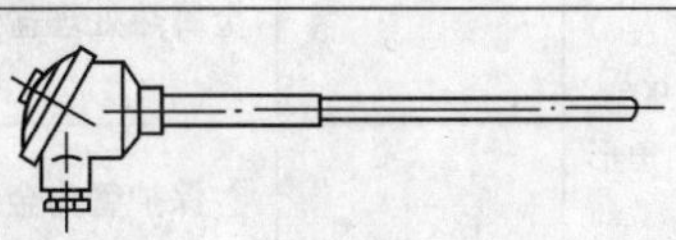
7	直形	带动固管的活动法兰装置	保护管的结构和材料同序号2，活动法兰是固定在外露部分的金属加固管上； 感温元件同序号1； 适用于常压及插入深度经常需要变化的设备上	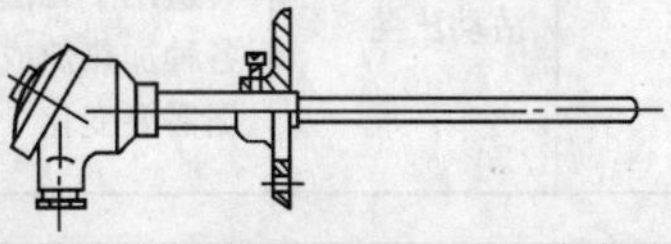

图名	热电偶固定装置形式和各种形式保护管结构特点及用途（二）	图号	JK1—0—10

续表

序号	保护管形式	固定装置形式	结构特点及用途	示意图
8	直形	填料式	保护管为金属材料，带活动外螺纹，并用填料密封，感温元件同序号4； 适用于压力为1MPa以下，插入深度需要变化的设备上	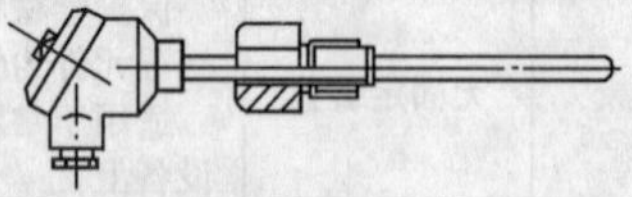
9		固定螺纹	保护管为金属材料，带固定螺纹，感温元件同序号4； 适用于压力为16MPa以下的设备上测温	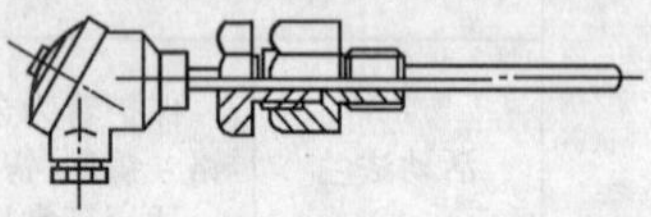
10	锥形	固定螺纹	保护管为金属材料，带固定螺纹的锥形高强度结构； 感温元件同序号4； 适用于压力为20MPa以下的液体、气体或蒸汽流速80m/s以下的设备（例如电站蒸汽管道的蒸汽温度测量）	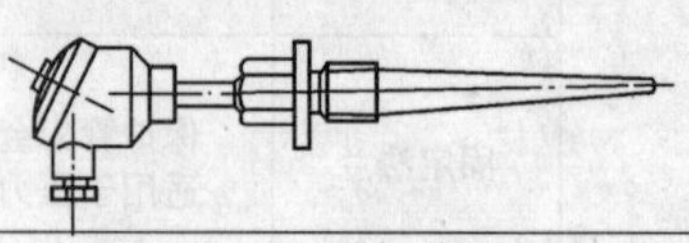
11		焊接	保护管为金属材料，用附加套管将热电偶焊接在设备上； 感温元件同序号4； 适用于压力为30MPa以下的液体、气体或蒸汽流速为80m/s以下的设备（例如30万kW电站主蒸汽管道的蒸汽温度测量）	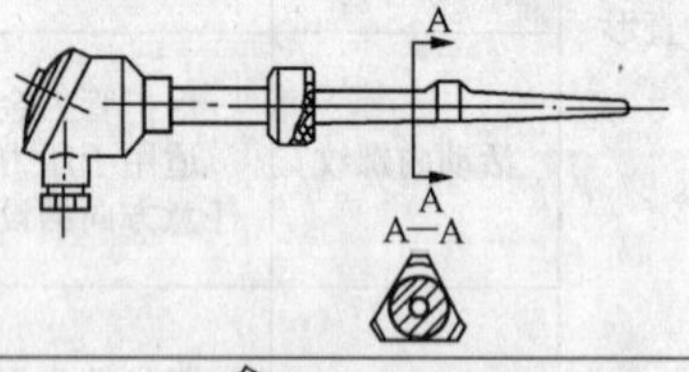 A A A—A
12	90°角形	无固定装置	保护管为金属材料或非多金属材料，感温元件同序号4； 适用于无法从侧面开孔以及顶上辐射热很高的设备（例如金属热处理盐熔炉等）	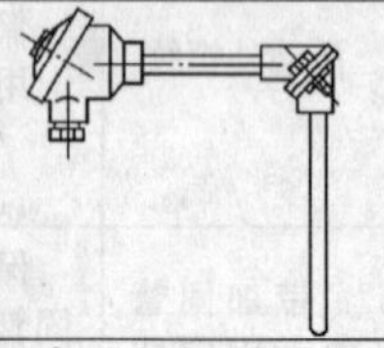
13		活动法兰	保护管为金属材料或非金属材料，感温元件同序号4； 适用于无法从侧面开孔以及顶上辐射热很高的设备（例如各种加热炉或金属热处理炉等），带活动法兰，其插入深度根据需要变化	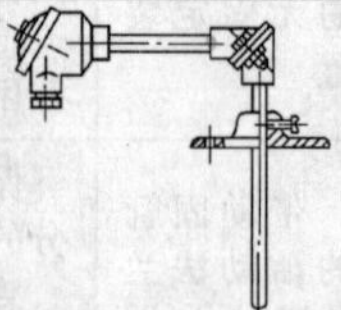

图名	热电偶固定装置形式和各种形式保护管结构特点及用途（三）	图号	JK1—0—11

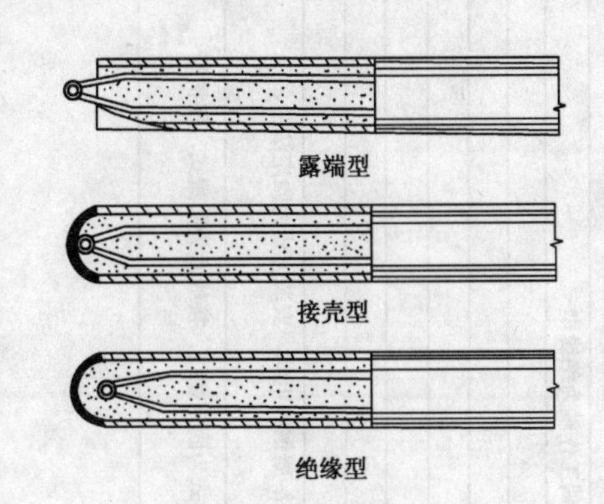

铠装热电偶测量端形式

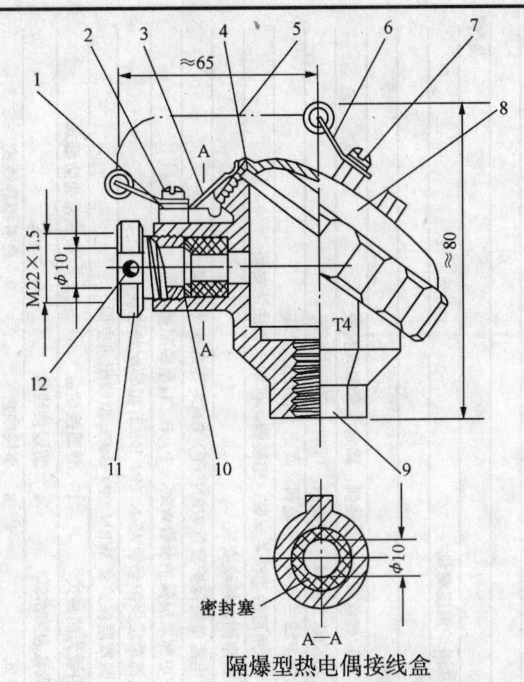

隔爆型热电偶接线盒

1—弹簧垫圈；2、7—螺钉；3—锁紧板；4—密封圈；5—链条；6—链条托环；8—盖子；9—接线盒；10—垫圈；11—穿线螺栓；12—紧定螺钉

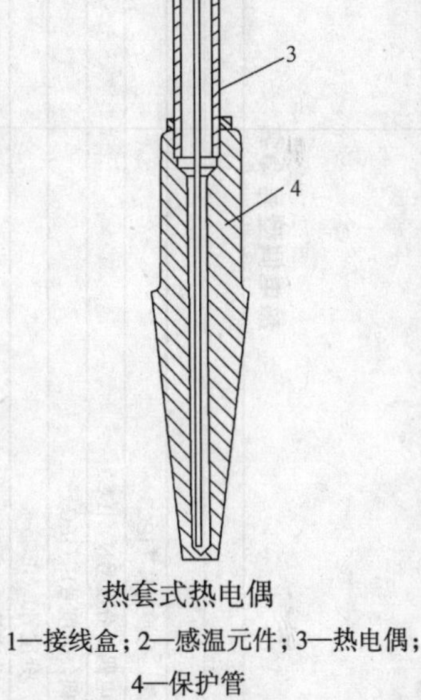

热套式热电偶

1—接线盒；2—感温元件；3—热电偶；4—保护管

铠装热电偶

铠装热电偶测量端形式与热电偶一样可分露端型、接壳型和绝缘型三种：

露端型：结构简单，时间常数小，响应速度快，测温低。

接壳型：时间常数较露端型大，测温较高。

绝缘型：时间常数较大，由于偶丝受到保护，寿命较长，测温高。

隔爆型热电偶

当生产现场存在易燃易爆气体的条件下必须使用隔爆型热电偶。隔爆型热电偶基本参数与工业热电偶一样，区别仅仅在于采用了防爆结构的接线盒。

热套式热电偶

在电厂蒸汽及锅炉温度测量中还广泛采用一种热套式热电偶。热电偶结构采用热套保护管。使用时将热套焊接在被测设备上，再装上热电偶即可测量温度。

图名	铠装热电偶、隔爆型热电偶接线盒、热套式热电偶结构（四）	图号	JK1—0—12

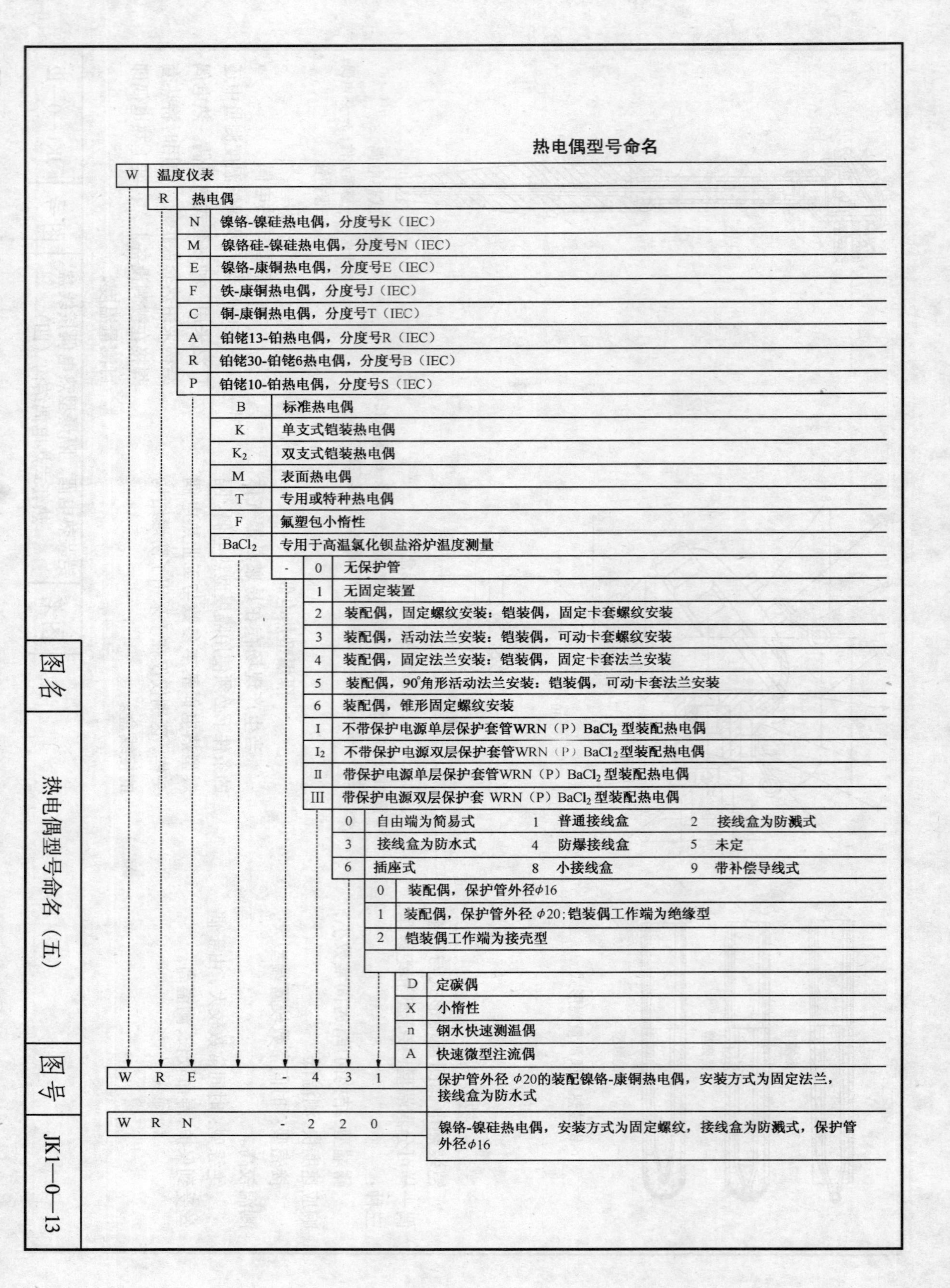

热电偶型号命名

W 温度仪表

R 热电偶

代号	含义
N	镍铬-镍硅热电偶，分度号K（IEC）
M	镍铬硅-镍硅热电偶，分度号N（IEC）
E	镍铬-康铜热电偶，分度号E（IEC）
F	铁-康铜热电偶，分度号J（IEC）
C	铜-康铜热电偶，分度号T（IEC）
A	铂铑13-铂热电偶，分度号R（IEC）
R	铂铑30-铂铑6热电偶，分度号B（IEC）
P	铂铑10-铂热电偶，分度号S（IEC）

代号	含义
B	标准热电偶
K	单支式铠装热电偶
K_2	双支式铠装热电偶
M	表面热电偶
T	专用或特种热电偶
F	氟塑包小惰性
$BaCl_2$	专用于高温氯化钡盐浴炉温度测量

-

代号	含义
0	无保护管
1	无固定装置
2	装配偶，固定螺纹安装：铠装偶，固定卡套螺纹安装
3	装配偶，活动法兰安装：铠装偶，可动卡套螺纹安装
4	装配偶，固定法兰安装：铠装偶，固定卡套法兰安装
5	装配偶，90°角形活动法兰安装：铠装偶，可动卡套法兰安装
6	装配偶，锥形固定螺纹安装
I	不带保护电源单层保护套管WRN（P）$BaCl_2$型装配热电偶
I_2	不带保护电源双层保护套管WRN（P）$BaCl_2$型装配热电偶
II	带保护电源单层保护套管WRN（P）$BaCl_2$型装配热电偶
III	带保护电源双层保护套 WRN（P）$BaCl_2$型装配热电偶

代号	含义	代号	含义	代号	含义
0	自由端为简易式	1	普通接线盒	2	接线盒为防溅式
3	接线盒为防水式	4	防爆接线盒	5	未定
6	插座式	8	小接线盒	9	带补偿导线式

代号	含义
0	装配偶，保护管外径$\phi16$
1	装配偶，保护管外径 $\phi20$；铠装偶工作端为绝缘型
2	铠装偶工作端为接壳型

代号	含义
D	定碳偶
X	小惰性
n	钢水快速测温偶
A	快速微型注流偶

W R E - 4 3 1	保护管外径 $\phi20$的装配镍铬-康铜热电偶，安装方式为固定法兰，接线盒为防水式
W R N - 2 2 0	镍铬-镍硅热电偶，安装方式为固定螺纹，接线盒为防溅式，保护管外径$\phi16$

图名	热电偶型号命名（五）	图号	JK1—0—13

热电偶最高温度使用范围

名称	热电偶比直径(mm)	最高使用温度(℃) 长期	最高使用温度(℃) 短期	保护管直径(mm)	插入长度(mm) 75	100	150	200	300	400	500	750	1000	1250	1500	2000	2500	3000
铜-康铜	0.3	200	250															
	0.5	200	250	8														
	1.0	250	300	12														
	1.5	250	300	16														
	2.0	300	300	20														
镍铬-康铜	0.3	300	400															
	0.5	300	400	8														
	1.0	400	500	12														
	1.5	500	600	16														
	2.0	600	750	20														
	3.2	600	800															
镍铬-镍硅	0.5	800	1000															
	1.0	900	1000	8														
	1.5	1000	1100	12														
	2.0	1300	1300	16														
	3.2	1300	1300	20														
铂铑10-铂	0.5	1300	1600	8														
				12														
				16														
				2.0														
铂铑30-铂铑6	0.5	1600	1800	16														
				20														
				25														

注：表中——代表金属保护管；┈┈代表非金属保护管。

铂铑30-铂铑6热电偶(分度号B)

产品型号	代号	无固定装置	接线盒形式 防溅式	接线盒形式 防水式	保护管直径和材料 φ16 高铝管	φ16 刚玉管	φ25 高铝管	φ25 刚玉管	最高使用压力(MPa)	热电极线径(mm)	使用温度(℃)
		1	2	3	0		1				
单支 WRR	120	○	○			○			大气压	0.5	0~1700
	121	○	○					○			
	130	○		○		○					
	131	○		○				○			
双支 WRR_2	120	○	○			○					
	121	○	○					○			
	130	○		○		○					
	131	○		○				○			

图名	热电偶最高温度使用范围铂铑30-铂铑6热电偶（分度号B）（六）	图号	JK1—0—14

铁-康铜(分度号 J)铜-康铜(分度号 T)镍铬-康铜热电偶(分度号 E)

产品型号	结构特征 代号	安装型式 无固定装置 1	固定螺纹 2	活动法兰 3	固定法兰 4	角形活动法兰 5	锥形固定法兰 6	接线盒形式 防溅式 2	防水式 3	保护管直径和材料 φ16 碳钢20号	φ16 不锈钢1Cr18Ni9Ti (0)	φ20 碳钢20号	φ20 不锈钢1Cr18Ni9Ti (1)	最高使用压力(MPa)	热电极线径(mm)
	120	○						○		○	○			大气压	2
	121	○						○				○	○		3.2
	130	○							○	○	○				2
单支	131	○							○			○	○		3.2
WRE	220		○					○		○	○			1.0/6.0	2
	221		○					○				○	○		3.2
WRF	230		○						○	○	○				2
	231		○						○			○	○		3.2
WRC	320			○				○		○	○			大气压	2
	321			○				○				○	○		3.2
	330			○					○	○	○				2
	331			○					○			○	○		3.2
	420				○			○		○	○			1.0/4.0	2
	421				○			○				○	○		3.2
单支	430				○				○	○	○				2
	431				○				○			○	○		3.2
WRE	520					○		○		○	○			大气压	2
	521					○		○				○	○		3.2
WRF	530					○			○	○	○				2
	531					○			○			○	○		3.2
WRC	620						○	○						15.0	1.2
	630						○		○						3.2
	120	○						○		○	○			大气压	1.2
	121	○						○				○	○		2
	130	○							○	○	○				1.2
双支	131	○							○			○	○		2
WRE_2	220		○					○		○	○			1.0/6.0	1.2
	221		○					○				○	○		2
WRF_2	230		○						○	○	○				1.2
	231		○						○			○	○		2
WRC_2	320			○				○		○	○			大气压	1.2
	321			○				○				○	○		2
	330			○					○	○	○				1.2
	331			○					○			○	○		2
	420				○			○		○	○			1.0/4.0	1.2
	421				○			○				○	○		2
双支	430				○				○	○	○				1.2
	431				○				○			○	○		2
WRE_2	520					○		○		○	○			大气压	1.2
	521					○		○				○	○		2
WRF_2	530					○			○	○	○				1.2
	531					○			○			○	○		2
WRC_2	620						○	○						15.0	1.2
	630								○						1.2

图名	铁-康铜(分度号 J)、铜-康铜(分度号 T)、镍铬-康铜热电偶(分度号 E)(七)	图号	JK1—0—15

铠装热电偶基本参数

品种	型号	分度号	允差等级					
			Ⅰ		Ⅱ		Ⅲ	
			允差值(±)	温度范围(℃)	允差值(±)	温度范围(℃)	允差值(±)	温度范围(℃)
镍铬－镍硅	WRNK	K		－40～1000		－40～1100		－200～40
镍铬－康铜	WREK	E	1.5℃或0.4%t	－40～700	2.5℃或0.75%t	－40～800	1.5℃或1.5%t	－200～40
铁－康铜	WRFK	J		－40～350		－40～750		—
铜－康铜	WRTK	T	1.5℃或0.4%t	－40～350	1.5℃或0.4%t	－40～350	1.5℃或0.4%t	－200～40
铂铑10－铂	WRPK	S		0～1100		0～1200		—
铂铑13－铂	WRQK	R	1℃或[1+(t－1100)×0.003](℃)	0～1100	1.5℃或0.25%t	0～1200	1.5℃或0.5%t	—
铂铑30－铂铑6	WRRK	B		—		600～1600		600～1700

注：铠装热电偶的使用温度不仅与金属套管材料以及直径有关，也与偶丝种类有关。

铠装热电偶使用温度

品种	套管材料	外径(mm)	使用温度(℃)		备注
			上限	下限	
镍铬－镍硅 WRNK	不锈钢 1Cr18Ni9Ti	0.25	500		使用温度仅供用户参考，测量端为露端型时，使用温度应相应降低
		0.5、1、1.5、2	600		
	高温合金 GH30	3、4、5、6、8	800		
		0.5、1、1.5	800	－50	
		2、3	900		
		4、5	1000		
		6、8	1100		
镍铬－康铜 WREK	不锈钢 1Cr18Ni9Ti	1、1.5、2	500		
		3、4	600		
		5、6、8	700		
铁－康铜 WRFK	不锈钢 1Cr18Ni9Ti	1、1.5、2	500	－40	
		3、4	600		
		5、6、8	700		
铜－康铜 WRTK	不锈钢 1Cr18Ni9Ti	1、1.5、2、3	300	－200	
		4、5、6、8	350	－400	
铂铑10－铂 WRPK	高温合金 GH39	2	1100	0	
		3、4、5、6	1200		
铂铑13－铂 WRQK	铂铑6	2	1200	0	
		3、4、5、6	1300		
铂铑30－铂铑6 WRRK	铂铑6	3	1600	600	
		4、5、6	1700		

图名	铠装热电偶基本参数和使用温度(八)	图号	JK1—0—16

铂铑 33-铂热电偶(分度号 R)、铂铑 10-铂热电偶(分度号 S)

产品型号	结构特征 代号	无固定装置	接线盒形式 防溅式	接线盒形式 防水式	保护管直径和材料 φ16 高铝管	φ16 刚玉管	φ25 高铝管	φ25 刚玉管	最高使用压力(MPa)	热电极线径(mm)	使用温度(℃)
		1	2	3	0		1				
单支 WRR	120	○	○		○				大气压	0.5	0~1600
	121	○	○				○				
	130	○		○	○						
	131	○		○			○				
双支 WRR_2	120	○	○		○						
	121	○	○				○				
	130	○		○	○						
	131	○		○			○				

镍铬-镍硅热电偶(分度号 K)

产品型号	结构特征 代号	安装形式 无固定装置	固定螺纹	活动法兰	固定法兰	角形活动法兰	锥形固定法兰	接线盒形式 防溅式	防水式	保护管直径和材料 φ16 碳钢20号	φ16 不锈钢1Cr18-Ni9Ti	φ16 不锈钢Cr25Ti	φ20 碳钢20号	φ20 不锈钢1Cr18-Ni9Ti	φ6 高铝管	最高使用压力(MPa)	热电极线径(mm)	使用温度(℃)
		1	2	3	4			2	3	0			1		2			
单支	120	○						○		○	○	○				大气压	2.5	
	121	○						○					○	○			3.2	
	122	○						○							○		2.5	
	130	○							○	○	○	○					2.5	
	131	○							○				○	○			3.2	
	132	○							○						○		2.5	1.碳钢20号 0~600
	220		○					○		○	○	○				1.0	2.5	
	221		○					○					○	○			3.2	
	230	○							○	○	○	○				6.0	2.5	2.不锈钢(1Cr18-Ni9Ti) 0~1100
	231	○							○				○	○			3.2	
单支 WRN	320			○				○								大气压	2.5	
	321			○				○					○	○			3.2	
	330			○					○	○	○	○					2.5	
	331			○					○				○	○			3.2	
	420				○			○		○	○	○				1.0	2.5	
	421				○			○					○	○			3.2	
	430				○				○	○	○	○				6.0	2.5	3.非金属 0~1300
	431				○				○				○	○			3.2	
单支 WRN	520					○		○		○	○	○				大气压	2.5	
	521					○		○					○	○			3.2	
	530					○			○	○	○						2.5	
	531					○			○				○	○			3.2	
	620						○	○								15.0	1.2	
	630						○		○								1.2	

图名	铂铑 33－铂热电偶(分度号 R)、铂铑 10－铂热电偶(分度号 S)、镍铬－镍硅热电偶(分度号 K)(九)	图号	JK1—0—17

温度仪表的选择

1. 就地温度仪表选择

在满足测量范围、工作压力、精确度要求下，应优先选用双金属温度计。

对于－80℃以下低温，无法近距离观察，有振动以及对精确度要求不高的场合可以选择压力式温度计。

玻璃温度计由于易受机械损伤造成汞害，一般不推荐使用（除作为成套机械，要求测量精度不高的情况下使用外）。

2. 温度检测元件的选择

热电偶适合一般场合，热电阻适合要求测量精度高、无振动场合。

根据对测量响应速度的要求选择：

热电偶　600s，100s，20s；

热电阻　90～180s，30～90s，10～30s，＜10s

3. 根据环境条件选择温度计接线盒

普通式——条件较好场所。

防溅式——条件较好场所（防水式）。

防爆式——易燃、易爆场所。

4. 特殊场合下的温度计选择

温度大于870℃，氢含量大于5%的还原性气体、惰性气体以及真空场所宜选用吹气热电偶或钨铼热电偶。设备、管道外壁、转动物体表面温度测量可选择表面热电偶、热电阻或铠装热电偶、热电阻。

测量含坚固体颗粒场所可选择耐磨热电偶。

5. 根据被测介质条件选择测温保护管

保护管选用见下表。

保护管选用表

材　质	最高使用温度（℃）	适用场合	备　注
H62 黄铜合金	350	无腐蚀性介质	有定型产品
10 号钢、20 号钢	450	中性及轻腐蚀性介质	有定型产品
1Cr18NiTi 不锈钢	70	65%稀硫酸	
新 2 号钢	300	氯化氢、65%硝酸	
1Cr18NiTi 不锈钢	800	无机酸、有机酸、碱、盐、尿素等	
2Cr13 不锈钢	800	耐高压，适用于高压蒸汽	有定型产品
GH39 不锈钢	800	耐高压，适用于高压蒸汽	
12CrMoV 不锈钢	800	耐高压	
Cr25Ti 不锈钢、Cr25Si2 不锈钢	1000	高温钢适用于硝酸、磷酸等腐蚀性介质及磨损较强的场合	有定型产品
GH39 不锈钢	1200	耐高温	有定型产品
28Cr 铁（高铬铸铁）	1100	耐腐蚀和耐机械磨损，用于硫铁矿焙烧炉	
耐高温工业陶瓷及氧化铝	1400～1800	耐高温，但气密性差，不耐压	有定型产品
莫来石刚玉及纯刚玉	1600	耐高温，气密性耐温度聚变性好，并有一定防腐性	
蒙乃尔合金	200	氯氟酸	
Ni 镍	200	浓碱（纯碱、烧碱）	
Ti 钛	150	湿氯气、浓硝酸	
Zr 锆、Nb 铌、Ta 钽	120	耐腐蚀性能超过钛、蒙乃尔、哈氏合金	
Pb 铅	常温	10%硝酸、80%硫酸、亚硫酸、磷酸	力学性能

图名	温度仪表的选择及保护管选用表（十）	图号	JK1—0—18

1.1 热电偶、热电阻安装

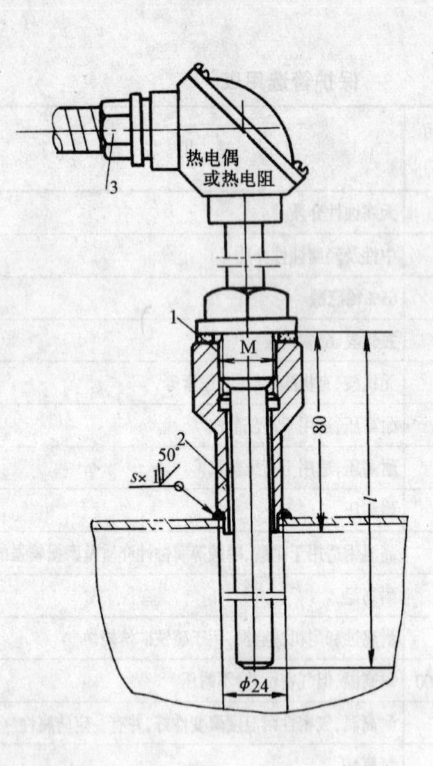

安 装 说 明

1. 压力小于 *PN*2.5 的使用场所，件 1 为 XB450 材质，件 2 为 Q235—A 材质。
2. 插入深度 *l* 由设计计定。
3. 焊缝熔透深度 *s* 应大于焊件中最小壁厚的 0.7 倍。

尺 寸 表

方案	件 2	件 1	
		规格	ϕ_1/ϕ_2
Ⅰ	M27×2	*d*	42/28
Ⅱ	M33×2	*f*	50/34

明 细 表

件号	名称及规格	数量	材质	图号或标准、规格号	备　注
1	垫片，ϕ_1/ϕ_2；$t=2$mm	1	XB450/LF_2	JK1—4—01	
2	直形连接头 $H=80$	1	Q235—A/20	YZ10—12	JK1—4—27
3	挠性连接管 M20×1.5/G½″	1		FNG—13×700	

图名	热电偶、热电阻垂直安装图 *PN*4.0	图号	JK1—1—01—1

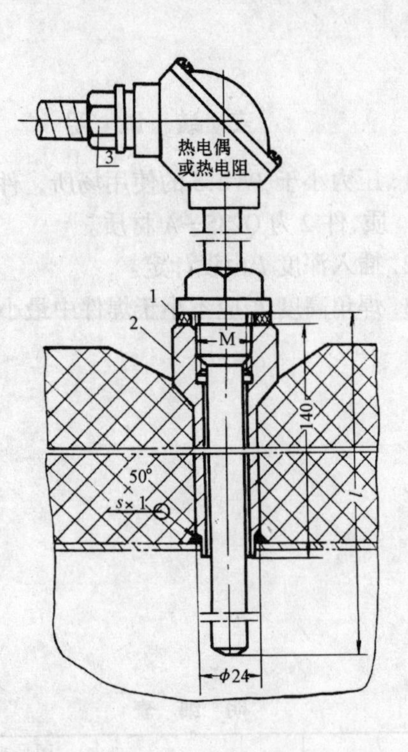

安 装 说 明

1. 压力小于 *PN*2.5 的使用场所，件 1 为 XB450 材质，件 2 为 Q235—A 材质。
2. 插入深度 l 由设计定。
3. 焊缝熔透深度 s 应大于焊件中最小壁厚的 0.7 倍。

尺 寸 表

方案	件 2	件 1	
		规格	ϕ_1/ϕ_2
Ⅰ	M27×2	d	42/28
Ⅱ	M33×2	f	50/34

明 细 表

件号	名称及规格	数量	材 质	图号或标准、规格号	备 注
1	垫片，ϕ_1/ϕ_2；$t=2$mm	1	XB450/LF_2	JK1—4—01	
2	直形连接头 $H=140$	1	Q235—A/20	YZ10—12	JK1—4—27
3	挠性连接管 M20×1.5/G½″	1		FNG13×700	

图名	热电偶、热电阻垂直安装图(保温)*PN*4.0	图号	JK1—1—01—2

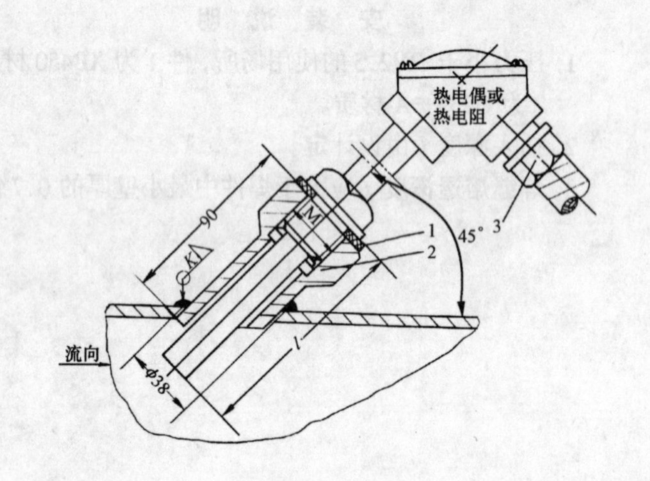

安装说明

1. 压力小于 *PN*2.5 的使用场所，件 1 为 XB450 材质，件 2 为 Q235—A 材质。
2. 插入深度 *l* 由设计定。
3. 焊角高度 *K* 应不小于焊件中最小壁厚。

尺寸表

方案	件 2	件 1	
		规格	ϕ_1/ϕ_2
Ⅰ	M27×2	*d*	44/28
Ⅱ	M33×2	*f*	50/34

明细表

件号	名称及规格	数量	材　质	图号或标准、规格号	备　注
1	垫片，ϕ_1/ϕ_2；$t=2$mm	1	XB450/LF_2	JK1—4—01	
2	连接头　$H=90$	1	Q235—A/20	YZ10—13	JK1—4—28
3	挠性连接管 M20×1.5/G½″	1		FNG－13×700	

图名	热电偶、热电阻倾斜 45° 安装图 *PN*4.0；*DN*80～*DN*900	图号	JK1—1—01—3

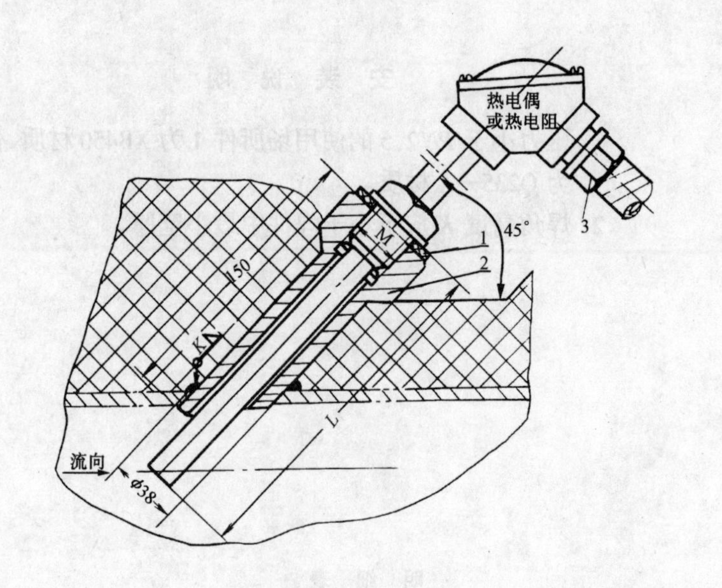

安 装 说 明

1. 压力小于 $PN2.5$ 的使用场所，件 1 为 XB450 材质，件 2 为 Q235—A 材质。
2. 插入深度由设计定。
3. 焊角高度 K 应不小于焊件中最小壁厚。

尺 寸 表

方案	件 2	件 1	
		规格	ϕ_1/ϕ_2
Ⅰ	M27×2	d	44/28
Ⅱ	M33×2	f	50/34

明 细 表

件号	名称及规格	数量	材 质	图号或标准、规格号	备 注
1	垫片，ϕ_1/ϕ_2；$t=2$mm	1	XB450/LF_2	JK1—4—01	
2	连接头 $H=150$	1	Q235—A/20	YZ10—13	JK1—4—28
3	挠性连接管 M20×1.5/G½″	1		FNG—13×700	

图名	热电偶、热电阻倾斜 45° 安装图(保温) $PN4.0$; $DN80 \sim DN900$	图号	JK1—1—01—4

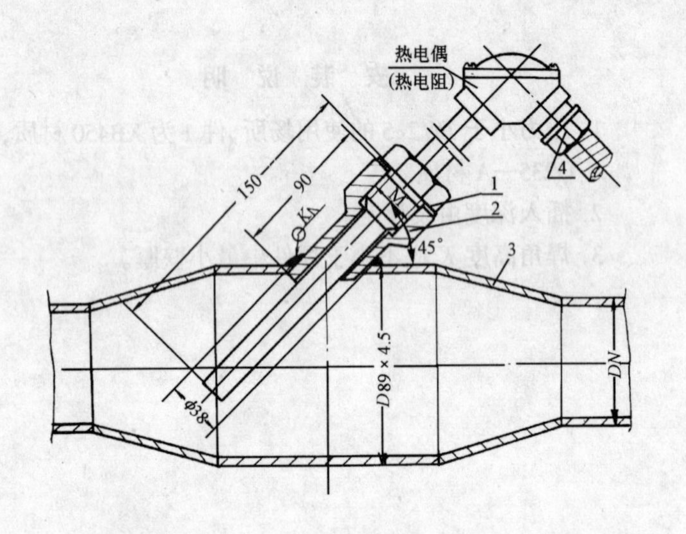

安装说明

1. 压力小于 *PN*2.5 的使用场所件 1 为 XB450 材质，件 2 为 Q235—A 材质。
2. 焊角高度 *K* 应不小于焊件中最小壁厚。

尺寸表

方案	件 2	件 1	
		规格	ϕ_1/ϕ_2
Ⅰ	M27×2	*d*	44/28
Ⅱ	M33×2	*f*	50/34

明细表

件号	名称及规格	数量	材质	图号或标准、规格号	备注
1	垫片，ϕ_1/ϕ_2；$t=2$mm	1	XB450/LF_2	JK1—4—01	
2	连接头 $H=90$	1	Q235—A/20	YZ10—13	JK1—4—28
3	扩大管，$D89\times4.5$	1	10、20	YZ13—25	
4	挠性连接管 M20×1.5/G½″	1		FNG—13×700	

图名	热电偶、热电阻在扩大管上 45° 倾斜安装图 *DN*10～*DN*65；*PN*4.0	图号	JK1—1—02—1

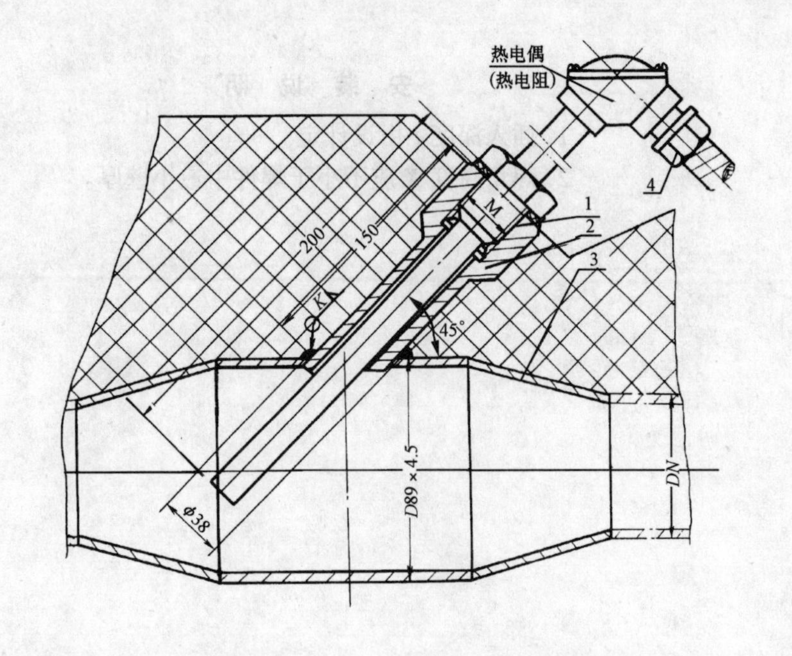

安 装 说 明

1. 压力小于 $PN2.5$ 的使用场所件 1 为 XB450 材质,件 2 为 Q235—A 材质。
2. 焊角高度 K 应不小于焊件中最小壁厚。

明 细 表

件号	名称及规格	数量	材　质	图号或标准、规格号	备　注
1	垫片，ϕ_1/ϕ_2；$t=2$	1	XB350/LF_2	JK1—4—01	
2	连接头，$H=90$	1	Q235—A/20	YZ10—13	JK1—4—28
3	扩大管，$D89\times4.5$	1	10、20	YZ13—25	
4	挠性连接管 M20×1.5/G½″	1		FNG－13×700	

尺 寸 表

方案	件 2	件 1	
		规格	ϕ_1/ϕ_2
Ⅰ	M27×2	d	44/28
Ⅱ	M33×2	f	50/34

图名	热电偶、热电阻在扩大管上 45°倾斜安装图(保温)$DN10\sim DN65$;$PN4.0$	图号	JK1—1—02—2

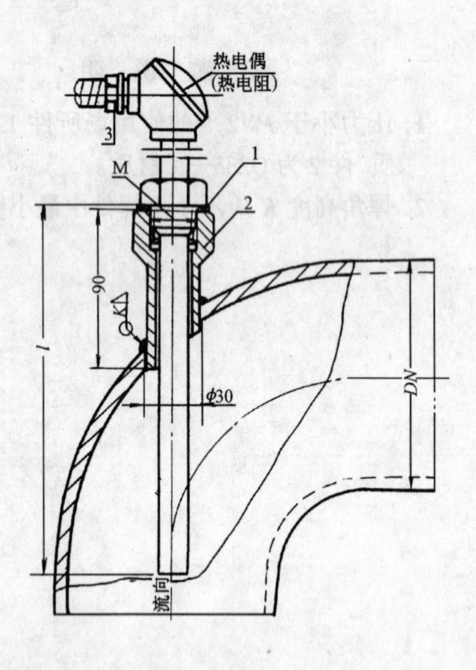

安 装 说 明

1. 插入深度 l 由设计定。
2. 焊角高度 K 应不小于焊件中最小壁厚。

尺 寸 表

方案	件 2	件 1	
		规格	ϕ_1/ϕ_2
Ⅰ	M27×2	d	44/28
Ⅱ	M33×2	f	50/34

明 细 表

件号	名称及规格	数量	材 质	图号或标准、规格号	备 注
1	垫片，ϕ_1/ϕ_2；$t=2$mm	1	XB350	JK—1—4—01	
2	连接头，$H=90$	1	Q235—A	YZ10—13	JK1—4—28
3	挠性连接管 M20×1.5/G½″	1		FNG—13×700	

图名	热电偶、热电阻在弯头上的安装图 $DN80\sim DN200$；$PN1.6$	图号	JK1—1—03—1

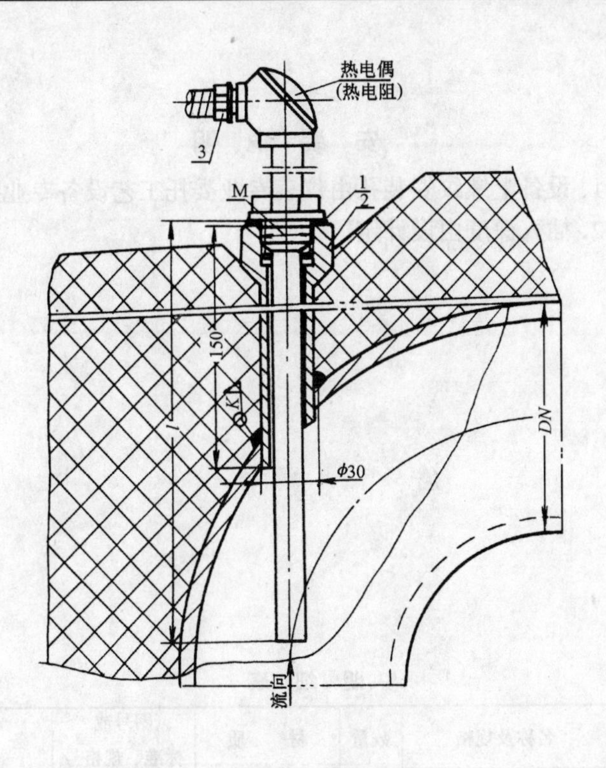

安装说明

1. 插入深度由设计定。
2. 焊角高度 K 应不小于焊件中的最小壁厚。

尺寸表

方案	件2	件1	
		规格	ϕ_1/ϕ_2
Ⅰ	M27×2	d	44/28
Ⅱ	M33×2	f	50/34

明细表

件号	名称及规格	数量	材质	图号或标准、规格号	备注
1	垫片，ϕ_1/ϕ_2；$t=2$mm	1	XB350	JK1—4—01	
2	连接头，$H=150$	1	Q235—A	YZ10—13	JK1—4—28
3	挠性连接管 M20×1.5/G½″	1		FNG—13×700	

图名	热电偶、热电阻在弯头上的安装图(保温)DN80～DN200；PN1.6	图号	JK1—1—03—2

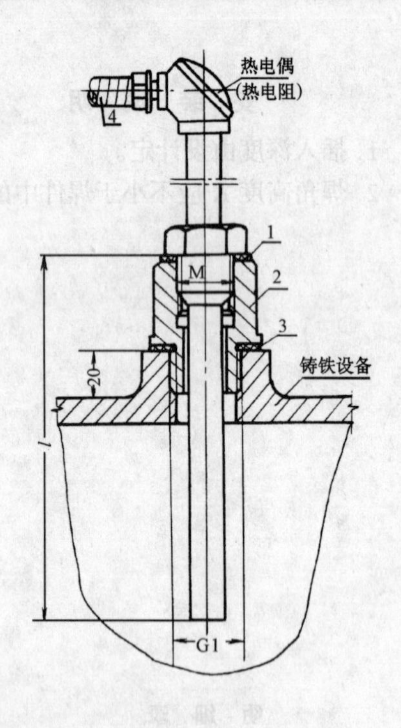

安 装 说 明

1. 设备上螺纹安装孔由仪表专业委托工艺设备专业预留。
2. 插入深度由设计定。

尺 寸 表

方案	件 2	件 1	
	M/G	规格	ϕ_1/ϕ_2
Ⅰ	M27×2/G1″	*d*	44/28
Ⅱ	M33×2/G1″	*e*	46/34

明 细 表

件号	名称及规格	数量	材 质	图号或标准、规格号	备 注
1	垫片，ϕ_1/ϕ_2；$t=2$mm	1	XB200	JK1—4—01	
2	异径接头，M/G	1	Q235—A	YZ13—11	JK1—4—29
3	法兰垫片 25—6.0	1	XB200	JB/T87—94	
4	挠性连接管 M20×1.5/G½″	1		FNG—13×700	

图名	热电偶、热电阻在铸铁设备上的安装图 *PN*0.6	图号	JK1—1—04

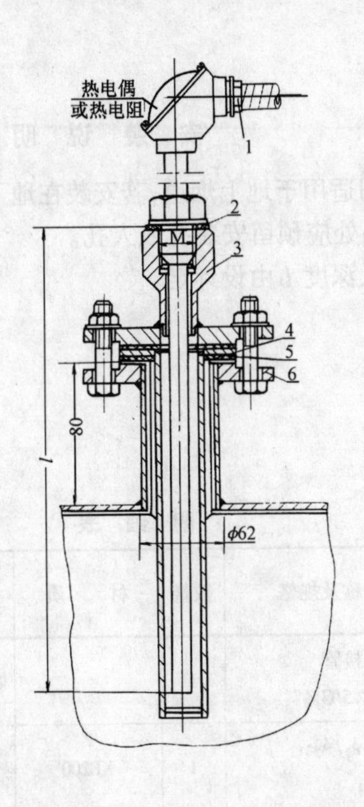

安 装 说 明

1. 插入深度 l 由设计定。
2. 为改善热传导,件4内充填下列物料;
(1)使用温度不大于150℃,充填变压器油;
(2)使用温度大于150℃,充填铜屑。

尺 寸 表

方案	件2		件3	
	规格	ϕ_1/ϕ_2	规格	M
Ⅰ	*d*	44/28	*a*	M27×2
Ⅱ	*f*	50/34	*b*	M33×2

明 细 表

件号	名称及规格	数量	材 质	图号或标准、规格号	备 注
1	挠性连接管 M20×1.5/G½″	1		FNG-13×700	
2	垫片, ϕ_1/ϕ_2; $t=2$mm	1	SFB—1	JK1—4—01	
3	法兰接管 *DN*50; *PN*0.6	1		JK1—4—02	
4	紫铜保护套管	1	T3	JK1—4—03	
5	垫片, ϕ50 $\delta=6$mm	1	SFB—1	JB/T87	
6	法兰短管 *DN*50; *PN*0.6	1		JK1—4—04	

图名	热电偶、热电阻在腐蚀性介质的管道、设备上的安装图 *PN*0.6	图号	JK1—1—05

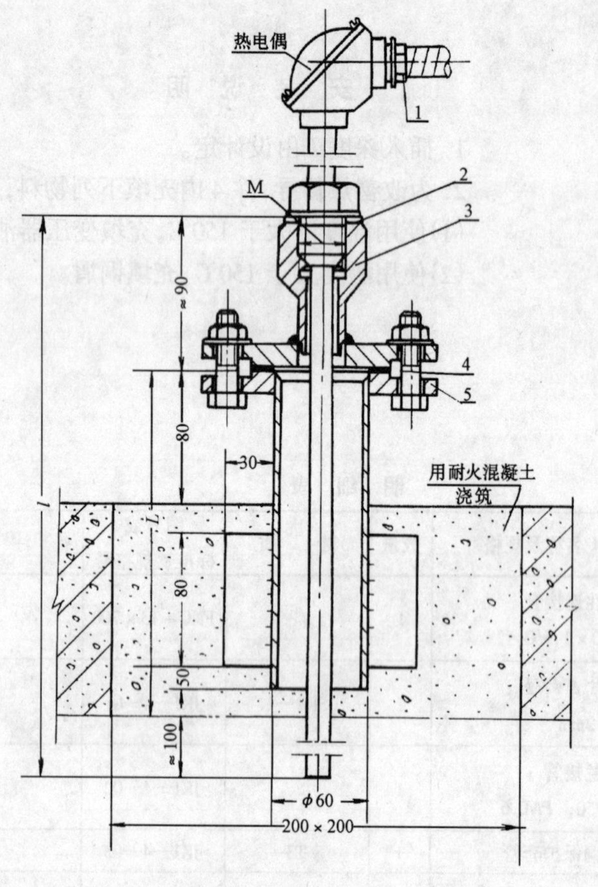

安装说明

1. 本图适用于地上烟道，若安装在地下烟道上，则在安装热电偶处应预留安装孔或人孔。
2. 插入深度 l 由设计定。

明细表

件号	名称及规格	数量	材质	图号或标准、规格号	备注
1	挠性连接管 M20×1.5/G½″	1		FNG—13×700	
2	垫片，ϕ_1/ϕ_2；$t=2$mm	1	XB200	JK1—4—01	
3	法兰接头 $DN50$/M；$PN0.6$	1		JK1—4—02	
4	垫片，50-6.0	1	XB200	JB/T87—94	
5	带筋法兰短管 $DN50$；$PN0.25$	1		JK1—4—05	

尺寸表

方案	件2		件3	
	规格	ϕ_1/ϕ_2	规格	M
Ⅰ	d	44/28	a	M27×2
Ⅱ	f	50/34	b	M33×2

图名	热电偶在烟道上的安装图（法兰固定）$PN0.25$	图号	JK1—1—06—1

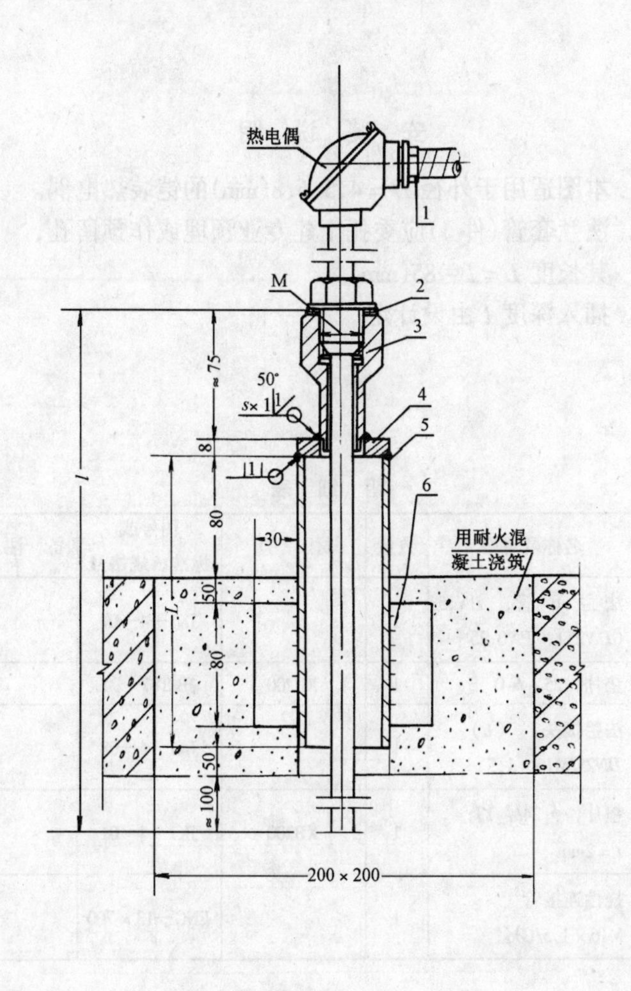

安 装 说 明

1. 本图适用于地上烟道，若安装在地下烟道上，则在安装热电偶处应预留安装孔或人孔。
2. 插入深度 l 及件 5 长度 l 由设计定。
3. 焊缝熔透深度 s 应大于焊件中最小壁厚的 0.7 倍。

尺 寸 表

方案	件 2		件 3		件 4		件 5	
	规格	ϕ_1/ϕ_2	规格	M	规格	ϕ_1/ϕ_2	规格	DN
Ⅰ	d	44/28	a	M27×2	b	48/23	a	40
Ⅱ	f	50/34	b	M33×2	c	60/31	b	50

明 细 表

件号	名称及规格	数量	材 质	图号或标准、规格号	备 注
1	挠性连接管，M20×1.5/G½″	1		FNG-13×700	
2	垫片，ϕ_1/ϕ_2；$t=2$mm	1	XB200	JK1—4—01	
3	连接头，$H=80$	1	Q235—A	YZ10—12	JK1—4—27
4	圈板，ϕ_1/ϕ_2；$\delta=8$mm	1	Q235—A	JK1—4—06	
5	焊接钢管，DN；L	1	Q235—B	GB/T 3092	
6	筋板，80×30；$\delta=3$mm	2	Q235—B	GB 912	

图名	热电偶在烟道上的安装图（圈板固定）PN0.25	图号	JK1—1—06—2

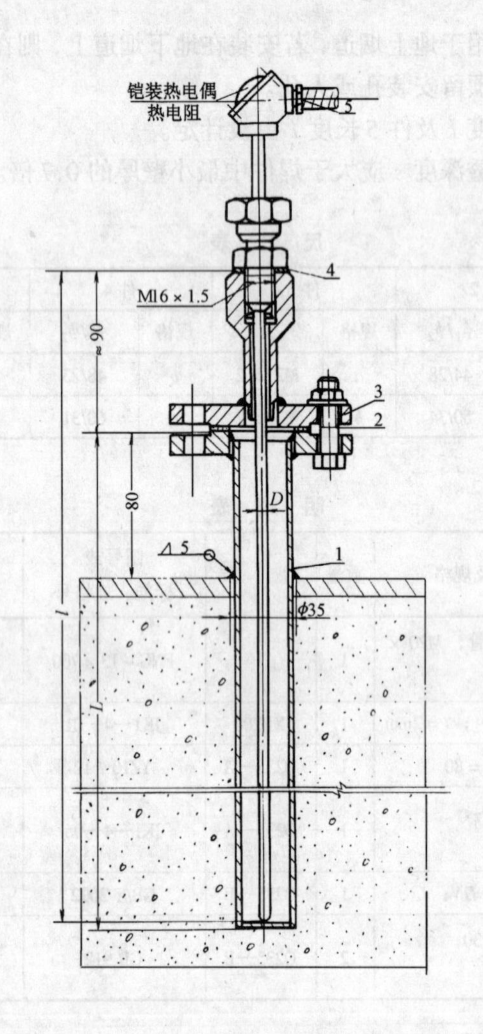

安 装 说 明

1. 本图适用于外径 $D=4$、5、6、8(mm)的铠装热电偶。
2. 法兰套管(件 1)应委托土建专业预埋或作预留孔，其长度 $L=l-85$(mm)。
3. 插入深度 l 由设计定。

明 细 表

件号	名称及规格	数量	材 质	图号或标准、规格号	备 注
1	法兰套管，*DN*15(*DN*25)，*PN*0.25	1		JK1—4—07	
2	垫片，25－6.0	1	XB200	JB/T87—94	
3	法兰接头。(*b*) *DN*25/M16 × 1.5	1		JK1—4—08	
4	垫片，$\phi_1 24/\phi_2 17$；$t=2$mm	1	XB200	JK1—4—01	
5	挠性连接管 M16 × 1.5/G½″	1		FNG—13 × 700	

图名	铠装热电偶、热电阻在设备基础上的安装图(法兰固定)*PN*0.25	图号	JK1—1—07—1

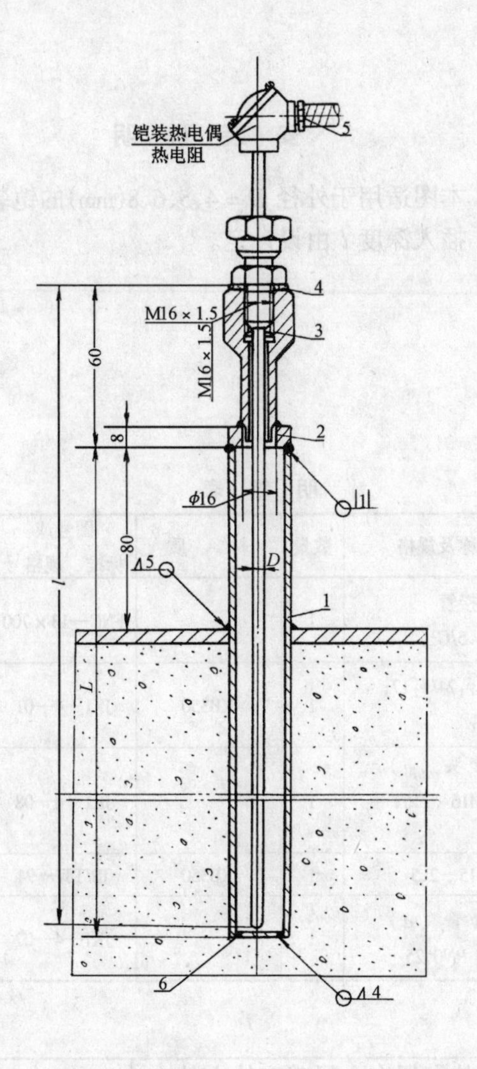

安 装 说 明

1. 本图适用于外径 $D = 4、5、6、8(mm)$ 的铠装热电偶。
2. 焊接钢管（件 1）应委托土建专业预埋或作预留孔，其长度 $L = l - 55(mm)$，端头用堵板（件 6）封死。
3. 插入深度 l 由设计定。

明 细 表

件号	名称及规格	数量	材 质	图号或标准、规格号	备 注
1	焊接钢管，$DN25$，L	1	Q235—B	GB/T 3092—93	
2	圈板（a）$\phi34/\phi15$；$\delta = 8mm$	1	Q235—A	JK1—4—06	
3	连接头，M16 × 1.5；$H = 60mm$	1	Q235—A	YZ10—12—1	JK1—4—27
4	垫片，$\phi_1 24/\phi_2 17$；$t = 2mm$	1	XB200	JK1—4—01	
5	挠性连接管，M16 × 1.5/G½″	1		FNG—13 × 700	
6	堵板，$\phi25$；$\delta = 4mm$	1	Q235—4	GB 912	

图名	铠装热电偶、热电阻在设备基础上的安装图（圈板固定）$PN0.25$	图号	JK1—1—07—2

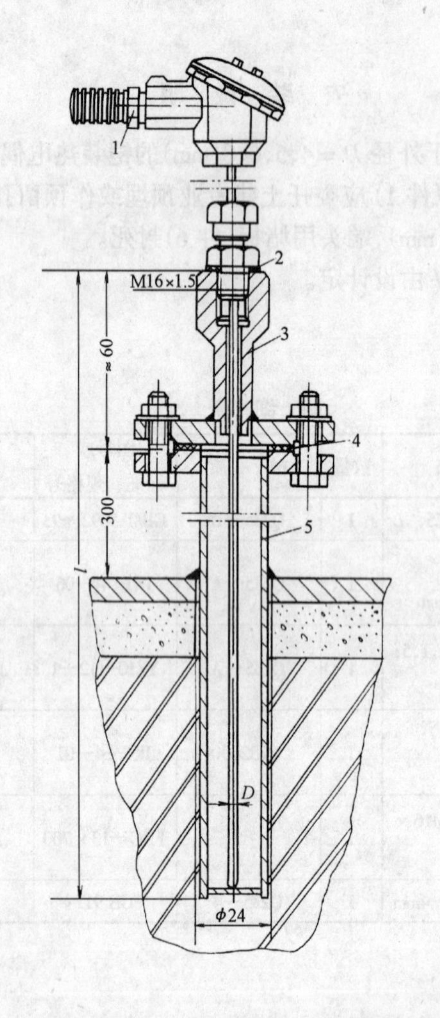

安 装 说 明

1. 本图适用于外径 $D=4$、5、6、8(mm)的铠装热电偶。
2. 插入深度 l 由设计定。

明 细 表

件号	名称及规格	数量	材　质	图号或标准、规格号	备　注
1	挠性连接管 M20×1.5/G½″	1		FNG—13×700	
2	垫片，$\phi_1 24/\phi_2 17$；$t=2$mm	1	XB350	JK1—4—01	
3	法兰接头（b）DN15/M16×1.5；PN0.6	1		JK1—4—08	
4	垫片，15—2.5	1	XB350	JB/T87—94	
5	法兰套管（a）DN15；PN0.25	1		JK1—4—07	

图名	铠装热电偶在金属砖砌体上的安装图(法兰固定)PN0.25	图号	JK1—1—07—3

安装说明

1. 插入深度 l 由设计定。
2. 焊缝熔透深度 s 应大于焊件中最小壁厚的 0.7 倍。

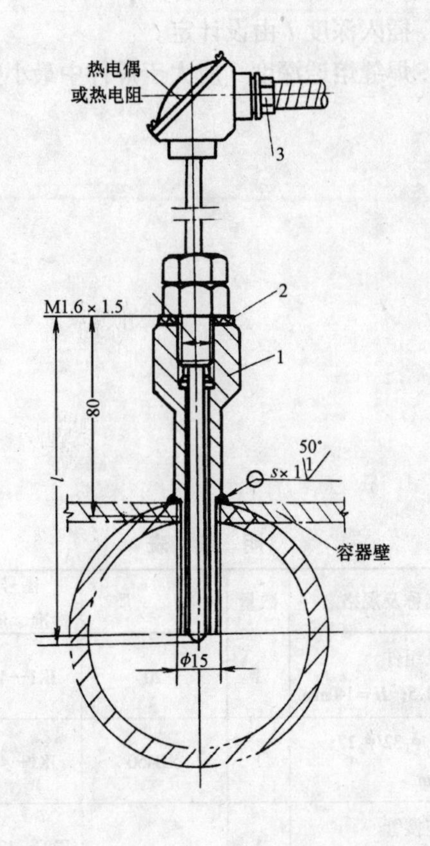

明细表

件号	名称及规格	数量	材质	图号或标准、规格号	备注
1	连接头组件 M16×1.5；$H=80$mm	1	20	JK1—4—09	
2	垫片，$\phi_1 32/\phi_2 17$； $t=2$mm	1	XB450	JK1—4—01	
3	挠性连接管 M16×1.5/G½″	1		FNG—3×700	

图名	固定卡套螺纹铠装热电偶、热电阻安装图 PN4.0；450℃	图号	JK1—1—07—4

安 装 说 明

1. 插入深度 l 由设计定。
2. 焊缝熔透深度 s 应大于焊件中最小壁厚的 0.7 倍。

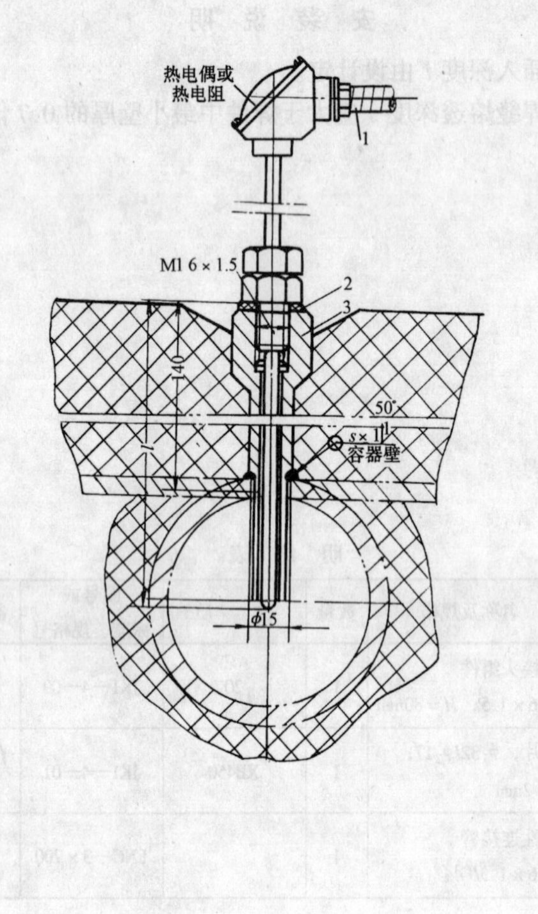

明 细 表

件号	名称及规格	数量	材　质	图号或 标准、规格号	备　注
1	连接头组件 M16×1.5；$H=140$mm	1	20	JK1—4—09	
2	垫片，$\phi_1 32/\phi_2 17$； $t=2$mm	1	XB450	JK1—4—01	
3	挠性连接管 M16×1.5/G½″	1		FNG—13×700	

图名	固定卡套螺纹铠装热电偶、热电阻 安装图(保温)PN4.0；450℃	图号	JK1—1—07—5

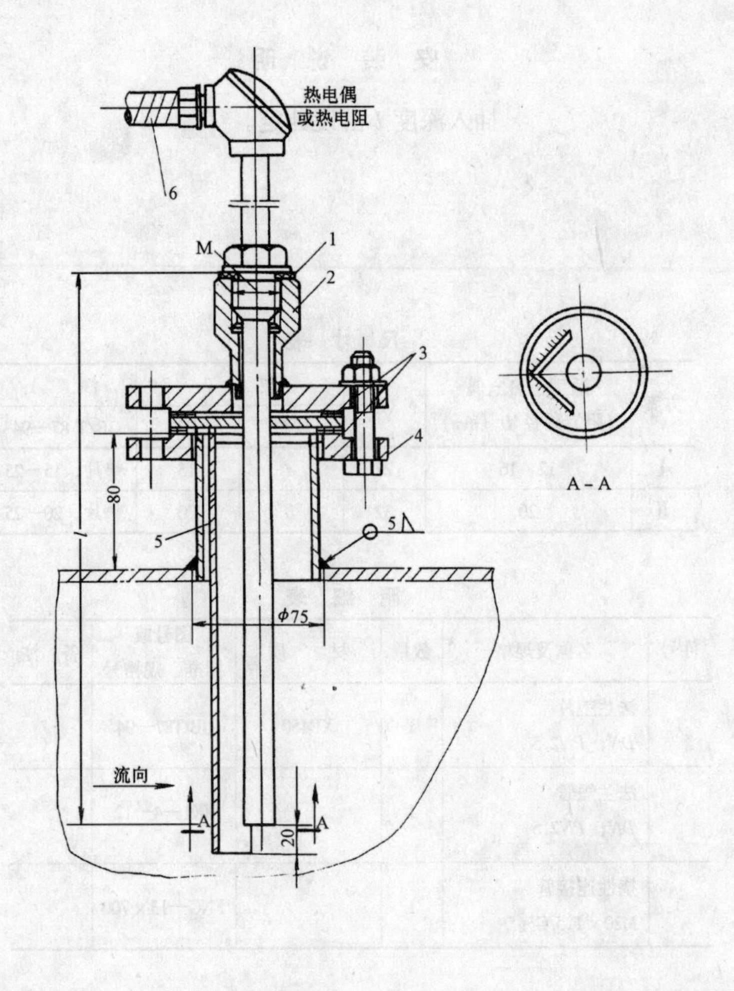

安装说明

1. 插入深度 l 由设计定。
2. M 为两种规格，a 为 M27×2；b 为 M33×2，根据热电偶、热电阻 M 规格配套选用。

尺寸表

方案	件 1		件 2	
	规格	ϕ_1/ϕ_2	规格	M
Ⅰ	d	44/28	a	M27×2
Ⅱ	f	50/34	b	M33×2

明细表

件号	名称及规格	数量	材　质	图号或标准、规格号	备　注
1	垫片，ϕ_1/ϕ_2；$t=2$mm	2	XB350	JK1—4—01	
2	法兰接头，*DN*65/M；*PN*0.6	1		JK1—4—10	
3	垫片，65—6.0	2	XB—350	JB/T87—94	
4	法兰短管（*b*）*DN*65；*PN*0.6	1		JK1—4—04	
5	角钢保护件	1		JK1—4—11	
6	挠性连接管 M20×1.5/G½″	1		FNG—13×700	

图名	带角钢保护热电偶、热电阻管道上的安装图(法兰固定)*PN*0.6	图号	JK1—1—08

安 装 说 明

插入深度 l 由设计定。

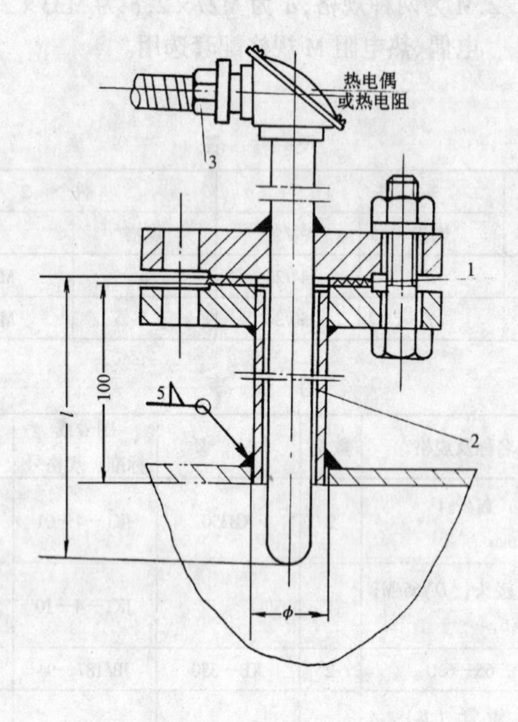

尺 寸 表

方案	适用于热电偶（阻）外径 D（mm）	ϕ（mm）	件 2		件 1
			规格	DN	JB/T 87—94
Ⅰ	12、16	27	a	15	垫片，15—25
Ⅱ	20	32	b	20	垫片，20—25

明 细 表

件号	名称及规格	数量	材 质	图号或标准、规格号	备 注
1	法兰垫片 DN；$PN2.5$	1	XB450	JB/T87—94	
2	法兰短管 DN；$PN2.5$	1		JK1—4—12	
3	挠性连接管 M20×1.5/G½″	1		FNG—13×700	

图名	热电偶、热电阻法兰连接垂直安装图 $PN2.5$	图号	JK1—1—09

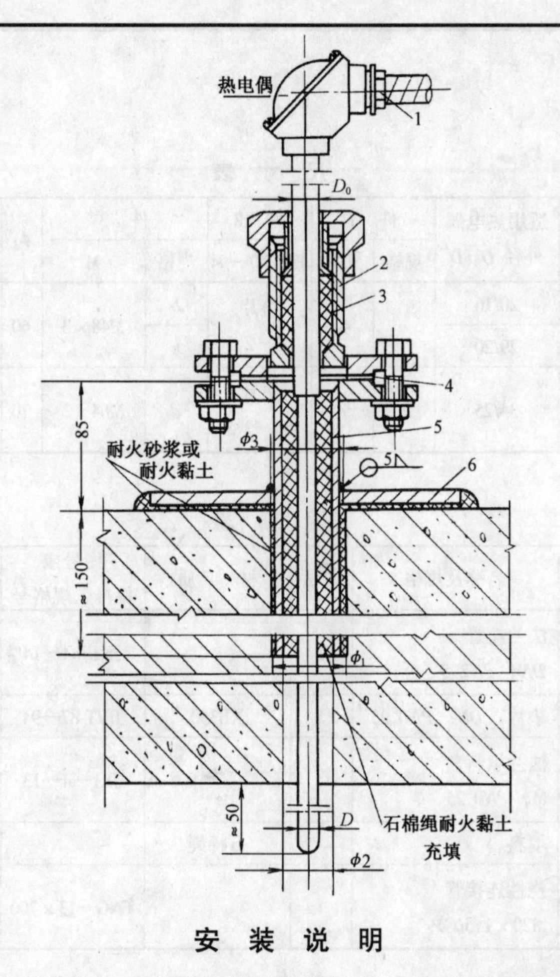

尺 寸 表

方案	适用热电偶外径 D_0/D	件 5		件 2		件4	ϕ_1	ϕ_2	ϕ_3
		规格	*DN*	规格	M	JB/T 87—94			
Ⅰ	20/16	*a*	40	*b*	M48×3	垫片 40—2.5	60	35	50
Ⅱ	29/20			*c*					
Ⅲ	34/25	*b*	50	*d*	M64×3	垫片 50—2.5	70	45	62

明 细 表

件号	名称及规格	数量	材 质	图号或标准、规格号	备 注
1	挠性连接管 M20×1.5/G½″	1		FNG—13×700	
2	法兰填料盒 M；*PN*0.25	1		JK1—4—13	
3	填料		石棉绳		
4	垫片，*DN*；*PN*0.25	1	XB350	JB/T 87—94	
5	法 兰 短 管，*DN*；*PN*0.25	1		JK1—4—14	
6	支撑板，200×200；$\delta=10$mm	1	Q235—B	GB 912	

安 装 说 明

1. 支撑板 6 应用耐火砂浆稳固在砖砌体上，然后插入填充好的热电偶，连同法兰短管 5 焊在件 6 上。若砌体本身有钢板，则取消支撑板 6。
2. 热电偶周围石棉绳、耐火土应塞紧、塞满，以防松动。
3. 图中，D_0—热电偶保护管外径；D—热电偶外径。

图名	热电偶在砖砌体顶上的安装图（填料盒定位）*PN*0.25	图号	JK1—1—10—1

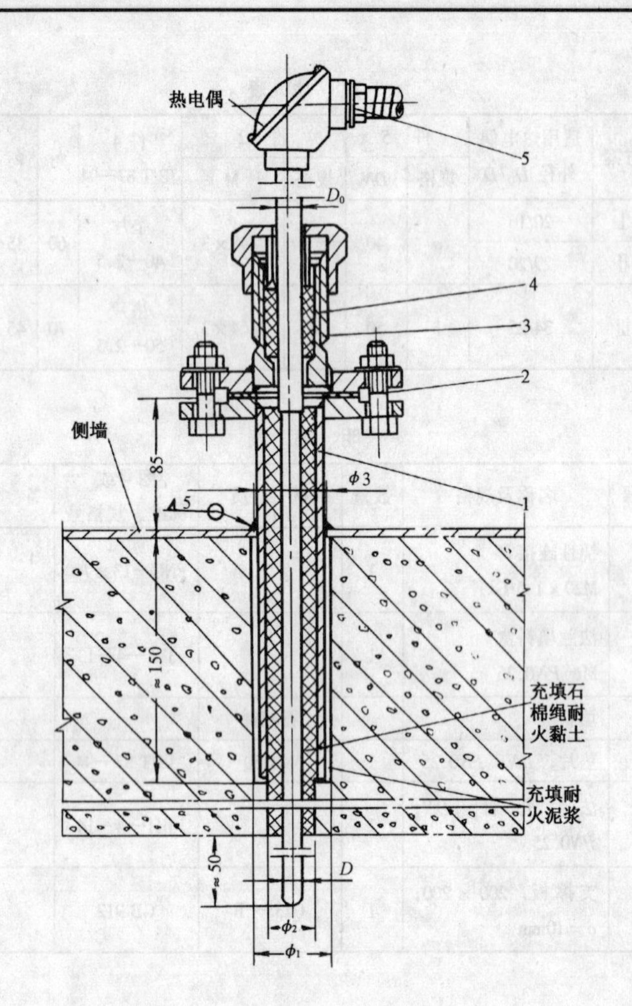

尺寸表

方案	适用热电偶外径 D_0/D	件 1 规格	件 1 DN	件 2 JB/T 87—94	件 3 规格	件 3 M	ϕ_1	ϕ_2	ϕ_3
Ⅰ	20/16	*a*	40	垫片 40—2.5	*b*	M48×3	60	35	50
Ⅱ	29/20				*c*				
Ⅲ	34/25	*b*	50	垫片 50—2.5	*d*	M64×3	70	45	62

明细表

件号	名称及规格	数量	材质	图号或标准、规格号	备注
1	法兰短管 *DN*；*PN*2.5	1		JK1—4—14	
2	垫片，*DN*；*PN*0.25	1	XB350	JB/T 87—94	
3	法兰填料盒 M；*PN*0.25	1		JK1—4—13	
4	填料		石棉绳		
5	挠性连接管 M20×1.5/G½″	1		FNG—13×700	

安装说明

1. 石棉绳充填应塞紧、塞满，以防松动漏气。
2. 全属壁按 ϕ_3 开孔。
3. 图中，D_0—热电偶保护管外径，D—热电偶外径。

图名	热电偶在金属壁砖砌体侧墙上的安装图（法兰填料盒定位）*PN*0.25	图号	JK1—1—10—2

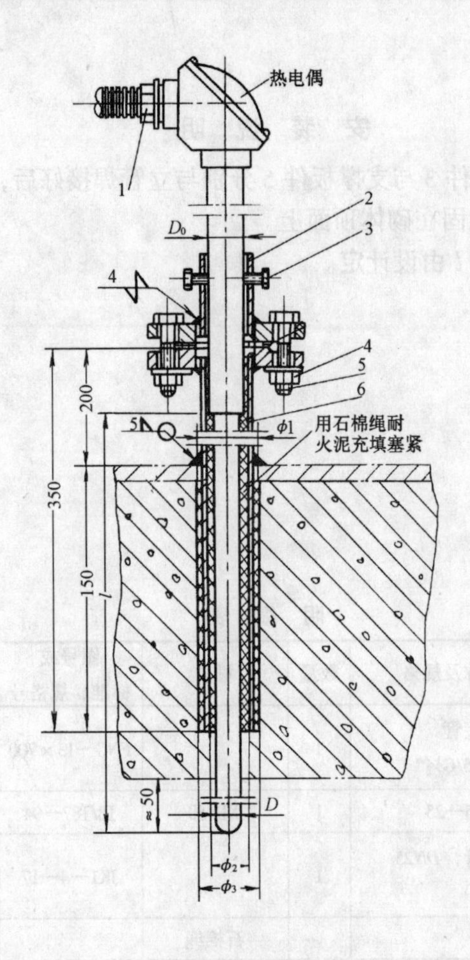

尺寸表

方案	适用热电偶外径 D_0/D	件 2 规格	件 2 DN	件 6 规格	件 6 DN	件 4 JB/T 81—94	件 5 JB/T 87—94	ϕ_1	ϕ_2	ϕ_3
Ⅰ	20/16	*a*	25	*b*	25	法兰 25—2.5	垫片 25—2.5	35	25	40
Ⅱ	29/20（34/25）	*b*	32	*c*	32	法兰 32—2.5	垫片 32—2.5	45	35	55

明细表

件号	名称及规格	数量	材质	图号或标准、规格号	备注
1	挠性连接管 M20×1.5/G½″	1		FNG—13×700	
2	定位管，*DN*；$l=50$	1	Q235—A	JK1—4—15	
3	紧定螺栓，M6×15	3		GB 5782	
4	法兰，*DN*；*PN*0.25	1	Q235—A	JB/T 87—94	
5	法兰垫片 *DN*；*PN*0.25	1	XB350	JB/T 87—94	
6	法兰短管 *DN*；*PN*0.25	1		JK1—4—16	

安装说明

1. 热电偶瓷保护管长度 l 由设计定。
2. 图中，D_0—热电偶保护管外径，D—热电偶外径。

图名	热电偶在金属砖砌体上的安装图（紧定螺栓定位）*PN*0.25	图号	JK1—1—10—3

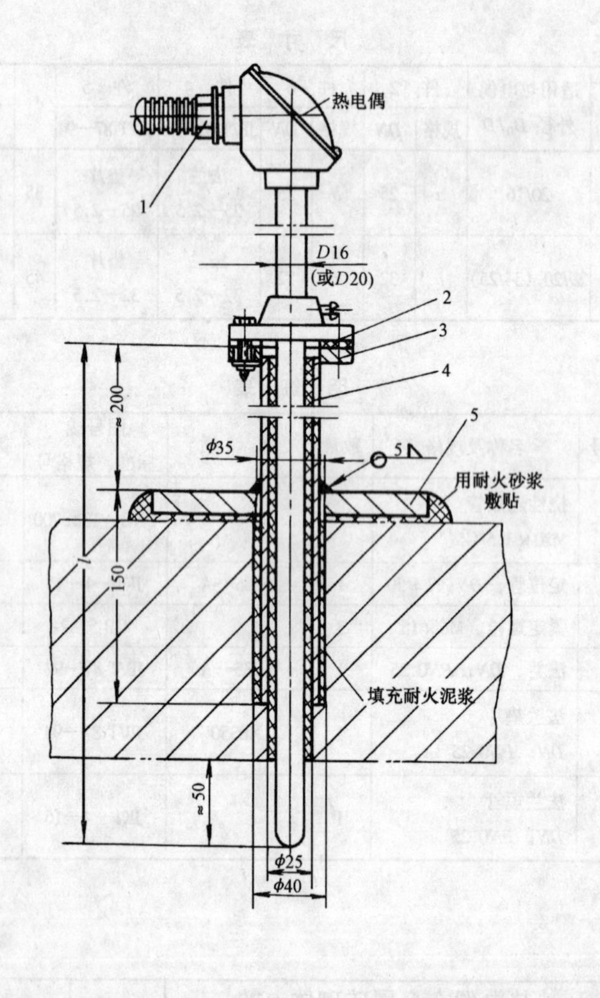

安 装 说 明

1. 法兰短管件3与支撑板件5分别与立管焊接好后，再用耐火砂浆稳固在砌体顶面上。
2. 插入深度 l 由设计定。

明 细 表

件号	名称及规格	数量	材质	图号或标准、规格号	备 注
1	挠性连接管 M20×1.5/G½″	1		FNG—13×700	
2	垫片，25—25	1	XB450	JB/T87—94	
3	法兰短管，*DN*25 （大气压）	1		JK1—4—17	
4	填料		石棉绳		
5	支撑板，250×250； δ = 8mm	1	Q235—B	GB 912—89	

图名	热电偶在砖砌体顶部的安装图 （松套法兰连接）大气压	图号	JK1—1—10—4

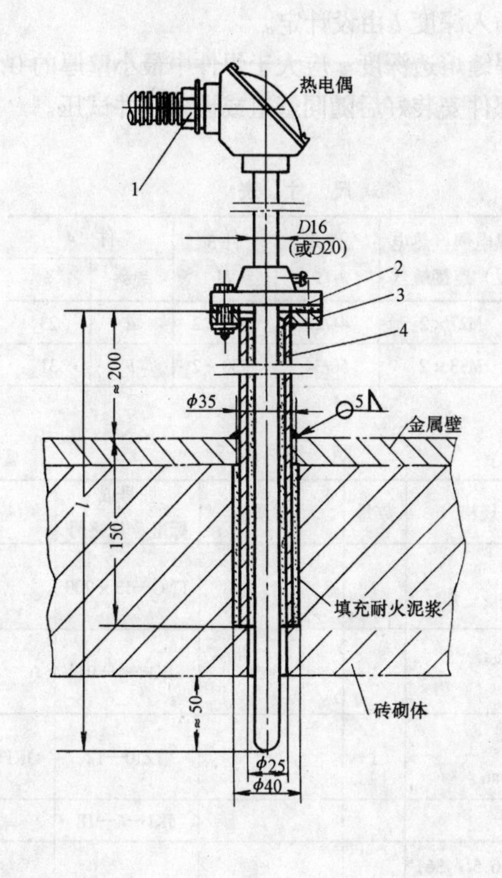

安 装 说 明

插入深度由设计定。

明 细 表

件号	名称及规格	数量	材质	图号或标准、规格号	备 注
1	挠性连接管，M20×1.5/G½″	1		FNG—13×700	
2	垫片，25—2.5	1	XB450	JB/T 87—94	
3	法 兰 短 管，*DN*25；(大气压)	1		JK1—4—17	
4	填料		石棉绳		

图名	热电偶在金属壁砖砌体上的安装图(松套法兰连接)大气压	图号	JK1—1—10—5

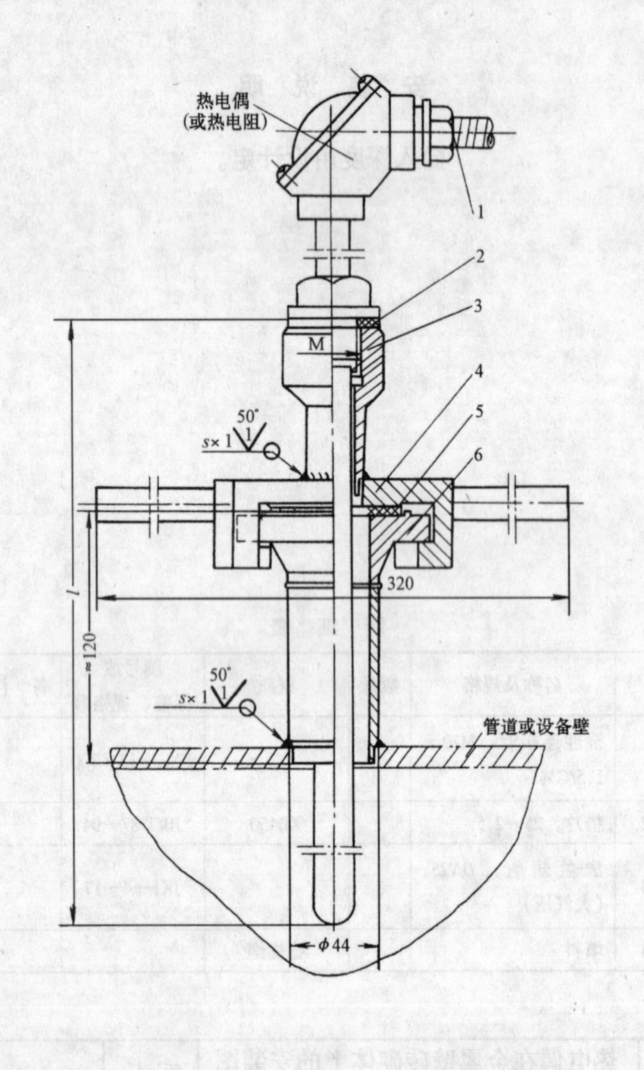

安装说明

1. 插入深度 l 由设计定。
2. 焊缝熔透深度 s 应大于焊件中最小壁厚的0.7倍。
3. 部件安装好后随同管道或设备一并试压。

尺寸表

方案	热电偶（热电阻）连接螺丝	件2 ϕ_1/ϕ_2	件3 M	件4	
				规格	ϕ
Ⅰ	M27×2	44/28	M27×2	a	23
Ⅱ	M33×2	50/34	M33×2	b	31

明细表

件号	名称及规格	数量	材质	图号或标准、规格号	备注
1	挠性连接管 M20×1.5/G½″	1		FNG—13×700	
2	垫片，ϕ_1/ϕ_2；$t=2$mm	1	XB450	JK1—4—01	
3	直形连接头 M；$H=80$mm	1		YZ10—12	JK1—4—27
4	小卡盘，ϕ			JK1—4—18	
5	垫片，$\phi_1 66.5/\phi_2 36$；$t=2.5$mm	1	XB450		
6	卡盘接头	1		JK1—4—19	

图名	热电偶、热电阻快速垂直安装图 PN0.6	图号	JK1—1—11—1

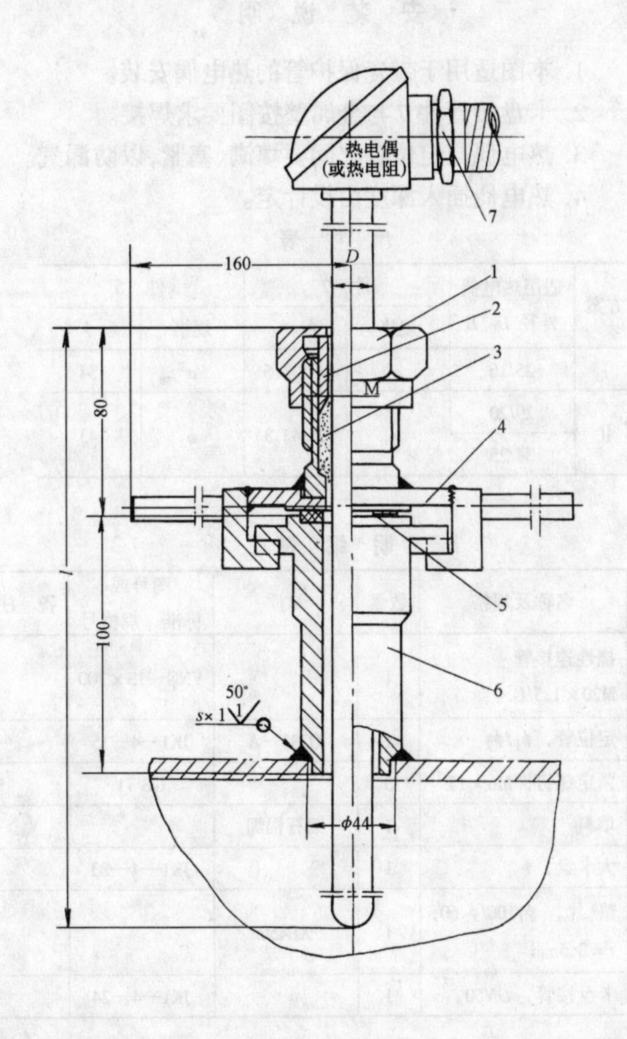

安 装 说 明

1. 插入深度 l 由设计定。
2. 焊缝熔透深度 s 应大于焊件中最小壁厚的 0.7。
3. 部件安装好后，随同管道或设备一并试压。

尺 寸 表

方案	热电偶（阻）外径 D	件 1		件 2		件 4	
		规格	M/ϕ	规格	ϕ_1/ϕ_2	规格	M/ϕ
Ⅰ	16	a	M48×3/18	a	28/18	a	M48×3/18
Ⅱ	20	b	M48×3/22	b	32/22	b	M48/22

明 细 表

件号	名称及规格	数量	材质	图号或标准、规格号	备 注
1	内螺纹压帽，M/ϕ	1	Q235—A	JK1—4—13—1	
2	填隙套管，ϕ_1/ϕ_2	1	Q235—B	JK1—4—13—2	
3	填料		浸铅油石棉绳		
4	卡盘组件，M/ϕ	1		JK1—4—20	
5	垫片，$\phi_1 50/\phi_2 26$；$t=3$mm	1	T3	JK1—4—21	
6	卡盘接头	1		JK1—4—22	
7	挠性连接管 M20×1.5/G½″	1		FNG—13×700	

图名	热电偶、热电阻快速安装图（填料盒式卡盘定位）PN0.6	图号	JK1—1—11—2

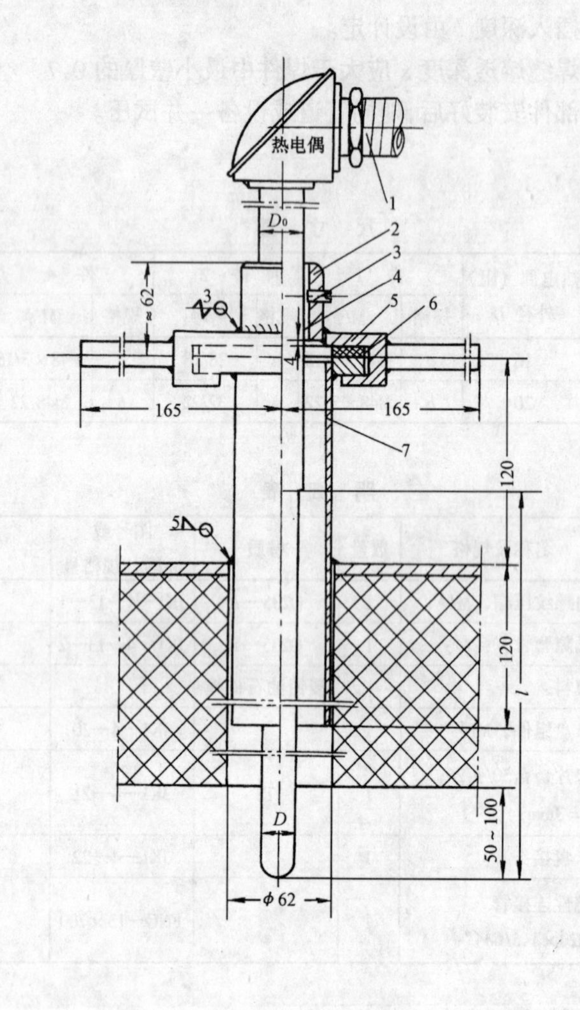

安 装 说 明

1. 本图适用于带瓷保护管的热电偶安装。
2. 卡盘接管件 7 与金属壁按图要求焊接。
3. 热电偶与定位管之间要填满、塞紧，以防漏气。
4. 热电偶插入深度由设计定。

尺 寸 表

方案	适用热电偶外径 D_0/D	件 2		件 5	
		规格	ϕ_1/ϕ_2	规格	ϕ
Ⅰ	25/16	*a*	27/33.5	*a*	34
Ⅱ	29/20 34/25	*b*	36/42.3	*b*	43

明 细 表

件号	名称及规格	数量	材质	图号或标准、规格号	备 注
1	挠性连接管 M20×1.5/G½″	1		FNG—13×700	
2	定位管，ϕ_1/ϕ_2	1	Q235—A	JK1—4—15	
3	紧定螺钉，M6×15	3		GB 71	
4	填料	1	细石棉绳		
5	大卡盘，ϕ	1		JK1—4—23	
6	垫 片，$\phi_1 100/\phi_2 60$；$t=3.5$mm	1	XB450		
7	卡盘接管，*DN*50	1		JK1—4—24	

图名	热电偶在金属壁砖砌体上垂直快速安装图（紧定螺钉定位）大气压	图号	JK1—1—11—3

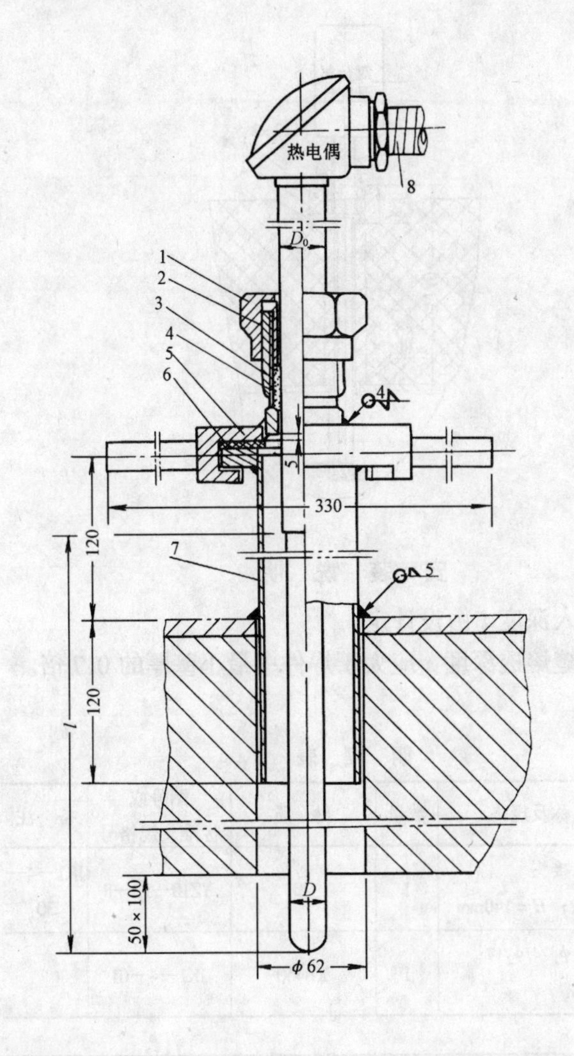

安 装 说 明

1. 本图适用于带钢套管瓷保护管的热电偶安装。
2. 插入深度 l 由设计定。

尺 寸 表

方案	适用热电偶外径 D_0/D	件 1		件 2		件 3		件 5	
		规格	M/ϕ	规格	ϕ_1/ϕ_2	规格	M/ϕ	规格	ϕ
Ⅰ	16/16	*a*	M48×3/18	*a*	28/18	*a*	M48×3/18	*c*	46
Ⅱ	20/16	*b*	M48×3/22	*b*	32/22	*b*	M48×3/22	*c*	46
Ⅲ	29/20	*c*	M48×3/31	*c*	36/31	*c*	M48×3/31	*c*	46
Ⅳ	34/25	*d*	M64×3/36	*d*	48/36	*d*	M34×3/36	*d*	61

明 细 表

件号	名称及规格	数量	材质	图号或标准、规格号	备 注
1	内螺纹压帽，M/ϕ	1	Q235—A	JK1—4—13—1	
2	填隙套管，ϕ_1/ϕ_2	1	Q235—A	JK1—4—13—2	
3	填料盒，M/ϕ	1	Q235—A	JK1—4—13—3	
4	填料		石棉绳		
5	大卡盘，ϕ	1	Q235—A	JK1—4—23	
6	垫片，$\phi_1 100/\phi_2 60$; $t=3.5$mm	1	XB450		
7	卡盘接管，*DN*50	1	Q235—B	YK1—4—24	
8	挠性连接管 M20×1.5/G½″	1		FNG—13×700	

图名	热电偶在金属壁砖砌体上的快速安装图(填料盒定位)(大气压)	图号	JK1—1—11—4

1.2 双金属温度计安装

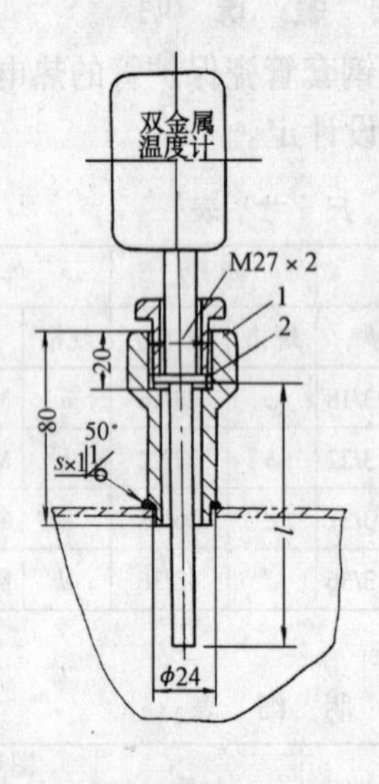

安装说明

1. 插入深度 l 由设计定。
2. 焊缝熔透深度 s 应大于焊件中最小壁厚的 0.7 倍。

明细表

件号	名称及规格	数量	材质	图号或标准、规格号	备注
1	直形连接头 M27×2；H = 80mm	1	20	YZ10—12—8	JK1—4—30
2	垫片（b） $\phi_1 24/\phi_2 17$；t = 2mm	1	XB450	JK1—4—01	

图名	双金属温度计外螺纹连接安装图 PN4.0	图号	JK1—2—01—1

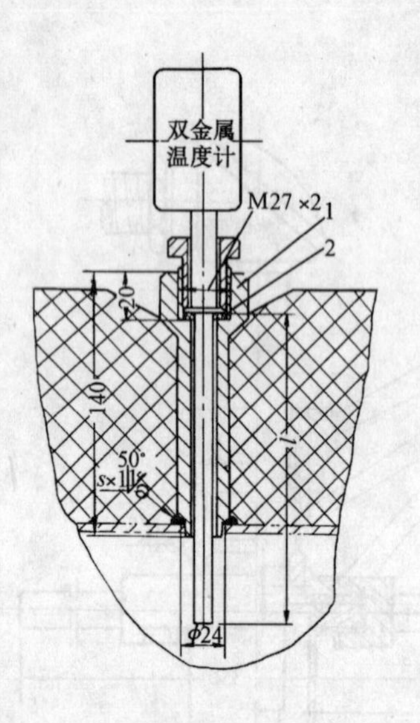

安装说明

1. 插入深度 l 由设计定。
2. 焊缝熔透深度 s 应大于焊件中最小壁厚的 0.7 倍。

明细表

件号	名称及规格	数量	材质	图号或标准、规格号	备注
1	直形连接头 M27×2；H = 140mm	1	20	YZ10—12—8	JK1—4—30
2	垫片，$\phi_1 24/\phi_2 17$； t = 2mm	1	XB450	JK1—4—01	

图名	双金属温度计外螺纹连接安装图(保温) PN4.0	图号	JK1—2—01—2

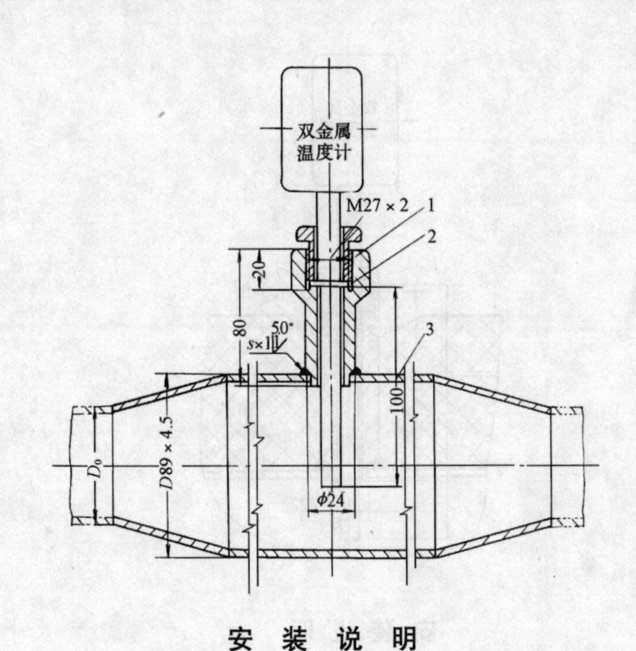

安 装 说 明

焊缝熔透深度 s 应大于焊件中最小壁厚的 0.7 倍。

明 细 表

件号	名称及规格	数量	材 质	图号或标准、规格号	备 注
1	直形连接头 M27×2；H=80mm	1	20	YZ10—12—8	JK1—4—30
2	垫片（b） $\phi_1 24/\phi_2 17$；t=2mm	1	XB450	YK1—4—01	
3	扩大管	1	10、20	YZ13—25	

图名	双金属温度计外螺纹在扩大管上的安装图 PN4.0	图号	JK1—2—02—1

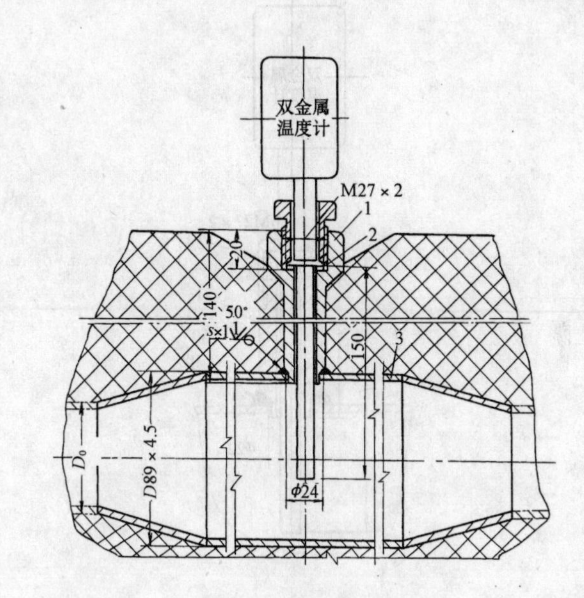

安 装 说 明

焊缝熔透深度 s 应大于焊件中最小壁厚的 0.7 倍。

明 细 表

件号	名称及规格	数量	材 质	图号或标准、规格号	备 注
1	直形连接头 M27×2；H=140mm	1	20	YZ10—12—8	JK1—4—30
2	垫片 $\phi_1 24/\phi_2 17$；t=2mm	1	XB450	JK1—4—01	
3	扩大管	1	10、20	YZ13—25	

图名	双金属温度计外螺纹在扩大管上的安装图(保温)PN4.0	图号	JK1—2—02—2

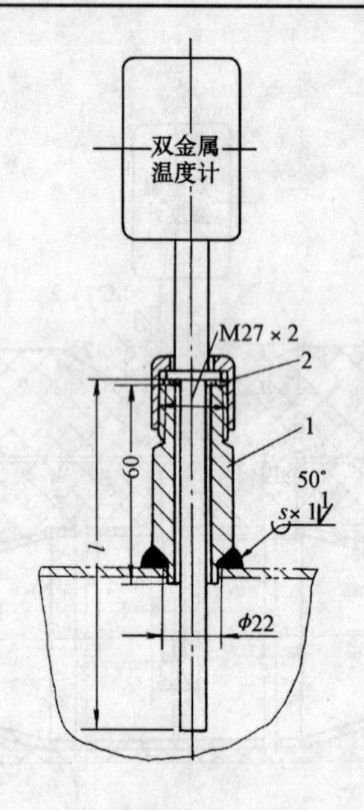

安 装 说 明

1. 插入深度 l 由设计定。
2. 焊缝熔透深度 s 应大于焊件中最小壁厚的 0.7 倍。

明 细 表

件号	名称及规格	数量	材质	图号或标准、规格号	备 注
1	直形连接头 M27×2；$H=60$mm	1	20	YZ10—20	JK1—4—31
2	垫片（a） $\phi_1 24/\phi_2 14$；$t=2$mm	1	XB450	JK1—4—01	

图名	双金属温度计内螺纹连接安装图 PN4.0	图号	JK1—2—03—1

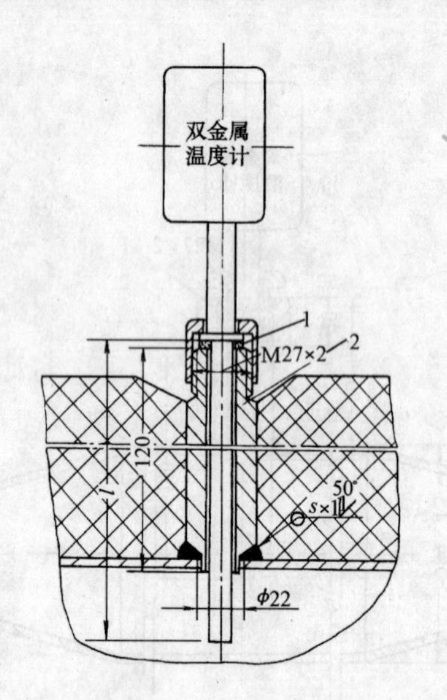

安装说明

1. 插入深度 l 由设计定。
2. 焊缝熔透深度 s 应大于焊件中最小壁厚的 0.7 倍。

明 细 表

件号	名称及规格	数量	材质	图号或标准、规格号	备 注
1	直形连接头 M27×2；$H=120$mm	1	20	YZ10—20	JK1—4—31
2	垫片（a） $\phi_1 24/\phi_1 14$；$t=2$mm	1	XB450	JK1—4—01	

图名	双金属温度计内螺纹连接安装图(保温)PN4.0	图号	JK1—2—03—2

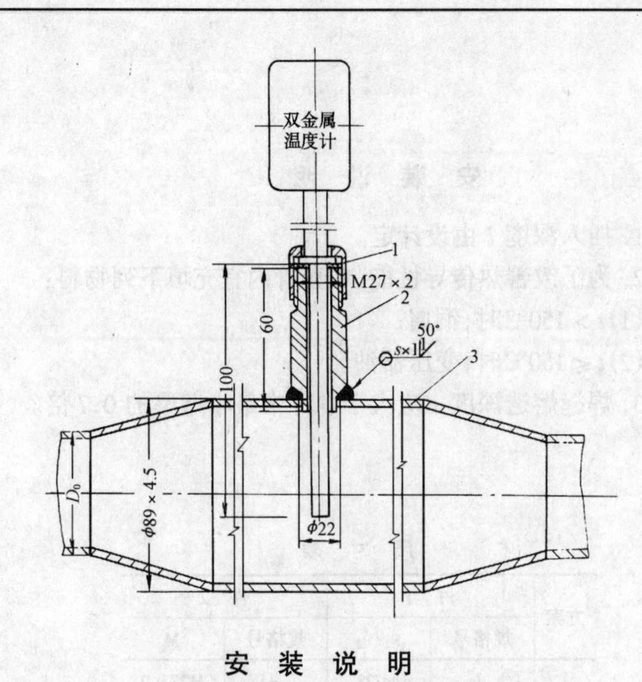

安 装 说 明

焊缝熔透深度 s 应大于焊件中最小壁厚的 0.7 倍。

明 细 表

件号	名称及规格	数量	材质	图号或 标准、规格号	备 注
1	垫片（a） $\phi_1 24/\phi_2 14$；$t=2$mm	1	XB450	JK1—4—01	
2	直形连接头 M27×2；$H=60$mm	1	20	YZ10—20	JK1—4—31
3	扩大管	1	10、20	YZ13—25	

图名	双金属温度计内螺纹连接在扩大管上的安装图 $PN4.0$	图号	JK1—2—04—1

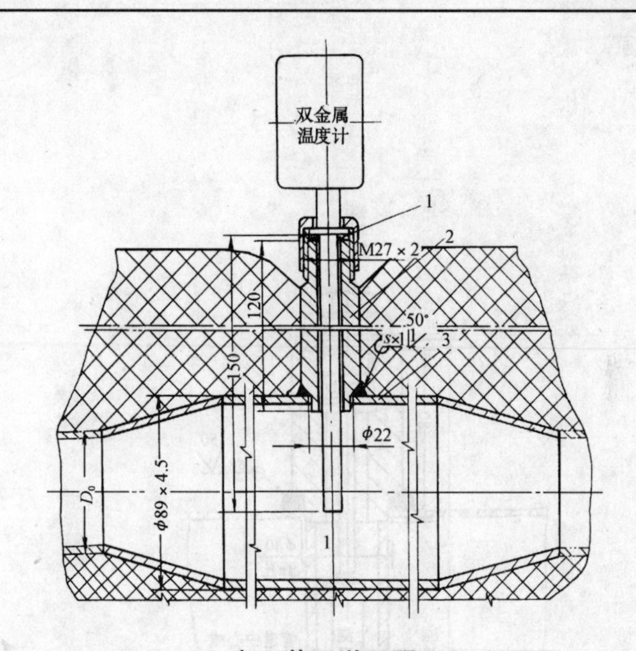

安 装 说 明

焊缝熔透深度 s 应大于焊件中最小壁厚的 0.7 倍。

明 细 表

件号	名称及规格	数量	材质	图号或 标准、规格号	备 注
1	垫片（a） $\phi_1 24/\phi_2 14$；$t=2$mm	1	XB450	JK1—4—01	
2	直形连接头 M27×2；$H=120$mm	1	20	YZ10—20	JK1—4—31
3	扩大管	1	10、20	YZ13—25	

图名	双金属温度计内螺纹连接在扩大管上的安装图(保温) $PN4.0$	图号	JK1—2—04—2

1.3 压力式温度计安装

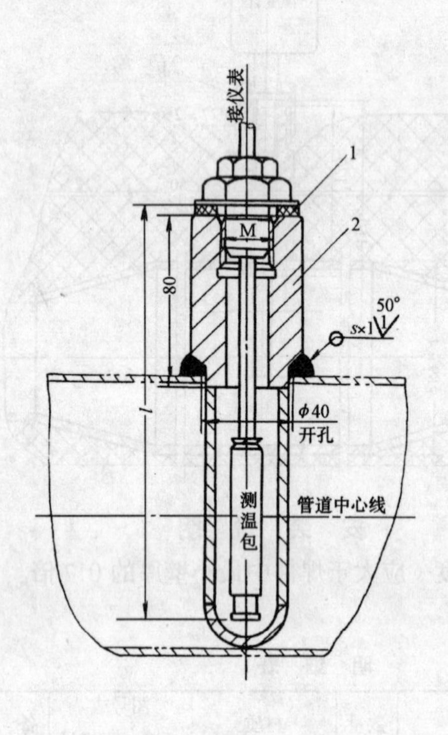

安 装 说 明

1. 插入深度 l 由设计定。
2. 为了改善热传导性能，在套管内宜充填下列物料：
(1) $t>150$℃时，铜屑；
(2) $t \leqslant 150$℃时，变压器油。
3. 焊缝熔透深度 s 应大于焊件中最小壁厚的 0.7 倍。

尺 寸 表

方案	件 1		件 2	
	规格号	ϕ_1/ϕ_2	规格号	M
Ⅰ	d	44/28	a	M27×2
Ⅱ	f	50/34	b	M33×2

明 细 表

件号	名称及规格	数量	材 质	图号或标准、规格号	备 注
1	垫片 ϕ_1/ϕ_2；$t=2$mm	1	XB450	JK1—4—01	
2	套管连接头 M；$H=80$mm	1	20	JK1—4—26	

图名	压力式温度计测温包安装图 (封闭式套管) PN4.0	图号	JK1—3—01

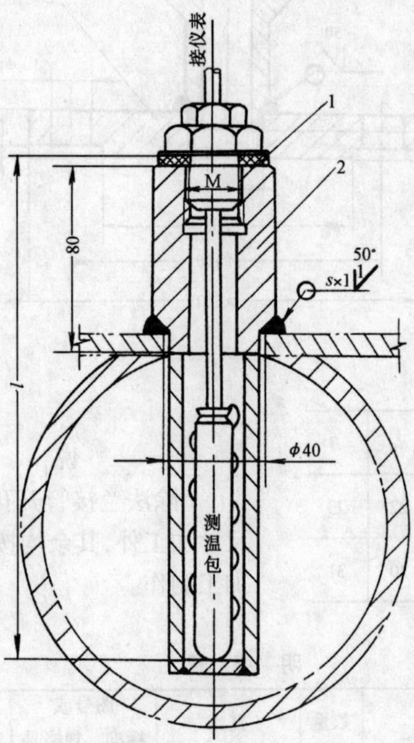

安 装 说 明

1. 插入深度 l 由设计定。
2. 焊缝熔透深度 s 应大于焊件中最小壁厚的 0.7 倍。

尺 寸 表

方案	件 2 M	垫 片 ϕ_1/ϕ_2
Ⅰ	M27×2	44/28
Ⅱ	M33×2	50/34

明 细 表

件号	名称及规格	数量	材 质	图号或 标准、规格号	备 注
1	垫 片，ϕ_1/ϕ_2；t = 2mm	1	XB450	JK1—4—01	
2	钻孔套管连接头	1	10、20	JK1—4—25	

图名	压力式温度计测温包安装图 （钻孔式套管）$PN4.0$	图号	JK1—3—02

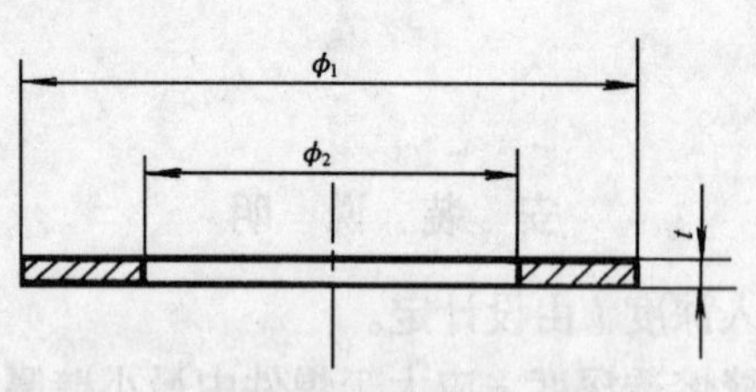

规格尺寸表

规格	垫片尺寸（mm）		
	ϕ_1	ϕ_2	t
a	24	14	2
b	24	17	
c	32	17	
d	44	28	
e	46	34	
f	50	34	

材质选型表

类号	材质	使用范围		
		介质	温度（℃）	压力（MPa）
Ⅰ	橡胶石棉板（GB 3985）XB450	水，饱和蒸汽、过热蒸汽、空气、煤气、氨、碱、惰性气体	450	≤5.88
	XB350		350	≤3.92
	XB200		200	≤1.47
Ⅱ	聚四氟乙烯板 SFB—1	腐蚀性介质		
Ⅲ	防锈铝 LF_2（GB/T 3880）	高压、高温气体、蒸汽	≥450	≥5.88 ≤10.0
Ⅳ	纯铜板 T_3（GB 2040）			

图名	垫　　片	图号	JK1—4—01

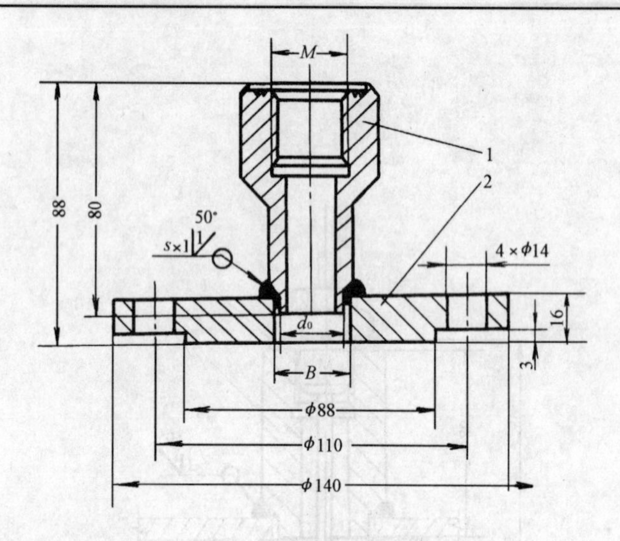

尺寸表

规格	M	d_0	B
a	M27×2	22	23
b	M33×2	30	31

说　明

除法兰接管开孔 B 按本图尺寸加工外，其余均按 GB/T 9119 加工制作。

明细表

件号	名称及规格	数量	材质	图号或标准、规格号	备注
1	直形连接头 M；H = 80mm	1	Q235—A	YZ10—12	JK1—4—27
2	法兰 DN50，PN0.6 Ⅱ	1	Q235—A	GB/T 9119	

图名	法兰接头 M/DN50；PN0.6	图号	JK1—4—02

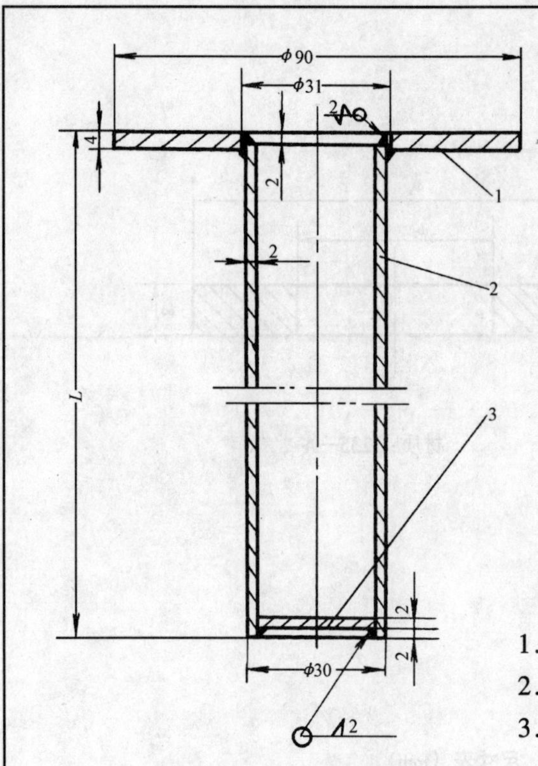

说　　明

1. 长度 L 由设计定。
2. 所有焊缝均为铜焊。
3. 锐角倒钝。

明　细　表

件号	名称及规格	数量	材　质	图号或标准、规格号	备　注
1	固定圈板，φ90/φ31；δ = 4mm	1	T_3	GB 2040	
2	紫铜管，$D30\times2$；L	1	T_3	GB 1527	
3	底板，φ25.5；δ = 2mm	1	T_3	GB 2040	

图名	紫铜保护套管	图号	JK1—4—03

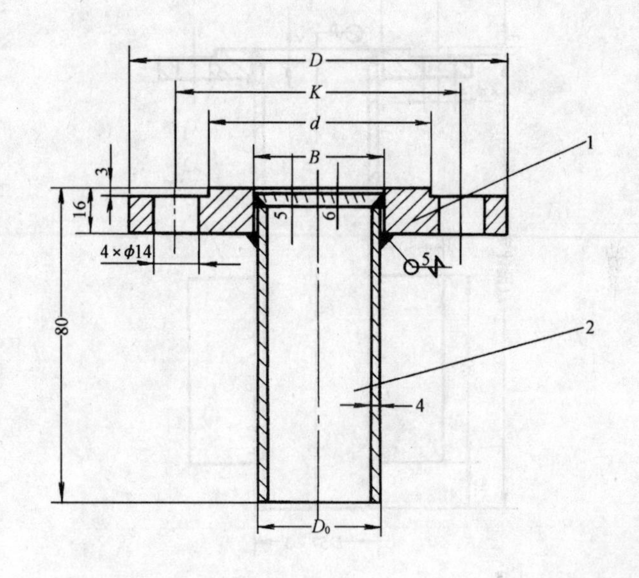

明　细　表

件号	名称及规格	数量	材　质	图号或标准、规格号	备　注
1	法兰，DN50、PN0.6Ⅱ 法兰，DN65、PN0.6Ⅱ	1	Q235—A	GB/T 9119	
2	无缝钢管，$D73\times4$ 无缝钢管，$D57\times4$	1	10	GB 8162	

图名	法兰短管 $DN50\sim DN65;PN0.6$	图号	JK1—4—04

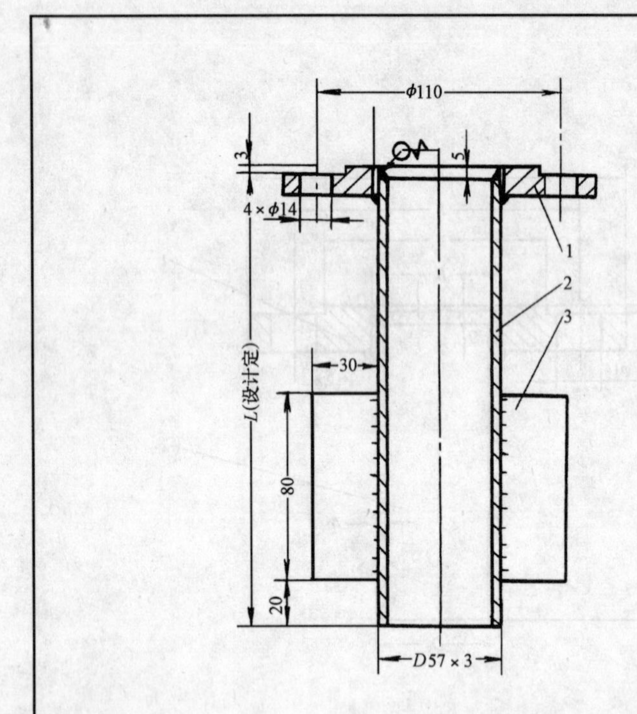

明 细 表

件号	名称及规格	数量	材质	图号或标准、规格号	备 注
1	法兰，DN50，PN0.25 Ⅱ	1	Q235—A	GB/T 9119	
2	无缝钢管 D57×4；L	1	10	GB 8162	
3	筋板，80mm×30mm；$\delta = 3$mm	2	Q235—B	GB 912	

图名	带筋法兰短管 DN50；PN0.25	图号	JK1—4—05

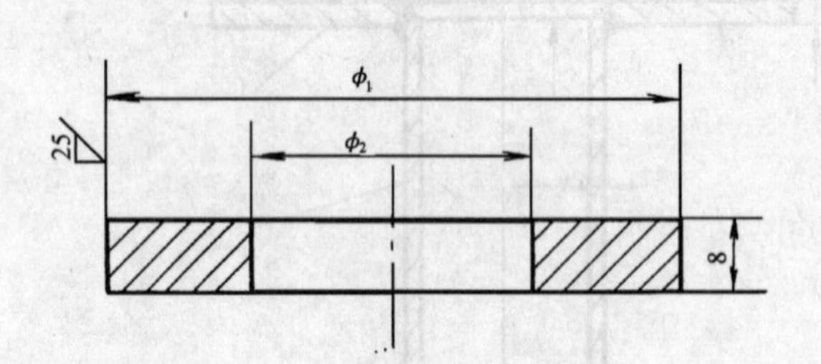

材质：Q235—A

尺寸表（mm）

规格	ϕ_1	ϕ_2
a	34	15
b	48	23
c	60	31

图名	圈 板	图号	JK1—4—06

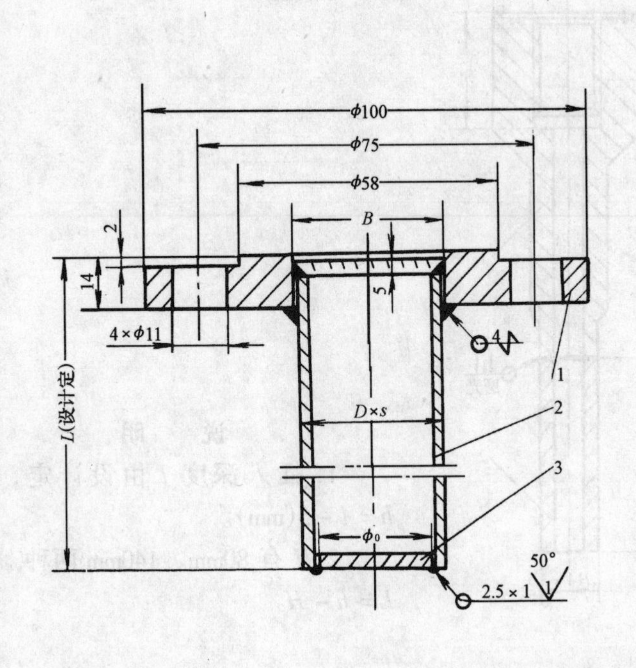

说　明

1. 除尺寸 B 以外，$DN15$ 管法兰均按 $DN25$ 管法兰尺寸加工制作；$DN25$、$B=33\text{mm}$；$DN15$、$B=19\text{mm}$。
2. 法兰套管分两个规格，规格 a 为 $DN15$；规格 b 为 $DN25$。

明 细 表

件号	名称及规格	数量	材质	图号或标准、规格号	备 注
1	法兰，DN25，PN0.25Ⅱ	1	Q235—A	GB/T 9119	
2	无缝钢管，D18×3；L 无缝钢管，D32×3；L	1	10	GB 8162	
3	底板，φ11；δ=4mm 底板，φ25；δ=4mm	1	Q235—B	GB 912	

图名	法兰短管 DN15、DN25；PN0.25	图号	JK1—4—07

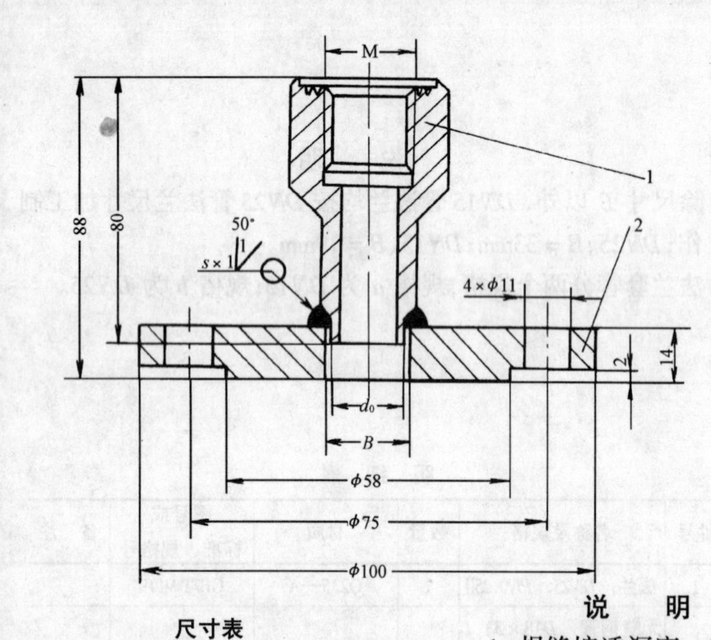

尺寸表

规格	件 1		件 2
	M	d_0	B
a	M27×2	22	23
b	M16×1.5	14	15

说 明

1. 焊缝熔透深度 s 应大于焊件中最小壁厚的 0.7。

2. 除接管开孔 B 外，M27×2、M16×1.5 法兰均按 GB/T9119 法兰 DN25，PN0.6 制作。

明 细 表

件号	名称及规格	数量	材质	图号或标准、规格号	备 注
1	直形连接头，M；H = 80mm	1	Q235—A	YZ10—12	JK1—4—27
2	法兰，DN25，PN0.6Ⅱ	1	Q235—A	GB/T 9119	

图名	法兰短管 M27×2、M16×1.5；PN0.6	图号	JK1—4—08

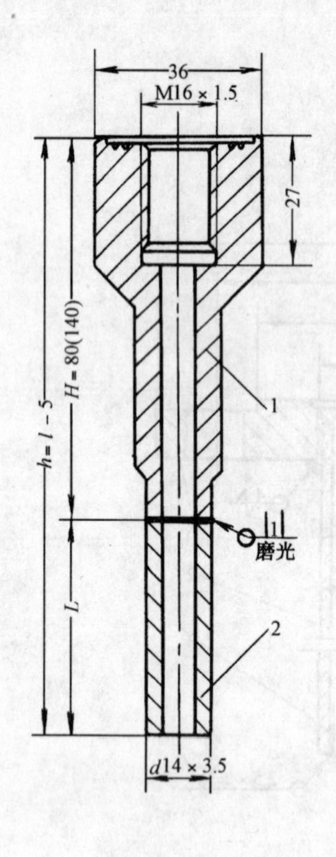

说 明

1. 插入深度 l 由设计定，$h = l - 5$(mm)。

2. H 有 80mm、140mm 两种，$L = h - H$。

明 细 表

件号	名称及规格	数量	材质	图号或标准、规格号	备 注
1	连接头 M16×1.5；H	1	20	YZ10—12	JK1—4—27
2	无缝钢管 D14×3.5、L	1	10	GB 8162—87	

图名	连接头组件 M16×1.5；PN4.0	图号	JK1—4—09

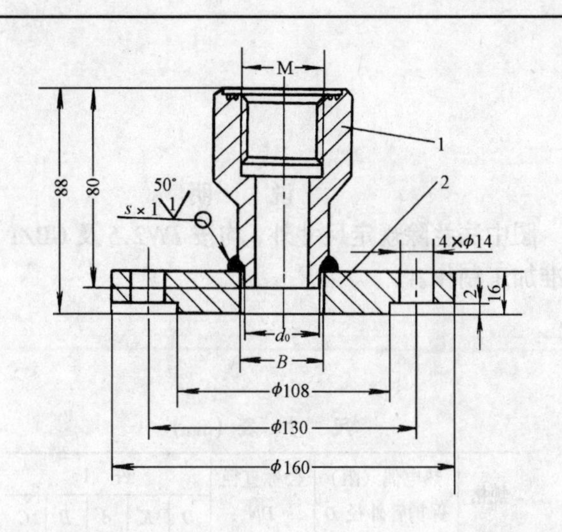

尺寸表

规格号	M	d_0	B
a	M27×2	22	23
b	M33×2	30	31

说　明

1. 法兰 *DN*65、*PN*0.6 除尺寸 *B* 按图要求外，其余均按 GB/T 9119 加工制作。

2. 焊缝熔透深度 *s* 应大于焊件中最小壁厚的 0.7。

明　细　表

件号	名称及规格	数量	材质	图号或标准、规格号	备　注
1	直形连接头，M；*H*＝80mm	1	Q235—A	YZ10—12	
2	法兰，*DN*65，*PN*0.6Ⅱ	1	Q235—A	GB/T 9119	

图名	法兰短管 M27×2、M33×2/*DN*65；*PN*0.6	图号	JK1—4—10

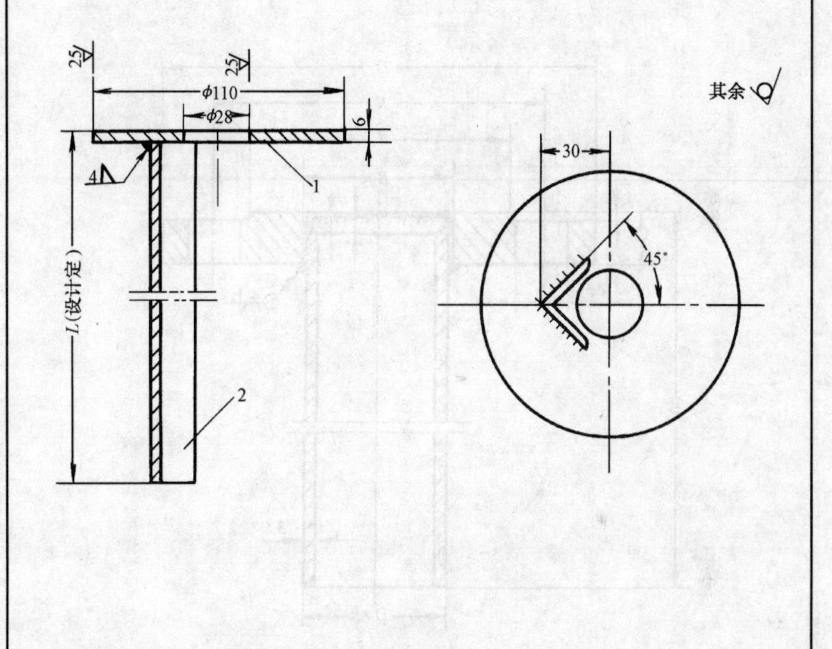

明　细　表

件号	名称及规格	数量	材质	图号或标准、规格号	备　注
1	角钢固定板 φ110/φ28；δ＝6mm	1	Q235—B	GB 912	
2	角钢，∟ 30×4、L	1	Q235—B	GB 9787	

图名	角钢保护件	图号	JK1—4—11

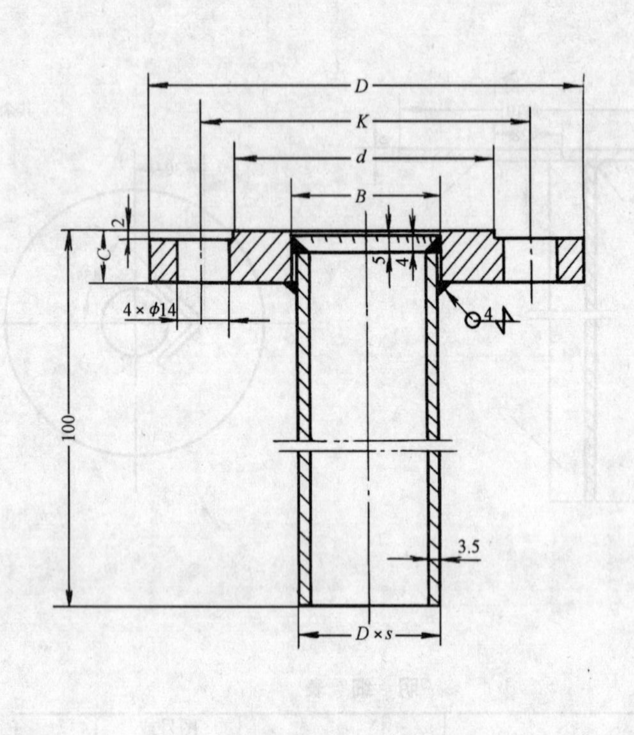

说　明

图中法兰除规定尺寸外，均按 *PN*2.5 及 GB/T 9119 标准加工制作。

尺 寸 表（mm）

规格	热电偶（阻）保护管外径 *D*	公称直径 *DN*	件 1				
			D	*K*	*d*	*B*	*C*
a	12、16	15	95	65	46	25.5	14
b	20	20	105	75	56	30.5	16

明 细 表

件号	名称及规格	数量	材质	图号或标准、规格号	备 注
1	法兰，*DN*15，*PN*2.5Ⅱ	1	Q235—A	GB/T 9119	
	法兰，*DN*25，*PN*2.5Ⅱ				
2	无缝钢管，*D*25 × 3.5	1	10、20	GB 8163	
	无缝钢管，*D*30 × 3.5				

图名	法兰短管 *DN*15、*DN*20；*PN*2.5	图号	JK1—4—12

DN50法兰除法兰接管开孔按 $B=60$ 加工外，其余均按 PN0.25级 GB/T 9119的规定加工制造。

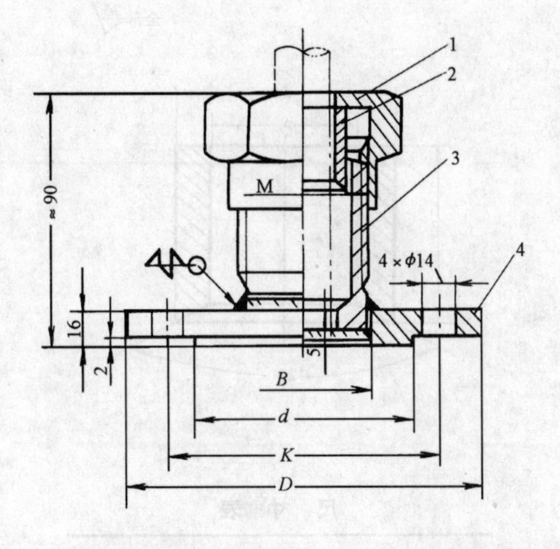

尺 寸 表

规格号	适用热电偶外径 D_0/D	件 1	件 2	件 3	件 4				
		M	ϕ_1/ϕ_2	M	DN	D	K	d	B
a	16/16	M48×3	28/18	M48×3	40	130	100	78	46
b	20/16	M48×3	32/22	M48×3					
c	29/20	M48×3	36/31	M48×3					
d	34/25	M64×3	48/36	M64×3	50	140	110	88	59

明 细 表

件号	名称及规格	数量	材质	图号或标准、规格号	备 注
1	压帽，M	1	Q235—A	JK1—4—13—1	
2	填隙套管，ϕ_1/ϕ_2	1	10	JK1—4—13—2	
3	填料盒	1	10	JK1—4—13—3	
4	法兰，DN40，PN0.25Ⅱ	1	Q235—A	GB/T 9119	
	法兰，DN50，PN0.25Ⅱ	1	Q235—A		

图名	法兰填料盒 M48×3(M64×3) / DN40(DN50)；PN0.25	图号	JK1—4—13

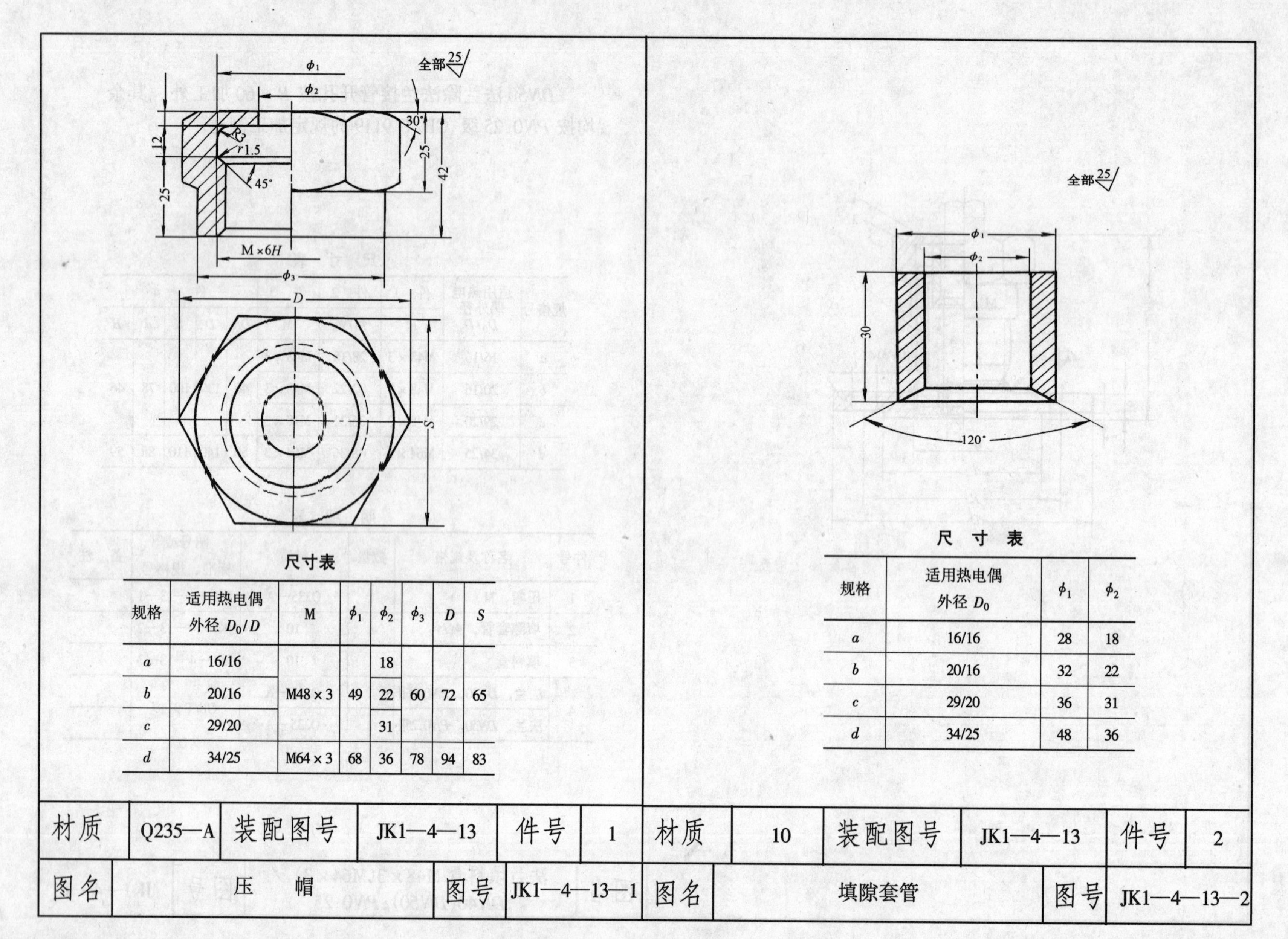

尺寸表

规格	适用热电偶外径 D_0/D	M	ϕ_1	ϕ_2	ϕ_3	D	S
a	16/16			18			
b	20/16	M48×3	49	22	60	72	65
c	29/20			31			
d	34/25	M64×3	68	36	78	94	83

尺　寸　表

规格	适用热电偶外径 D_0	ϕ_1	ϕ_2
a	16/16	28	18
b	20/16	32	22
c	29/20	36	31
d	34/25	48	36

材质	Q235—A	装配图号	JK1—4—13	件号	1	材质	10	装配图号	JK1—4—13	件号	2
图名	压　帽	图号	JK1—4—13—1			图名	填隙套管	图号	JK1—4—13—2		

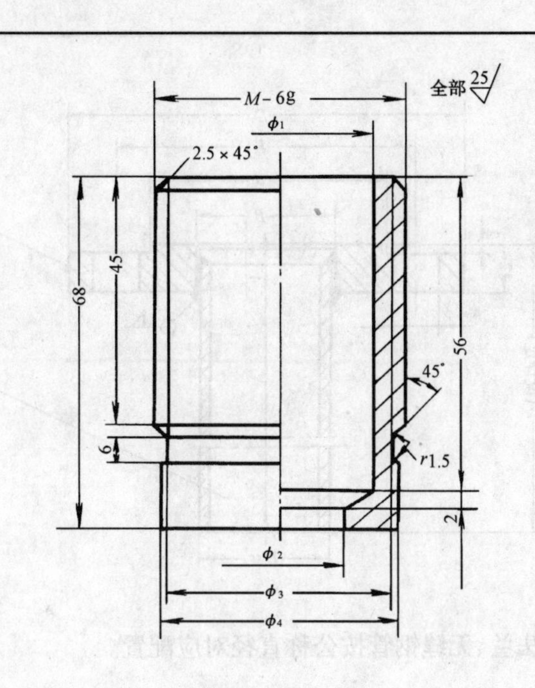

尺 寸 表

规格	适用热电偶外径 D_0/D	M	ϕ_1	ϕ_2	ϕ_3	ϕ_4
a	16/16	M48×3-6g	30	18	43.5	45
b	20/16		34	22		
c	29/20		38	31		
d	34/25	M64×3-6g	50	36	59.5	60

材质	10	装配图号	JK1—4—13	件号	3
图名	填料盒	图号	JK1—4—13—3		

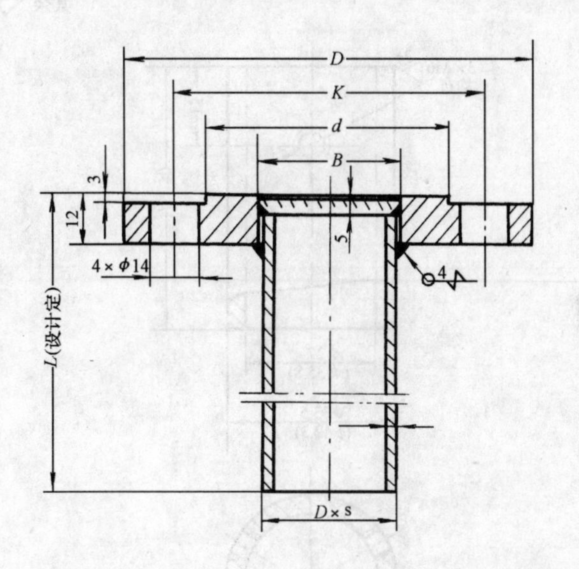

明 细 表

件号	名称及规格	数量	材质	图号或标准、规格号	备 注
1	法兰 *DN*50，*PN*0.25Ⅱ 法兰 *DN*40，*PN*0.25Ⅱ	1	Q235—A	GB/T 9119	
2	无缝钢管 *D*57×3.5 无缝钢管 *D*45×3	1	10、20	GB 8163	

图名	法兰短管 *DN*40(*DN*50)；*PN*0.25	图号	JK1—4—14

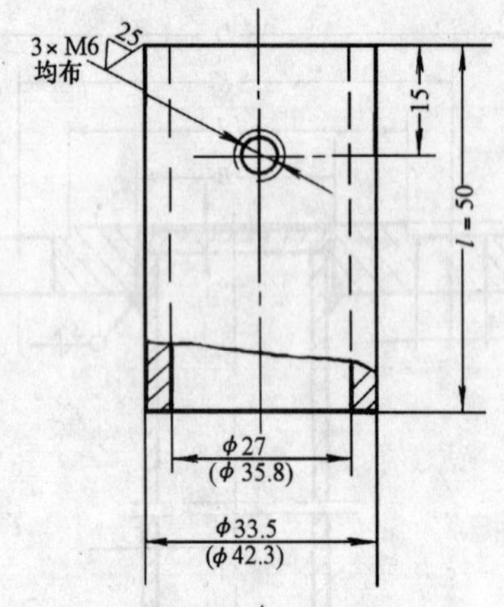

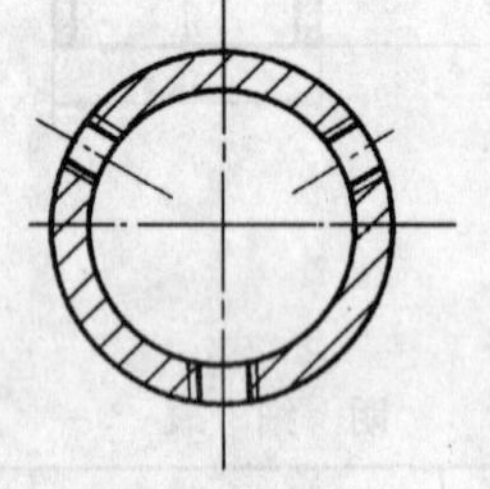

说　明

1. 由焊接钢管制作。
2. 括号内为 *DN*32 的尺寸。
3. 材质 Q235。

图名	定位管 *DN*25(*DN*32)	图号	JK1—4—15

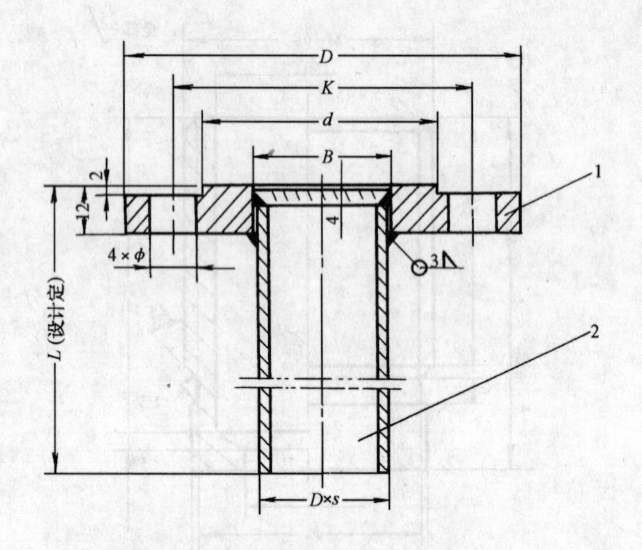

法兰、无缝钢管按公称直径对应配置。

明　细　表

件号	名称及规格	数量	材质	图号或标准、规格号	备　注
1	法兰，*DN*32，*PN*0.25Ⅱ 法兰，*DN*25，*PN*0.25Ⅱ 法兰，*DN*20，*PN*0.25Ⅱ	1	Q235—A	GB/T 9119	
2	无缝钢管，*D*38×3 无缝钢管，*D*32×3 无缝钢管，*D*25×3	1	10、20	GB 8162	

图名	法兰短管 *DN*20～*DN*32；*PN*0.25	图号	JK1—4—16

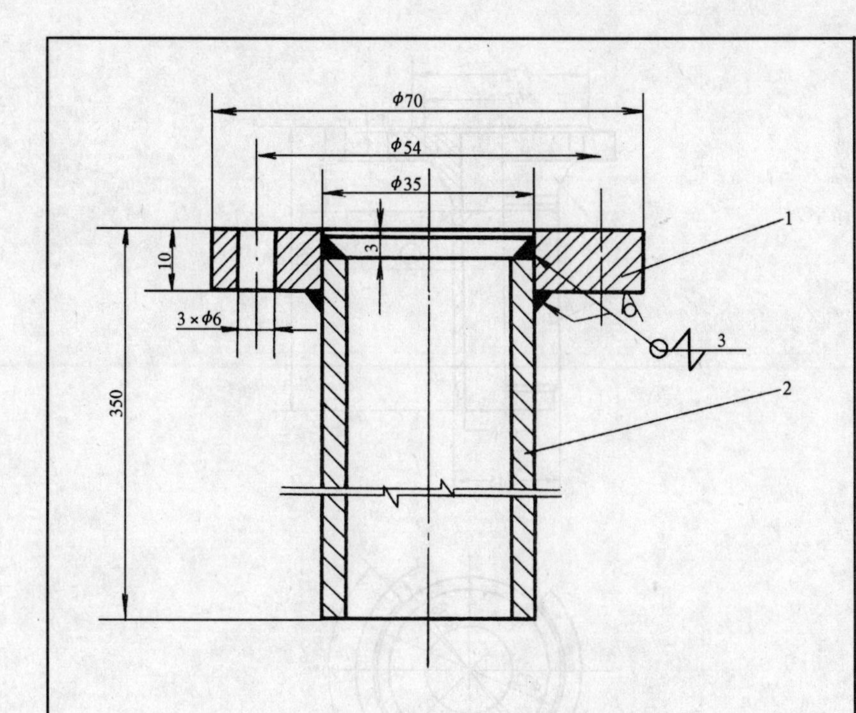

法兰加工表面光洁度除注明外均为 12.5 。

明 细 表

件号	名称及规格	数量	材质	图号或标准、规格号	备 注
1	法兰，*DN*25	1	Q235—A		
2	焊接钢管，*DN*25 $l=346$mm	1	Q235—B	GB/T 3092	

图名	法兰短管 *DN*25、大气压	图号	JK1—4—17

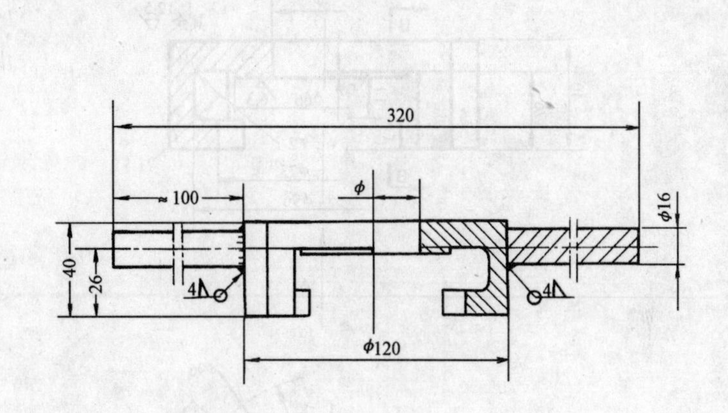

尺寸表（mm）

规格	*a*	*b*
φ	23	31

明 细 表

件号	名称及规格	数量	材质	图号或标准、规格号	备 注
1	小卡盘，φ	1	Q235—A	JK1—4—18—1	
2	手柄，φ16，$l=100$mm	1	Q235—A	GB 702	

图名	小卡盘装配图	图号	JK1—4—18

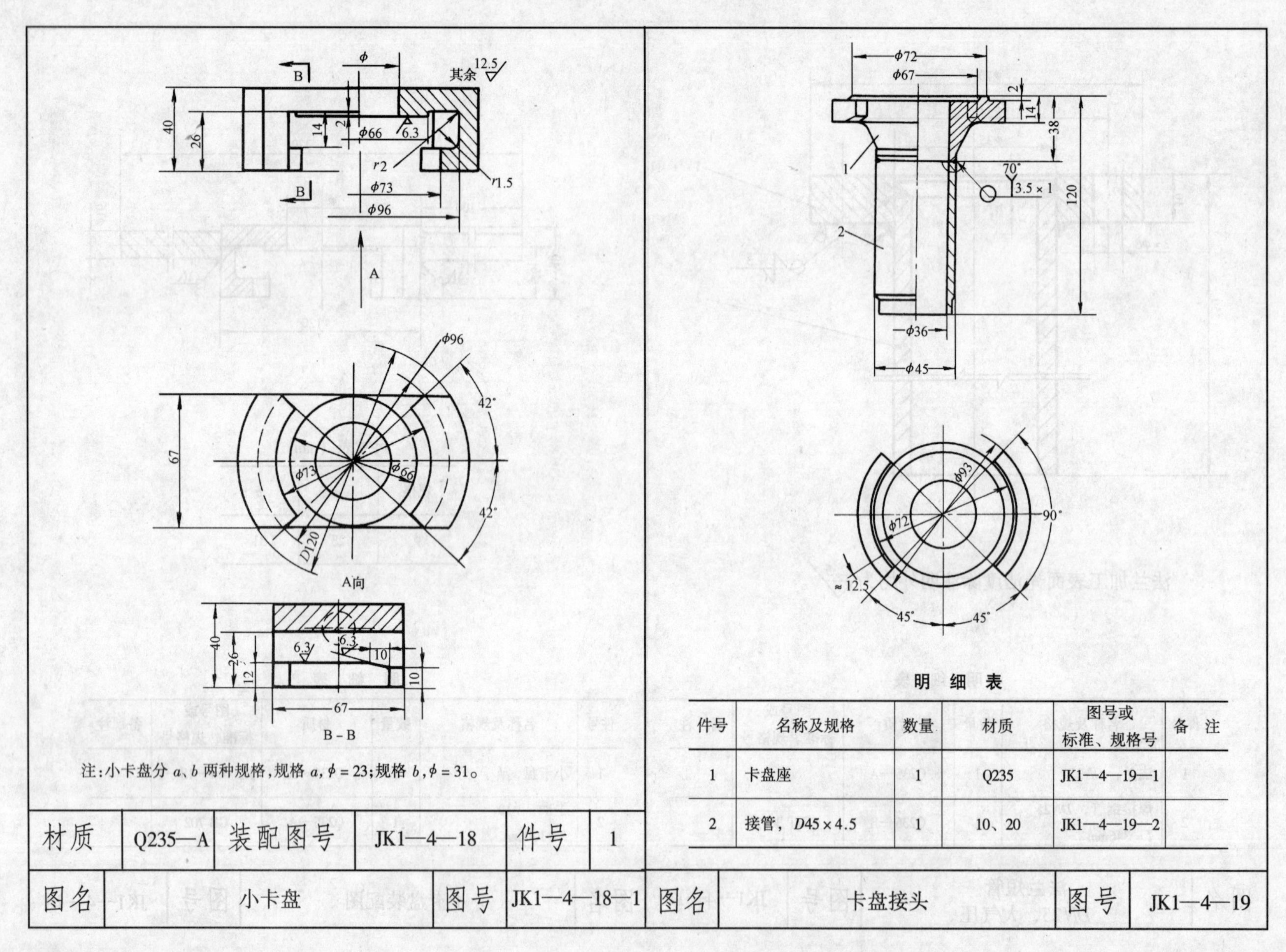

注：小卡盘分 a、b 两种规格，规格 a，$\phi=23$；规格 b，$\phi=31$。

材质	Q235—A	装配图号	JK1—4—18	件号	1
图名	小卡盘	图号	JK1—4—18—1		

明细表

件号	名称及规格	数量	材质	图号或 标准、规格号	备 注
1	卡盘座	1	Q235	JK1—4—19—1	
2	接管，$D45\times4.5$	1	10、20	JK1—4—19—2	

图名	卡盘接头	图号	JK1—4—19

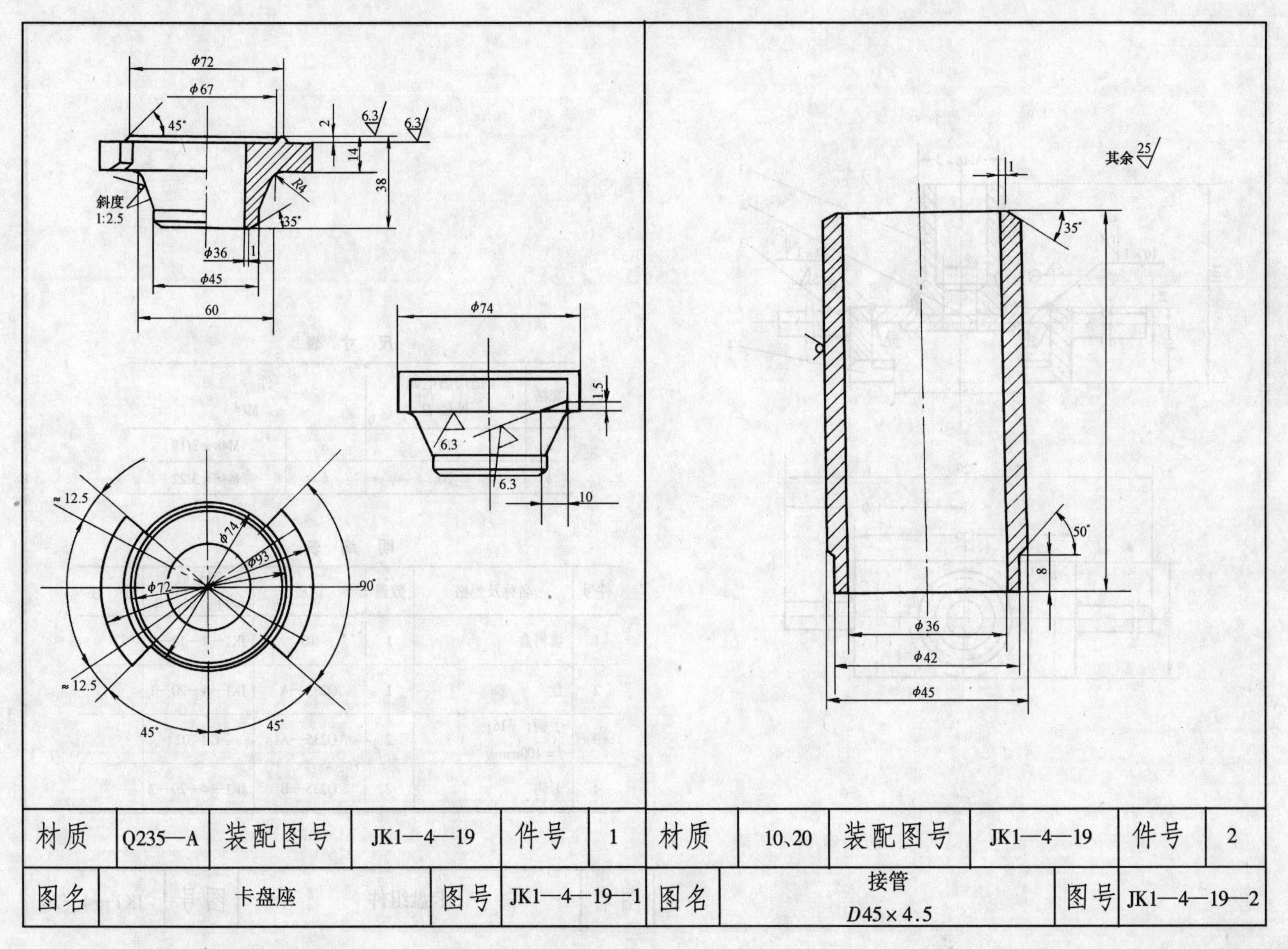

材质	Q235—A	装配图号	JK1—4—19	件号	1
图名	卡盘座		图号	JK1—4—19—1	

材质	10、20	装配图号	JK1—4—19	件号	2
图名	接管 $D45\times4.5$		图号	JK1—4—19—2	

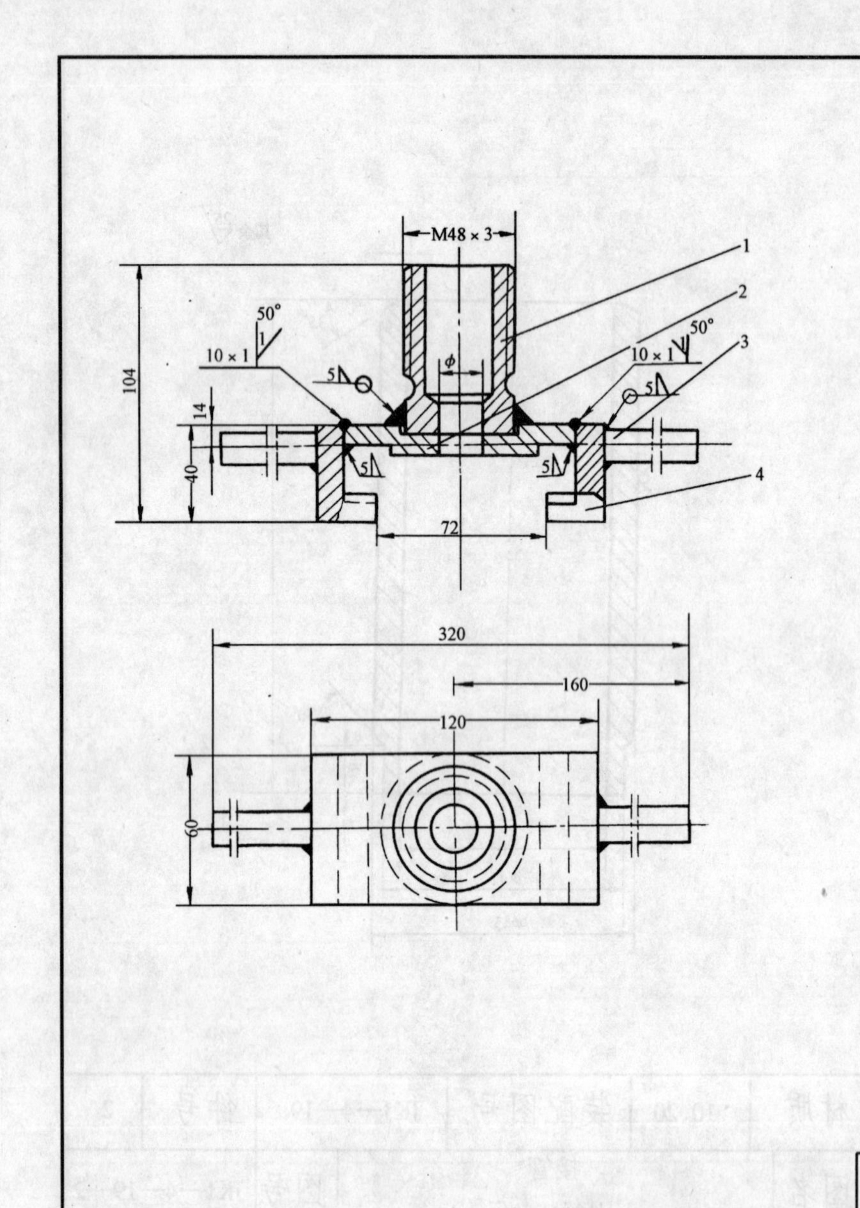

尺 寸 表

规格	适用热电偶外径 D	件 3 M/ϕ	
a	16	*a*	M48 × 3/18
b	20	*b*	M48 × 3/22

明 细 表

件号	名称及规格	数量	材质	图号或标准、规格号	备 注
1	填料盒	1	10	JK1—4—13—3	
2	盘	1	Q235—A	JK1—4—20—1	
3	手柄，ϕ16；l = 100mm	2	Q235—A	GB 702	
4	卡钩	2	Q235—B	JK1—4—20—2	

图名	卡盘组件	图号	JK1—4—20

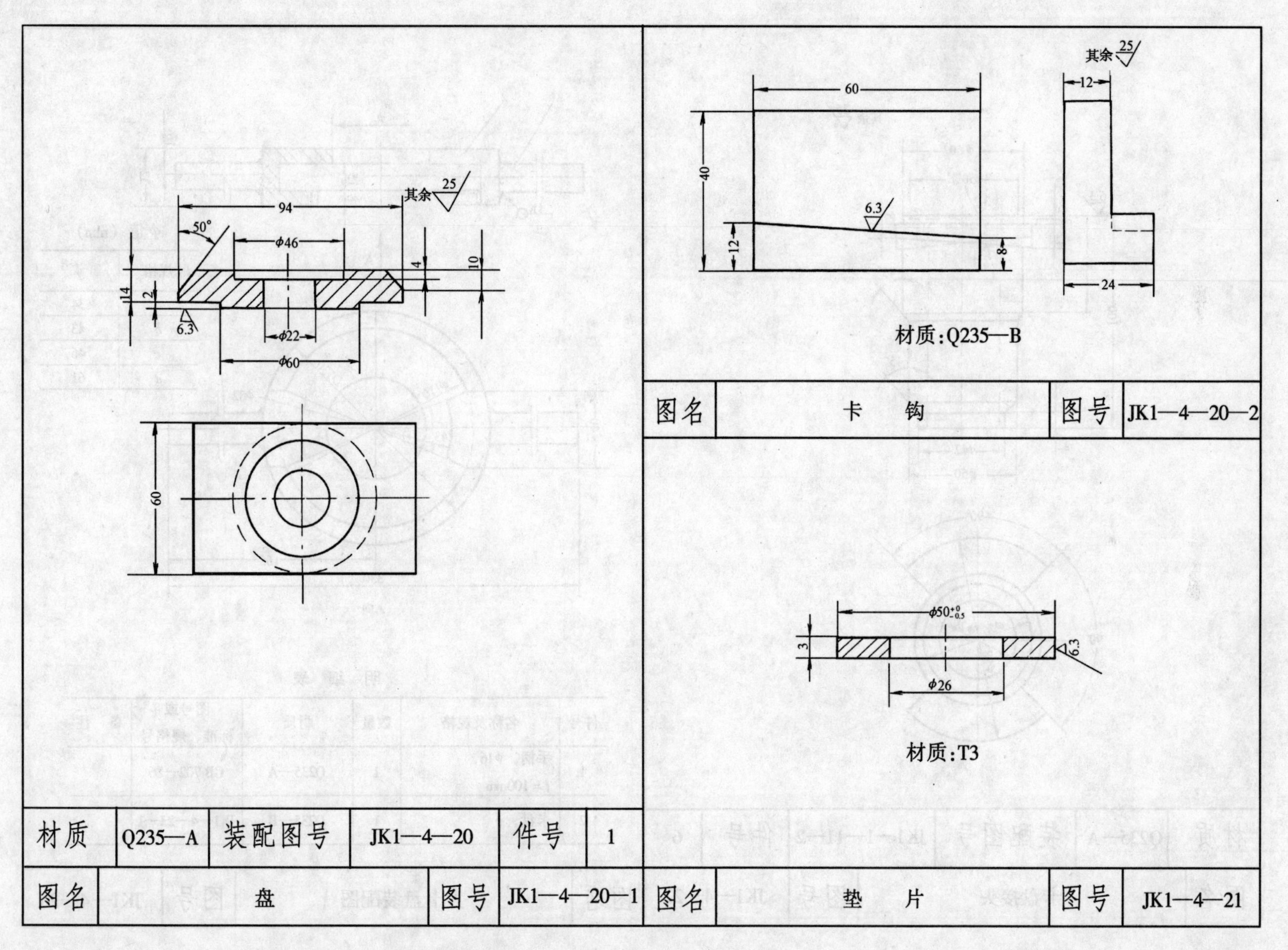
其余 25
94
50°
ϕ46
4
10
14
2
6.3
ϕ22
ϕ60
60
材质 | Q235—A | 装配图号 | JK1—4—20 | 件号 | 1
图名 | 盘 | 图号 | JK1—4—20—1
其余 25
60
12
40
6.3
12
8
24
材质:Q235—B
图名 | 卡钩 | 图号 | JK1—4—20—2
ϕ50$^{+0}_{-0.5}$
3
6.3
ϕ26
材质:T3
图名 | 垫片 | 图号 | JK1—4—21

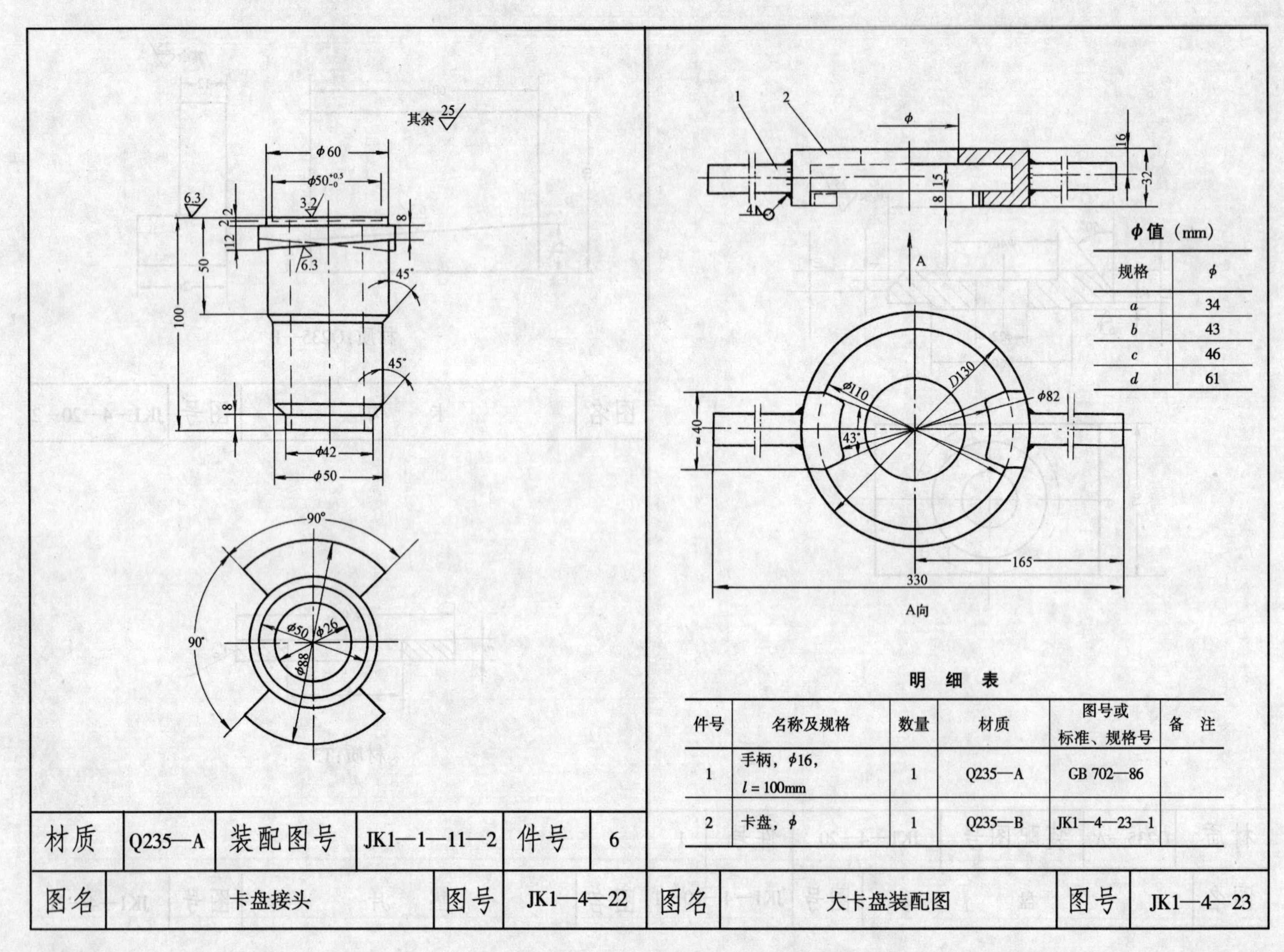

φ值（mm）

规格	φ
a	34
b	43
c	46
d	61

明 细 表

件号	名称及规格	数量	材质	图号或标准、规格号	备 注
1	手柄，φ16，l = 100mm	1	Q235—A	GB 702—86	
2	卡盘，φ	1	Q235—B	JK1—4—23—1	

材质	Q235—A	装配图号	JK1—1—11—2	件号	6
图名	卡盘接头	图号	JK1—4—22		

图名	大卡盘装配图	图号	JK1—4—23

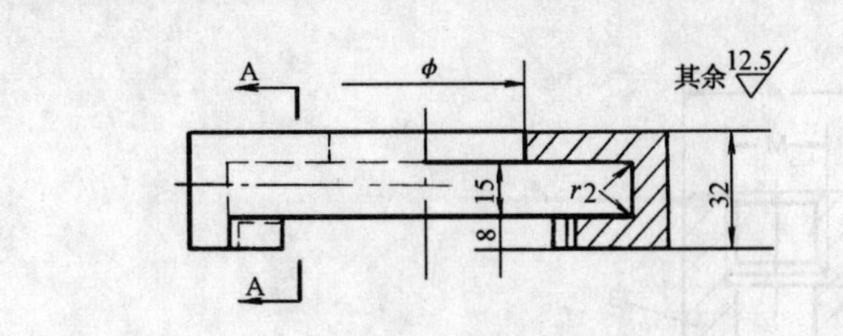

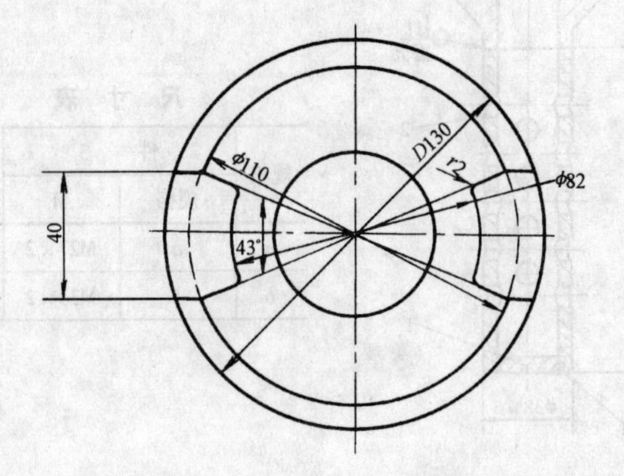

规格	φ
a	34
b	43
c	46
d	61

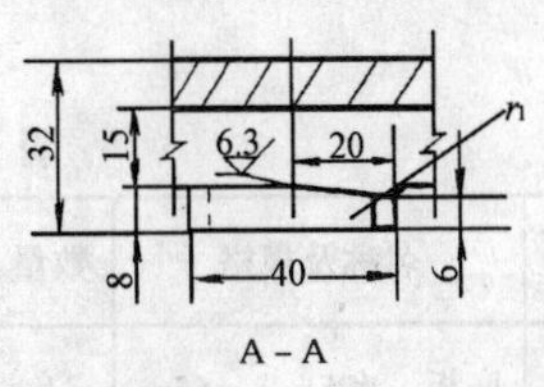

A－A

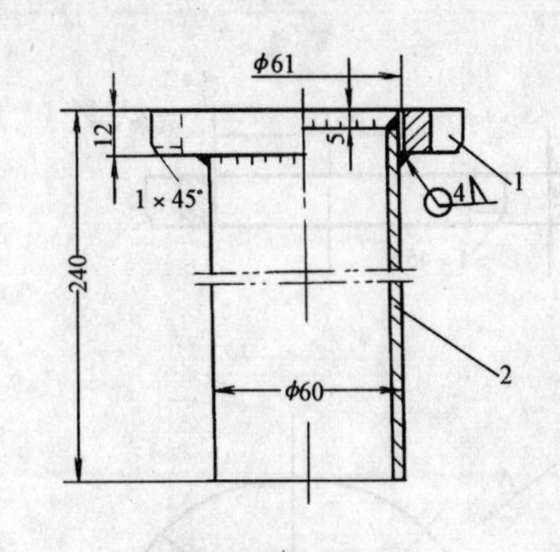

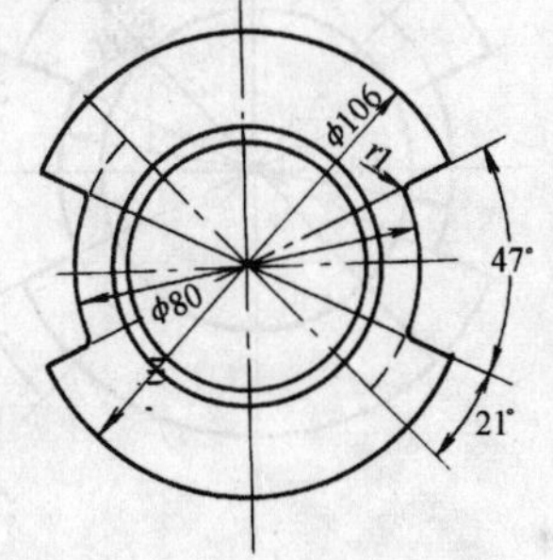

明　细　表

件号	名称及规格	数量	材质	图号或 标准、规格号	备　注
1	固定卡盘	1	Q235—B	JK1—4—24—1	
2	焊接钢管　*DN*50; *l* = 235mm	1	Q235—B	GB/T 3092	

材质	Q235—B	装配图号	JK1—4—23	件号	2

图名	卡　盘	图号	JK1—4—23—1	图名	卡盘接管	图号	JK1—4—24

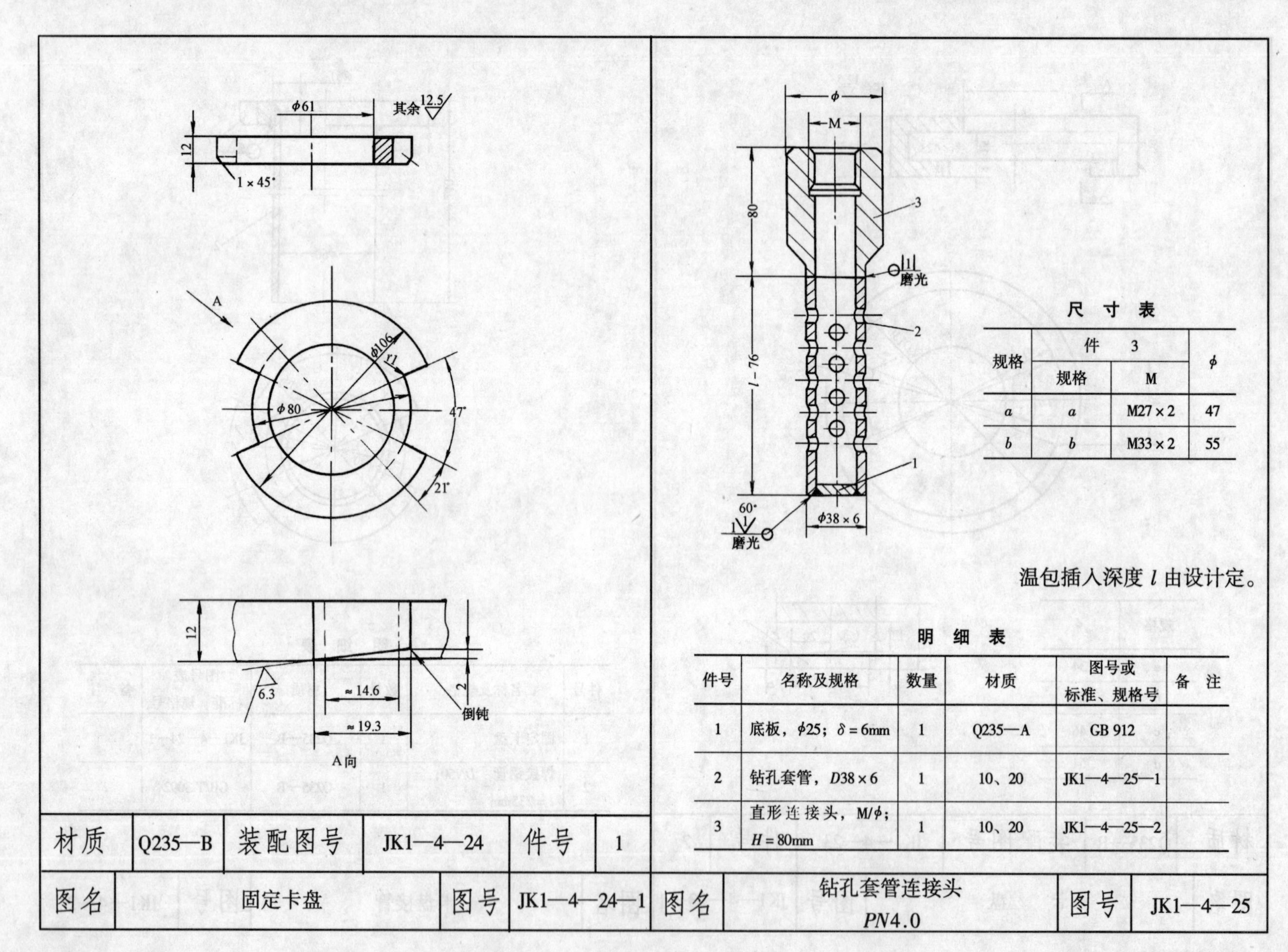

尺 寸 表

规格	件 3		φ
	规格	M	
a	a	M27×2	47
b	b	M33×2	55

温包插入深度 l 由设计定。

明 细 表

件号	名称及规格	数量	材质	图号或标准、规格号	备 注
1	底板，φ25；δ＝6mm	1	Q235—A	GB 912	
2	钻孔套管，D38×6	1	10、20	JK1—4—25—1	
3	直形连接头，M/φ；H＝80mm	1	10、20	JK1—4—25—2	

材质	Q235—B	装配图号	JK1—4—24	件号	1
图名	固定卡盘	图号	JK1—4—24—1		

图名	钻孔套管连接头 PN4.0	图号	JK1—4—25

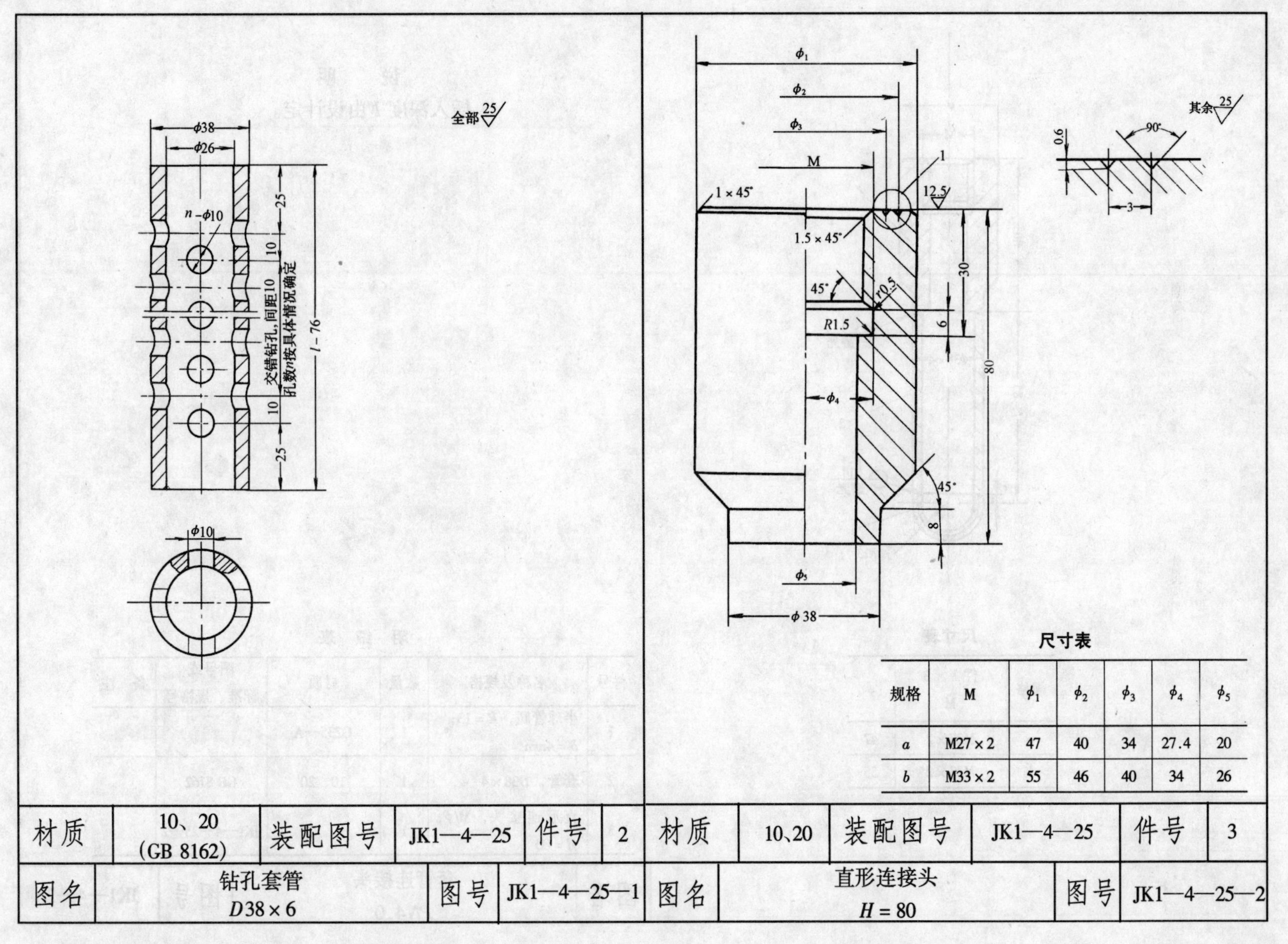

尺寸表

规格	M	ϕ_1	ϕ_2	ϕ_3	ϕ_4	ϕ_5
a	M27×2	47	40	34	27.4	20
b	M33×2	55	46	40	34	26

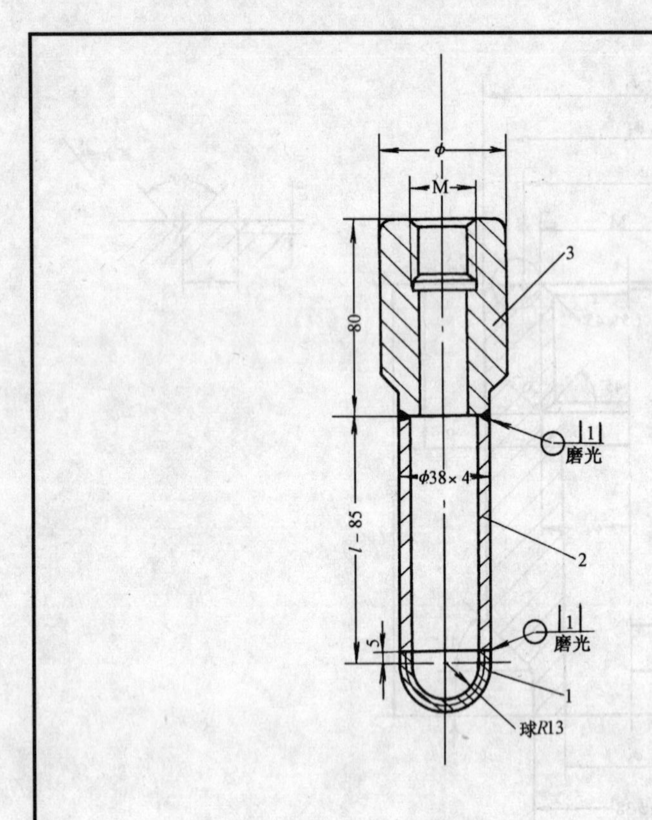

说　明

插入深度 l 由设计定。

尺寸表

规格	件 3 M	ϕ
a	M27×2	47
b	M33×2	55

明　细　表

件号	名称及规格	数量	材质	图号或 标准、规格号	备　注
1	半球管底，$R=13$； $\delta=4$mm	1	Q235—A		
2	套管，$D38\times4$	1	10、20	GB 8162	
3	直形连接头，M/ϕ； $H=80$	1	10、20	JK1—4—25—2	

图名	套管连接头 *PN*4.0	图号	JK1—4—26

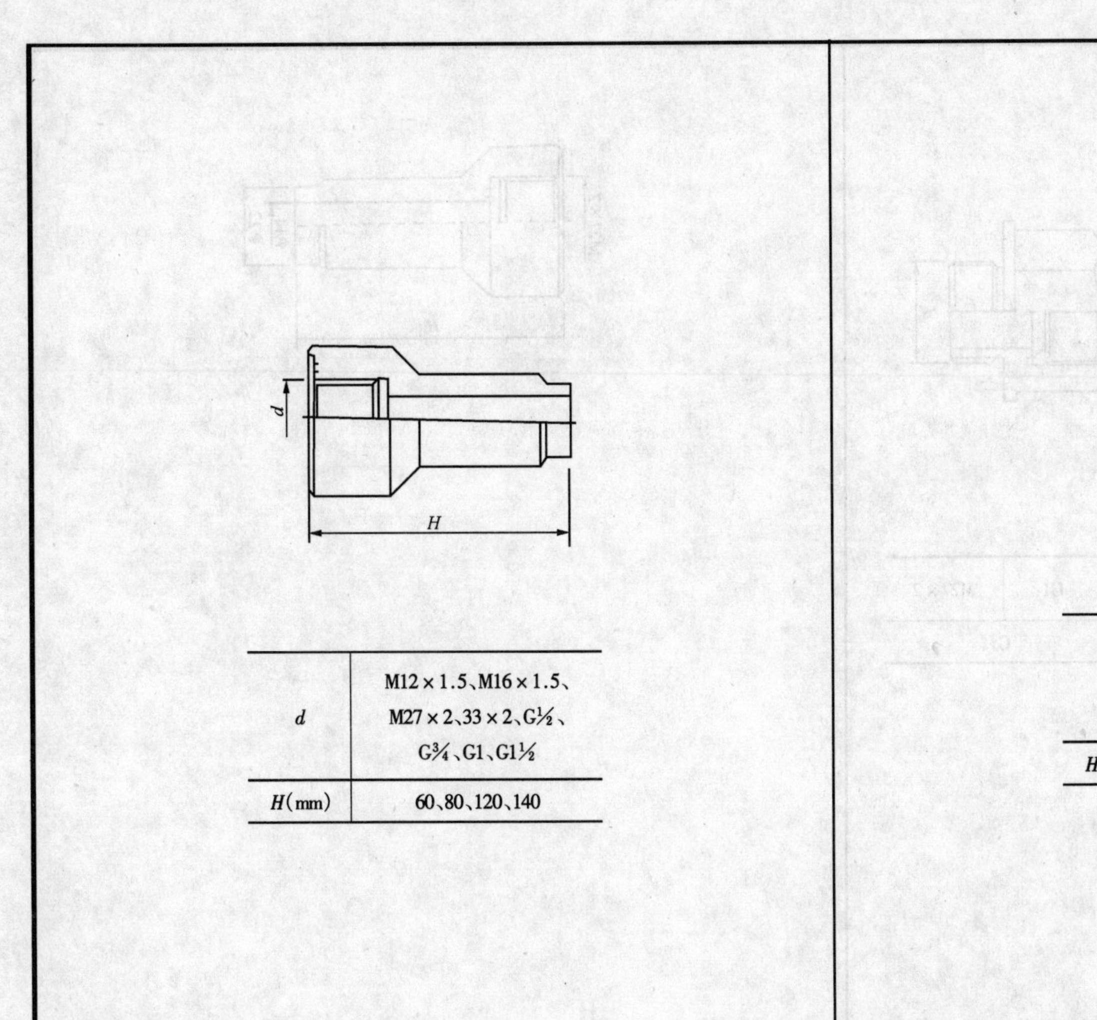

d	M12×1.5、M16×1.5、M27×2、33×2、G½、G¾、G1、G1½
H(mm)	60、80、120、140

图名	直形连接头	图号	JK1—4—27

d	M27×2、M33×2、G¾、G1、G1½
H(mm)	90、110、140、150

图名	45°角形连接头	图号	JK1—4—28

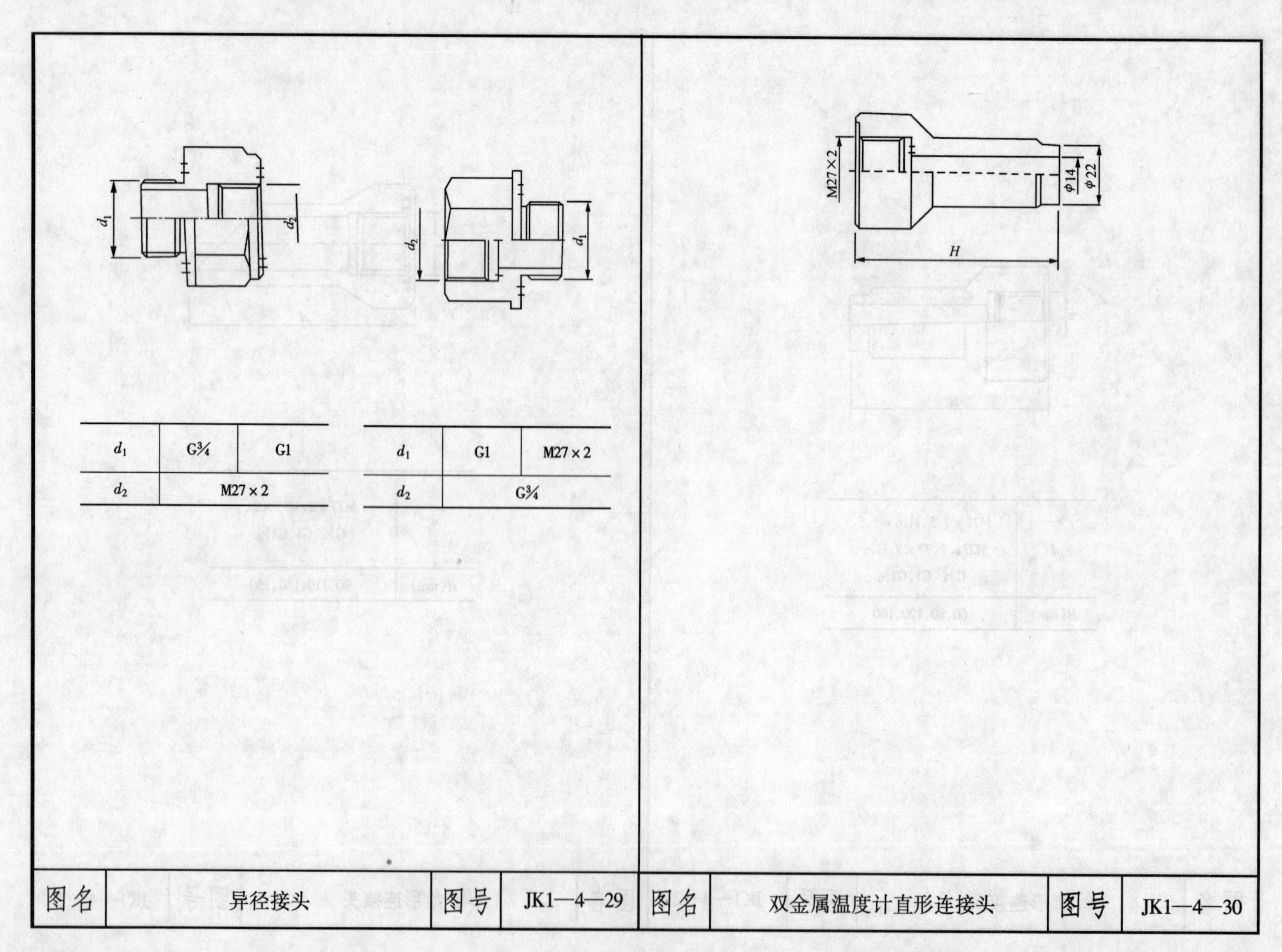

d_1	G¾	G1
d_2	M27×2	

d_1	G1	M27×2
d_2	G¾	

图名	异径接头	图号	JK1—4—29	图名	双金属温度计直形连接头	图号	JK1—4—30

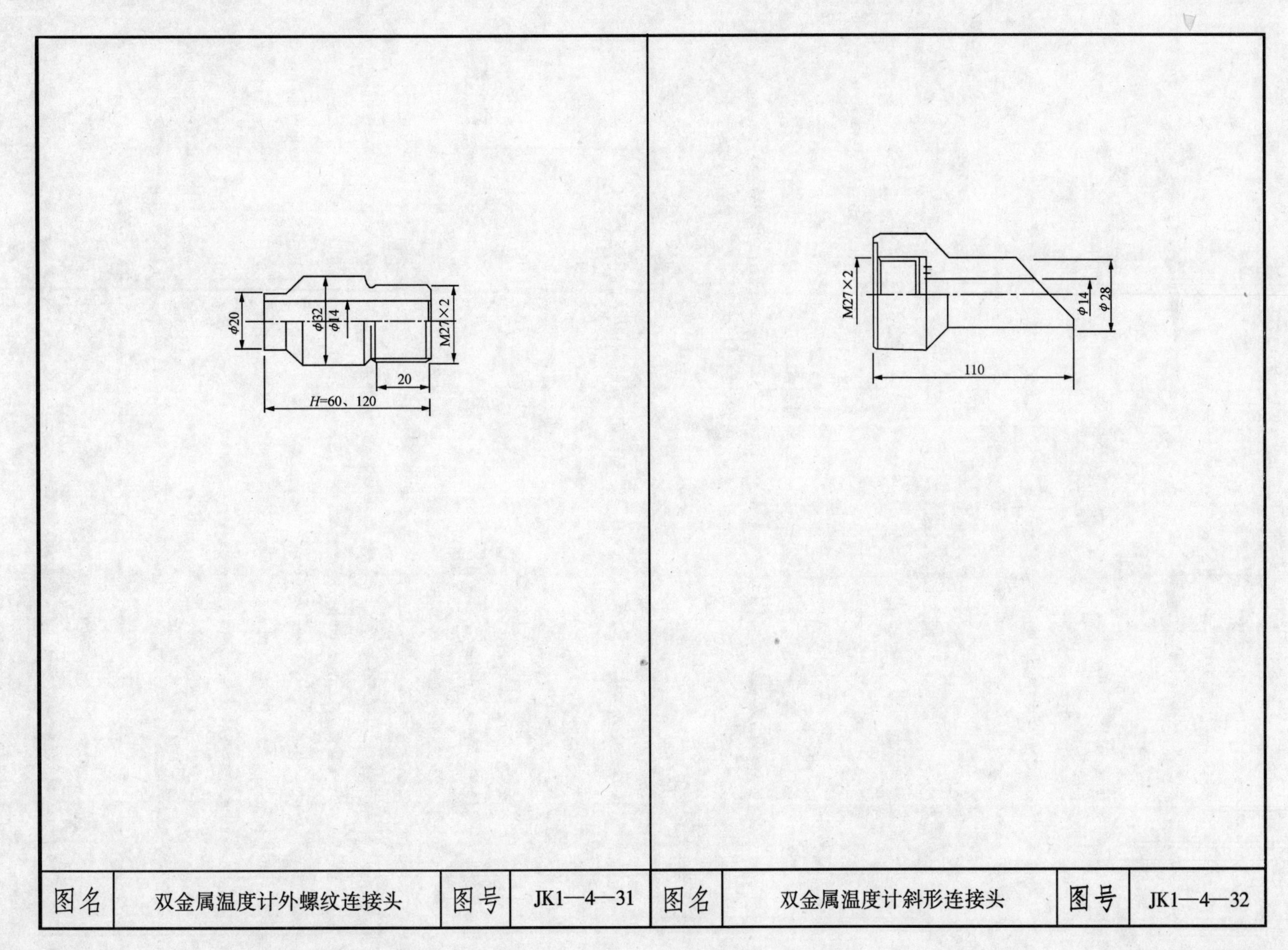
φ20
φ32
φ14
M27×2
20
H=60、120
M27×2
φ14
φ28
110
图名
双金属温度计外螺纹连接头
图号
JK1—4—31
图名
双金属温度计斜形连接头
图号
JK1—4—32

2　压力仪表安装和管路连接图

说　明

1. 本部分图集适用于建筑工程中压力表和取压装置的安装及测压管路的连接，有焊接和螺纹连接两种方式。

2. 本部分包括弹簧压力表的就近安装，一般液体、气体、燃气、蒸汽、氧气以及腐蚀液体和气体的取压装置和管路连接图。具体包括下述几部分。

JK2—0　压力表及压力变送器；

JK2—1　压力表安装图；

JK2—2　测压管路连接图；

JK2—3　压力变送器安装；

JK2—4　通用图。

3. 各类被测介质的公称压力 *PN* 的等级分为如下几种。

（1）一般液体，气体：*PN*1.0 ~ *PN*2.5；

（2）各种燃气；脏湿气体，低压、微压气体：*PN* = 0.025 ~ 0.6；

（3）蒸汽：*PN*1.0，*PN*2.5，$t \leqslant 425℃$；

（4）氧气：*PN*2.5，*PN*4.0；

（5）腐蚀性气体、液体：$PN \leqslant 1.0$。

4. 测压管路的连接，压垫式连接是管子与连接件之间，采用焊接，连接件之间采用垫圈密封、螺纹连接，便于装卸。

为节省投资亦可用管端套丝，用可锻铸铁管件连接（见 JK2—2—01 ~ JK—2—02 等），建议 $PN \leqslant 1.0$ 的场所使用。

5. 设计规定

（1）导压管材料选用：

1）$PN \leqslant 1.0$　焊接钢管（GB/T 3091—93）。

2）$PN > 1.0$　无缝钢管（GB 8162—99）。

3）与变送器连接管采用紫铜管（GB 1527—87）。

4）腐蚀介质选用不锈钢管（GB 2270—80）。

（2）差压变送器所用的三阀组一律随变送器由仪表制造厂家成套供应，并在工程设计的设备表中注明。

（3）导压管路均应连同工艺管道和设备同时试压。

6. 选用注意事项

（1）取压

1）取压点的位置：在水平或倾斜的主管道上，取压点的径向方位可按下图所示范围选定。在垂直管上取压点的径向方位可以按需要任意选取。

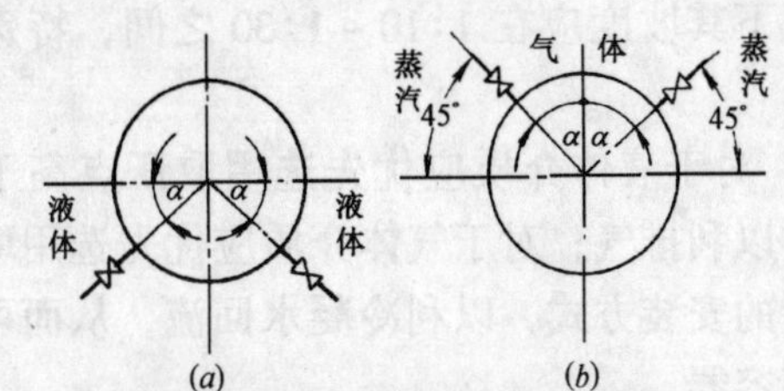

在水平或倾斜管道上取压孔方位示意图

（*a*）被测流体为液体时，$\alpha \leqslant 45°$

（*b*）被测流体为气体时，$\alpha \leqslant 45°$

取压点的轴向位置，一般应选在直管段上，避开涡流和死角处，并考虑维修方便。通常取压点距 90°弯头后方接口应不小于 3*D*（*D* 为工艺管道外径）。在其他较复杂的管件后，直管段长度应更多一些。

2）取压管不得伸入工艺管道内壁，以避免涡流的影响。在与测温元件邻近安装时，取压管应装在测温元件之前。

3）弹簧压力表必须安装在便于观察的地方。安装低压、微压压力计时，应尽量减少液柱高差对仪表测量的影响。

（2）管路

1）取压点至仪表（或变送器）之间的管路应尽可能短。对于低压或微压介质，最长不超过30m；其他压力介质最长应不超过50m。但是，至变送器的管路最短也不应小于3m。

2）管路的敷设应尽量减少转弯和交叉，禁止转小于90°的弯。管子的弯曲半径一般不小于管子外径的5～8倍。

3）导压管水平敷设时，必须保持一定的坡度，一般情况下其坡度应在1∶10～1∶30之间，特殊情况可到1∶50。

4）对于液体介质应优先选用取压点高于压力计的方案，以利排气；对于气体介质应优先选用取压点低于压力计的安装方式，以利冷凝水回流，从而可以不必装设分离容器。

（3）辅助容器的安装

1）对于腐蚀性介质的压力测量必须采用隔离容器，并在管路的最高和最低位置分别装设排、灌隔离液的设施。

灌注隔离液，一般要用压缩空气从管路的最低点（如排污阀处）将隔离液压入管路系统，直至灌满管路顶部的放气阀处为止，以利管道内气体的排除。

2）对于脏湿气体，当取压点高于压力计时，在管路的最低处装设分离容器，以利排污、排液；对于有气体排出的液体介质，当取压点低于压力计时，在管路最高处装设分离容器，以利排气；对于污浊液体，在管路最低处设置分离容器，以利排污；对于集中安装的变送器或测量有毒介质的变送器，排污应汇总，不得就地排放，应集中处理。

3）当介质在环境温度影响下易冻、易凝固或易结晶时，导管需加伴热保温。伴热管一般可选用 $D18\times3$ 无缝钢管，保温层为 $DN\leqslant25$mm 管子用石棉绳缠绕，$DN>25$mm 管子用岩棉毡，厚度30mm，外做保护层。

（4）辅助容器选用见下表。

辅助容器选用表

序号	名　称	公称压力 PN (MPa)	标准、规格号	备　注
1	隔离容器	6.4	YZ13—34	扬中化工仪表配件厂产品
2	分离容器	6.4	YZ13—24	

（5）有关导压管与三阀组、三阀组与变送器之间的连接，因一般都由仪表附带连接件，本图册没有给出具体的连接方式与连接件，所以其连接可由施工单位按具体情况进行，或由工程设计者特殊给出。

（6）部件、零件表中的材质耐酸钢种应根据被测介质在工程设计中确定。

（7）对于阀门的选用，只要阀门的使用压力和使用介质满足安装要求，球阀、闸阀、截止阀和专用仪表阀均可选用。

2.0 压力表及压力变送器

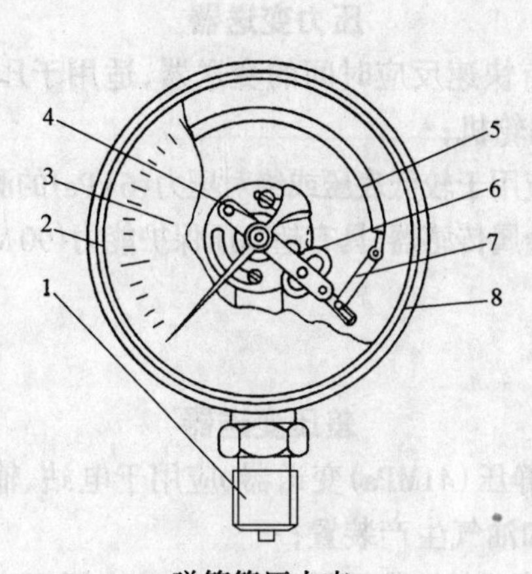

弹簧管压力表

1—接头；2—衬圈；3—度盘；4—指针；
5—弹簧管；6—传动机构(机芯)；
7—连杆；8—表壳

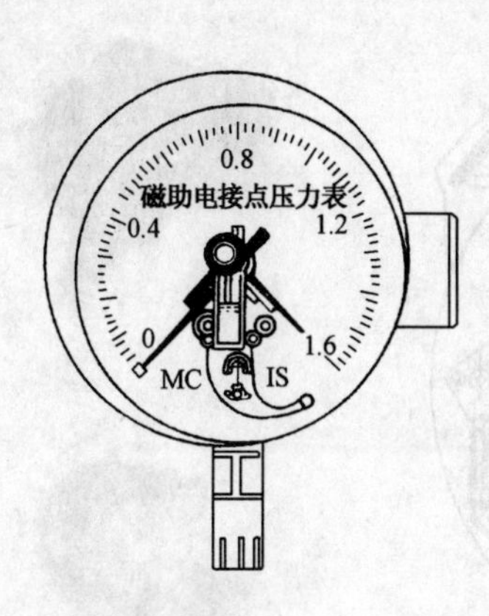

电接点压力表

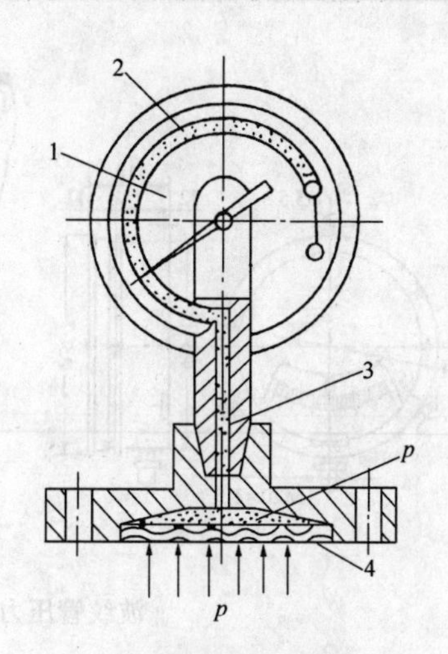

膜片压力表

1—压力仪表；2—弹簧管；
3—工作液；4—隔离膜片

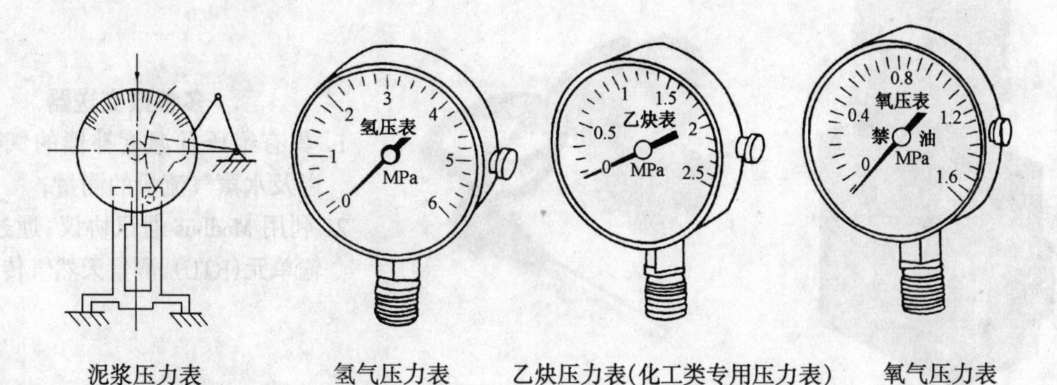

泥浆压力表　　氢气压力表　　乙炔压力表(化工类专用压力表)　　氧气压力表

图名	压力表	图号	JK2—0—1

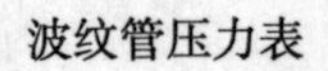

波纹管压力表

压力变送器

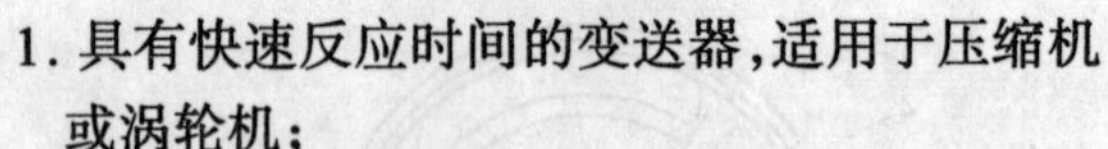

1. 具有快速反应时间的变送器，适用于压缩机或涡轮机；

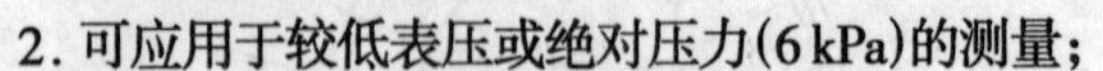

2. 可应用于较低表压或绝对压力（6 kPa）的测量；
3. 全金属传感器、具有超高压保护能力（90 MPa）。

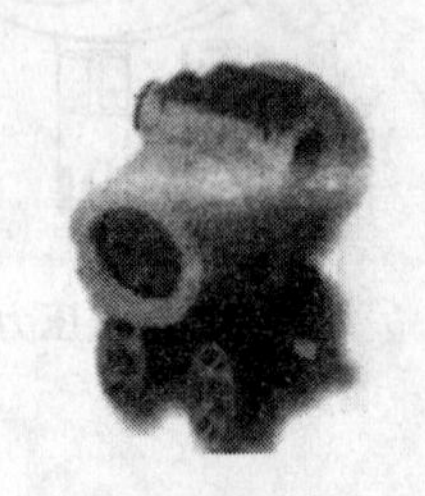

差压变送器

1. 高静压（41MPa）变送器，应用于电站、输油管线和油气生产装置；
2. 高真空表（最低至 0.067 kPa）应用于真空分裂蒸馏塔或蒸发器。

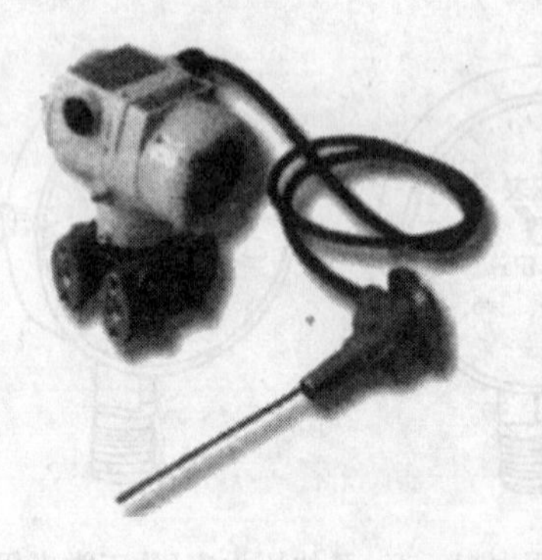

多参数变送器

1. 具有绝压及温度补偿的气体、空气以及水蒸气流量的测量；
2. 利用 Modbus 通讯协议，通过远程传输单元（RTU），测量天然气传输流量。

气动压力变送器

气动差压变送器

图名	压力表和压力、差压变送器	图号	JK2—0—2

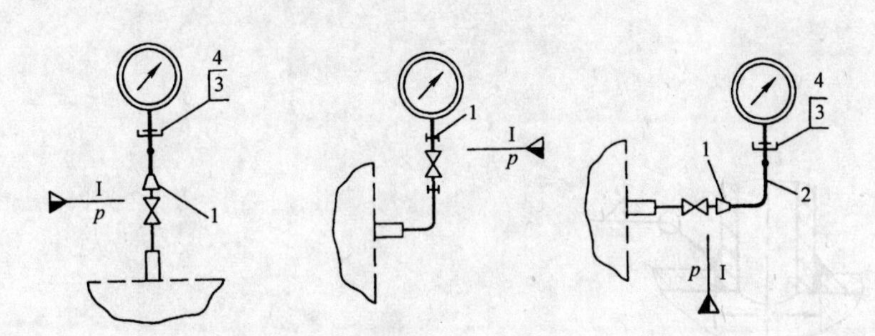

（a）在水平管道上安装；（b）在垂直管道上安装

1—异径接头；2—无缝钢管；3—表接头；4—垫片

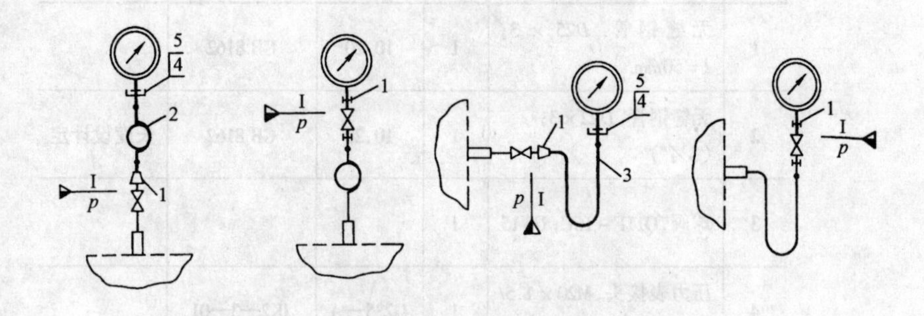

（c）带冷凝圈（弯）压力表安装

1—异径接头；2—冷凝圈；3—冷凝弯；4—压力表接头；5—垫圈

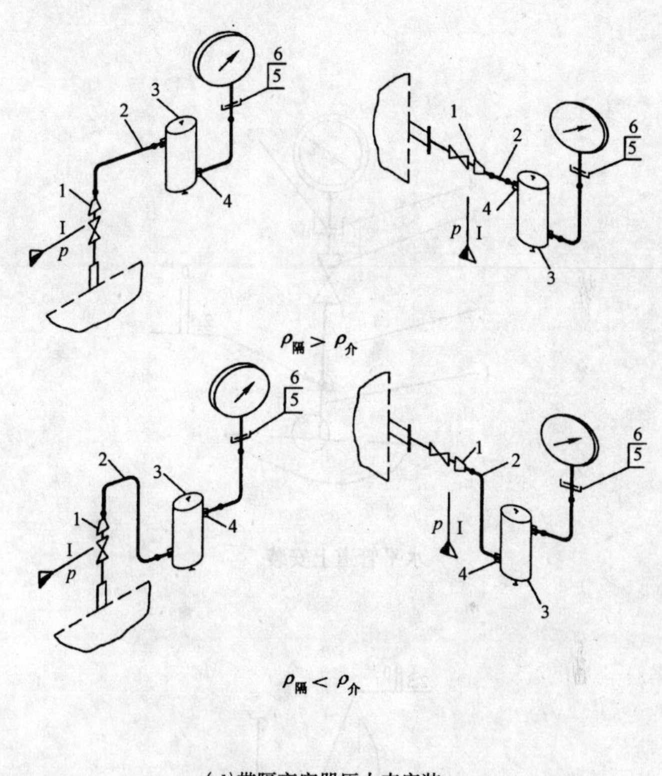

（d）带隔离容器压力表安装

1—异径接头；2—无缝钢管；3—隔离容器；4—终端接头；5—压力表接头；6—垫片

图名	压力表安装图	图号	JK2—0—3

2.1 压力表安装图

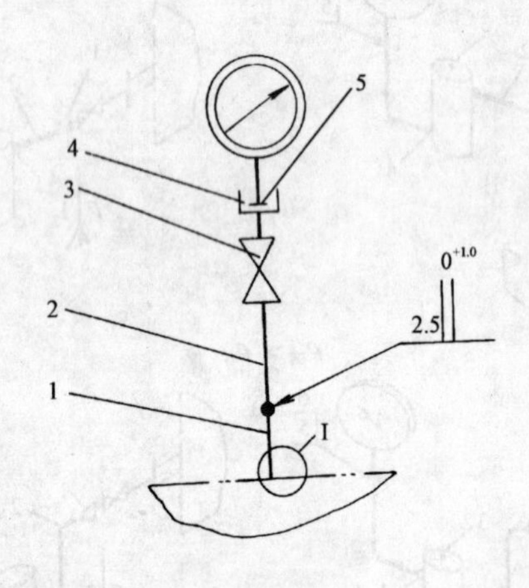

水平管道上安装

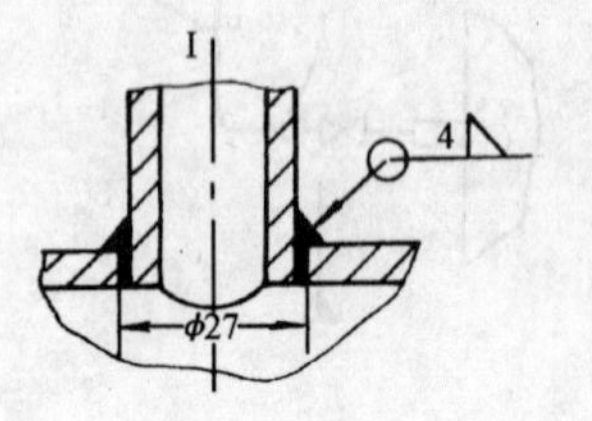

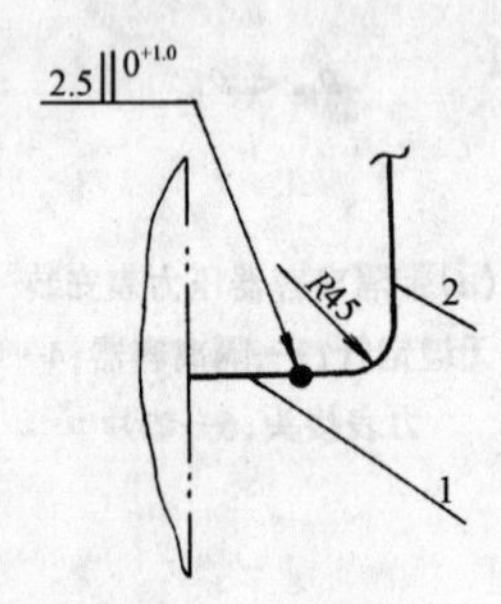

垂直管道上安装

明 细 表

件号	名称及规格	数量	材 质	图号或 标准、规格号	备 注
1	无缝钢管，$D25 \times 3$； $l = 50$mm	1	10、20	GB 8162	
2	无缝钢管，$D22 \times 3$； (G½″)	1	10、20	GB 8162	长度设计定
3	球阀，Q11F－16C；$DN15$	1			
4	压力表接头，M20 × 1.5/ R½″	1	Q235—A	JK2—3—01	
5	垫片，$\phi_1 20/\phi_2 12$ $t = 2$mm	1	XB350	GB 3985	

图名	压力表安装图 $PN1.0$	图号	JK2—1—01—1

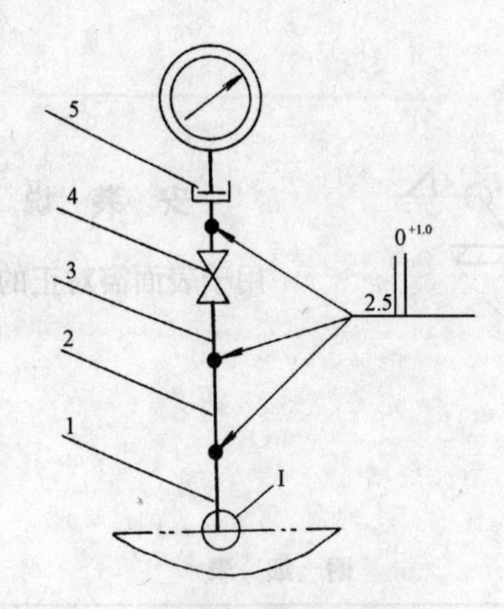

水平管道上安装

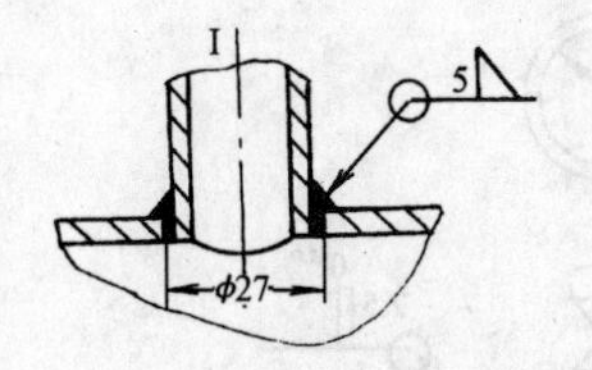

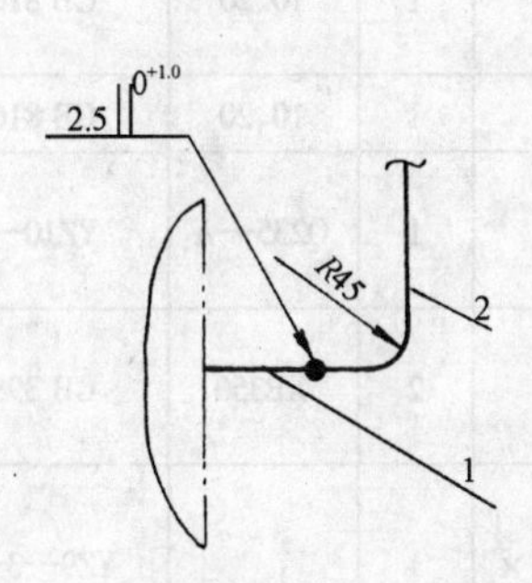

垂直管道上安装

明 细 表

件号	名称及规格	数量	材 质	图号或标准、规格号	备 注
1	无缝钢管，$D25\times3$；$l=50$mm	1	10、20	GB 8162	
2	无缝钢管，$D22\times3$	1	10、20	GB 8162	长度设计定
3	螺纹短节，R½″	2		YZ10—2—1A	
4	球阀，Q11F—25；DN15	1			
5	压力表接头，M20 × 1.5/ϕ14	1		YZ5—5(二)	带垫片

图名	压力表安装图 PN2.5	图号	JK2—1—01—2

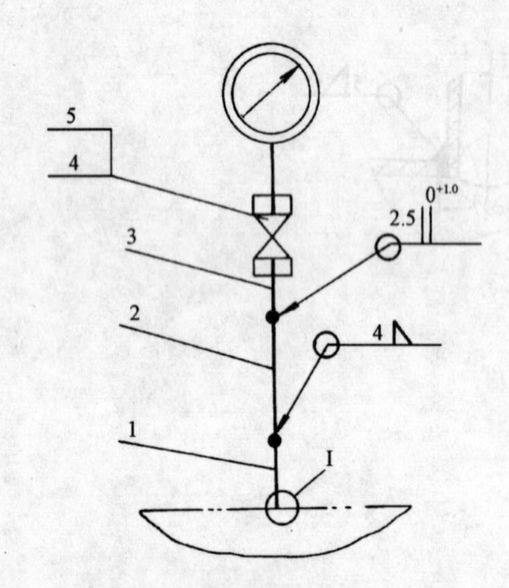

水平管道上安装

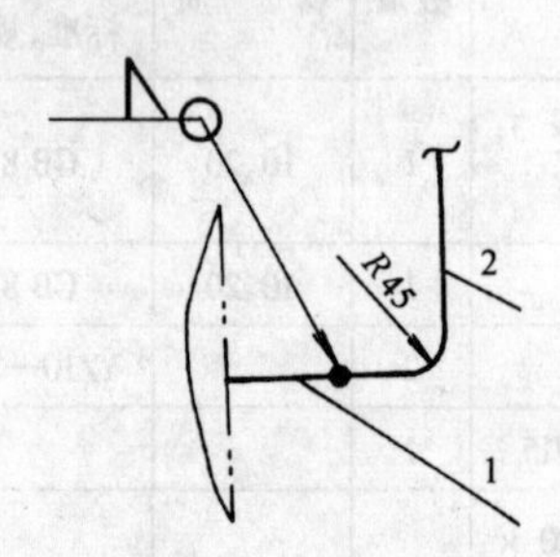

垂直管道上安装

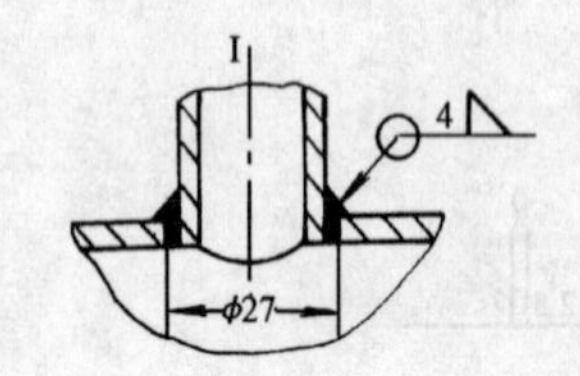

安 装 说 明

用于表面需对正的场所。

明 细 表

件号	名称及规格	数量	材　质	图号或标准、规格号	备　注
1	无缝钢管，$D25\times3$；$l=50$mm	1	10、20	GB 8162	
2	无缝钢管，$D18\times3$	1	10、20	GB 8162	长度设计定
3	接表阀接头 M20×1.5左/$\phi18$	1	Q235—A	YZ10—1	
4	垫片，$\phi_1 16/\phi_2 8$；$t=2$mm	2	XB350	GB 3985	
5	压力表球阀 PN1.6、DN10（M20×1.5）	1		YZ9—3—1	QGM1—1

图名	压力表安装图（接表阀） PN1.0	图号	JK2—1—01—3

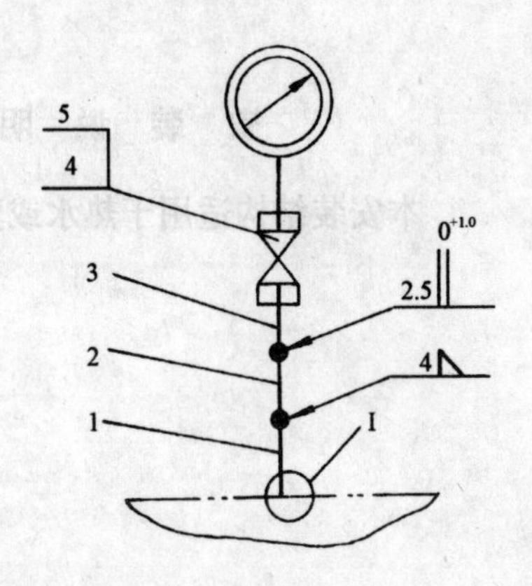

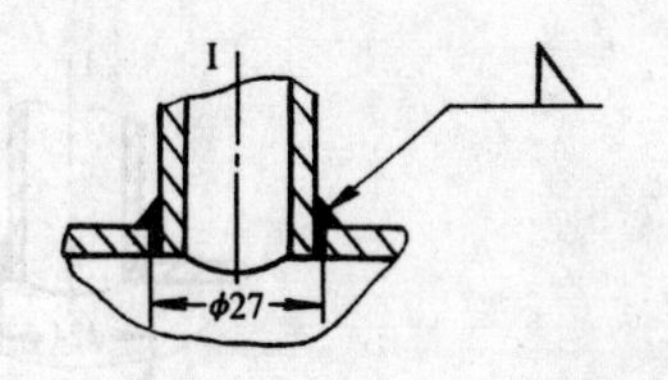

安 装 说 明

用于表面需对正的场所。

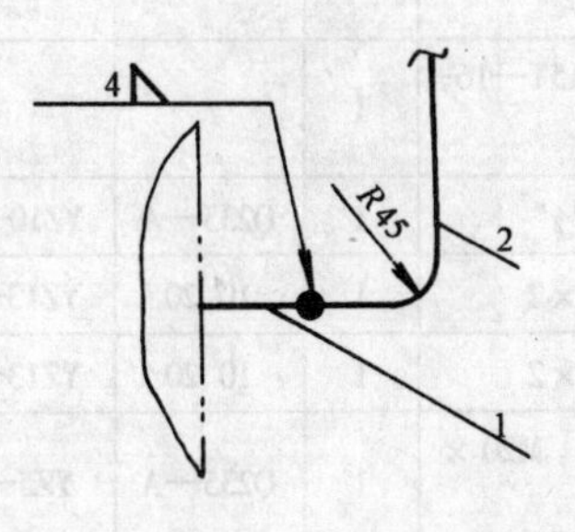

明 细 表

件号	名称及规格	数量	材 质	图号或标准、规格号	备 注
1	无缝钢管，$D25\times3$ $l=50$mm	1	10、20	GB 8162	
2	无缝钢管，$D18\times3$	1	10、20	GB 8162	长度设计定
3	接表阀接头，M20 × 1.5/$\phi18$	1	Q235—A	YZ10—1	
4	垫片，$\phi_1 16/\phi_2 8$ $t=1.5$mm	2	XB350	GB 3985	
5	压力表球阀 $PN2.5$、$DN10$（M20 × 1.5）	1		YZ9—3—1	QGM1—1

图名	压力表安装图（接表阀） $PN2.5$	图号	JK2—1—01—4

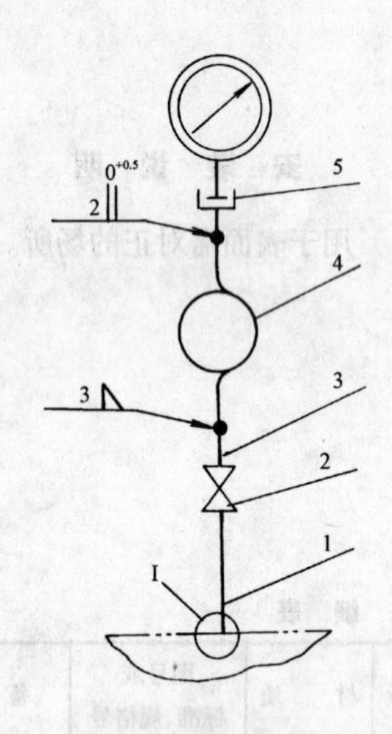

水平管道上安装

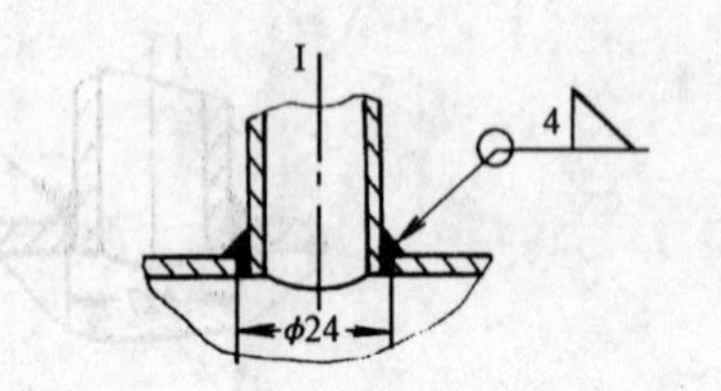

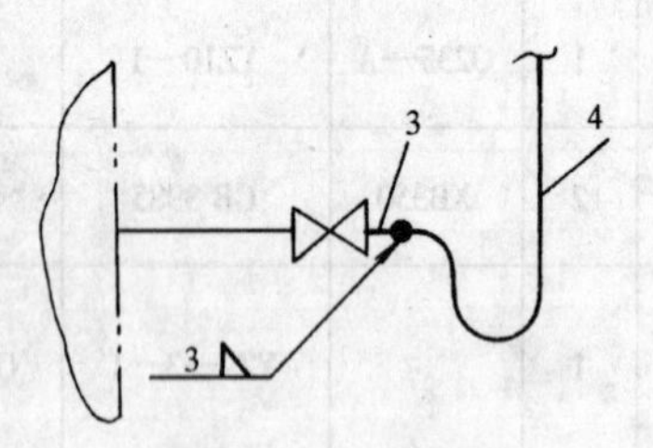

垂直管道上安装

安 装 说 明

本安装结构适用于热水或蒸汽介质。

明 细 表

件号	名称及规格	数量	材 质	图号或标准、规格号	备 注
1	无缝钢管，$D22\times3$；G ½″	1	10、20	GB8162	长度设计定
2	闸 阀，Z15T—16；$DN15$	1			
3	螺纹短节，R½″	1	Q235—A	YZ10—2—1A	
4	冷凝弯，$D14\times2$	1	10、20	YZ13—28—1	
	冷凝圈，$D14\times2$	1	10、20	YZ13—27—1	
5	压力表接头，M20×1.5/ϕ14	1	Q235—A	YZ5—5(二)	带垫片

图名	压力表安装图(带冷凝管) $PN1.0$	图号	JK2—1—02—1

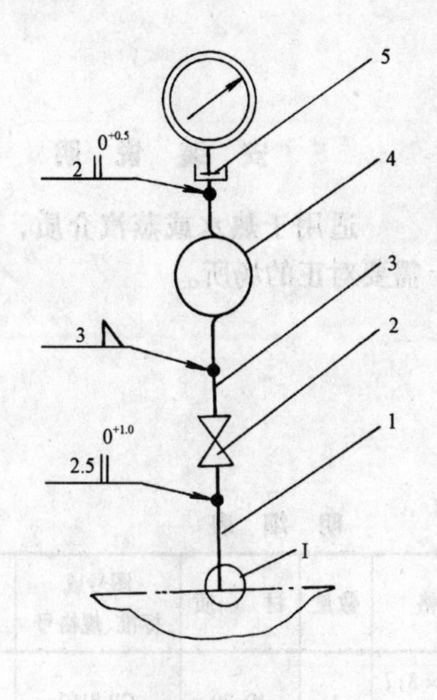

水平管道上安装

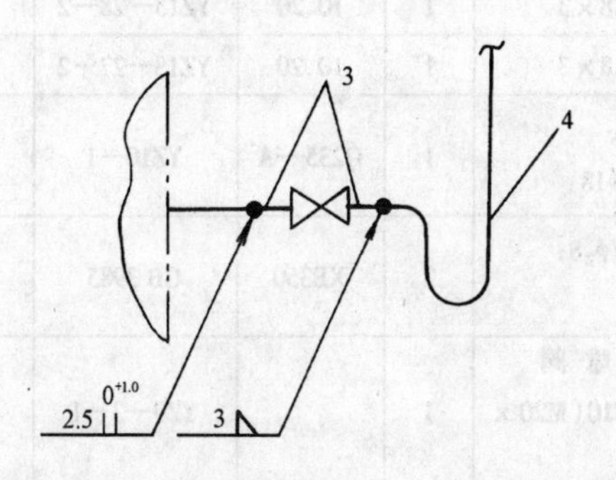

垂直管道上安装

I
5
φ24

安 装 说 明

本安装结构适用于热水或蒸汽介质。

明 细 表

件号	名称及规格	数量	材 质	图号或 标准、规格号	备 注
1	无缝钢管，$D22\times3$；$l=50$mm	1	10、20	GB 8162	
2	球阀，Q11F—25；*DN*15	1			
3	螺纹短节，R½″	2	Q235—A	YZ10—2—1A	
4	冷凝弯，$D14\times2$	1	10、20	YZ13—28—1	
	冷凝圈，$D14\times2$	1	10、20	YZ13—27—1	
5	压力表接头 M20×1.5/φ14	1	Q235—A	YZ5—5(二)	带垫片

图名	压力表安装图(带冷凝管) *PN*2.5	图号	JK2—1—02—2

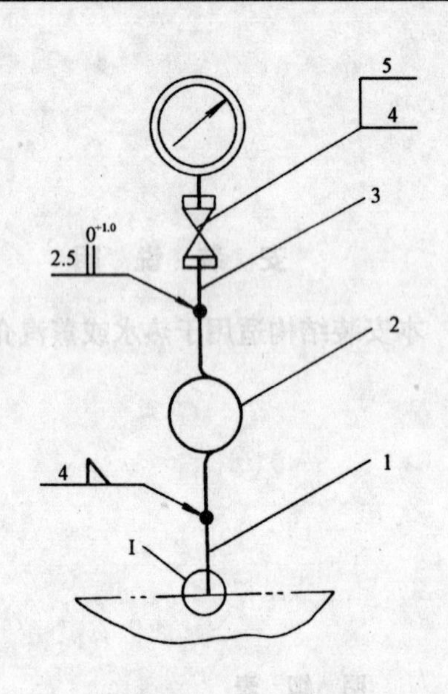

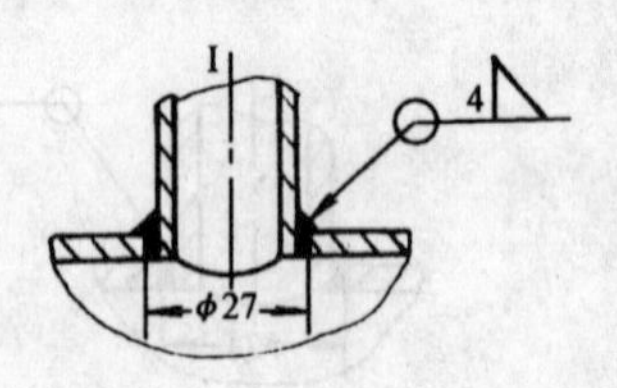

安 装 说 明

适用于热水或蒸汽介质，压力表需要对正的场所。

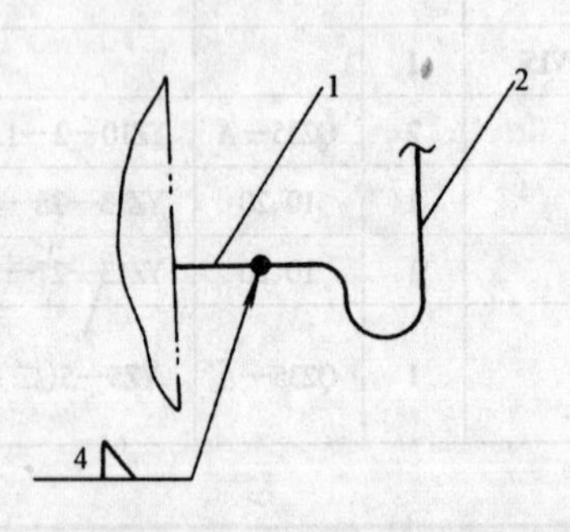

明 细 表

件号	名称及规格	数量	材 质	图号或标准、规格号	备 注
1	无缝钢管，$D25\times3$；$l=50$mm	1	10、20	GB 8162	
2	冷凝弯，$D18\times3$	1	10、20	YZ13—28—2	
	冷凝圈，$D18\times3$	1	10、20	YZ13—27—2	
3	接表阀接头 M20×1.5/ϕ18	1	Q235—A	YZ10—1	
4	垫片，$\phi_1 16/\phi_2 8$；$t=2.5$mm	2	XB350	GB 3985	
5	压力表球阀 PN1.6；DN10（M20×1.5）	1		YZ9—3—1	QGM1—1

图名	压力表安装图（带冷凝管、接表阀）PN1.0	图号	JK2—1—02—3

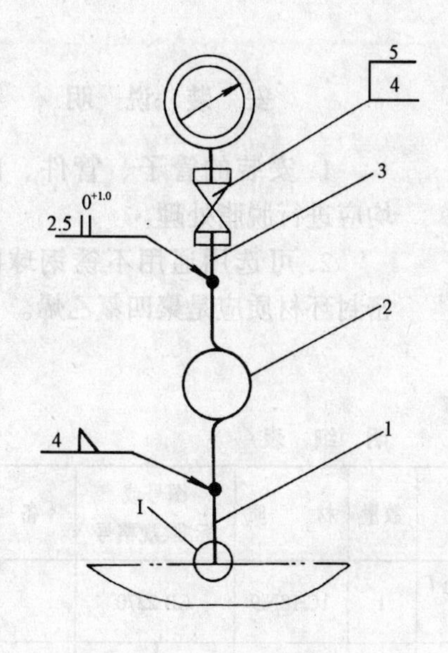

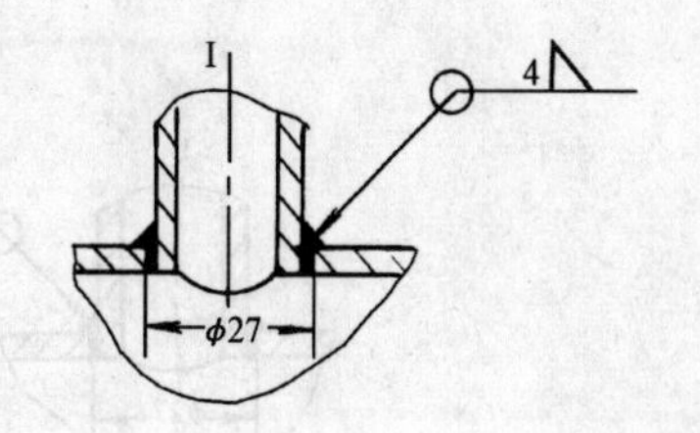

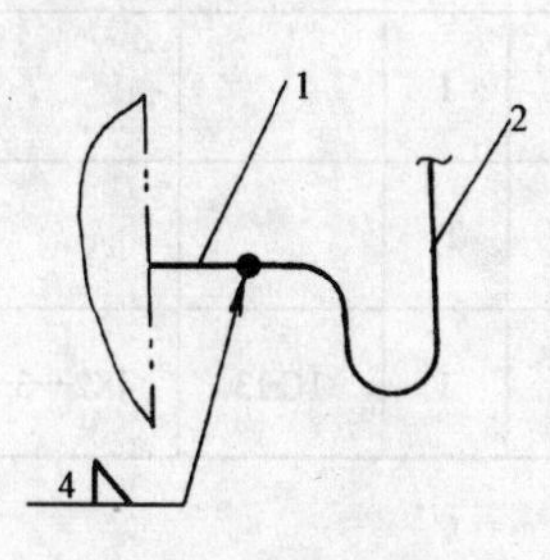

安 装 说 明

适用于热水或蒸汽介质，压力表需对正的场所。

明 细 表

件号	名称及规格	数量	材　质	图号或标准、规格号	备　注
1	无缝钢管，$D25\times3$；$l=50$mm	1	10、20	GB 8162	
2	冷凝弯，$D18\times3$	1	10、20	YZ13—28—2	
	冷凝圈，$D18\times3$	1	10、20	YZ13—27—2	
3	接表阀接头 M20×1.5/$\phi18$	1	Q235—A	YZ10—1	
4	垫片，$\phi_1 16/\phi_2 8$；$t=2.5$mm	2	XB350	GB 3985	
5	压力表球阀 *PN*2.5；*DN*10（M20×1.5）	1	Q235—A	YZ9—3—1	QGM1—1

图名	压力表安装图（带冷凝管、接表阀）*PN*2.5	图号	JK2—1—02—4

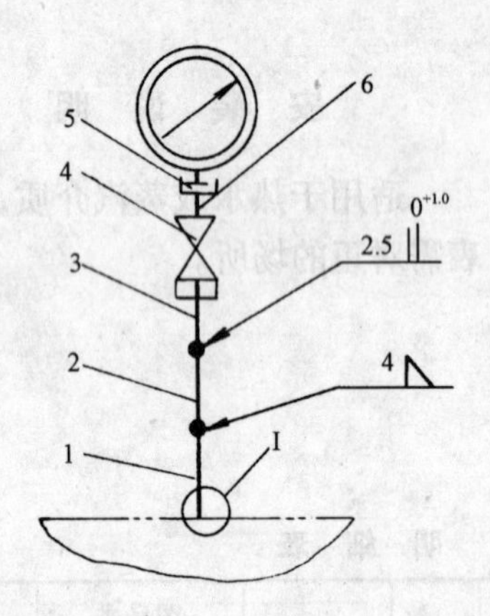

水平管道上安装

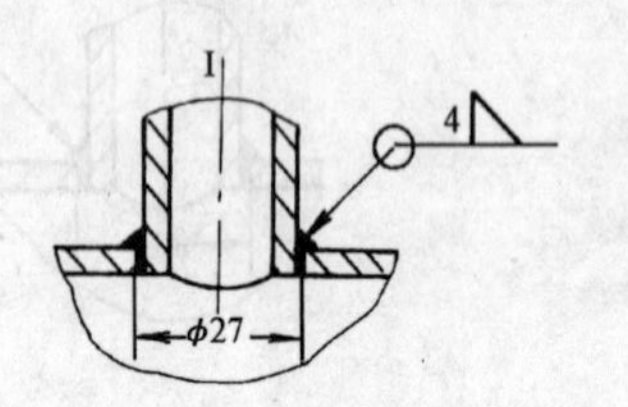

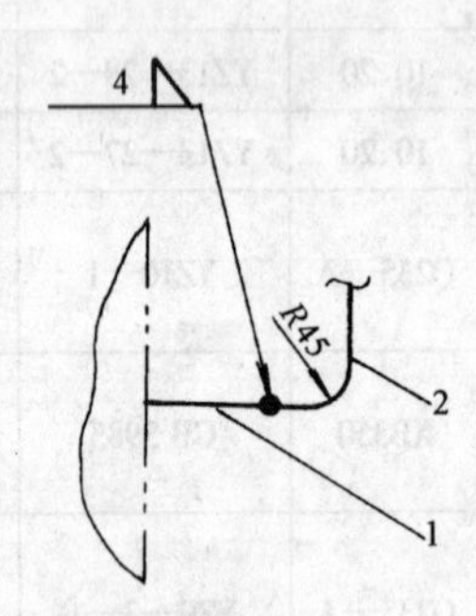

垂直管道上安装

安 装 说 明

1. 安装的管子、管件、阀门均应进行脱脂处理。

2. 可选用通用不锈钢球阀，密封环材质应是聚四氟乙烯。

明 细 表

件号	名称及规格	数量	材　质	图号或标准、规格号	备 注
1	无缝钢管，$D25\times3$；$l=50$mm	1	1Cr18Ni9	GB 2270	
2	无缝钢管，$D18\times3$	1	1Cr18Ni9	GB 2270	长度设计定
3	直通终端管接头 R½″/ϕ18	1	1Cr18Ni9	YZ5—1—11	
4	球 阀，Q11F—25P；*DN*15	1			
5	垫片，$\phi_1 20/\phi_2 12$　$t=2.5$mm		T_2		
6	压力表接头　M20×1.5/R½″	1	1Cr13	JK2—3—01	

图名	氧气压力表安装图 *PN*2.5	图号	JK2—1—03—1

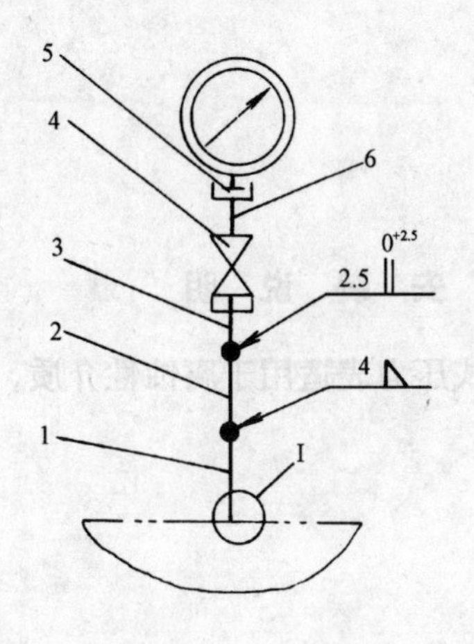

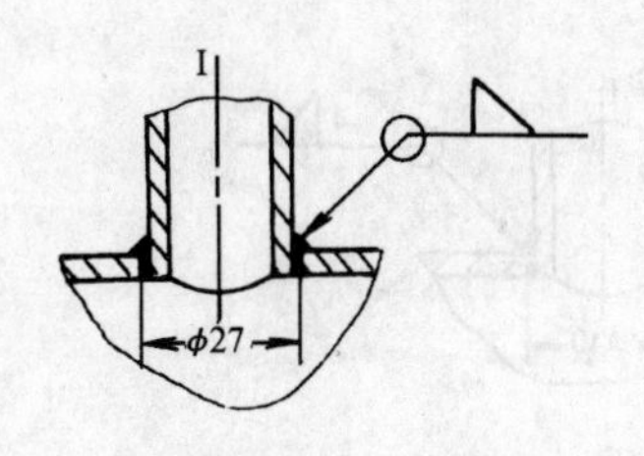

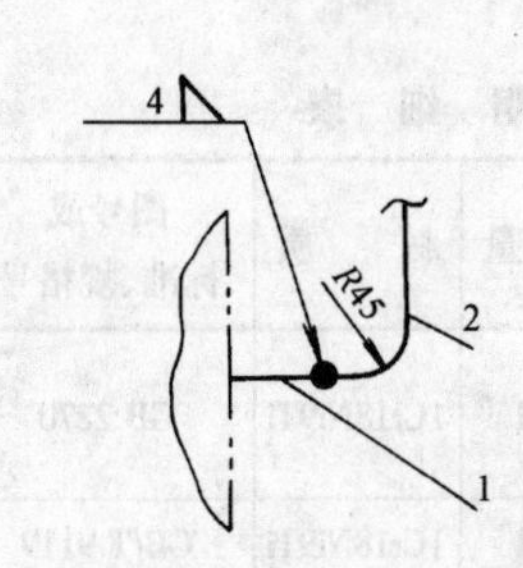

安 装 说 明

1. 安装的管子、管件、阀门均应进行脱脂处理。

2. 可选用通用不锈钢球阀；密封环材质应是聚四氟乙烯。

明 细 表

件号	名 称 及 规 格	数量	材 质	图号或标准、规格号	备 注
1	无缝钢管，$D25\times3$；$l=50$mm	1	1Cr18Ni9	GB 2270	
2	无缝钢管，$D18\times3$	1	1Cr18Ni9	GB 2270	长度设计定
3	直通终端管接头 R½″/$\phi18$	1	1Cr18Ni9	YZ5—1—11	
4	球 阀， Q11F—40P；*DN*15	1			
5	垫片，$\phi_1 20/\phi_2 12$，$t=2.5$mm		T_2		
6	压力表接头 $M20\times1.5$/R½″		1Cr13	JK2—3—01	

图名	氧气压力表安装图 *PN*4.0	图号	JK2—1—03—2

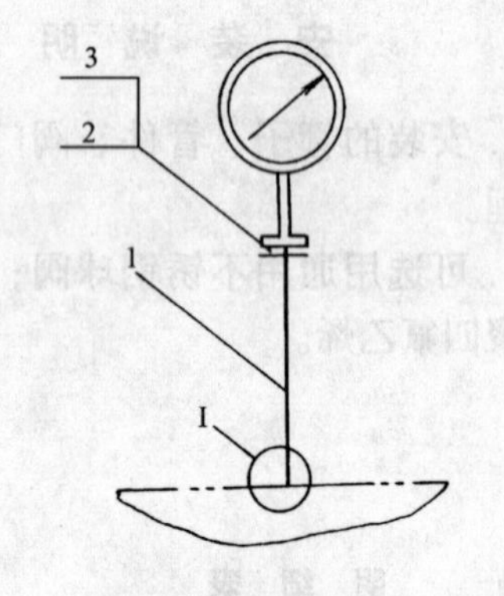

水平管道上安装

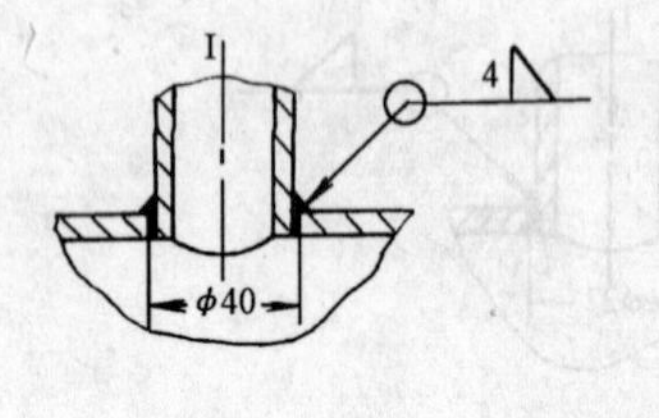

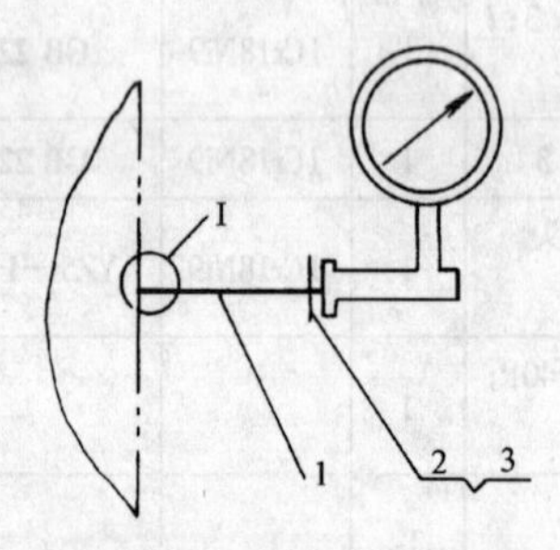

垂直管道上安装

安 装 说 明

隔膜式压力表适用于腐蚀性介质，不装阀门。

明 细 表

件号	名称及规格	数量	材 质	图号或 标准、规格号	备 注
1	无缝钢管，$D38\times4$，$l=150$mm	1	1Cr18Ni9Ti	GB 2270	
2	法兰，DN32、PN1.0	1	1Cr18Ni9Ti	GB/T 9119	
3	法兰垫 32—10，$t=2$mm	1	氟塑料	JB/T87	

图名	隔膜式压力表安装图(法兰连接) PN1.0	图号	JK2—1—04—1

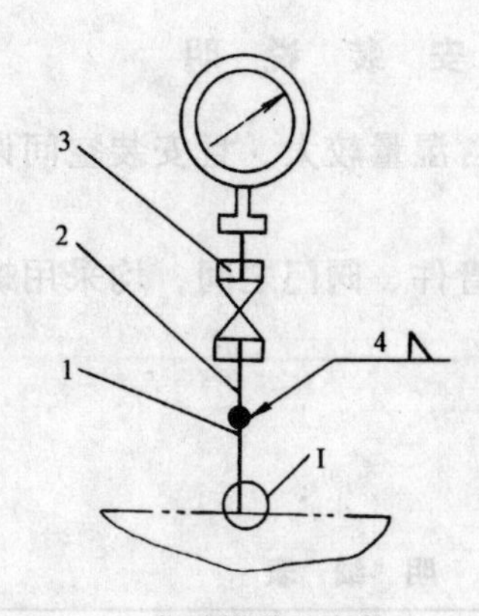

水平管道上安装

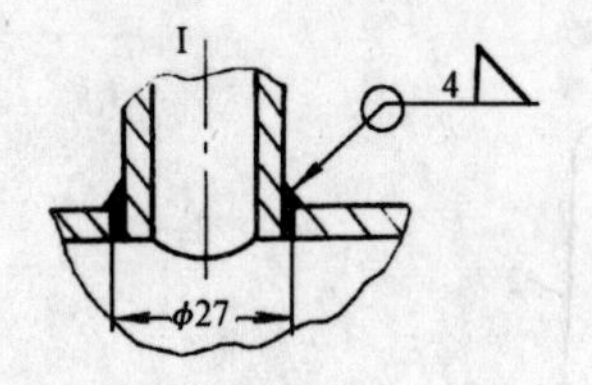

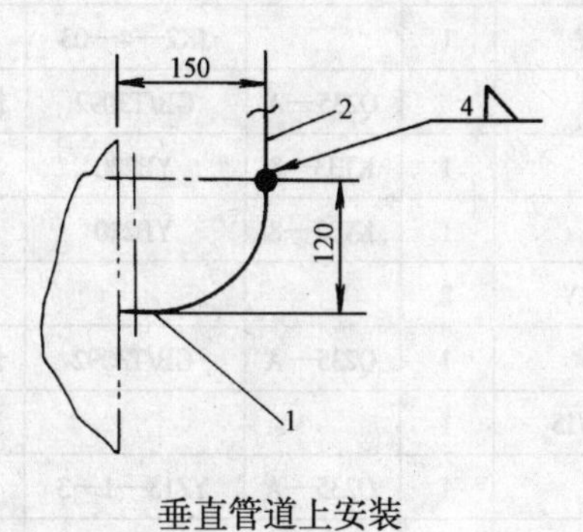

垂直管道上安装

安 装 说 明

适用于不易结晶的腐蚀性介质。

明 细 表

件号	名称及规格	数量	材 质	图号或标准、规格号	备 注
1	无缝钢管，$D25\times3$；$l=220$mm	1	1Cr18Ni9Ti	GB 2270	垂直管安装
	无缝钢管，$D25\times3$；$l=150$mm	1	1Cr18Ni9Ti	GB 2270	水平管安装
2	接表阀接头 M20×1.5/ϕ18	1	1Cr18Ni9Ti	YZ10—1	
3	压力表球阀 *PN*2.5；*DN*10(M20×1.5)	1	耐酸	YZ9—3—1	QG.M1—2

图名	隔膜式压力表安装图(螺纹连接) *PN*1.0	图号	JK2—1—04—2

2.2 测压管路连接图

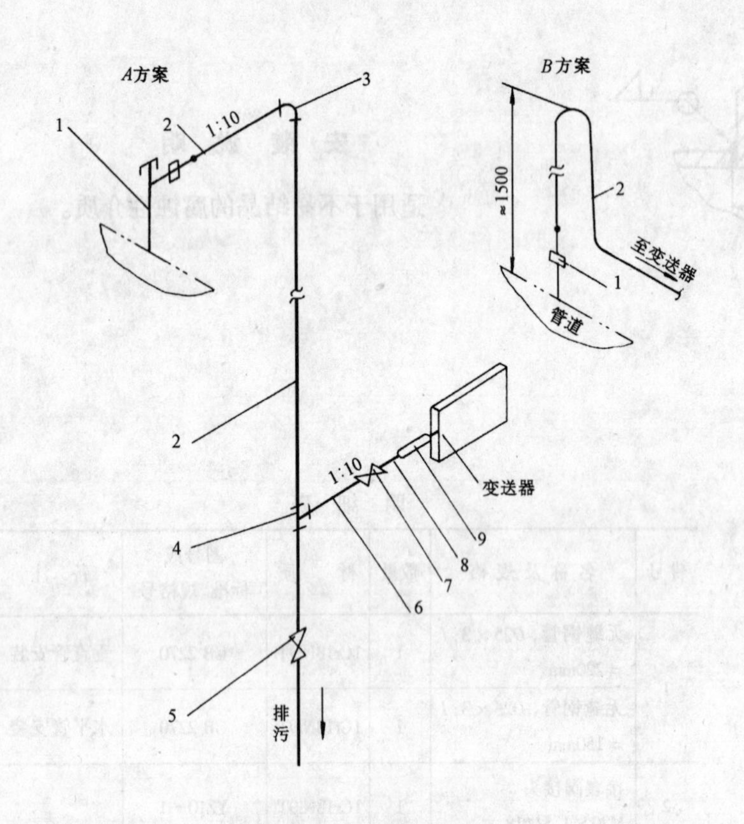

导压管及部、零件规格表

规格	1,取压装置规格号	2,钢管 DN	3,弯头 90° DN	4,三通 DN	5,闸阀 DN
a	a	15	15	15	15
b	b	20	20	20×15	20

安 装 说 明

1. 当气体含湿量较大，且安装空间许可，可选用 B 方案。

2. 管子、管件、阀门之间，均采用螺纹连接。

明 细 表

件号	名称及规格	数量	材质	图号或标准、规格号	备注
1	无毒气体取压装置	1		JK2—4—02	A 方案
	无毒气体取压装置	1		JK2—4—03	B 方案
2	焊接钢管, DN		Q235—A	GB/T3092	长度设计定
3	弯头 90°, DN	1	KT33—8	YB230	
4	三　通, DN	1	KT33—8	YB230	
5	闸阀, Z15T—16; DN	2			
6	焊接钢管, DN15	1	Q235—A	GB/T3092	长度设计定
7	闸阀, Z15T—16; DN15	1			
8	橡胶管接头, R½″	1	Q235—A	YZ13—1—3	
9	全胶管, φ8×2 l≈500mm			HG4—404	

图名	负压或微压无毒气体测压管路连接图 PN0.1	图号	JK2—2—01

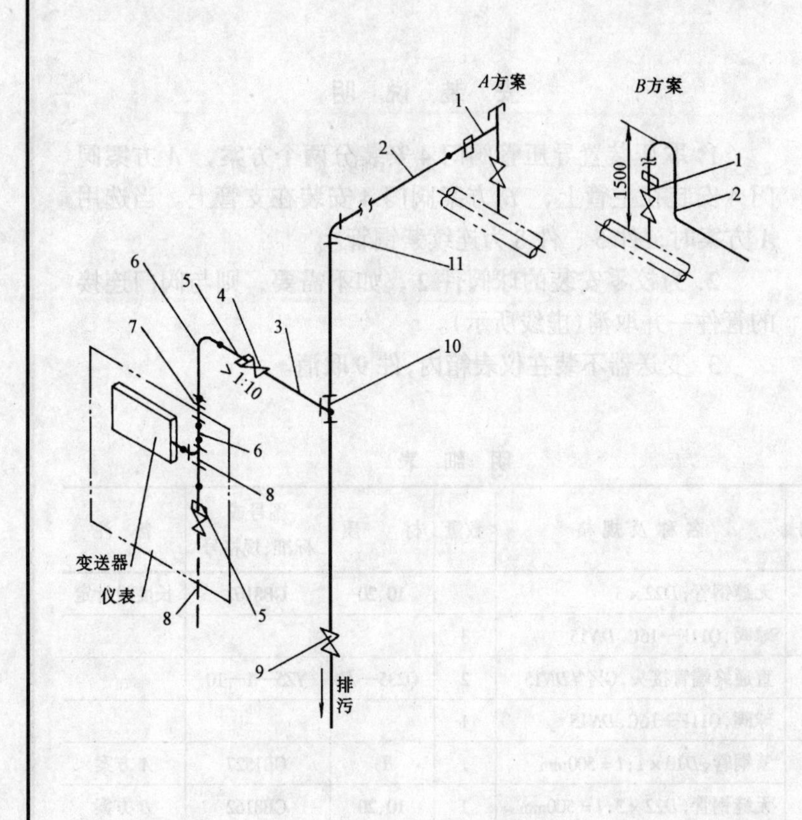

安装说明

1. 当气体含湿量较大，且安装空间许可，选用 *B* 方案。

2. 若变送器不装在仪表箱内，件 7 取消。

3. 件 6 紫铜管与钢接头连接用铜焊，若件 5 与件 8 连接，为焊接，其余管子、管件、阀门之间均为螺纹连接。

4. 为校零安装的阀件 5 如不需要，则阀门及连接管件应一并取消(虚线所示)。

明细表

件号	名称及规格	数量	材　质	图号或标准、规格号	备　注
1	取压装置	1		JK2—4—04	*A* 方案
	取压装置	1		JK2—4—05	*B* 方案
2	焊接钢管, *DN*		Q235—A	GB/T3092	长度设计定
3	焊接钢管, *DN*15; $l \leqslant 500$mm		Q235—A	GB/T3092	
4	闸阀, Z15T—16　*DN*15	2			
5	直通终端接头, G½″/ϕ14	2	Q235—A	YZ5—1—3	
6	紫铜管, *D*10×1	1	T_2	GB1527	长度设计定
7	管接头, 14	1	20	JB974	
8	管接头, 14	1	20	JB972	
9	闸阀, Z15T—16; *DN*	1			
10	三通, *DN*	1	KT33—8	YB230	
11	弯头 90°, *DN*	1	KT33—8	YB230	

导压管及部、零件规格表

规格号	件 1, 取压装置规格号	件 2, 钢管 *DN*	件 11, 弯头 90° *DN*	件 9, 闸阀 *DN*	件 10, 三通 *DN*
a	*a*	15	15	15	15
b	*b*	20	20	20	20×15

图名	燃气或低压气体测压管路连接图 *PN*0.6	图号	JK2—2—02

安 装 说 明

1. 取压装置导压管阀门 4 安装分两个方案，*A* 方案阀门 4 安装在主管上，*B* 方案阀门 4 安装在支管上。当选用 *A* 方案时，件 5、件 8 为连续紫铜管。

2. 为校零安装的球阀件 2，如不需要，则与阀门连接的管件一并取消(虚线所示)。

3. 变送器不装在仪表箱内，件 9 取消。

明 细 表

件号	名称及规格	数量	材 质	图号或标准、规格号	备 注
1	无缝钢管，$D22\times3$		10、20	GB8162	长度设计定
2	球阀，Q11F—16C，*DN*15	3			
3	直通终端管接头，G½″/*DN*15	2	Q235—A	YZ5—1—10	
4	球阀，Q11F—16C，*DN*15	1			
5	紫铜管，$D10\times1$；$l=500$mm	1	T_2	GB1527	*A* 方案
	无缝钢管，$D22\times3$；$l=500$mm	1	10、20	GB8162	*B* 方案
6	直通终端接头，G½″/ϕ14		Q235—A	YZ5—1	
7	直通终端管接头，G½″/ϕ14	2	Q235—A	YZ5—1—11	
8	紫铜管，$D10\times1$		T_2	GB1527	长度设计定
9	管接头，14	1	20	GB974	
10	管接头，14	1	20	GB972	

图名	气体测压管路连接图(取压点低于变送器) *PN*1.0	图号	JK2—2—03—1

安 装 说 明

1. 取压装置导压管阀门 5 安装分两个方案，*A* 方案阀门安装在主管上，*B* 方案阀门安装在支管上。当选用 *A* 方案时，件 6、件 8 为连续紫铜管。

2. 为校零安装的阀门件 2 如不需要，则与阀门连接的管件应一并取消(虚线所示)。

3. 变送器不装在仪表箱内,则件 9 取消。

明 细 表

件号	名称及规格	数量	材 质	图号或标准、规格号	备 注
1	无缝钢管, $D22\times3$(R½″), $l=100$mm	1	10、20	GB8162	
2	球阀, Q11F—25; *DN*15	3			
3	直通终端接头, R½″/$\phi14$	5	Q235—A	YZ5—1—11	
4	无缝钢管, $D14\times2$		10、20	GB8162	长度设计定
5	球阀, Q11F—25; *DN*15	1			
6	紫铜管, $\phi10\times2$ $l\approx500$mm		T_2	GB1527	*A* 方案
	无缝钢管, $D14\times2$ $l\approx500$mm		10、20	GB8162	*B* 方案
7	直通终端接头, R½″/*D*14	3	Q235—A	YZ5—1	
8	紫铜管, $D10\times1$	1	T_2	GB1527	长度设计定
9	管接头, 14	2	20	JB974	
10	管接头, 14	1	20	JB972	

图名	气体测压管路连接图(取压点低于变送器) *PN*2.5	图号	JK2—2—03—2

安 装 说 明

1. 取压装置导压管阀门 4 安装分两个方案，A 方案阀门安装在主管上；B 方案阀门安装在支管上。当选用 A 方案时，件 5、件 8 为连续紫铜管。

2. 为校零安装的球阀件 2，如不需要，则与阀门连接的管件一并取消(虚线所示)。

3. 变送器不装在仪表箱内，件 9 取消。

明 细 表

件号	名称及规格	数量	材 质	图号或标准、规格号	备 注
1	无缝钢管，*D*22×3		10、20	GB1862	长度设计定
2	球阀，Q11F—16C，*DN*15	3			
3	直通终端管接头，G½″/*DN*15	3	Q235—A	YZ5—1—10	
4	球阀，Q11F—16C，*DN*15	1			
5	紫铜管，$\phi 10\times 1$，*l*=500mm	1	T2	GB1527	*A* 方案
	无缝钢管，*D*22×3；*l*=500mm	1	10、20	GB1862	*B* 方案
6	直通终端接头，G½″/ϕ14	3	Q235—A	YZ5—1	
7	直通终端管接头，G½″/ϕ14	2	Q235—A	YZ5—1—11	
8	紫铜管，*D*10×1	1	T2	GB1527	长度设计定
9	管接头，14	1	Q235—A	JB974	
10	管接头，14	1	Q235—A	JB972	
11	管接头，14	2	Q235—A	JB970	
12	分离容器，*PN*6.4；*DN*100	1		YZ13—24—2	

图名	气体测压管路连接图(取压点高于变送器) *PN*1.0	图号	JK2—2—03—3

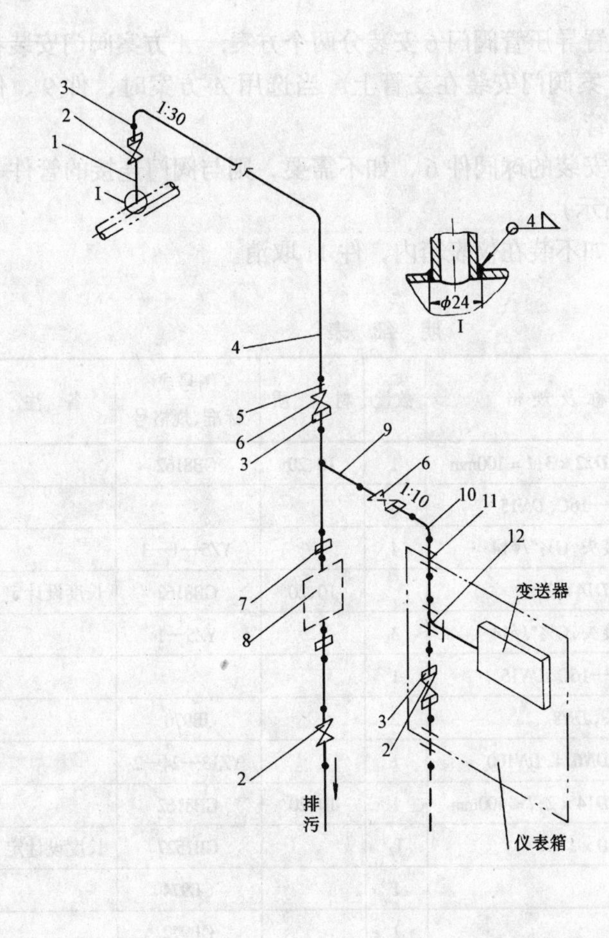

安 装 说 明

1. 取压装置导压管阀门 6 安装分两个方案，*A* 方案阀门安装在主管上；*B* 方案阀门安装在支管上。当选用 *A* 方案时，件 9、件 10 为连续紫铜管。

2. 为校零安装的阀门件 2，如不需要，则阀门与连接的管件一并取消(虚线所示)。

3. 变送器不装在仪表箱内时，件 11 取消。

明 细 表

件号	名称及规格	数量	材　质	图号或标准、规格号	备　注
1	无缝钢管，$D22\times3$(R½″)；$l=100$mm	1	10、20	GB8162	
2	球阀，Q11F—25；*DN*15	3			
3	直通终端接头，R½″/$\phi14$	4		YZ5—1—11	
4	无缝钢管，$D14\times2$		10、20	GB8162	长度设计定
5	直通终端接头，R½″/$\phi14$	3		YZ5—1	
6	球阀，Q11F—25；*DN*15	1			
7	管接头，14	2	20	JB970	
8	分离器，*PN*6.4；*DN*100	1		YZ13—24—1	
9	紫铜管，$\phi10\times1$，$l=500$mm	1	T_2	GB1527	
	无缝钢管，$D14\times2$；$l\approx500$mm	1	10、20	GB1862	
10	紫铜管，$\phi10\times1$	T_2		GB1527	长度设计定
11	管接头，14	2	20	JB974	
12	管接头，14	1	20	JB972	

图名	气体测压管路连接图(取压点高于变送器)　*PN*2.5	图号	JK2—2—03—4

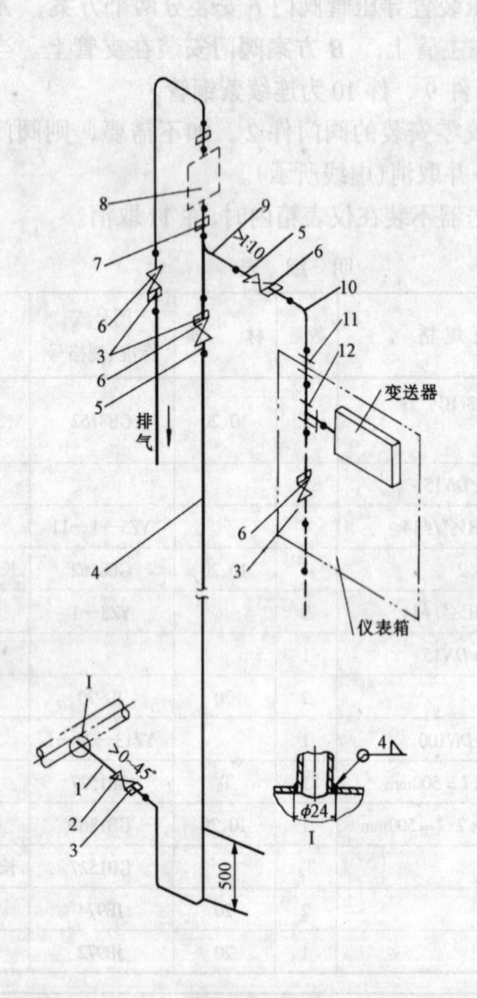

安装说明

1. 取压装置导压管阀门 6 安装分两个方案，*A* 方案阀门安装在主管上；*B* 方案阀门安装在支管上，当选用 *A* 方案时，件 9、件 10 为连续紫铜管。

2. 为校零安装的球阀件 6，如不需要，则与阀门连接的管件一并取消(虚线所示)。

3. 变送器如不装在仪表箱内，件 11 取消。

明细表

件号	名称及规格	数量	材质	图号或标准、规格号	备注
1	无缝钢管，*D*22×3；*l*=100mm	1	10、20	GB8162	
2	球阀，Q11F—16C，*DN*15	3			
3	直通终端接头，G½″/φ14	4		YZ5—1—3	
4	无缝钢管，*D*14×2		10、20	GB8162	长度设计定
5	直通终端接头，G½″/φ14	3		YZ5—1	
6	球阀，Q11F—16C，*DN*15	1			
7	直通管接头，*DN*8	2		JB970	
8	分离容器，*DN*6.4；*DN*100	1		YZ13—24—2	
9	无缝钢管，*D*14×2；*l*≈400mm	1	10、20	GB8162	
10	紫铜管，*D*10×1		T_2	GB1527	长度设计定
11	管接头	1		GB974	
12	管接头，14	1		GB972	

图名	液体测压管路连接图(取压点低于变送器)　*PN*1.0	图号	JK2—2—04—1

安装说明

1. 取压装置导压管阀门 6 安装分两个方案，*A* 方案阀门安装在主管上；*B* 方案阀门安装在支管上。当选用 *A* 方案时，件 9、件 10 为连续紫铜管。

2. 为校零安装的阀门件 2，如不需要，则阀门与连接的管件一并取消(虚线所示)。

3. 变送器不装在仪表箱内时，件 11 取消。

明细表

件号	名称及规格	数量	材质	图号或标准、规格号	备注
1	无缝钢管，$D22\times3.5$(R½″)；$l=100$mm	1	10、20	GB1862	
2	球阀，Q11F—25；*DN*15	3			
3	直通终端接头，R½″/$\phi14$	5		YZ5—1—11	
4	无缝钢管，$D14\times2$		10、20	GB8162	长度设计定
5	直通终端接头，R½″/$\phi14$	3		YZ5—1	
6	球阀，Q11F—25；*DN*15	1			
7	直通管接头，*DN*8	2		JB970	
8	分离容器，*DN*6.4；*DN*100	1		YZ13—24—1	
9	无缝钢管，$D14\times2$；$l\approx400$mm	1	10、20	GB8162	
10	紫铜管，$\phi10\times1$		T_2	GB1527	长度设计定
11	管接头，14	2	20	JB974	
12	管接头，14	1	20	JB972	

图名	液体测压管路连接图(取压点低于变送器) *PN*2.5	图号	JK2—2—04—2

安 装 说 明

1. 取压装置导压管阀门6安装分两个方案，A方案阀门安装在主管上；B方案阀门安装在支管上。当选用A方案时，件7、件8为连续紫铜管。

2. 为校零安装的阀门件2，如不需要，则阀门与连接的管件一并取消(虚线所示)。

3. 变送器不装在仪表箱内时，件9取消。

明 细 表

件号	名称及规格	数量	材 质	图号或标准、规格号	备 注
1	无缝钢管，D22×3；(R½″)，l=100mm	1	10、20	GB 8162	
2	球阀，Q11F—16 DN15	3			
3	直通终端接头，G½″/φ14	3		YZ5—1—3	
4	无缝钢管，D14×2		10、20	GB 8162	长度设计定
5	直通终端接头，G½″/φ14	3		YZ5—1	
6	球阀，Q11F—16，DN15	1			
7	紫铜管，D10×1，l≈500mm	1	T_2	GB 1527	A方案
	无缝钢管，D14×2 l≈500mm	1	10、20	GB 8162	B方案
8	紫铜管，D10×1		T_2	GB 1527	长度设计定
9	管接头	1	Q235—A	GB 974	
10	管接头，14	1	Q235—A	GB 972	

图名	液体测压管路连接图(取压点高于变送器) PN1.0	图号	JK2—2—04—3

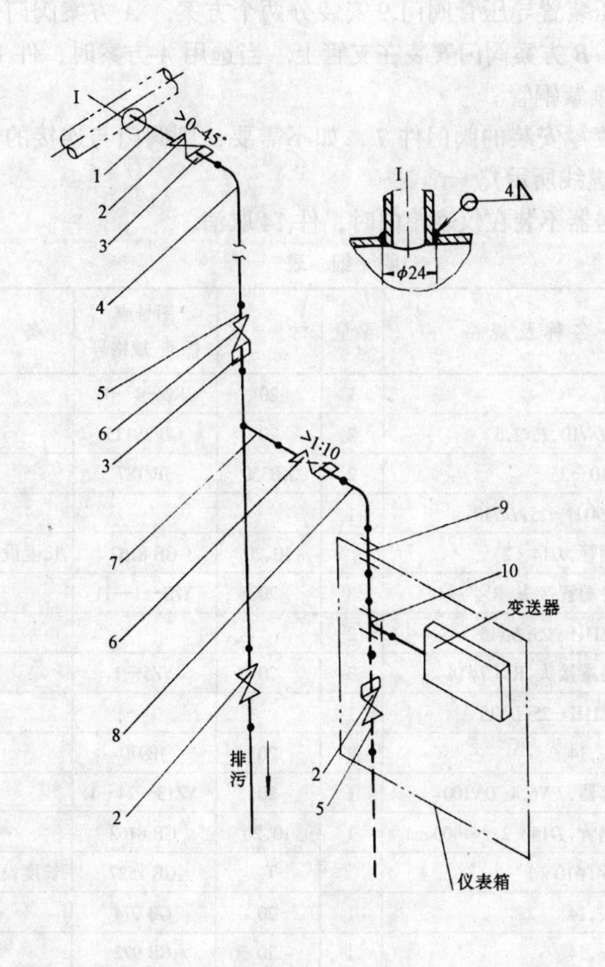

安装说明

1. 取压装置导压管阀门6安装分两个方案，*A*方案阀门安装在主管上；*B*方案阀门安装在支管上，当选用*A*方案时，件7、件8为连续紫铜管。

2. 为校零安装的阀门件2，如不需要，则阀门与连接的管件一并取消(虚线所示)。

3. 变送器不装在仪表箱内时，件9取消。

明细表

件号	名称及规格	数量	材质	图号或标准、规格号	备注
1	无缝钢管，$D22\times3$(R½″)，$l=100$mm	1	10、20	GB 8162	
2	球阀，Q11F—25 *DN*15	3			
3	直通终端接头，R½″/φ14	5		YZ5—1—11	
4	无缝钢管，$D14\times2$		10、20	GB 8162	长度设计定
5	直通终端接头，R½″/φ14	2		YZ5—1	
6	球阀，Q11F—25，*DN*15	1			
7	紫铜管，$D10\times1$，$l\approx500$mm	1	T2	GB 1527	
7	无缝钢管，$D14\times2$；$l\approx500$mm	1	10、20	GB8162	
8	紫铜管，$D10\times1$		T2	GB 1527	长度设计定
9	管接头，14	2	20	JB974	
10	管接头，14	1	20	JB972	

图名	液体测压管路连接图(取压点高于变送器) *PN*2.5	图号	JK2—2—04—4

安 装 说 明

1. 取压装置导压管阀门 9 安装分两个方案，*A* 方案阀门安装在主管上；*B* 方案阀门安装在支管上，当选用 *A* 方案时，件 12、件 13 为连续紫铜管。

2. 为校零安装的阀门件 7，如不需要，则阀门与连接的管件一并取消(虚线所示)。

3. 变送器不装在仪表箱内时，件 14 取消。

明 细 表

件号	名称及规格	数量	材　质	图号或标准、规格号	备　注
1	取压管	1	20	JK2—4—06	
2	法兰，*DN*10、*PN*2.5	2	20	GB/T9115	
3	垫片，10—25	2	XB350	JB/T87	
4	闸阀，Z41H—25，*DN*10	1			
5	无缝钢管，$D14\times2$		10、20	GB 8162	长度设计定
6	直通终端管接头，R½″/$\phi14$	3	20	YZ5—1—11	
7	闸阀，Z11H—25；*DN*15	2			
8	直通终端接头，R½″/$\phi14$	3	20	YZ5—1	
9	闸阀，Z11H—25；*DN*15	1			
10	管接头，14	2	20	JB970	
11	分离容器，*PN*6.4；*DN*100	1	20	YZ13—24—1	
12	无缝钢管，$D14\times2$；$l\approx400$mm	1	10、20	GB 8162	
13	紫铜管，$\phi10\times1$		T_2	GB 1527	长度设计定
14	管接头，14	1	20	GB 974	
15	管接头，14	1	20	GB 972	

图名	蒸汽测压管路连接图(取压点低于变送器)　*PN*1.0；$t\leqslant425$ ℃	图号	JK2—2—05—1

安装说明

1. 取压装置导压管阀门 12 安装分两个方案，*A* 方案阀门安装在主管上；*B* 方案阀门安装在支管上，当选用 *A* 方案时，件 15、件 16 为连续紫铜管。

2. 为校零安装的阀门件 10，如不需要，则阀门与连接的管件一并取消(虚线所示)。

3. 变送器不装在仪表箱内时，件 17 取消。

明细表

件号	名称及规格	数量	材质	图号或标准、规格号	备注
1	取压管	1	20	JK2—4—06	
2	法兰，*DN*10；*PN*4.0	2	20	GB/T9115	
3	垫片，10—40	2	XB350	JB/T87	
4	螺栓，M12×50	8	35	GB 5781	
5	螺母，M12	8	25	GB 41	
6	垫圈，12	8	25	GB 95	
7	截止阀，J41H—40；*DN*10	1			
8	无缝钢管，*D*14×2		20	GB 8162	长度设计定
9	直通终端管接头，R½″/ϕ14	3	20	YZ5—1—11	
10	截止阀，J11H—40；*DN*15	2			
11	直通终端接头，R½″/ϕ14	3	20	YZ5-1	
12	截止阀，J11H—40；*DN*15	1			
13	管接头，14	2	20	JB970	
14	分离容器，*DN*6.4；*DN*100	1	20	YZ13—24—1	
15	无缝钢管，*D*14×2；$l\approx$400mm	1	20	GB 8162	
16	紫铜管，ϕ10×1		T_2	GB 1527	长度设计定
17	管接头，14	1	20	JB974	
18	管接头，14	1	20	JB972	

图名	蒸汽测压管路连接图(取压点低于变送器) *PN*2.5；$t\leqslant$425℃	图号	JK2—2—05—2

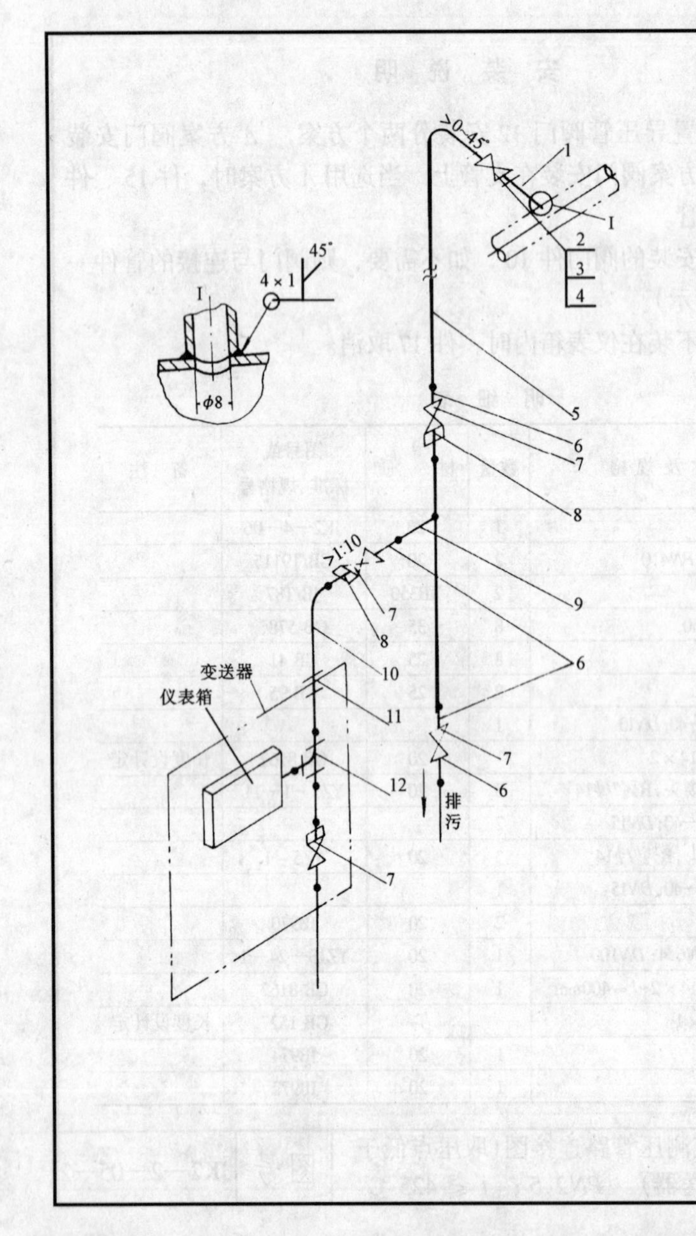

安 装 说 明

1. 取压装置导压管阀门 7 安装分两个方案，*A* 方案阀门安装在主管上；*B* 方案阀门安装在支管上，当选用 *A* 方案时，件 9、件 10 为连续紫铜管。

2. 为校零安装的阀门件 7，如不需要，则阀门与连接的管件一并取消(虚线所示)。

3. 变送器不装在仪表箱内时，件 11 取消。

明 细 表

件号	名称及规格	数量	材 质	图号或 标准、规格号	备 注
1	取压管	1	20	JK2—4—06	
2	法兰，*DN*10；*PN*2.5	2	20	GB/T9115	
3	垫片，10—25	2	XB350	JB/T87—94	
4	截止阀，J41H—25；*DN*10	1			
5	无缝钢管，*D*14×2		10、20	GB 8162	长度设计定
6	直通终端接头，R½″/φ14	4	20	YZ5—1	
7	截止阀，J11H—25；*DN*15	1			
8	直通终端管接头，R½″/φ14	2	20	YZ5—1—11	
9	无缝钢管，*D*14×2；$l\approx400$mm	1	10、20		
10	紫铜管，*D*10×1		T_2	GB 1527	
11	管接头，14	1	20	JB974	
12	管接头，14	1	20	JB972	

图名	蒸汽测压管路连接图(取压点高于变送器)　*PN*1.0；$t\leqslant425$℃	图号	JK2—2—05—3

安装说明

1. 取压装置导压管阀门 9 安装分两个方案，*A* 方案阀门安装在主管上，*B* 方案阀门安装在支管上，当选用 *A* 方案时，件 11 、件 13 为连续紫铜管。

2. 为校零安装的阀门件 9，如不需要，则阀门与连接的管件一并取消(虚线所示)。

3. 变送器不装在仪表箱内时，件 11 取消。

明细表

件号	名称及规格	数量	材质	图号或标准、规格号	备注
1	取压管	1	20	JK2—4—07	
2	法兰，*DN*10；*PN*4.0	2	20	GB/T9116、GB/T9119	
3	垫片，10—40	2	XB350	JB/T87	
4	螺栓，M12×50	8	35	GB 5780	
5	螺母，M12	8	25	GB 41	
6	垫圈，ϕ12	8	25	GB 95	
7	截止阀，J41H—40；*DN*10	1			
8	无缝钢管，*D*14×2		20	GB 8162	长度设计定
9	截止阀，J11H—40；*DN*15	1			
10	直通终端管接头，R½″/ϕ14	3	20	YZ5—1—11	
11	无缝钢管，*D*14×2；*l*≈400mm	1	20	GB 8162	*B* 方案
12	直通终端管接头，R½″/ϕ14	4	20	YZ5—1	
13	紫铜管，*D*10×1		T2	GB 1527	长度设计定
14	管接头，14	1	20	JB974	
15	管接头，14	1	20	JB972	

图名	蒸汽测压管路连接图(取压点高于变送器)　*PN*2.5；　*t*≤425℃	图号	JK2—2—05—4

安 装 说 明

1. 取压装置导压管阀门 5 与安装分两个方案，*A* 方案阀门安装在主管上，*B* 方案阀门安装在支管上。当选用 *A* 方案时，件 6、件 8 为连续紫铜管。

2. 为校零安装的阀门件 2，如不需要，则与阀门连接的管件一并取消(虚线所示)。

3. 变送器不装在仪表箱内，件 9 取消。

4. 取压装置不是安装在水润滑氧压机后，则排污管及阀门一并取消。

5. 按氧气安装规程，对安装的阀门、管子、管件必须进行脱脂处理，合格后方可正式投入使用。

明 细 表

件号	名称及规格	数量	材 质	图号或标准、规格号	备 注
1	取压管	1	1Cr18Ni9Ti	JK2—4—07	
2	球阀，Q11F—25PB；*DN*15	3			
3	直通终端接头，R½″/ϕ14	3	1Cr13	YZ5—1—11	
4	无缝钢管，*D*14×2		1Cr18Ni9Ti	GB 2270	长度设计定
5	球阀，Q11F—25PB，*DN*15	1			
6	无缝钢管，*D*14×2；*l*≈500mm	1	1Cr18Ni9Ti	GB 2270	*B* 方案
7	直通终端接头，R½″/ϕ14	5	1Cr13	YZ5—1	
8	紫铜管，*D*10×1		T2	GB 1527	长度设计定
9	管接头，14	1	1Cr13	JB974	
10	管接头，14	1	1Cr13	JB972	

图名	氧气测压管路连接图(取压点低于变送器) *PN*2.5	图号	JK2—2—06—1

安 装 说 明

1. 取压装置导压管阀门 5 安装分两个方案，*A* 方案阀门安装在主管上；*B* 方案阀门安装在支管上，当选用 *A* 方案时，件 6、件 8 为连续紫铜管。

2. 为校零安装的阀门件 2，如不需要，则阀门与连接的管件一并取消(虚线所示)。

3. 变送器不装在仪表箱内时，件 9 取消。

4. 取压装置不是安装在水润滑氧压机后，则排污管及阀门一并取消。

5. 按氧气安装规程,对安装的阀门,管子、管件必须进行脱脂处理,合格后方可正式投入使用。

明 细 表

件号	名称及规格	数量	材　质	图号或标准、规格号	备　注
1	取压管	1	1Cr18Ni9Ti	JK2—4—07	
2	球阀，Q11F—40PB；*DN*15	3			
3	直通终端接头，R½″/ϕ14	3	1Cr13	YZ5—1—11	
4	无缝钢管，*D*14×2		1Cr18Ni9Ti	GB 2270	长度设计定
5	球阀，Q11F—40PB，*DN*15	1			
6	无缝钢管，*D*14×2；*l*≈500mm	1	1Cr18Ni9Ti	GB 2270	*B* 方案
7	直通终端接头，R½″/ϕ14	5	1Cr13	YZ5—1	
8	紫铜管，*D*10×1		T2	GB 1527	长度设计定
9	管接头，14	1	1Cr13	JB974	
10	管接头，14	1	1Cr13	JB972	

图名	氧气测压管路连接图(取压点低于变送器)　*PN*4.0	图号	JK2—2—06—2

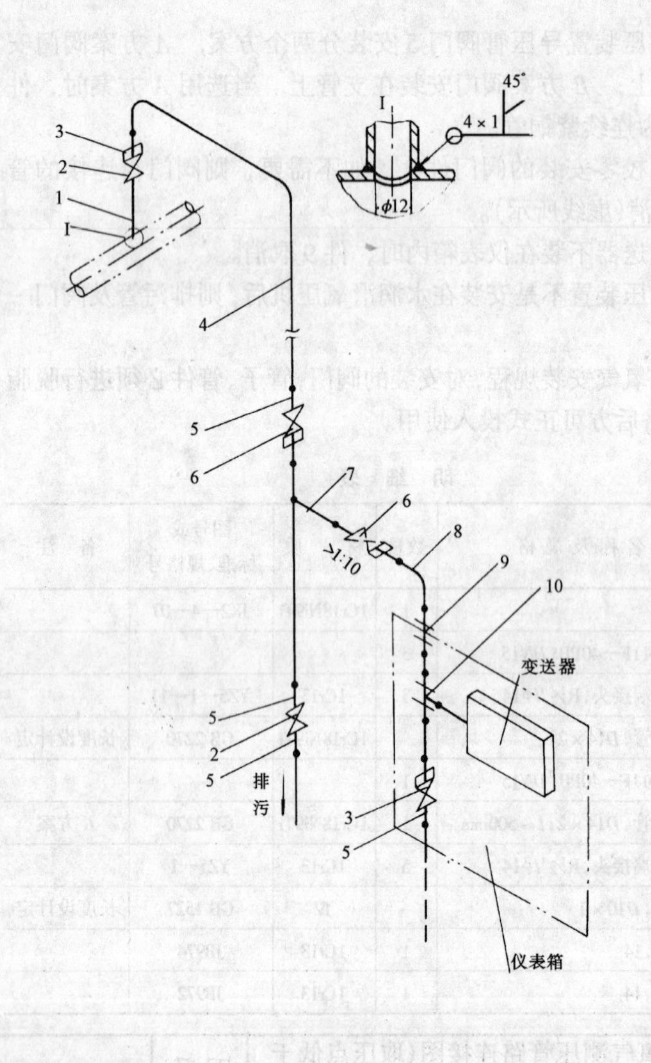

安 装 说 明

1. 取压装置导压管阀门6安装分两个方案，*A*方案阀门安装在主管上；*B*方案阀门安装在支管上，当选用*A*方案时，件7、件8为连续紫铜管。

2. 为校零安装的阀门件3，如不需要，则阀门与连接的管件一并取消(虚线所示)。

3. 变送器不装在仪表箱内时，件9取消。

4. 取压装置不是安装在水润滑氧压机后，则排污管及阀门一并取消。

5. 按氧气管道安装规程，对安装的阀门、管子管件必须进行脱脂处理，合格后方可正式投入使用。

明 细 表

件号	名称及规格	数量	材　质	图号或标准、规格号	备　注
1	取压管	1	1Cr18Ni9Ti	JK2—4—07	
2	球阀，Q11F—25PB，*DN*15	3			
3	直通终端接头，R½″/φ14	5	1Cr13	YZ5—1—11	
4	无缝钢管，*D*14×2		1Cr18Ni9Ti	GB 2270	长度设计定
5	直通终端接头，R½″/φ14	2	1Cr13	YZ5—1	
6	球阀，Q11F—25PB，*DN*15	1	1Cr18Ni9Ti		
7	无缝钢管，*D*14×2，*l*=500mm	1	1Cr18Ni9Ti	GB 2270	*B*方案用
8	紫铜管，*D*14×2	1	T_2	GB 1527	长度设计定
9	管接头，14	2	1Cr13	JB974	
10	管接头，14	1	1Cr13	JB972	

图名	氧气测压管路连接图(取压点高于变送器)　*PN*2.5	图号	JK2—2—06—3

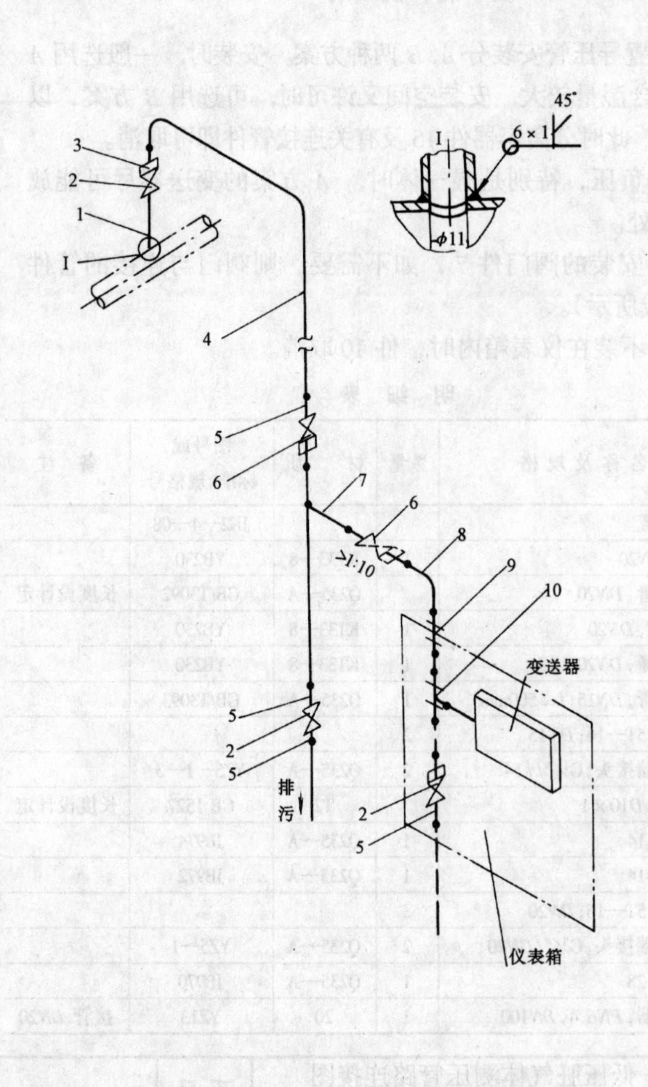

安装说明

1. 取压装置导压管阀门6安装分两个方案，*A*方案阀门安装在主管上，*B*方案阀门安装在支管上，当选用*A*方案时，件7、件8为连续紫铜管。

2. 为校零安装的阀门件2，如不需要，则阀门与连接的管件一并取消(虚线所示)。

3. 变送器不装在仪表箱内时，件9取消。

4. 取压装置不是安装在水润滑氧压机后，则排污管及阀门一并取消。

5. 按氧气安装规程，对安装的阀门、管子、管件必须进行脱脂处理，合格后方可正式投入使用。

明细表

件号	名称及规格	数量	材质	图号或标准、规格号	备注
1	取压管	1	1Cr18Ni9Ti	JK2—4—07	
2	球阀，Q11F—40PB；*DN*15	3			
3	直通终端接头，R½″/ϕ14	3	1Cr13	YZ5—1	
4	无缝钢管，*D*14×2	1	1Cr18Ni9Ti	GB 8162	长度设计定
5	直通终端接头，R½″/ϕ14	4	1Cr13	YZ5—1	
6	球阀，Q11F—40PB，*DN*15	1			
7	无缝钢管，*D*14×2，*l*=500mm	1	1Cr18Ni9Ti	GB 8162	*B*方案用
8	紫铜管，*D*10×1	1	T2	GB 1527	长度设计定
9	管接头，14	2	1Cr13	JB974	
10	管接头，14	1	1Cr13	JB972	

图名	氧气测压管路连接图(测压点高于变送器) *PN*4.0	图号	JK2—2—06—4

安装说明

1. 取压装置导压管安装分 *A*, *B* 两种方案。安装时，一般选用 *A* 方案，当气体含湿量较大，安装空间又许可时，可选用 *B* 方案，以利排除冷凝水，此时分离容器件 15 及有关连接管件即可取消。

2. 测气体负压，特别是湿气体时，*A* 方案的变送器尽可能放在高于取压点处。

3. 为校零安装的阀门件 7，如不需要，则阀门与连接的管件一并取消(虚线所示)。

4. 变送器不装在仪表箱内时，件 10 取消。

明细表

件号	名称及规格	数量	材质	图号或标准、规格号	备注
1	取压装置			JK2—4—08	
2	三通，*DN*20	1	KT33—8	YB230	
3	焊接钢管，*DN*20		Q235—A	GB/T3092	长度设计定
4	弯头 90°，*DN*20	1	KT33—8	YB230	
5	异径三通，*DN*20×15	1	KT33—8	YB230	
6	焊接钢管，*DN*15；$l\approx500$mm	1	Q235—A	GB/T3093	
7	闸阀，Z15T—16；*DN*15	2			
8	直通终端接头，G½″/ϕ14	2	Q235—A	YZ5—1—3	
9	紫铜管，*D*10×1		T2	GB 1527	长度设计定
10	管接头，14	1	Q235—A	JB974	
11	管接头，14	1	Q235—A	JB972	
12	闸阀，Z15T—16；*DN*20	3			
13	直通终端接头，G¾″/*DN*20	2	Q235—A	YZ5—1	
14	管接头，28	1	Q235—A	JB970	
15	分离容器，*PN*6.4，*DN*100	1	20	YZ13	接管 *DN*20

图名	低压脏气体测压管路连接图 *PN*0.6	图号	JK2—2—07—1

安装说明

1. 取压装置导压管安装分 A 、 B 两种方案。安装时，一般选用 A 方案，当气体含湿量较大，安装空间又许可时，可选用 B 方案，以利排除冷凝水，此时分离容器件 15 及有关连接管件即可取消。

2. 测气体负压，特别是湿气体时，A 方案的变送器尽可能放在高于取压点处。

3. 为校零安装的阀门件 7，如不需要，则阀门与连接的管件一并取消(虚线所示)。

4. 变送器不装在仪表箱内时，件 10 取消。

B方案

A方案

1000~1500

1:10

变送器

仪表箱

排污

明细表

件号	名称及规格	数量	材质	图号或标准、规格号	备注
1	取压装置			JK2—4—09	
2	三通，DN20	1	KT33—8	YB230	
3	焊接钢管，DN20		Q235—A	GB/T3092	长度设计定
4	弯头 90°，DN20	1	KT33—8	YB230	
5	异径三通，DN20×15	1	KT33—8	YB230	
6	焊接钢管，DN15；$l\approx500$mm	1	Q235—A	GB/T3092	
7	闸阀，Z15T—16；DN15	2			
8	直通终端接头，G½″/ϕ14	2	Q235—A	YZ5—1—3	
9	紫铜管，D10×1		T2	GB 1527	长度设计定
10	管接头，14	1	Q235—A	JB974	
11	管接头，14	1	Q235—A	JB972	
12	闸阀，Z15T—16；DN20	3			
13	直通终端接头，G¾″/DN20	2	Q235—A	YZ5—1	
14	管接头，28	1	Q235—A	JB970	
15	分离容器，PN6.4，DN100	1	20	YZ13—24	接管 DN20

图名	脏湿气体测压管路连接图(用于水平管道及容器) PN0.6	图号	JK2—2—07—2

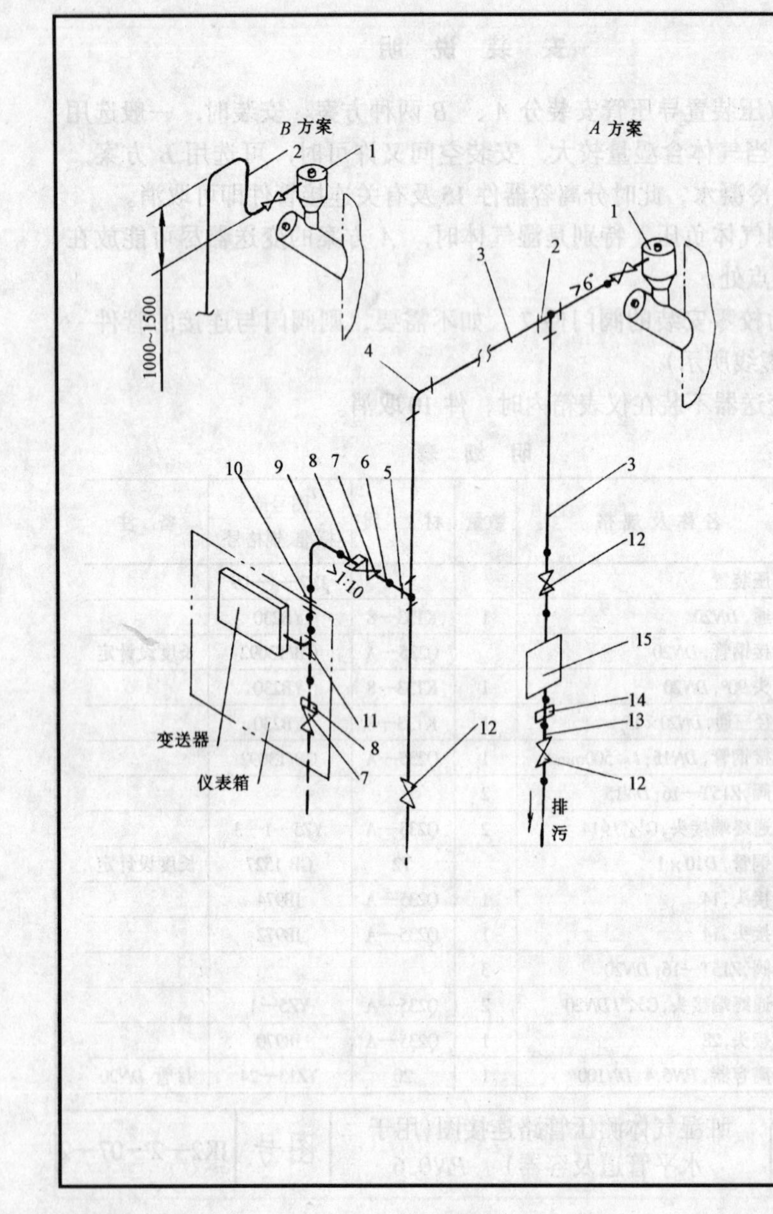

安装说明

1. 取压装置导压管安装分 A、B 两种方案。安装时，一般选用 A 方案，当气体含湿量较大，安装空间又许可时，可选用 B 方案，以利排除冷凝水，此时分离容器件 15 及有关连接管件即可取消。

2. 测气体负压，特别是湿气体时，A 方案的变送器尽可能放在高于取压点处。

3. 为校零安装的阀门件，如不需要，则阀门与连接的管件一并取消（虚线所示）。

4. 变送器不装在仪表箱内时，件 10 取消。

明细表

件号	名称及规格	数量	材质	图号或标准、规格号	备注
1	取压装置			JK2—4—10	
2	三通，DN20	1	KT33—8	YB230	
3	焊接钢管，DN20		Q235—A	GB 3092	长度设计定
4	弯头 90°，DN20	1	KT33—8	YB230	
5	异径三通，DN20×15	1	KT33—8	YB230	
6	焊接钢管，DN15；l≈500mm	1	Q235—A	GB 3092	
7	闸阀，Z15T—16；DN15	2			
8	直通终端接头，G½″/φ14	2	Q235—A	YZ5—1—3	
9	紫铜管，D10×1		T2	GB 1527	长度设计定
10	管接头，14	1	Q235—A	JB974	
11	管接头，14	1	Q235—A	JB972	
12	闸阀，Z15T—16；DN20	3			
13	直通终端接头，G¾″/DN20	2	Q235—A	YZ5—1	
14	管接头，28	1	Q235—A	JB970	
15	分离容器，PN6.4 DN100	1	20	YZ13—24	接管 DN20

图名	脏湿气体测压管路连接图（用于垂直管道或容器侧壁） PN0.6	图号	JK2—2—07—3

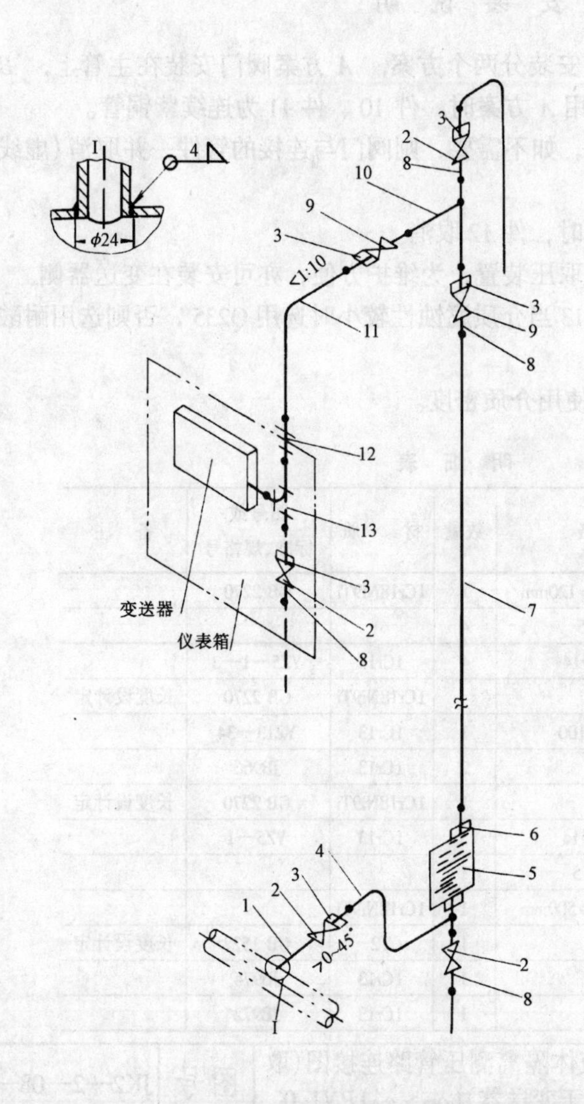

安装说明

1. 取压装置导压管阀门9安装分两个方案，*A* 方案阀门安装在主管上，*B* 方案阀门安装在支管上，当选用 *A* 方案时，件10、件11为连续紫铜管。

2. 为校零安装的阀门件2,如不需要,则阀门与连接的管件一并取消(虚线所示)。

3. 变送器不装在仪表箱内时,件12取消。

4. 隔离容器上顶面应低于取压装置，为维护方便，亦可安装在变送器侧。

5. 件7、8、10、12、13当介质腐蚀性较小时选用Q235,否则选用耐酸钢材质。

6. $\rho_{隔}$ $\rho_{介}$分别为隔离液和使用介质密度。

明细表

件号	名称及规格	数量	材质	图号或标准、规格号	备注
1	无缝钢管，$D22\times3$；$l=120$mm	1	1Cr18Ni9Ti	GB 2270	
2	球阀，Q11F—16P *DN*15	4			
3	直通终端接头，G½″/ϕ14	4	1Cr13	YZ5—1—3	
4	无缝钢管，$D14\times2$		1Cr18Ni9Ti	GB 2270	长度设计定
5	隔离容器，*PN*6.4；*DN*100	1	1Cr13	YZ13—34	
6	管接头，14/M18×1.5	2	1Cr13	JB966	
7	无缝钢管，$D14\times2$	1	1Cr18Ni9Ti		长度设计定
8	直通终端接头，G½″/ϕ14	5	1Cr13	YZ5—1	
9	球阀，Q11F—16P，*DN*15	1			
10	无缝钢管，$D14\times2$；$l\approx500$mm	1	1Cr18Ni9Ti		
11	紫铜管，$D10\times1$	1	T2	GB 1527	长度设计定
12	管接头，14	1	1Cr13	JB974	
13	管接头，14	1	1Cr13	JB972	

图名	腐蚀性液体隔离测压管路连接图(取压点低于变送器)($\rho_{隔}<\rho_{介}$)*PN*1.0	图号	JK2—2—08—1

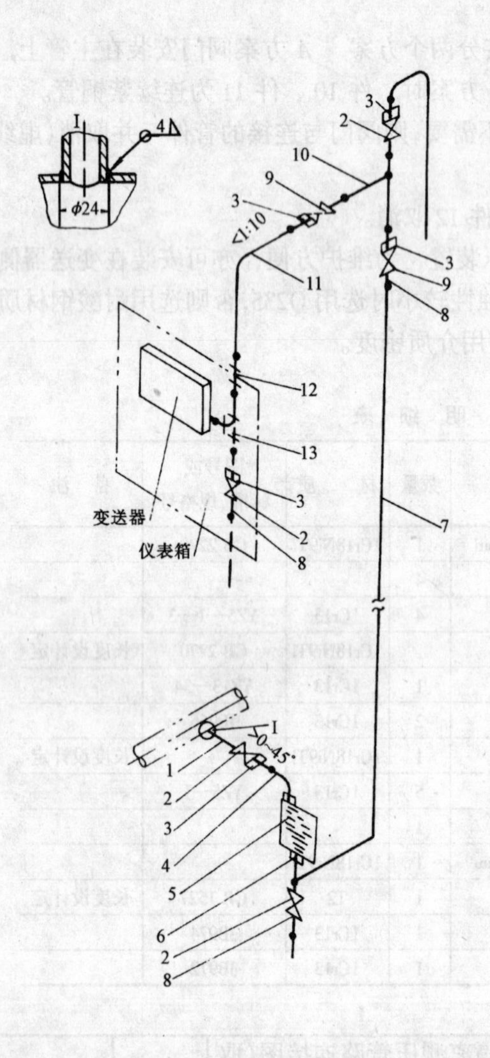

安装说明

1. 取压装置导压管阀门9安装分两个方案，*A*方案阀门安装在主管上，*B*方案阀门安装在支管上，当选用*A*方案时，件10、件11为连续紫铜管。

2. 为校零安装的阀门件2，如不需要，则阀门与连接的管件一并取消（虚线所示）。

3. 变送器不装在仪表箱内时，件12取消。

4. 隔离容器上顶面应低于取压装置，为维护方便，亦可安装在变送器侧。

5. 件7、8、10、12、13当介质腐蚀性较小时选用Q235，否则选用耐酸钢材质。

6. $\rho_{隔}$、$\rho_{介}$分别为隔离液和使用介质密度。

明细表

件号	名称及规格	数量	材质	图号或标准、规格号	备注
1	无缝钢管，$D22\times3$；$l=120$mm	1	1Cr18Ni9Ti	GB 2270	
2	球阀，Q11F—16P *DN*15	4			
3	直通终端接头，G½″/ϕ14	4	1Cr13	YZ5—1—3	
4	无缝钢管，$D14\times2$		1Cr18Ni9Ti	GB 2270	长度设计定
5	隔离容器，*PN*6.4；*DN*100	1	1Cr13	YZ13—34	
6	管接头，14/M18×1.5	2	1Cr13	JB966	
7	无缝钢管，$D14\times2$	1	1Cr18Ni9Ti	GB 2270	长度设计定
8	直通终端接头，G½″/ϕ14	5	1Cr13	YZ5—1	
9	球阀，Q11F—16P，*DN*15	1			
10	无缝钢管，$D14\times2$；$l\approx500$mm	1	1Cr18Ni9Ti		
11	紫铜管，$D10\times1$	1	T2	GB 1527	长度设计定
12	管接头，14	1	1Cr13	JB974	
13	管接头，14	1	1Cr13	JB972	

图名	腐蚀性液体隔离测压管路连接图（取压点低于变送器）（$\rho_{隔}>\rho_{介}$）*PN*1.0	图号	JK2—2—08—2

安 装 说 明

1. 取压装置导压管阀门 9 安装分两个方案，*A* 方案阀门安装在主管上，*B* 方案阀门安装在支管上，当选用 *A* 方案时，件 10、件 11 为连续紫铜管。

2. 为校零安装的阀门件 2，如不需要，则阀门与连接的管件一并取消（虚线所示）。

3. 变送器不装在仪表箱内时，件 12 取消。

4. 隔离容器上顶面应低于取压装置，为维护方便，亦可安装在变送器侧。

5. 件 7 、8 、10 、12 、13 当介质腐蚀性较小时选用 Q235 ，否则选用耐酸钢材质。

6. $\rho_{隔}$、$\rho_{介}$分别为隔离液和使用介质密度。

明 细 表

件号	名称及规格	数量	材　质	图号或标准、规格号	备　注
1	无缝钢管，*D*22×3；*l* = 120mm	1	1Cr18Ni9Ti	GB 2270	
2	球阀，Q11F—16P；*DN*15	4			
3	直通终端接头，G½″/φ14	4	1Cr13	YZ5—1—3	
4	无缝钢管，*D*14×2		1Cr18Ni9Ti	GB 2270	长度设计定
5	隔离容器，*PN*6.4；*DN*100	1	1Cr13	YZ13—34	
6	管接头，14/M18×1.5	2	1Cr13	JB966	
7	无缝钢管，*D*14×2	1	1Cr18Ni9Ti		长度设计定
8	直通终端接头，G½″/φ14	5	1Cr13	YZ5—1	
9	球阀，Q11F—16P；*DN*15	1			
10	无缝钢管，*D*14×2；*l*≈500mm	1	1Cr18Ni9Ti		
11	紫铜管，*D*10×1	1	T2	GB 1527	长度设计定
12	管接头，14	1	1Cr13	JB974	
13	管接头，14	1	1Cr13	JB972	

图名	腐蚀性液体隔离测压管路连接图（取压点高于变送器）（$\rho_{隔}<\rho_{介}$）*PN*1.0	图号	JK2—2—08—3

安装说明

1. 取压装置导压管阀门安装分两个方案，*A* 方案阀门安装在主管上；*B* 方案阀门安装在支管上，当选用 *A* 方案时，件 10、件 11 为连续紫铜管。

2. 为校零安装的阀门件，如不需要，则阀门与连接的管件一并取消（虚线所示）。

3. 变送器不装在仪表箱内时，件 12 取消。

4. 隔离容器上顶面应低于取压装置，为维护方便，亦可安装在变送器侧。

5. 件 7、8、10、12、13 当介质腐蚀性较小时选用 Q235，否则选用耐酸钢材质。

6. $\rho_{隔}$、$\rho_{介}$分别为隔离液和使用介质密度。

1
2
3
4
5
6
7
8
9
10
11
12
13
≥1:10
变送器
仪表箱
I
φ24

明细表

件号	名称及规格	数量	材质	图号或标准、规格号	备注
1	无缝钢管，$D22\times3$；$l=120$mm	1	1Cr18Ni9Ti	GB 2270	
2	球阀，Q11F—16P，*DN*15	4			
3	直通终端接头，G½″/φ14	4	1Cr13	YZ5—1—3	
4	无缝钢管，$D14\times2$		1Cr18Ni9Ti	GB 2270	长度设计定
5	隔离容器，*PN*6.4；*DN*100	1	1Cr13	YZ13—34	
6	管接头，14/M18×1.5	2	1Cr13	JB966	
7	无缝钢管，$D14\times2$	1	1Cr18Ni9Ti		长度设计定
8	直通终端接头，G½″/φ14	5	1Cr13	YZ5—1	
9	球阀，Q11F—16P；*DN*15	1			
10	无缝钢管，$D14\times2$；$l\approx500$mm	1	1Cr18Ni9Ti	GB2270	
11	紫铜管，$D10\times1$	1	T2	GB 1527	长度设计定
12	管接头，14	1	1Cr13	JB974	
13	管接头，14	1	1Cr13	JB972	

图名	腐蚀性液体隔离测压管路连接图（取压点高于变送器）（$\rho_{隔}>\rho_{介}$）*PN*1.0	图号	JK2—2—08—4

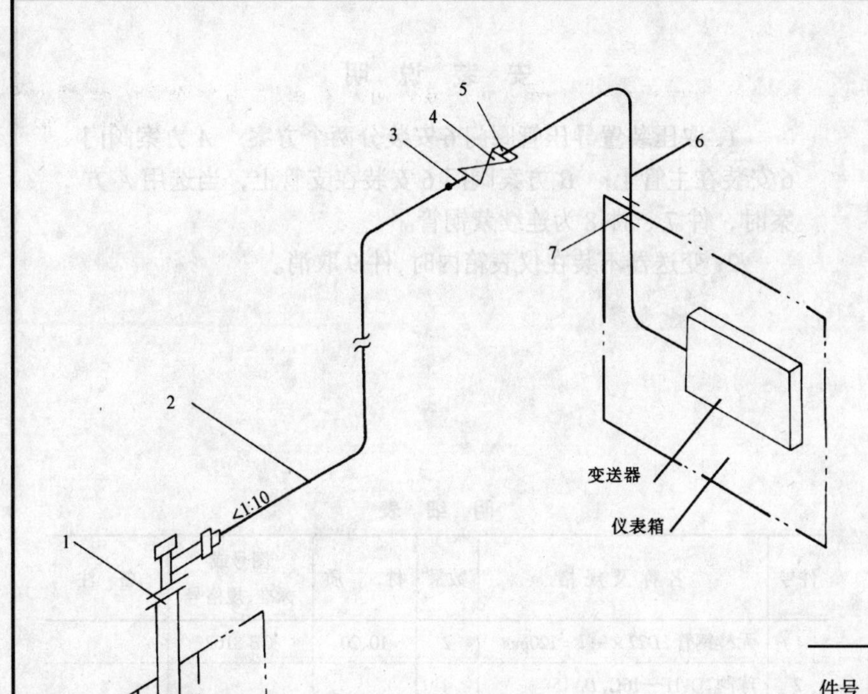

安 装 说 明

1. 变送器的管接头（件 7）也可使用全胶管（$\phi 8\times 2$），相应管接头(件 5)也应换为橡胶管接头 $R^{1}/_{2}$ ″(YZ13—1)。

2. 变送器不放在箱内时，取消件 7 。

明 细 表

件号	名称及规格	数量	材　质	图号或标准、规格号	备　注
1	取压装置	1	Q235—A	JK2—4—11	
2	焊接钢管，*DN*20		Q235—A	GB/T3092	长度设计定
3	直通终端接头，G½″/*DN*20	1	Q235—A	YZ5—1	
4	闸阀，Z15T—16；*DN*15	1			
5	直通终端接头，G½″/ϕ14	1	Q235—A	YZ5—1—3	
6	紫铜管，*D*10×1		T_2	GB 1527	长度设计定
7	管接头，14	1	Q235—A	JB974	

图名	砖砌体烟道气测压管路连接图 *PN*0.1	图号	JK2—2—09

安 装 说 明

1. 取压装置导压管阀门6安装分两个方案，*A* 方案阀门6安装在主管上；*B* 方案阀门6安装在支管上，当选用 *A* 方案时，件7、件8为连续紫铜管。

2. 变送器不装在仪表箱内时，件9取消。

明 细 表

件号	名称及规格	数量	材 质	图号或标准、规格号	备 注
1	无缝钢管，$D22\times3$；$l=120$mm	2	10、20	GB 8162	
2	球阀，Q11F—16C，*DN*15	4			
3	直通终端接头，G½″/ϕ14	4	Q235—A	YZ5—1—3	
4	无缝钢管，$D14\times2$		10、20	GB 8162	长度设计定
5	直通终端接头，R½″/ϕ14	6	Q235—A	YZ5—1—11	
6	球阀，Q11F—16C，*DN*15	2			
7	无缝钢管，$D14\times2$；$l\approx500$mm	1	10、20	GB8162	
8	紫铜管，$\phi10\times1$		T2	GB 1527	长度设计定
9	管接头，14	2	Q235—A	JB974	
10	三阀组	1		与变送器成套供应	

图名	气体测差压管路连接图（取压点低于差压变送器） *PN*1.0	图号	JK2—2—10—1

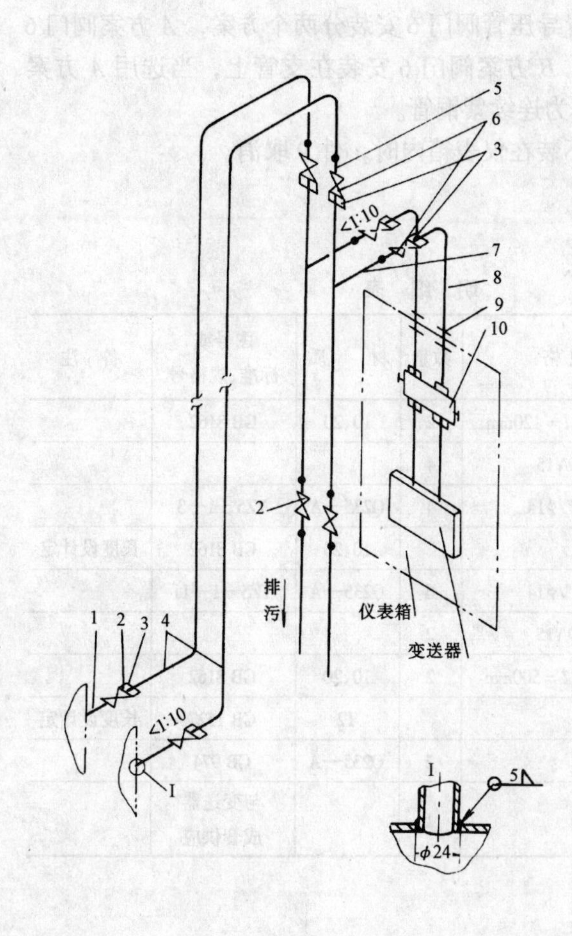

安 装 说 明

1. 取压装置导压管阀门6安装分两个方案，*A* 方案阀门6安装在主管上；*B* 方案阀门6安装在支管上，当选用 *A* 方案时，件7、件8为连续紫铜管。

2. 变送器不装在仪表箱内时，件9取消。

明 细 表

件号	名称及规格	数量	材 质	图号或标准、规格号	备 注
1	取压管，*DN*15	2	10、20	JK2—4—07	
2	球阀，Q11F—25，*DN*15	4			
3	直通终端接头，R½″/φ14	4	Q235—A	YZ5—1—11	
4	无缝钢管，*D*14×2		10、20	GB8162	长度设计定
5	直通终端接头，R½″/φ14	6	Q235—A	YZ5—1	
6	球阀，Q11F—25；*DN*15	2			
7	无缝钢管，*D*14×2；*l* = 500mm	1	10、20	GB8162	
8	紫铜管，*D*10×1		T2	GB1527	长度设计定
9	管接头，14	2	Q235—A	JB974	
10	三 阀 组	1		与变送器成套供应	

图名	气体测差压管路连接图（取压点低于差压变送器） *PN*2.5	图号	JK2—2—10—2

安装说明

1. 取压装置导压管阀门6安装分两个方案，*A* 方案阀门6安装在主管上；*B* 方案阀门6安装在支管上，当选用 *A* 方案时，件7、件8为连续紫铜管。

2. 变送器不装在仪表箱内时，件9取消。

明细表

件号	名称及规格	数量	材质	图号或标准、规格号	备注
1	无缝钢管，$D22\times3$；$l=120$mm	2	10、20	GB 8162	
2	球阀，Q11F—16C，*DN*15	4			
3	直通终端接头，G½″/ϕ14	4	Q235—A	YZ5—1—3	
4	无缝钢管，$D14\times2$		10、20	GB 8162	长度设计定
5	直通终端接头，R½″/ϕ14	6	Q235—A	YZ5—1—11	
6	球阀，Q11F—16C，*DN*15	2			
7	无缝钢管，$D14\times2$；$l=500$mm	2	10、20	GB 8162	
8	紫铜管，$D10\times1$		T2	GB 1527	长度设计定
9	管接头，14	2	Q235—A	GB 974	
10	三阀组	1		与变送器成套供应	

图名	液体测差压管路连接图(取压点高于差压变送器) *PN*1.0	图号	JK2—2—10—3

安装说明

1. 取压装置导压管阀门6安装分两个方案，A方案阀门6安装在主管上；B方案阀门6安装在支管上，当选用A方案时，件7、件8为连续紫铜管。

2. 变送器不装在仪表箱内时,件9取消。

明细表

件号	名称及规格	数量	材质	图号或标准、规格号	备注
1	取压管,DN15	2	10、20	JK2—4—07	
2	球阀,Q11F—25;DN15	4			
3	直通终端接头,R½″/φ14	4	Q235—A	YZ5—1—11	
4	无缝钢管,D14×2		10、20	GB 8162	长度设计定
5	直通终端接头,R½″/φ14	6	Q235—A	YZ5—1	
6	球阀,Q11F—25;DN15	2			
7	无缝钢管,D14×2;l=500mm	2	10、20	GB 8162	
8	紫铜管,D10×1		T_2	GB 1527	长度设计定
9	管接头,14	2	Q235—A	JB974	
10	三阀组	1		与变送器成套供应	

图名	液体测差压管路连接图(取压点高于差压变送器) PN2.5	图号	JK2—2—10—4

2.3 压力变送器安装

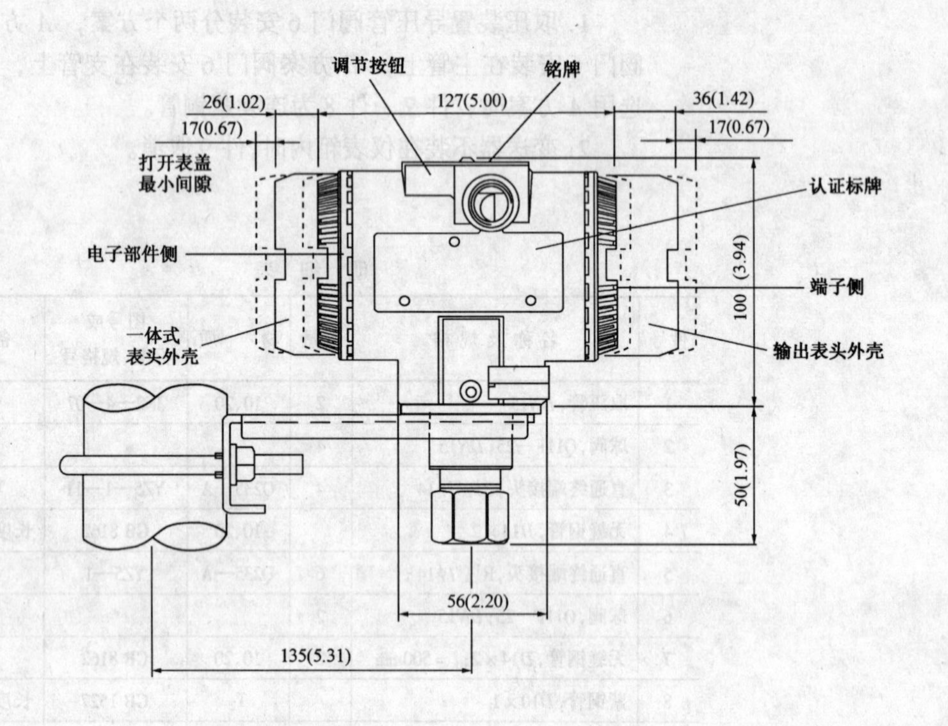

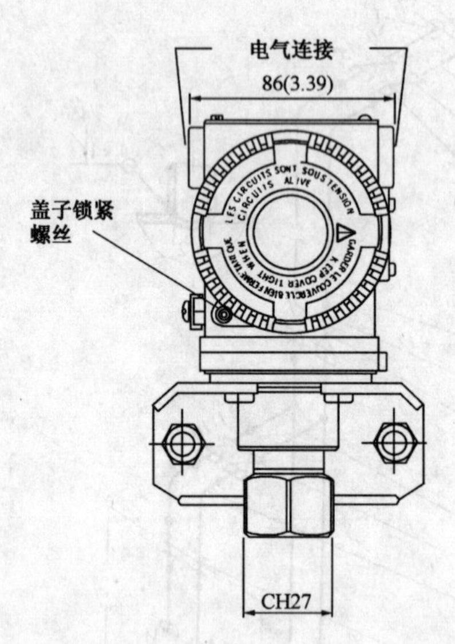

2600T 压力变送器(ABB),输出信号 4~20mA 用支架安装在垂直和水平管道(*DN*50)上,横向型壳体。( )内尺寸为英寸(″)。

图名	264GS/AS 压力绝压变送器 安装图(一)	图号	JK2—3—01—1

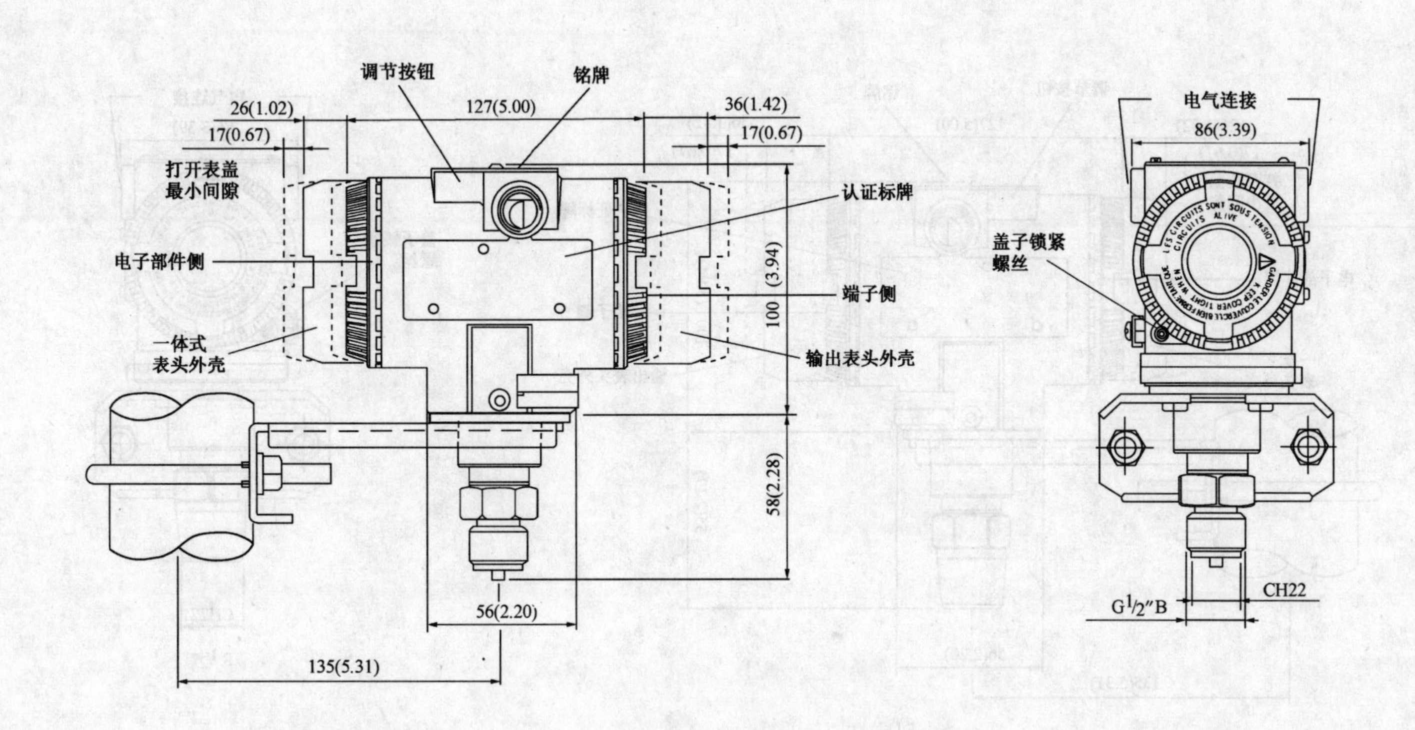

2600T 压力变送器（ABB），输出信号 4～20mA
用支架安装在垂直和水平管道（*DN50*）上，横向型
壳体。（ ）内尺寸为英寸（″）。

图名	264GS/AS 压力绝压变送器 安装图（二）	图号	JK2—3—01—2

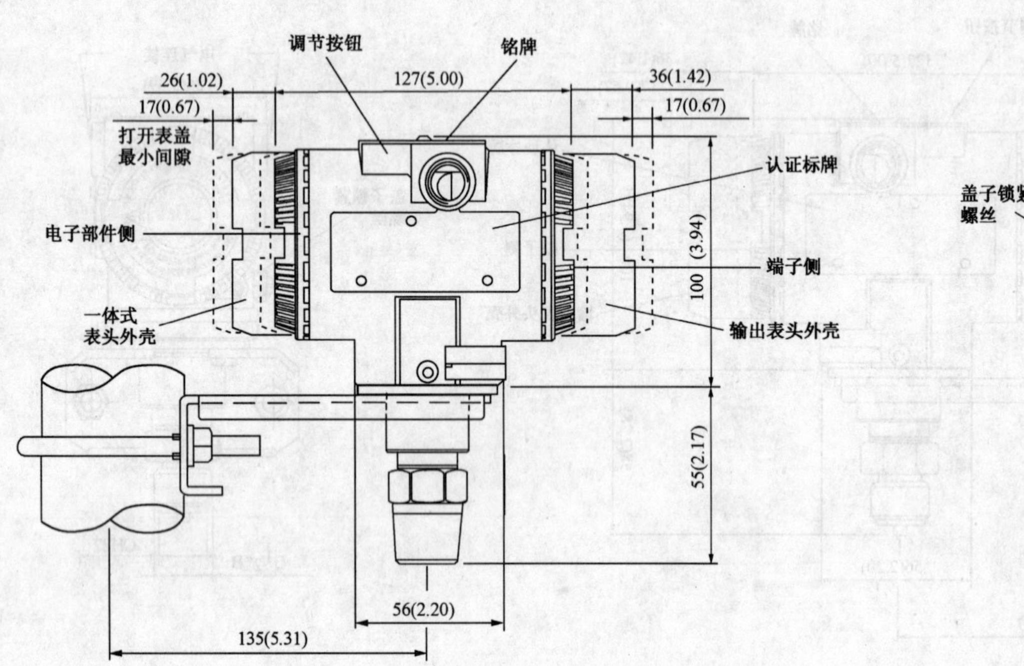

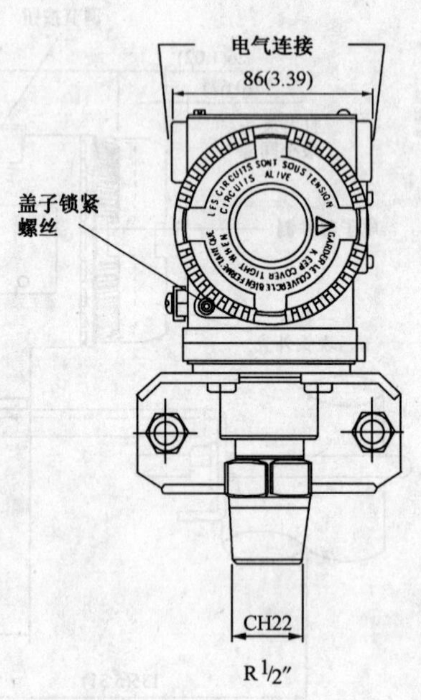

2600T 压力变送器(ABB),输出信号 4～20mA
用支架安装在垂直和水平管道(*DN*50)上,横向型
壳体。( )内尺寸为英寸(″)。

图名	264GS/AS 压力绝压变送器 安装图(三)	图号	JK2—3—01—3

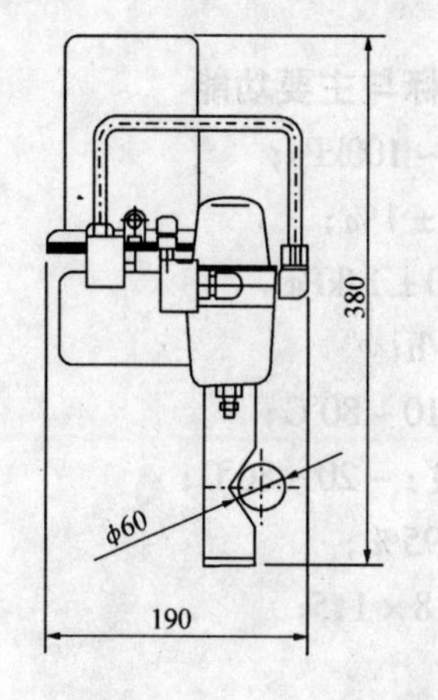

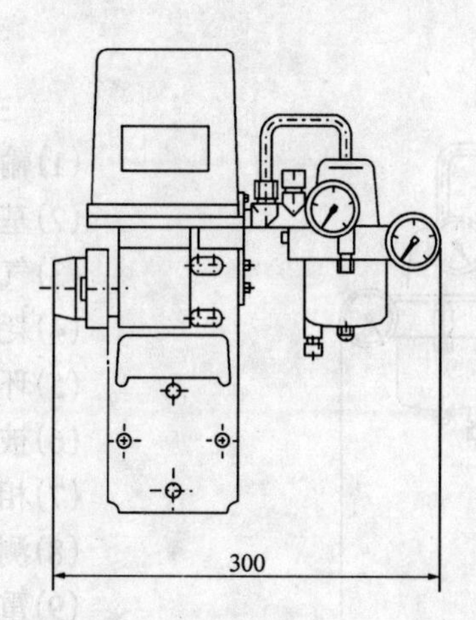

QBY—$\frac{110}{220}$外形安装图　测量接头：M18×1.5

主要技术指标与主要功能

(1)输出信号：20~100kPa；
(2)基本误差限：±1%；
(3)气源压力：140±14kPa；
(4)耗气量：300L/h；
(5)环境温度：-10~60℃；
(6)被测介质温度：-20~80℃；
(7)相对湿度：≤95%。

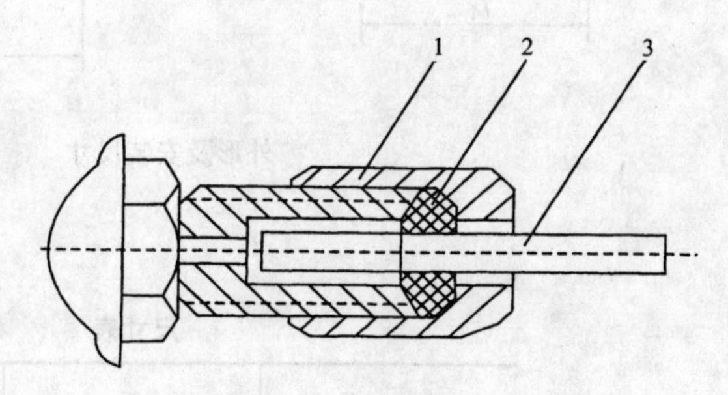

管道连接

1—紧固螺母；2—密封圈；3—紫铜配管 φ6×1

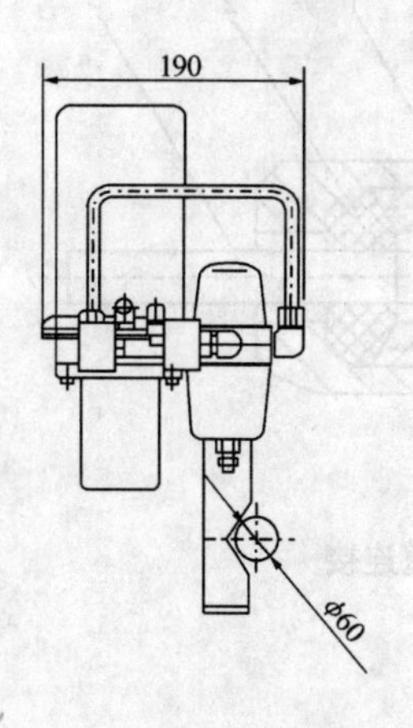

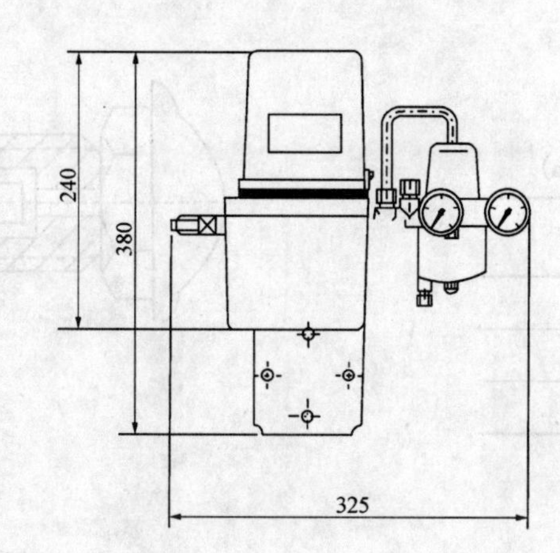

QBY330 外形安装图　测量接头：M20×1.5

图名	QBY 系列气动压力变送器 安装图	图号	JK2—3—02—1

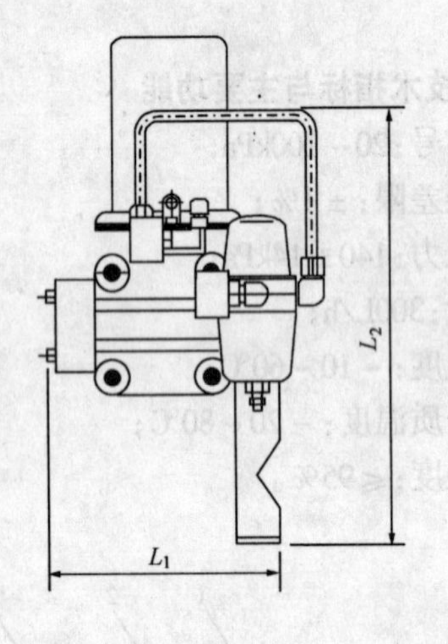

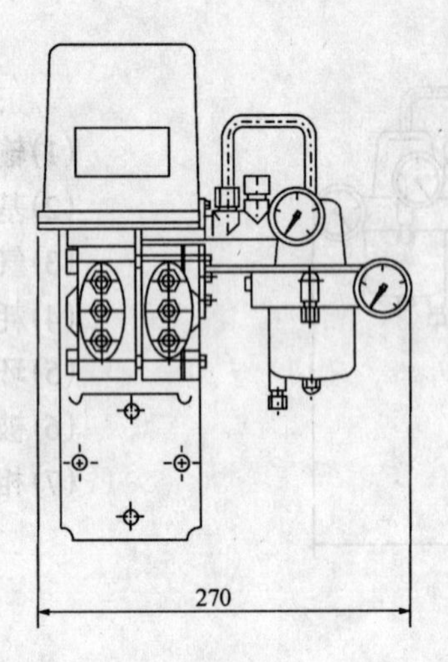

外形及安装尺寸

主要技术指标与主要功能

(1)输出信号:20～100kPa;
(2)基本误差限:±1%;
(3)气源压力:140±14kPa;
(4)耗气量:300L/h;
(5)环境温度:-10～80℃;
(6)被测介质温度:-20～80℃;
(7)相对湿度:≤95%;
(8)测量接头:M18×1.5;
(9)重量:6.5kg。

尺寸表 (mm)

名　称	L_1	L_2
低差压	325	520
中差压	230	406
高差压	230	372

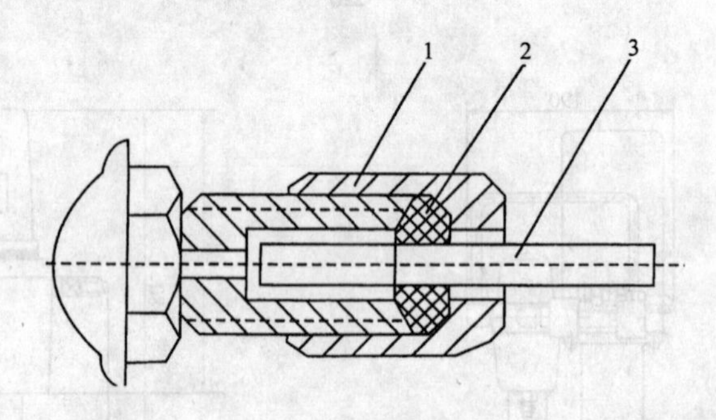

管道连接

图名	QBC 系列气动差压变送器 安装图	图号	JK2—3—02—2

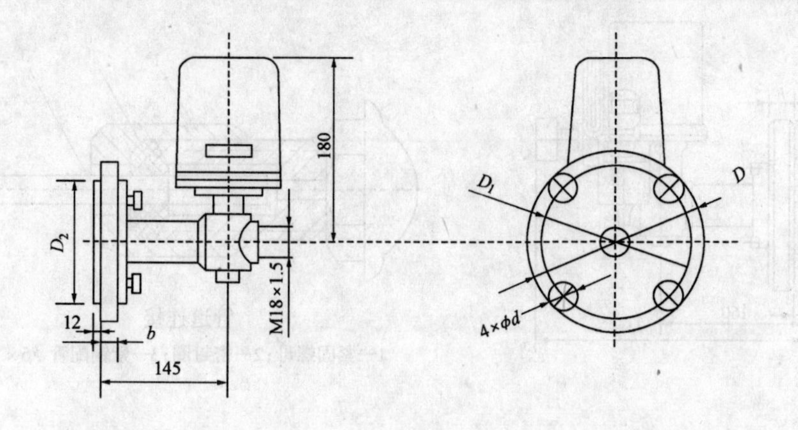

主要技术指标与主要功能

(1)输出信号：20～100kPa；

(2)基本误差限：±1%；

(3)气源压力：140±14kPa；

(4)耗气量：300L/h；

(5)环境温度：-10～60℃；

(6)被测介质温度：-20～200℃；

(7)相对湿度：≤95%。

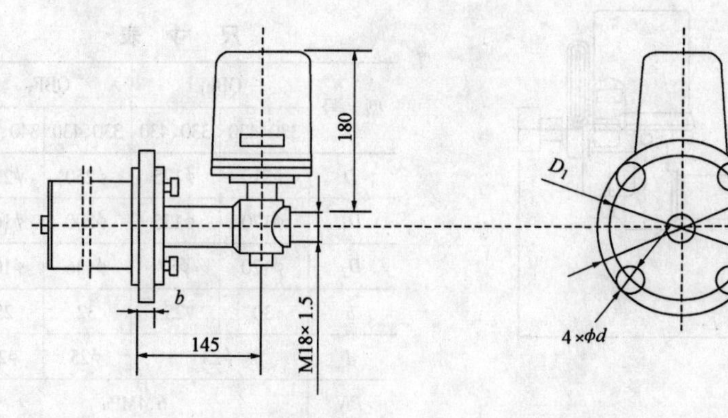

外形及安装尺寸

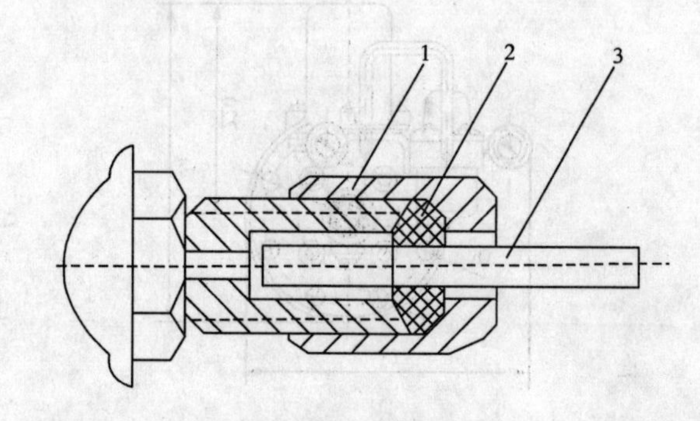

管道连接

1—紧固螺母；2—密封圈；3—紫铜配管 $\phi 6\times1$

尺寸表(mm)

型 号	D_1	D	D_2	b	ϕd
$QBYF_1$-110	ϕ130	ϕ160	ϕ110	16	ϕ14
$QBYF_3$-170	ϕ170	ϕ205	ϕ145	16	ϕ18

图名	QBYF 系列气动带法兰差压变送器安装图	图号	JK2—3—02—3

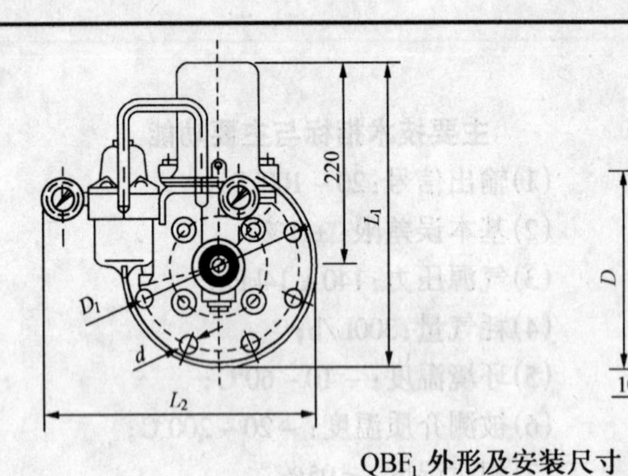

QBF$_1$ 外形及安装尺寸

管道连接

1—紧固螺母；2—密封圈；3—紫铜配管 $\phi6\times1$

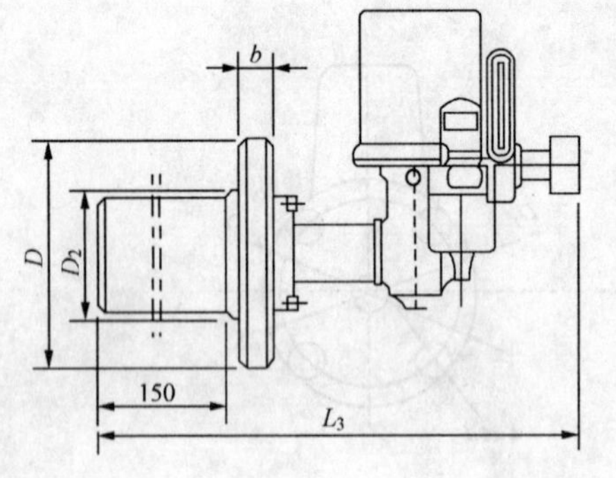

QBF$_3$ 外形及安装尺寸

尺 寸 表

型 号	QBF$_1$		QBF$_3$	
	330、430	330、430	330、430	340、440
D	$\phi210$	$\phi175$	$\phi250$	$\phi200$
D_1	$\phi170$	$\phi135$	$\phi200$	$\phi160$
D_2	$\phi120$	$\phi87$	$\phi146$	$\phi109$
b	30	25	32	25
d	$\phi23$		$\phi25$	$\phi23$
PN	6.4MPa			
DN	$\phi80$	$\phi50$	$\phi100$	$\phi65$
L_1	325	308	345	320
L_2	270	253	290	263
L_3	320		470	
法兰标准	JB82、GB/T9115			

主要技术指标与主要功能

(1)输出信号：20～100kPa；

(2)基本误差限：±1%；

(3)气源压力：140±14kPa；

(4)耗气量：300L/h；

(5)环境温度：－10～60℃；

(6)被测介质温度：－20～200℃；

(7)相对湿度：≤95%。

图名	QBF系列气动带法兰差压变送器安装图	图号	JK2—3—02—4

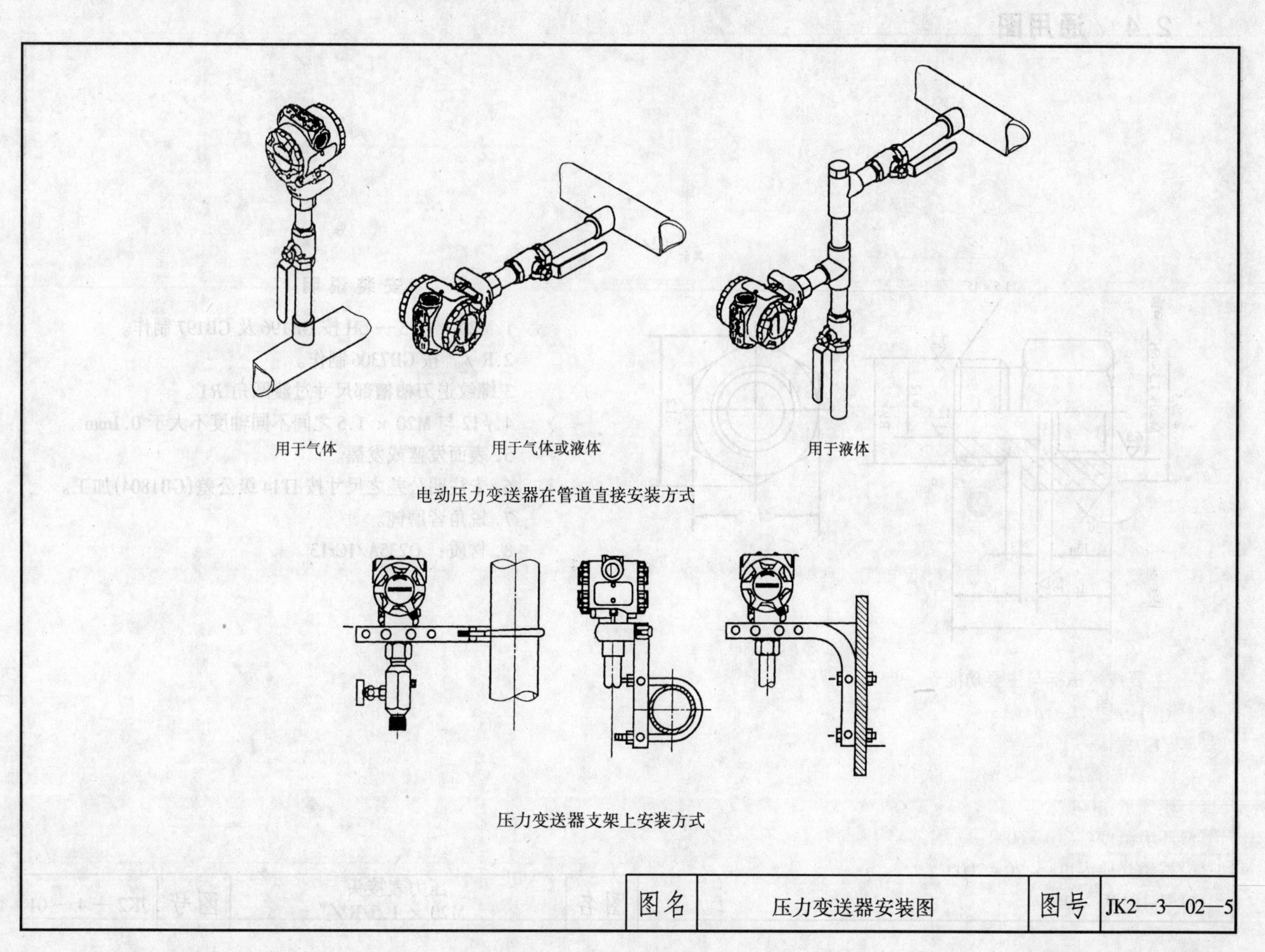

电动压力变送器在管道直接安装方式

压力变送器支架上安装方式

图名	压力变送器安装图	图号	JK2—3—02—5

2.4 通用图

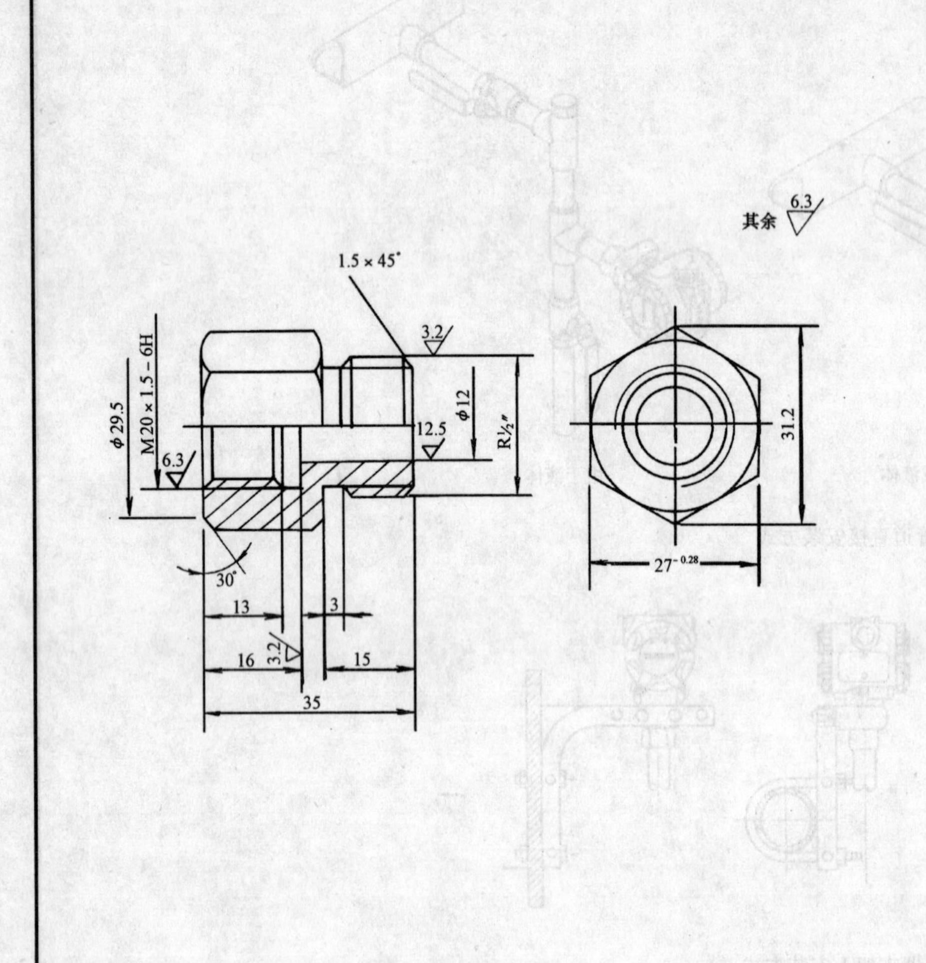

安装说明

1. M20 × 1.5 — 6H 按 GB196 及 GB197 制作。
2. R½″ 按 GB7306 制作。
3. 螺纹退刀槽槽部尺寸过渡圆角 *R*1。
4. ϕ12 与 M20 × 1.5 之间不同轴度不大于 0.1mm。
5. 表面发蓝或发黑。
6. 未注明公差之尺寸按 IT14 级公差(GB1804)加工。
7. 锐角皆磨钝。
8. 材质：Q235A/1Cr13。

图名	压力表接头 M20 × 1.5/R½″	图号	JK2—4—01

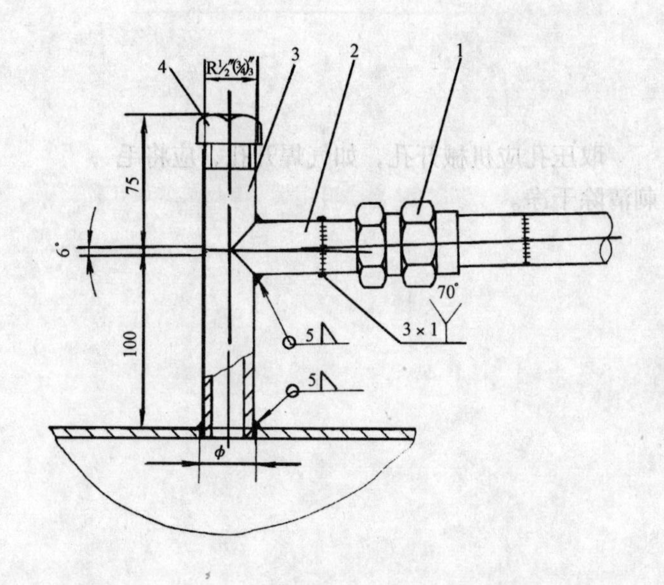

取压孔应机械钻孔，如气焊开孔，应将毛刺清除干净。

尺寸表(mm)

规格	公称直径 DN	1. 管接头 D_0	2. 短管 DN	3. 取压管 DN	4. 管帽 DN	取压孔 ϕ
a	15	22	15	15(带 G½″)	15	23
b	20	28	20	20(带 G¾″)	20	29

明　细　表

件号	名称及规格	数量	材　质	图号或标准、规格号	备　注
1	管接头，D_0	1	Q235—A	JB970	
2	短管，*DN*；*l* = 100mm	1	Q235—B	GB/T3092	
3	取压管，*DN*；*l* = 175mm	1	Q235—B	GB/T3092	
4	管帽，*DN*	1	Q235—A	JK2—4—13	

图名	金属管道或容器上无毒气体取压装置图(*A* 方案)　*PN*0.1	图号	JK2—4—02

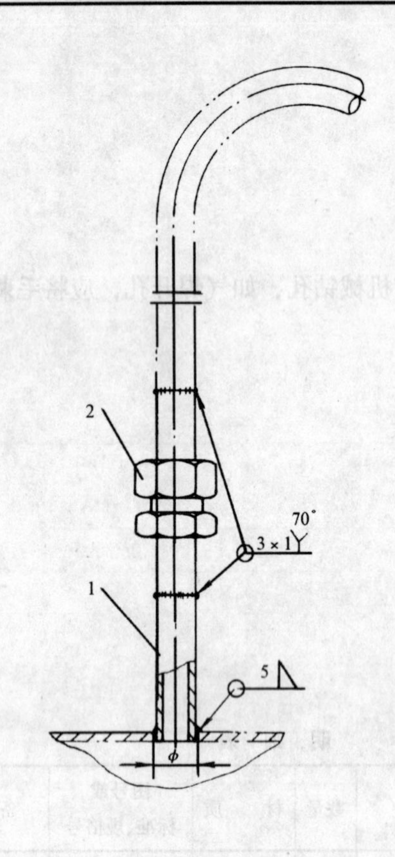

取压孔应机械开孔，如气焊开孔，应将毛刺清除干净。

尺 寸 表(mm)

规格	公称直径 DN	1. 取压管 DN	2. 管接头 D_0	取压孔 ϕ
a	15	15	15	23
b	20	20	20	29

明 细 表

件号	名称及规格	数量	材　质	图号或标准、规格号	备　注
1	取压管，$l=100$mm	1	Q235—B	GB/T3092	
2	管接头，D_0	1	Q235—A	JB970	

图名	金属管道或容器上无毒气体取压装置图（B 方案）　$PN0.1$	图号	JK2—4—03

各焊口应光洁无焊渣、无毛刺。

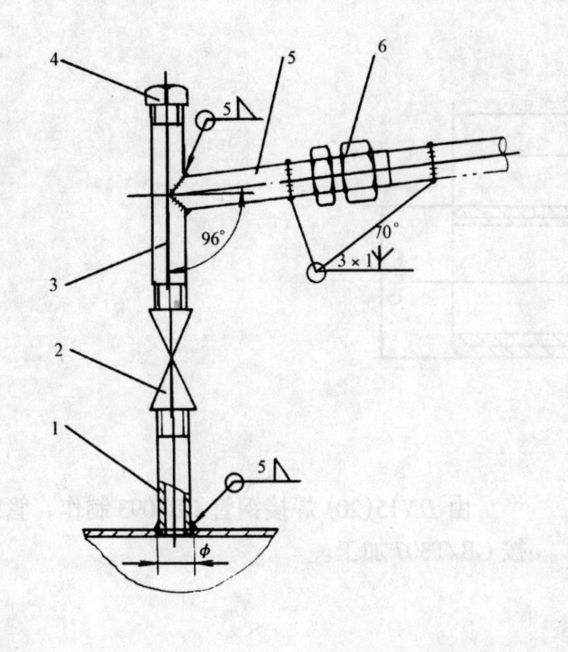

明 细 表

件号	名称及规格	数量	材质	图号或标准、规格号	备注
1	取压管，DN；$l=100$mm	1	Q235—B	GB/T3092	
2	闸阀，Z15T—16；DN	1			
3	短管，DN；$l=180$mm	1	Q235—B	JK2—4—04—1	
4	管帽，DN	1	Q235—A	JK2—3—13	
5	短管，DN；$l=100$mm	1	Q235—B	GB/T3092	
6	管接头，D_0	1	Q235—A	JB970—77	

尺 寸 表(mm)

规格	公称直径 DN	1. 取压管 DN	2. 闸阀 Z15T—16 DN	3. 短管 DN	4. 管帽 DN	5. 短管 DN	6. 管接头 D_0	取压孔 ϕ
a	15	15(带 G½″)	15	15	15	15	22	23
b	20	20(带 G¾″)	20	20	20	20	28	29

图名	金属管道或容器上燃气或低压气体取压装置图(A 方案) $PN0.6$	图号	JK2—4—04

加工面 25

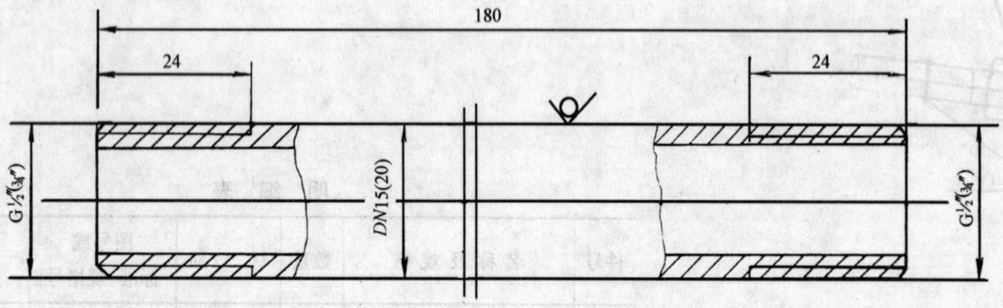

180

24

24

$G\frac{1}{2}''(\frac{3}{4}'')$

DN15(20)

$G\frac{1}{2}''(\frac{3}{4}'')$

由 *DN*15(20) 焊接钢管 GB3093 制作，管螺纹按 GB/T307 加工。

图名	短　管 *DN*15(20)	图号	JK2—4—04—1

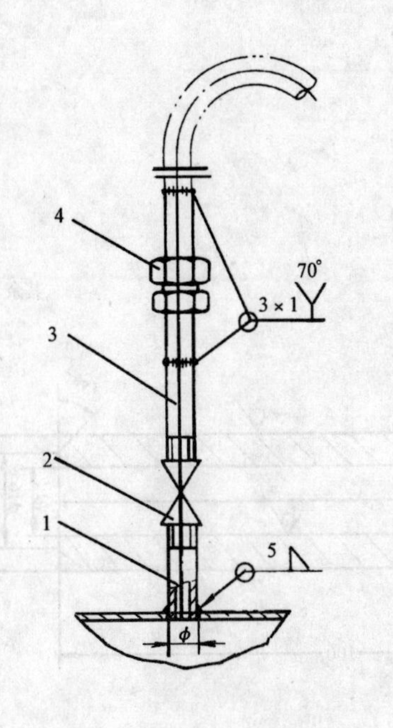

各焊口应光洁、无焊渣、无毛刺。

明　细　表

件号	名称及规格	数量	材　质	图号或标准、规格号	备　注
1	取压管，DN；l = 100mm	1	Q235—B	GB3092	
2	闸阀，Z15T—16；DN	1			
3	短管，DN；l = 120mm	1	Q235—B	GB3092	
4	管接头，D_0	1	Q235—A	JB970	

尺　寸　表(mm)

规格	公称直径 DN	1. 取压管 DN	2. 闸阀 Z15T—16 DN	3. 短管 DN	4. 管接头 D_0	取压孔 ϕ
a	15	15(带 G½″)	15	15(带 G½″)	22	23
b	20	20(带 G¾″)	20	20(带 G¾″)	28	29

图名	金属管道或容器上燃气或低压气体取压装置图(*B* 方案)　*PN*0.6	图号	JK2—4—05

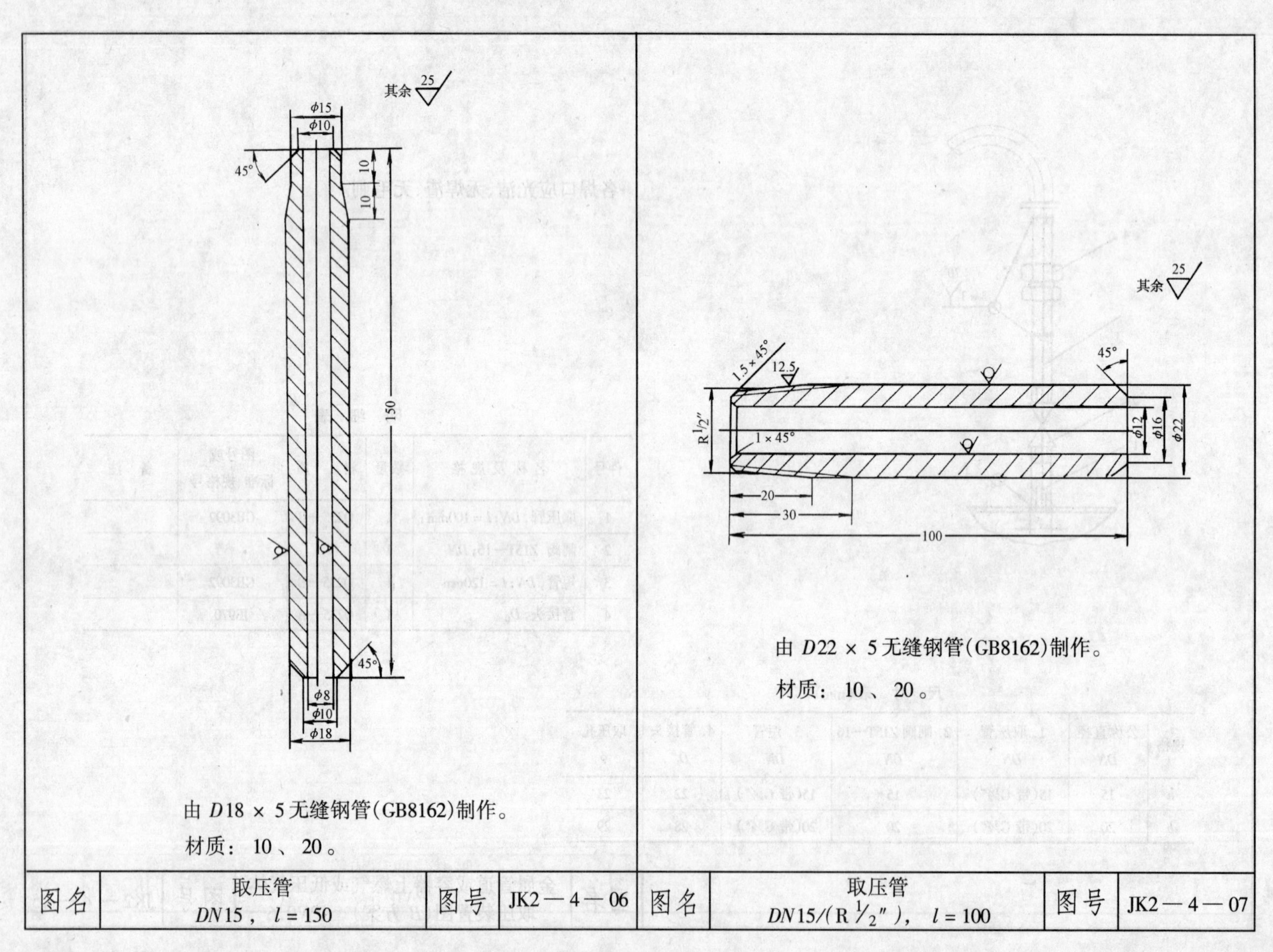
其余 25
φ15
φ10
45°
10
10
150
45°
φ8
φ10
φ18
由 D18 × 5 无缝钢管(GB8162)制作。
材质： 10 、 20 。
其余 25
1.5 × 45°
12.5
45°
R 1/2″
1 × 45°
φ12
φ16
φ22
20
30
100
由 D22 × 5 无缝钢管(GB8162)制作。
材质： 10 、 20 。
图名
取压管
DN15 ， l = 150
图号
JK2—4—06
图名
取压管
DN15/(R 1/2″)， l = 100
图号
JK2—4—07

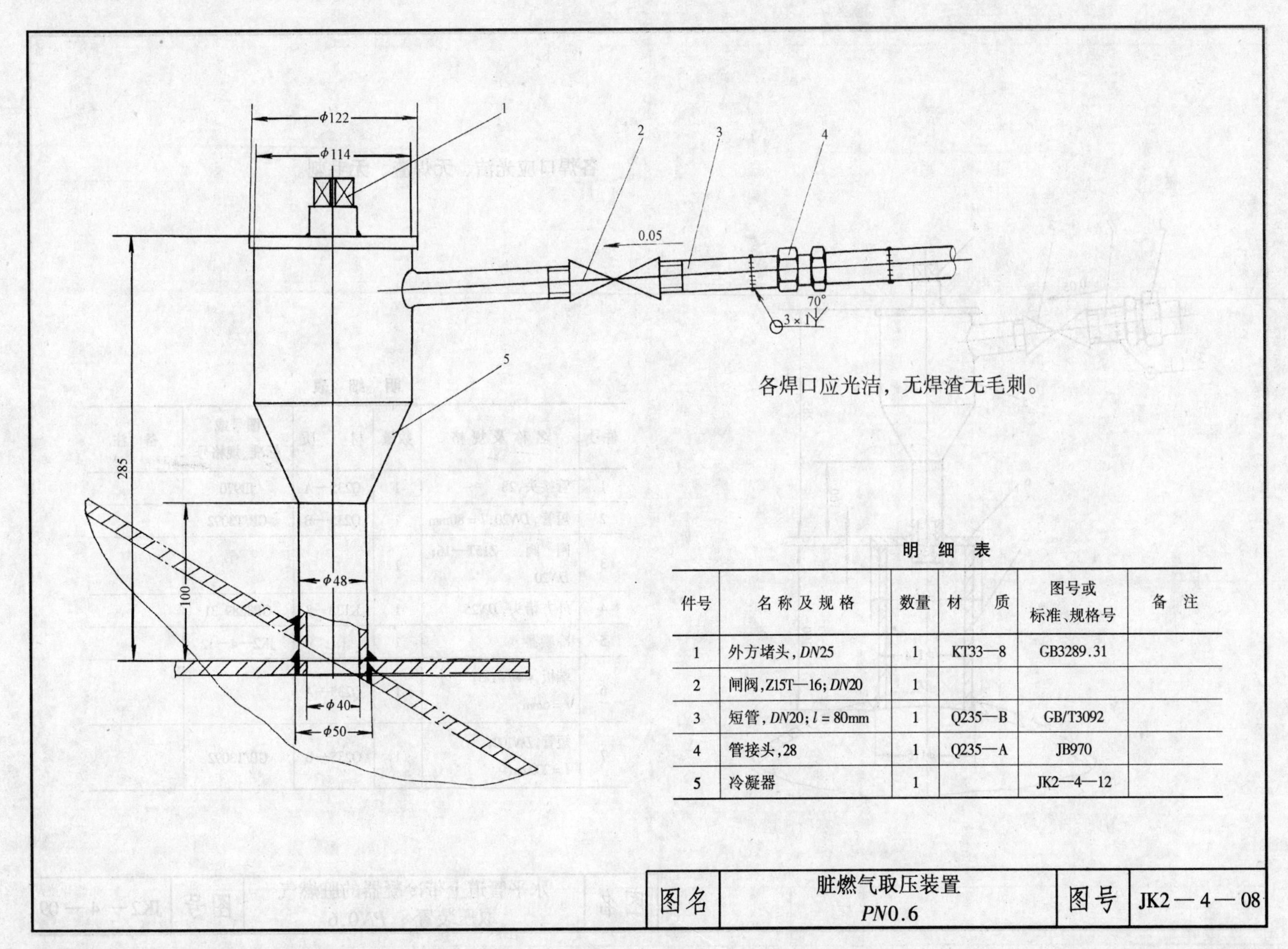

明细表

件号	名称及规格	数量	材质	图号或标准、规格号	备注
1	外方堵头，*DN*25	1	KT33—8	GB3289.31	
2	闸阀，Z15T—16；*DN*20	1			
3	短管，*DN*20；*l* = 80mm	1	Q235—B	GB/T3092	
4	管接头，28	1	Q235—A	JB970	
5	冷凝器	1		JK2—4—12	

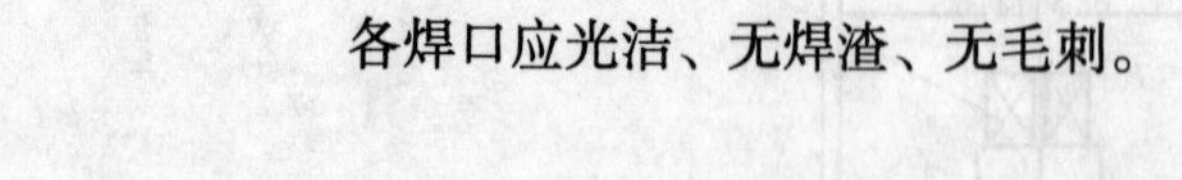

各焊口应光洁、无焊渣、无毛刺。

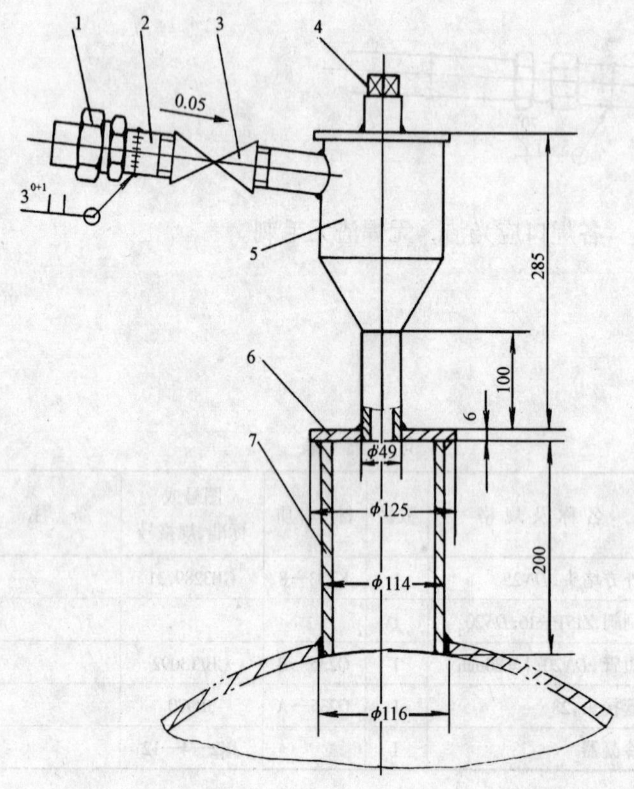

明 细 表

件号	名称及规格	数量	材 质	图号或 标准、规格号	备 注
1	管接头,28	1	Q235—A	JB970	
2	短管,*DN*20; *l* = 80mm	1	Q235—B	GB/T3092	
3	闸 阀, Z15T—16; *DN*20	1			
4	外方堵头,*DN*25	1	KT33—8	GB3289.31	
5	冷凝器	1		JK2—4—12	
6	端板,φ49/φ125; *t* = 6mm	1	Q235—A		
7	短管,*DN*100; *l* = 200mm	1	Q235—B	GB/T3092	

图名	水平管道上带冷凝器的脏燃气 取压装置 *PN*0.6	图号	JK2—4—09

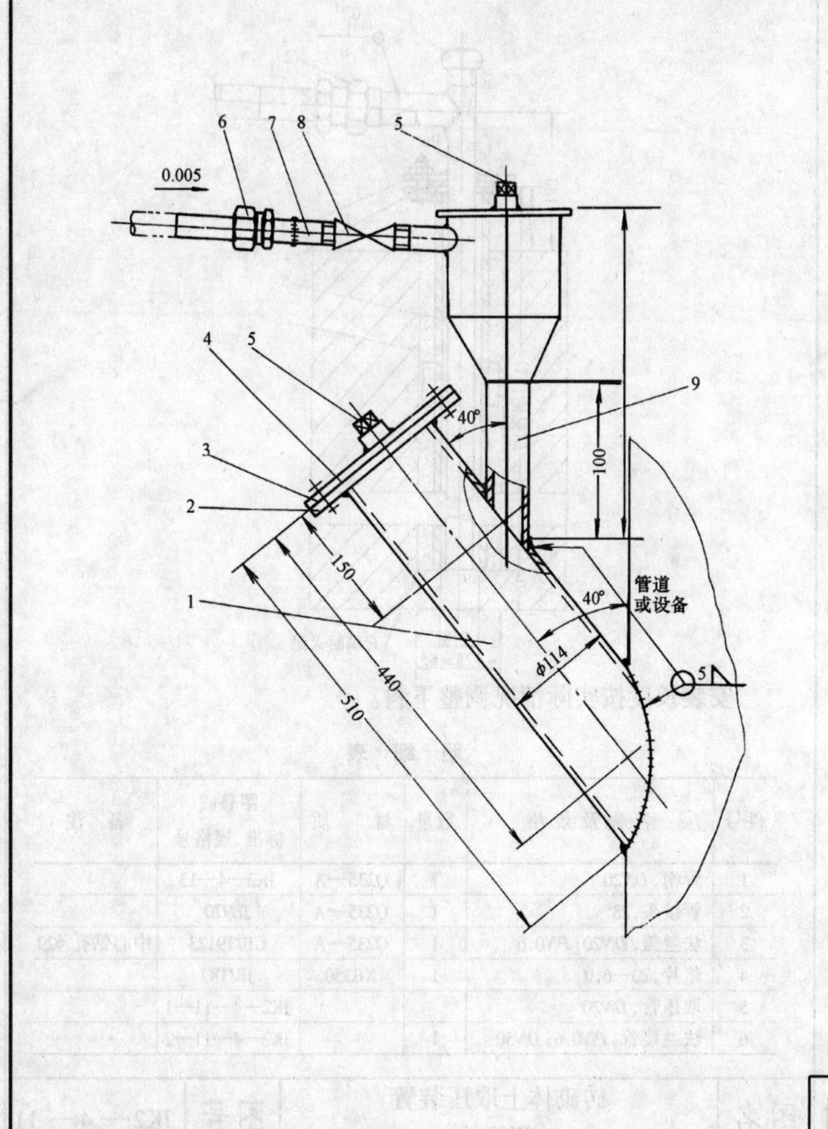

各焊口应光洁,无焊渣,无毛刺。

明 细 表

件号	名称及规格	数量	材 质	图号或标准、规格号	备 注
1	取压管,*DN*100; *l* = 510mm	1	Q235—B	GB/T3092	
2	法兰,*DN*100;*PN*0.6	1	Q235—A	GB/T9119	
3	法兰盖,*DN*100;*PN*0.6	1	Q235—A	GB/T9123	
4	垫片,100—6.0	1	XB350	JB/T87	
5	外方堵头,*DN*25	2	KT33—8	GB3289.31	
6	管接头,28	1	Q235—A	JB970	
7	短管,*DN*20;*l* = 80mm	1	Q235—B	GB/T3092	
8	闸阀,Z15T—16;*DN*20	1			
9	冷凝器	1		JK2—4—12	

图名	垂直管道上带冷凝器的脏燃气取压装置 *PN*0.6	图号	JK2—4—10

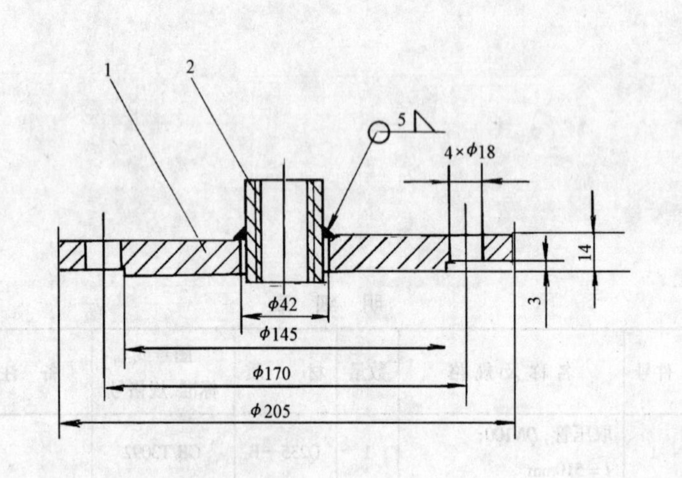

法兰盖开孔 ϕ42。

明 细 表

件号	名称及规格	数量	材 质	图号或标准、规格号	备 注
1	法兰盖，*DN*100；*PN*0.6	1	Q235—A	GB/T9123	
2	钢制管接头，*DN*25	1	Q235	YB238	

图名	法兰盖 100—6.0	图号	JK2—4—10—1

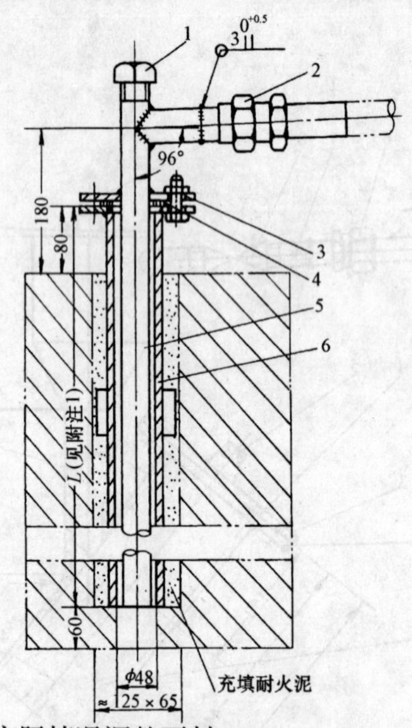

安装长度按实际情况调整下料。

明 细 表

件号	名称及规格	数量	材 质	图号或标准、规格号	备 注
1	管帽，*DN*20	1	Q235—A	JK2—4—13	
2	管接头，28	1	Q235—A	JB970	
3	法兰盖，*DN*20；*PN*0.6	1	Q235—A	GB/T9123	中心钻孔 ϕ29
4	垫片，20—6.0	1	XB350	JB/T87	
5	取压管，*DN*20			JK2—4—11—1	
6	法兰接管，*PN*0.6；*DN*50	1		JK2—4—11—2	

图名	砖砌体上取压装置 *PN*0.1	图号	JK2—4—11

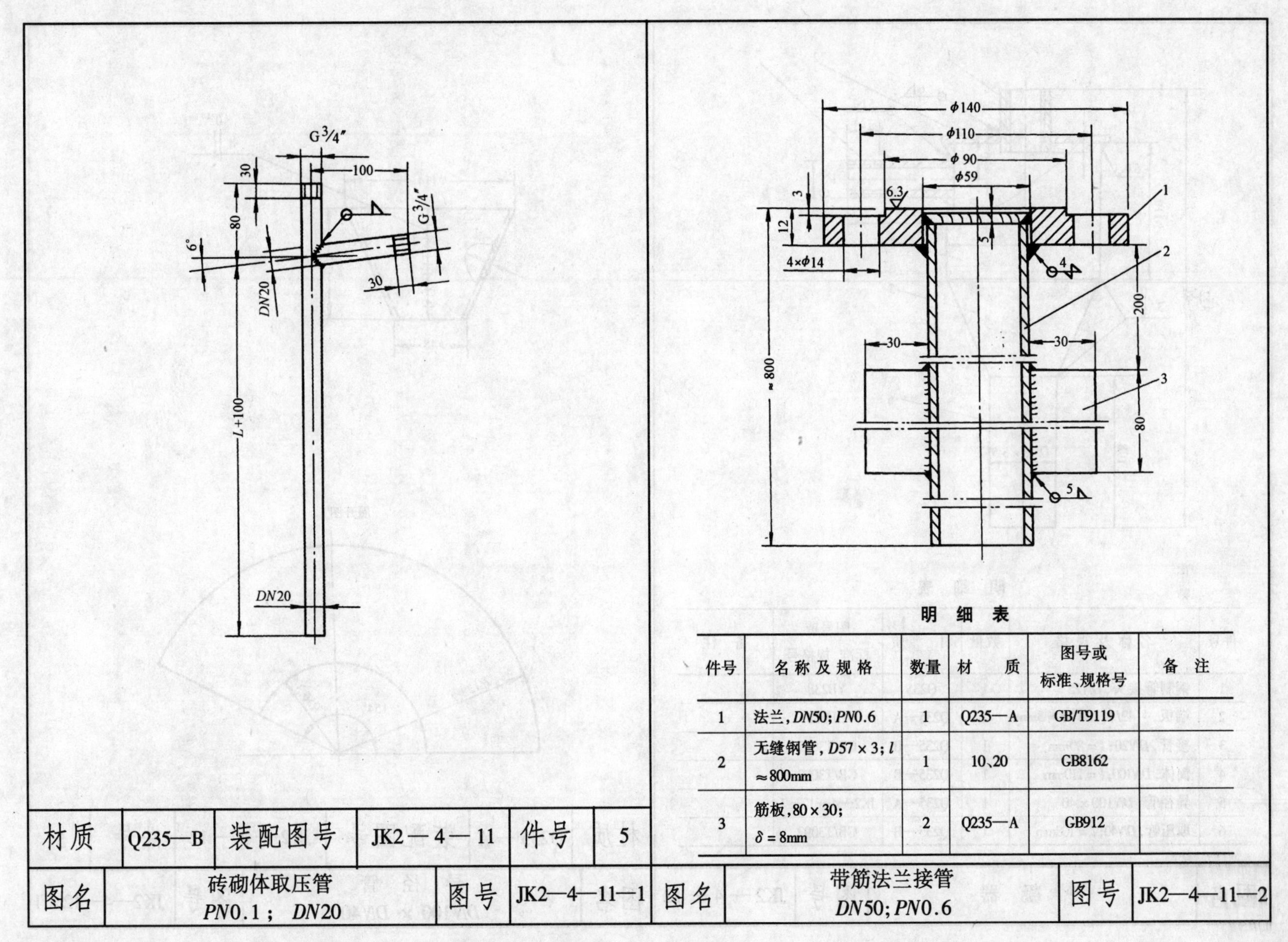

明 细 表

件号	名称及规格	数量	材 质	图号或标准、规格号	备 注
1	法兰, *DN*50; *PN*0.6	1	Q235—A	GB/T9119	
2	无缝钢管, *D*57 × 3; *l* ≈800mm	1	10、20	GB8162	
3	筋板, 80 × 30; $\delta = 8$mm	2	Q235—A	GB912	

材质	Q235—B	装配图号	JK2—4—11	件号	5
图名	砖砌体取压管 *PN*0.1； *DN*20	图号	JK2—4—11—1		

图名	带筋法兰接管 *DN*50; *PN*0.6	图号	JK2—4—11—2

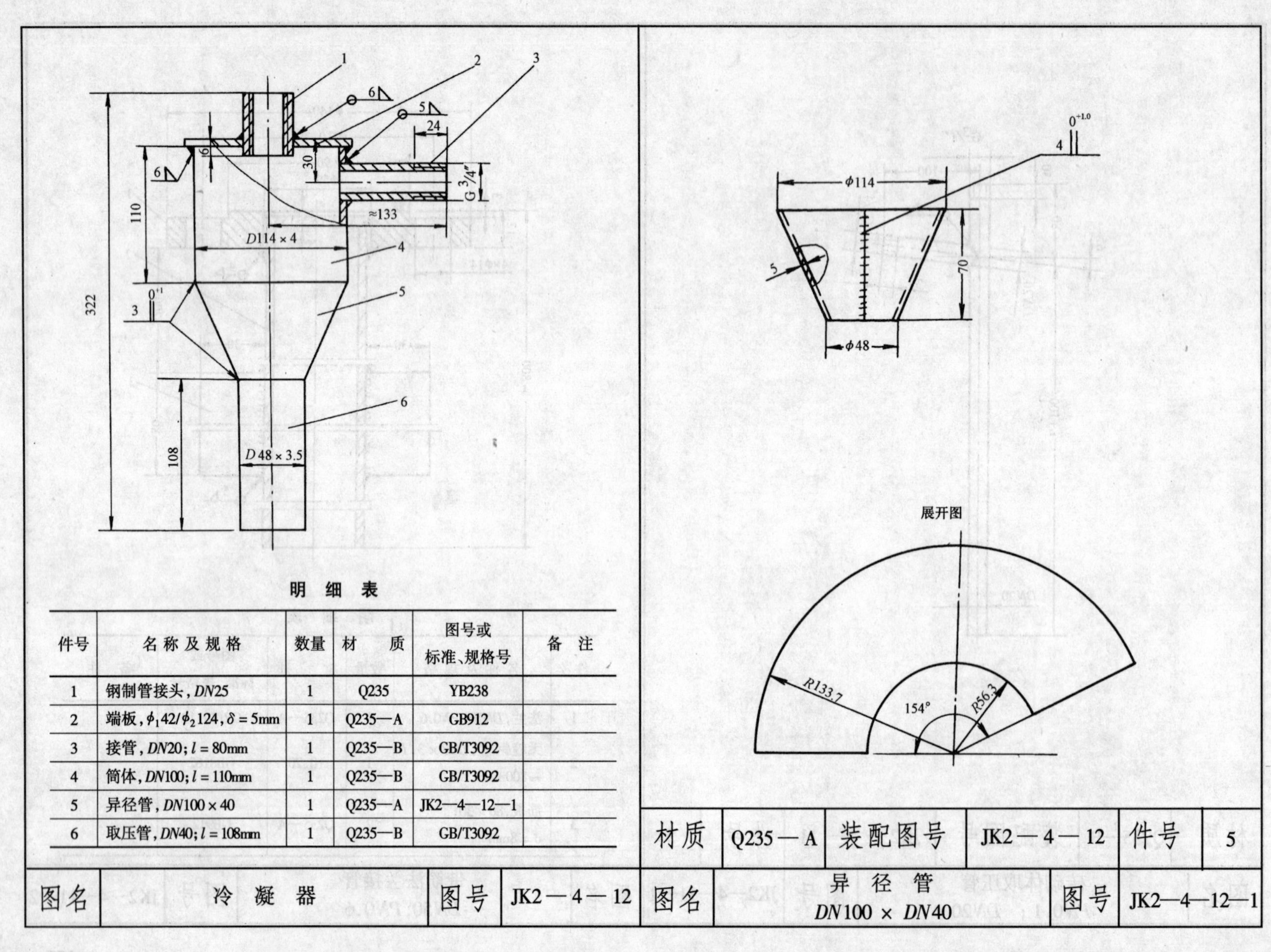

明 细 表

件号	名称及规格	数量	材 质	图号或标准、规格号	备 注
1	钢制管接头，*DN*25	1	Q235	YB238	
2	端板，$\phi_1 42/\phi_2 124$，$\delta = 5$mm	1	Q235—A	GB912	
3	接管，*DN*20；$l = 80$mm	1	Q235—B	GB/T3092	
4	筒体，*DN*100；$l = 110$mm	1	Q235—B	GB/T3092	
5	异径管，*DN*100 × 40	1	Q235—A	JK2—4—12—1	
6	取压管，*DN*40；$l = 108$mm	1	Q235—B	GB/T3092	

材质	Q235—A	装配图号	JK2—4—12	件号	5

图名	冷 凝 器	图号	JK2—4—12	图名	异 径 管 *DN*100 × *DN*40	图号	JK2—4—12—1

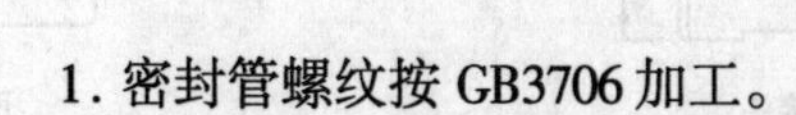

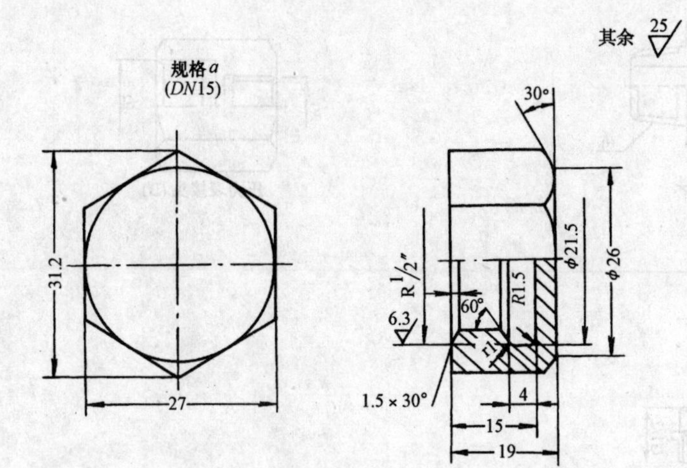

1. 密封管螺纹按 GB3706 加工。
2. 未注明公差尺寸按 IT14 级公差(GB1804)加工。
3. 锐角倒钝。

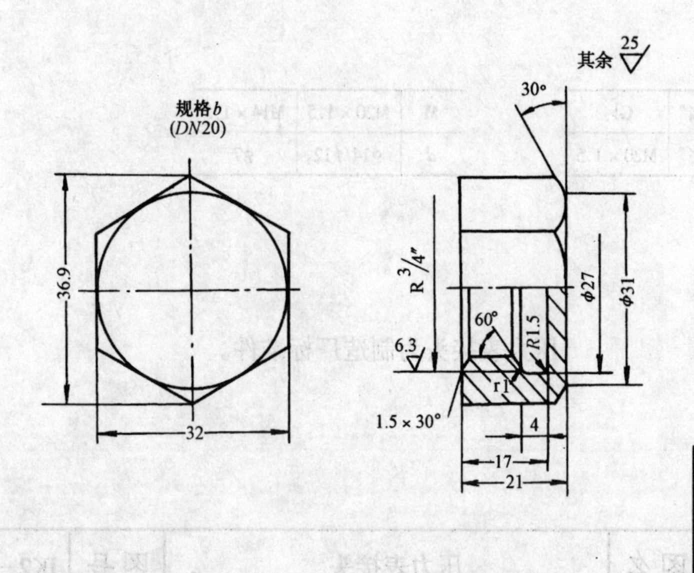

材质	Q235—A	装配图号	JK2—4—0	件号	4
图名	管　　帽 DN15、DN20			图号	JK2—4—13

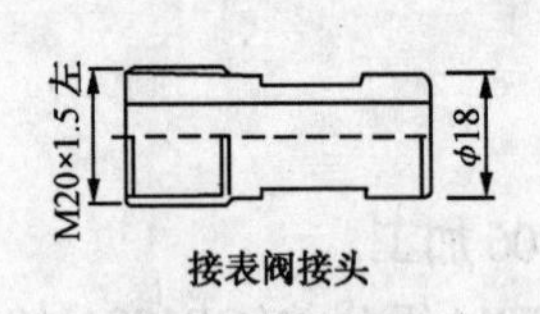

接表阀接头

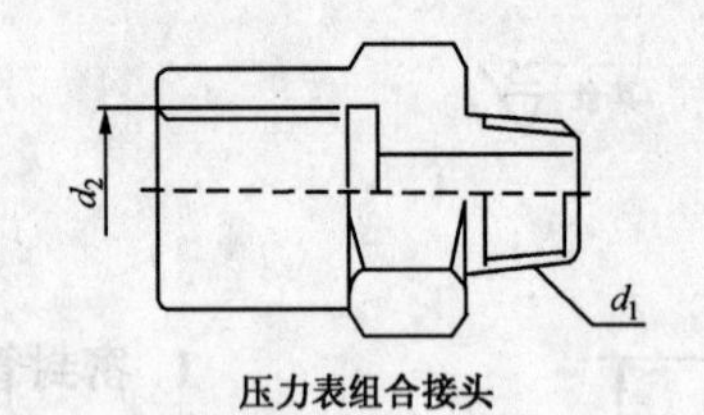

压力表组合接头

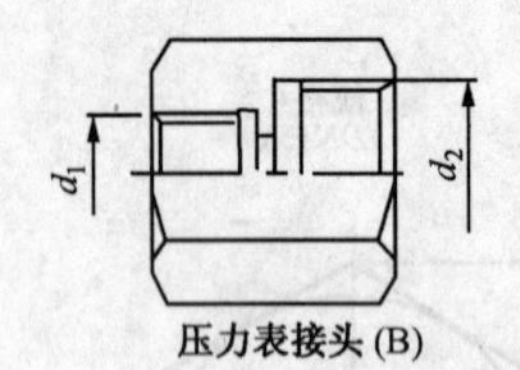

压力表接头(B)

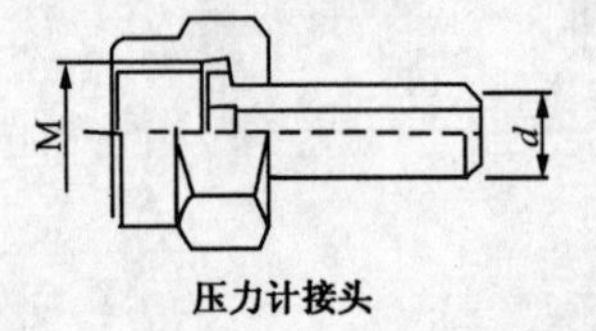

压力计接头

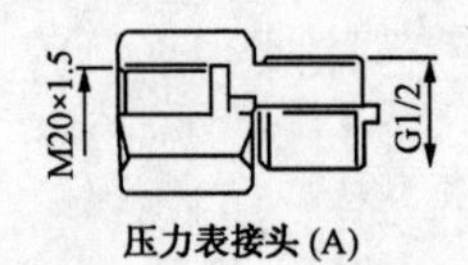

压力表接头(A)

d_1	R⅛″　R¼″
d_2	M10×1、M12×1.25、 M14×1.5、M20×1.5、G½″

d_1	G¼″	G½
d_2	G½″	M20×1.5

M	M20×1.5	M14×1.5
d	$\phi14/\phi12$	$\phi7$

压力表接头为制造厂标准件。

图名	压力表接头	图号	JK2—4—14

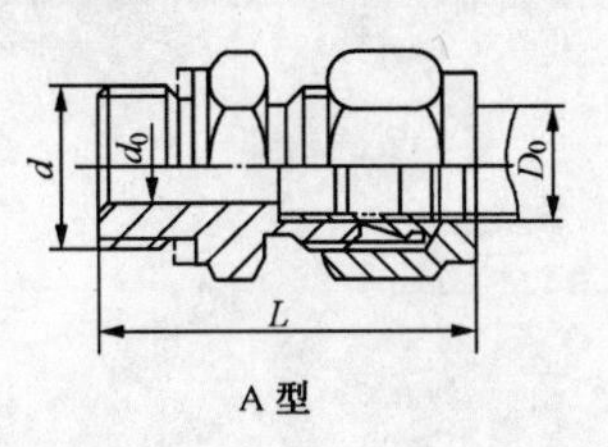

A 型

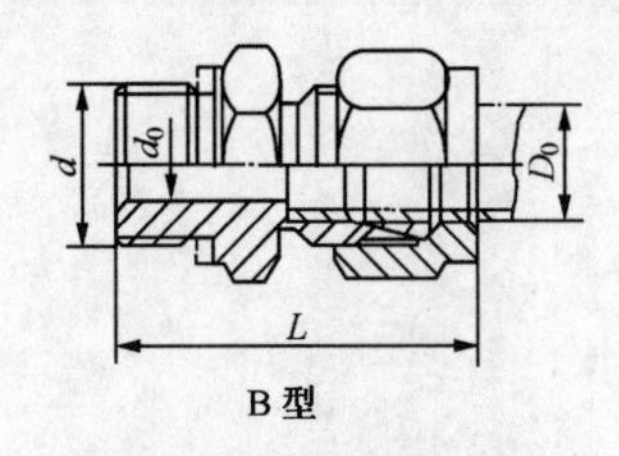

B 型

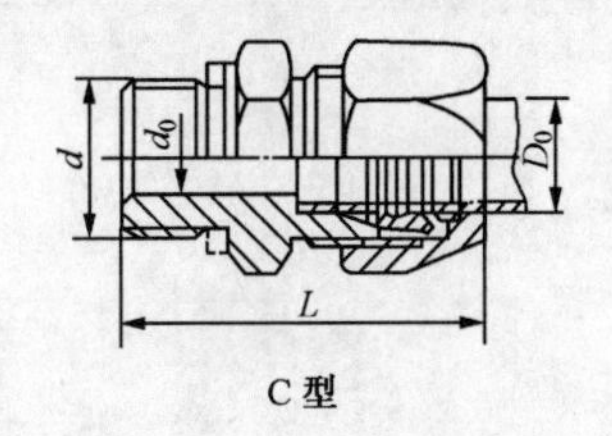

C 型

非切入式直通终端管接头

非切入式系列卡套式管接头的品种有直通终端管接头(上图)、直角终端管接头、直通管接头、直角管接头等50多种产品。接头的配管外径有4、6、8、10、12、14、16、18、22mm等几种规格。

终端接头的外螺纹有公制螺纹和英制螺纹两种。公制螺纹的终端接头有M10×1、M14×1.5、M18×1.5、M20×1.5、M22×1.5、M27×2 6种;英制螺纹的终端接头有G1/2″、ZG1/4″、ZG1/2″ 3种。按不同公称压力的配管外径分,仅终端接头的规格就有16种。

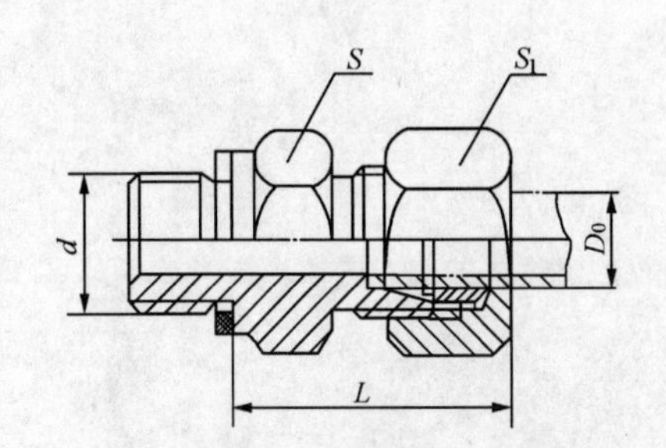

钢制卡套式直通终端管接头

钢制卡套式直通终端管接头的配管外径有4、6、8、10、12、14、16、18、22、28、34、42mm12种规格。

终端接头的外螺纹有公制螺纹和英制螺纹两种。公制螺纹的终端接头有M10×1、M14×1.5、M18×1.5、M20×1.5、M22×1.5、M27×2、M33×2、M42×2、M48×2 9种。英制螺纹的终端接头有G1/2″、ZG1/4″、ZG1/2″ 3种。按不同公称压力的配管外径分,仅终端接头(直通、弯通)的规格多达30余种。

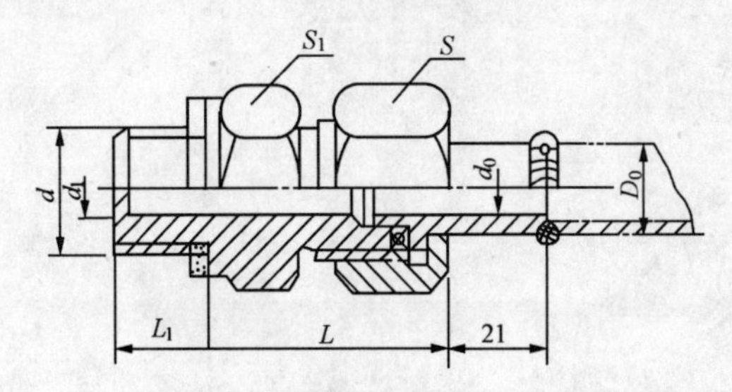

压填式直通终端管接头

压填式系列管接头的品种有直通终端接头(见上图)、弯通终端接头、直通中间接头、弯通中间接头等近30种产品。该系列接头的配管外径,包括6、10、14、18、22、28、34、42、50mm以及1/2″、3/4″(少数厂家产品规格)等10余种规格。

终端接头的外螺纹有公制螺纹和英制螺纹两种。公制螺纹的终端接头有M10×1、M14×1.5、M18×1.5、M20×1.5、M22×1.5、M27×2、M33×2、M42×2、M48×2等几种。英制螺纹的终端接头有G1/2″、ZG1/2″两种。按配管外径分,仅直通终端接头就有20多种规格。

注:直通终端管接头为制造厂标准件。

图名	直通终端管接头	图号	JK2—4—15

3　节流装置和流量测量仪表的安装图

说　　明

节流装置和流量测量仪表的安装图共分4部分。

3.0　常用流量仪表

3.1　流量仪表安装图

3.2　节流装置安装图

3.3　流量测量仪表管路连接图

3.0 常用流量仪表

各种类型流量计对安装要求差异很大。例如有些仪表（如差压式、涡街式）需要长的上游直管段，以保证检测件进口端为充分发展的管流，而另一些仪表（如容积式、浮子式）则无此要求或要求很低。流体流动特性主要决定于管道安装状况，而流体流动特性是影响流量特性的主要因素之一，故选型时应弄清所选仪表对流动特性的要求。

安装条件考虑的因素有仪表的安装方向，流动方向，上下游管道状况，阀门位置，防护性辅属设备，非定常流（如脉动流）情况，振动、电气干扰和维护空间等。右表表示出常用流量计的安装要求。

对于推理式流量计，上下游直管段长度的要求是保证测量准确度的重要条件，目前许多流量计要求的确切长度尚无可靠依据，在仪表选用时可根据权威性标准（如国际标准）或向制造厂咨询决定。

节流装置和流量测量仪表安装图中的连接法兰采用国家标准钢制管法兰 GB/T 9112—2000 中的对焊平面钢制管法兰 GB/T 9115 突面带颈平焊钢制管法兰 GB/T 9116·1 和平面、突面板式平面钢制管法兰 GB/T 9119，法兰填片建议采用 JB/T 87 法兰垫片的要求，但法兰垫片内径必须大于法兰内径尺寸 B，1～2mm，其法兰垫片安装时必须对中。不应有突出在法兰内径边缘的现象。标准中系列Ⅰ为欧洲体系，公称压力 2.0MPa 和 5.0MPa 采用美洲系列，俗称“英制管”；Ⅱ系列为国内常用系列，俗称“公制管”。

常用流量计的安装要求

符号说明：√可用 ×不可用 ？有条件下可用		传感器安装方位和流动方向				测双向流	上游直管段长度要求范围（D，公称直径）	下游直管段长度要求范围（D，公称直径）	装过滤器？			公称直径范围(mm)
		水平	垂直由下向上	垂直由上向下	倾斜任意				推荐安装	不需要	可能需要	
差压式	孔板	√	√	√	√	√②	5～80	2～8		√		50～1000
	喷嘴	√	√	√	√	×	5～80	4		√		50～500
	文丘里管	√	√	√	√	×	5～30	4		√		50～1200(1400)
	弯管	√	√	√	√	√③	5～30	4		√		＞50
	楔形管	√	√	√	√	√	5～30	4		√		25～300
	均速管	√	√	√	√	×	2～25	2～4			√	＞25
浮子式	玻璃锥管	×	√	×	×	×	0	0			√	1.5～100
	金属锥管	×	√	×	×	×	0	0			√	10～150
容积式	椭圆齿轮	√	？	？	×	×	0	0	√			6～250
	腰轮	√	？	？	×	×	0	0	√			15～500
	刮板	√	×	×	×	×	0	0	√			15～100
	膜式	√	×	×	×	×	0	0		√		15～100
涡轮式		√	×	×	×	√	5～20	3～10			√	10～500
电磁式		√	√	√	√	√	0～10	0～5		√		6～3000
旋涡式	涡街式	√	√	√	√	×	1～40	5		√		50～300
	旋进式	√	√	√	√	×	3～5	1～3		√		50～150
超声式	传播速度差法	√	√	√	√	√	10～50	2～5		√		＞100(25)
	多普勒法	√	√	√	√	√	10	5		√		＞25
靶式		√	√	√	√	×	6～20	3～4.5		√		15～200
热式		√	√	√	√	×	无数据	无数据	√			4～30
科氏力质量式		√	√	√	√	×	0	0		√		6～150
插入式(涡轮，电磁，涡街)		√	①	①	①	①	10～80	5～10	①			＞100

①取决于测量头类型；②双向孔板可用；③45°取压可用。

图名	常用流量计的安装要求	图号	JK3—0—1

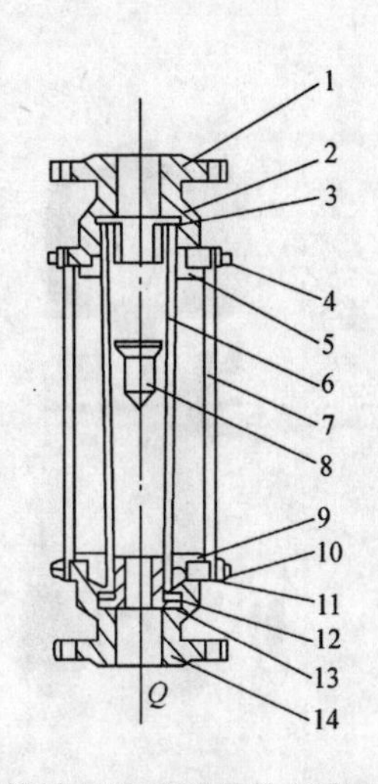

玻璃管转子流量计结构示意图

1—上基座；2—上止挡；3；12—O 形垫圈；4—环形垫圈；5—上压紧密封盖；
6—锥管；7—支板；8—浮子；9—下压紧密封盖；10—支板螺栓；
11—球形垫圈；13—下止挡；14—下基座

玻璃管转子流量计结构简单，价格低廉，安装使用方便，是生产与科研实验用量较大的一种流量计。但由于玻璃管材料所限，不能用在易碎及高温高压场所。

金属管转子流量计 H54

坚固稳定；
所有部件都可替换；
可用于恶劣操作条件下；
流量线性指示输出；
电信号和气信号输出；
高精度 1%。

图名	玻璃管、金属管转子流量计	图号	JK3—0—2

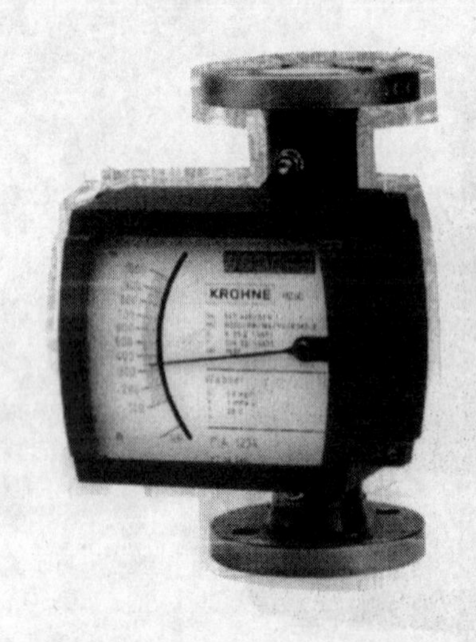

金属管转子流量计 H250

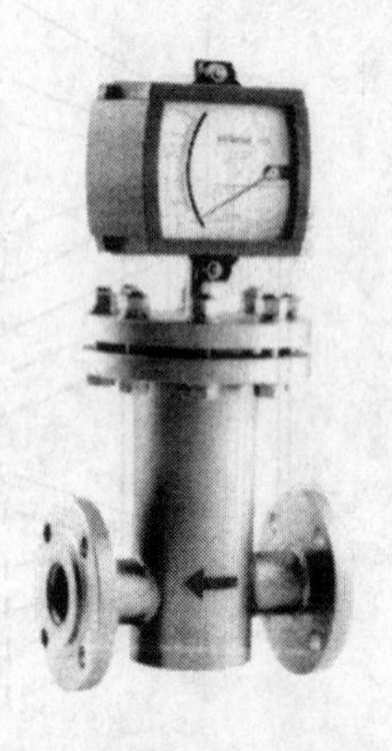

水平安装金属管转子流量计 H256

新型模块化设计，所有电气选择即插即用；
现场瞬时流量指示，可同时累计流量显示；
报警；信号输出方式方便选择；
非接触，无传动机构 ESK 变送器；
HART 通讯接口；
4～20mA 电信号输出，二线制；
本安防爆 Exia Ⅱ CT5，隔爆 Exd Ⅱ BT5；
坚固型设计；
测量管一次成型技术。

新型模块化设计，所有电气选择即插即用；
现场瞬时流量指示，可同时累计流量显示；报警；
信号输出方式方便选择；
非接触，无传动机构 ESK 变送器；
HART 通讯接口；
4～20mA 电信号输出，二线制；
本安防爆 Exia Ⅱ CT5，隔爆 Exd Ⅱ BT5；
坚固型设计；
水平连接。

图名	金属管转子流量计 H250、H256	图号	JK3—0—3

FlowMaster 系列
一体式电磁流量计

FlowMaster 系列
分体式电磁流量计

一体式电磁流量计

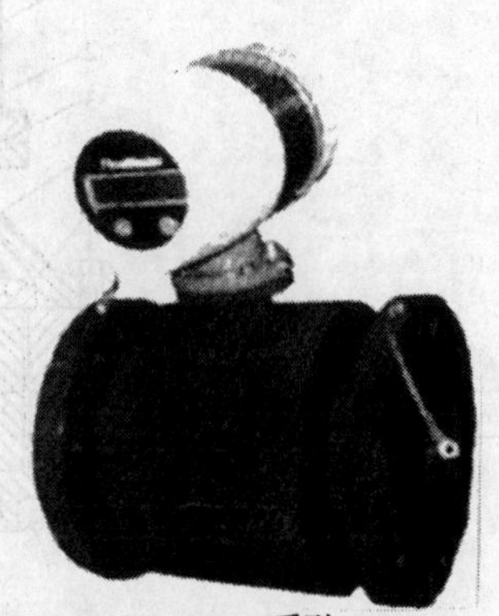

FlowMaster 系列
防爆型一体式电磁流量计

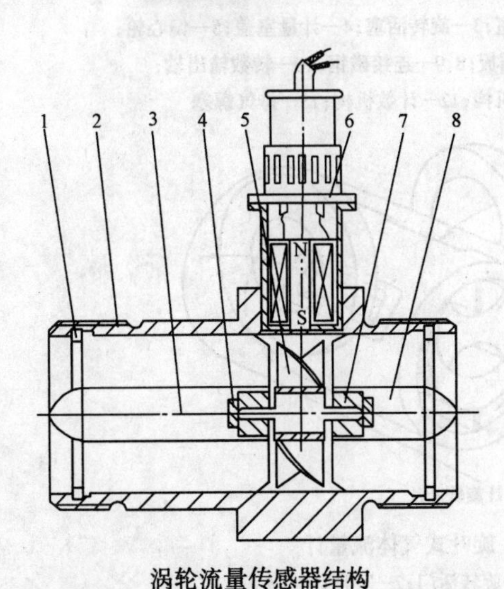

涡轮流量传感器结构

1—紧固件；2—壳体；3—前导向件；4—止推片；5—叶轮；
6—磁电感应式信号检出器；7—轴承；8—后导向件

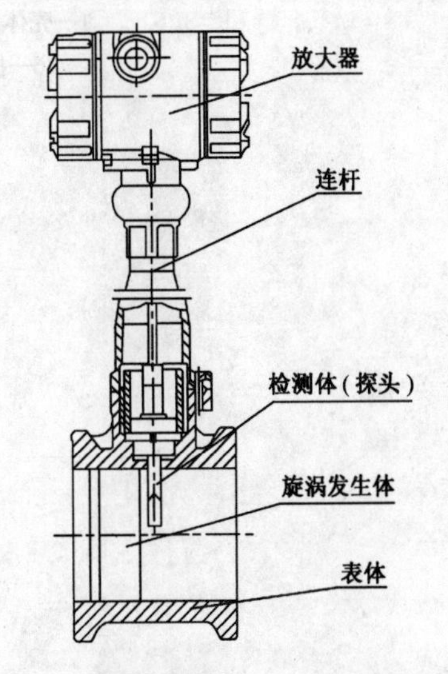

旋涡流量计

CYVME、CYVTE
涡街流量计

图名	电磁、涡轮、旋涡流量计	图号	JK3—0—4

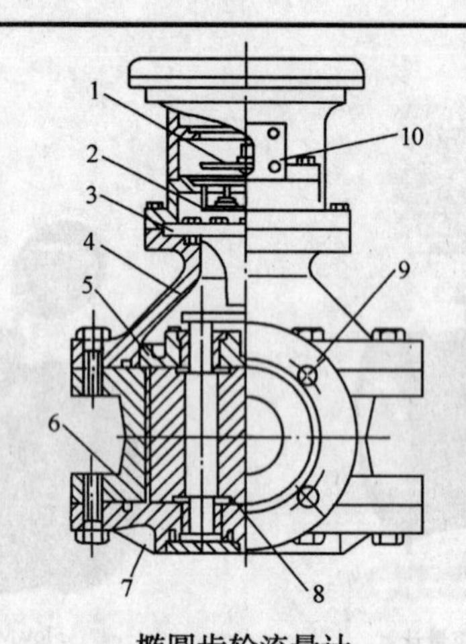

椭圆齿轮流量计

1—计数机构；2—调节机构；3—轴向密封联轴器；4—上盖；5—盖板；6—壳体；7—下盖；8—椭圆齿轮；9—法兰；10—发信器接口

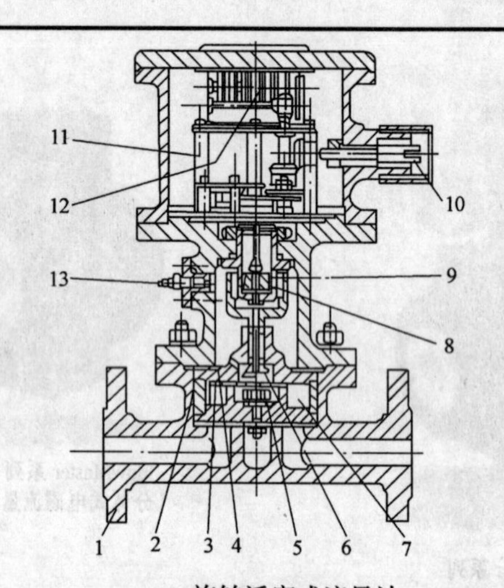

旋转活塞式流量计

1—壳体；2—计量室；3—旋转活塞；4—计量室盖；5—偏心轮；6—拨叉；7—隔板；8、9—连接磁钢；10—转数输出轴；11—齿轮机构；12—计数机构；13—排气螺塞

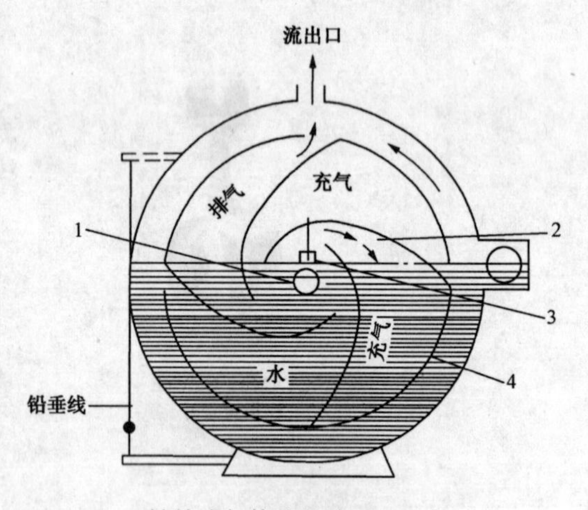

转筒式气体流量计原理示意图

1—转筒轴；2—进口室；3—进口；4—转筒

（湿式流量计）

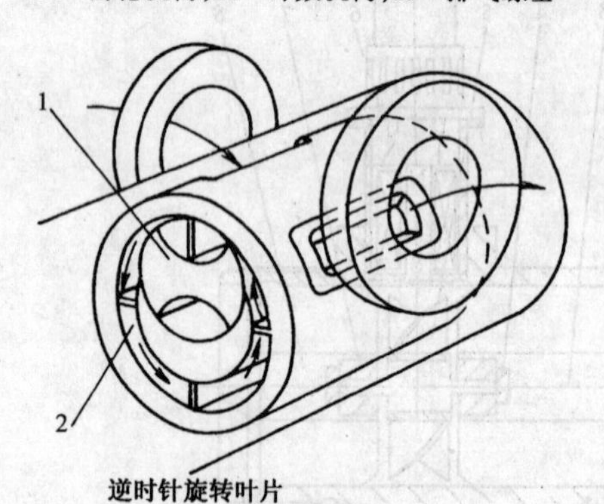

旋叶式气体流量计

1—旋转活门；2—环形计量室

图名	容积式流量计	图号	JK3—0—5

3.1 流量仪表安装图

说明

1. 本部分图集适用于建筑工程中各种流体介质流量测量仪表的安装。

2. 本部分图集包括转(浮)子流量计、椭圆齿轮流量计、涡轮流量计、旋转活塞式流量计、分流旋翼式蒸汽流量计、电磁流量计和涡街流量计、质量流量计的安装图。

3. 选用注意事项

(1)在设计中选用流量计产品和在施工中安装仪表时,均应详细了解该仪表产品的技术性能和核对安装尺寸并合理选用安装图。

(2)流量仪表的安装应按照其上、下游两侧直管段长度的不同要求进行,必要时可设计相应的旁路管道及切换阀门,以利检修和清洗(通常是委托工艺专业在工程设计中统一考虑)。

(3)按照设计和施工的专业分工,流量计在工艺管道上安装所需的连接法兰、螺栓、螺母、垫圈、垫片、连接短管(除仪表制造厂商配套供应外)、开闭阀门以及有关的支撑等部件应划归为工艺管道部分,图中所列连接件的规格、形式是向工艺专业提供资料的内容要求。

(4)图集原则上只考虑流量计与工艺管道的连接安装,其他的诸如电气连接、导压管连接以及流量计接地等内容可参见有关的图纸、安装使用说明书以及有关的规程、规范。

(5)图集中所用部件、零件的材质均有明确的规定,若选用特殊的材质应在工程设计中予以说明。

4. 其他

(1)本图集各流量计安装图中还有部分附注说明,选用时应加以注意。

(2)流量测量仪表安装的技术要求,凡是本图集未加规定者均应按有关的安装规程进行施工。

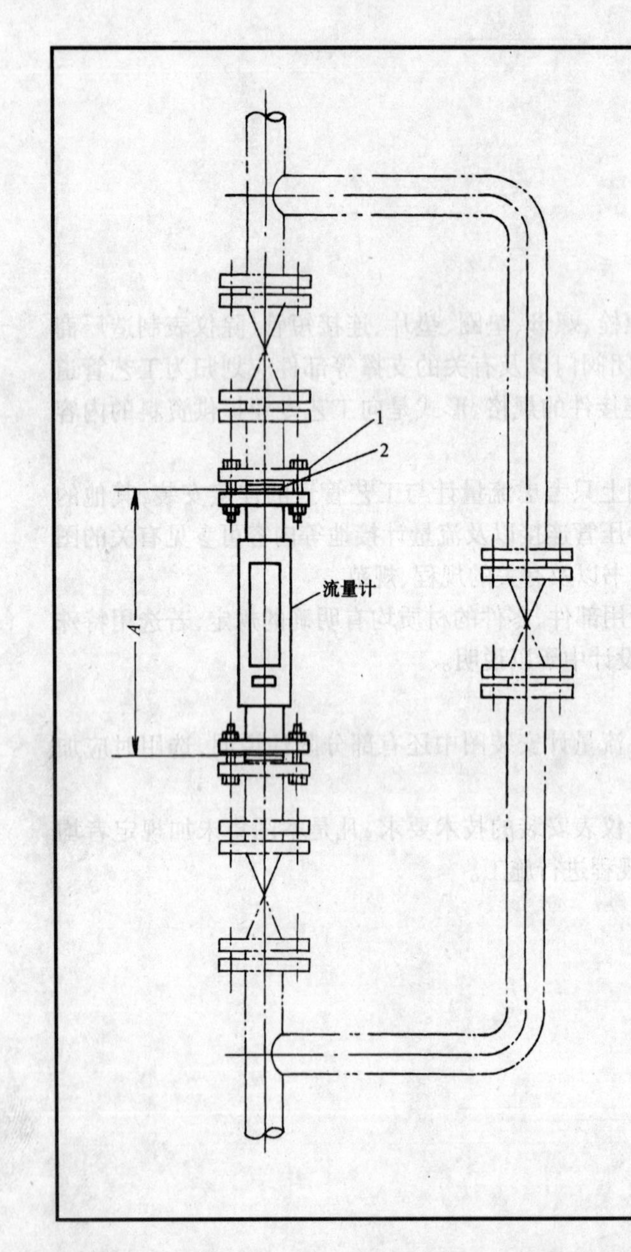

仪表连接形式及规格

序号	仪表型号	1. 法兰（GB/T9119）			2. 法兰垫片（JB/T87）			安装尺寸
		规　格	数量	材质	规　格	数量	材质	*A*
1	LZB - 15	法兰 *DN*15; *PN*1.0	2	Q235—*A*	垫片 15—10	2	XB200	470
2	LZB - 25	法兰 *DN*25; *PN*1.0			垫片 25—10			470
3	LZB - 40	法兰 *DN*40; *PN*1.0			垫片 40—10			570
4	LZB - 50	法兰 *DN*50; *PN*1.0			垫片 50—10			570
5	LZB - 80	法兰 *DN*80; *PN*0.6			垫片 80—6.0			660
6	LZB - 100	法兰 *DN*100; *PN*0.6			垫片 100—6.0			660

安　装　说　明

1. 流量计安装尺寸 *A* 应以制造厂商产品样本为准。

2. 流量计的安装位置、连接法兰以及旁路管道和阀门的设置均由工艺专业统一考虑。

3. 流量计的安装应使被测流体垂直地自下而上地流过。

4. 流量计对下游要求 2～5 倍管径的直管段，对上游要求 5～10 倍管径的直管段。

5. 使用于腐蚀介质，法兰应使用不锈钢材质。

图名	LZB 系列玻璃转子流量计的安装图 *DN*15～*DN*100	图号	JK3—1—01—1

金属管转子流量计 H54

H54 流量计是适用于测量液体和气体的全金属结构高精度金属管浮子流量计。

坚固的全金属结构设计，适合极端恶劣条件下使用可提供测量管部分的保温或伴热夹套，高温超过 160℃的电信号输出有隔热保护。

可用两线制或三线制接线，输出连续的 4～20mA 或 0～20mA 电流信号，ESK 变送器连接在本安电路中可用于危险场合。

可根据用户需要选择 M4 或 M3 类型指示器，可选择电信号或气信号输出。

技术参数

测量范围	
水：20℃	16～150m^3/h；
空气：0.1013MPa abs 20℃	0.4～3000m^3/h；
工作压力：	1.6～70.0MPa；
介质温度：	－80～＋400℃；
环境温度：	－25～＋60℃；
	由介质温度决定；
材质：	不锈钢，PTFE；
法兰连接：	*DN*15～*DN*150；
防护等级：	IP65，相当于 NEMA12～13
	依据 EN 60529/IEC 529
仪表高度：	

法兰连接（不包括密封垫圈）500～600mm。

注：仪表连接钢制管法兰采用 GB/T9112，Ⅰ系列 GB/T 9115、GB/T9119。

金属管转子流量计 H250

H250 流量计是适用于测量液体和气体的全金属结构金属管转子流量计。

转子在流体和浮力的作用下向上运动，与转子的重量平衡后，通过磁耦合指示相应流量，并输出相应的 4～20mA 的信号。

H250 型转子流量计适用于垂直管道，介质流向为底进上出的工艺流程。

技术参数

测量范围	
水，20℃：	25～100m^3/h。
空气，0.1013 MPa abs 20℃：	0.7～600m^3/h。
工作压力：	1.6～4.0MPa。
介质温度：	
H250/RR，H250/C4/Ti	－80～300℃；
H250/PTFE	－25～70℃。
材质：	不锈钢、哈氏合金，PTFE。
法兰连接：	*DN*15～*DN*150。
防护等级：	IP 65。
仪表高度：	
法兰连接（不包括密封垫圈），250mm；	
食品型连接，	300mm（只用于 H250/RR）

图名	H54、H250 金属管转子流量计安装及技术参数	图号	JK3—1—01—2

尺寸表(mm)

公称直径	*L*	*H*	*h*
*DN*15	250	435	40
*DN*25	250	495	50
*DN*50	250	525	55
*DN*80	400	580	80
*DN*100	400	620	90

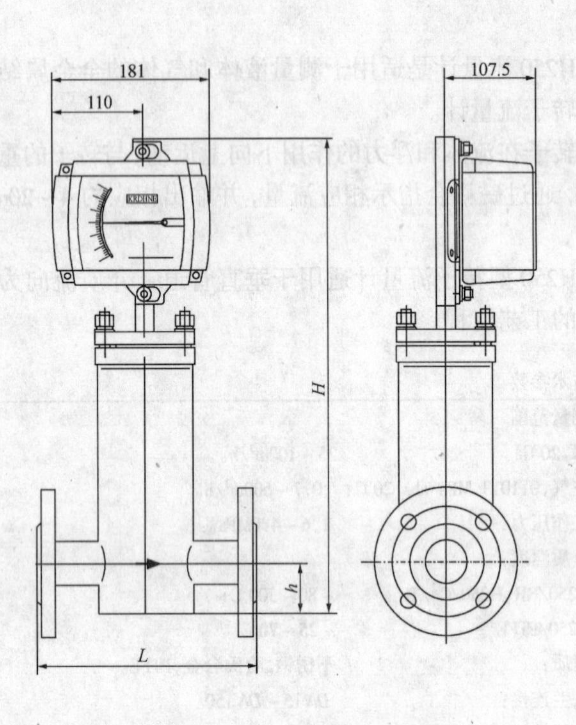

水平安装金属管转子流量计 H256

安 装 说 明

(1) H256 型转子流量计是 H250 的水平安装形式，流量参数及指示器选择同 H250 型。

(2) H256 型转子流量计标准型可选择 1Cr，0Cr，316L 材质，其他材质需特殊设计。

(3) H256 型转子流量计压力损失为 H250 型的 2~3 倍。

(4) 安装时请注意介质流向要与测量管上的红色箭头方向一致。

(5) 为避免意外的泄漏，运转前应确认流量计上的紧固螺母无松动。

(6) 连接法兰标准：GB/T 9119，GB/T 9115。

图名	H256 水平安装金属管转子流量计	图号	JK3—1—01—3

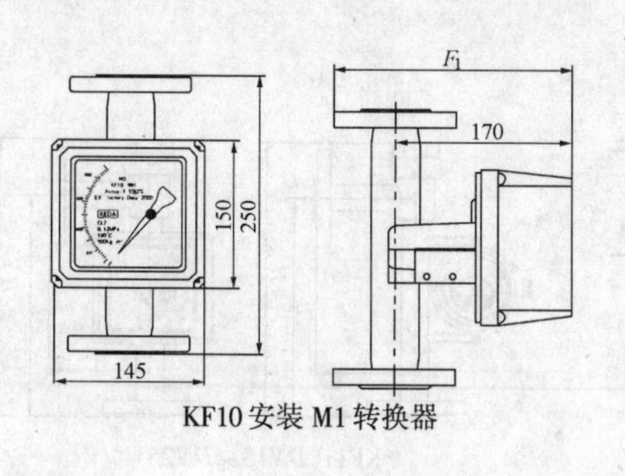

KF10 安装 M1 转换器

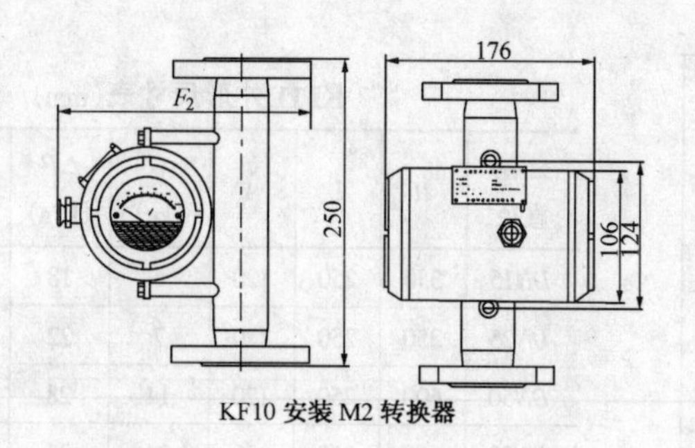

KF10 安装 M2 转换器

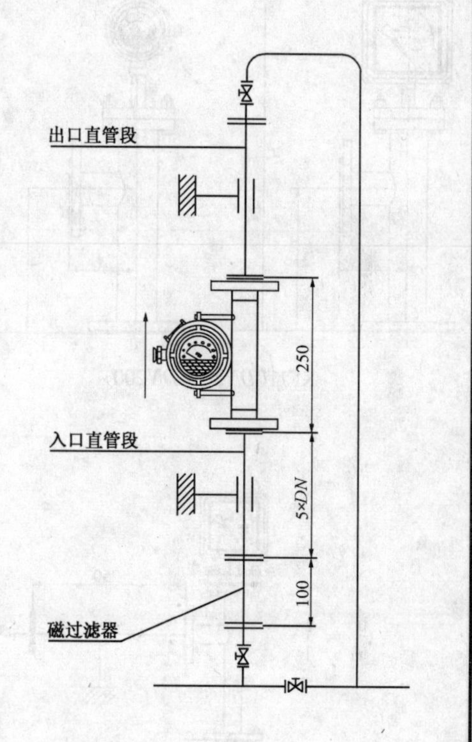

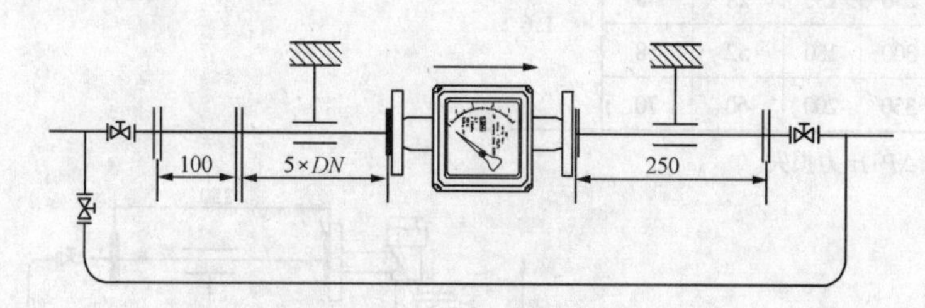

KF10 外形尺寸表(mm)

规 格	KF10 标准型				
公称直径	F_1	F_2	G(kg)	ΔP(kPa)	公称压力(MPa)
*DN*15	220	216	5.0	1.5 ~ 3.3	4.0
*DN*25	230	235	6.5	3.1 ~ 4.4	
*DN*50	255	275	10	3.5 ~ 10	
*DN*80	270	305	15.5	5.0 ~ 18	1.6
*DN*100	280	325	16.5	11 ~ 25	
*DN*150	320	380	35.0	16 ~ 45	
*DN*200	350	435	50.0	27 ~ 42	

注:G:仪表质量;ΔP:压力损失。

连接法兰标准:GB/T 9115、GB/T9119。

图名	KF10 金属浮子流量计安装图	图号	JK3—1—01—4

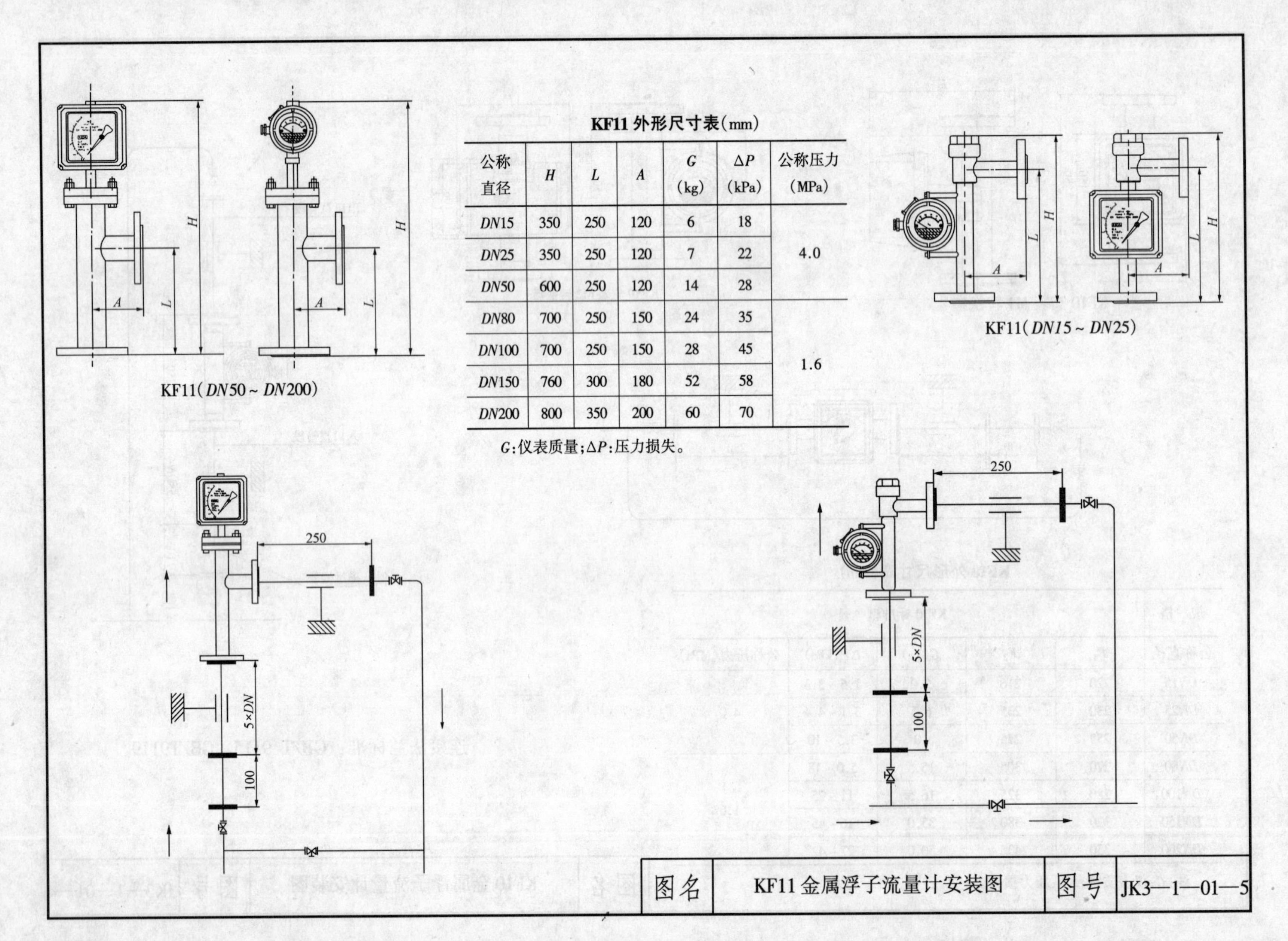

KF11 外形尺寸表(mm)

公称直径	H	L	A	G (kg)	ΔP (kPa)	公称压力 (MPa)
DN15	350	250	120	6	18	4.0
DN25	350	250	120	7	22	
DN50	600	250	120	14	28	
DN80	700	250	150	24	35	1.6
DN100	700	250	150	28	45	
DN150	760	300	180	52	58	
DN200	800	350	200	60	70	

G:仪表质量;ΔP:压力损失。

图名	KF11 金属浮子流量计安装图	图号	JK3—1—01—5

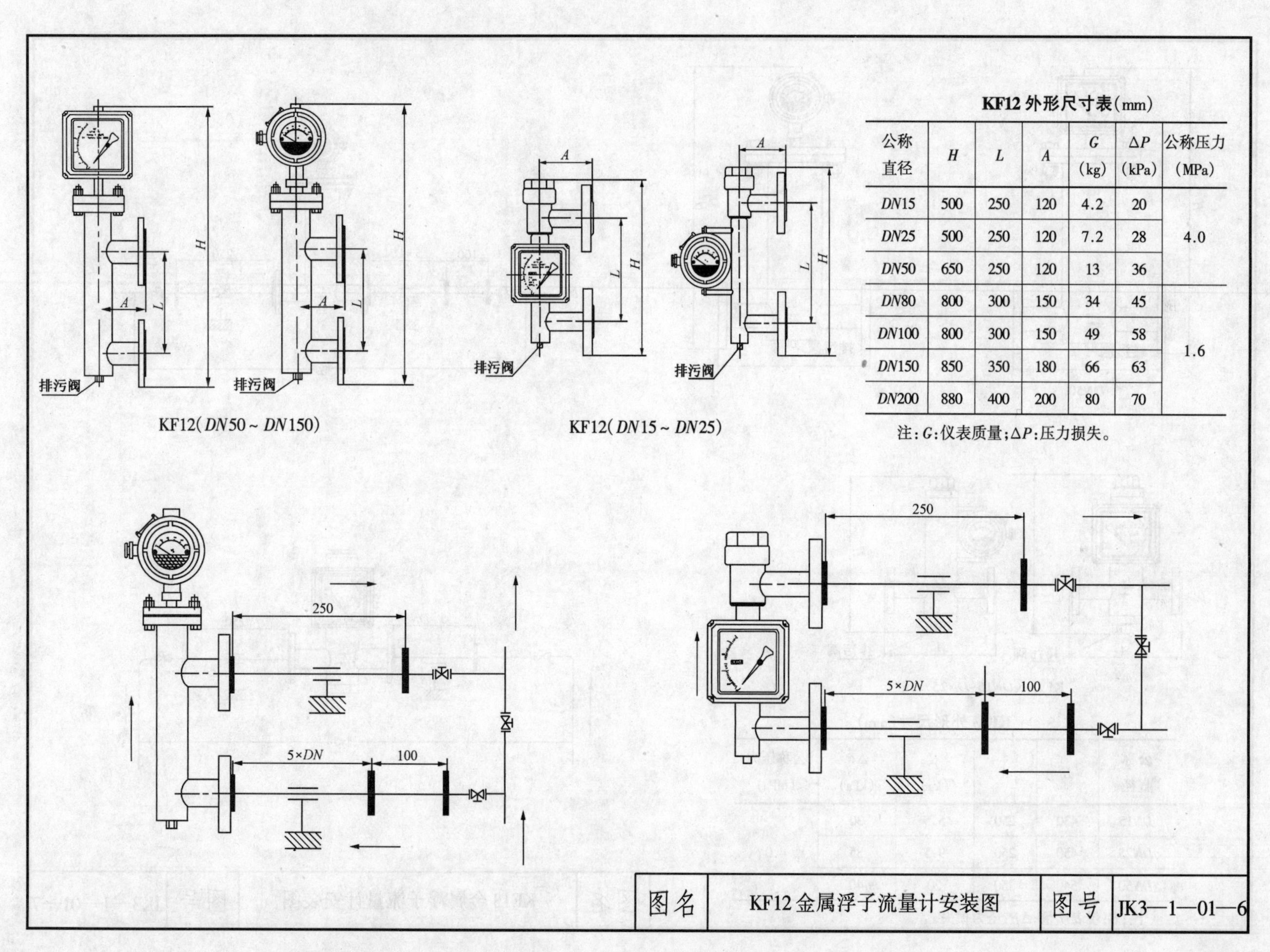

KF12 外形尺寸表(mm)

公称直径	H	L	A	G (kg)	ΔP (kPa)	公称压力 (MPa)
DN15	500	250	120	4.2	20	4.0
DN25	500	250	120	7.2	28	
DN50	650	250	120	13	36	
DN80	800	300	150	34	45	1.6
DN100	800	300	150	49	58	
DN150	850	350	180	66	63	
DN200	880	400	200	80	70	

注：G:仪表质量;ΔP:压力损失。

图名	KF12金属浮子流量计安装图	图号	JK3—1—01—6

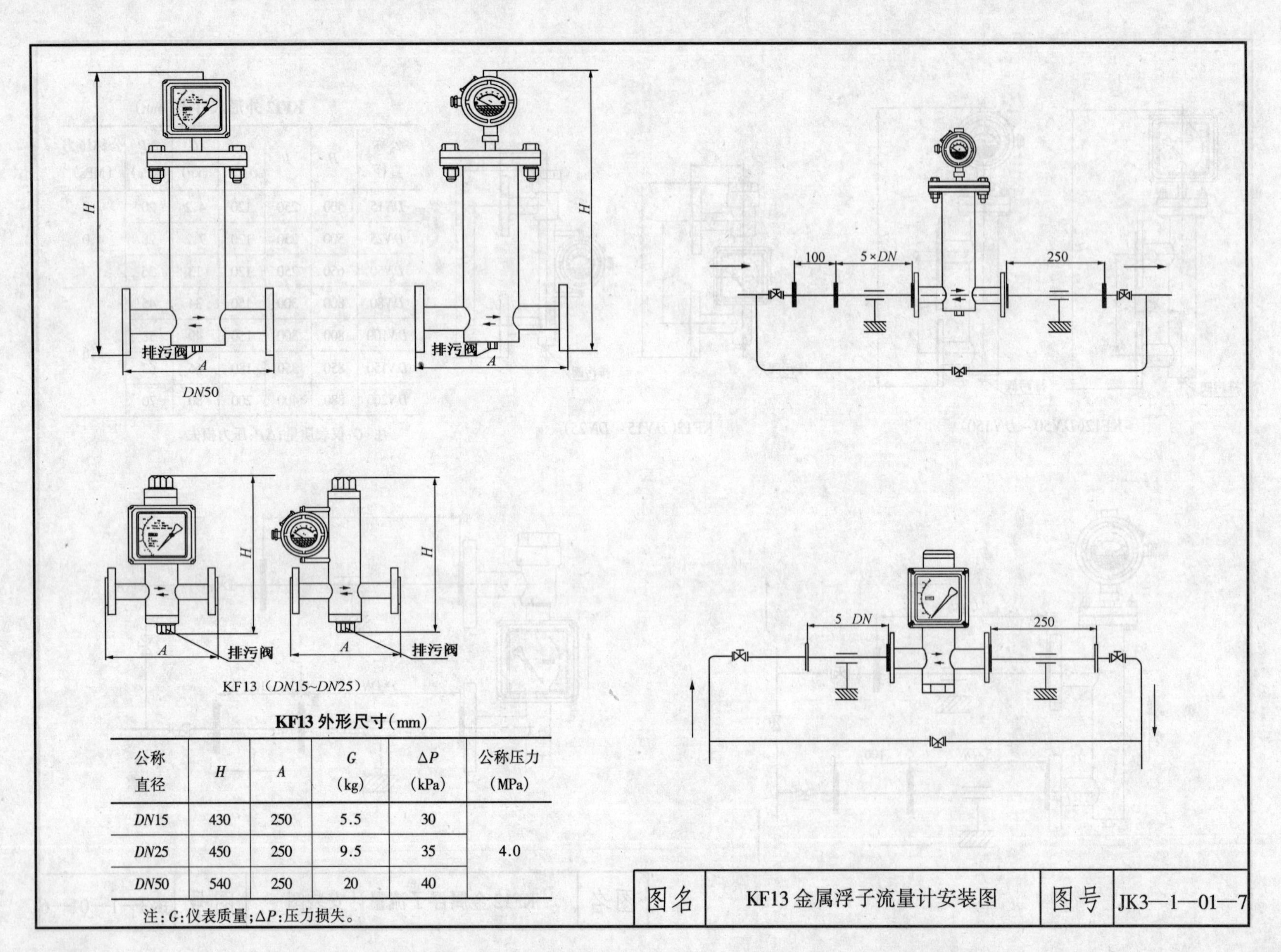

KF13（DN15~DN25）

KF13 外形尺寸(mm)

公称直径	H	A	G (kg)	ΔP (kPa)	公称压力 (MPa)
DN15	430	250	5.5	30	
DN25	450	250	9.5	35	4.0
DN50	540	250	20	40	

注：G：仪表质量；ΔP：压力损失。

图名	KF13 金属浮子流量计安装图	图号	JK3—1—01—7

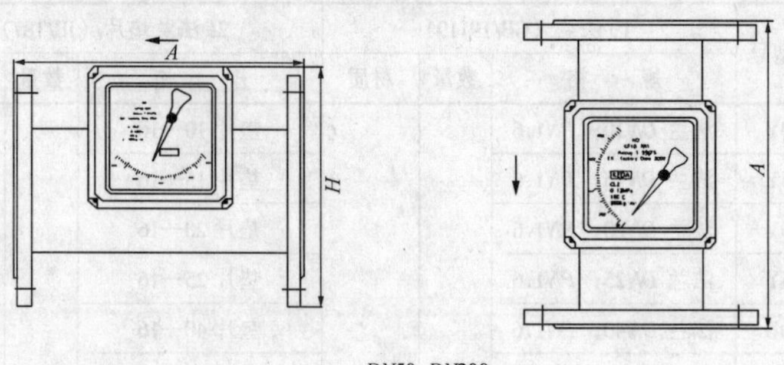

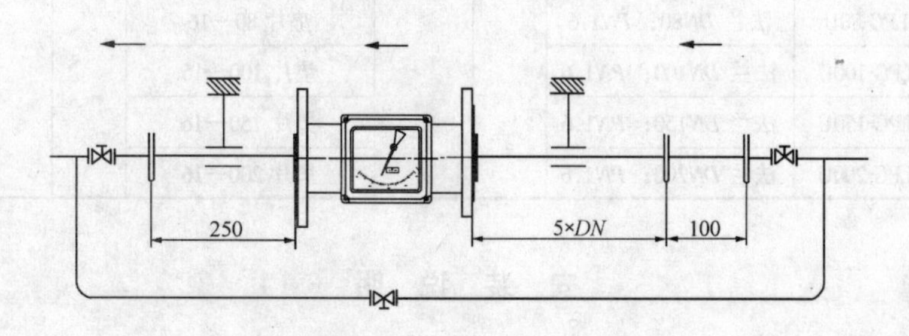

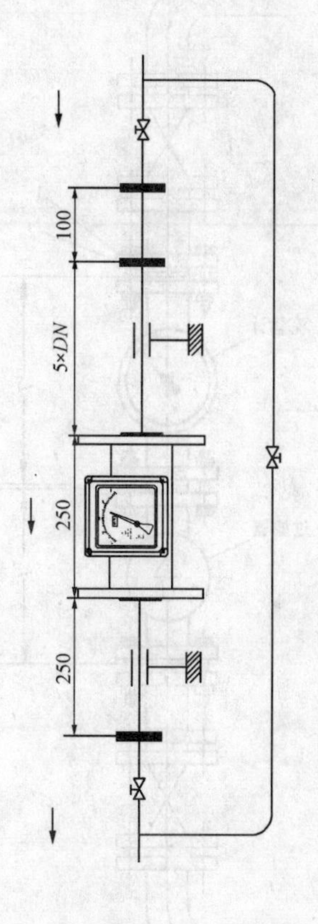

KF14 外形尺寸(mm)

公称直径	H	A	G (kg)	ΔP (kPa)	公称压力 (MPa)
DN50	255	250	10	18	4.0
DN80	270	250	15.5	22	1.6
DN100	280	250	16.5	28	
DN150	320	250	35	35	
DN200	360	350	50	40	

注:G:仪表质量;ΔP:压力损失。

图名	KF14 金属浮子流量计安装图	图号	JK3—1—01—8

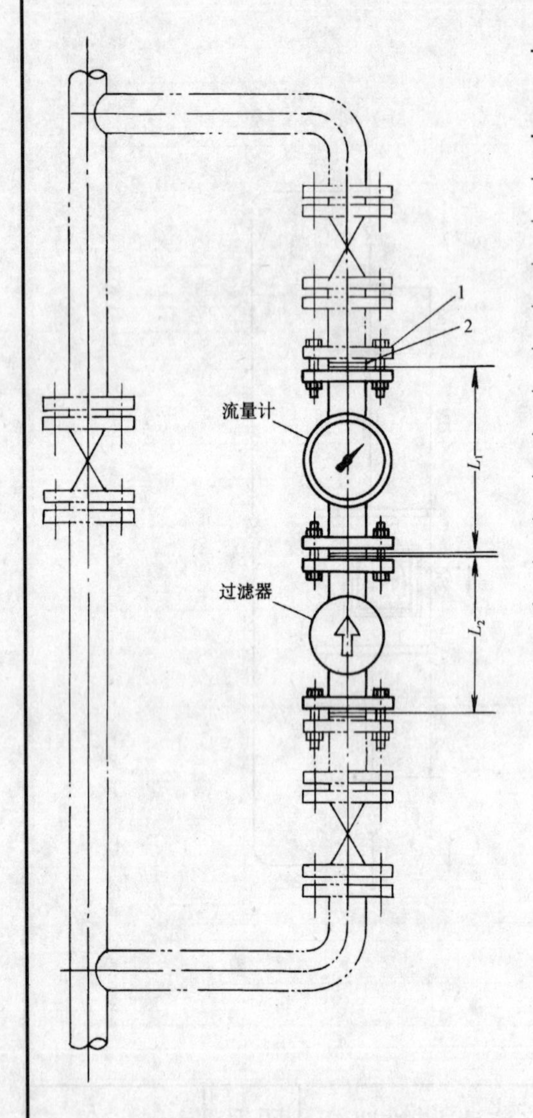

仪表连接形式及规格

序号	仪表型号	过滤器型号	1. 法兰（GB/T9119）			2. 法兰垫片（JB/T87）			安装尺寸	
			规格	数量	材质	规格	数量	材质	L_1	L_2
1	LC11-10	LPG-10Y	法兰 *DN*10；*PN*1.6	2	Q235—A	垫片 10—16	3	XB350	150	150
2	LC11-15	LPG-15Y	法兰 *DN*15；*PN*1.6			垫片 15—16			170	150
3	LC11-20	LPG-20Y	法兰 *DN*20；*PN*1.6			垫片 20—16			200	180
4	LC11-25	LPG-25Y	法兰 *DN*25；*PN*1.6			垫片 25—16			260	180
5	LC11-40	LPG-40U	法兰 *DN*40；*PN*1.6			垫片 40—16			245	300
6	LC11-50	LPG-50U	法兰 *DN*50；*PN*1.6			垫片 50—16			340	300
7	LC11-65	LPG-65U	法兰 *DN*65；*PN*1.6			垫片 65—16			420	300
8	LC11-80	LPG-80U	法兰 *DN*80；*PN*1.6			垫片 80—16			420	400
9	LC11-100	LPG-100U	法兰 *DN*100；*PN*1.6			垫片 100—16			515	500
10	LC11-150	LPG-150U	法兰 *DN*150；*PN*1.6			垫片 150—16			560	780
11	LC11-200	LPG-200U	法兰 *DN*200；*PN*1.6			垫片 200—16			700	780

安 装 说 明

1. 流量计安装尺寸，应以制造厂产品样本为准，过滤器由流量计配套供货。

2. 流量计的安装位置、连接法兰以及旁路管道和阀门的设置均由工艺专业统一考虑。

3. 流量计在水平和垂直管道上均可安装，但流量计中的椭圆齿轮的轴线应安装在水平位置上，即流量计的表度盘应与地面垂直。

4. 被测介质的流向应同时满足过滤器和流量计的流向要求，并且必须先进过滤器后进流量计。

5. 以下腰轮流量计安装要求如本图、应在流量计上游侧加设过滤器、滤去被测介质中的杂质。

图名	LC11 系列椭圆齿轮流量计安装图 *DN*10 ~ *DN*200	图号	JK3—1—02—1

主要技术指标与主要功能

●基型

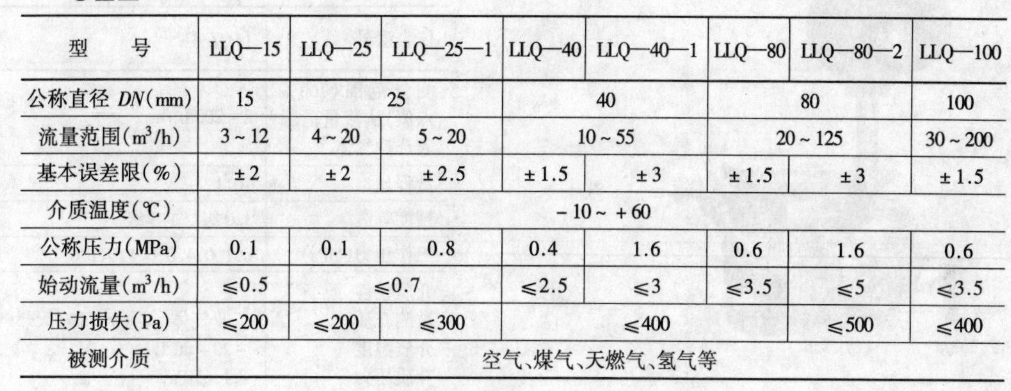

型　号	LLQ—15	LLQ—25	LLQ—25—1	LLQ—40	LLQ—40—1	LLQ—80	LLQ—80—2	LLQ—100
公称直径 *DN*(mm)	15	25		40		80		100
流量范围(m^3/h)	3～12	4～20	5～20	10～55		20～125		30～200
基本误差限(%)	±2	±2	±2.5	±1.5	±3	±1.5	±3	±1.5
介质温度(℃)	-10～+60							
公称压力(MPa)	0.1	0.1	0.8	0.4	1.6	0.6	1.6	0.6
始动流量(m^3/h)	⩽0.5	⩽0.7		⩽2.5	⩽3	⩽3.5	⩽5	⩽3.5
压力损失(Pa)	⩽200	⩽200	⩽300	⩽400			⩽500	⩽400
被测介质	空气、煤气、天燃气、氢气等							

外形及安装尺寸

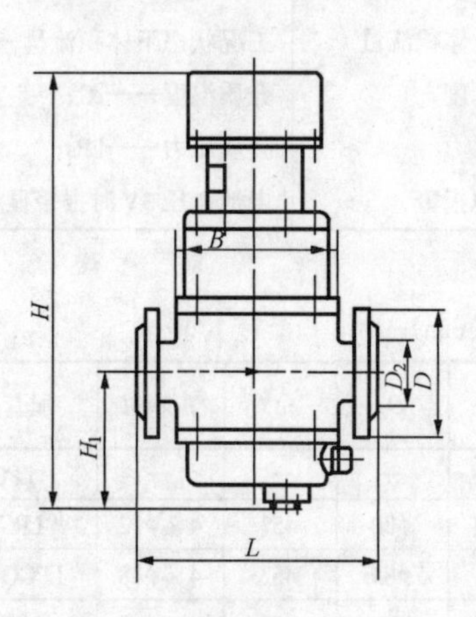

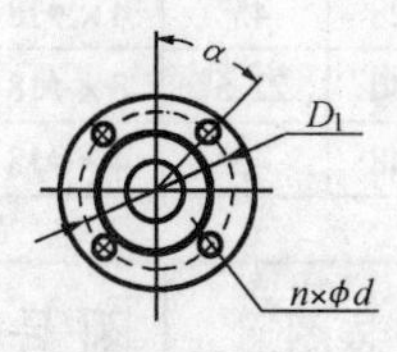

型号 \ 尺寸	H (mm)	H_1 (mm)	L (mm)	B (mm)	D (mm)	D_1 (mm)	D_2 (mm)	$n\times\phi d$ (mm)	α	重量 (kg)	配套过滤器
LLQ—15	276	82	200	112	G1″	—	—	—	—	9	LPG—15
LLQ—25	276	82	215	110	G1¼″	—	—	—	—	9.1	LPG—25
LLQ—25E LLQ—25E—1	375	114	232	φ156	φ115	φ85	φ65	4×φ14	45°	25	LPGB838BAK
LLQ—40 LLQ—40E	445	135	240	φ170	φ130	φ100	φ80	4×φ14	45°	36	LPGB838BAK
LLQ—40—1	477	137	344	φ243	φ145	φ110	φ85	4×φ18		48	LPGQ—40—1
LLQ—80	463.5	144.5	350	φ250	φ190	φ150	φ128	4×φ18	45°	52	LPGQ—80
LLQ—80—2	528	164	400	φ294	φ195	φ160	φ140	8×φ18	22.5°	87	LPGQ—80—2
LLQ—100	590	204	400	φ320	φ210	φ170	φ148	4×φ18	45°	85	LPG—100—4

注：法兰连接尺寸 *DN*15～*DN*80 执行 GB/T 9119，LLQ—100 执行 GB/T 9115，*PN*0.6 标准。

图名	气体腰轮流量计安装图	图号	JK3—1—02—2

主要技术指标

仪表型号	LLQZ 型	仪表型号	LLQZ 型
测量范围(100%点值)从流量范围表选择气体	2~200m³/h	环境条件 环境温度 相对湿度 大气压力	 -20~+50℃; 5%~95%; 86~106kPa
量程比	10:1		
精度等级	1.0级 1.5级		
工作压力(MPa)	0.1、0.4、0.6、1.0、1.6	现场 LCD 数字显示	
介质条件 被测介质 介质温度 介质压力 介质流量 介质流向	 工业气体 混合气体(天燃气); -20~80℃; ≤1.6MPa; 见流量范围表; 上进下出	标况体积总量 标况体积流量	标准状态下(20℃,0.1013MPa)体积总量——$N(m^3)$; 标准状态下(20℃,0.1013MPa)体积流量——$N(m^3/h)$;
连接方式		工况体积流量	工况状态下体积流量——m³/h;
法兰型	法兰 GB/T9113.1—2000 标准(配 GB/T 9115 GB/T 9119)	温 度 压 力	介质温度——℃; 介质压力——kPa;
管螺纹型	适用于 25 口径	电池报警	电池电压 3V 时报警显示

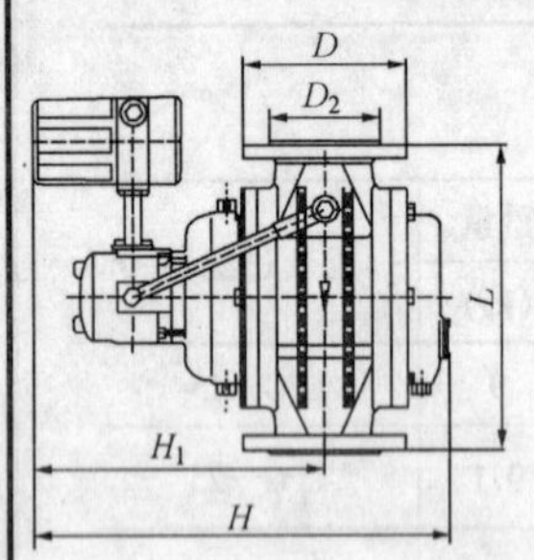

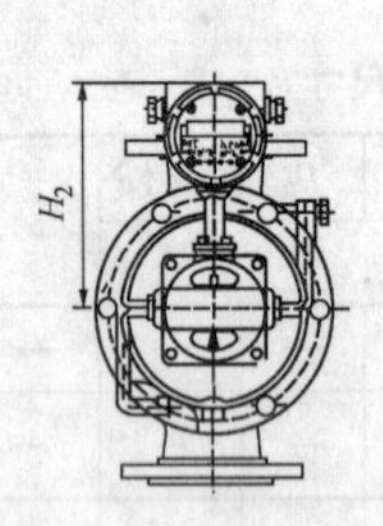

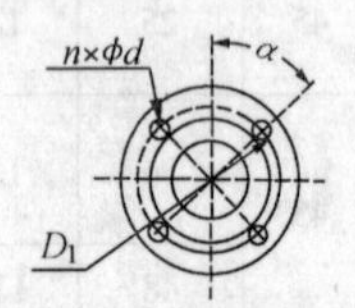

安装外形尺寸(mm)

型号	H	H_1	H_2	L	D	D_1	D_2	α	$n\times\phi d$	配套过滤器
LLQZB802A *	375	260	230	215	G1/4	—	—	—	—	LPG—25
LLQZ0406B *	410	270	230	240	ϕ130	ϕ100	ϕ80	45°	4×ϕ12	LPGQ—40
LLQZ0406D *	440	295	230	344	ϕ145	ϕ110	ϕ85	45°	4×ϕ18	LPGQ—40—1
LLQZ0813B *	490	340	230	350	ϕ190	ϕ150	ϕ128	45°	4×ϕ18	LPGQ—80
LLQZ0813D *	534	361	230	400	ϕ195	ϕ160	ϕ140	22.5°	8×ϕ18	LPGQ—80—2
LLQZ1020B *	615	410	230	400	ϕ210	ϕ170	ϕ148	45°	4×ϕ18	LPG—100—4

流量计规格

公称直径(DN)	压力(MPa)	最大流量(m³/h)
25	0.1	20
25、40、80、100	0.6	60
25、40、80、100	1.0	130
40、80	1.6	200

图名	智能气体腰轮流量计安装图	图号	JK3—1—02—3

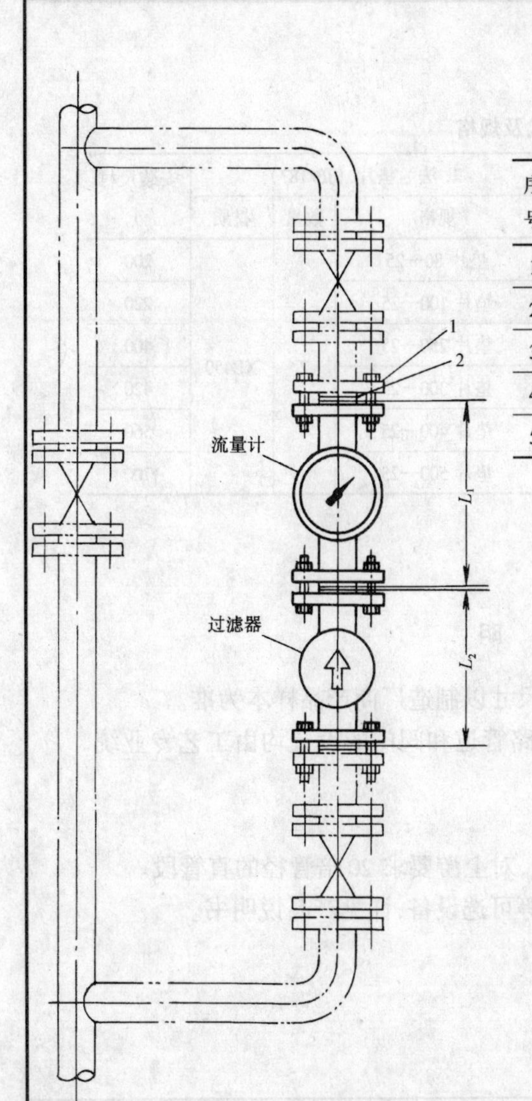

仪表连接形式及规格

序号	仪表型号	过滤器型号	1. 法兰（GB/T9119）			2. 法兰垫片（JB/T87）			安装尺寸	
			规格	数量	材质	规格	数量	材质	L_1	L_2
1	ZLJ-10	GL-10	法兰 $DN10$; $PN1.6$	2	Q235—A	垫片 10—16	3	XB350	200	200
2	ZLJ-15	GL-15	法兰 $DN15$; $PN1.6$			垫片 15—16			230	200
3	ZLJ-25	GL-25	法兰 $DN25$; $PN1.6$			垫片 25—16			252	200
4	ZLJ-40	GL-40	法兰 $DN40$; $PN1.6$			垫片 40—16			320	275
5	ZLJ-50	GL-50	法兰 $DN50$; $PN1.6$			垫片 50—16			368	275

安 装 说 明

1. 流量计安装尺寸，应以制造厂商产品样本为准，过滤器由流量计配套供货。

2. 流量计的安装位置、连接法兰以及旁路管道和阀门的设置均由工艺专业统一考虑。

3. 流量计必须安装在水平管道上。

4. 被测介质的流向应同时满足过滤器和流量计流向的要求，并且必须先进过滤器后进流量计。

图名	ZLJ 系列旋转活塞式流量计的安装图 $DN10 \sim DN50$; $PN1.6$	图号	JK3—1—02—4

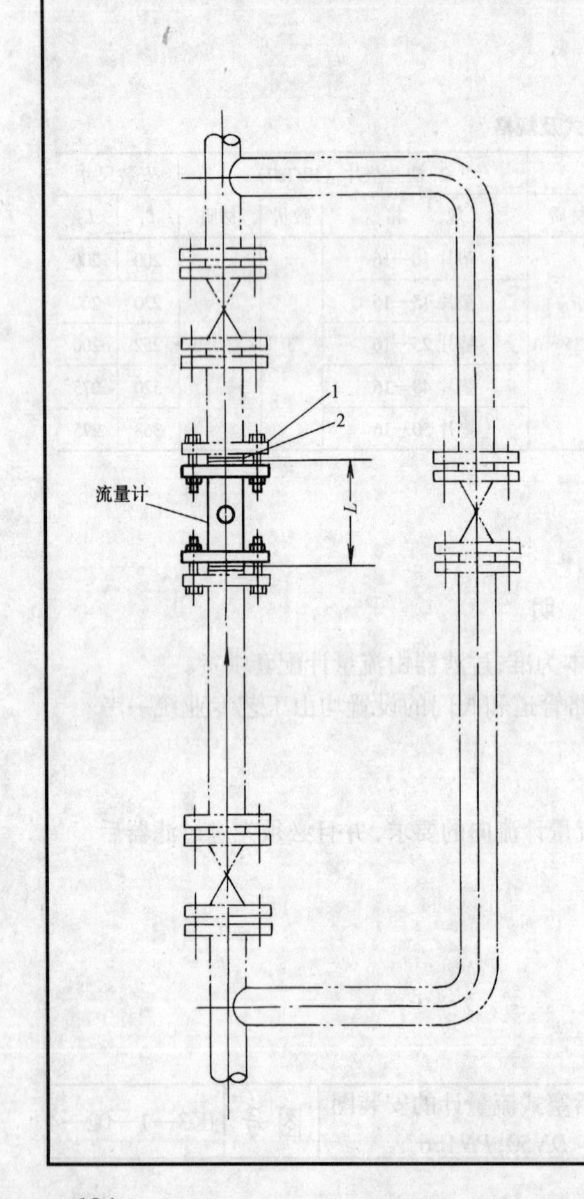

仪表连接形式及规格

序号	仪表型号	1. 法兰（GB/T9119）			2. 法兰垫片（JB/T87）			安装尺村
		规格	数量	材质	规格	数量	材质	*A*
1	LW-80	法兰 *DN*80；*PN*2.5	2	Q235—A	垫片 80—25	2	XB450	200
2	LW-100	法兰 *DN*100；*PN*2.5			垫片 100—25			220
3	LW-250	法兰 *DN*250；*PN*2.5			垫片 250—25			400
4	LW-300	法兰 *DN*300；*PN*2.5			垫片 300—25			420
5	LW-400	法兰 *DN*400；*PN*2.5			垫片 400—25			560
6	LW-500	法兰 *DN*500；*PN*2.5			垫片 500—25			700

安 装 说 明

1. 涡轮流量计安装要求如本图、其安装尺寸以制造厂商产品样本为准。

2. 流量计的安装位置、连接法兰以及旁路管道和阀门的设置均由工艺专业统一考虑。

3. 流量计必须安装在水平管道上。

4. 流量计对下游要求 5 倍管径的直管段，对上游要求 20 倍管径的直管段。

5. 流量计尚有消气器、过滤器和整流器等可选设备，详见产品说明书。

图名	LW 系列涡轮流量计变送器的安装图 *DN*80 ~ *DN*500；*PN*2.5	图号	JK3—1—03—1

主要技术指标

1. 结构材料：
   壳体:316　不锈钢;
   转子:CD4MCU　不锈钢;
   转轴:碳化钨。
2. 量程比:10∶1。
3. 流量精度:读数±1%。
4. 重复性:±0.1%。
5. 标定介质:水(采用NIST标准标定)。
6. 额定压力:34.0MPa(最大)。
7. 温度范围:-100~177℃。
8. 连接:法兰、NPT,或其他。

NPT:美国英制管螺纹。

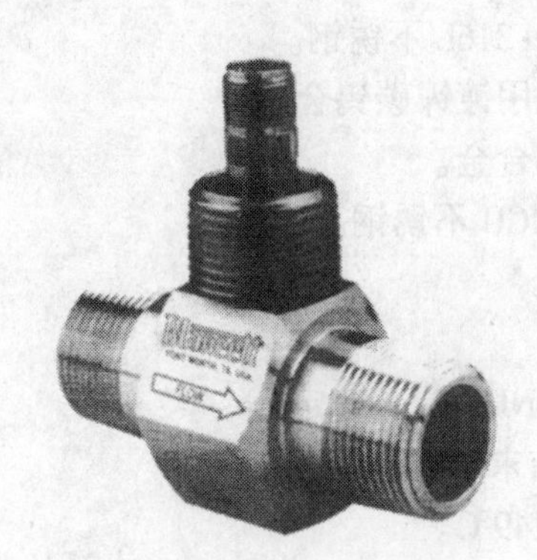

1100型涡轮流量计

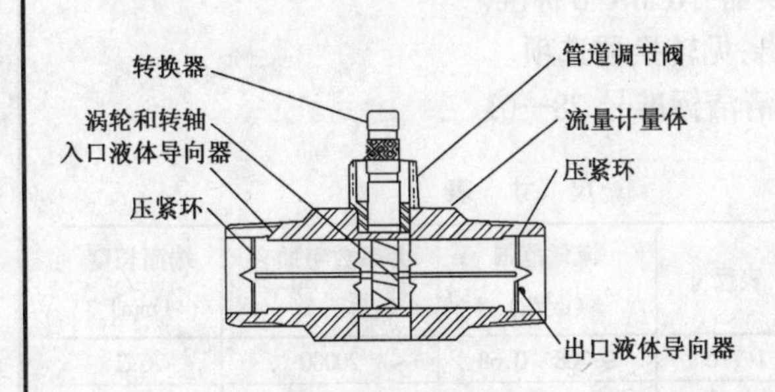

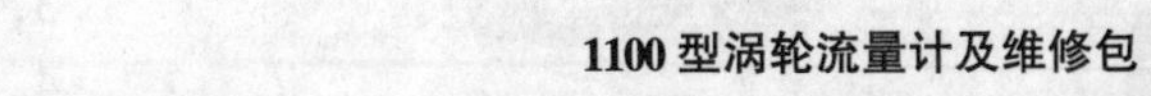

1100型涡轮流量计及维修包

产品型号	管线尺寸	连接方式	最大压力(MPa)	流量范围(m^3/h)	流量计重量(kg)	两端长度(mm)	推荐过滤目数	近似 K 系数脉冲数/加仑	维修包型号
B110-375-1/2	*DN*15	*DN*15×15	34.0	0.068~0.68	1	76.2	60	18000	B251-102
B110-375	*DN*25	*DN*25×25	34.0	0.068~0.68	2	101.6	60	18000	B251-102
B110-500-1/2	*DN*15	*DN*15×15	34.0	0.17~1.70	1	76.2	60	13000	B251-105
B110-500	*DN*25	*DN*25×25	34.0	0.17~1.70	2	101.6	60	13000	B251-105
B110-750-1/2	*DN*15	*DN*15×15	34.0	0.45~4.48	1	76.2	60	3300	B251-108
B110-750	*DN*25	*DN*25×25	34.0	0.45~4.48	2	101.6	60	3300	B251-108
B110-875	*DN*25	*DN*25×25	34.0	0.749	2	101.6	60	3100	B251-109
B111-110	*DN*25	*DN*25×25	34.0	1.25	2	101.6	60	870	B251-112
B111-115	*DN*40	*DN*40×*DN*40	34.0	3.41~40.88	5	152.4	20	330	B251-116
B111-121	*DN*50	*DN*50×*DN*50	34.0	3.41~40.88	6	152.4	10	330	B251-116
B111-120	*DN*50	*DN*50×*DN*50	34.0	4.08~90.84	14	254	20	52	B251-120
B111-130	*DN*75		5.44	13.63~136.27	15	317.5	8	57	B251-131
B111-140	*DN*100		5.44	22.71~227.12	20	304.8	10	29	B251-141
B111-160	*DN*150		5.44	45.42~567.8	46	304.8	4	7	B251-161
B111-180	*DN*200		5.44	56.78~794.91	56	304.8	8	3	B251-181
B111-200	*DN*250		5.44	113.56~1135.59	80	304.8	4	1.6	B251-200

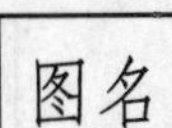

图名	1100型涡轮流量计安装	图号	JK3—1—03—2

3A 卫生型涡轮流量计

FloClean3—A 清洁仪表及 NEMA 6转换器

清洁流量计部件编号指南

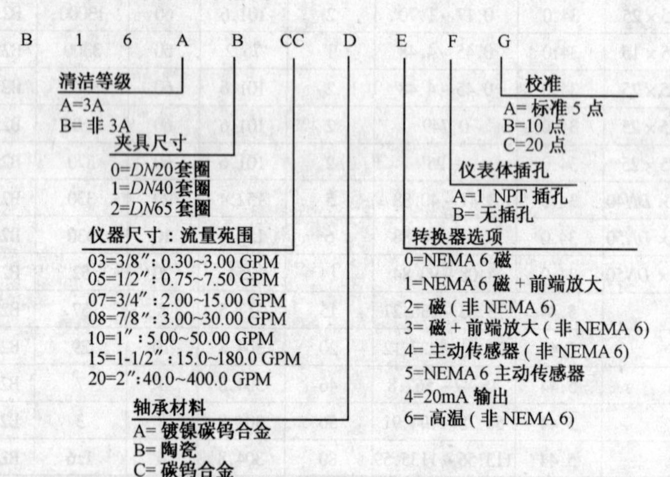

CC 流量范围同尺寸表中相同仪表尺寸数据(m^3/h)

规 格

1. 材料：

   (1)机身及接液部分：316L 不锈钢。

   (2)轴承/轴：一般选用镀镍碳钨合金。也可选用陶瓷、碳钨合金。

   (3)涡轮：镀镍 CD4MCU 不锈钢。

2. 流量精度：±1.0%。
3. 重复性：±0.1%。
4. 标定介质：水(采用 NITS 标准标定)。
5. 额定压力(基于清洁末端连接)。
6. 额定温度：-100~149℃。
7. 末端连接：清洁型，夹持式。
8. 磁电转换器：NEMA 6 标准。
9. 可选输出：见转换器选项。

符合 3—A 清洁标准号 28—03

尺 寸 表

连接尺寸	仪表尺寸	流量范围 (m^3/h)	K 系数每加仑脉冲数	端面长度 (mm)
DN20	DN10	0.068~0.68	20000	76.2
DN20	DN15	0.17~1.70	13000	76.2
DN20	DN20	0.45~3.41	2750	76.2
DN40	DN15	0.17~1.70	13000	101.6
DN40	DN20	0.45~3.41	2750	101.6
DN40	DN22	0.68~6.81	2686	101.6
DN40	DN25	0.45~11.36	870	101.6
DN40	DN40	3.41~40.88	330	158.75
DN65	DN50	9.08~90.84	52	165.1

图名	3A 卫生型涡轮流量计安装	图号	JK3—1—03—3

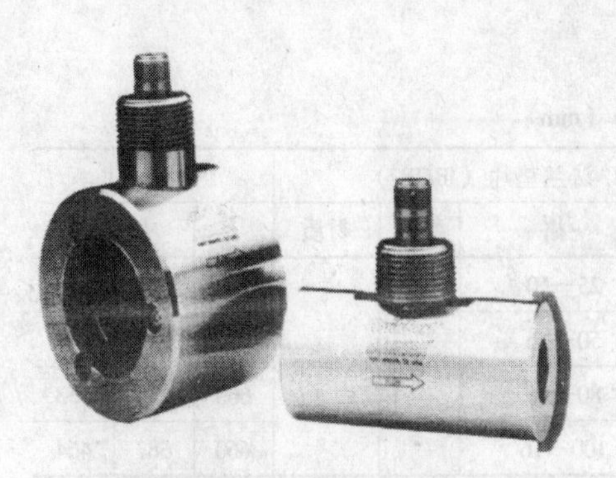

QUIKSERT 内嵌式涡轮流量计

B132-200 型维修工具

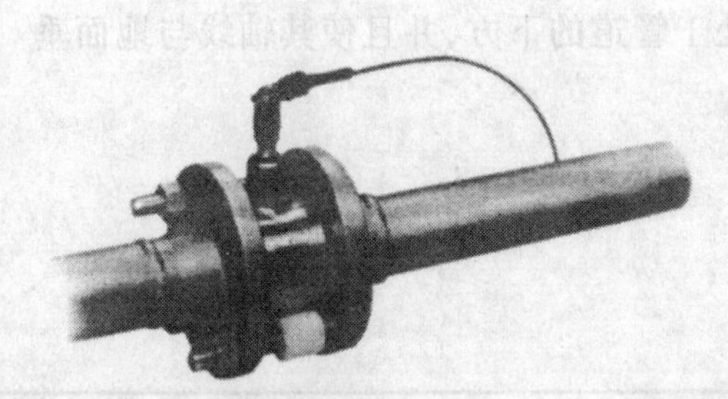

对夹式安装

技术指标

1. 结构材料：

(1)机身及接液部分：316L 不锈钢；

(2)轴承：碳钨合金；

(3)涡轮：镀镍 CD4MCU 不锈钢；

(4)轴：碳钨合金。

2. 流量精度：±1%。

3. 重复性：±0.1%。

4. 标定介质：水(采用 NITS 标准标定)。

5. 额定压力：参见额定压力表。

6. 额定温度：-100~177℃。

7. 连接标准：ASME/ANSI B16.5—1996。

8. 额定压力：2.0~25MPa。

特点：对夹式安装、结构紧凑、宜安装在狭窄区域；易安装、一人可独立安装。

QuikSert 尺寸表

部件编号	仪表尺寸×法兰尺寸（*DN*×*DN*）	尺寸：直径×长度(mm)	流量(m^3/h)	典型 *K* 系数 每加仑脉冲数	最大压力压降(MPa)
B131-038	*DN*10×*DN*25	50×100	0.07~0.66	18000	0.25
B131-050	*DN*15×*DN*25	50×100	0.17~1.71	13000	0.44
B131-075	*DN*20×*DN*25	50×100	0.45~3.41	3300	1.22
B131-088	*DN*22×*DN*25	50×100	0.67~6.67	3100	1.36
B131-100	*DN*25×*DN*25	50×100	1.14~11.35	870	1.36
B132-050	*DN*15×*DN*50	90×65	0.17~1.17	13000	0.82
B132-075	*DN*20×*DN*50	90×65	0.45~3.44	3300	1.22
B132-088	*DN*22×*DN*50	90×65	0.67~6.67	3100	1.36
B132-100	*DN*25×*DN*50	90×65	1.14~11.35	870	1.36
B132-150	*DN*40×*DN*50	90×65	3.42~40.87	310	1.09
B132-200	*DN*50×*DN*50	90×65	9.08~90.83	48	0.61
B133-300	*DN*75×*DN*80	125×108	13.63~136.25	57	0.68
B134-400	*DN*100×*DN*100	160×125	22.71~227.08	29	0.68
B136-600	*DN*150×*DN*150	215×145	45.42~567.92	7	0.68
B138-800	*DN*200×*DN*200	270×160	56.67~795.00	3	0.68
B139-900	*DN*250×*DN*250	325×170	1.6		0.68

由于上述 3 种涡轮流量均为美国产品，为查阅方便，尺寸并未全部换算。

图名	QUIKSERT 内嵌式涡轮流量计安装	图号	JK3—1—03—4

仪表连接形式及规格（mm）

序号	仪表型号	1. 法兰（GB/T9119）			2. 法兰垫片（JB/T87）			安装尺寸		
		规格	数量	材质	规格	数量	材质	L	H	H_1
1	LFX-25A	法兰 $DN25$；$PN1.0$	2	Q235—A	垫片 25—10	2	XB350	200	464	356
2	LFX-50A	法兰 $DN50$；$PN1.6$			垫片 50—16			320	645	435
3	LFX-80A	法兰 $DN80$；$PN1.6$			垫片 80—16			660	675	453
4	LFX-100A	法兰 $DN100$；$PN1.6$			垫片 100—16			660	687	464

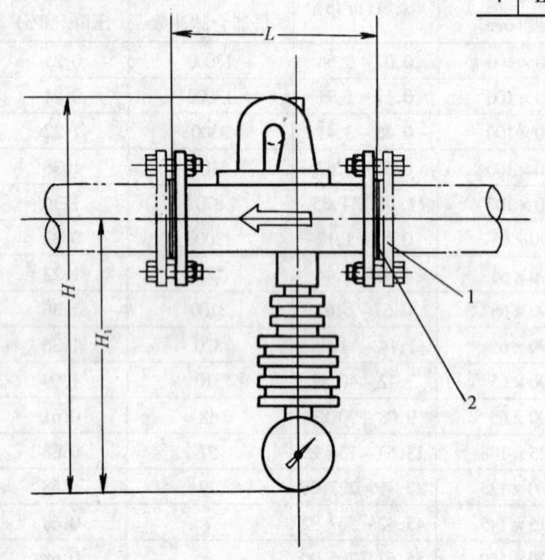

安 装 说 明

1. 流量计安装尺寸，应以制造厂产品样本为准。

2. 流量计的安装位置、连接法兰均由工艺专业统一考虑。

3. 流量计必须安装在水平的直管道中间段，并保证流量计前 10 倍管径，后 5 倍管径的直管段。

4. 流量计的安装必须使其表头处于管道的下方，并且使其轴线与地面垂直。

图名	LFX 系列分流旋翼式蒸汽流量计 安装图 $DN25 \sim DN100$	图号	JK3—1—04

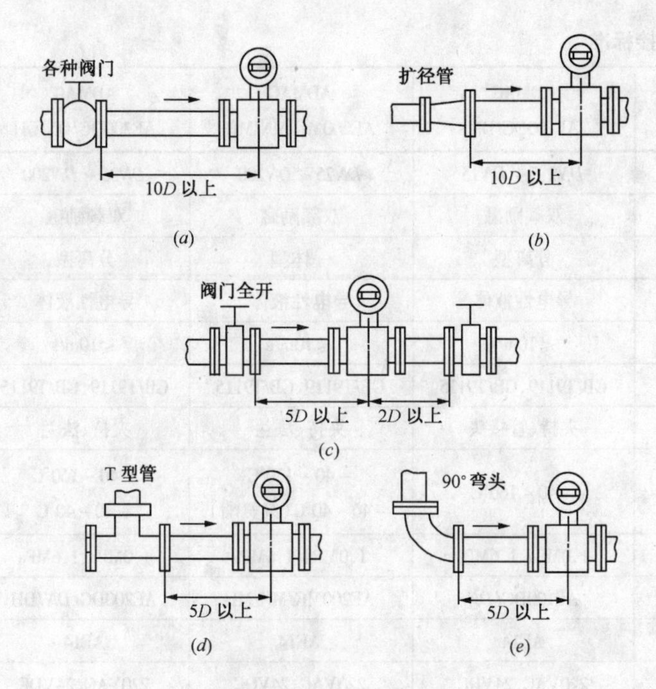

所需直管段的最小长度

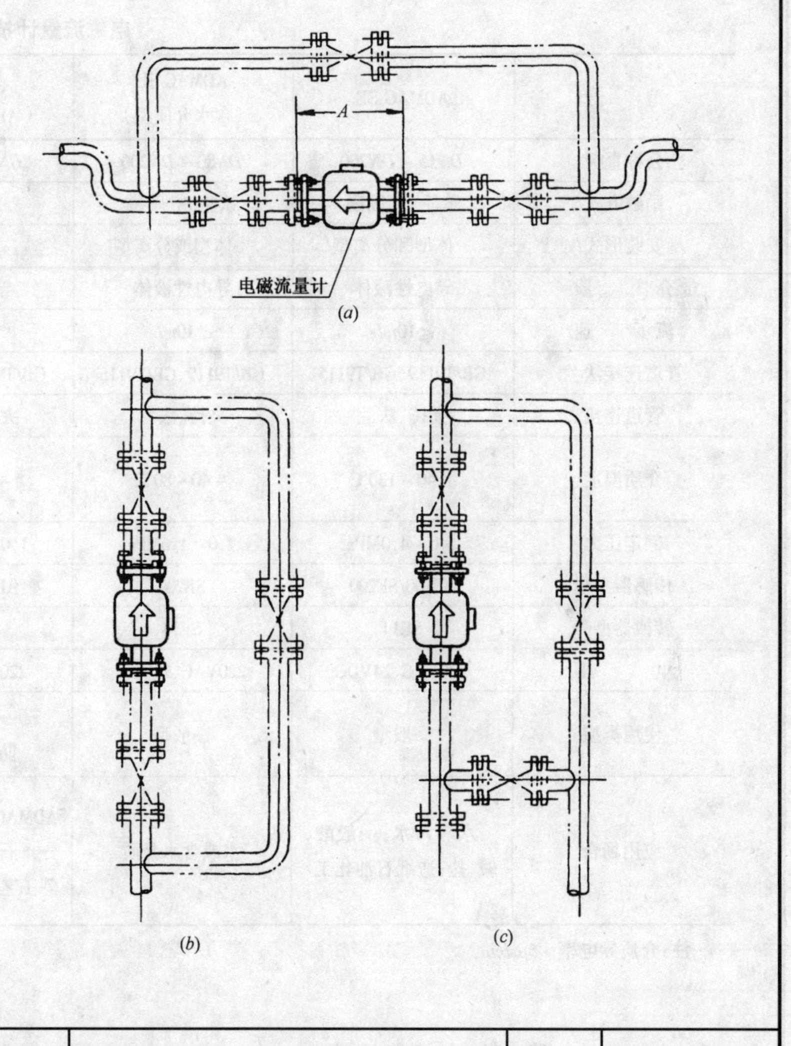

安 装 要 求

1. 流量计水平安装时应略低于管道,并保证电极处于水平位置,如图(*a*)所示。

2. 流量计垂直安装时介质流向应自下而上，如图（*b*）所示。对于易结垢,易玷污的介质可设置如图(*c*)所示的清洗口。

图名	电磁流量计的管路条件及安装要求	图号	JK3—1—05—1

电磁流量计技术参数及连接标准

型号	ADMAG SE	ADMAG SE (含水介质型)	ADMAG AE100MG/MN	ADMAG AE100DG/DM	ADMAG AE200MG/MN/MH	ADMAG AE200DG/DN/DH
公称直径	*DN*15 ~ *DN*200	*DN*80 ~ *DN*200	*DN*2.5 ~ *DN*15	*DN*2.5 ~ *DN*15	*DN*25 ~ *DN*200	*DN*25 ~ *DN*200
励磁方式	脉冲 DC 励磁	脉冲 DC 励磁	双频励磁	双频励磁	双频励磁	双频励磁
安装形式	一体型和分离型	一体型或分离型	一体型	分离型	一体型	分离型
介质	导电性液体	导电性液体	导电性液体	导电性液体	导电性液体	导电性液体
流速	≤10m/s	≤10m/s	≤10m/s	≤10m/s	≤10m/s	≤10m/s
管道连接法兰	GB/T9119、GB/T9115	GB/T9119、GB/T9115	GB/T9119、GB/T9115	GB/T9119、GB/T9115	GB/T9119、GB/T9115	GB/T9119、GB/T9115
管道连接	夹持、法兰	夹持、法兰	夹持、管接头	夹持、管接头	夹持、法兰	夹持、法兰
介质温度	-40 ~ 130℃	-40 ~ 80℃	-40 ~ 120℃	-40 ~ 160℃	-40 ~ 120℃ -40 ~ 40℃(聚氨酯)	-40 ~ 160℃ -40 ~ 40℃
额定压力	1.0 ~ 4.0MPa	1.0 ~ 1.6MPa	1.0MPa、1.6MPa	1.0MPa、1.6MPa	1.0MPa、1.6MPa	1.0MPa、1.6MPa
传感器型号	SE100/SE200	SE200	AE100MG/MN	AE100DG/*DN*	AE200MG/MN/MH	AE200DG/*DN*/DH
转换器型号	SE14	SE14	AE14	AE14	AE14	AE14
电源	220VAC、24VDC	220VAC、24VDC	220VAC、24VDC	220VAC、24VDC	220VAC、24VDC	220VAC、24VDC
使用类型	一般型	一般型	一般型(MG) 防爆型(MN)	一般型(DG)	一般型(MG)、卫生型 (MH、*DN*25 ~ *DN*100)	一般型(DG)卫生型 (DH、*DN*25 ~ *DN*100)
应用场合	水和污水;一般酸、碱、盐;造纸石油化工	水或含水介质	ADMAG AE *DN*2.5 ~ *DN*400 使用场合: 石油化工、钢铁和冶金、玻璃制造、食品、制药、啤酒和皂化液测量硫酸、氯化物、用于盐水精炼工艺流程中电解槽流出的盐水、碱液(如 NaOH)等			

注:介质导电率 > 5μs/cm。

图名	ADMAG 电磁流量计技术参数及连接标准(一)	图号	JK3—1—05—2

电磁流量计技术参数及连接标准 续表

型　号	ADMAG AE300MG/MN	ADMAG AE300DG/DN/DW	ADMAG AM300D	ADMAG AM400D	ADMAG　CA
公称直径	DN250 ~ DN400	DN250 ~ DN400	DN250 ~ DN400	DN500 ~ DN1000	DN15 ~ DN200
励磁方式	双频励磁	双频励磁	双频励磁	低频励磁	高频励磁
安装形式	一体型	分离型	分离型	分离型	一体型
介　质	导电性液体	导电性液体	导电性液体	导电性液体	导电性液体≥0.01μs/cm（可测低导电性液体）
流　速	≤10m/s	≤10m/s	≤10m/s	≤10m/s	≤10m/s
管道连接法兰	GB/T9119、GB/T9115	GB/T9119、GB/T9115	GB/T9119、GB/T9115	GB/T9119、GB/T9115	GB/T9119、GB/T9115
管道连接	法兰	法兰	法兰连接	法兰连接	夹持
介质温度	-10 ~ 60℃ -10 ~ 120℃（氯丁橡胶）	-10 ~ 60℃ -10 ~ 160℃	-10 ~ 60℃ -10 ~ 160℃（氯丁橡胶）	-10 ~ 60℃ -10 ~ 160℃	-10 ~ 120℃
额定压力	1.0MPa、1.6MPa	1.0MPa、1.6MPa	1.0MPa、1.6MPa	1.0MPa	1.6MPa
传感器型号	AE300MG/MN	AE300DG/DN/DW	AM300DG/DM/DW	AM400DG/DW	CA100SG　CA200SG
转换器型号	AE14	AE14	AM11	AM11	
电　源	220VAC、24VDC	220AC、24VDC	220VAC、24VDC	220VAC	220VAC、24VDC
使用类型	一般型（MG）	一般型（DG）　防水型（DW）	一般型（DG）防水型（DW）	一般型（DG）　防水型（DW）	一般型（SG）、防爆型（SN）
应用场合	AE类使用场合		水和污水、造纸、化工、自来水	水和污水造纸、化工、自来水	一般纯水、米酒、含固体颗粒的饮料计量。低电导率介质≥0.01μs/cm，含有介质、易结膜、结垢介质，浓度＞5%的纸浆、金属矿浆、泥浆

图名	ADMAG电磁流量计技术参数及连接标准（二）	图号	JK3—1—05—3

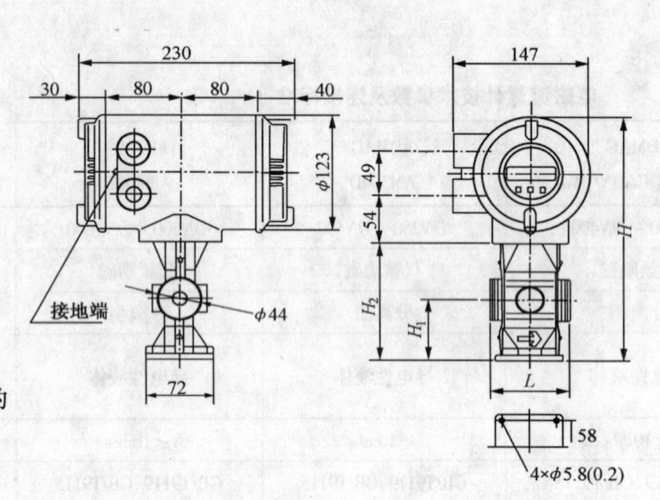

(a)AE100MG 一体夹持型

(b)AE100DG(夹持型)分离型传感器

带接地环(P, T)时，端面距离约长 22mm。

AE102MG—AK　AE115MG—CK

AE105MG—AS　AE115MG—CS

AE110MG—AK　AE115MG—AK

AE100MG 一体夹持型电磁流量计

型　号		AE102	AE105	AE110	AE115
公称直径	*DN*(mm)	2.5	5	10	15
衬里		A			A, C
端面距离	*L*(mm)	85			
外径	*D*(mm)				
宽度	*W*(mm)				
最大高度	*H*(mm)				
高度	H_1(mm)	65			
高度	H_2(mm)	130			
重量(kg)		4.7			

衬里代码：A：PFA 衬里　　符号说明：K(S)：夹持型。

C：陶瓷衬里

AE100DG 分离型传感器

型　号		AE102	AE105	AE110	AE115
公称直径	*DN*(mm)	2.5	5	10	15
衬里		A			A, C
端面距离	*L*(mm)	85			
外径	*φD*(mm)	44			
宽度	*W*(mm)	72			
最大高度	*H*(mm)	214			
高度	H_1(mm)	66			
高度	H_2(mm)	128			
重量(kg)		2.4			

ADMAG 电磁流量计阀门内衬代号说明

—A　PFA(特氟隆)(日本)；

—E　FEP(特氟隆)(国内组装)；

—U　聚氨酯；

—C　陶瓷；

—Z　氯丁橡胶。

图名	AE100(夹持型)电磁流量计安装 *DN*2.5～*DN*15	图号	JK3—1—05—4

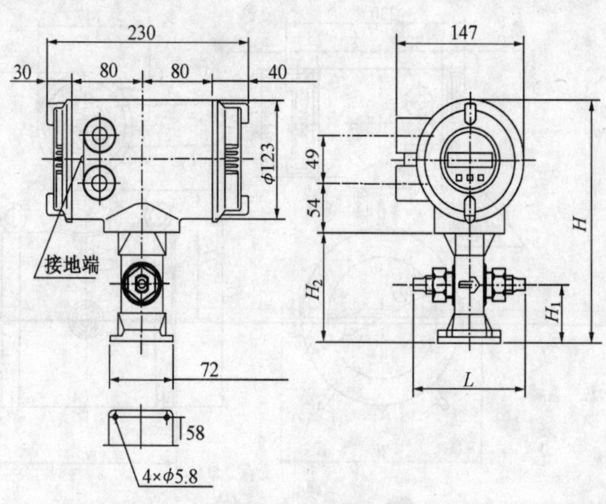

(a)AE100MG 一体接来头型

带接地环(P,T)时,端面距离约长 22mm。

AE102MG—CU　　AE105MG—CU　　AE110MG—CU

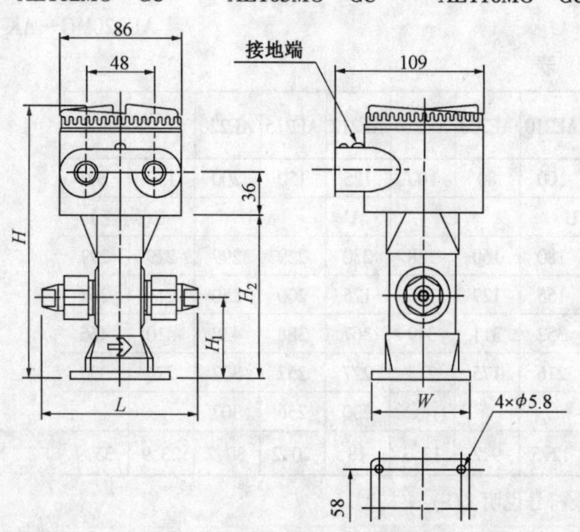

(b)AE100DG 分离型传感器(陶瓷衬里接头型)

＊＊防爆型号的高度约短 2mm。

AE100MG 一体接头型电磁流量计

型　号		AE102		AE105		AE110	
公称直径 *DN*		2.5		5		10	
衬　里		C(陶瓷)					
连接形式		焊接	$R1^1/4$ 外螺纹	焊接	$R1^1/4$ 外螺纹	焊接	$R8^3/8$ 外螺纹
端面距离	*L*(mm)	140	130	140	130	140	130
宽　度	*W*(mm)						
最大高度	*H*(mm)	256					
高　度	H_1(mm)	60					
高　度	H_2(mm)	120					
重量(kg)		4.7					

注:U:管接头型。

AE100DG 分离型磁感器

型　号		AE102		AE105		AE110	
公称直径 *DN*		2.5		5		10	
衬　里		C(陶瓷)					
		焊接	G1/4 外螺纹	焊接	G1/4 外螺纹	焊接	G1/4 外螺纹
140	130	140	130	140	130	140	130
宽　度	*W*(mm)	72					
最大高度	*H*(mm)	202					
高　度	H_1(mm)	60**					
高　度	H_2(mm)	116**					
重量(kg)		2.5					

图名	AE100(接头型)电磁流量计安装 *DN*2.5～*DN*15	图号	JK3—1—05—5

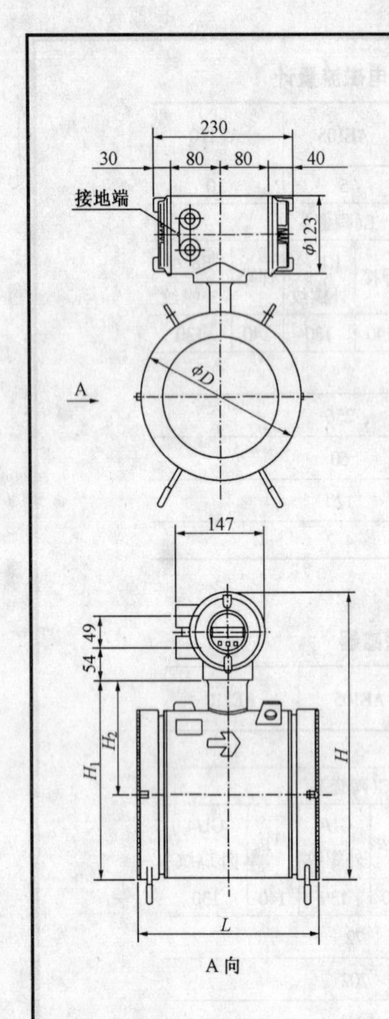

A 向

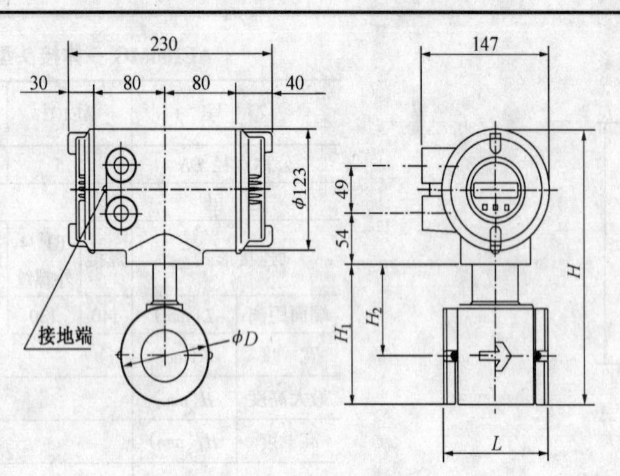

(a)AE200MG 一体夹持型

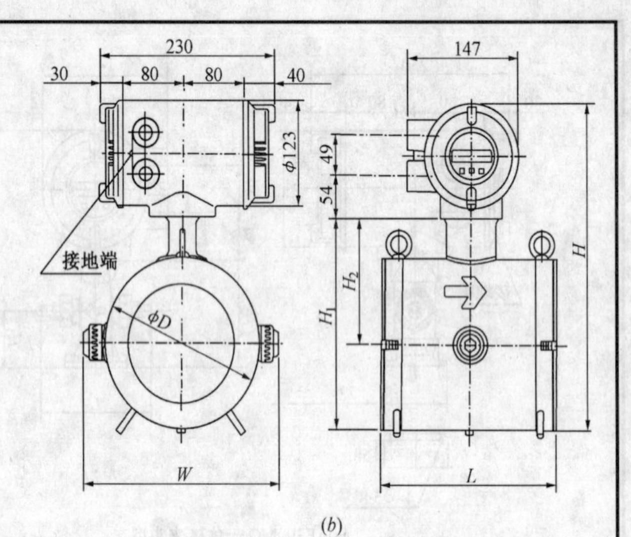

(b)

带接地环(P,T)时,端面距离约长 22mm。

AE202MG—AK　AE204MG—US　AE205MG—CK

AE206MG—AK　AE208MG—AK　AE210MG—AK

AE212MG—AK

AE215MG—US

AE220MG—AK

AE215MG—CK

AE220MG—CS

带接地环(P, T)时, 端面距离约长 30mm。

尺 寸 表

型　号		AE202	AE204	AE205	AE206	AE208	AE210	AE208	AE210	AE212	AE215	AE220	AE215	AE220
公称直径 DN(mm)		25	40	50	65	80	100	80	100	125	150	200	150	200
衬　里		A, U, C			A	A, U		C		A	A, U		C(陶瓷)	
端面距离	L(mm)	93	106	120	120	160	180	160	188	230	229	299	229	299
外　径	D(mm)	67.5	86	99	117	129	155	129	155	175	200	250	214	264
高　度	H(mm)	251	270	284	302	326	352	311	349	367	388	438	410	466
高　度	H_1(mm)	115	134	148	162	190	216	175	213	227	252	302	274	330
宽　度	W(mm)									230	256	307		
重量(kg)		4.6	5.5	6.5	7.5	9.6	12.5	9.2	12.3	18	20.2	30.7	23.9	35.9

衬里代码:A:PFA 衬里;U:聚氨酯衬里;C:陶瓷衬里。　符号说明 K(S):夹持型。

图名	AE200 一体夹持型电磁流量计安装 $DN25 \sim DN200$	图号	JK3—1—05—6

AE200DG 分离型传感器(夹持型)

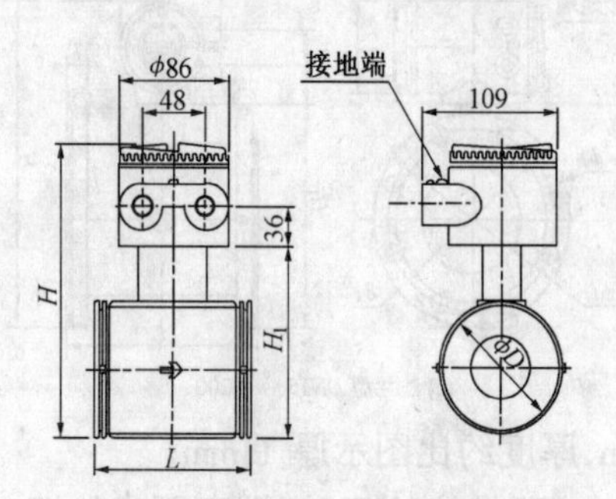

(a)AE202DG ~ AE210DG 分离型传感器(夹持型)

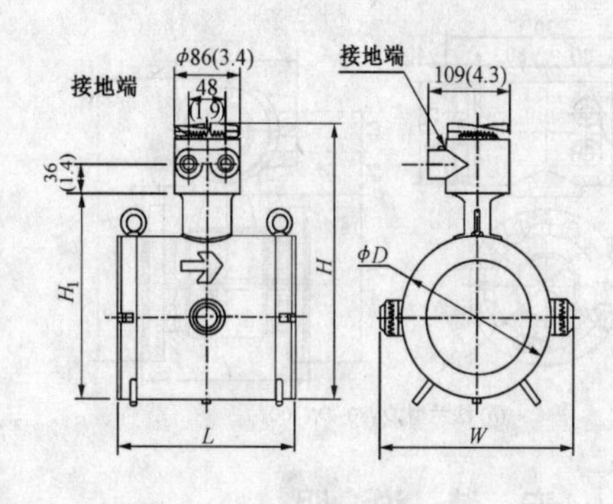

(b)AE212DG,AE215DG,AE220DG(夹持型)

*带接地环(P,T)时,端面距离约长 30mm。

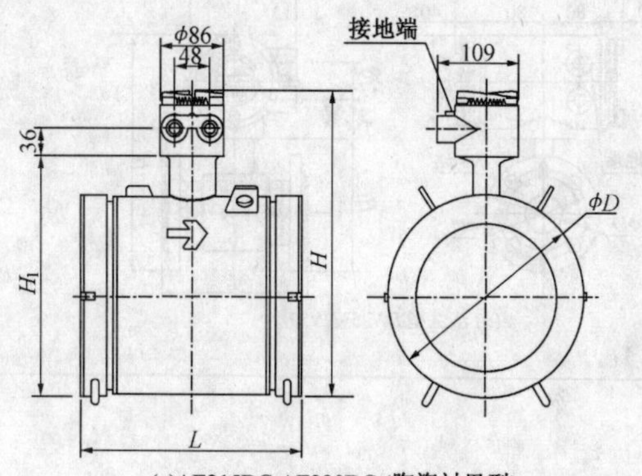

(c)AE215DG,AE220DG,(陶瓷衬里型)

*带接地环(P,T)时,端面距离约长 30mm。

尺寸表

型号		AE202	AE204	AE205	AE206	AE208	AE210	AE208	AE210	AE212	AE215	AE220	AE215	AE220
公称直径	DN(mm)	25	40	50	65	80	100	80	100	125	150	200	150	200
衬里			A,U,C		A	A,U		C		A	A,U		C(陶瓷衬里)	
端面距离	L(mm)	93*	106*	120*	120*	160*	180*	180*	180*	230	229	299	229	299
外径	D(mm)	67.5	86	99	117	129	155	129	155	175	200	250	214	264
最大高度	H(mm)	195**	214**	228**	248**	270**	296**	261**	299**	311	324	392	364	420
高度	H_1(mm)	195**	128**	142**	162**	184**	210**	182**	210**	227	256	306	278	334
宽度	W(mm)									230	256	307	256	307
重量(kg)		2.5	3.5	4.5	5.2	7.5	10.5	6.9	10	15.7	17.9	28.4	21.6	33.6

衬里代码:A:PFA 衬里;U:聚氨酯衬里。

图名	AE200DG 分离型传感器(夹持型) 安装 DN25 ~ DN200	图号	JK3—1—05—7

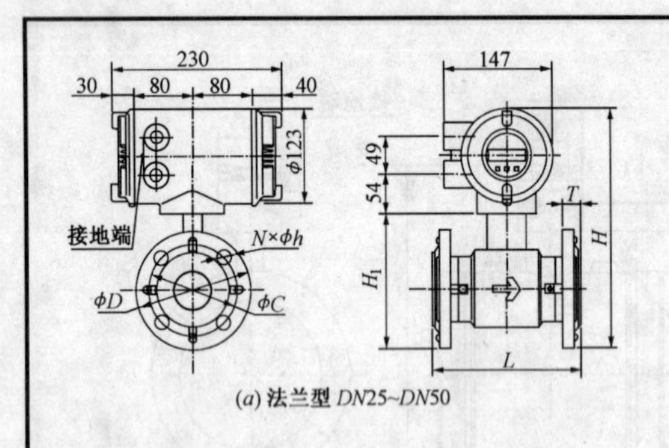

(a) 法兰型 *DN*25~*DN*50

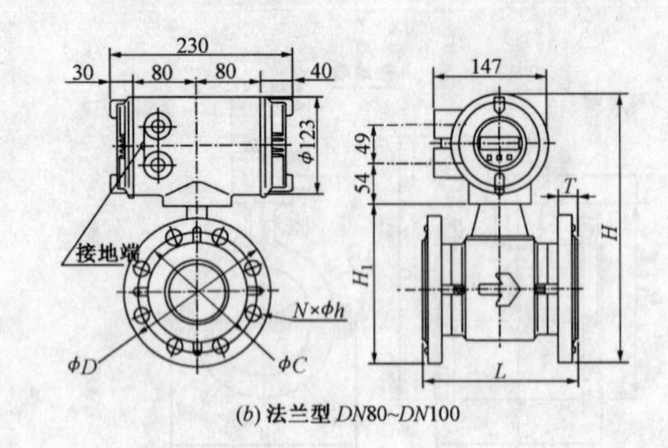

(b) 法兰型 *DN*80~*DN*100

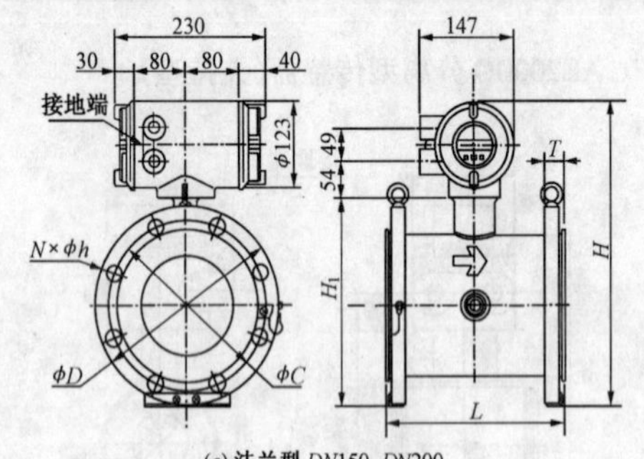

(c) 法兰型 *DN*150~*DN*200

安 装 说 明

图(*a*)~图(*c*)中：

(1) 不带表头时，高度比图中所示约短10mm；

(2) 带接地环 (P, T) 时，端面距离约长22mm，厚度约比图示厚 11mm；

(3) 不带接地环时，端面距离约短 6mm，厚度约比图示薄 3mm；

(4) 选用 FRG 时，端面距离约长 4mm，厚度约比图示厚 2mm；

(5) 防爆型号的高度约短 2mm。

尺 寸 表

型号		AE115M	AE202M	AE204M	AE205M	AE208M	AE210M	AE215M	AE220M	
公称直径	*DN*(mm)	15	25	40	50	80	100	150	200	
法兰类型		R1, R2	R1, R2	R1, R2	R1, R2	R1, R2	R1, R2	R1, R2	R1	R2
衬里		PFA		PFA		PFA		PFA		
端面长度	*L*(mm)	200	200	200	200	200	250	270	340	
法兰外径	*φD*(mm)	95	115	150	165	200	220	285	340	340
高度	*H*(mm)	267.5	274.3	302	316.5	349	382	438.5	488.5	488.5
高度	H_1(mm)	127.5	134.3	162	176.5	209	242	298.5	348.5	348.5
螺栓孔中心圆直径	*C*(mm)	65	85	110	125	160	180	240	295	295
螺栓孔数量	*N*	4	4	4	4	8	8	8	8	12
螺栓孔径	*h*(mm)	14	14	18	18	18	18	22	22	22
厚度	*T*(mm)	20	22	22	24	26	26	30	32	32
重量(kg)		6.5	7.4	10.3	12.5	17.3	25	33.3	47.3	48.3

R1、R2 法兰连接标准：GB/T9115(GB/T9119)

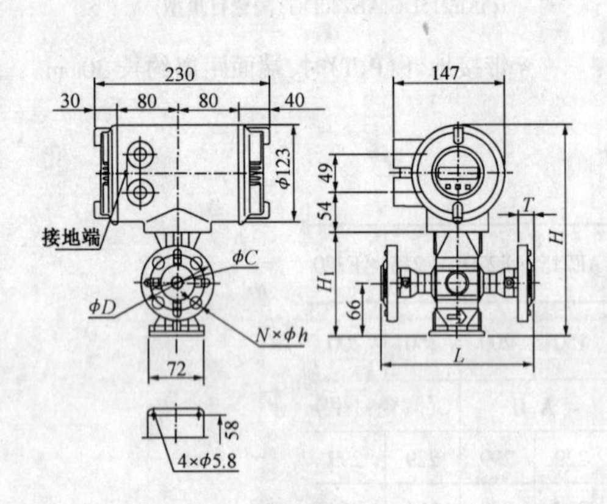

(*d*)法兰型 *DN*15

安 装 说 明

图(*d*)中：

(1)不带表头时，高度比图中所示约短 10mm；

(2)带接地环(P,T)时，端面距离约长 22mm，厚度约比图示厚 11mm；

(3)不带接地环时，端面距离约短 6mm，厚度约比图示薄 3mm；

(4)选用 FRG 时，端面距离约长 4mm，厚度约比图示厚 2mm；

(5)防爆型号的高度约短 2.5mm。

图名	AE100/200 一体法兰型电磁阀安装 *DN*15～*DN*200	图号	JK3—1—05—8

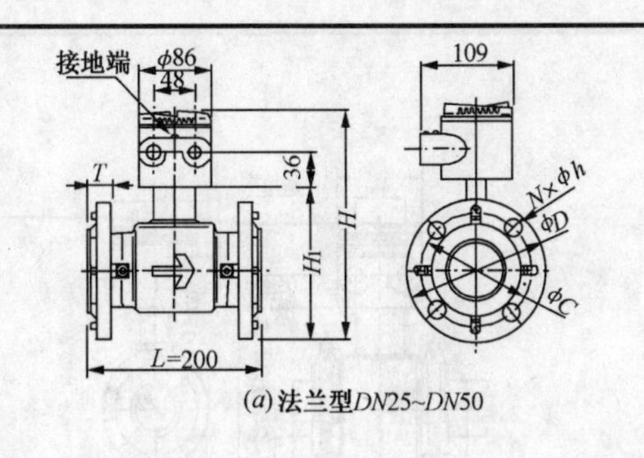

(a) 法兰型DN25~DN50

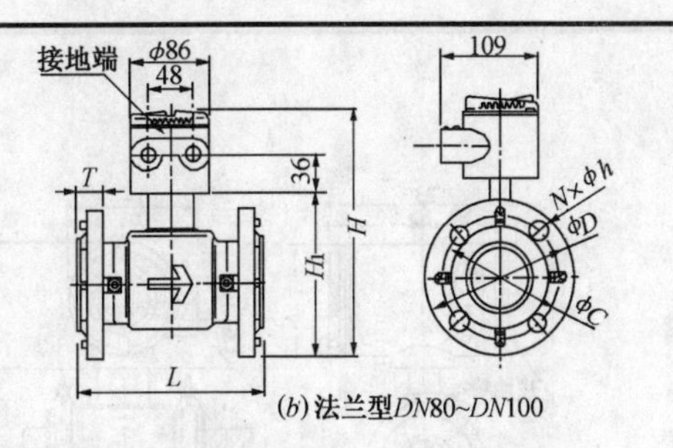

(b) 法兰型DN80~DN100

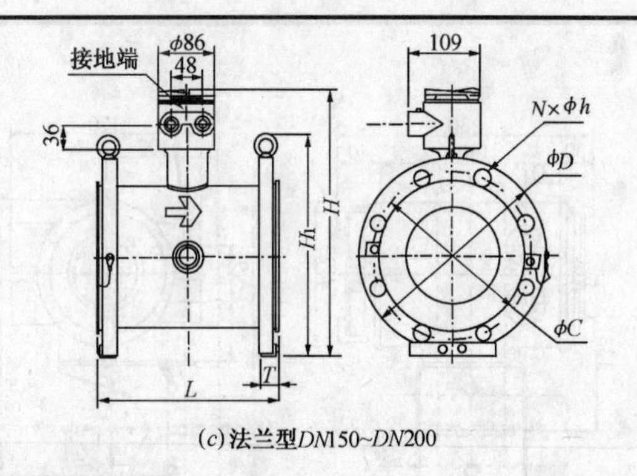

(c) 法兰型DN150~DN200

安 装 说 明

图(a)~图(c)中:

(1) 带接地环(P, T)时，端面距离约长22mm,厚度约比图示厚 11mm;

(2) 不带接地环时，端面距离约短 6mm，厚度约比图示薄 3mm;

(3)选用 FRG 时,端面距离约长 4mm,厚度约比图示厚 2mm;

(4)防爆型号的高度约短 2.5mm。

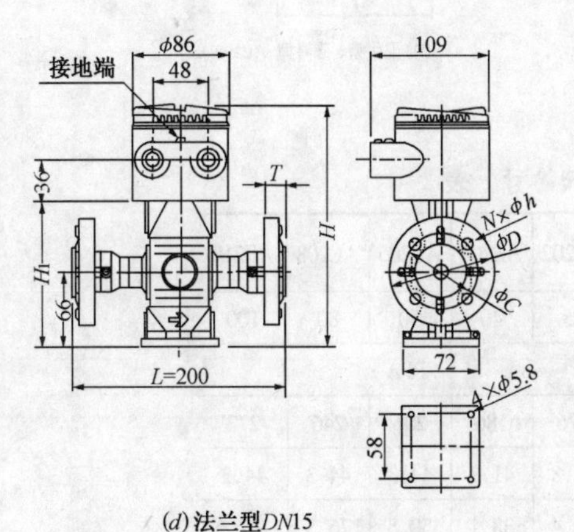

(d) 法兰型DN15

安 装 说 明

图(d)中:

(1) 带接地环(P, T)时，端面距离约长 22mm，厚度约比图示厚 11mm;

(2)不带接地环时,端面距离约短 6mm,厚度约比图示薄 3mm;

(3)选用 FRG 时,端面距离约长 4mm,厚度约比图示厚 2mm;

(4)防爆型号的高度约短 3mm。

尺 寸 表

型 号		AE115DG	AE202DG	AE204DG	AE205DG	AE208DG	AE210DG	AE215DG	AE220DG	
公称直径 DN(mm)		15	25	40	50	80	100	150	200	
法兰类型		R1, R2	R1, R2	R1, R2	R1, R2	R1, R2	R1, R2	R1, R2	R1	R2
衬 里		PFA	PFA			PFA		PFA		
端面长度	L(mm)	200	200	200	200	200	250	270	340	
法兰外径	ϕD(mm)	95	115	150	165	200	220	285	340	340
高 度	H(mm)	214	221	249	263	296	329	384	437	437
高 度	H_1(mm)	128	135	163	177	210	243	322	377	377
螺栓孔中心圆直径	C(mm)	65	85	110	125	160	180	240	295	295
螺栓孔数量	N	4	4	4	4	8	8	8	8	12
螺栓孔径	h(mm)	14	14	18	18	18	18	22	22	22
厚 度	T(mm)	20	22	22	24	26	26	30	32	32
重 量(kg)		4.2	5.1	8	10.2	15	22.7	31	45	46

R1、R2 法兰连接标准(GB/T9115、GB/T9119)

图名	AE100/200 分离法兰型传感器安装 DN15 ~ DN200	图号	JK3—1—05—9

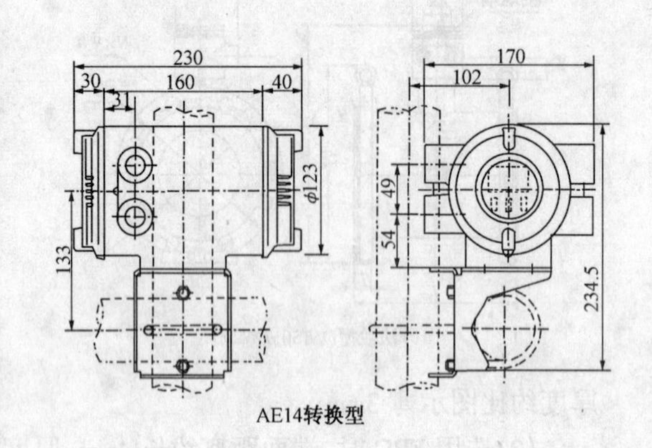

AE14转换型

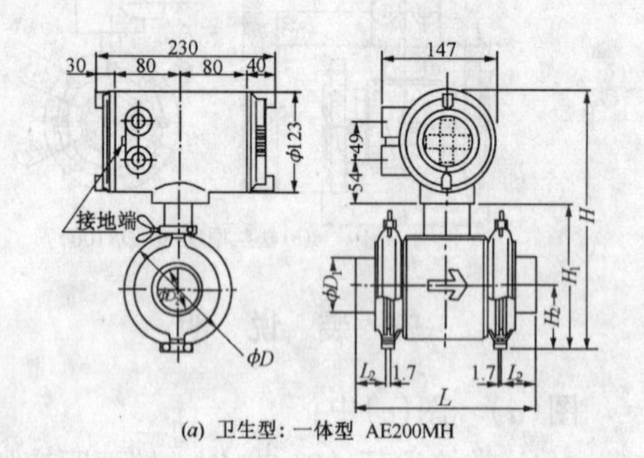

(a) 卫生型：一体型 AE200MH

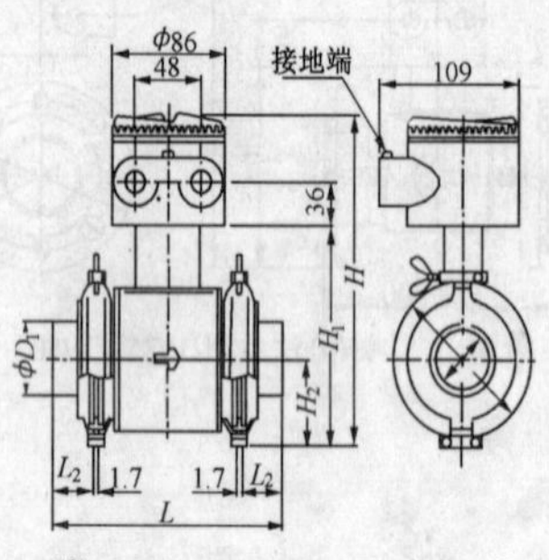

(b) 卫生型：分离型 AE200DH

尺 寸 表

型 号		AE202	AE204	AE205	AE208	AE210
公称直径	DN(mm)	25	40	50	80	100
衬 里		PFA				
端面距离	L(mm)	176	186	206	246	272
箍 距	L_2(mm)	42.8	41.3	44.3	44.3	44.3
箍外径	D_1(mm)	25.4	38.1	50.8	76.3	101.6
箍内径	D_2(mm)	23	35.7	47.8	72.3	97.6
卡箍内径	D(mm)	74	89.5	103	131	171
高 度	H(mm)	266	289	301	340	383
高 度	H_1(mm)	126	149	161	200	243
高 度	H_2(mm)	49	61	67	81	110.5
重量(kg)		5.8	6.9	8.3	12.2	17.7

尺 寸 表

型 号		AE202	AE204	AE205	AE208	AE210
公称直径	DN(mm)	25	40	50	80	100
衬 里		PFA				
端面距离	L(mm)	176	186	206	246	272
箍距	L_2(mm)	42.8	41.3	44.3	44.3	44.3
箍外径	D_1(mm)	25.4	38.1	50.8	76.3	101.6
箍内径	D_2(mm)	23	35.7	47.8	72.3	97.6
卡箍外径	D(mm)	74	90	103	131	171
高 度	H(mm)	212	235	248	277	329
高 度	H_1(mm)	126	149	162	191	243
高 度	H_2(mm)	49	61	67	81	111
重 量	(kg)	3.5	4.6	6.0	9.9	15.4

图名	AE200MH/DH 卫生型电磁流量计及 AE14 转换器安装	图号	JK3—1—05—10

尺寸表

类型		一般型,隔爆型			
型号		AE325	AE330	AE335	AE340
公称直径	*DN*(mm)	250	300	350	400
衬里		Z,F(无防爆)			
端面距离	*L*(mm)	430	500	550	600
吊环孔径	*e*(mm)	30	30	35	35
1.0MPa 高	*H*(mm)	550	597	640	703
	H_1(mm)	454	499	553	623
	H_2(mm)	203	226	248	283
外径	*ϕD*(mm)	395	445	505	565
节圆直径	*ϕC*(mm)	350	400	460	515
孔数	*N*	12	12	16	16
孔径	*ϕh*(mm)	22	22	22	26
厚度	*T*(mm)	34	36	38	40
重量(一般)(kg)		66	83	98	126
重量(隔爆)(kg)		72	89	107	139
1.6MPa 高	*H*(mm)	550	597	640	703
	H_1(mm)	454	499	553	623
	H_2(mm)	203	226	248	283
外径	*ϕD*(mm)	405	460	520	580
节圆直径	*ϕC*(mm)	355	410	470	525
孔数	*N*	12	12	16	16
孔径	*ϕh*(mm)	26	26	26	30
厚度	*T*(mm)	37	40	43	46
重量(一般)(kg)		69	87	103	132
重量(隔爆)(kg)		72	89	114	147

(a)AE300 一体法兰型

(b)AE300D 分离法兰型

尺寸表

类型		一般型,隔爆型			
型号		AE325	AE330	AE335	AE340
公称直径	*DN*(mm)	250	300	350	400
衬里		Z,F(无防爆)			
端面距离	*L*(mm)	430	500	550	600
吊环孔径	*e*(mm)	30	30	35	35
1.0MPa 高	*H*(mm)	495	544	595	652
	H_1(mm)	449	499	568	628
	H_2(mm)	201	226	256	286
外径	*ϕD*(mm)	395	445	505	565
节圆直径	*ϕC*(mm)	350	400	460	515
孔数	*N*	12	12	16	16
孔径	*ϕh*(mm)	22	22	22	26
厚度	*T*(mm)	34	34	36	36
重量(一般)(kg)		64	81	94	122
重量(隔爆)(kg)		68	85	100	129
1.6MPa 高	*H*(mm)	500	551	557	650
	H_1(mm)	459	514	537	610
	H_2(mm)	206	233	253	293
外径	*ϕD*(mm)	405	460	520	580
节圆直径	*ϕC*(mm)	355	410	470	525
孔数	*N*	12	12	16	16
孔径	*ϕh*(mm)	26	26	26	30
厚度	*T*(mm)	37	40	43	46
重量(一般)(kg)		65	82	103	132
重量(隔爆)(kg)		69	86	114	147

连接法兰标准:GB/T9115、GB/T9119。

图名	AE300、AE300D 法兰型电磁流量计安装 *DN*250 ~ *DN*400	图号	JK3—1—05—11

SE115MJ ~ SE205MJ、SE208MM ~ SE220MM 外形尺寸(一体型)

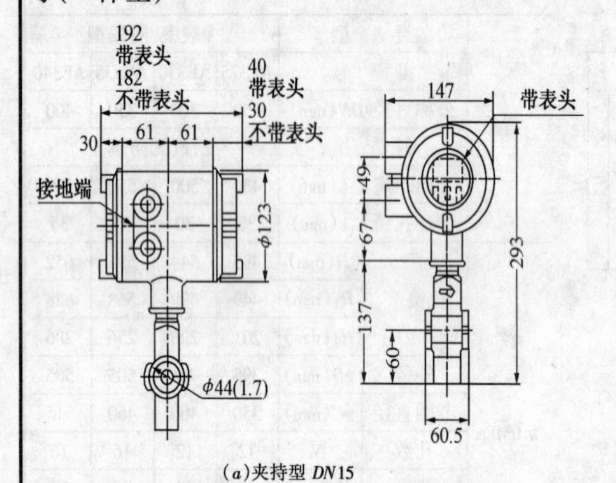

(a)夹持型 DN15

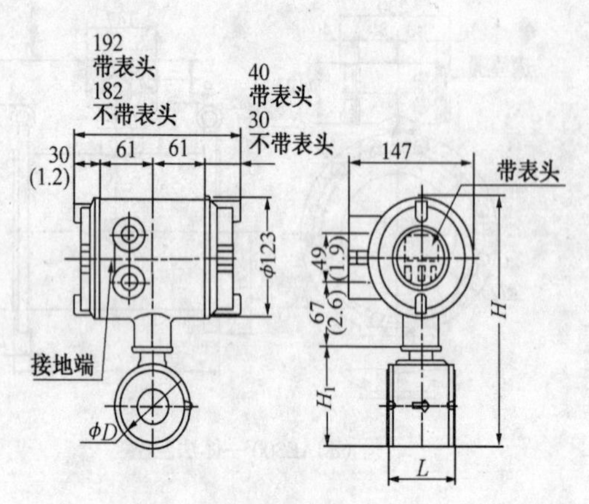

(b)夹持型 DN25 ~ DN100

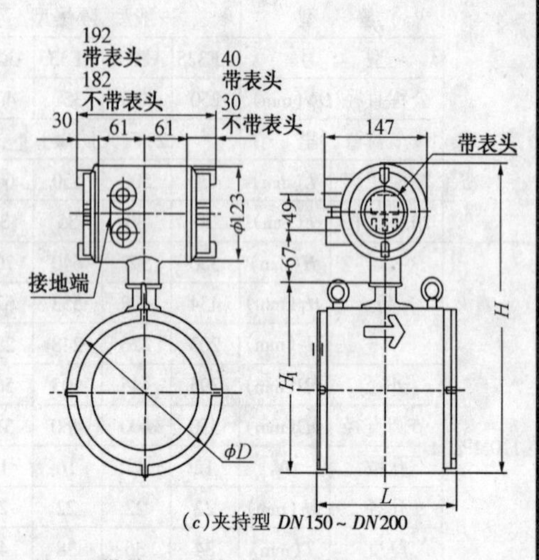

(c)夹持型 DN150 ~ DN200

注:重量:3.3kg;
带表头:另加 0.22kg;
不带接地环时,端面距离约短 1.6mm;
带接地环(P,T)时,端面距离约长 22mm。

注:不带接地环时,端面距离约短 1.6mm;
带接地环(P,T)时,端面距离约长 22mm。

注:不带接地环时,端面距离约短 2mm;
带接地环(P,T)时,端面距离约长 32mm。

尺寸表

型号		SE115MJ	SE202MJ	SE204MJ	SE205MJ	SE208MM	SE210MM	SE215MM	SE220MM
公称直径	DN(mm)	15	25	40	50	80	100	150	200
衬里		PFA	PFA			PFA 或 FEP		PFA 或 FEP	
端面长度	L(mm)	60	60	70	80	120	150	200	250
外径	φD(mm)	44	67.5	86	99	129	155	218	268
高度	H(mm)	293	240	260	285	307	338	407	457
高度	H_1(mm)	137	84	104	129	156	182	248	298
重量(kg)		3.3	3.6	3.8	4.2	6.6	8.6	16.1	24.1

图名	SE 一体夹持型电磁流量计安装 DN15 ~ DN200	图号	JK3—1—05—12

SE100/SE200 分离(夹持型)型

外形尺寸

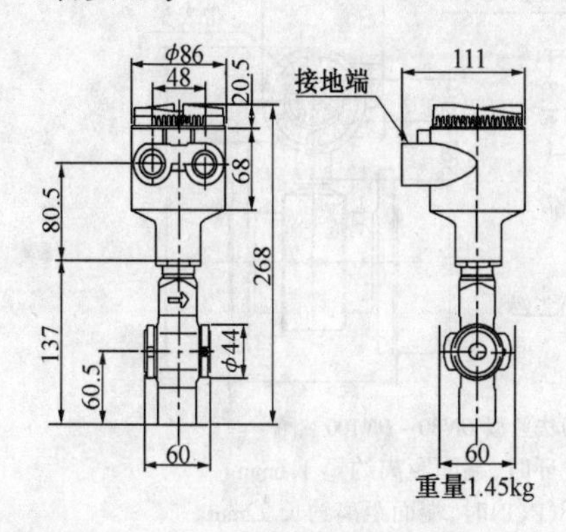

(*a*)夹持型 *DN*15

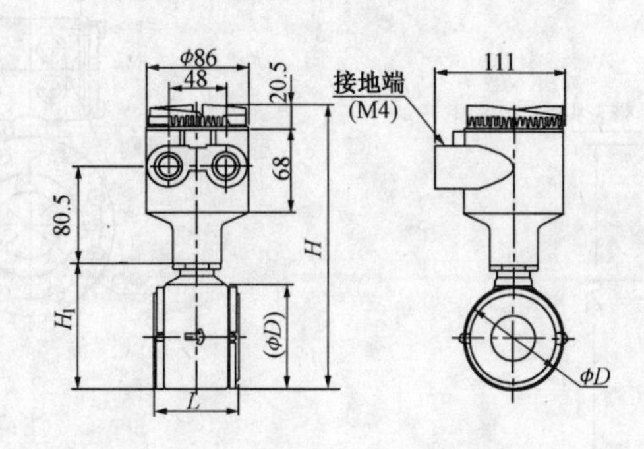

(*b*)夹持型 *DN*25～*DN*100

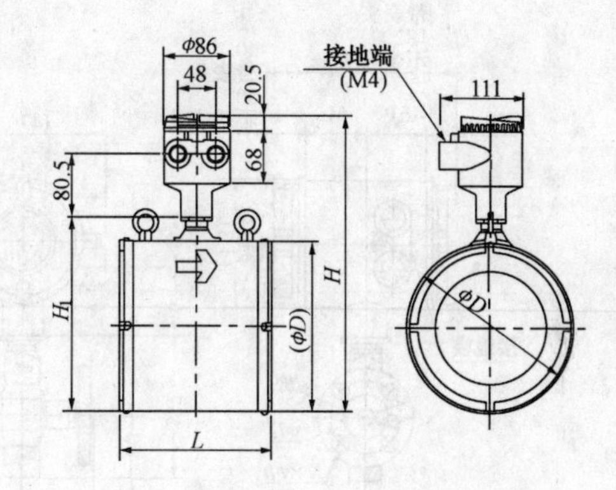

(*c*)夹持型 *DN*150,*DN*200

注:不带接地环时,端面距离约短 1.6mm。
带接地环(P,T)时,端面距离约长 22mm。

注:不带接地环时,端面距离约短 2mm。
带接地环(P,T)时,端面距离约长 32mm。

尺 寸 表

型 号		SE115DJ	SE202DJ	SE204DJ	SE205DJ	SE208DM	SE210DM	SE215DM	SE220DM
公称直径 *DN*(mm)		15	25	40	50	80	100	150	200
衬 里		PFA	PFA			PFA 或 FEP		PFA 或 FEP	
端面长度	*L*(mm)	60	60	70	80	120	150	200	250
外 径	*φD*(mm)	44	67.5	86	99	129	155	218	268
高 度	*H*(mm)	268	215	235	260	282	313	379	429
高 度	H_1(mm)	137	84	104	129	156	182	248	298
重 量(kg)		1.45	1.75	1.95	2.4	4.8	6.8	14.3	22.4

图名	SE 分离型(夹持型)流量传感器 安装 *DN*15～*DN*200	图号	JK3—1—05—13

ADMAG SE 一体法兰型

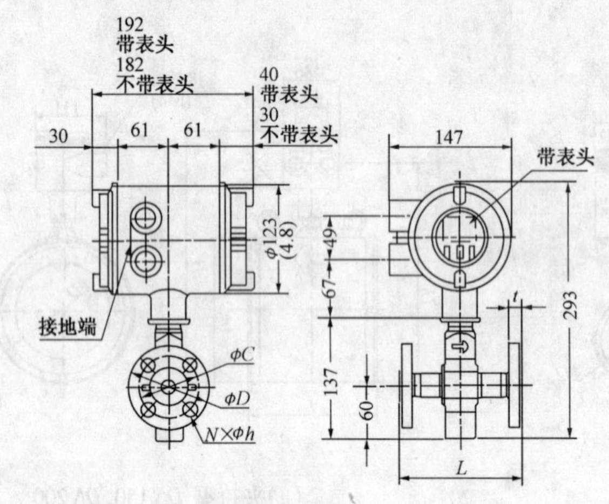

(a)法兰型 DN15

注:带表头,另加 0.22kg。

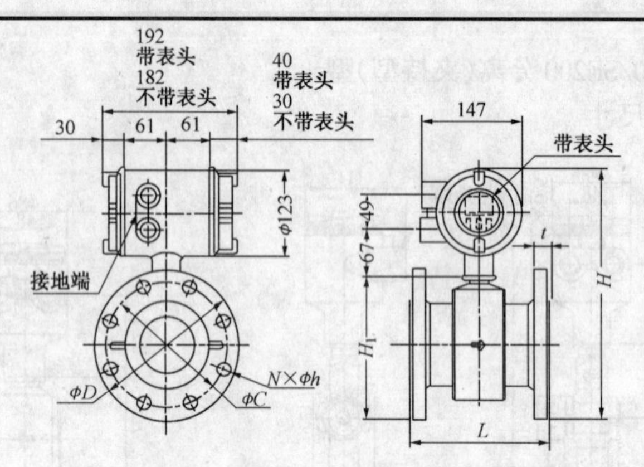

(b)法兰型 DN80 ~ DN100

注:不带接地环时,端面距离约短 1.6mm。

带接地环(P,T)时,端面距离约长 22mm。

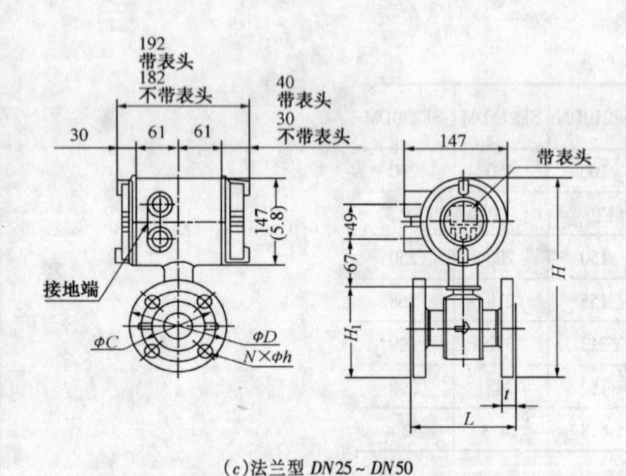

(c)法兰型 DN25 ~ DN50

注:不带接地环时,端面距离约短 1.6mm。

带接地环(P,T)时,端面距离约长 22mm。

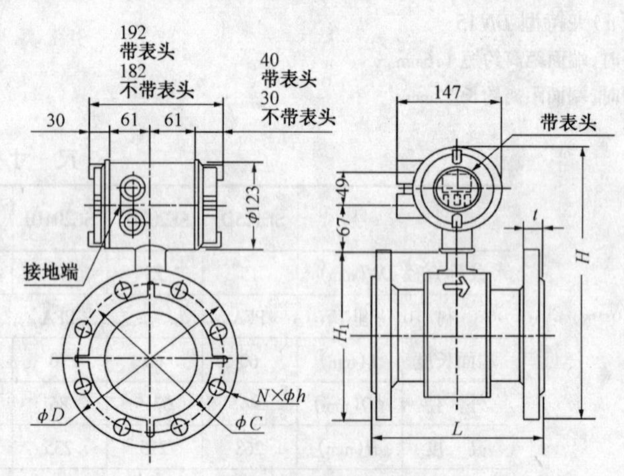

(d)法兰型 DN150 ~ DN200

注:不带接地环时,端面距离约短 2mm。

带接地环(P,T)时,端面距离约长 32mm。

图名	ADMAG SE 一体法兰型电磁流量计安装图 DN15 ~ DN200	图号	JK3—1—05—14

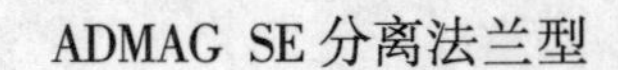
ADMAG SE 分离法兰型

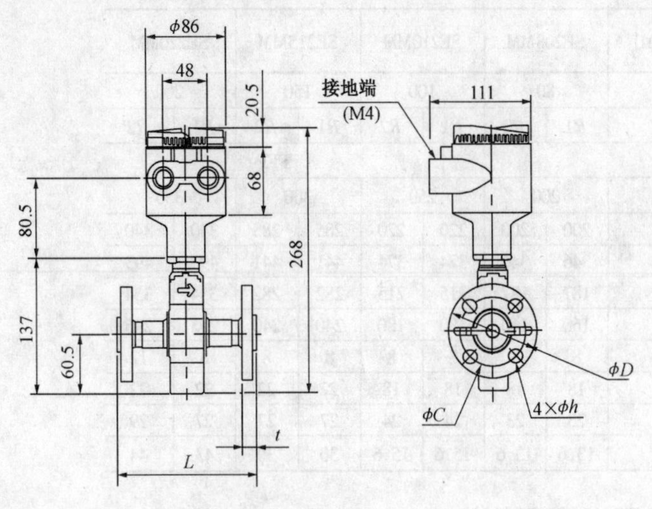

(a)法兰型 DN15

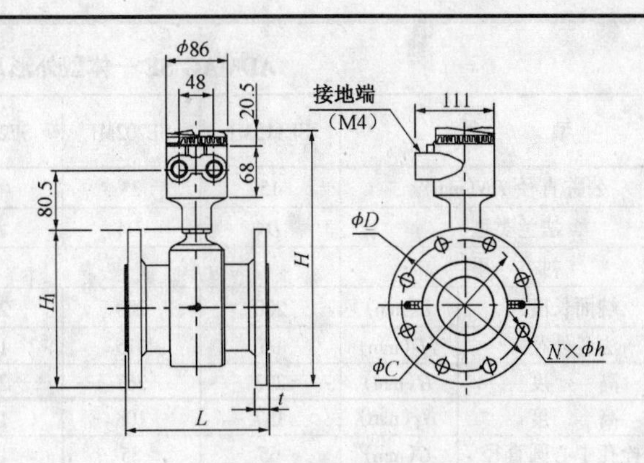

(b)法兰型DN80,DN100

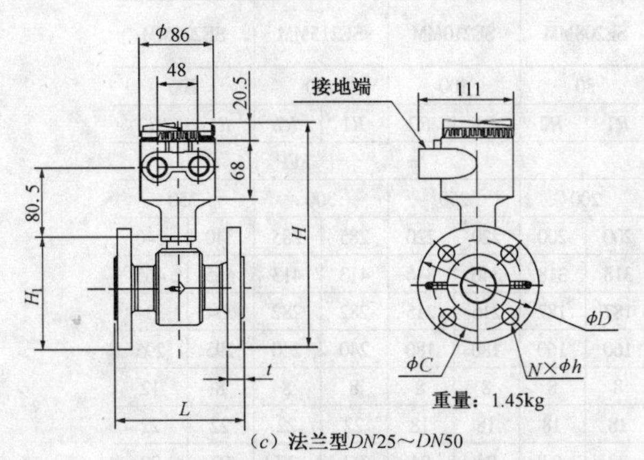

重量:1.45kg

(c)法兰型DN25～DN50

注:不带接地环时,端面距离约短 1.6mm。

带接地环(P,T)时,端面距离约长 22mm。

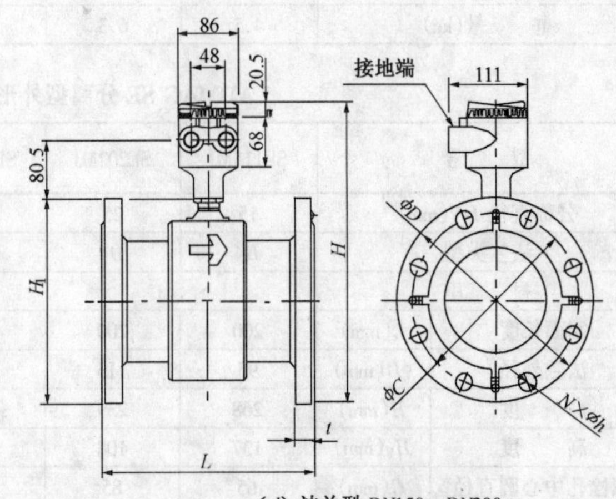

(d)法兰型 DN150,DN200

注:不带接地环时,端面距离约短 2mm。

带接地环(P,T)时,端面距离约长 32mm。

图名	ADMAG SE 分离法兰型传感器安装图 DN15～DN200	图号	JK3—1—05—15

ADMAG SE 一体型外形尺寸（法兰型 GB/T9115、GB/T9119）

型号		SE115MJ	SE202MJ	SE204MJ	SE205MJ	SE208MM		SE210MM		SE215MM		SE220MM	
公称直径 *DN*(mm)		15	25	40	50	80		100		150		200	
法兰类型		*D*4	*D*4	*D*4	*D*4	*R*1	*R*2	*R*1	*R*2	*R*1	*R*2	*R*1	*R*2
衬里		PFA							FEP				
端面长度	*L*(mm)	200	200	200	200	200		250		300		350	
法兰外径	ϕD(mm)	95	115	150	165	200	200	220	220	285	285	340	340
高度	*H*(mm)	293	267	295	321	346	346	374	374	441	441	493	493
高度	H_1(mm)	137	108	136	162	187	187	215	215	282	282	334	334
螺栓孔中心圆直径	*C*(mm)	65	85	110	125	160	160	180	180	240	240	295	295
螺栓孔数量	*N*	4	4	4	4	8	8	8	8	8	8	8	12
螺栓孔径	*h*(mm)	14	14	18	18	18	18	18	18	22	22	22	22
厚度	*t*(mm)	20	21	21	23	23	23	24	24	27	27	27	29
重量(kg)		4.5	6.3	9.2	10.9	13.6	13.6	15.6	15.6	30	30	43	44

ADMAG SE 分离型外形尺寸（法兰型 GB/T9115、GB/T9119）

型号		SE115MJ	SE202MJ	SE204MJ	SE205MJ	SE208MM		SE210MM		SE215MM		SE220MM	
公称直径 *DN*(mm)		15	25	40	50	80		100		150		200	
法兰类型		*D*4	*D*4	*D*4	*D*4	*R*1	*R*2	*R*1	*R*2	*R*1	*R*2	*R*1	*R*2
衬里		PFA							FEP				
端面长度	*L*(mm)	200	200	200	200	200		250		300		350	
法兰外径	ϕD(mm)	95	115	150	165	200	200	220	220	285	285	340	340
高度	*H*(mm)	268	239	267	293	318	318	346	346	413	413	465	465
高度	H_1(mm)	137	108	136	162	187	187	215	215	282	282	334	334
螺栓孔中心圆直径	*C*(mm)	65	85	110	125	160	160	180	180	240	240	295	295
螺栓孔数量	*N*	4	4	4	4	8	8	8	8	8	8	8	12
螺栓孔径	*h*(mm)	14	14	18	18	18	18	18	18	22	22	22	22
厚度	*t*(mm)	20	21	21	23	23	23	24	24	27	27	27	29
重量(kg)		4.5	6.3	9.2	10.9	13.6	13.6	15.6	15.6	30	30	43	44

图名	ADMAG SE 一体分离法兰型电磁流量计安装尺寸表 *DN*15 ~ *DN*200	图号	JK3—1—05—16

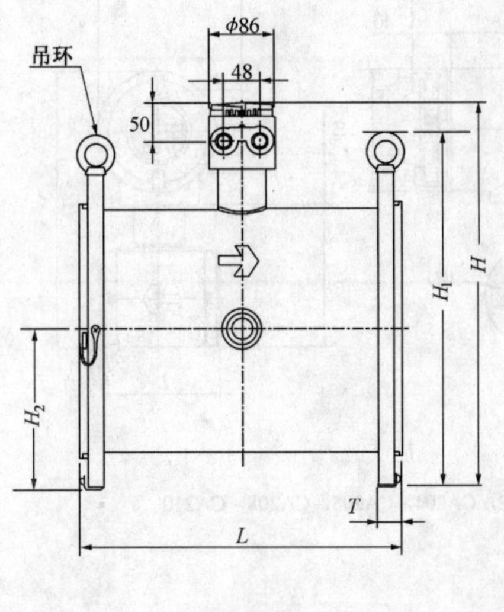

(*a*) AM300D

(*b*) AM400D

尺寸表

类型			一般型,防水型,防爆型				一般型,防水型					
型号			AM325	AM330	AM335	AM340	AM405	AM406	AM407	AM408	AM409	AM410
公称直径		DN(mm)	250	300	350	400	500	600	700	800	900	1000
衬里			Z,F				Z,F					
端面距离		L(mm)	430	500	560	600	750	800	900	1050	1200	1300
吊环孔径		e(mm)	30	30	35	35						
1.0MPa	高度	H(mm)	495	544	595	652	846	948	1047	1150	1256	1358
		H_1(mm)	454	499	553	623	450	500	550	600	650	700
		H_2(mm)	203	226	248	283	340	392	441	494	550	602
	外径	ϕD(mm)	395	445	505	565	670	780	895	1015	1115	1230
	节圆直径	ϕC(mm)	350	400	460	515	620	725	840	950	1050	1160
	孔数	N	12	12	16	16	20	20	24	24	28	28
	孔径	ϕh(mm)	22	22	22	26	26	30	30	33	33	36
	厚度	T(mm)	34	36	38	40	43	43	45	47	49	49
	重量(一般)(kg)		66	83	98	126	245	300	450	620	770	980
1.6MPa	高度	H(mm)	500	551	605	665						
		H_1(mm)	459	514	574	643						
		H_2(mm)	206	233	263	293						
	外径	ϕD(mm)	405	460	520	580						
	节圆直径	ϕC(mm)	355	410	470	525						
	孔数	N	12	12	16	16						
	孔径	ϕh(mm)	26	26	26	30						
	厚度	T(mm)	37	40	43	46						
	重量(一般)(kg)		69	87	103	132						

法兰连接标准,GB/T 9115、GB/T9119。

图名	AM300D、AM400D(分离型)电磁流量计安装 *DN*250~*DN*1000;*PN*1.0,*PN*1.6	图号	JK3—1—05—17

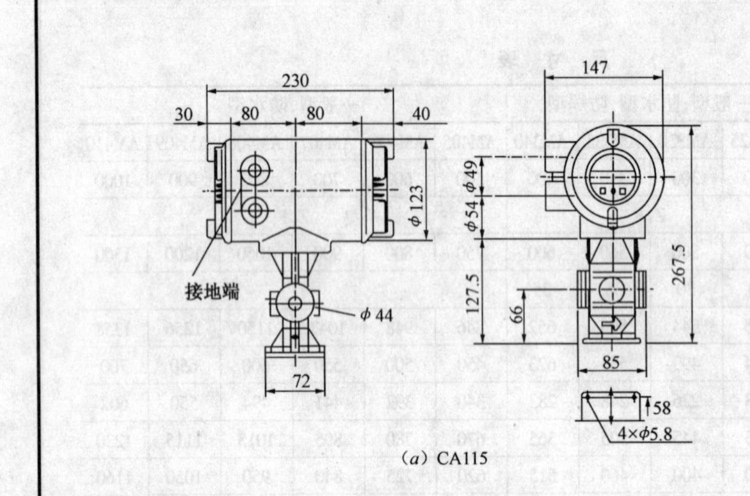

(a) CA115

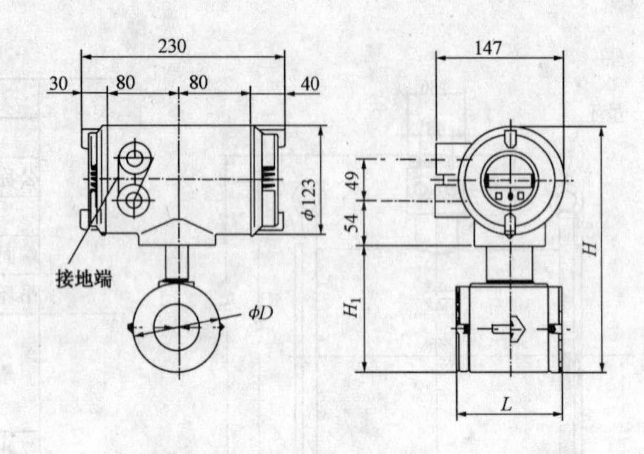

(b) CA202，CA204，CA205，CA208，CA210

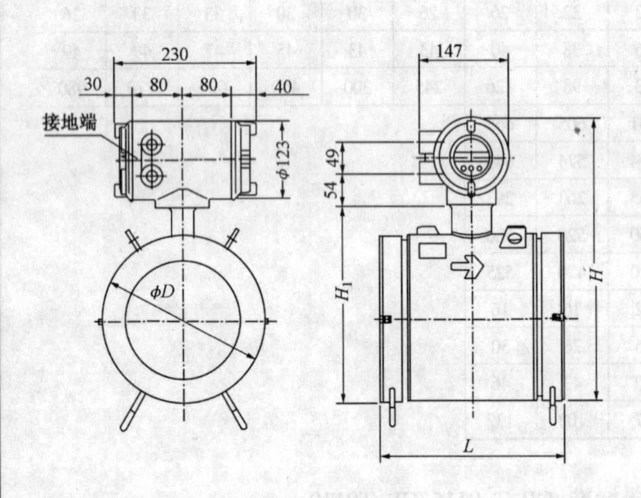

(c) CA215、CA200

尺寸表

型　　号	CA202	CA204	CA205	CA208	CA210	CA215	CA200
公称直径 DN(mm)	25	40	50	80	100	150	200
衬　　里	陶　瓷						
端面距离　L(mm)	93	106	120	160	180	232	302
外　　径　D(mm)	67.5	86	99	129	155	214	264
最大高度　H(mm)	251	271	284	324	350	406	456
高　　度　H_1(mm)	111	131	144	184	210	210	316
重　　量(kg)	4.6	5.5	6.5	9.2	12.3	22.0	35.0

图名	CA100/CA200 电容式电磁流量计安装 $DN25 \sim DN200$	图号	JK3—1—05—18

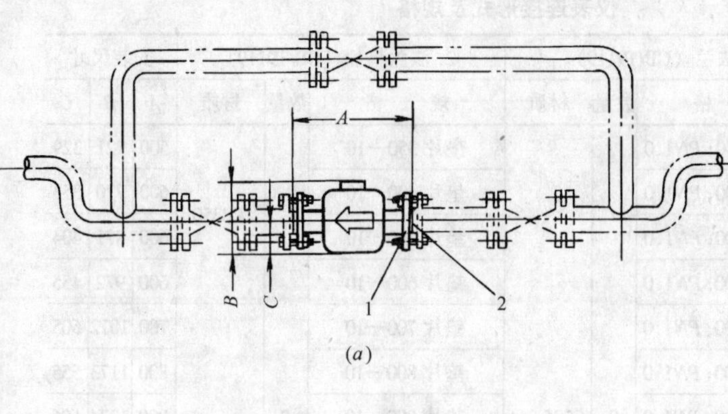

(a)

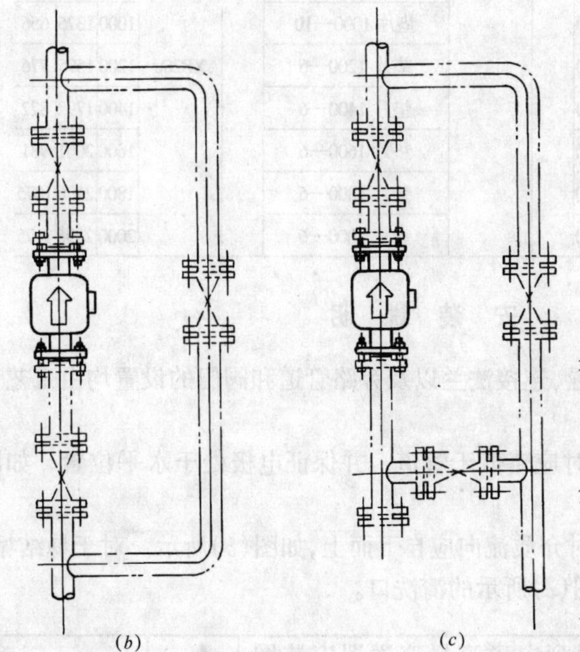
(b) (c)

仪表连接形式及规格

序号	仪表型号	1. 法兰（GB/T9119、GB/T9115）规格	数量	材质	2. 法兰垫片（JB/T87）规格	数量	材质	安装尺寸 A	B	C
1	K300-10	法兰 DN10；PN4.0	2	Q235—A	垫片 10—40	2	XB350	200	396	65
2	K300-15	法兰 DN15；PN4.0			垫片 15—40			200	396	65
3	K300-20	法兰 DN20；PN4.0			垫片 20—40			200	396	65
4	K300-25	法兰 DN25；PN4.0			垫片 25—40			200	418	76
5	K300-32	法兰 DN32；PN4.0			垫片 32—40			200	418	76
6	K300-40	法兰 DN40；PN4.0			垫片 40—40			200	462	98
7	K300-50	法兰 DN50；PN4.0			垫片 50—40			200	462	98
8	K300-65	法兰 DN65；PN4.0			垫片 65—40			200	482	108
9	K300-80	法兰 DN80；PN4.0			垫片 80—40			200	482	108
10	K300-100	法兰 DN100；PN1.6			垫片 100—16			250	542	138
11	K300-125	法兰 DN125；PN1.6			垫片 125—16			250	542	138
12	K300-150	法兰 DN150；PN1.6			垫片 150—16			300	563	149
13	K300-200	法兰 DN200；PN1.0			垫片 200—10			350	623	179
14	K300-250	法兰 DN250；PN1.0			垫片 250—10			400	683	209
15	K300-300	法兰 DN300；PN1.0			垫片 300—10			500	759	247

安装说明

1. 流量计的安装位置、连接法兰以及旁路管道和阀门的设置均由工艺专业统一考虑。

2. 流量计水平安装时应略低于管道，并保证电极处于水平位置，如图（a）所示。

3. 流量计垂直安装时介质流向应自下而上，如图（b）所示。对于易结垢、易玷污的介质可设置如图（c）所示的清洗口。

4. 流量计对下游要求 2～5 倍管径的直管段，对上游要求 5～10 倍管径的直管段。

5. 上表所列参数 PN 和 A 的准确值应以制造商产品样本为准。

图名	K300系列电磁流量计安装图 DN10～DN300	图号	JK3—1—05—19

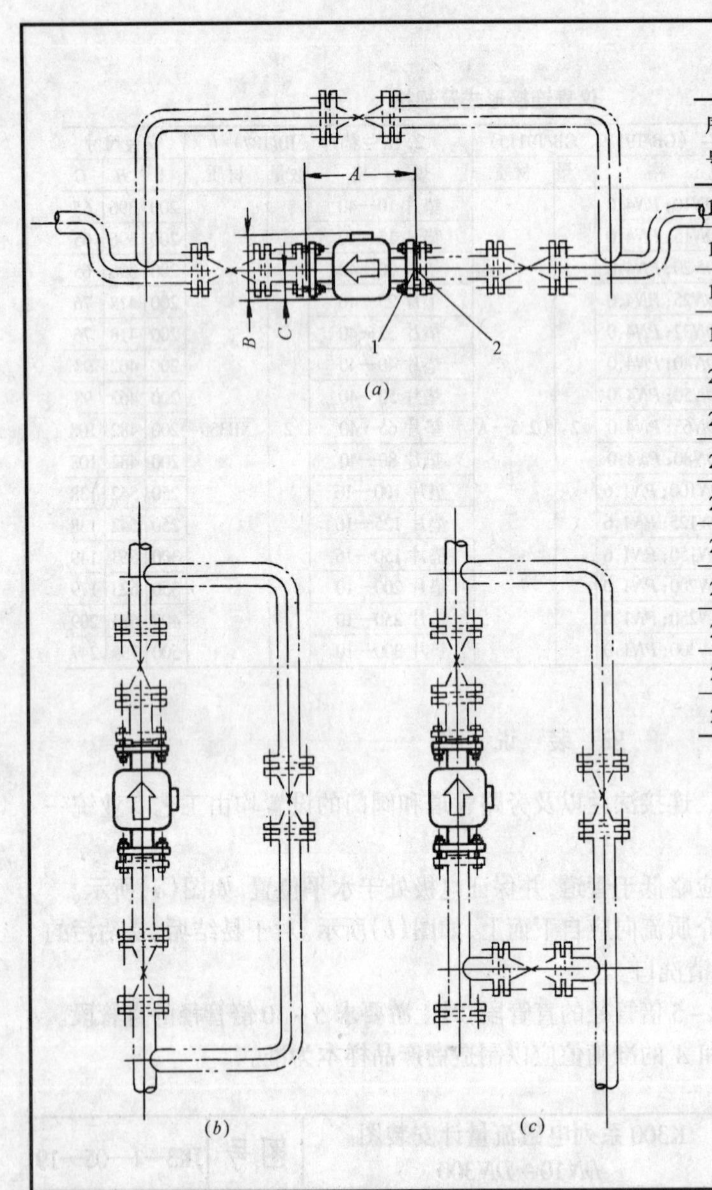

仪表连接形式及规格

序号	仪表型号	1. 法兰（GB/T9119）规格	数量	材质	2. 法兰垫片（GB/T9119）规格	数量	材质	安装尺寸 A	B	C
16	M960-350	法兰 DN350；PN1.0	2	Q235—A	垫片 350—10	2	XB350	500	721	329
17	M960-400	法兰 DN400；PN1.0			垫片 400—10			600	770	353
18	M960-500	法兰 DN500；PN1.0			垫片 500—10			600	871	404
19	M960-600	法兰 DN600；PN1.0			垫片 600—10			600	972	455
20	M960-700	法兰 DN700；PN1.0			垫片 700—10			700	1072	505
21	M960-800	法兰 DN800；PN1.0			垫片 800—10			800	1173	555
22	M960-900	法兰 DN900；PN1.0			垫片 900—10			900	1274	606
23	M960-1000	法兰 DN1000；PN1.0			垫片 1000—10			1000	1375	656
24	M960-1200	法兰 DN1200；PN6.0			垫片 1200—6		XB200	1200	1595	776
25	M960-1400	法兰 DN1400；PN6.0			垫片 1400—6			1400	1792	872
26	M960-1600	法兰 DN1600；PN6.0			垫片 1600—6			1600	2001	981
27	M960-1800	法兰 DN1800；PN6.0			垫片 1800—6			1800	2196	1075
28	M960-2000	法兰 DN2000；PN6.0			垫片 2000—6			2000	2396	1175

安装说明

1. 流量计的安装位置、连接法兰以及旁路管道和阀门的设置均由工艺专业统一考虑。

2. 流量计水平安装时应略低于管道，并保证电极处于水平位置，如图(*a*)所示。

3. 流量计垂直安装时介质流向应自下而上，如图(*b*)所示。对于易结垢、易玷污的介质可设置如图(*c*)所示的清洗口。

图名	M900 系列电磁流量变送器安装图 DN350～DN2000	图号	JK3—1—05—20

插入式电磁流量计 DWM2000

2. 工作参数

(1)液体介质：导电液体、胶体和悬浮液、也可带有固体物质；

(2)电导率：≥20μS/cm(μΩ/cm)；

(3)工作压力：≤2.5MPa；

(4)介质温度：－25～150℃；

(5)环境温度：－25～60℃。

3. 管道安装：	
标准尺寸：	≥*DN*50；
连接套管：	带 G1 螺纹；
入口/出口直管段：	入口：10 倍直径；出口：5 倍直径，视流动状态而定（*DN* = 标准管道尺寸）
防护等级 DIN 40050：	IP66 相当于 NEMA4 和 4X
就地指示：	LED 显示（只用于 DWM1000）
电缆接口：	M20 × 1.5
电源线规格：	电缆截面积最大为 1.5mm² 或 16AWG

1. 特点：

(1)可以在线安装、维修；

(2)应用广泛污水、冷水、自来水都可应用；

(3)流速：0.3～8m/s；

(4)3 或 4 线制接线；

(5)4～20mA 信号输出；

(6)无需安装法兰；

(7)可以在低成本的条件下安装。

图名	插入式电磁流量计 DWM2000 工作参数及管道安装	图号	JK3—1—05—21

对直管段的要求

传感器对安装点的上下游直管段有一定要求,否则会影响测量精度。

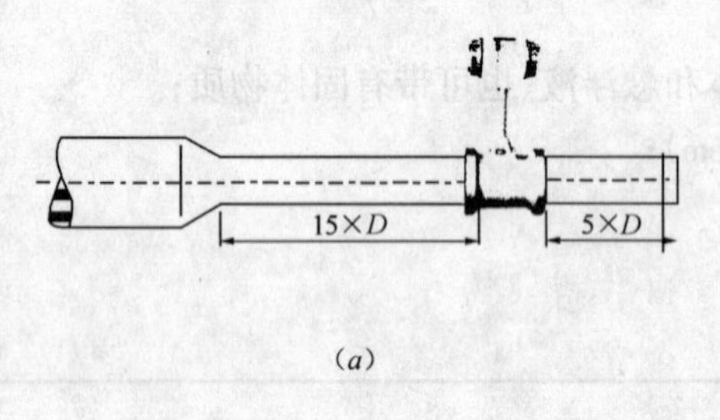

(a)

若传感器安装点的上游有渐缩管，传感器上游应有不小于 15*D* 的等径直管段，下游应有不小于 5*D* 的等径直管段。

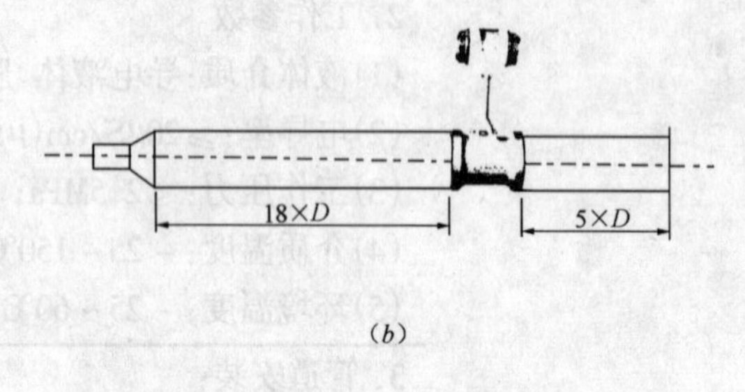

(b)

若传感器安装点的上游有渐扩管，传感器上游应有不小于 18*D* 的等径直管段，下游应有不小于 5*D* 的等径直管段。

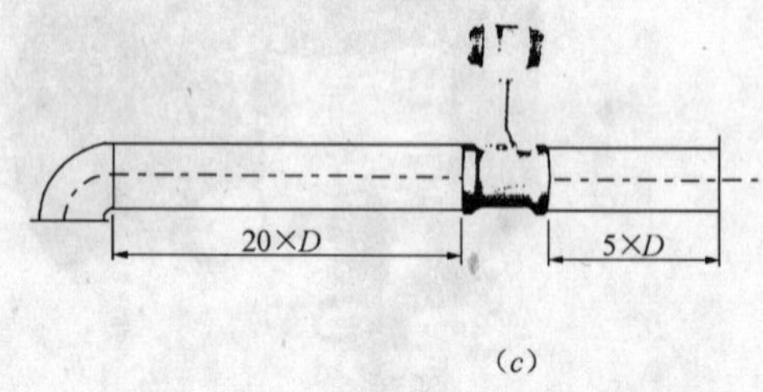

(c)

若传感器安装点的上游有 90°弯头或 T 形接头,传感器上游应有不小于 20*D* 的等径直管段,下游应有不小于 5*D* 的等径直管段。

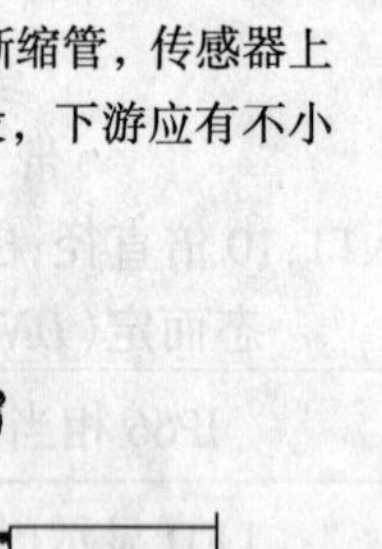

(d)

若传感器安装点的上游在同一平面上有两个 90°弯头，传感器上游应有不小于 25*D* 的等径直管段,下游应有不小于 5*D* 等径直管段。

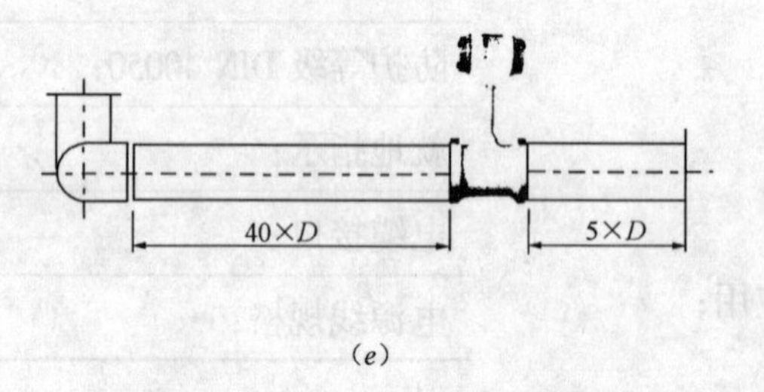

(e)

若传感器安装点的上游在不同平面上有两个 90°弯头，传感器上游应有不小于 40*D* 的等径直管段,下游应有不小于 5*D* 的等径直管段。

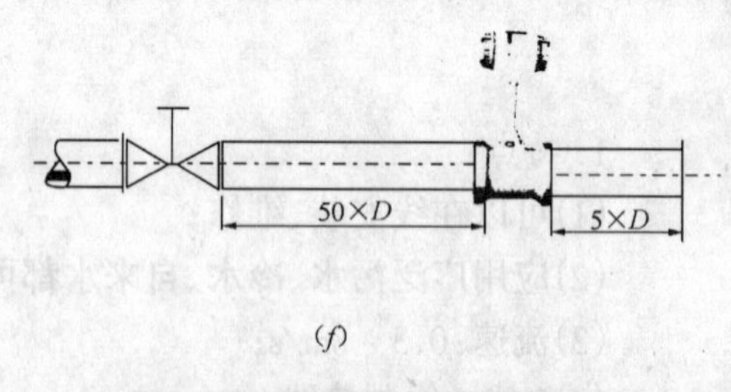

(f)

流量调节阀或压力调节阀尽量安装在传感器的下游 5*D* 以远处，若必须安装在传感器的上游，传感器上游应有不小于 50*D* 的等径直管段，下游应有不小于 5*D* 的等径直管段。

图名	涡街流量计传感器的安装要求(一)	图号	JK3—1—06—1

特别注意：

1. 传感器安装点的上游较近处若装有阀门，不断地开关阀门，对传感器的使用寿命影响极大，非常容易对传感器造成永久性损坏。

2. 尽量避免在架空的较长的管道上安装传感器。如果这样，随着时间的推移，由于传感器的下垂，非常容易造成传感器与法兰间的密封泄漏，若不得已要安装时，必须在传感器的上下游 2*D* 处分别设置管道紧固装置。

对配管的要求：

传感器对安装点的上下游直管段有一定要求，否则会影响测量精度。

传感器安装点的上下游配管的内径应与传感器内径相同，应满足下式的要求。

$$0.98D \leqslant d \leqslant 1.05D$$

式中 D——传感器内径；

d——配管内径。

对旁通管的要求：

为方便检修传感器，最好为传感器安装旁通管。当清洗管道或维修所安装传感器时，仍需保证管道内流体的连续供给的情况下，必须安装旁通管。

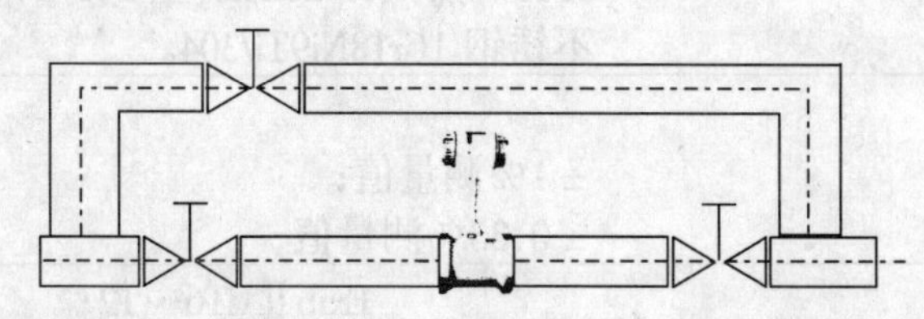

配管应与传感器同心，同轴偏差应不大于 0.05*DN*。

传感器与法兰间的密封垫不能凸入管道内，其内径可比传感器内径略大。

压力变送器的安装

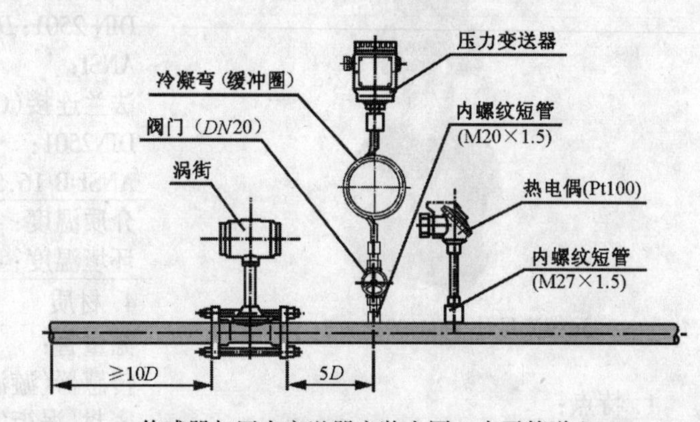

传感器与压力变送器安装在同一水平管道上

图名	涡街流量计传感器的安装要求(二)	图号	JK3—1—06—2

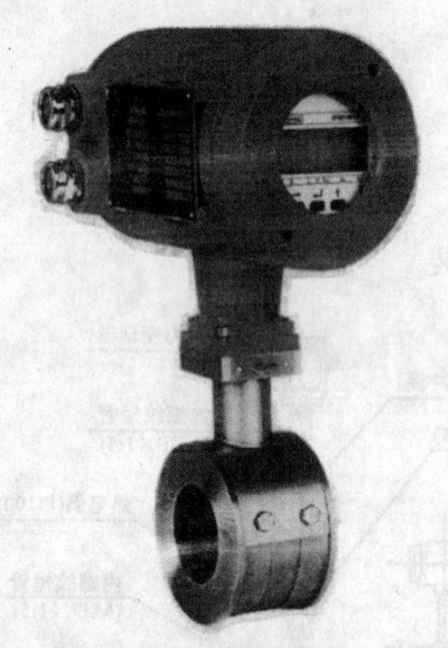

涡街流量计 VFM1091K + F

1. 特点：

(1) 传感器：材质为钛材，具有重量轻、抗疲劳、耐腐蚀等特点；

(2) 底部具有独特的阻尼针结构，可有效地减少振动影响；

(3)无可动部件，无维护；

(4)转换器：智能化设计及显示；三个按键操作，参数设置方便快捷；

(5) 标校：采用负压空气全量程标校。

2. 技术参数

测量范围	水 20℃时 0.36 ~ 843m^3/h
空气：0.1013MPa，0℃时：	4.8 ~ 9043m^3/h
饱和蒸汽：	
min[p = 0.1MPa(a)，ρ = 0.592kg/m^3]	5.6 ~ 53.000kg/h。
max[p = 2.0MPa(a) ρ = 10.048kg/m^3]	

3. 类型和仪表尺寸

夹持连接：	
DIN 2501：*DN*25 ~ *DN*100；	
ANSI：	*DN*25 ~ *DN*100；
法兰连接(GB/T9115、9119)：	
DIN2501：	*DN*10 ~ *DN*200；
ANSI B 16.5：	*DN*10 ~ *DN*200；

介质温度：- 20 ~ 240℃；

环境温度：- 20 ~ 60℃(Ex 型为 - 20 ~ - 40℃)。

4. 材质

温量管：	不锈钢 1Cr18Ni9Ti/304；
传感器(漩涡发生体)：	钛材；
密封(涡街发生体)：	
标准型：	氟化橡胶(至 180℃)；
高温型：	Kalrez(至 220℃)4079 - 无蒸汽；3018 - 蒸汽，Parofloro(至 240℃)；
法兰：	不锈钢 1Cr18Ni9Ti/304。

5. 精度

测量误差(线性范围)	± 1%测量值；
重复性(测量范围内)	± 0.33%测量值；
本安防爆型	Exib Ⅱ CT6⋯T2；
隔爆型	Exd Ⅱ BT6⋯T2。

图名	VFM1091K + F 防爆型涡街流量计安装 *DN*10 ~ *DN*200	图号	JK3—1—06—3

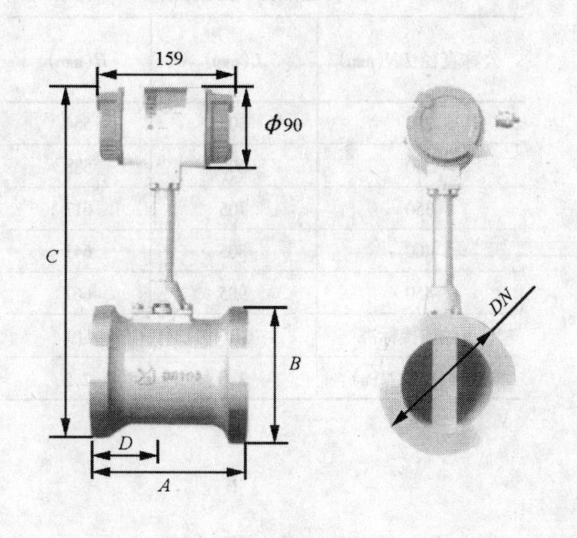

安装说明

1. 连接方式为法兰卡夹式，法兰与法兰密封垫片应有制造厂配套供应；

2. 工作压力有 PN1.6、PN2.5、PN4.0；流体温度 -40 ~ 250℃。高温型为 250 ~ 350℃；

3. 适用于测量过热蒸汽，饱和蒸汽、压缩空气和一般气体、水和液体的质量流量和体积流量。

传感器的外形尺寸(mm)

DN	A	B	C	D
15	90	φ57	383	45
20	100	φ85	388	50
25	100	φ93	394	50
32	100	φ65	396	50
40	100	φ75	401	50
50	110	φ87	407	55
65	110	φ109	418	55
80	110	φ120	423	55
100	120	φ149	447	60
125	125	φ175	474	65
150	145	φ203	501	75
200	170	φ259	556	100
250	190	φ312	608	120
300	210	φ363	660	140
350	230	φ409	709	160
400	250	φ460	756	180
450	275	φ520	814	205
500	290	φ575	869	225

图名	KT型涡街流量计传感器的安装 DN15 ~ DN500	图号	JK3—1—06—4

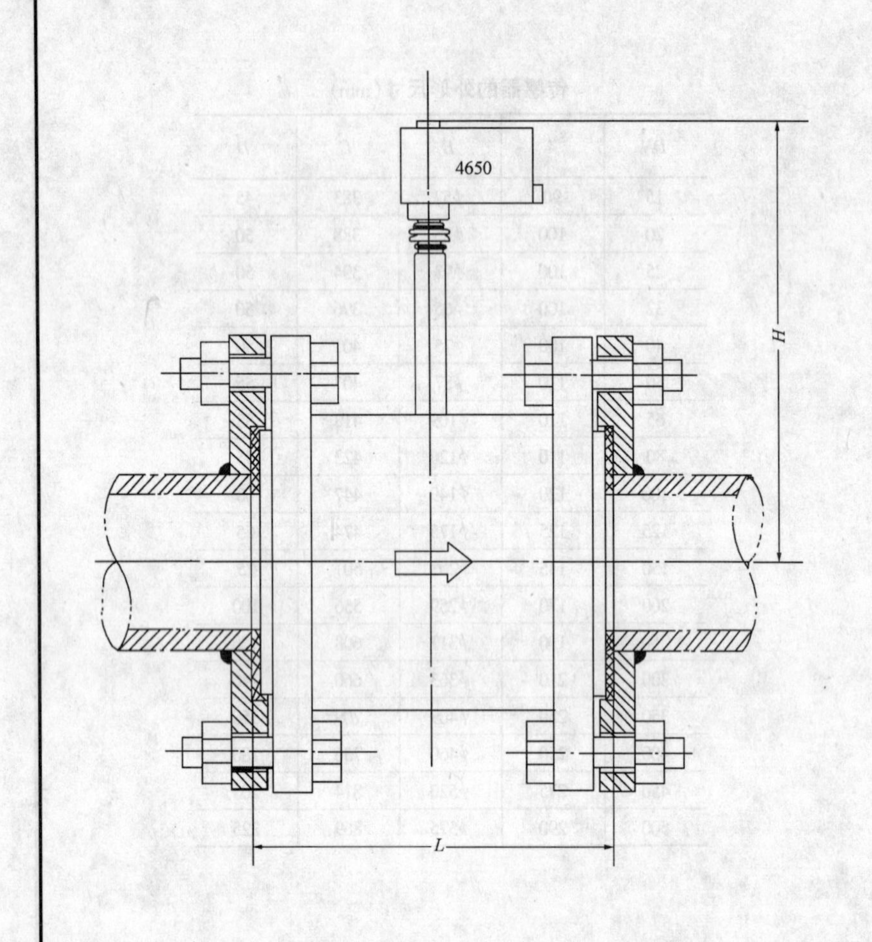

仪表连接形式及规格

公称直径 DN(mm)	L(mm)	H(mm)
250	505	564
300	605	588
350	705	617
400	805	643
450	905	662
法兰连接标准	GB/T9113.1;GB/T9119	
公称压力(MPa)	1.0	2.5

安 装 说 明

1. 流量计的安装位置由工艺专业统一考虑。

2. 流量计必须垂直地安装在水平的直管道中间段,并保证其上游和下游直管段尺寸应满足安装要求(JK3—1—06—1、2)

3. 为了安装和维修的方便,流量计顶部上方应留有至少610mm的间距。

4. 连接法兰及法兰垫片可由仪表制造厂家配套供应。

图名	2525/3010型管法兰式涡街流量计安装图 DN250~DN450;PN1.0;PN2.5	图号	JK3—1—06—5

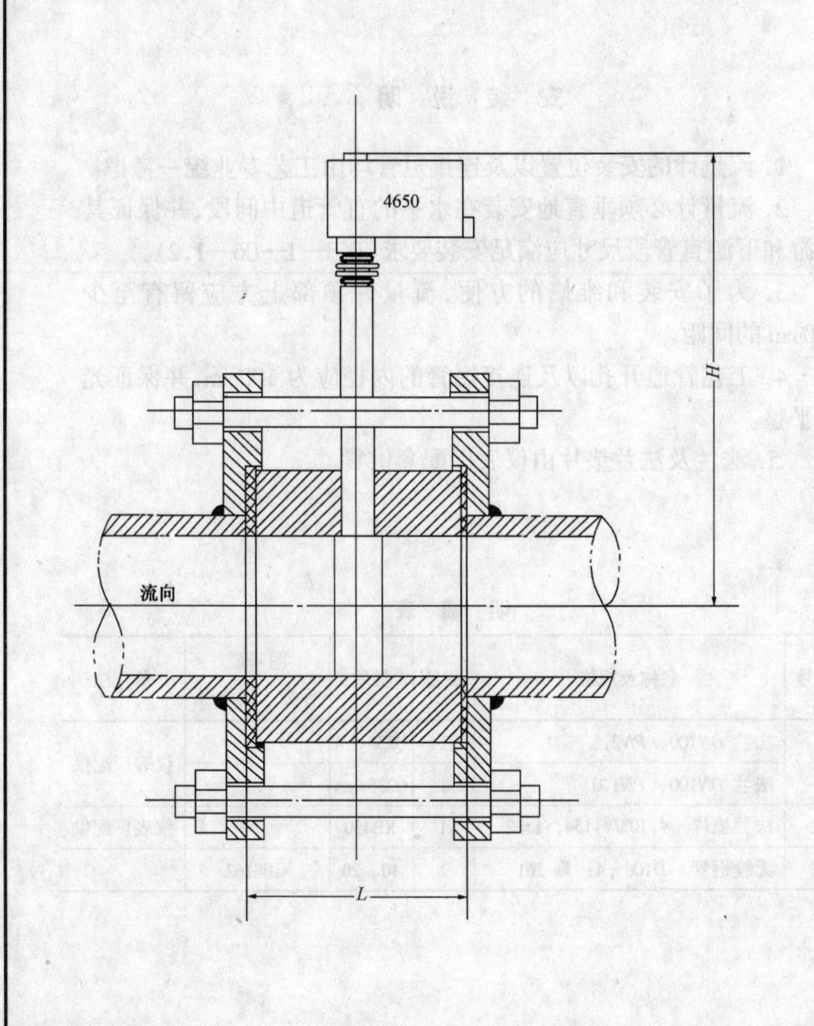

仪表连接形式及规格

公称直径 DN(mm)	L(mm)	H(mm)
25	55	343
40	55	353
50	55	466
80	68	515
100	80	530
150	113	556
200	157	581
法兰连接标准	GB/T9113.1;GB/T9119	
公称压力(MPa)	1.0	2.5

安 装 说 明

1. 流量计的安装位置由工艺专业统一考虑。

2. 流量计必须垂直地安装在水平的直管道中间段，并保证其上游和下游直管段尺寸应满足安装要求（JK3—1—06—1、2）

3. 为了安装和维修的方便，流量计顶部上方应留有至少 610mm 的间距。

4. 连接法兰与法兰垫片可由仪表制造厂家配套供应。

图名	2150/2350/3050 型夹持式涡街流量计安装图 $DN25 \sim DN200$; $PN1.0$; $PN2.5$	图号	JK3—1—06—6

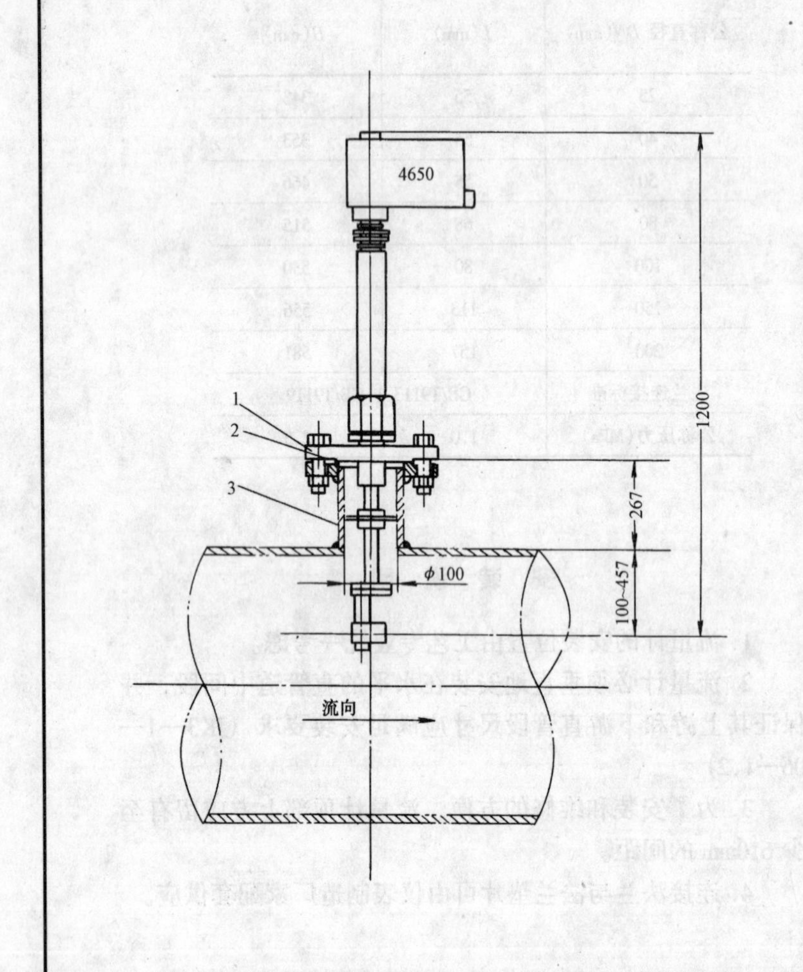

安装说明

1. 流量计的安装位置以及连接短管均由工艺专业统一考虑。

2. 流量计必须垂直地安装在水平的直管道中间段，并保证其上游和下游直管段尺寸应满足安装要求（JK3—1—06—1，2）。

3. 为了安装和维修的方便，流量计顶部上方应留有至少610mm的间距。

4. 工艺管道开孔以及连接短管的内径应为100mm，并保证光滑平整。

5. 法兰及法兰垫片由仪表厂配套供货。

明细表

件号	名称及规格	数量	材质	图号或标准、规格号	备注
1	法兰 $DN100$、$PN2.5$	1	Q235—A		仪表厂配供
	法兰 $DN100$、$PN1.0$	1	Q235—A		
2	法兰垫片 $\phi_1 103/\phi_2 154$；$t=2$	1	XB450		仪表厂配供
3	无缝钢管 $D108\times4$；$l=261$	1	10、20	GB8162	

图名	3610/3715型插入式涡街流量计的安装图 $DN250\sim DN2700$	图号	JK3—1—06—7

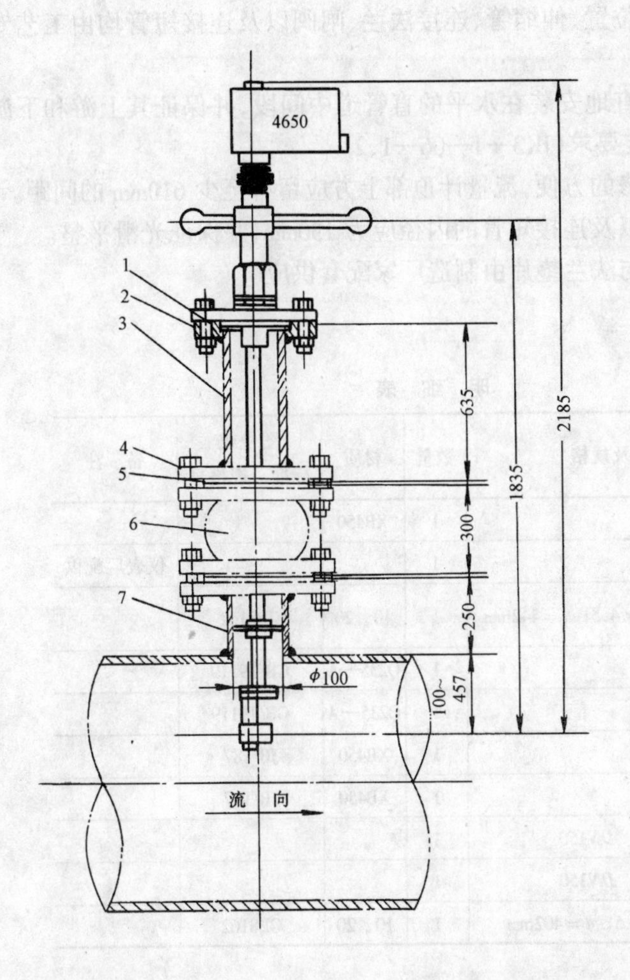

安 装 说 明

1. 流量计的安装位置、伸缩管、连接法兰、闸阀以及连接短管均由工艺专业统一考虑。
2. 流量计必须垂直地安装在水平的直管道中间段，并保证其上游和下游直管段尺寸应满足安装要求(JK3—1—06—1、2)。
3. 为了安装和维修的方便，流量计顶部上方应留有至少 610mm 的间距。
4. 工艺管道开孔以及连接短管的内径应为 100mm，并保证光滑平整。
5. 件 2 连接法兰与法兰垫片由仪表厂家配套供应。

明 细 表

件号	名 称 及 规 格	数量	材质	图号或标准、规格号	备 注
1	垫 片	1	XB450		
2	法 兰	1			仪表厂配供
3	伸缩管，$D108\times4$；$l=617$mm	1	10、20	GB8162	
4	法兰，$DN100$；$PN2.5$	1	Q235—A	GB/T9119	
	法兰，$DN100$；$PN1.6$	1	Q235—A	GB/T9119	
5	垫片，100—25	2	XB450	JB/T87	
	垫片，100—16	2	XB450	JB/T87	
6	闸阀，Z41H-25；$DN100$	1			
	闸阀，Z41H-16，$DN100$	1			
7	短管，$D108\times4$；$l=244$mm	1	10、20	GB8162	

图名	3620/3725 型插入式涡街流量计 安装图(一)$DN250\sim DN2700$	图号	JK3—1—06—8

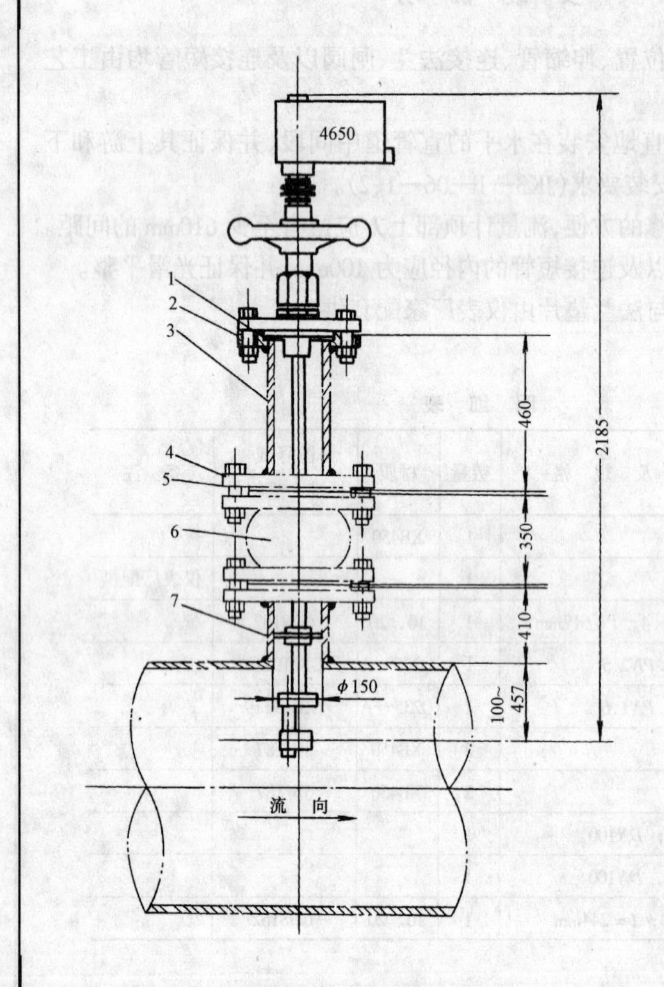

安装说明

1. 流量计的安装位置、伸缩管、连接法兰、闸阀以及连接短管均由工艺专业统一考虑。

2. 流量计必须垂直地安装在水平的直管道中间段，并保证其上游和下游直管段尺寸应满足安装要求(JK3—1—06—1、2)。

3. 为了安装和维修的方便，流量计顶部上方应留有至少 610mm 的间距。

4. 工艺管道开孔以及连接短管的内径应为 150mm，并保证光滑平整。

5. 件 2 连接法兰与法兰垫片由制造厂家配套供应。

明细表

件号	名称及规格	数量	材质	图号或标准、规格号	备注
1	垫片	1	XB450		
2	法兰	1			仪表厂配供
3	伸缩管，$D159\times4.5$；$l=442$mm	1	10、20	GB8162	
4	*DN*150、*PN*2.5	1	Q235—A	GB/T9119	
	*DN*150、*PN*1.6	1	Q235—A	GB/T9119	
5	垫片，150—25	1	XB450	JB/T87	
	垫片，150—16	1	XB450	JB/T87	
6	闸阀，Z41H-25；*DN*150	1			
	闸阀，Z41H-16；*DN*150	1			
7	短管，$D159\times4.5$；$l=402$mm	1	10、20	GB8162	

图名	3620/3725 型插入式涡街流量计安装图(二)*DN*250～*DN*2700	图号	JK3—1—06—9

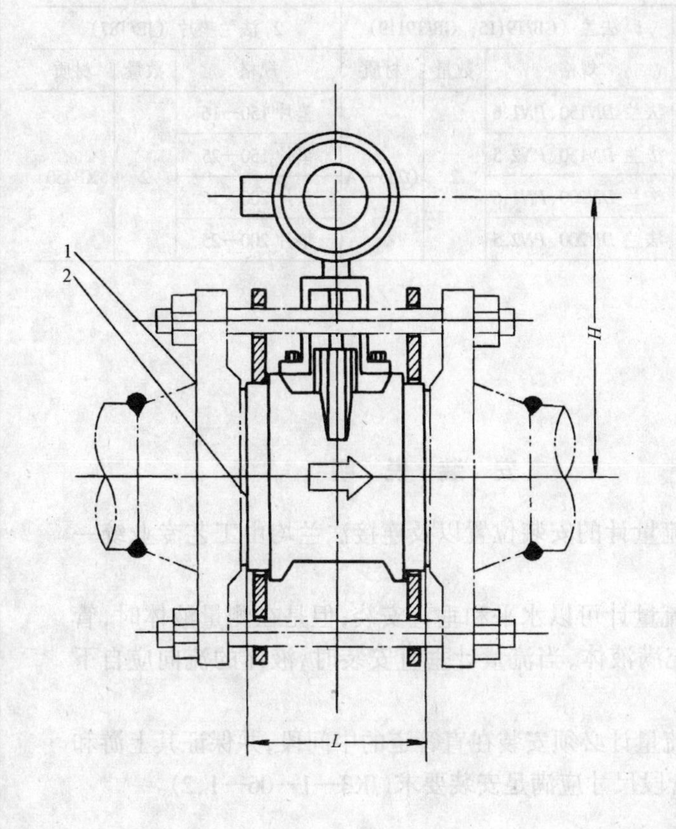

仪表连接形式及规格

序号	仪表规格及尺寸			1. 法兰 GB/T9115；GB/T9119			2. 法兰垫片 JB/T87		
	DN	L	H	规格	数量	材质	规格	数量	材质
1	25	110	168	法兰 *DN*25、*PN*2.5	2	Q235—A	垫片 25—25	2	XB450
2	40	110	179	法兰 *DN*40、*PN*2.5			垫片 40—25		
3	50	150	200	法兰 *DN*50、*PN*2.5			垫片 50—25		
4	80	150	240	法兰 *DN*80、*PN*2.5			垫片 80—25		
5	100	170	258	法兰 *DN*100、*PN*2.5			垫片 100—25		

安 装 说 明

1.MWL 型卡夹式涡街流量计的压力等级分为 1.6MPa、2.5MPa、4.0MPa 和 6.4MPa 四种，上表仅以 2.5MPa 为例列出，其他压力等级的仪表尺寸同上表，而连接法兰以及紧固件仍然依据 GB/T9115、GB/T9119 以相应的压力等级确定，详见产品使用说明书。

2. 流量计的安装位置以及连接法兰均由工艺专业统一考虑。

3. 流量计可以水平和垂直安装，但是在测量液体时，管内必须充满液体，当流量计垂直安装时，液体的流向应自下而上。

4. 流量计必须安装在直管道的中间段，并保证其上游和下游直管段尺寸应满足安装要求(JK3—1—06—1、2)。

5. 件 3 定位件由仪表厂家配套供应。

图名	MWL 型卡夹式涡街流量计安装图 *DN*25～*DN*100；*PN*2.5	图号	JK3—1—06—10

仪表连接形式及规格

序号	仪表规格及尺寸			1. 法兰（GB/T9115；GB/T9119）			2. 法兰垫片（JB/T87）		
	DN	L	H	规格	数量	材质	规格	数量	材质
1	150	220	310	法兰 DN150、PN1.6	2	Q235—A	垫片 150—16	2	XB450
				法兰 DN150、PN2.5			垫片 150—25		
2	200	250	336	法兰 DN200、PN1.6			垫片 200—16		
				法兰 DN200、PN2.5			垫片 200—25		

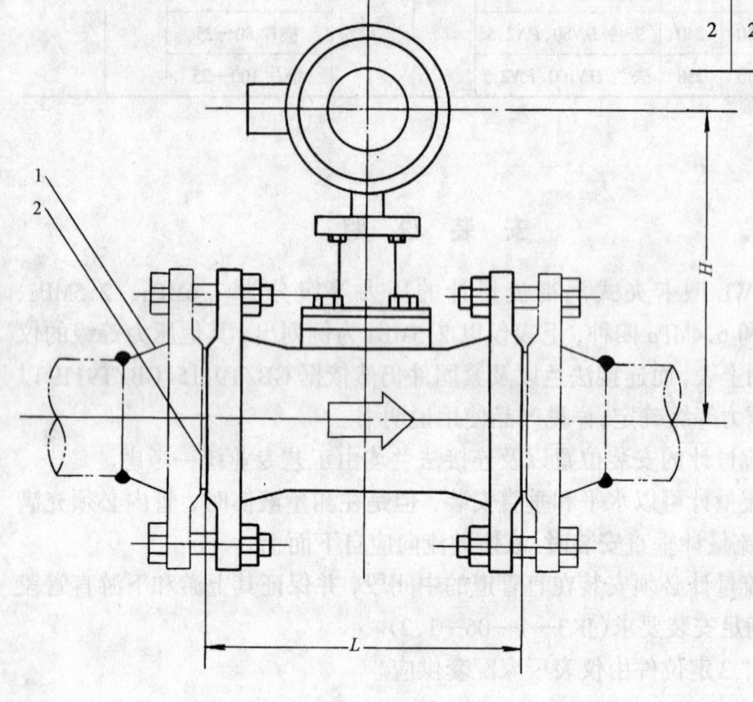

安 装 说 明

1. 流量计的安装位置以及连接法兰均由工艺专业统一考虑。

2. 流量计可以水平和垂直安装，但是在测量液体时，管内必须充满液体，当流量计垂直安装时，液体的流向应自下而上。

3. 流量计必须安装在直管道的中间段，并保证其上游和下游直管段尺寸应满足安装要求（JK3—1—06—1、2）。

图名	MWL 型法兰式涡街流量计安装图 DN150～DN200、PN1.6、PN2.5	图号	JK3—1—06—11

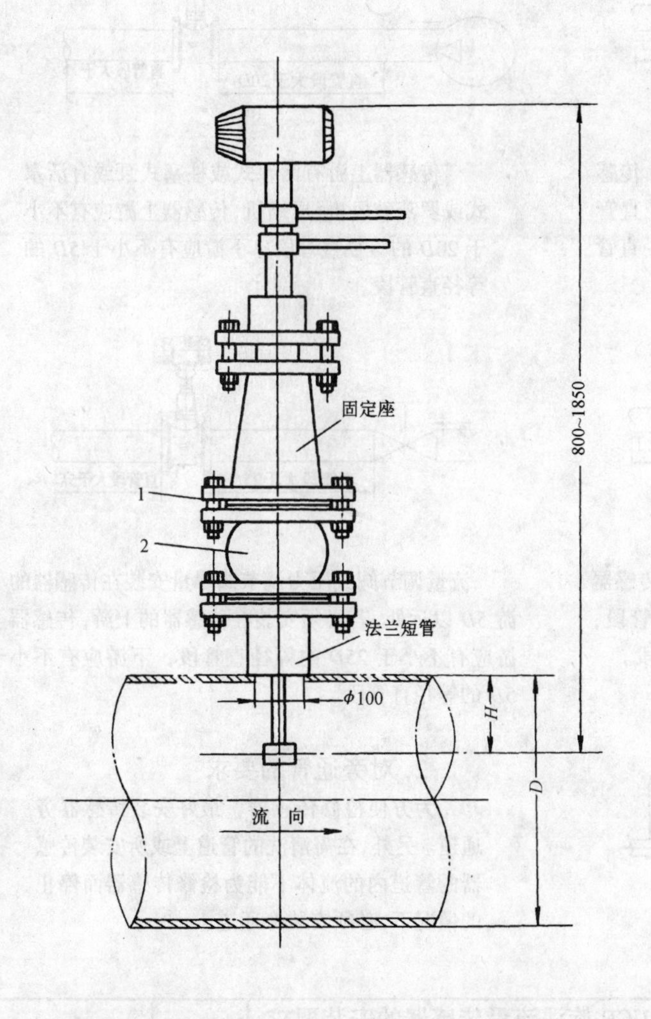

安 装 说 明

1. 本图依据江苏宜兴自动化仪表厂的产品编制。

2. 流量计的安装位置由工艺专业统一考虑。

3. 流量计必须垂直地安装在水平的直管道中间段，并保证其上游和下游直管段尺寸应满足安装要求(JK3—1—06—1、2)。

4. 对于流量计的插入深度 H，当直管段足够长时，优先采用平均流速点测量法，$H=0.121D$；当直管段较短时，一般采用中心流速测量法，$H=0.5D$。

5. 法兰短管和法兰固定座应与流量计一并订货。

明 细 表

件号	名称及规格	数量	材质	图号或标准、规格号	备 注
1	垫片，100—16	1	XB350	JB/T87	
2	闸阀，Z41H-16；*DN*100	1			

图名	CWL 型插入式涡街流量计安装图 *DN*200 ~ *DN*2000, *PN*1.6	图号	JK3—1—06—12

1. 对直管段的要求

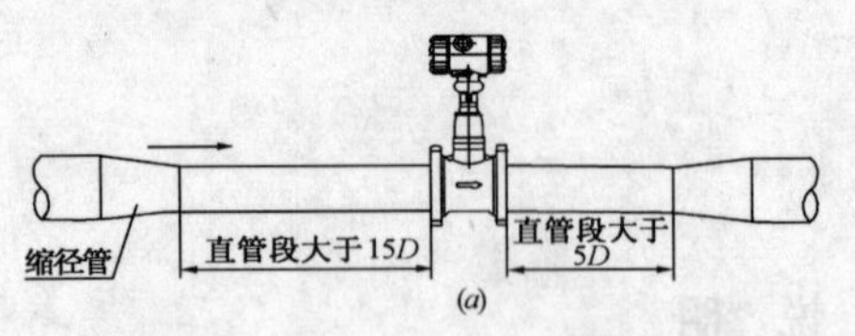

(a)

渐缩管的安装：对于大管径小流量渐缩管安装，传感器上游应有不小于15D的等径直管段，下游应有不小于5D的等径直管段。

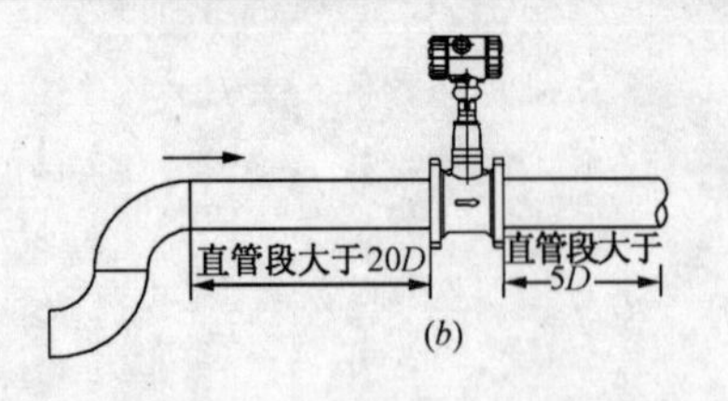

(b)

同一平面两个弯管的安装：传感器上游应有不小于20D的等径直管段，下游应有不小于5D的等径直管段。

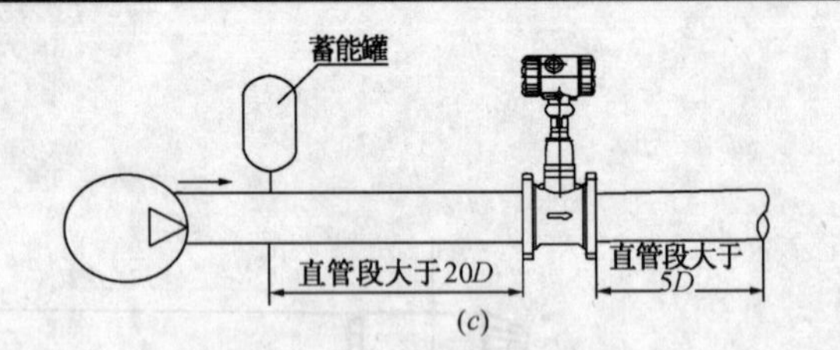

(c)

传感器上游有活塞式或柱塞式泵或有活塞式或罗茨鼓风机、压缩机，传感器上游应有不小于20D的等径直管段，下游应有不小于5D的等径直管段。

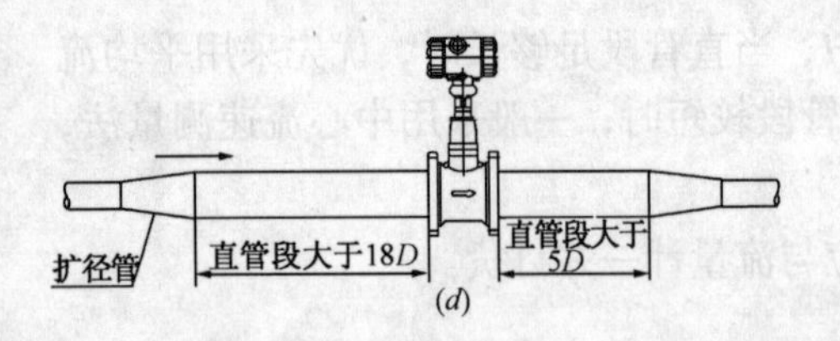

(d)

渐扩管的安装：对于小管径大流量渐扩管安装，传感器上游应有不小于18D的等径直管段，下游应有不小于5D的等径直管段。

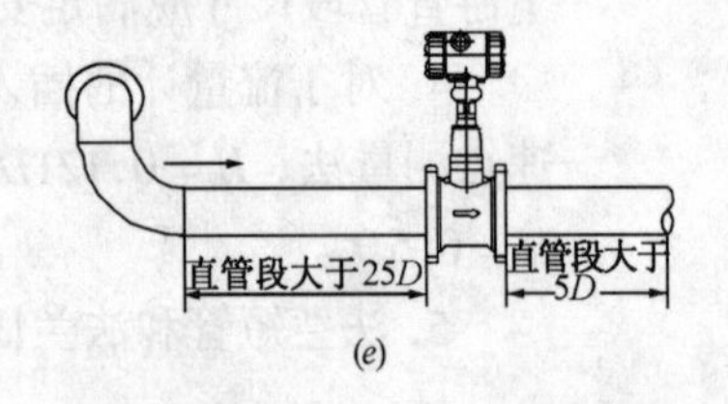

(e)

不同平面两个弯管的安装：传感器上游应有不小于25D的等径直管段，下游应有不小于5D的等径直管段。

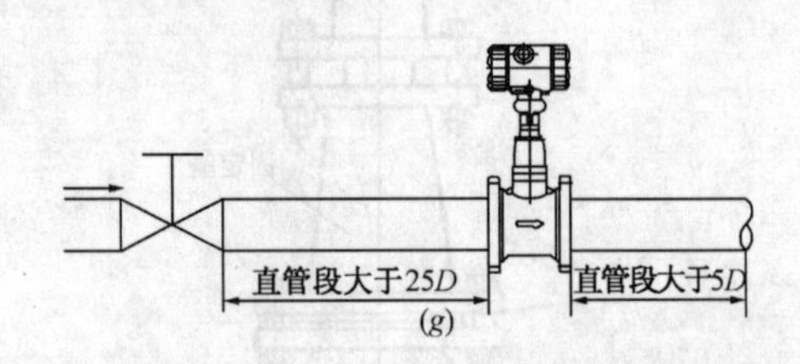

(g)

流量调节阀或压力调节阀尽量安装在传感器的下游5D以远处，若必须安装在传感器的上游，传感器上游应有不小于25D的等径直管段，下游应有不小于5D的等径直管段。

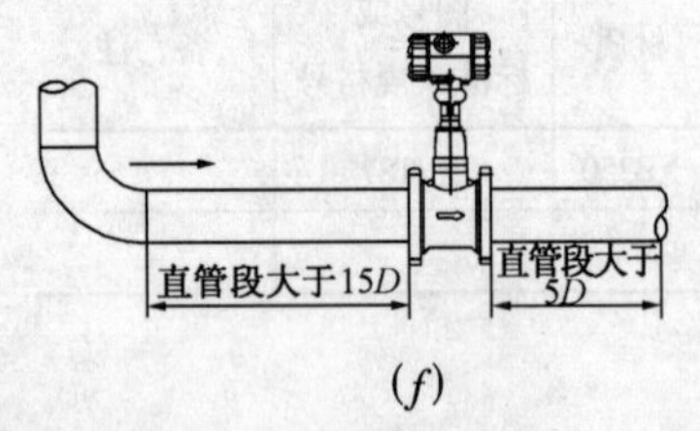

(f)

弯管的安装：若传感器安装点的上游有90°弯头或T形接头，传感器上游应有不小于15D的等径直管段，下游应有不小于5D的等径直管段。

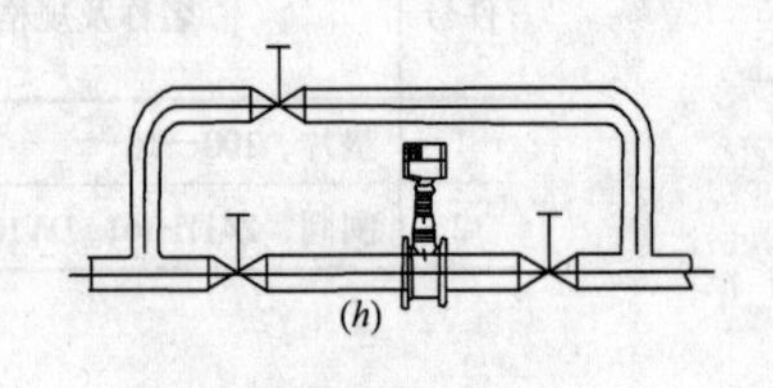
(h)

外形尺寸及安装

2. 对旁通管的要求

为方便检修传感器，最好安装传感器旁通道。另外，在需清洗的管道上或所安装传感器的管道内的流体不能为检修传感器而停止的情况下，必须安装旁通道。

图名	LUGB旋涡流量传感器的安装要求（一）	图号	JK3—1—06—13

3. 对配管的要求

传感器安装点的上下游配管的内径应与传感器内径相同，其应满足下式的要求。

$$0.98D \leqslant d \leqslant 1.05D$$

式中　D——传感器内径；

d——配管内径。

配管应与传感器同心，同轴偏差应不大于 $0.05DN$。

4. 对管道振动的要求

传感器尽量避免安装在振动较强的管道上，若不得已要安装时，必须采取减振措施，在传感器的上下游 2D 处分别设置管道紧固装置，并加防振垫。

特别注意：在空压机出口处振动较强，不能安装传感器，应安装在储气罐之后。

5. 对外部环境的要求

(1) 传感器避免安装在温度变化很大的场所和受到设备的热辐射，若必须安装时，须有隔热通风的措施。

(2) 传感器应尽量避免安装在含有腐蚀性气体的环境中，若必须安装时，须有通风措施。

(3) 传感器最好安装在室内，必须安装在室外时，应有防潮和防晒的措施(注意：水是否顺着电缆线流入放大器盒内)。

(4) 安装传感器的周围须有充足的空间，应有照明灯和电源插座，以便安装接线和定期维护。

(5) 传感器的接线位置要远离噪声，如大功率变压器、电动设备等。

6. 安装要求

(1) 旋涡流量传感器安装时，先把专用法兰与前后直管段焊接，再把旋涡传感器放在中心，中间放密封垫，用双头螺栓夹紧连成一体，见图(a)。大口径连接体法兰式，用户另配一对法兰，将法兰焊在前后管道上，再把旋涡传感器放在中心，中间放密封垫，用螺栓分别将前后两对法兰分别连成一体。为保证流量计的准确度，在安装时应避免将密封垫片突出在管道内，见图(b)。

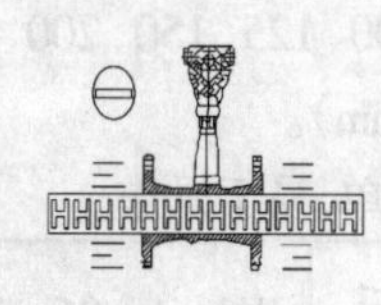

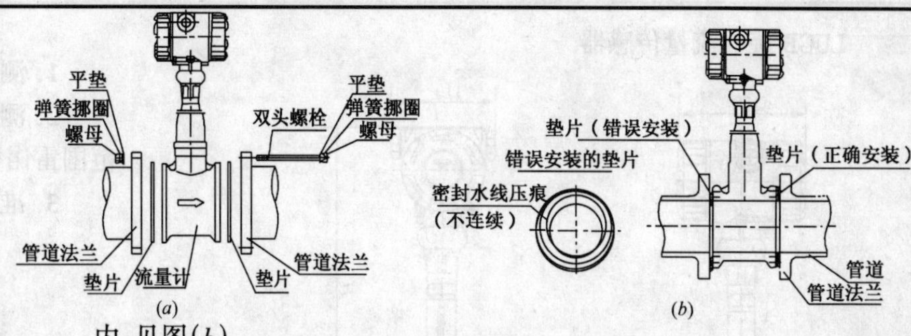

(a)　(b)

(2) 传感器可以安装在与管道垂直的平面内任一角度上。

(3) 传感器可以安装在稍稍上升的管道区。

(4) 传感器测量气体带温度，压力补偿时，取压力点和取温点位置，见图(c)。

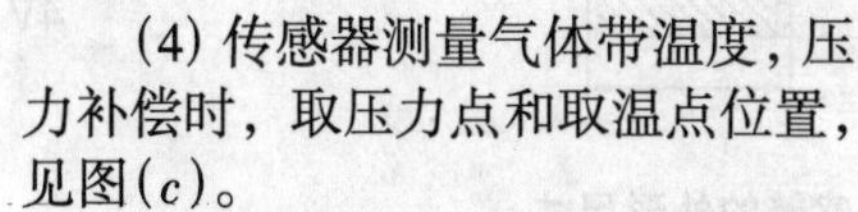

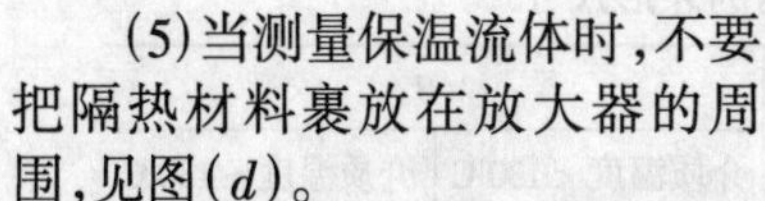

(c)

(5) 当测量保温流体时，不要把隔热材料裹放在放大器的周围，见图(d)。

(6) 竖直管道应测量流体上升时的流量，见图(e)。

(7) 对于防爆型产品，应根据防爆标志复核其使用环境是否与防爆要求规定相符，且使用过程中，用户不得自行更改防爆系统的接线方式，并不得随意打开仪表。

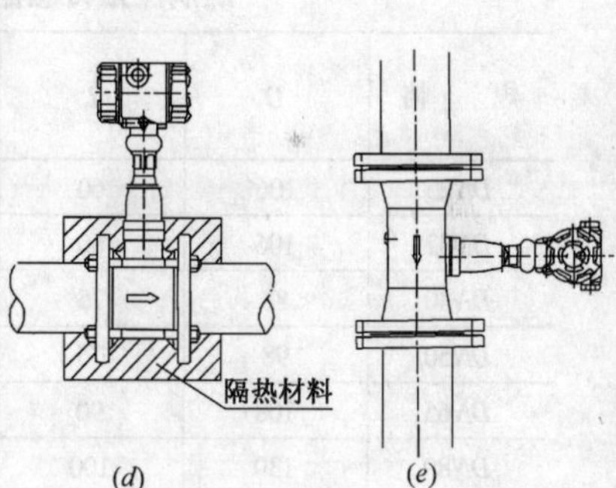

(d)　(e)

(8) 流量传感器须可靠接地，不得与强电系统共用地线。

(9) 传感器的接线：

传感器可与许多频率或电流积算仪组合使用，从而组成准确的流量检测系统。

图名	LUGB 旋涡流量传感器的安装要求（二）	图号	JK3—1—06—14

LUGB 旋涡流量传感器

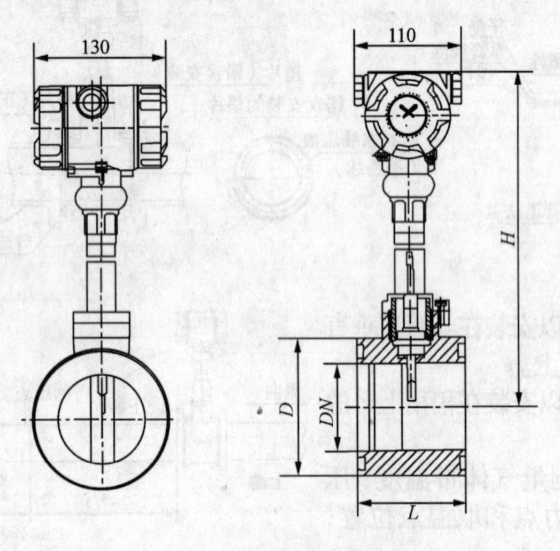

旋涡流量传感器的外形尺寸

规　格	D	L	H	
			介质温度＜130℃	介质温度≥130℃
DN25	106	60	298	376
DN32	106	60	298	376
DN40	88	75	302	380
DN50	98	75	322	400
DN65	108	90	325	403
DN80	130	100	327	405
DN100	145	110	346	424
DN125	170	120	350	428
DN150	195	130	372	450
DN200	236	140	398	476
DN250	286	150	432	510
DN300	336	160	440	518

技 术 参 数

1. 测量介质：液体、气体、过热/饱和蒸汽。

2. 测量范围：正常工作范围，雷诺数为 20000～7000000；测量可能范围雷诺数为 8000～7000000。

3. 准确度：(1)液体，指示值的±0.5%；
(2)液体，指示值的±1.0%；
(3)气体，指示值的±1.0%；
(4)蒸汽，指示值的±1.0%；
(5)蒸汽，指示值的±15%。

4. 重复性：≤准确度的 1/3。

5. 输出信号：(1) 三线制电压脉冲，低电平：0～1V；高电平：大于 4V；占空比为 50%；
(2)二线制电流 4～20mA；
(3)三线制电流 4～20mA；
(4)RS－485 通讯接口。

6. 电源电压：＋24VDC(二线制/三线制电流输出/RS485 通讯)。

7. 介质温度：普通型－40～＋130℃；
高温型－40～＋300℃；
特高温型－10～＋380℃；
防爆型－40～＋80℃。

8. 工作压力：2.5MPa(注：应用户要求，可提供其他压力等级的传感器，需定做)。

9. 壳体材质：(1)碳钢；(2)不锈钢(1Cr18Ni9Ti)。

10. 规格(公称直径)DN：25、32、40、50、65、80、100、125、150、200、250、300、350、400、500(mm)。

11. 安装方式：法兰式、法兰夹持式连接，安装方便、简单、易于操作。

图名	LUGB 旋涡流量传感器外形尺寸及安装	图号	JK3—1—06—15

UFM3030　测量液体的通用型
3声道在线　超声波流量计

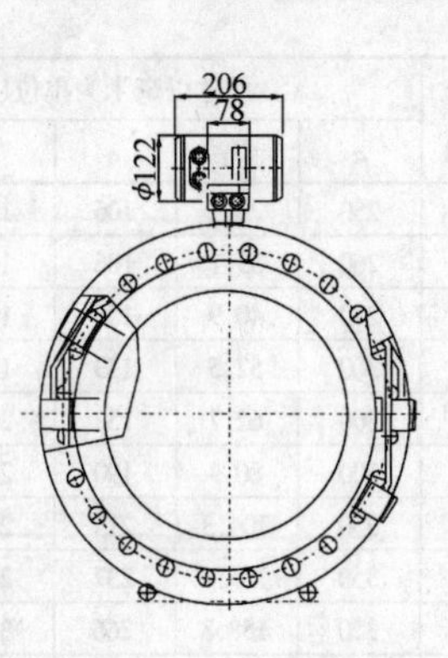

注：转换器：如采用防爆型，增加30mm宽和8mm长。

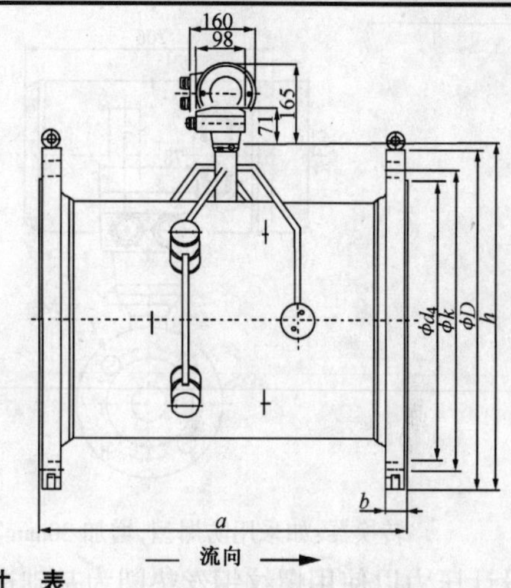

1．性能

UFM 3030的应用非常广泛。即便是在难以处理的条件下，3束测量束加上有专利权的传感器、专用电子设备和创新的数字化信号处理技术为可靠的、稳定的测量提供了保障。因此，流量计漂移以及因此而导致的过程重新调整所带来的困扰已经成为了历史。

2．安装

UFM 3030是重量轻的一体型流量计，易于安装和操作。不需要另外装设备，如过滤器、水流滤网、支撑物、接地或振动隔离。由于该计量器不需要维修，它可以安装在很难靠近的位置。

3．操作和维修成本

UFM 3030没有插入或移动的部件。不存在压力损失或磨损。因此该流量计无需维修，且非常节省能源。

尺寸表

传感器	PN	尺寸以毫米为单位(法兰连接按照 DIN 2632、2633、2635)(GB/T9115、GB/T9119)						
DN	(MPa)	a	h	D	b	k	d_4	m(kg)
350	1.0	500	540	505	26	460	430	68.5
400	1.0	600	595	565	26	515	482	89.5
500	1.0	600	697	670	28	620	585	117.5

内径以标准为基础。

分体型(F)：转换器重3.5kg；

一体型(K)：增加1.8kg。

设计压力以使用螺纹钢丝垫圈为基础进行计算。

尺寸表

传感器 DN	标准材料		PN(MPa)	设计压力(MPa)					
				分体型(F)				一体型(K)	
	管道	法兰		20℃	140℃	180℃	220℃	20℃	140℃
350	碳钢	碳钢	1.0	1.0	1.0	0.99	n.a.	1.0	1.0
400	碳钢	碳钢	1.0	n.a.	1.0	1.0	n.a.	1.0	1.0
500	碳钢	碳钢	1.0	n.a.	1.0	0.98	n.a.	1.0	1.0

注：使用碳钢DIN法兰时，请注意最低温度限制是－10℃。对于低于－25℃可按要求选择其他材料。

图名	UFM3030超声波流量计安装图 *DN*350～*DN*500	图号	JK3—1—07—1

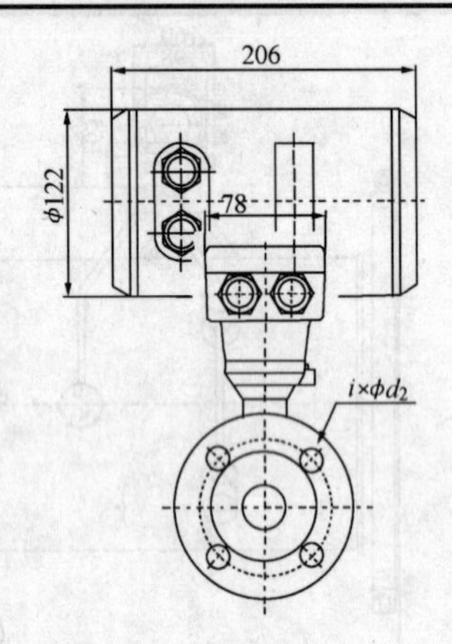

转换器：如采用防爆型，增加 30mm 宽和 8mm 高。

设计压力以使用螺纹钢丝垫圈为基础进行计算。

尺 寸 表

传感器 DN(mm)	PN (MPa)	尺寸以毫米为单位（法兰连接按照 DIN2632、2633、2635）（GB/T9115，GB/T9119）									
		a	D_1	e	h	j	D	b	k	d_4	$i\times\phi d_2$	m(kg)
25	4.0	250	26.7	106	150	120	115	18	85	68	4×φ14	6.5
32	4.0	260	35.1	106	162	120	140	18	100	78	4×φ18	8.5
40	4.0	270	40.9	106	167	120	150	18	110	88	4×φ18	9.5
50	4.0	300	52.5	133	190	152	165	20	125	102	4×φ18	12.5
65	4.0	300	62.7	133	200	152	185	22	145	122	8×φ18	15.5
80	4.0	300	80.9	190	239	170	200	24	160	138	8×φ18	16.5
100	1.6	350	104.3	215	262	190	220	20	180	158	8×φ18	18.5
125	1.6	350	129.7	237	288	210	250	22	210	188	8×φ18	22.5
150	1.6	350	158.3	266	320	236	285	22	240	212	8×φ22	27.5
200	1.0	400	207.1	359	394	225	340	24	295	268	8×φ22	50.5
250	1.0	400	255.0	407	445	260	395	26	350	320	12×φ22	60.5
300	1.0	500	305.0	457	495	290	445	26	400	370	12×φ22	75.5

内径以标准为基础。

分体型(F)：转换器重 3.5kg

一体型(K)：增加 1.8kg

尺 寸 表

传感器 DN(mm)	标准材料		PN (MPa)	设计压力(MPa)					
				分体型(F)				一体型(K)	
	管道	法兰		20℃	140℃	180℃	220℃	20℃	140℃
25	SS316L	SS316L	4.0	4.0	4.0	4.0	4.0	4.0	4.0
32	SS 316L	SS 316L	4.0	4.0	4.0	4.0	4.0	4.0	4.0
40	SS 316L	SS 316L	4.0	4.0	4.0	4.0	4.0	4.0	4.0
50	SS 316L	SS 316L	4.0	4.0	4.0	4.0	4.0	4.0	4.0
65	SS 316L	SS 316L	4.0	4.0	4.0	4.0	4.0	4.0	4.0
80	SS 316L	碳钢	4.0	4.0	4.0	4.0	4.0	4.0	4.0
100	SS 316L	碳钢	1.6	1.6	1.6	1.6	1.6	1.6	1.6
125	SS 316L	碳钢	1.6	1.6	1.6	1.6	1.6	1.6	1.6
150	SS 316L	碳钢	1.6	1.6	1.6	1.6	1.6	1.6	1.6
200	SS 316L	碳钢	1.0	1.0	1.0	1.0	n.a.	1.0	1.0
250	SS 316L	碳钢	1.0	1.0	1.0	1.0	n.a.	1.0	1.0
300	SS 316L	碳钢	1.0	1.0	1.0	1.0	n.a.	1.0	1.0

注：使用碳钢 DIN 法兰时，请注意最低温度限制是 -10℃。对于低于 -25℃可按要求选择其他材料。

连接法兰标准：GB/T9115；PN≤1.6MPa 或 DN≤80 亦可采用 GB/T9116、GB/T9119、SS 316L：相当于 00Cr17Ni14Mo2。

图名	UFM3030 超声波流量计安装图 DN25～DN300	图号	JK3—01—07—2

3.2 节流装置安装图

说　明

1. 本部分图集适用于建筑工程中测量流量的各种节流装置的安装。

2. 本部分内容包括平孔板、环室式孔板、钻孔式孔板、弦月（圆缺）孔板、双重孔板、端头孔板、环室式小孔板、（小于 50mm）和小 1/4 圆喷嘴、标准喷嘴、文丘里喷嘴（长式和短式）和文丘里管等在气体、蒸汽或液体的各种规格管道上的安装图。

3. 节流装置在工艺管道上的安装要求

（1）关于节流装置安装的管道条件和技术要求，在国家标准 GB2624 和计量局标准 JJB267 中都有严格的规定。本部分涉及到的不管是标准的或非标准的节流装置的安装都应当执行这些规定。今摘其要点如下，供设计和施工时查阅。

1）有关节流件安装位置邻近的管段、管件的名称如图 3-1 节流装置的管段和管件所示。

2）节流件应安装在两段直的圆管（l_1 和 l_2）之间，其圆度在节流件上下游侧 $2d$ 长范围内必须按规定进行多点实测。实测值上游直管段不得超过其算术平均值的 ±0.3%，对于下游侧不得超过 ±2%。$2d$ 长以外的管道的圆度，以目测法检验其外圆。管道是否直也只需目测。

3）节流件上下游侧最小直管段长度与节流件上游侧局部阻力件的形式和直径与 β 有关，见表 3-1。

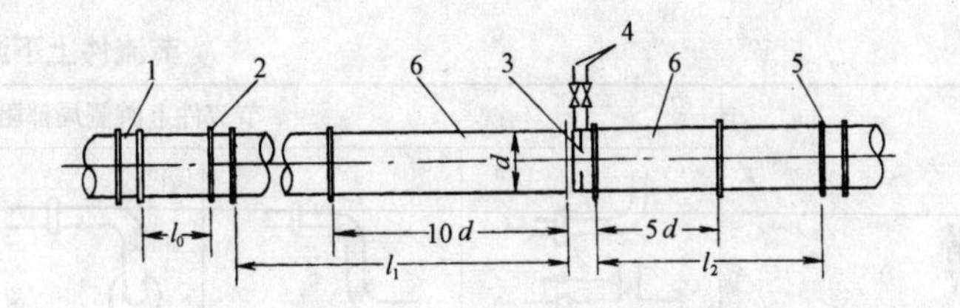

图 3-1　节流装置的管段和管件

1—节流件上游侧第二个局部阻力件；2—节流件上游侧第一个局部阻力件；3—节流件和取压装置；4—差压信号管路；5—节流件下游侧第一个局部阻力件；6—节流件前后的测量管段。l_0—1、2 之间的直管段；l_1、l_2—分别为节流件上游和下游的直管段；d—管道内径

4）表 3-1 所列阀门应能全开，最好用全开闸阀或球阀作为节流件上游侧的第一个局部阻力件。所有调节流量的阀门应安装在节流件下游侧规定的直管段之后。

5）节流件在管道中安装应保证其前端面与管道轴线垂直，不垂直度不得超过 ±1°；还应保证其开孔与管道同心，不同心度不得超过 $0.015d\left(\frac{1}{\beta}-1\right)$ 的数值，$\beta=d_k/d$，d_k 孔板开孔直径、d 管道内径。

6）夹紧节流件的密封垫片，夹紧后不得突入管道内壁。

7）新装管路系统必须在管道冲洗和吹扫完成后再进行节流件的安装。

（2）关于取压方式，本图册采用的是角接取压方式，这也是 GB2624 标准规定的取压方式之一。所谓角接取压即在节流件上下游侧取压孔的轴线与两侧端面的距离等于取压孔径（或取压环隙宽度）的一半。取压孔的孔径 b 上下游侧相等，其大小规定如下：当 $\beta \leqslant 0.65$ 时，$0.005d \leqslant b \leqslant 0.03d$；当 $\beta > 0.65$ 时，$0.01d \leqslant b \leqslant 0.02d$；对任意 β 值，1mm$\leqslant b \leqslant$10mm。本图集采用的角接取压有表 3-2 几种形式。

节流件上下游侧的最小直管段长度 表 3-1

β (d_k/d)	节流件上游侧局部阻力件形式和最小直管段长度 l_1						节流件下游侧最小直管段长度 l_2（左面所有的局部阻力件形式）
	一个 90°弯头或只有一个支管流动的三通	在同一平面内有多个 90°弯头	空间弯头（在不同平面内有多个 90°弯头）	异径管（大变小，$2d \rightarrow d$ 长度 $\geqslant 3d$；小变大 $d/2 \rightarrow d$，长度 $\geqslant 1\frac{1}{2}d$）	全开截止阀	全开闸阀	
1	2	3	4	5	6	7	8
0.20	10（6）	14（7）	34（17）	16（8）	18（9）	12（6）.	4（2）
0.25	10（6）	14（7）	34（17）	16（8）	18（9）	12（6）	4（2）
0.30	10（6）	16（8）	34（17）	16（8）	18（9）	12（6）	5（2、5）
0.35	12（6）	16（8）	36（18）	16（8）	18（9）	12（6）	5（2、5）
0.40	14（7）	18（9）	36（18）	16（8）	20（10）	12（6）	6（3）
0.45	14（7）	18（9）	38（19）	18（9）	20（10）	12（6）	6（3）
0.50	14（7）	20（10）	40（20）	20（10）	22（11）	12（6）	6（3）
0.55	16（8）	22（11）	44（22）	20（10）	24（12）	14（7）	5（3）
0.60	18（9）	26（13）	48（24）	22（11）	26（13）	14（7）	7（3、5）
0.65	22（11）	32（16）	54（27）	24（12）	28（14）	16（8）	7（3、5）
0.70	28（14）	36（18）	62（31）	26（13）	32（16）	20（10）	7（3、5）
0.75	36（18）	42（21）	70（35）	28（14）	36（18）	24（12）	8（4）
0.80	46（23）	50（25）	80（40）	30（15）	44（22）	30（15）	8（4）

注：1. 本表适用于本标准规定的各种节流件。
2. 本表所列数字为管道内径“d”的倍数。
3. 本表括号外的数字为“附加极限相对误差为零”的数值，括号内的数字为“附加极限相对误差为 ±0.5%”的数值，如实际的直管段长度中有一个大于括号内的数值而小于括号外的数值时，需按“附加极限相对误差为 ±0.5%”处理。

角接取压的形式　　　　表 3-2

形　式	适用工艺管道范围
环室式	$DN50 \sim DN400$
夹环钻孔式	$DN50 \sim DN600$
法兰钻孔式	$DN200 \sim DN1000$
管道钻孔式	$DN450 \sim DN1600$

对于大于 DN1000 的管道，原则上仍然采用法兰钻孔的取压方式；大于 DN1300 者，采用在靠近法兰的管道上钻孔的角接取压方式见 JK3—2—03—6。如果 $\beta \leqslant 0.5$，并对流量系数 α 乘以 1.001 的修正系数，则 DN500 以上的管道也可以采用这种取压形式。

(3)取压孔的方位与被测介质的物理特性有关，如为气体介质应防止凝结水和污物进入导压管和更好地排除凝结水；如为蒸汽应考虑如何排除平衡容器中多余的凝结水。

对于水平或倾斜的主管道，取压管的径向方位可按图 3-2 所示范围选定。

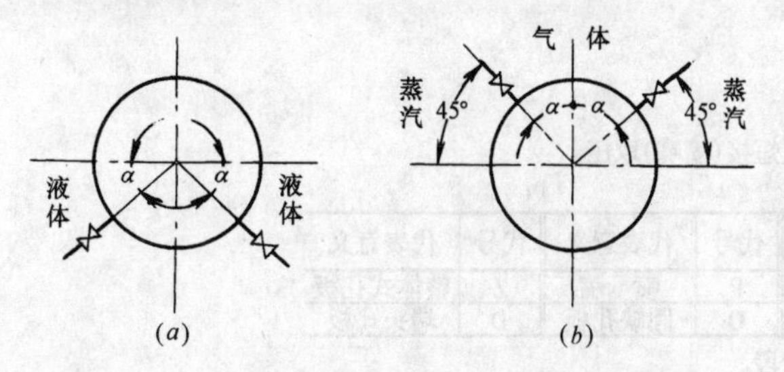

图 3-2　在水平或倾斜管道上取压孔位置示意图

(a) 被测流体为液体时，$\alpha \leqslant 45°$；(b) 被测流体为气体时，$\alpha \leqslant 45°$

安装在垂直主管上的节流件其取压孔的位置应与节流件处于同一平面上，其径向方位则可任意选择。

(4)弦月形孔板仅适用于安装在水平或倾斜的主管道上，其取压孔的径向方位角 φ 与 β 值有关(见 JK3—2—06)。当被测介质为脏气体并含有水分时，取压孔应尽可能取在孔板上方 0°～45°范围内，最好是 0°即在管道顶上；当被测介质为脏污的液体时，取压孔应在 45°～120°之间。

(5) 对于偏心孔板，仅适用于安装在水平管道上，其偏心内圆应处于与 0.98D（D 为管道内径）所形成的圆相切处。当用于测量含有气泡的液体介质时，其切点应位于管道径向中心线顶部；当用于测量含有水分的气体介质时，其切点应位于其底部，如图 3-3 所示。

4. 采用的标准

本图集遵循《流量测量节流装置的设计安装和使用》（GB2624）和《工业自动化仪表工程施工及验收规范》（GBJ93）的有关规定。

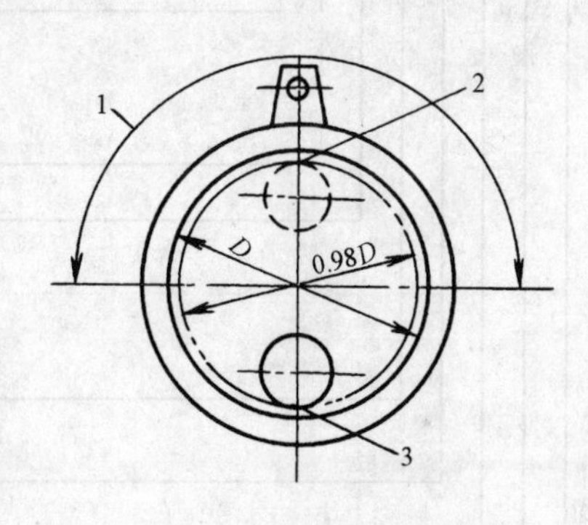

图 3-3　偏心孔板取压点位置图

1—取压孔的设置区；2—顶部切点；3—底部切点

5. 其他

(1) 本图集的安装方法还参阅了《流量测量节流装置设计手册》（一机部热工仪表所编，机械工业出版社 1966 年出版）。

(2)关于对夹孔板用的法兰，本图集中各安装图都已配备。但当孔板是按咨询书成套订货时，一般厂家都附带了法兰和螺栓、螺母等紧固件；有时工艺设计按仪表的要求，在工艺管道上已配好法兰等零件，这两种情况下，本图集中各安装图上所配的法兰等零件即可取消。

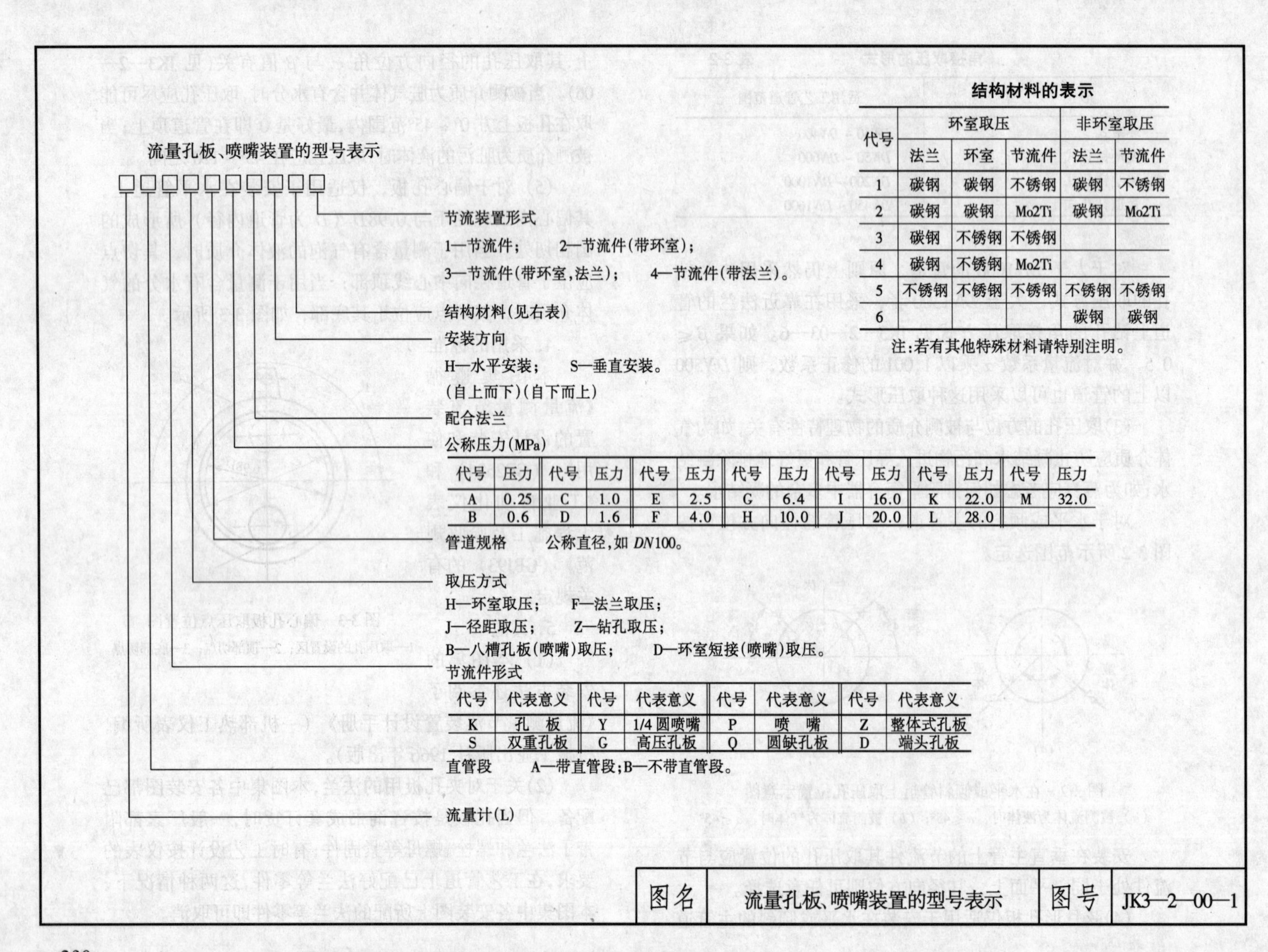

流量孔板、喷嘴装置的型号表示

□□□□□□□□□□

- 节流装置形式
  1—节流件；　2—节流件(带环室)；
  3—节流件(带环室,法兰)；　4—节流件(带法兰)。
- 结构材料(见右表)
- 安装方向
  H—水平安装；　S—垂直安装。
  (自上而下)(自下而上)
- 配合法兰
- 公称压力(MPa)

代号	压力	代号	压力	代号	压力	代号	压力	代号	压力	代号	压力	代号	压力
A	0.25	C	1.0	E	2.5	G	6.4	I	16.0	K	22.0	M	32.0
B	0.6	D	1.6	F	4.0	H	10.0	J	20.0	L	28.0		

- 管道规格　公称直径,如 *DN*100。
- 取压方式
  H—环室取压；　F—法兰取压；
  J—径距取压；　Z—钻孔取压；
  B—八槽孔板(喷嘴)取压；　D—环室短接(喷嘴)取压。
- 节流件形式

代号	代表意义	代号	代表意义	代号	代表意义	代号	代表意义
K	孔　板	Y	1/4 圆喷嘴	P	喷　嘴	Z	整体式孔板
S	双重孔板	G	高压孔板	Q	圆缺孔板	D	端头孔板

- 直管段　A—带直管段；B—不带直管段。
- 流量计(L)

结构材料的表示

代号	环室取压			非环室取压	
	法兰	环室	节流件	法兰	节流件
1	碳钢	碳钢	不锈钢	碳钢	不锈钢
2	碳钢	碳钢	Mo2Ti	碳钢	Mo2Ti
3	碳钢	不锈钢	不锈钢		
4	碳钢	不锈钢	Mo2Ti		
5	不锈钢	不锈钢	不锈钢	不锈钢	不锈钢
6				碳钢	碳钢

注：若有其他特殊材料请特别注明。

图名	流量孔板、喷嘴装置的型号表示	图号	JK3—2—00—1

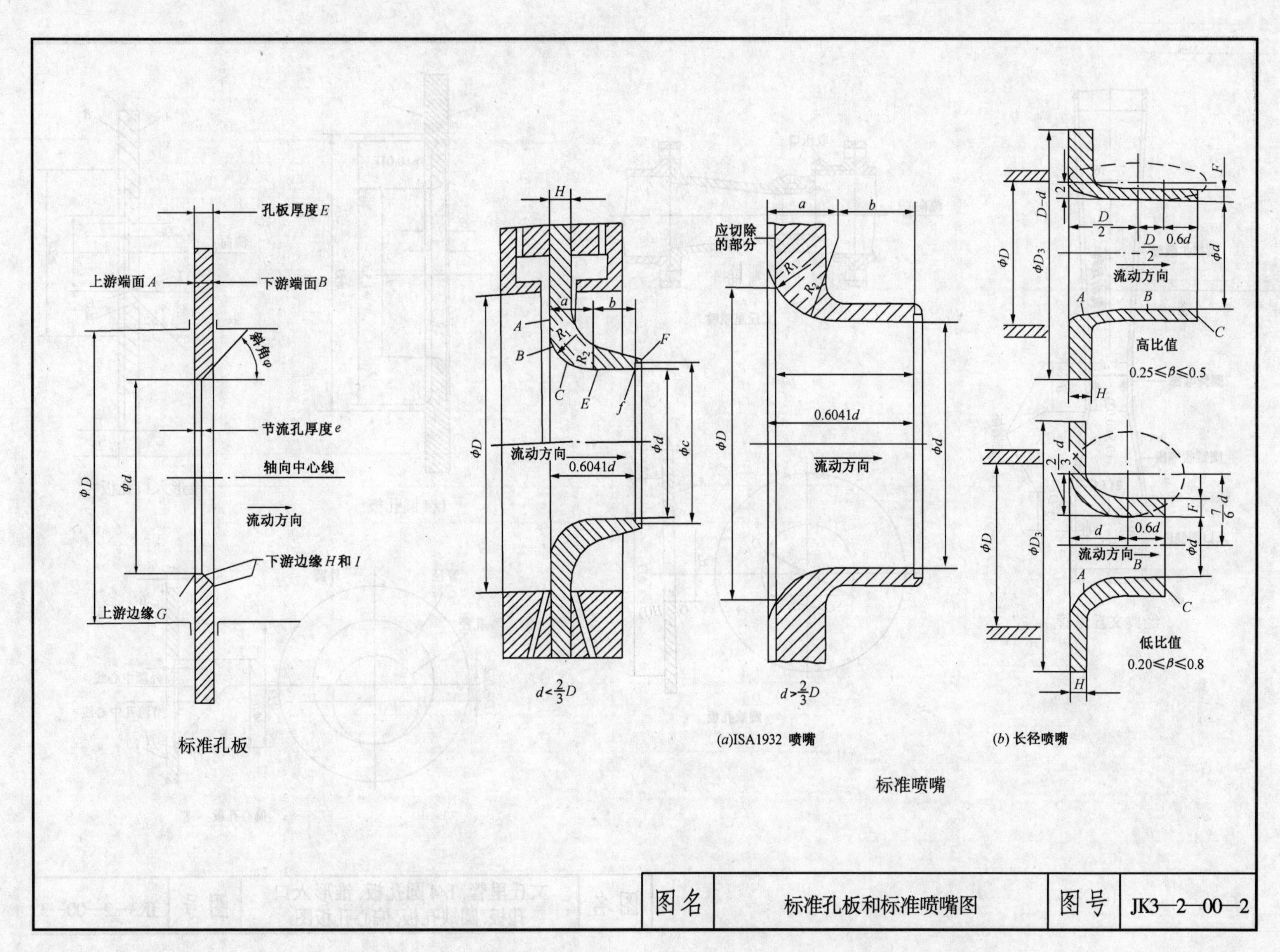

图名	标准孔板和标准喷嘴图	图号	JK3—2—00—2

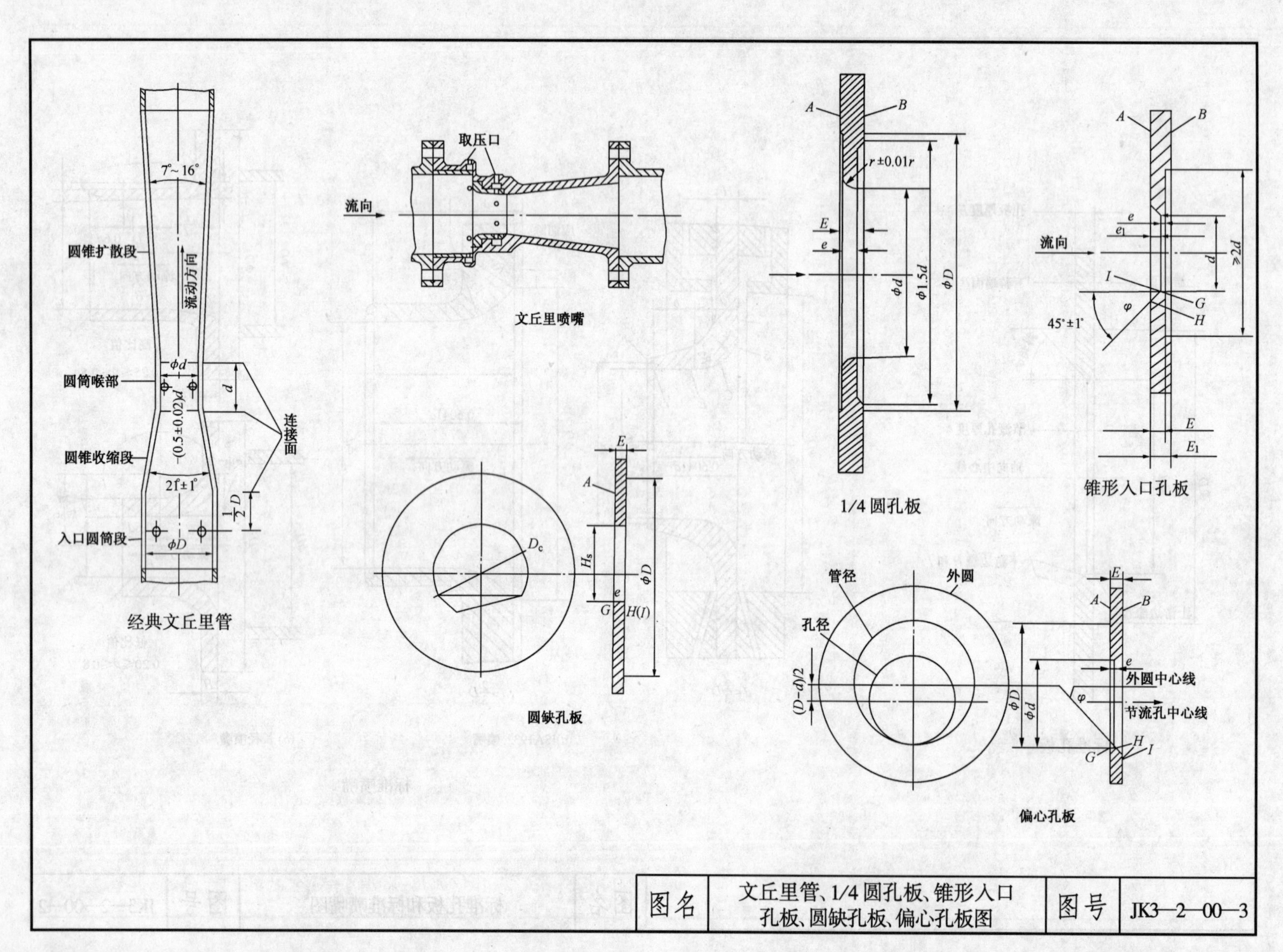

图名	文丘里管、1/4 圆孔板、锥形入口孔板、圆缺孔板、偏心孔板图	图号	JK3—2—00—3

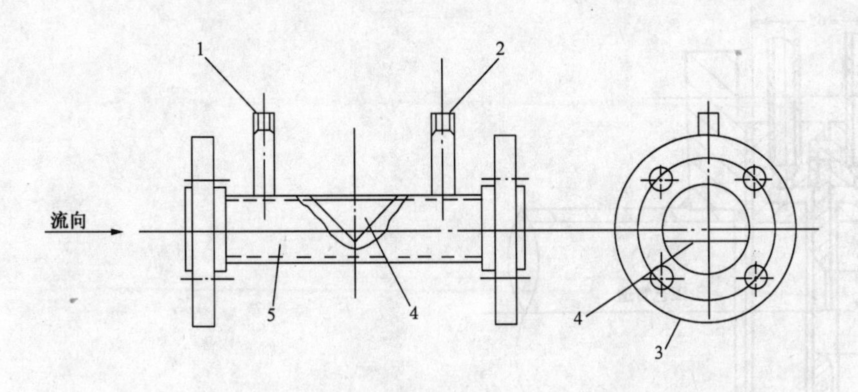

楔形孔板流量计

1—正压取压口；2—负压取压口；3—法兰；4—楔；5—测量管

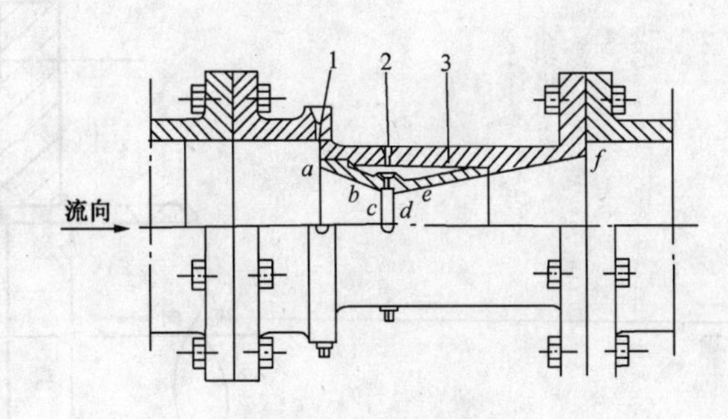

道尔管

1—高压接头；2—低压接头；3—管线

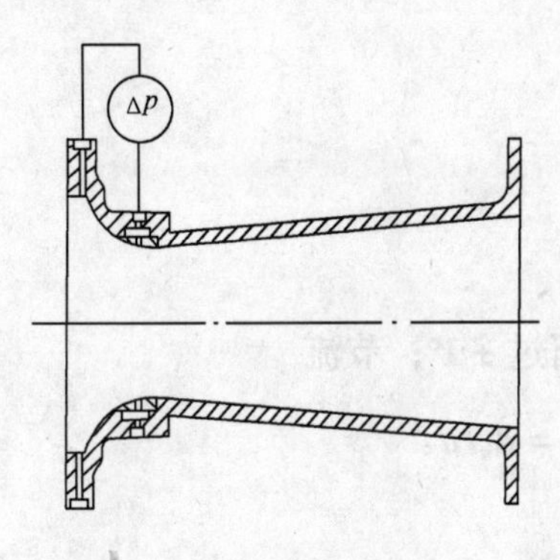

罗洛斯管

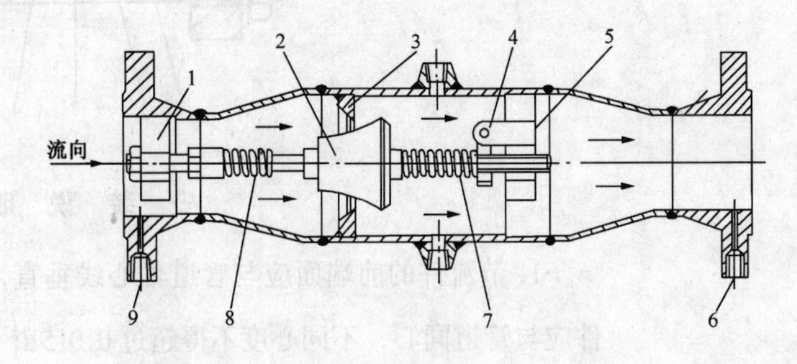

线性孔板

1—浮动支架；2—柱塞；3—固定孔板；4—调零；5—支架；6—负压取出口；
7—负载弹簧；8—逆流弹簧；9—正压取出口

图名	楔形孔板流量计、道尔管、罗洛斯管、线性孔板图	图号	JK3—2—00—4

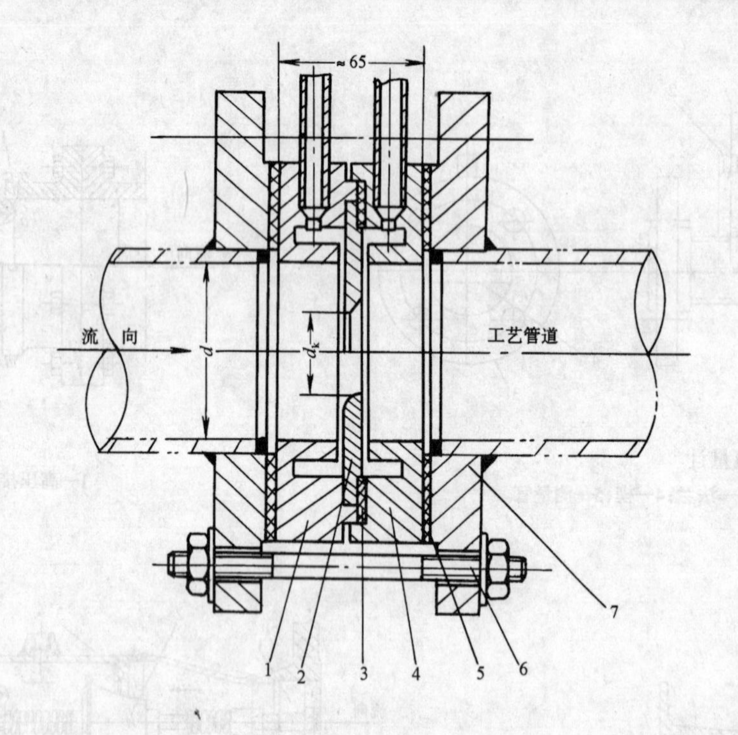

安 装 说 明

1. 节流件的前端面应与管道轴心线垂直，不垂直度不得超过 ± 1°；节流件应与管道同心，不同心度不得超过 $0.015d\left(\frac{1}{\beta}-1\right)$ 的数值，$\beta = d_k/d$。

2. 节流件取压口的径向方位，应符合 GBJ93 的规定。

3. 新安装的管路系统必须在管道冲洗和扫线以后再进行节流件的安装。

4. 密封垫片（件 5）在夹紧后不得突入管道内壁。

5. 法兰件 7、法兰垫片件 5 应由孔板制造厂配套供应。

图名	环式孔板(或 1/4 圆喷嘴)的安装图(一) DN50~DN400,PN0.6,PN1.0,PN1.6,PN2.5	图号	JK3—2—01—1

零 件 尺 寸 表

(mm)

公称压力	$PN\leqslant0.6$				$PN\leqslant1.0$				$PN\leqslant1.6$				$PN\leqslant2.5$			
公称直径 DN (mm)	6. 双头螺柱 (GB901)		5. 法兰垫片 (JB/T87)		6. 双头螺柱 (GB901)		5. 法兰垫片 (JB/T87)		6. 双头螺柱 (GB901)		5. 法兰垫片 (JB/T87)		6. 双头螺柱 (GB901)		5. 法兰垫片 (JB/T87)	
	规　格	个数	规　格	t	规　格	个数	规　格	t	规　格	个数	规　格	t	规　格	个数	规　格	t
50	M12 × 135	4	垫片 50—6		M16 × 145	4	垫片 50—10		M16 × 150	4	垫片 50—16		M16 × 155	4	垫片 50—25	
65	M12 × 135	4	垫片 65—6		M16 × 150	4	垫片 55—10		M16 × 155	4	垫片 65—16		M16 × 155	8	垫片 65—25	
80	M16 × 145	4	垫片 80—6		M16 × 150	8	垫片 80—10		M16 × 155	8	垫片 80—16		M16 × 160	8	垫片 80—25	
100	M16 × 145	4	垫片 100—6		M16 × 155	8	垫片 100—10		M16 × 160	8	垫片 100—16		M20 × 170	8	垫片 100—25	
125	M16 × 150	8	垫片 125—6	2	M16 × 160	8	垫片 125—10	2	M16 × 165	8	垫片 125—16	2	M22 × 180	8	垫片 125—25	2
150	M16 × 150	8	垫片 150—6		M20 × 165	8	垫片 150—10		M20 × 175	8	垫片 150—16		M22 × 180	8	垫片 150—25	
200	M16 × 155	8	垫片 200—6		M20 × 165	8	垫片 200—10		M20 × 180	12	垫片 200—16		M22 × 185	12	垫片 200—25	
250	M16 × 160	12	垫片 250—6		M20 × 170	12	垫片 250—10		M22 × 185	12	垫片 250—16		M27 × 200	12	垫片 250—25	
300	M20 × 165	12	垫片 300—6		M20 × 175	12	垫片 300—10		M22 × 185	12	垫片 300—16		M27 × 205	16	垫片 300—25	
350	M20 × 170	12	垫片 350—6	3	M20 × 175	16	垫片 350—10	3	M22 × 190	16	垫片 350—16	3	M30 × 220	16	垫片 350—25	3
400	M20 × 175	12	垫片 400—6		M20 × 185	16	垫片 400—10		M27 × 205	16	垫片 400—16		M30 × 220	16	垫片 400—25	

明 细 表

件号	名称及规格	数量	材　质	图号或标准、规格号	备　注
1	前环室	1			见工程设计
2	孔板（或 1/4 圆喷嘴）	1			见工程设计
3	垫　片	1			见工程设计
4	后 环 室	1			见工程设计
5	法兰垫片	2	XB350	JB/T87	
6	双头螺柱	n	Q275	GB901	
7	法　兰	2	Q235—A	GB/T9119	见工程设计

图名	环式孔板(或 1/4 圆喷嘴)的安装图(二) DN50~DN400;PN0.6,PN1.0,PN1.6,PN2.5	图号	JK3—2—01—2

安 装 说 明

1. 孔板端面与管道轴线垂直，不垂直度不得超过±1°，孔板与管道同心，不同心度不超过 0.015$d\left(\frac{1}{\beta}-1\right)$的数值，$\beta=\frac{d_k}{d}$。

2. 节流件取压口的径向方位应符合 GBJ93 的规定。

3. 密封垫片件 5 在夹紧后不得突入管道内壁。

4. 新安装的管路系统必须在管道冲洗和扫线后再进行孔板安装。

5. 法兰件 7 与法兰垫片件 5 亦可由孔板制造厂家配套供应。

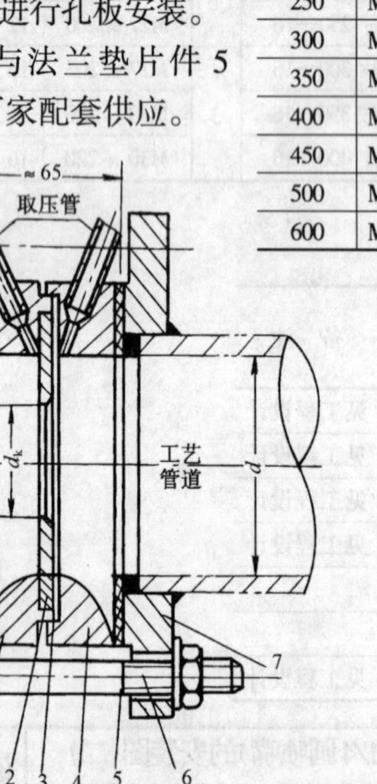

零 件 尺 寸 表（mm）

公称压力	$PN=1.0$				$PN=1.6$				$PN=2.5$			
公称直径 DN	6. 双头螺柱（GB901）		5. 法兰垫片（JB/T87）		6. 双头螺柱（GB901）		5. 法兰垫片（JB/T87）		6. 双头螺柱（GB901）		5. 法兰垫片（JB/T87）	
	规格	个数	规格	t	规格	个数	规格	t	规格	个数	规格	t
50	M16×145	4	垫片 50—10		M16×150	4	垫片 50—16		M16×155	4	垫片 50—25	
65	M16×150	4	垫片 65—10		M16×155	4	垫片 65—16		M16×155	8	垫片 65—25	
80	M16×150	8	垫片 80—10		M16×155	8	垫片 80—16		M16×160	8	垫片 80—25	
100	M16×155	8	垫片 100—10		M16×160	8	垫片 100—16		M20×170	8	垫片 100—25	
125	M16×160	8	垫片 125—10	2	M16×165	8	垫片 125—16	2	M22×180	8	垫片 125—25	2
150	M20×165	8	垫片 150—10		M20×175	8	垫片 150—16		M22×180	8	垫片 150—25	
200	M20×165	8	垫片 200—10		M20×180	12	垫片 200—16		M22×185	12	垫片 200—25	
250	M20×170	12	垫片 250—10		M22×185	12	垫片 250—16		M27×200	12	垫片 250—25	
300	M20×175	12	垫片 300—10		M22×185	12	垫片 300—16		M27×205	16	垫片 300—25	
350	M22×175	16	垫片 350—10		M22×190	16	垫片 350—16		M30×220	16	垫片 350—25	
400	M22×185	16	垫片 400—10		M27×205	16	垫片 400—16		M30×220	16	垫片 400—25	
450	M22×185	20	垫片 450—10	3	M27×210	20	垫片 450—16	3	M30×230	20	垫片 450—25	3
500	M22×190	20	垫片 500—10		M30×220	20	垫片 500—16		M36×235	20	垫片 500—25	
600	M27×200	20	垫片 600—10		M36×225	20	垫片 600—16					

明 细 表

件号	名称及规格	数量	材质	图号或标准、规格号	备 注
1	前环室	1			见工程设计
2	孔板	1			见工程设计
3	垫片	1			见工程设计
4	后环室	1			见工程设计
5	法兰垫片	2	XB350	JB/T87	
6	双头螺柱	n	Q275	GB901	
7	法兰	2	Q235—A	GB/T9119	见工程设计

图名	夹环钻孔式孔板的安装图 DN50～DN600；PN1.0、PN1.6、PN2.5	图号	JK3—2—02

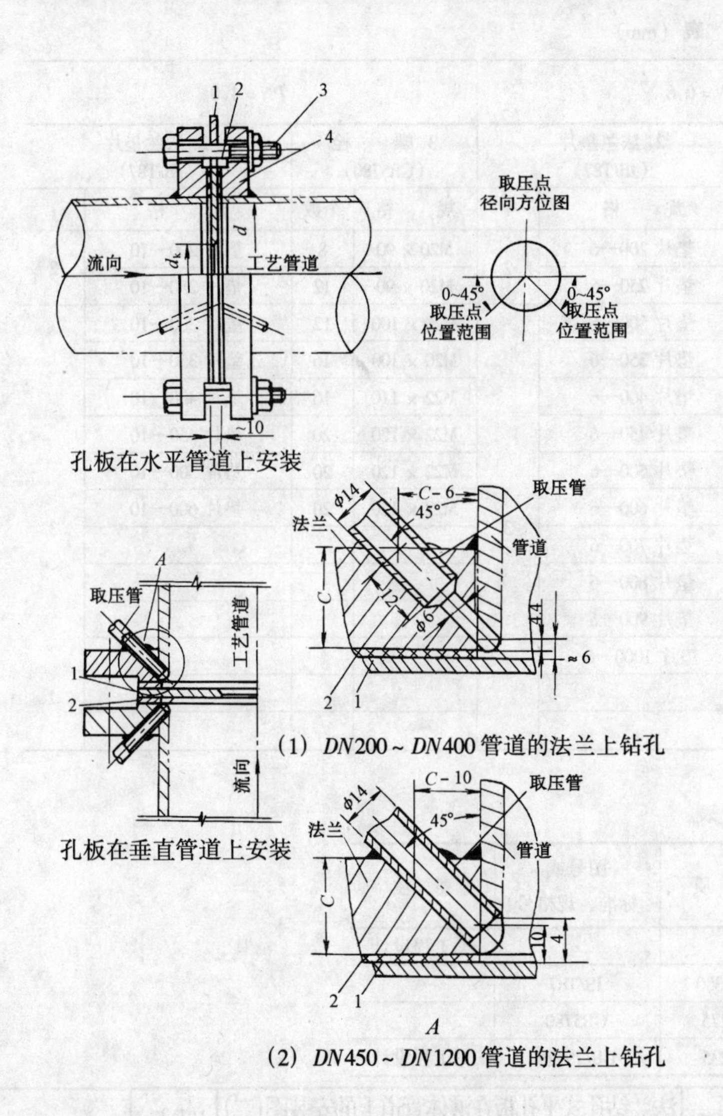

孔板在水平管道上安装

孔板在垂直管道上安装

（1）*DN*200 ~ *DN*400 管道的法兰上钻孔

（2）*DN*450 ~ *DN*1200 管道的法兰上钻孔

安装说明

1. 孔板前端与管道轴线垂直，不垂直度不超过 ± 1°；节流件与管道同心，不同心度不超过 $0.015d\left(\frac{1}{\beta}-1\right)$ 的数值，$\beta=\frac{d_k}{d}$。

2. 新安装的管路系统必须在管道冲洗和扫线后再进行节流件的安装。

3. 密封垫片（件 2）在夹紧后不得突入管道内壁。

4. 当在垂直管道上测量液体流量时，液体流向只能自下而上。

5. *C*-法兰厚度。

图名	法兰钻孔式平孔板在液体管道上的安装图(一) *DN*200 ~ *DN*1200; *PN*0.25、*PN*0.6、*PN*1.0	图号	JK3—2—03—1

零 件 尺 寸 表（mm）

公称压力	*PN*＝0.25				*PN*＝0.6				*PN*＝1.0			
公称直径 *DN*	3. 螺栓（GB5780）		2. 法兰垫片（JB/T87）		3. 螺栓（GB5780）		2. 法兰垫片（JB/T87）		3. 螺栓（GB5780）		2. 法兰垫片（JB/T87）	
	规格	个数	规格	*t*	规格	个数	规格	*t*	规格	个数	规格	*t*
200	M16×75	8	垫片 200—2.5	2	M16×90	8	垫片 200—6	2	M20×90	8	垫片 200—10	2
250	M16×80	12	垫片 250—2.5		M16×90	12	垫片 250—6		M20×90	12	垫片 250—10	
300	M20×90	12	垫片 300—2.5		M20×95	12	垫片 300—6		M20×100	12	垫片 300—10	
350	M20×90	12	垫片 350—2.5		M20×95	12	垫片 350—6		M20×100	16	垫片 350—10	
400	M20×90	16	垫片 400—2.5		M20×100	16	垫片 400—6		M22×110	16	垫片 400—10	
450	M20×90	16	垫片 450—2.5		M20×105	16	垫片 450—6		M22×120	20	垫片 450—10	
500	M20×90	16	垫片 500—2.5		M20×110	16	垫片 500—6		M22×120	20	垫片 500—10	
600	M20×95	20	垫片 600—2.5	3	M20×110	20	垫片 600—6	3	M22×120	20	垫片 600—10	3
700	M22×95	24	垫片 700—2.5		M22×120	24	垫片 700—6					
800	M27×100	24	垫片 800—2.5		M22×120	24	垫片 800—6					
900	M27×110	24	垫片 900—2.5		M27×130	24	垫片 900—6					
1000	M27×115	28	垫片 1000—2.5		M27×130	28	垫片 1000—6					
1100	M27×115	32	垫片 1100—2.5									
1200	M27×115	32	垫片 1200—2.5									

明 细 表

件号	名称及规格	数量	材 质	图号或标准、规格号	备 注
1	平孔板	1			见工程设计
2	垫 片	2	XB350	JB/T87	
3	螺 栓		Q275	GB5780	
4	法兰，*PN*	2	Q235	GB/T9119	见工程设计

图名	法兰钻孔式平孔板在液体管道上的安装图(二) *DN*200～*DN*1200；*PN*0.25、*PN*0.6、*PN*1.0	图号	JK3—2—03—2

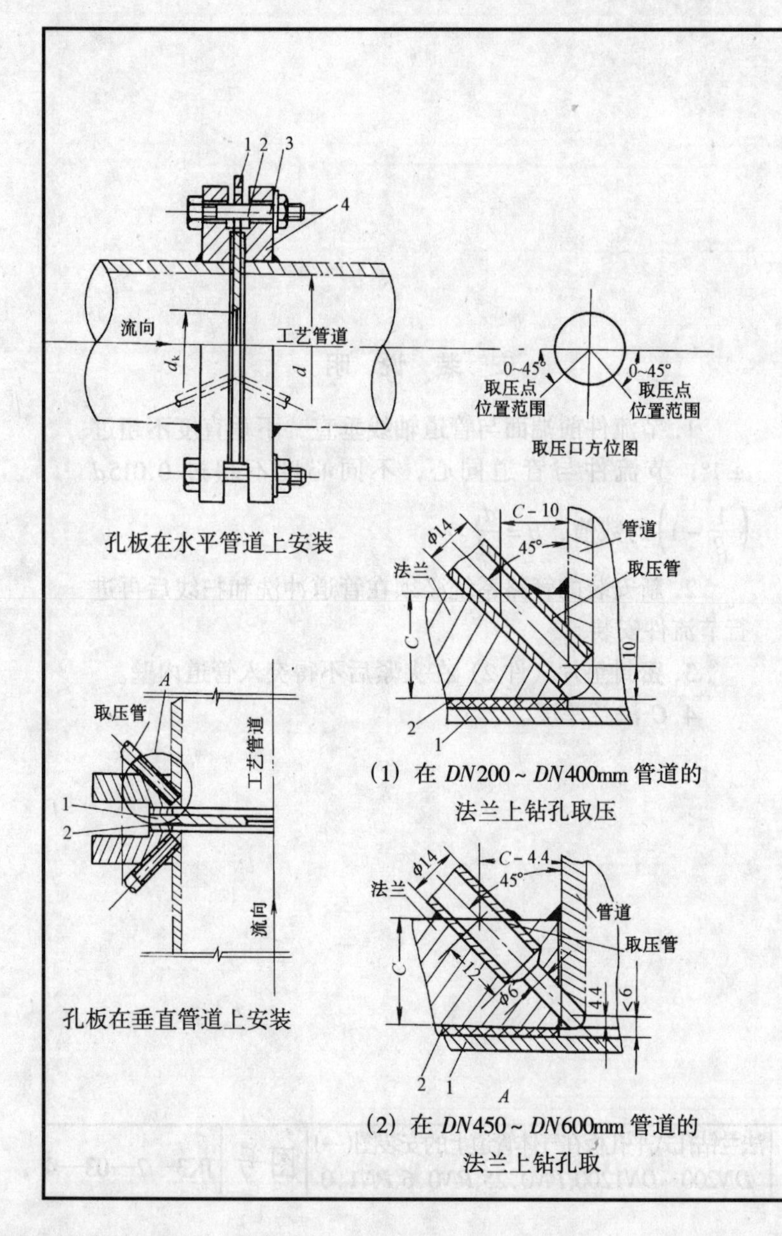

零件尺寸表 (mm)

公称压力	PN=1.6				PN=2.5			
公称直径	3. 螺栓 (GB5780)		2. 垫片 (JB/T87)		3. 螺栓 (GB5780)		2. 垫片 (JB/T87)	
DN	规格	个数	规格	t	规格	个数	规格	t
200	M20×105	12	垫片 200—16	3	M22×105	12	垫片 200—25	2
250	M22×115	12	垫片 250—16		M27×110	12	垫片 250—25	
300	M22×115	12	垫片 300—16		M27×115	16	垫片 300—25	3
350	M22×115	16	垫片 350—16		M30×115	16	垫片 350—25	
400	M27×130	16	垫片 400—16		M30×130	20	垫片 400—25	
450	M27×140	20	垫片 450—16		M30×140	20	垫片 450—25	
500	M30×150	20	垫片 500—16		M36×150	20	垫片 500—25	
600	M36×160	20	垫片 600—16					

附注：

1. 节流件前端面应与管道轴心线垂直，不垂直度不得超过±1°；节流件应与管道同心，不同心度不得超过 $0.015d\left(\frac{1}{\beta}-1\right)$ 的数值，$\beta=d_k/d$。
2. 新安装的管路系统必须在管道冲洗和扫线以后再进行孔板的安装。
3. 密封垫片（件2）在法兰夹紧后不得突出管道内壁。
4. C-法兰厚度。

明细表

件号	名称及规格	数量	材质	图号或标准、规格号	备注
1	平孔板	1			见工程设计
2	垫片	2	XB350	JB/T87	
3	螺栓		Q275	GBT5780	
4	法兰	2	Q235	GB/T9119	见工程设计

图名	法兰钻孔式平孔板在液体管道上的安装图 DN200~DN600；PN1.6、PN2.5	图号	JK3—2—03—3

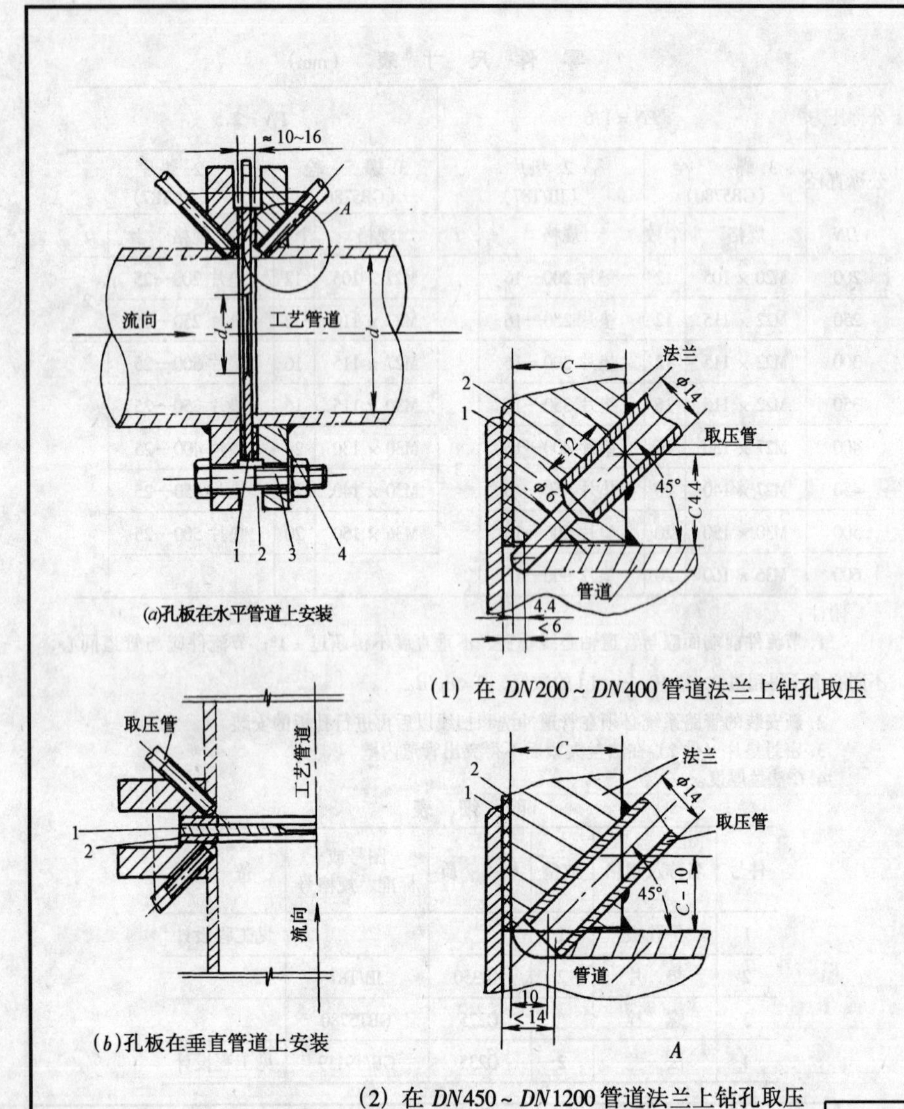

安装说明

1. 节流件前端面与管道轴线垂直，不垂直度不超过 ±1°；节流件与管道同心，不同心度不超过 $0.015d\left(\frac{1}{\beta}-1\right)$ 的数值，$\beta=\frac{d_k}{d}$。

2. 新安装的管路系统必须在管道冲洗和扫线后再进行节流件安装。

3. 密封垫片（件 2）在夹紧后不得突入管道内壁。

4. C-法兰厚度。

图名	法兰钻孔式平孔板在气体管道上的安装图(一) DN200 ~ DN1200; PN0.25、PN0.6、PN1.0	图号	JK3—2—03—4

零件尺寸表（mm）

公称压力	$PN=0.25$				$PN=0.6$				$PN=1.0$			
公称直径 DN	3. 螺栓（GB5780）		2. 垫片（JB/T87）		3. 螺栓（GB5780）		2. 垫片（JB/T87）		3. 螺栓（GB5780）		2. 垫片（JB/T87）	
	规格	个数	规格	t	规格	个数	规格	t	规格	个数	规格	t
200	M16×75	8	垫片 200—2.5	2	M16×90	8	垫片 200—6	2	M20×90	8	垫片 200—10	2
250	M16×80	12	垫片 250—2.5		M16×90	12	垫片 250—6		M20×90	12	垫片 250—10	
300	M20×90	12	垫片 300—2.5	3	M20×95	12	垫片 300—6	3	M20×100	12	垫片 300—10	3
350	M20×90	12	垫片 350—2.5		M20×95	12	垫片 350—6		M20×100	16	垫片 350—10	
400	M20×90	16	垫片 400—2.5		M20×100	16	垫片 400—6		M22×110	16	垫片 400—10	
450	M20×90	16	垫片 450—2.5		M20×105	16	垫片 450—6		M22×120	20	垫片 450—10	
500	M20×90	16	垫片 500—2.5		M20×110	16	垫片 500—6		M22×120	20	垫片 500—10	
600	M20×95	20	垫片 600—2.5		M20×110	20	垫片 600—6		M27×120	20	垫片 600—10	
700	M22×95	24	垫片 700—2.5		M22×120	24	垫片 700—6					
800	M27×100	24	垫片 800—2.5		M22×120	24	垫片 800—6					
900	M27×110	24	垫片 900—2.5		M27×130	24	垫片 900—6					
1000	M27×115	28	垫片 1000—2.5		M27×130	28	垫片 1000—6					
1100	M27×115	32	垫片 1100—2.5									
1200	M27×115	32	垫片 1200—2.5									

明细表

件号	名称及规格	数量	材质	图号或标准、规格号	备注
1	平孔板	1			见工程设计
2	垫片	2	XB350	JB/T87	
3	螺栓		Q275	GB5780	
4	法兰	2	Q235—A	GB/T9119	见工程设计

图名	法兰钻孔式平孔板在气体管道上的安装图(二) $DN200\sim DN1200$;$PN0.25$、$PN0.6$、$PN1.0$	图号	JK3—2—03—5

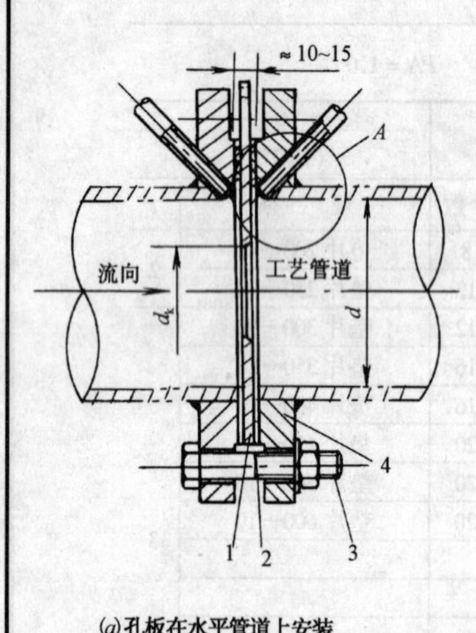

(a)孔板在水平管道上安装

(1) 在 DN200 ~ DN400 管道法兰上钻孔取压

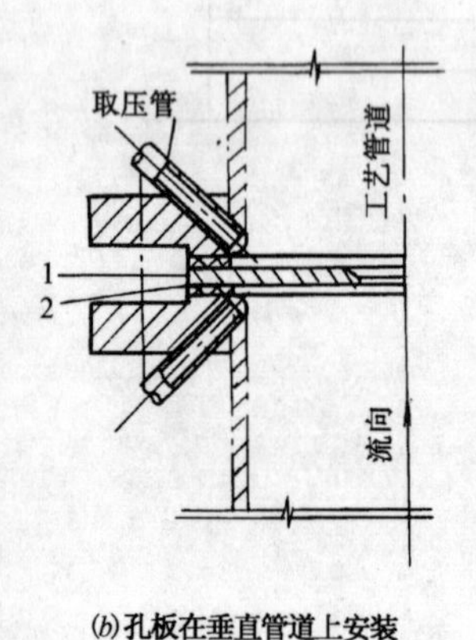

(b)孔板在垂直管道上安装

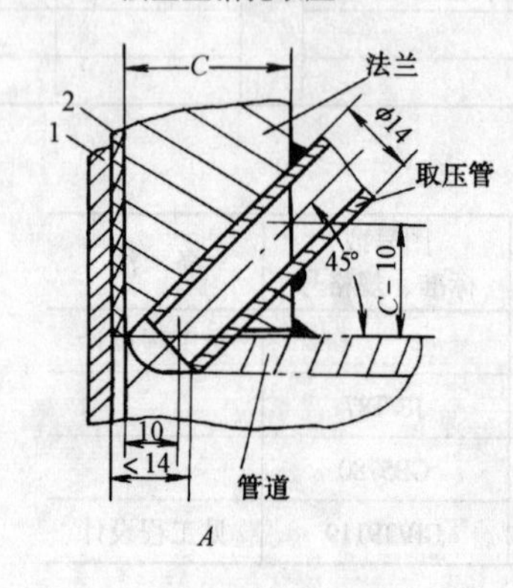

(2) 在 DN450 ~ DN1200 管道法兰上钻孔取压

零 件 尺 寸 表（mm）

公称压力	PN = 1.6MPa				PN = 2.5MPa			
公称直径 DN	3. 螺栓（GB5780）		2. 垫片（JB/T87）		3. 螺栓（GB5780）		2. 垫片（JB/T87）	
	规格	个数	规格	t	规格	个数	规格	t
200	M20 × 105	12	垫片 200—16	2	M22 × 105	12	垫片 200—25	2
250	M22 × 110	12	垫片 250—16		M27 × 110	12	垫片 250—25	
300	M22 × 115	12	垫片 300—16		M27 × 115	16	垫片 300—25	
350	M22 × 115	16	垫片 350—16		M30 × 115	16	垫片 350—25	
400	M27 × 130	16	垫片 400—16	3	M30 × 130	16	垫片 400—25	3
450	M27 × 140	20	垫片 450—16		M30 × 140	20	垫片 450—25	
500	M30 × 150	20	垫片 500—16		M36 × 150	20	垫片 500—25	
600	M36 × 160	20	垫片 600—16					

安 装 说 明

1. 节流件前端与管道轴线垂直，不垂直度不超过 ± 1°；节流件与管道同心，不同心度不得超过 $0.015d\left(\frac{1}{\beta}-1\right)$ 的数值，$\beta=\frac{d_k}{d}$。

2. 新安装的管路系统必须在管道冲洗和扫线后再进行节流件安装。

3. 密封垫片（件 2）在夹紧后不得突入管道内壁。

4. C-法兰厚度。

明 细 表

件号	名称及规格	数量	材　质	图号或标准、规格号	备　注
1	平孔板	1			见工程设计
2	垫片	2	XB350	JB/T87	
3	螺栓		Q275	GB5780	
4	法兰	2	Q235	GB/T9119	见工程设计

图名	法兰钻孔式平孔板在气体管道上的安装图 DN200 ~ DN600; PN≤1.6、PN2.5	图号	JK3—2—03—6

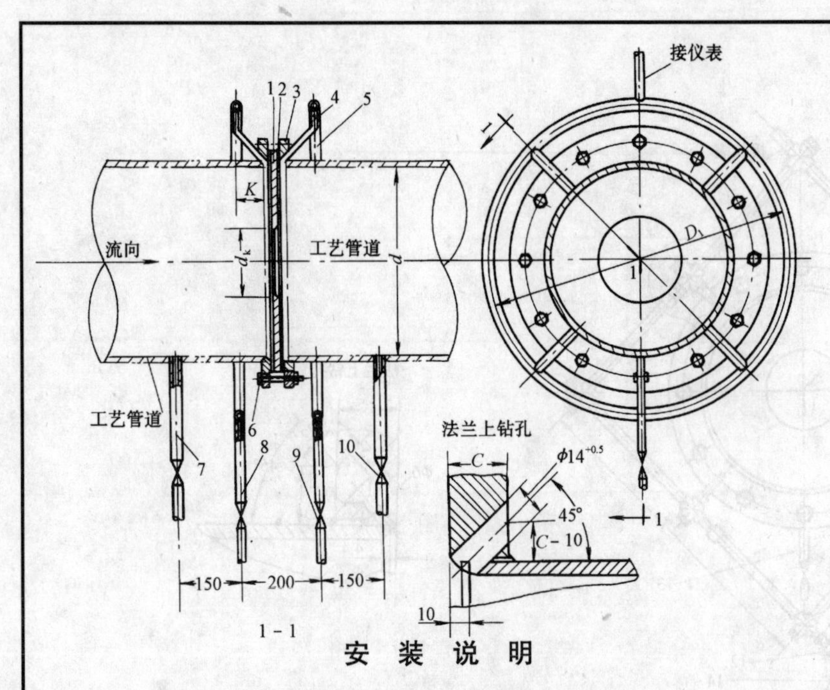

安　装　说　明

1. 孔板前端与管道轴线垂直，不垂直度不超过±1°，孔板与管道中心不同心度不得超过$0.015d\left(\frac{1}{\beta}-1\right)$的数值，$\beta = d_k/d$。

2. 密封垫片件2，夹紧后不得突入管道内壁。

3. 新安装的管路系统必须在管道冲洗和扫线后再进行节流件的安装。

4. 排液和排污管上的闸阀件9、件10应安放在便于操作的地方，其中心高距地面（或操作走台面）最好不超过1.4m。

5. 法兰钻孔式平孔板均压环取压分两种形式，一种是圆形均压环取压，选用见图JK3—2—03—7；一种是方形均压环取压，选用见图JK3—2—03—8、9。

6. C-法兰厚度。

零　件　尺　寸　表（mm）

公称直径 DN	5. 均压环（GB8162）			6. 螺栓（GB5780）		2. 垫片（JB/T87）		间距 K 小于
	D_1	个数	展开长	规格	个数	规格	t	
450	778	2	2445	M20×90	16	垫片 450—2.5	3	46
500	829	2	2665	M20×90	16	垫片 500—2.5		46
600	930	2	2922	M22×95	20	垫片 600—2.5		50
700	1020	2	3205	M22×95	24	垫片 700—2.5		50
800	1120	2	3520	M27×110	24	垫片 800—2.5		55
900	1220	2	3832	M27×115	24	垫片 900—2.5		55
1000	1320	2	4150	M27×120	28	垫片 1000—2.5		45
1200	1520	2	4775	M27×120	32	垫片 1200—2.5		46
1400	1720	2	5400	M27×120	36	垫片 1400—2.5		55
1600	1920	2	6030	M27×120	40	垫片 1600—2.5		55

明　细　表

件号	名称及规格	数量	材质	图号或标准、规格号	备　注
1	孔　板	1			见工程设计
2	垫　片	2	XB350	JB/T87	
3	法　兰　PN0.25	2	Q235	GB/T9119	见工程设计
4	取压管　D14×2	8	10、20	GB/T3092	
5	均压环　DN25	2	Q235	GB8162	长度见表
6	螺　栓	n	Q275	GB5780	
7	排污管　DN20	2	Q235	GB/T3092	长度设计定
8	排液管　DN15	2	Q235	GB/T3092	
9	闸阀　Z15W—10T，DN15	2			
10	闸阀　Z15W—10T；DN20	2			

图名	法兰钻孔式平孔板安装图(带圆形均压环取压)DN450～DN1600；PN0.25	图号	JK3—2—03—7

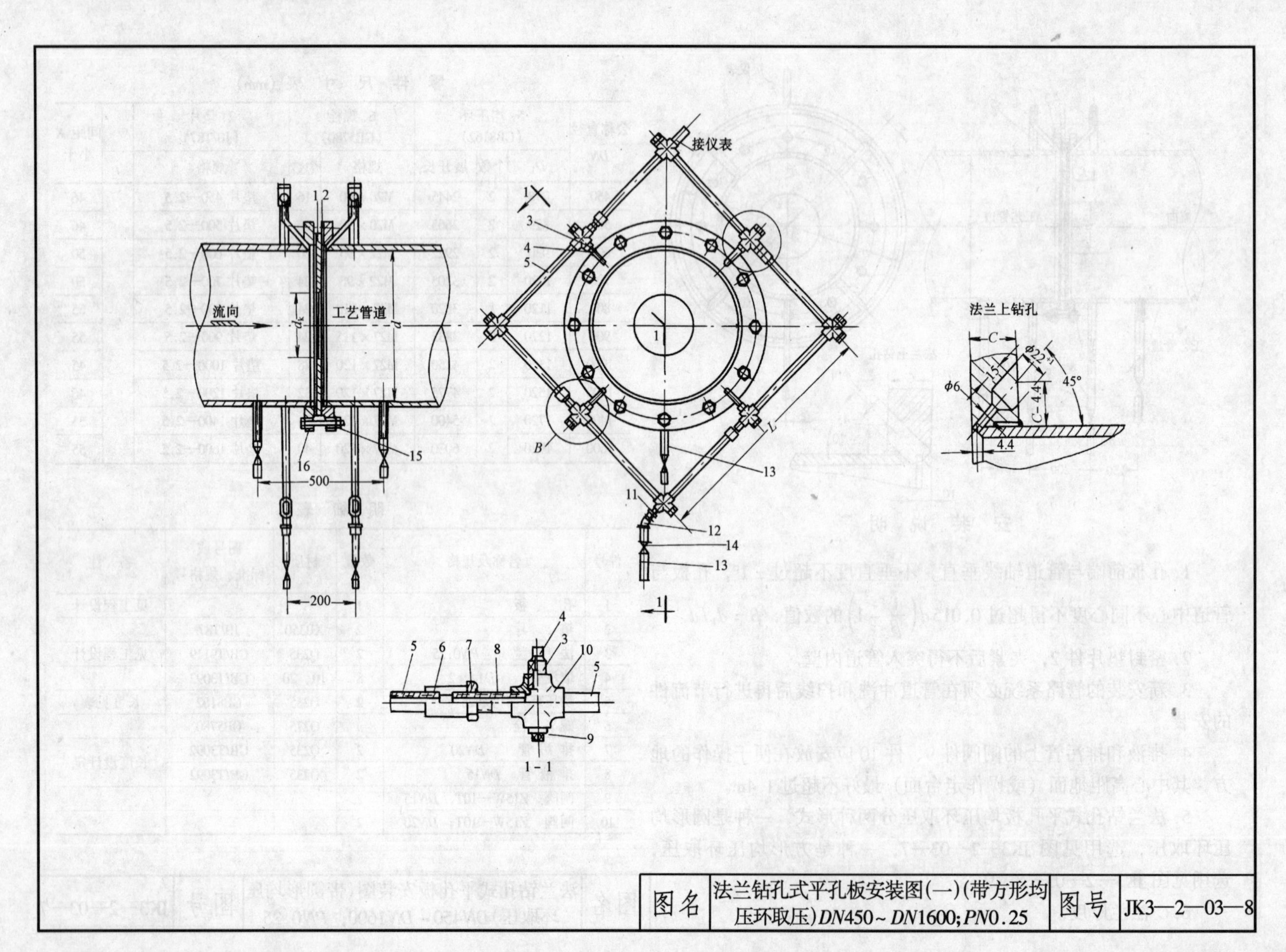

图名	法兰钻孔式平孔板安装图(一)(带方形均压环取压)$DN450\sim DN1600;PN0.25$	图号	JK3—2—03—8

零件尺寸表(mm)

公称直径 DN	臂长 L	2. 垫片(JB/T87) 规格	t	13 排液污管	15. 螺栓 GB5780 规格	个数
450	778	垫片 450—2.5	3	200	M20×90	16
500	829	垫片 500—2.5		200	M20×90	16
600	930	垫片 600—2.5		200	M20×95	20
700	1020	垫片 700—2.5		250	M22×95	24
800	1120	垫片 800—2.5		250	M27×105	24
900	1220	垫片 900—2.5		250	M27×110	24
1000	1320	垫片 1000—2.5		300	M27×115	28
1200	1520	垫片 1200—2.5		300	M27×115	32
1400	1720	垫片 1400—2.5		300	M27×120	36
1600	1920	垫片 1600—2.5		300	M27×120	40

安装说明

1. 孔板前端面应与管道轴线垂直，不垂直度不超过±1°；孔板应与管道同心，不同心度不得超过$0.015d\left(\frac{1}{\beta}-1\right)$的数值，$\beta=d_k/d$。

2. 密封垫片件2夹紧后不得突入管道内壁，排液、排污的闸阀应安放在便于操作的地方。

3. 新安装的管路系统必须在管道冲洗和扫线后再进行孔板的安装。

4. 法兰钻孔式平孔板的均压环取压分两种形式，一种是圆形均压环取压，选用见图 JK3—2—03—7；一种是方形均压环取压，选用见图 JK3—2—03—8、9。

明细表

件号	名称及规格	数量	材质	图号或标准、规格号	备注
1	孔板	1			见工程设计
2	垫片	2	XB350	JB/T87	
3	螺纹短管，G¾″，$L=50$	8	Q235—A	GB/T3092	
4	取压管，$DN20$，$L=200$	8	Q235—A	GB/T3092	
5	均压环臂，$DN20$	8	Q235—A	GB/T3092	
6	管接头，G¾″	10	KT33—8	GB3289	
7	防松螺母，M27	10		GB41	
8	螺纹短管，G¾″，$L=40$	8	Q235	GB/T3092	
9	外方堵头，R¾″	20	KT33—8	GB3289	
10	四通，G¾″	16	KT33—8	GB3289	
11	外接头，G¾″	2	KT33—8	GB3289	
12	弯头，45°				
13	排液、排污管，$DN20$	4	Q235	GB/T3092	
14	闸阀，Z15W—10T、$DN20$	4			
15	螺栓		Q275	GB5780	
16	法兰，$PN0.25$	2	Q235	GB/T9119	见工程设计

图名	法兰钻孔式平孔板安装图(二)(带方形均压环取压)$DN450\sim DN1600$;$PN0.25$	图号	JK3—2—03—9

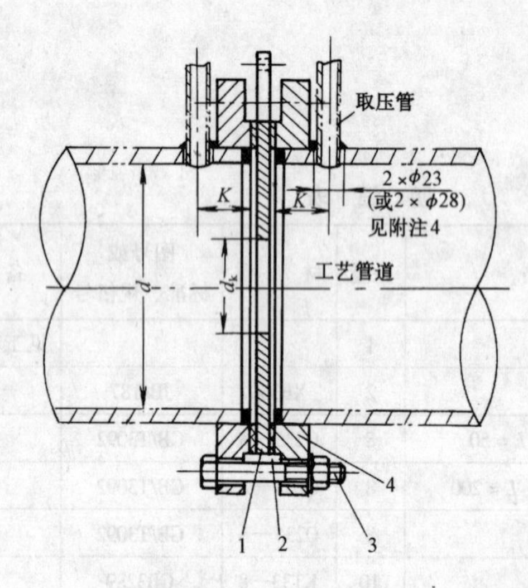

孔板在水平管理上安装

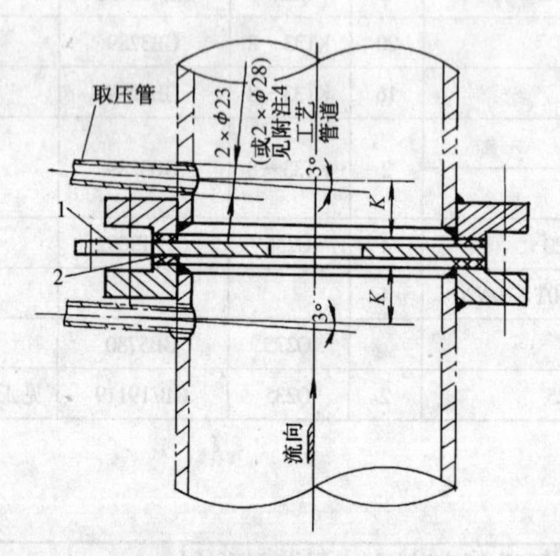

孔板在垂直管道上安装

零 件 尺 寸 表（mm）

公称直径 DN	3. 螺栓 (GB5780)		2. 垫片 (JB/T87)		间距 K 小于	
	规格	个数	规格	t	DN15	DN20
1200	M27×120	32	垫片 1200—2.5	3	46	51
1400	M27×130	36	垫片 1400—2.5		55	53
1500	M27×130	40	垫片 1500—2.5		55	53
1600	M27×130	40	垫片 1600—2.5		55	53

安 装 说 明

1. 孔板前端面应与管道轴线垂直，不垂直度不得超过±1°；孔板应与管道同心，不同心度不得超过 $0.015d\left(\frac{1}{\beta}-1\right)$ 的数值，$\beta=\frac{d_k}{d}$。

2. 新安装的管路系统必须在管道冲洗和扫线后再进行孔板的安装。

3. 密封垫片（件 2）在夹紧后不得突入管道内壁。

4. 安装取压管的孔，当取压管是 DN15 时，为 ϕ23；DN20 时，为 ϕ28。钻孔间距 K 值是在取压孔距孔板端面不超过 0.05D 条件下设计的，因此用本图安装孔板时，流量系数 α 应乘以 1.005 的校正系数，且 $\beta \leqslant 0.7746$，或允许增加 −0.5% 的误差。

明 细 表

件号	名称及规格		数量	材质	图号或标准、规格号	备 注
1	平孔板		1			见工程设计
2	垫 片		2	XB350	JB/T87	
3	螺 栓		n	Q275	GB5780	
4	法兰	PN0.25	2	Q235	GB/T9119	见工程设计

图名	管道钻孔式平孔板安装图 DN1200～DN1600；PN0.25	图号	JK3—2—03—10

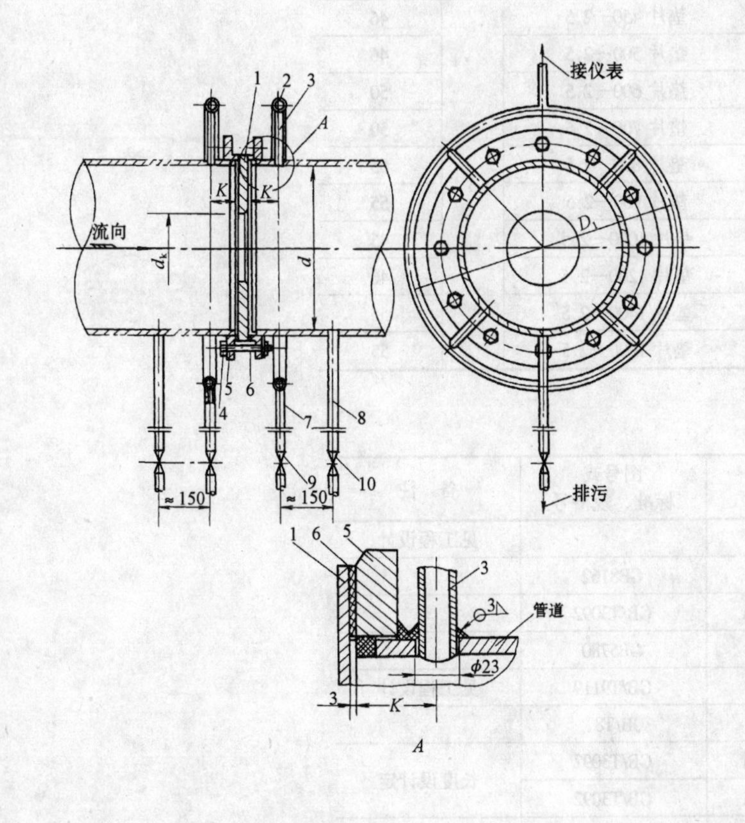

安 装 说 明

1. 孔板前端与管道轴线应垂直，其误差不得超过 ± 1°；孔板与管道应同心，其误差不超过 $0.015d\left(\frac{1}{\beta}-1\right)$ 的数值，$\beta = d_k/d$。

2. 密封垫片（件 6）夹紧后不得突入管道内壁。

3. 新安装的管路系统必须在管道冲洗和扫线后再进行孔板的安装。

4. 排液和排污管上的闸阀（件 7、件 8）应安放在便于操作的地方，其中心高距地面（或操作走台面）最好不超过 1.4m。

5. 本图取压孔中心与法兰端面的间距 K 值是在下列条件下设计的：

（1）当 $DN450 \sim DN1000$，β 不大于 0.7745，取压孔距孔板端面不大于 $0.1D$，对流量系数 α 乘以 1.0075 的校正系数；

（2）当 $DN1200 \sim DN1600$，β 不大于 0.7745，取压孔距孔板端面不大于 $0.05D$，对 α 乘以 1.005 的校正系数。

图名	管道钻孔式平孔板安装图(一)(带圆形均压环取压)$DN450 \sim DN1600$；$PN0.25$	图号	JK3—2—03—11

平孔零件尺寸表

公称管径 DN (mm)	2. 均压环 (GB8162)			4. 螺栓 (GB5780)		6. 垫片 (JB/T87)		间距 K 小于 (mm)
	D_1 (mm)	个数	展开长 L (mm)	规格	个数	规格	t	
450	778	2	2445	M20×90	16	垫片 450—2.5	3	46
500	892	2	2605	M20×90	16	垫片 500—2.5		46
600	930	2	2922	M22×95	20	垫片 600—2.5		50
700	1020	2	3205	M22×95	24	垫片 700—2.5		50
800	1120	2	3520	M27×110	24	垫片 800—2.5		55
900	1220	2	3832	M27×115	24	垫片 900—2.5		55
1000	1320	2	4150	M27×120	28	垫片 1000—2.5		45
1200	1520	2	4775	M27×120	32	垫片 1200—2.5		46
1400	1720	2	5400	M27×120	36	垫片 1400—2.5		55
1600	1920	2	6030	M27×120	40	垫片 1600—2.5		55

明细表

件号	名称及规格	数量	材质	图号或标准、规格号	备注
1	孔　板	1			见工程设计
2	均压环，*DN*25	2	10、20	GB8162	
3	取压管，焊接钢管，*DN*15，*l* = 200mm	4	Q235—A	GB/T3092	
4	螺　栓		Q275	GB5780	
5	法兰，*PN*0.25	2	Q235	GB/T9119	见工程设计
6	垫　片	2	XB350	JB/T87	
7	排液管，　*DN*15	2	Q235—A	GB/T3092	长度设计定
8	排污管，　*DN*20	2	Q235—A	GB/T3092	
9	闸阀，　Z15W—10T，*DN*15	2			
10	闸阀，　Z15W—10T，*DN*20	2			

图名	管道钻孔式平孔板安装图(二)(带圆形均压环取压)*DN*450～*DN*1600；*PN*0.25	图号	JK3—2—03—12

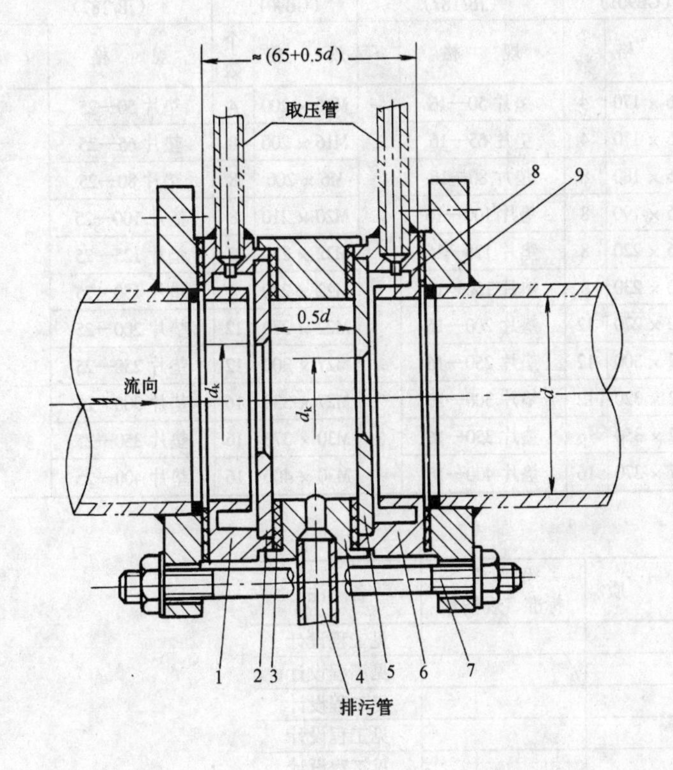

安装说明

1. 安装时应注意，（1）两块孔板的前后位置，开孔大的为前孔板（辅孔板）开孔小的为后孔板（主孔板）。（2）孔板的正负方向，圆柱口的一面为正，对着流向；圆锥口的一面为负，背着流向。（3）孔板与管道应准确同心，其误差不得大于$0.015d\left(\frac{1}{\beta}-1\right)$的数值，$\beta=\frac{d_k}{d}$；孔板的前端面应与管道轴线垂直，不垂直度不得大于1°。
2. 本图也适用于垂直管道上安装孔板，但对液体介质，其流向只能自下而上。
3. 密封垫片（件8）夹紧后不得突入管道内壁。
4. 新安装的管道必须在冲洗和扫线后才能进行孔板的安装。

图名	环室式双重孔板的安装图(一) *DN*50～*DN*400；*PN*0.6、*PN*1.0、*PN*2.5	图号	JK3—2—04—1

尺 寸 表

公称压力	*PN*=0.6MPa				*PN*=1.0MPa				*PN*=1.6MPa				*PN*=2.5MPa			
公称直径 *DN*（mm）	7. 双头螺柱（GB901）		8. 垫片（JB/T87）		7. 双头螺柱（GB901）		8. 垫片（JB/T87）		7. 双头螺柱（GB901）		8. 垫片（JB/T87）		7. 双头螺柱（GB901）		8. 垫片（JB/T87）	
	规格	个数	规格	*t*	规格	个数	规格	*t*	规格	个数	规格	*t*	规格	个数	规格	*t*
50	M12×160	4	垫片 50—6.0	2	M16×160	4	垫片 50—10	2	M16×170	4	垫片 50—16	2	M16×200	4	垫片 50—25	2
65	M12×160	4	垫片 65—6.0		M16×170	4	垫片 65—10		M16×170	4	垫片 65—16		M16×200	8	垫片 65—25	
80	M16×170	4	垫片 80—6.0		M16×180	8	垫片 80—10		M16×180	8	垫片 80—16		M6×200	8	垫片 80—25	
100	M16×180	4	垫片 100—6.0		M16×190	8	垫片 100—10		M16×190	8	垫片 100—16		M20×210	8	垫片 100—25	
125	M16×200	8	垫片 125—6.0		M16×210	8	垫片 125—10		M16×220	8	垫片 125—16		M22×220	8	垫片 125—25	
150	M16×220	8	垫片 150—6.0		M20×220	8	垫片 150—10		M20×230	8	垫片 150—16		M22×230	8	垫片 150—25	
200	M16×250	8	垫片 200—6.0		M20×350	8	垫片 200—10		M20×270	12	垫片 200—16		M22×270	12	垫片 200—25	
250	M16×280	12	垫片 250—6.0		M20×280	12	垫片 250—10		M22×300	12	垫片 250—16		M27×300	12	垫片 250—25	
300	M20×300	12	垫片 300—6.0		M20×310	12	垫片 300—10		M22×320	12	垫片 300—16		M27×330	16	垫片 300—25	
350	M20×330	12	垫片 350—6.0	3	M20×330	16	垫片 350—10	3	M22×350	16	垫片 350—16	3	M30×370	16	垫片 350—25	3
400	M20×370	16	垫片 400—6.0		M22×370	16	垫片 400—10		M27×370	16	垫片 400—16		M30×400	16	垫片 400—25	

明 细 表

件号	名称及规格	数量	材 质	图号或标准、规格号	备 注
1	前 环 室	1			见工程设计
2	前孔板（辅孔板）	1			见工程设计
3	垫 片	2			见工程设计
4	中 间 环	1			见工程设计
5	后孔板（主孔板）	1			见工程设计
6	后 环 室	1			见工程设计
7	双头螺柱		Q275	GB901	
8	垫 片	2	XB350	JB/T87	
9	法 兰	2	Q275	GB/T9119	见工程设计

图名	环室式双重孔板的安装图(二)*DN*50～*DN*400；*PN*0.6、*PN*1.0、*PN*2.5	图号	JK3—2—04—2

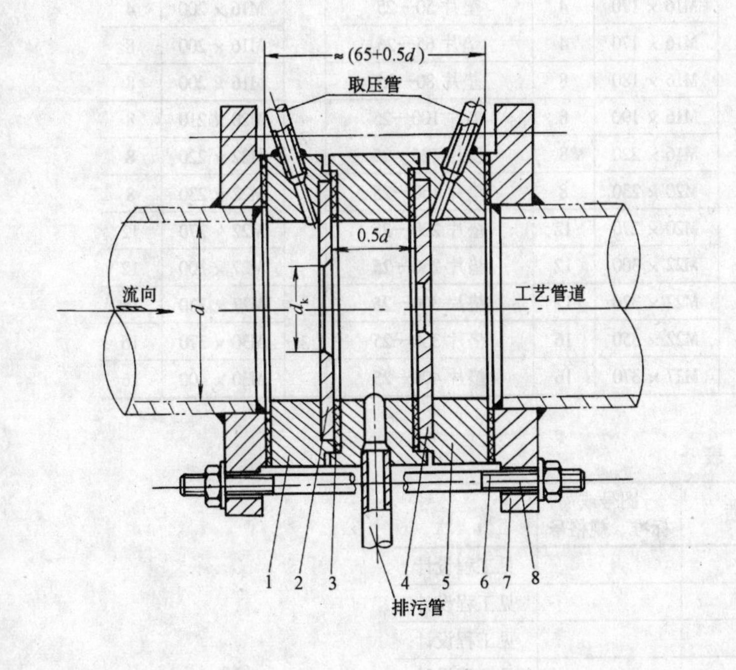

安装说明

1. 安装时应注意：(1) 两块孔板的前后位置，开孔大的为前孔板（辅孔板)，开孔小的为后孔板（主孔板)。(2) 孔板的正负方向，圆柱口的一面为正，对着流向；圆锥口的一面为负，背着流向。(3) 孔板与管道应准确同心，其误差不得大于 $0.015d\left(\frac{1}{\beta}-1\right)$ 的数值，$\beta=\frac{d_k}{d}$；孔板的前端面应与管道轴线垂直，不垂直度不得大于1°。
2. 本图也适用于在垂直管道上安装孔板，但对液体介质，其流向只能自下而上。
3. 密封垫片（件6）夹紧后不得突出管道内壁。
4. 新安装的管道必须在冲洗和扫线之后才能进行孔板的安装。

图名	夹环钻孔式双重孔板安装图(一) *DN*50～*DN*400；*PN*1.0、*PN*1.6、*PN*2.5	图号	JK3—2—04—3

零件尺寸表（mm）

公称压力	PN=1.0MPa				PN=1.6MPa				PN=2.5MPa			
公称直径	6. 垫片（JB/T87）		8. 双头螺柱（GB901）		6. 垫片（JB/T87）		8. 双头螺柱（GB901）		6. 垫片（JB/T87）		8. 双头螺柱（GB901）	
DN	规格	*t*	规格	个数	规格	*t*	规格	个数	规格	*t*	规格	个数
50	垫片 50—10	2	M16×160	4	垫片 50—16	2	M16×170	4	垫片 50—25	2	M16×200	4
65	垫片 65—10		M16×170	4	垫片 65—16		M16×170	4	垫片 65—25		M16×200	8
80	垫片 80—10		M16×180	4	垫片 80—16		M16×180	8	垫片 80—25		M16×200	8
100	垫片 100—10		M16×190	8	垫片 100—16		M16×190	8	垫片 100—25		M20×210	8
125	垫片 125—10		M16×210	8	垫片 125—16		M16×220	8	垫片 125—25		M22×220	8
150	垫片 150—10		M20×220	8	垫片 150—16		M20×230	8	垫片 150—25		M22×230	8
200	垫片 200—10		M20×250	8	垫片 200—16		M20×270	12	垫片 200—25		M22×270	12
250	垫片 250—10		M20×280	12	垫片 250—16		M22×300	12	垫片 250—25		M27×300	12
300	垫片 300—10	3	M20×310	12	垫片 300—16	3	M22×320	12	垫片 300—25	3	M27×330	16
350	垫片 350—10		M20×330	16	垫片 350—16		M22×350	16	垫片 350—25		M30×370	16
400	垫片 400—10		M20×370	16	垫片 400—16		M27×370	16	垫片 400—25		M30×400	16

明细表

件号	名称及规格	数量	材质	图号或标准、规格号	备注
1	前夹环	1			见工程设计
2	前孔板	1			见工程设计
3	垫片	2			见工程设计
4	后孔板	1			见工程设计
5	后夹环	1			见工程设计
6	垫片	2	XB350	JB/T87	
7	法兰	2	Q235	GB/T9119	按工程设计
8	双头螺柱	*n*	Q275	GB901	

图名	夹环钻孔式双重孔板的安装图（二） *DN*50～*DN*400；*PN*1.0、*PN*1.6、*PN*2.5	图号	JK3—2—04—4

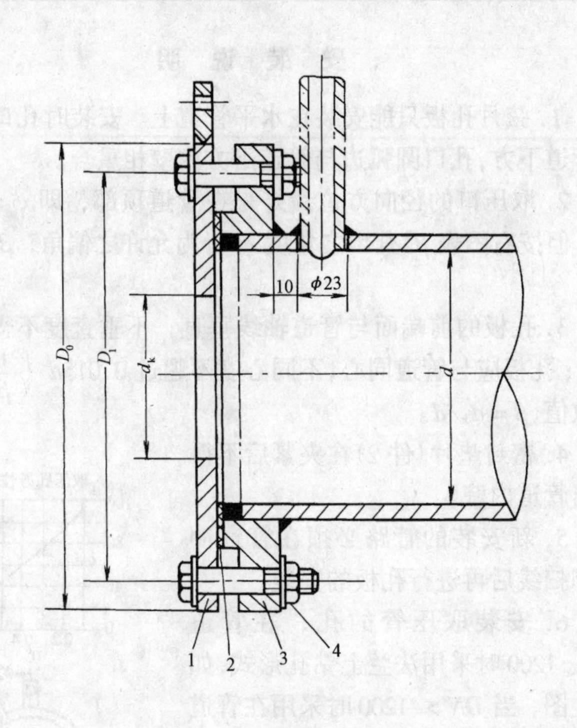

零件尺寸表 (mm)

公称直径 DN	3. 螺栓 (GB5780)		2. 垫片 (JB/T87)	
	规　格	个数	规　格	t
400	M20×50	16	垫片 400—2.5	
450	M20×50	16	垫片 450—2.5	
500	M20×50	16	垫片 500—2.5	
600	M22×50	20	垫片 600—2.5	
700	M22×50	24	垫片 700—2.5	
800	M27×50	24	垫片 800—2.5	3
900	M27×50	24	垫片 900—2.5	
1000	M27×60	28	垫片 1000—2.5	
1200	M27×60	32	垫片 1200—2.5	
1400	M27×60	36	垫片 1400—2.5	
1600	M27×60	40	垫片 1600—2.5	

明　细　表

件号	名称及规格	数量	材质	图号或标准、规格号	备　注
1	端头孔板	1			见工程设计
2	垫　　片	1	XB350	JB/T87	
3	法　　兰	1	Q235		见工程设计
4	螺　　栓		Q275	GB5780	

安装说明

1. 新安装的管道必须在冲洗和吹扫完成线之后再进行孔板的安装。

2. 安装时应注意孔板与工艺管道同心，误差不得大于 1°。

3. 法兰盘内面与管道焊接应满焊，然后磨平，使焊接表面与管道内壁相平。

4. 密封垫片（件 2）在夹紧后不得突入管道内壁。

图名	端头孔板安装图 *DN*400～*DN*1600；*PN*0.1	图号	JK3—2—05

(*a*) 孔板在水平管道上安装

($DN \leqslant 1200$mm)

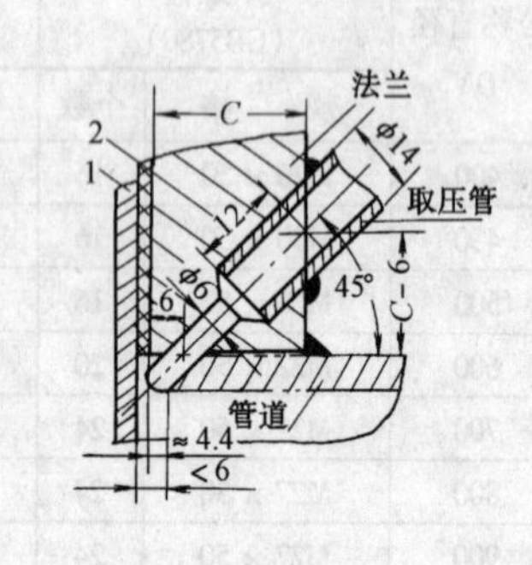

(1)在 $DN400$ 以下管道法兰上钻孔取压

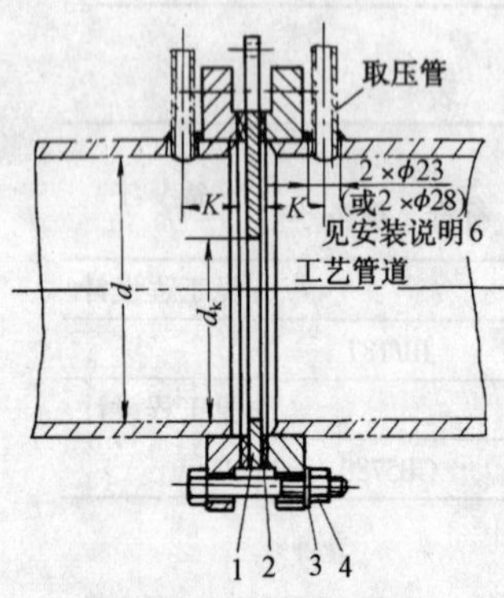

(*b*) 孔板在水平管道上安装

($DN > 1200$mm)

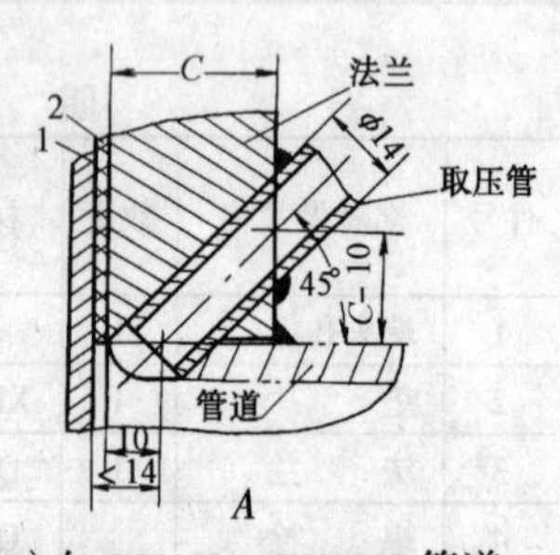

(2)在 $DN450 \sim DN1200$ 管道法兰上钻孔取压

取压钻孔形式

安 装 说 明

1. 弦月孔板只能安装在水平管道上。安装时孔口必须在管道下方,孔口圆弧边与管道下方内壁相重合。

2. 取压口的径向方位最好是在管道顶部，即 $\varphi = 0°$位置，但按右图表 β^2 查出之角度 φ'皆为允许之偏角，$\beta = d_k/d$。

3. 孔板的前端面与管道轴线垂直，不垂直度不得超过 $\pm 1°$; 孔板应与管道同心,不同心度不超过 $0.015d\left(\frac{1}{\beta}-1\right)$ 的数值,$\beta = d_k/d$。

4. 密封垫片(件 2)在夹紧后不得突出管道内壁。

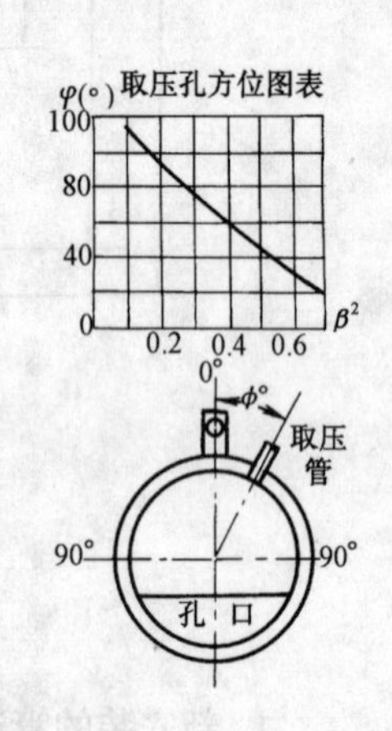

5. 新安装的管路必须在管道冲洗和扫线后再进行孔板的安装。

6. 安装取压管的孔，在管道 $DN \leqslant 1200$ 时采用法兰上钻孔形式,如左上图，当 $DN > 1200$ 时采用在管道上钻孔形式，如左下图。在管道上钻孔应按取压管的大小决定，$DN = 15$ 的取压管钻 $\phi 23$ 孔, $DN = 20$ 的钻 $\phi 28$ 孔。钻孔间距 K 是在取压孔距孔板端面不超过 $0.05D$ 的条件下设计的。

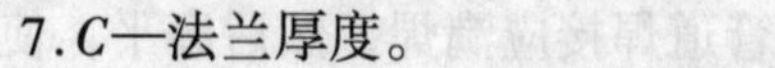

7. C—法兰厚度。

图名	弦月孔板安装图(一) $DN400 \sim DN1600$; $PN0.25$、$PN0.6$	图号	JK3—2—06—1

零件尺寸表（mm）

公称压力	PN = 0.25MPa									PN = 0.6MPa				
公称直径 DN	2. 垫片 (JB/T87)		3. 螺栓 (GB5780)		公称直径 DN	2. 垫片 (JB/T87)		3. 螺栓 (GB5780)		2. 垫片 (JB/T87)		3. 螺栓 (GB5780)	
	规格	t	规格	个数		规格	t	规格	个数	规格	t	规格	个数
400	垫片 400—2.5	3	M20 × 90	16	1200	垫片 1200—2.5	3	M27 × 115	32	垫片 400—6	3	M20 × 100	16
450	垫片 450—2.5		M20 × 95	16				M27 × 115	32	垫片 450—6		M20 × 105	16
500	垫片 500—2.5		M20 × 95	16	1400	垫片 1400—2.5		M27 × 120	36	垫片 500—6		M20 × 110	16
600	垫片 600—2.5		M22 × 100	20				M27 × 120	36	垫片 600—6		M22 × 110	20
700	垫片 700—2.5		M22 × 100	24	1500	垫片 1500—2.5		M27 × 130	40	垫片 700—6		M22 × 120	24
800	垫片 800—2.5		M27 × 110	24	1600	垫片 1600—2.5		M27 × 130	40	垫片 800—6		M27 × 120	24
900	垫片 900—2.5		M27 × 115	24						垫片 900—6		M27 × 130	24
1000	垫片 1000—2.5		M27 × 115	28						垫片 1000—6		M27 × 130	28

间距 K 值表（mm）

取压管	DN15	DN20
管径 DN	K	
1400	55	53
1500	55	53
1600	60	55

明细表

件号	名称及规格	数量	材质	图号或标准、规格号	备注
1	弦月孔板	1			见工程设计
2	垫片	2		JB/T87	
3	螺栓	n	Q275	GB5780	
4	法兰	2	Q235	GB/T9119	按工程设计

图名	弦月孔板安装图(二) DN400 ~ DN1600；PN0.25、PN0.6	图号	JK3—2—06—2

安 装 说 明

1. 本节流件由工厂装配好后再拿到现场与工艺管道焊接。

2. 节流件前后应保证有足够长的直管段，节流件前端面与管道轴线垂直，不垂直度不超过±1°，装配和与管道焊接时，节流件与管道应准确同心，其误差不超过0.01d。

3. 取压孔的方位应遵循GBJ93的有关规定。

4. 法兰件5与法兰垫片件7垫片件4由孔板制造厂家配套供应。

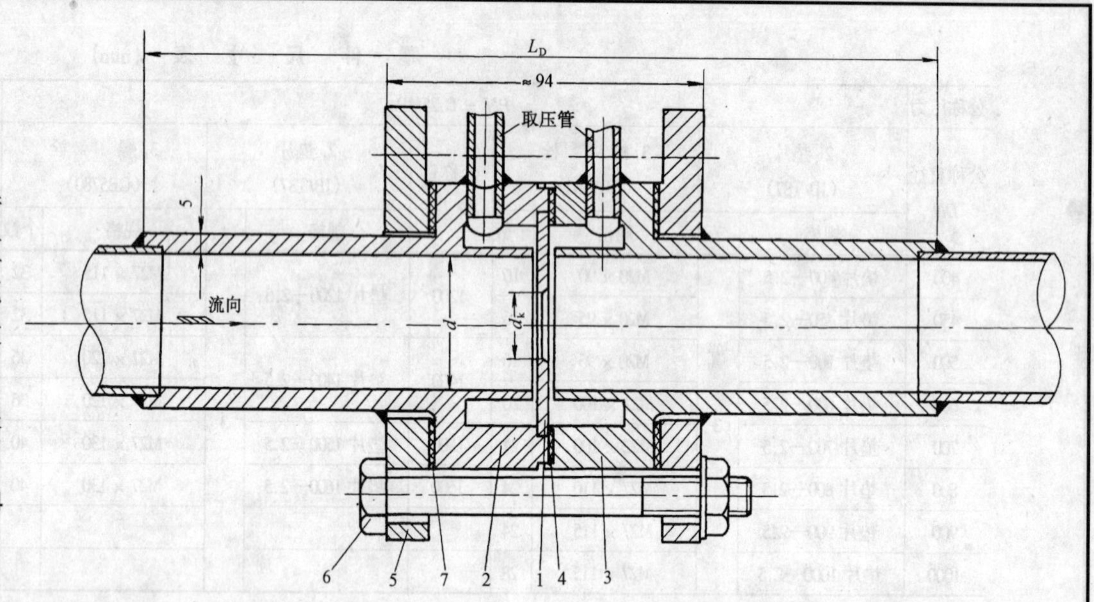

零件尺寸（mm）

公称管径 DN	6. 螺栓 规格	个数	4. 垫片 ϕ_1	ϕ_2	t	7. 垫片 ϕ_1	ϕ_2	t	组件长度 L_D
10	M12×120	4	42	24	2	48	25	2	140
15	M12×120	4	47	27		54	31		140
20	M12×160	4	58	32		62	39		200
25	M12×180	4	68	37		70	47		200
32	M16×180	4	78	44		80	57		240
40	M16×180	4	88	52		90	67		240

明 细 表

件号	名称及规格	数量	材质	图号或标准、规格号	备注明细表
1	小孔板（或1/4圆喷嘴）	1			见工程设计
2	前环室	1			见工程设计
3	后环室	1			见工程设计
4	垫 片，ϕ_1/ϕ_2；$t=2$mm	1			见工程设计
5	法 兰	2	Q235	JB/T81	厂家配套供应
6	螺 栓	n	Q275	GB5780	
7	垫 片	2	XB350		厂家配套供应

图名	环室式小孔板(或小1/4圆喷嘴)安装图 DN10～DN40；PN0.6	图号	JK3—2—07

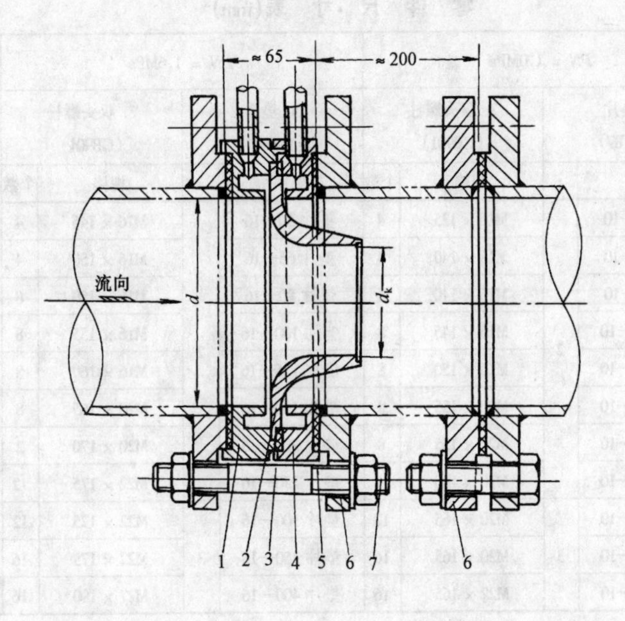

安装说明

1. 安装时应保证喷嘴的前端面与管道轴线垂直，不垂直度不得超过 ±1°；喷嘴应与管道同心，不同心度不得超过 $0.015d\left(\frac{1}{\beta}-1\right)$ 的数值，$\beta = d_k/d$。

2. 喷嘴的取压点的径向方位应根据介质和管道水平或垂直等不同条件而异，应遵循国标规范选定。

3. 密封垫片(件 5)夹紧后不得突入管道内壁。

4. 新安装的管路系统必须在冲洗和扫线后再进行喷嘴的安装。

5. 本图适用于介质温度在 300℃以下，如用于 300℃以上高温，则应改变零件材质。

图名	环室式标准喷嘴安装图(一) *DN*50~*DN*400；*PN*0.6、*PN*1.0、*PN*1.6、*PN*2.5	图号	JK3—2—08—1

零 件 尺 寸 表(mm)

公称压力	PN = 0.6MPa				PN = 1.0MPa				PN = 1.6MPa				PN = 2.5MPa			
公称直径	5. 垫片(JB/T87)		7. 双头螺柱(GB901)		5. 垫片(JB/T87)		7. 双头螺柱(GB901)		5. 垫片(JB/T87)		7. 双头螺柱(GB901)		5. 垫片(JB/T87)		7. 双头螺柱(GB901)	
DN	规格	t	规格	个数	规格	t	规格	个数	规格	t	规格	个数	规格	t	规格	个数
50	垫片 50—6		M12 × 125	4	垫片 50—10		M16 × 135	4	垫片 50—16		M16 × 145	4	垫片 50—25		M16 × 150	4
65	垫片 65—6		M12 × 125	4	垫片 65—10		M16 × 140	4	垫片 65—16		M16 × 150	4	垫片 65—25		M16 × 150	8
80	垫片 80—6		M16 × 135	4	垫片 80—10		M16 × 140	4	垫片 80—16		M16 × 150	8	垫片 80—25		M16 × 155	8
100	垫片 100—6	2	M16 × 135	4	垫片 100—10	2	M16 × 145	8	垫片 100—16	2	M16 × 155	8	垫片 100—25	2	M20 × 160	8
125	垫片 125—6		M16 × 140	8	垫片 125—10		M16 × 150	8	垫片 125—16		M16 × 160	8	垫片 125—25		M22 × 165	8
150	垫片 150—6		M16 × 140	8	垫片 150—10		M20 × 155	8	垫片 150—16		M20 × 165	8	垫片 150—25		M22 × 165	8
200	垫片 200—6		M16 × 145	8	垫片 200—10		M20 × 155	8	垫片 200—16		M20 × 170	2	垫片 200—25		M22 × 170	12
250	垫片 250—6		M16 × 150	12	垫片 250—10		M20 × 160	12	垫片 250—16		M22 × 175	12	垫片 250—25		M27 × 170	12
300	垫片 300—6		M20 × 155	12	垫片 300—10		M20 × 165	12	垫片 300—16		M22 × 175	12	垫片 300—25		M27 × 175	16
350	垫片 350—6	3	M20 × 160	12	垫片 350—10	3	M20 × 165	16	垫片 350—16	3	M22 × 175	16	垫片 350—25	3	M30 × 185	16
400	垫片 400—6		M20 × 165	16	垫片 400—10		M22 × 165	16	垫片 400—16		M27 × 190	16	垫片 400—25		M30 × 190	16

明 细 表

件号	名 称 及 规 格	数量	材 质	图号或标准、规格号	备 注
1	前 环 室	1			见工程设计
2	喷 嘴	1			见工程设计
3	垫 片	1			见工程设计
4	后 环 室	1			见工程设计
5	垫 片	3	XB350	JB/T87	见工程设计
6	法 兰	4	Q235	GB/T9119	见工程设计
7	双 头 螺 柱		Q275	GB901	

图名	环室式标准喷嘴安装图(二)DN50~DN400;PN0.6、PN1.0、PN1.6、PN2.5	图号	JK3—2—08—2

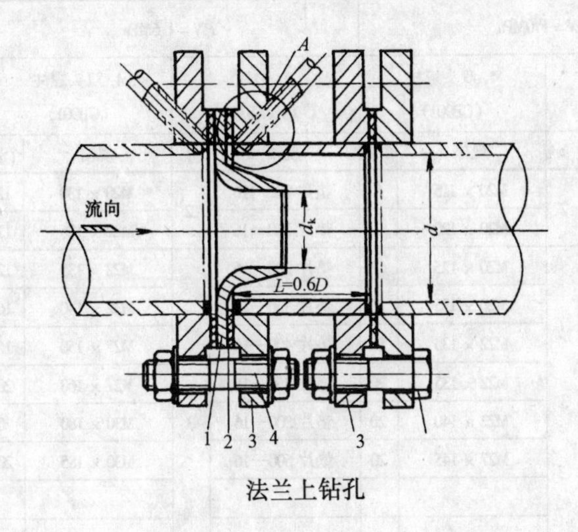

法兰上钻孔

安 装 说 明

1. 喷嘴前端面应与管道轴线垂直，不垂直度不得超过 ± 1°；喷嘴应与管道同心，不同心度不得超过 $0.015\left(\frac{1}{\beta}-1\right)$ 的数值，$\beta = d_k/d$。

2. 新安装的管路系统必须在管道冲洗和扫线以后再进行喷嘴的安装。

3. 密封垫片(件 2)夹紧后不得突入管道内壁。

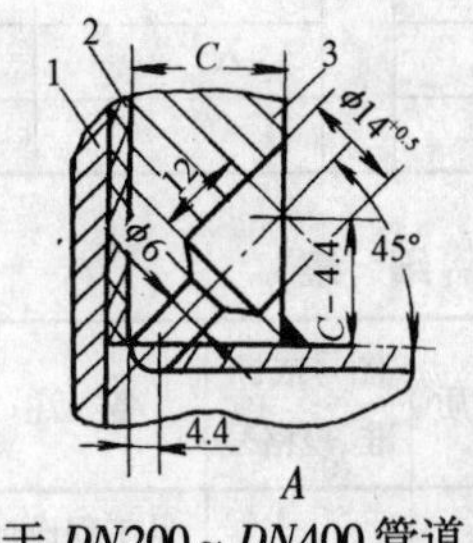

(1)用于 DN200 ~ DN400 管道

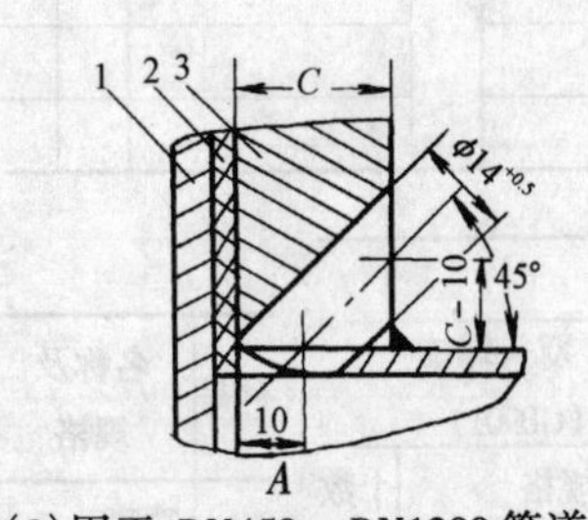

(2)用于 DN450 ~ DN1200 管道

图名	法兰钻孔式喷嘴安装图(一)DN200~DN1200；PN0.6、PN1.0、PN1.6、PN2.5	图号	JK3—2—08—3

零件尺寸表(mm)

公称压力	*PN*=0.25MPa				*PN*=0.6MPa				*PN*=1.0MPa				*PN*=1.6MPa			
公称直径	2. 垫片 (JB/T87)		4. 双头螺柱 (GB901)		2. 垫片 (JB/T87)		4. 双头螺柱 (GB901)		2. 垫片 (JB/T87)		4. 双头螺柱 (GB901)		2. 垫片 (JB/T87)		4. 双头螺柱 (GB901)	
DN	规格	*t*	规格	个数	规格	*t*	规格	个数	规格	*t*	规格	个数	规格	*t*	规格	个数
200	垫片200—2.5	2	M16×95	8	垫片200—6	2	M16×95	8	垫片200—10	2	M20×115	8	垫片200—16	2	M20×130	12
250	垫片250—2.5		M16×105	12	垫片250—6		M16×105	12	垫片250—10		M20×120	12	垫片250—16		M22×135	12
300	垫片300—2.5		M20×115	12	垫片300—6		M20×105	12	垫片300—10		M20×125	12	垫片300—16		M22×135	12
350	垫片350—2.5		M20×115	12	垫片350—6		M20×120	12	垫片350—10		M20×125	16	垫片350—16		M22×140	16
400	垫片400—2.5		M20×115	16	垫片400—6		M20×125	16	垫片400—10		M22×135	16	垫片400—16		M27×150	16
450	垫片450—2.5		M20×120	16	垫片450—6		M20×125	16	垫片450—10		M22×135	20	垫片450—16		M27×160	20
500	垫片500—2.5		M20×120	16	垫片500—6	3	M20×130	16	垫片500—10	3	M22×140	20	垫片500—16	3	M30×180	20
600	垫片600—2.5		M22×120	20	垫片600—6		M22×135	20	垫片600—10		M27×145	20	垫片600—16		M30×185	20
700	垫片700—2.5		M22×125	24	垫片700—6											
800	垫片800—2.5		M27×135	24	垫片800—6											
900	垫片900—2.5		M27×140	24	垫片900—6											
1000	垫片1000—2.5		M27×145	28	垫片1000—6											
1200	垫片1200—2.5			32												
				32												

公称压力	*PN*=2.5MPa			
公称直径	2. 垫片 (JB/T87)		4. 双头螺柱 (GB901)	
DN	规格	*t*	规格	个数
200	垫片200—25	2	M22×135	12
250	垫片250—25			
			M27×150	12
300	垫片300—25	3	M27×155	16

公称压力	*PN*=2.5MPa			
公称直径	2. 垫片 (JB/T87)		4. 双头螺柱 (GB901)	
	规格	*t*	规格	个数
350	垫片350—25	3	M30×170	16
400	垫片400—25		M30×175	16
450	垫片450—25		M30×185	20
500	垫片500—25		M36×205	20

明细表

件号	名称及规格	数量	材质	图号或标准、规格号	备注
1	喷嘴	1			见工程设计
2	垫片	1	XB350	JB/T87	
3	法兰	4	Q235	GB/T9119	见工程设计
4	双头螺栓	*n*	Q275	GB901	

图名	法兰钻孔式喷嘴安装图(二)*DN*200~*DN*1200; *PN*0.25、*PN*0.6、*PN*1.0、*PN*1.6、*PN*2.5	图号	JK3—2—08—4

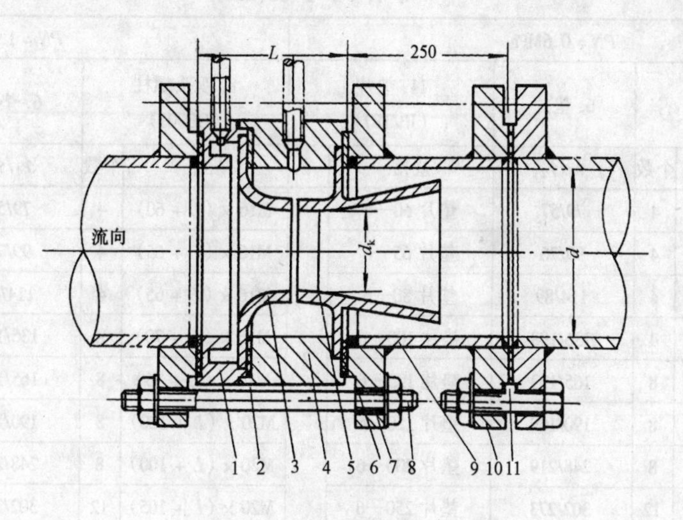

安 装 说 明

1. L 尺寸随管内径 d、喷嘴开孔直径 d_k、开孔截面比 $m=(d_k/d)^2$ 的变化而变化

当 $DN50\sim DN125$，$m\leqslant0.45$ 时，$L=53.7+0.604d_k$

$m>0.45$ 时，$L=53.7+0.404d_k+\sqrt{0.75d_kd-0.25d^2-0.5225d_k^2}$

当 $DN150\sim DN250$，$m\leqslant0.45$ 时，$L=53.2+0.604d_k$

$m>0.45$ 时，$L=53.2+0.404d_k+\sqrt{0.75d_kd-0.25d^2-0.5225d_k^2}$

2. 喷嘴前端面应与管道轴线垂直，不垂直度不得大于 ±1°；喷嘴应与管道同心，不同心度不得超过 $0.015d\left(\frac{1}{\beta}-1\right)$ 的数值，$\beta=d_k/d$。

3. 短管（件 9）的内径、壁厚、材质应与工艺管道完全相同。

4. 密封垫片（件 6、件 11）在夹紧后不得突入管道内壁。

5. 文丘里喷嘴较重，应加设支架。

图名	文丘里喷嘴安装图（一） $DN50\sim DN250$；$PN0.6$、$PN1.0$	图号	JK3—2—08—5

零件尺寸表(mm)

公称压力	PN = 0.6MPa					PN = 1.0MPa				
公称直径 DN	8. 双头螺柱 (GB901)		6. 垫片	11. 垫片 (JB/T87)		8. 双头螺柱 (GB901)		6. 垫片	11. 垫片 (JB/T87)	
	规格	个数	ϕ_1/ϕ_2	规格	t	规格	个数	ϕ_1/ϕ_2	规格	t
50	M12 ×（L + 76）	4	79/57	垫片 50—6	2	M16 ×（L + 60）	4	79/57	垫片 50—10	2
65	M12 ×（L + 76）	4	99/76	垫片 65—6		M16 ×（L + 65）	4	99/76	垫片 65—10	
80	M16 ×（L + 80）	4	114/89	垫片 80—6		M16 ×（L + 65）	4	114/89	垫片 80—10	
100	M16 ×（L + 80）	4	136/108	垫片 100—6		M16 ×（L + 70）	8	136/108	垫片 100—10	
125	M16 ×（L + 85）	8	165/133	垫片 125—6		M16 ×（L + 75）	8	165/133	垫片 125—10	
150	M16 ×（L + 85）	8	190/169	垫片 150—6		M20 ×（L + 100）	8	190/169	垫片 150—10	
200	M16 ×（L + 90）	8	248/219	垫片 200—6		M20 ×（L + 100）	8	248/219	垫片 200—10	
250	M16 ×（L + 95）	12	302/273	垫片 250—6		M20 ×（L + 105）	12	302/273	垫片 250—10	

明 细 表

件号	名称及规格	数量	材 质	图号或标准、规格号	备 注
1	前环室	1			见工程设计
2	垫 片	1			见工程设计
3	喷 嘴	1			见工程设计
4	中间隔环	1			见工程设计
5	后扩管	1			见工程设计
6	垫 片，ϕ_1/ϕ_2，$t = 2$	2	XB350		
7	法 兰	2	Q235	GB/T9119	按工程设计
8	双头螺栓	n	Q275	GB901	
9	短 管	1	与工艺管道同		见工程设计
10	法 兰	2	Q235	GB/T9119	按工程设计
11	垫 片	1	XB350	JB/T87	

图名	文丘里喷嘴安装图(二) $DN50 \sim DN250$；$PN0.6$、$PN1.0$	图号	JK3—2—08—6

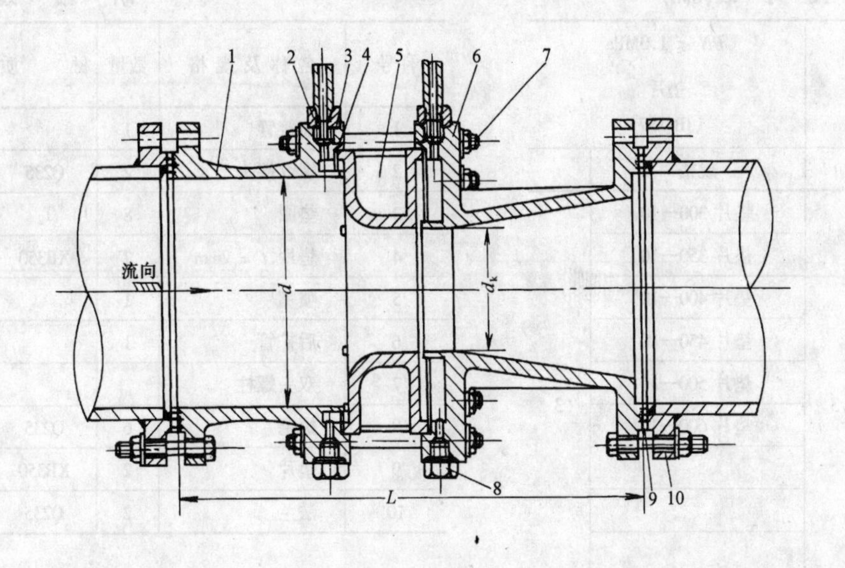

安装说明

1. L 尺寸随管内径 d 和喷嘴开孔直径 d_k 而异，应按下列公式计算：

$$L = 224 + 0.904d_k + d$$

2. 喷嘴的前端面应与管道轴线垂直，不垂直度不得超过 ±1°；喷嘴应与管道同心，不同心度不得超过 $0.015d\left(\frac{1}{\beta}-1\right)$ 的数值，$\beta = d_k/d$。

3. 密封垫片夹紧后不得突入管道内壁。

4. 新安装的管路系统必须在冲洗和扫线后再进行喷嘴的安装。

5. 文丘里喷嘴较重，安装时要加设支架。

图名	文丘里喷嘴安装图(一) $DN300 \sim DN1000$；$PN0.6$、$PN1.0$	图号	JK3—2—08—7

零 件 尺 寸 表(mm)

公称压力 / 公称直径 DN	$PN \leqslant 0.6$MPa 垫片 (JB/T87)		$PN \leqslant 1.0$MPa 垫片 (JB/T87)	
	规格	t	规格	t
300	垫片 300—6		垫片 300—10	
350	垫片 350—6		垫片 350—10	
400	垫片 400—6		垫片 400—10	
450	垫片 450—6		垫片 450—10	
500	垫片 500—6		垫片 500—10	
600	垫片 600—6	3	垫片 600—10	3
700	垫片 700—6			
800	垫片 800—6			
900	垫片 900—6			
1000	垫片 1000—6			

明 细 表

件号	名称及规格	数量	材质	图号或标准、规格号	备注
1	前接管	1			见工程设计
2	螺纹接头	2	Q235		见工程设计
3	垫圈	8	T_2		见工程设计
4	垫片, $t = 2$mm	2	XB350		见工程设计
5	喷嘴	1			见工程设计
6	后扩管	1			见工程设计
7	双头螺柱			GB901	见工程设计
8	螺塞	6	Q235		仪表厂配供
9	垫片	2	XB350	JB/T87	
10	法兰	2	Q235	GB/T9119	按工程设计

图名	文丘里喷嘴安装图(二) $DN300 \sim DN1000$; $PN0.6$、$PN1.0$	图号	JK3—2—08—8

安 装 说 明

1. 喷嘴的前端面应与管道轴线垂直，不垂直度不得超过±1°；喷嘴应与管道同心，不同心度不得超过 $0.015d\left(\frac{1}{\beta}-1\right)$ 的数值，$\beta=d_k/d$。

2. 新安装的管路系统必须在冲洗和扫线后再安装喷嘴。

3. 密封垫片（件2）夹紧后不得突入管道内壁。

4. 文丘里喷嘴较重，安装时要加设支架。

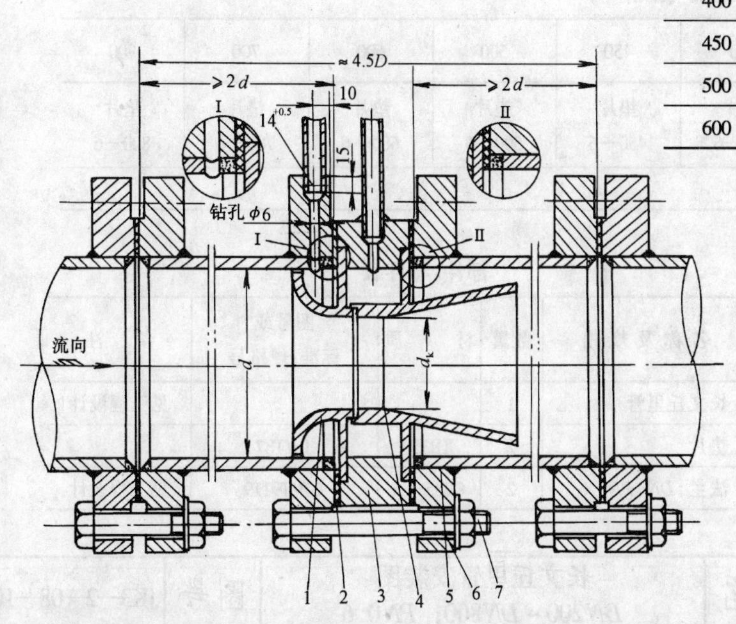

零 件 尺 寸 表(mm)

公称压力	PN = 1.0MPa				PN = 2.5MPa			
公称直径 DN	2. 垫片 (JB/T87)		7. 螺栓 (GB5780)		2. 垫片 (JB/T87)		7. 螺栓 (GB5780)	
	规格	t	规格	个数	规格	t	规格	个数
100	垫片 100—10	2	M16×115	8	垫片 100—25	2	M20×130	8
125	垫片 125—10		M16×130	8	垫片 125—25		M22×155	8
150	垫片 150—10		M20×150	8	垫片 150—25		M22×160	8
200	垫片 200—10		M20×170	8	垫片 200—25		M22×190	12
250	垫片 250—10		M20×195	12	垫片 250—25		M27×225	12
300	垫片 300—10		M20×235	12	垫片 300—25		M27×255	16
350	垫片 350—10	3	M20×255	16	垫片 350—25	3	M30×295	16
400	垫片 400—10		M22×284	16	垫片 400—25		M30×320	16
450	垫片 450—10		M22×310	20	垫片 450—25		M30×355	20
500	垫片 500—10		M22×340	20	垫片 500—25		M36×395	20
600	垫片 600—10		M27×400	20				

明 细 表

件号	名称及规格	数量	材 质	图号或标准、规格号	备 注
1	喷 嘴	1			见工程设计
2	垫 片	2		JB/T87	见工程设计
3	衬 环	1			见工程设计
4	扩 散 管	1			见工程设计
5	接 管	1			
6	法 兰	b	Q235	GB/T9119	按工程设计
7	螺 栓	n	Q275	GB5780	

图名	短文丘里喷嘴安装图 DN100～DN600；PN1.0、PN2.5	图号	JK3—2—08—9

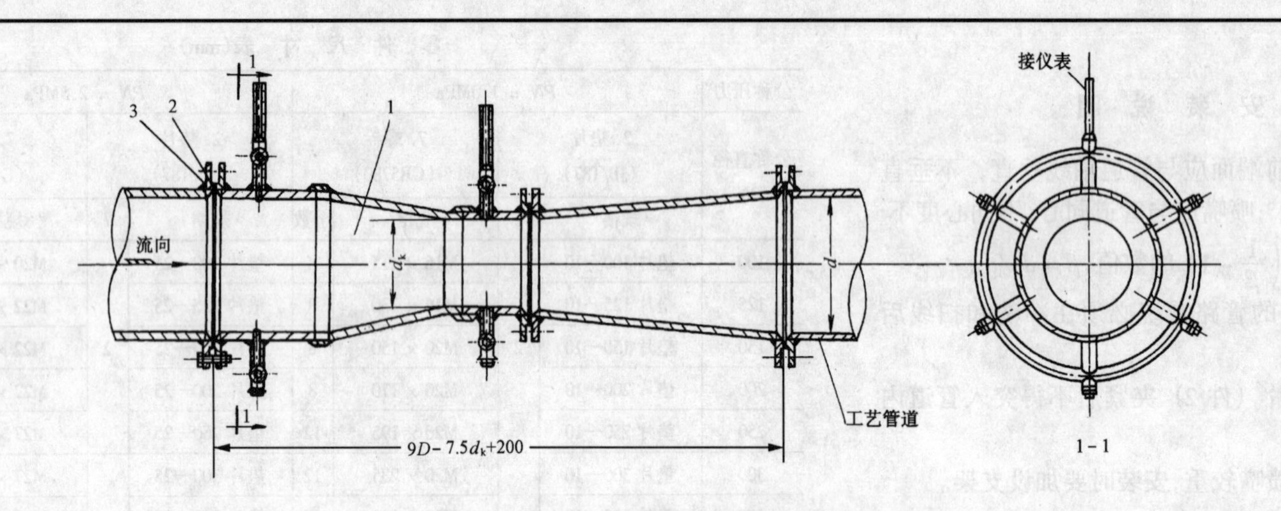

零 件 尺 寸 表（mm）

公称直径 *DN*		200	250	300	350	400	450	500	600	700	800
2 垫片（JB/T87）	规格	垫片 200—6	垫片 250—6	垫片 300—6	垫片 350—6	垫片 400—6	垫片 450—6	垫片 500—6	垫片 600—6	垫片 700—6	垫片 800—6
	t	2		3							

部件、零件表

件号	名称及规格	数量	材 质	图号或标准、规格号	备 注
1	长文丘里管	1			见工程设计
2	垫片	2	XB350	JB/T87	
3	法兰，*DN*、*PN*0.6	2	Q235—A	GB/T9119	见工程设计

安 装 说 明

1．文丘里管的前端面应与管道轴线垂直，不垂直度不得超过±1°；文丘里管应与管道同心，不同心度不得超过 $0.015d\left(\frac{1}{\beta}-1\right)$ 的数值。

2．新安装的管路系统必须在管道冲洗和扫线后再进行文丘里管的安装。

3．密封垫片（件 2）夹紧后不得突入管道内壁。

4．本图所示长文氏管取压的均压环、取压管随文氏管附带。

图名	长文丘里管安装图 *DN*200～*DN*800；*PN*0.6	图号	JK3—2—08—10

YKL 智能一体化孔板流量计

技术指标

适装管道内径	ϕ50、ϕ80、ϕ100、ϕ150、ϕ200、ϕ250、ϕ300
被测介质	液体、气体、蒸汽
介质温度	-30~350℃
压力等级	2.5MPa、4.0MPa
定值孔板 β20	0.34、0.52、0.72
取压方式	角接取压
差压变送器	智能型、普通型
量 程 比	3:1，6:1，10:1，10:1 以上
精 度	±1.0%~2.5%
节流件材料	1Cr18Ni9Ti、其他
法兰材料	1Cr18Ni9Ti、20 号、其他
输 出	4~20mA
防爆等级	ExiaⅡCT1-T6
环境温度	-40~55℃
相对湿度	≤100%
大 气 压	86~106kPa
雷诺数范围	ReD≥3150
供电电源	DC24V
法兰材料	20（普通型），1Cr18Ni9Ti（智能型）
法兰连接标准	GB/T9115、GB/T9119、JB/T82

安 装 说 明

YKL 智能一体化孔板流量计是将节流件、夹持件和差压变送器制作成一体的差压式流量检测装置，选择合适的差压变送器可将量程比扩展到 6：1~10：1 以上，其结构简单,安装方便。

图名	YKL 智能一体化孔板流量计(一)	图号	JK3—2—09—1

YKL 智能一体化孔板流量计

外形尺寸及安装状态

测液体、气体(含蒸汽)时,YKL孔板流量计安装见下图。

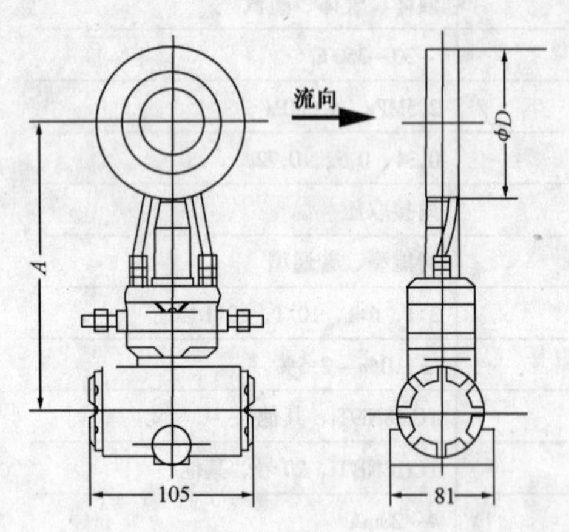

(a)测量液体时 YKL 安装状态

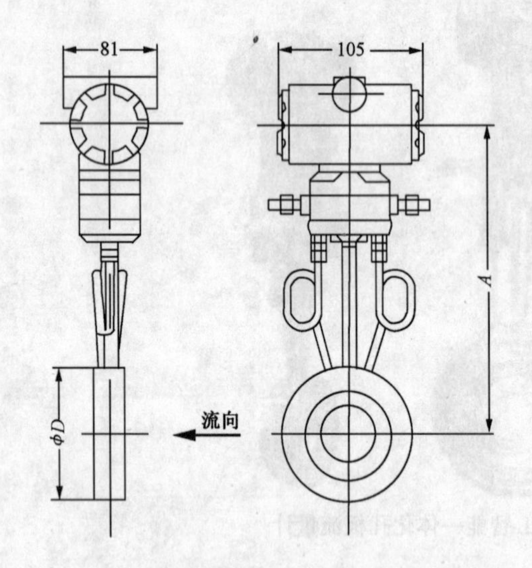

(b)测量气体和蒸汽时 YKL 安装状态

D、A 与公称直径、介质的关系(mm)

DN / 部位	50	80	100	150	200	250	300
D	105	135	160	225	275	325	380
A 蒸汽/液体	308/248	325/265	335/275	370/310	395/335	420/360	450/390

图名	YKL 智能一体化孔板流量计外形尺寸及安装状态(二)	图号	JK3—2—09—2

3.3 流量测量仪表管路连接图

说　明

1. 本部分图集适用于建筑工程中的差压式流量仪表的管路连接。本图集与节流装置的安装(JK3—2)图组合使用,可以构成完整的差压式流量仪表安装图。本图集中管路连接的方式是焊接式(或称压垫式)为主,亦可用螺纹管件连接。

2. 本图集包括液体、蒸汽、气体等无腐蚀性和有腐蚀性介质的差压式流量测量的管路连接图。其中各种介质的压力分以下 3 种等级:

(1)液体、气体和腐蚀性液体、气体:*PN*1.0 级;

(2)液体、气体、氧气和蒸汽:*PN*2.5 级;

(3)液体、气体、氧气:*PN*4.0 级。

3. 使用说明

(1) 差压变送器所用的三阀组一律随变送器附带，由仪表供货厂家配套供应,并在工程设计的设备表中注明。

(2)导压管路均应与工艺管道同时试压。

4　安装要求

(1)节流装置与差压变送器(或流量计)间的导压管长度,最短不得小于 3m,最长不超过 30m。导压管水平敷设时必须保持 1:10~1:20 的坡度，特殊情况下可减小到 1:50。坡向如图中箭头所示。管路敷设应尽量避免交叉和小于 90°的急弯，管路弯曲的半径不得小于导压管外径的 5 倍。一般情况下导压管不得埋地，不可避免时须穿加套管保护,连接管路均须加以固定。

(2) 导压管路的保温伴热应根据被测介质或其冷凝液在环境温度的影响下是否易发生冻结、凝固、结晶等现象而定。如易发生者应予保温或伴热保温，伴热管可采用 *DN*10、*DN*15 无缝钢管，保温 *DN* < 25 可用石棉绳缠绕，*DN*≥25 用岩棉毡,其保温厚度以 30mm 为宜。

(3) 连接方式的选择。对于气体介质的测量应优先选用变送器高于节流装置的连接方式;对于液体和蒸汽的测量应优先选用变送器低于节流装置的连接方式。

(4) 辅助容器的运用。本图册中的辅助容器包括沉降器、气体收集器、冷凝平衡容器、隔离容器和冷凝除尘器等。

对于特别脏、湿的气体介质和污浊的液体介质，当变送器低于节流装置时应选用带沉降器的方式;对于有气体排出的液体介质,当变送器高于节流装置时应选用带气体收集器的方式;对于具有腐蚀性的被测介质应选用带隔离容器的方式;对于蒸汽类介质应考虑带冷凝平衡容器的方式。

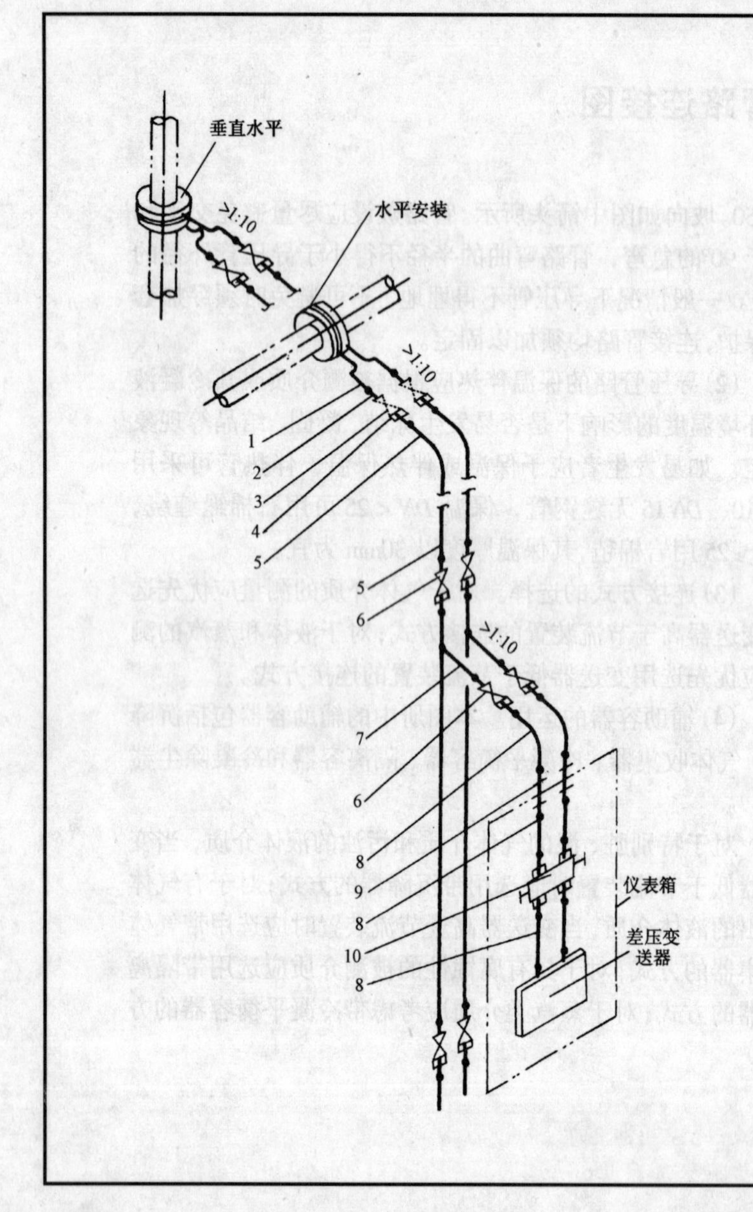

安装说明

1. 阀件6的安装位置应视现场敷设条件而定。或者置于导压主管(实线绘出 *A* 方案),或者置于导压支管(虚线绘出 *B* 方案)。当采用 *A* 方案时,件7、件8为连续紫铜管。

2. 若变送器不在仪表箱内安装,取消件9。

明细表

件号	名称及规格	数量	材质	图号或标准、规格号	备注
1	无缝钢管, $D14\times3, l=200mm$	2	10、20	GB8162	
2	直通终端接头, $\phi14/G\frac{1}{2}''$	6	Q235—A	YZ5—1	
3	球阀, Q11F-16C; *DN*15	4			
4	直通终端接头, $\phi14/G\frac{1}{2}''$	6	Q235	YZ5—1—3	
5	无缝钢管, $D14\times2$	2	Q235	GB8162	长度设计定
6	球阀, Q11F-16C; *DN*15	2			
7	紫铜管, $D10\times1, l\approx1000mm$	2	T2	GB1527	*A* 方案
	无缝钢管, $D14\times2, l\approx500mm$	2	10、20	GB8162	*B* 方案
8	紫铜管, $D10\times1, l\approx1000mm$	2	T2	GB1527	
9	管接头, *D*10	2	Q235	JB974	
10	三阀组	1			变送器附带

图名	液体流量测量管路连接图(变送器低于节流装置, 导压管 $D14\times2$) *PN*1.0	图号	JK3—3—01—1

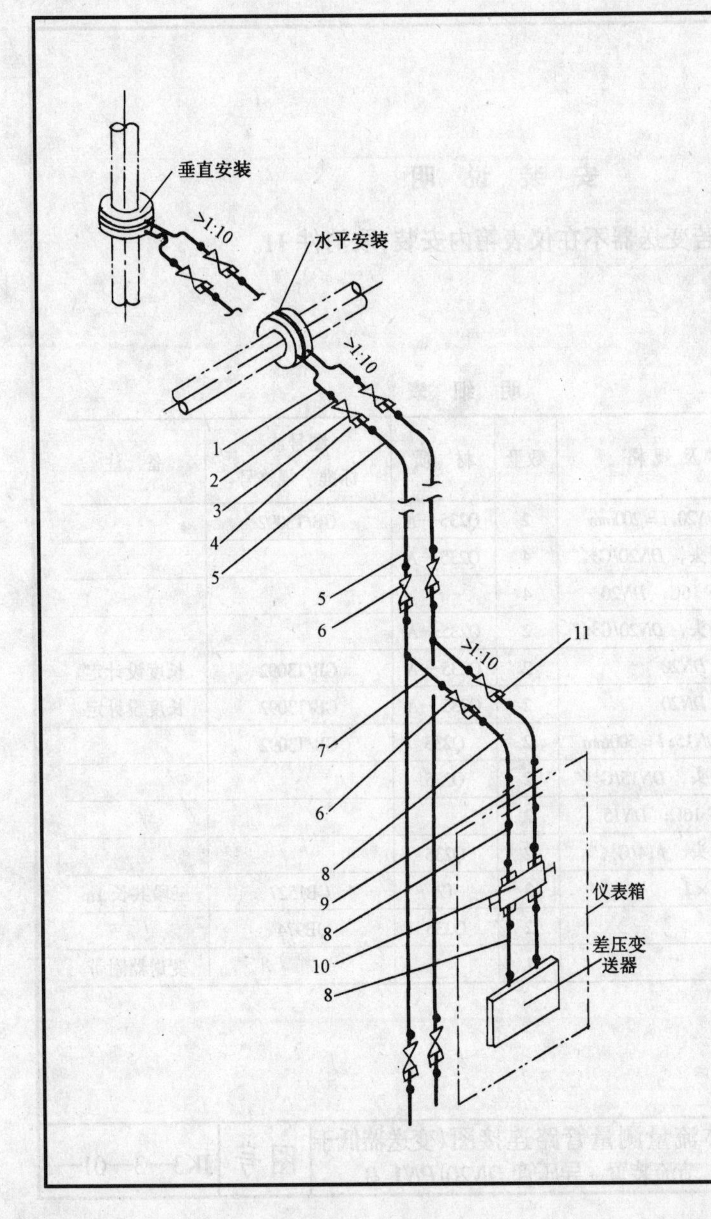

安 装 说 明

1. 阀件6的安装位置应视现场敷设条件而定。或者置于导压主管(实线绘出 *A* 方案);或者置于导压支管(虚线绘出 *B* 方案),并在选用本图时予以说明。当采用 *A* 方案时,件7、件8为连续紫铜管。

2. 若变送器不在仪表箱内安装,取消件9。

明 细 表

件号	名称及规格	数量	材 质	图号或标准、规格号	备 注
1	焊接钢管, *DN*15,	2	Q235-A	GB/T3092	
2	直通终端接头, *DN*15/G½″, *l* = 200	6	Q235		
3	球阀, Q11F-16C; *DN*15	4			
4	直通终端接头, *DN*15/G½″	6	Q235		
5	焊接钢管, *DN*15	2	Q235—A	GB/T3092	长度设计定
6	球阀, Q11F-16C; *DN*15	2			
7	紫铜管, *D*10×1 $l \approx 500$mm	2	T2	GB1527	*A* 方案
	焊接钢管, *DN*15 $l \approx 500$mm	2	Q235—A	GB/T3092	*B* 方案
8	紫铜管, *D*10×1, $l \approx 1000$mm	2	T2	GB1527	
9	管接头, *D*10	2	Q235-A	JB974	
10	三阀组	1			变送器附带
11	直通终端接头, ϕ14/G½″	2	Q235—A		*B* 方案用

图名	液体流量测量管路连接图(变送器低于节流装置, 导压管 *DN*15) *PN*1.0	图号	JK3—3—01—2

垂直水平
>1:10
水平安装
>1:10
1
2
3
4
5
>1:10
6
7
8
9
10
11
12
11
13
11
仪表箱
差压变送器

安装说明

若变送器不在仪表箱内安装，取消件11。

明细表

件号	名称及规格	数量	材质	图号或标准、规格号	备注
1	焊接钢管，*DN*20，*l*＝200mm	2	Q235—A	GB/T3092	
2	直通终端接头，*DN*20/G¾″	4	Q235—A		
3	球阀，Q11F-16C；*DN*20	4			
4	直通终端接头，*DN*20/G¾″	2	Q235—A		
5	焊接钢管，*DN*20	2	Q235—A	GB/T3092	长度设计定
6	焊接钢管，*DN*20	2	Q235—A	GB/T3092	长度设计定
7	焊接钢管，*DN*15；*l*＝500mm	2	Q235	GB/T3092	
8	直通终端接头，*DN*15/G½″	2	Q235		
9	球阀，Q11F-16C；*DN*15	2			
10	直通终端接头，ϕ14/G½″	2	Q235		
11	紫铜管，10×1	2	T2	GB1527	三段共长1m
12	管接头 *D*10	2	Q235	JB974	
13	三阀组	1			变送器附带

图名	液体流量测量管路连接图（变送器低于节流装置，导压管 *DN*20）*PN*1.0	图号	JK3—3—01—3

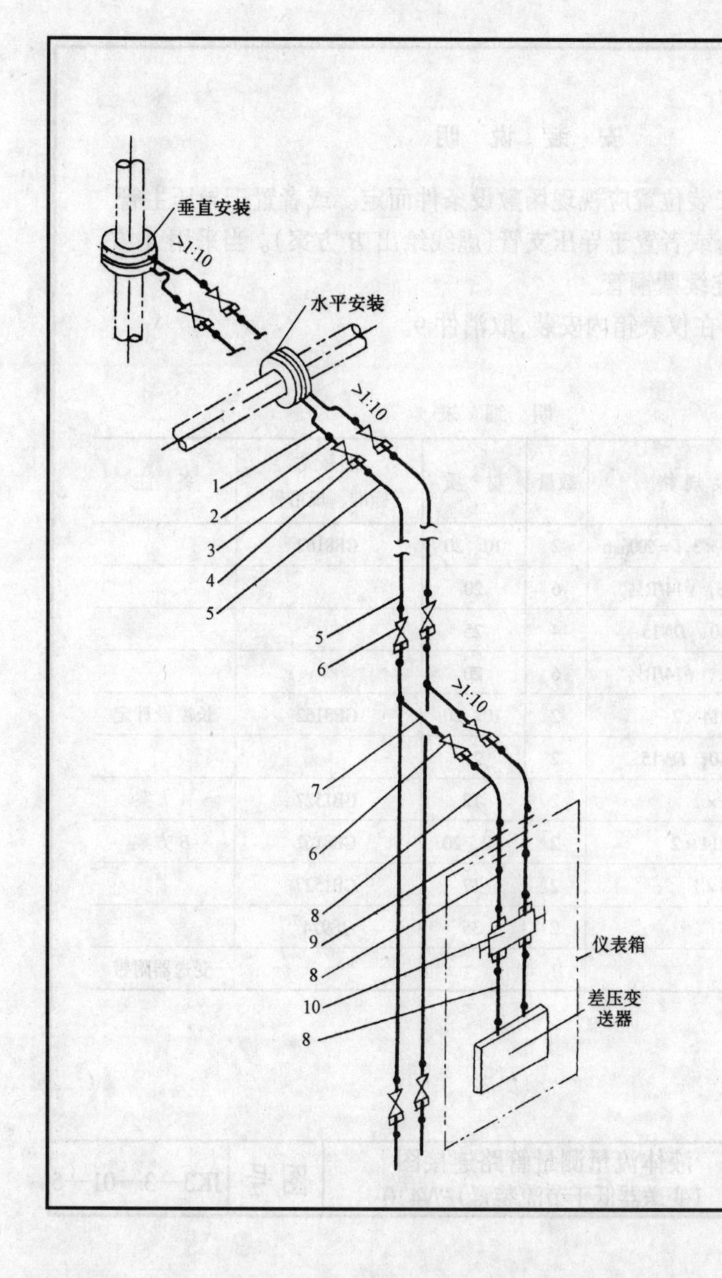

安装说明

1. 阀件 6 的安装位置应视现场敷设条件而定。或者置于导压主管(实线绘出 *A* 方案),或者置于导压支管(虚线绘出 *B* 方案)。当采用 *A* 方案时、件 7、件 8 为连续紫铜管。

2. 若变送器不在仪表箱内安装,取消件 9。

明细表

件号	名称及规格	数量	材质	图号或标准、规格号	备注
1	无缝钢管,$D14\times3$, $l=200$mm	2	10、20	GB8162	
2	直通终端接头,$\phi14/R\frac{1}{2}''$	6	Q235		
3	闸阀,Z11H-25;*DN*15	4			
4	直通终端接头,$\phi14/R\frac{1}{2}$	6	Q235—A		
5	无缝钢管,$D14\times2$	2	10、20	GB8162	长度设计定
6	闸阀,Z11H-25;*DN*15	2			
7	紫铜管,$D10\times1$, $l\approx500$mm	2	T2	GB1527	*A* 方案
7	无缝钢管,$D14\times2$, $l\approx500$mm	2	10、20	GB8162	*B* 方案
8	紫铜管,$D10\times1$,总长≈1000mm	2	T2	GB1527	
9	管接头,*D*10	2	Q235	JB974	
10	三阀组	1			变送器附带

图名	液体流量测量管路连接图 (变送器低于节流装置)*PN*2.5	图号	JK3—3—01—4

垂直安装
>1:10
水平安装
>1:10
1
2
3
4
5
5
6
>1:10
7
6
8
9
8
10
8
仪表箱
差压变送器

安装说明

1. 阀件6的安装位置应视现场敷设条件而定。或者置于导压主管(实线绘出 *A* 方案),或者置于导压支管(虚线绘出 *B* 方案)。当采用 *A* 方案时,件7、件8为连续紫铜管。

2. 若变送器不在仪表箱内安装,取消件9。

明细表

件号	名称及规格	数量	材质	图号或标准、规格号	备注
1	无缝钢管, $D14\times3, l=200$mm	2	10、20	GB8162	
2	直通终端接头, ϕ14/R½″	6	20		
3	闸阀, Z11H-40、*DN*15	4	25		
4	直通终端接头, ϕ14/R½″	6	20		
5	无缝钢管, $D14\times2$	2	10、20	GB8162	长度设计定
6	闸阀, Z11H-40; *DN*15	2	25		
7	紫铜管, $D10\times1$	2	T2	GB1527	*A* 方案
7	无缝钢管, $D14\times2$	2	10、20	GB8162	*B* 方案
8	紫铜管, $D10\times1$	2	T2	GB1527	
9	管接头, *D*14	2	35	JB974	
10	三阀组	1			变送器附带

图名	液体流量测量管路连接图 (变送器低于节流装置)*PN*4.0	图号	JK3—3—01—5

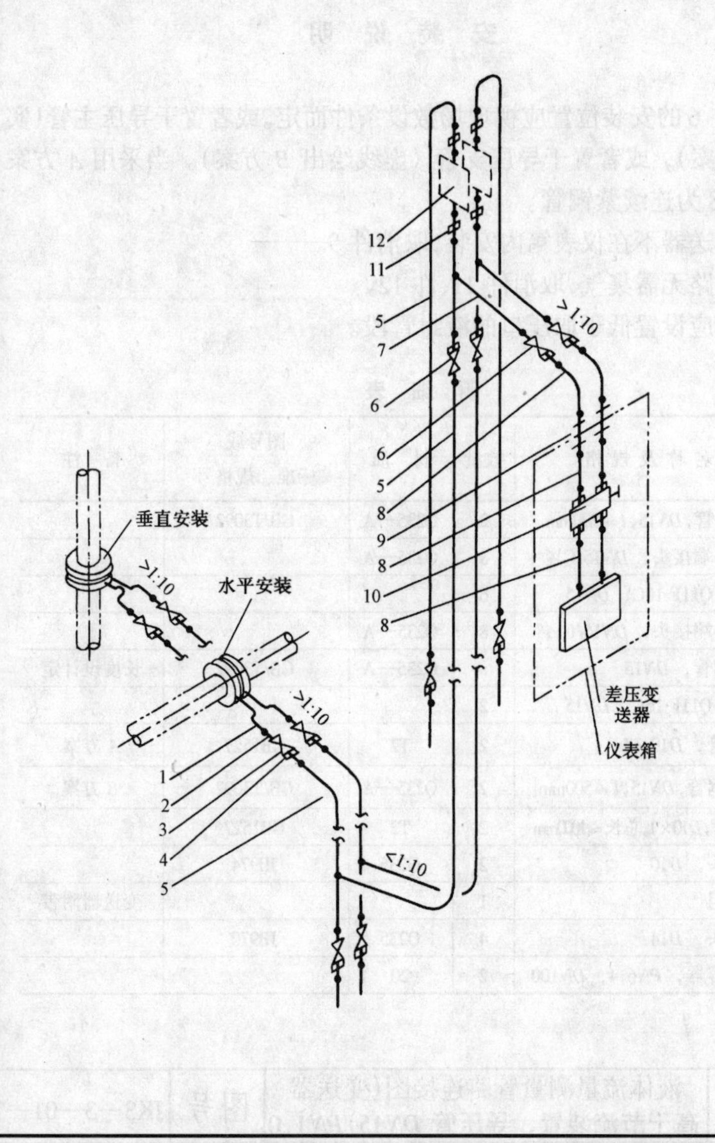

安 装 说 明

1. 阀件 6 的安装位置应视现场敷设条件而定。或者置于导压主管（实线绘出 *A* 方案），或者置于导压支管（虚线绘出 *B* 方案）。采用 A 方案时，件 7、件 8 为连续紫铜管。

2. 若变送器不在仪表箱内安装，取消件 9。

3. 若管路无需集气取消件 11、件 12。

4. 管路应设置低于取压口的液封管段。

明 细 表

件号	名称及规格	数量	材质	图号或标准、规格号	备注
1	无缝钢管，$D14\times3$，$l\approx200$mm	2	10、20	GB8162	
2	直通终端接头，$\phi14$/G½″	8	Q235		
3	球阀，Q11F-16C、*DN*15	6			
4	直通终端接头，$\phi14$/G½″	8	Q235—A		
5	无缝钢管，$D14\times2$	2	10、20	GB8162	长度设计定
6	球阀，Q11F-16C、*DN*15	2			
7	紫铜管，$D10\times1$	2	T2	GB1527	*A* 方案
7	无缝钢管，$D14\times2$，$l\approx500$mm	2	10、20	GB8162	*B* 方案
8	紫铜管，$D10\times1$，总长≈1000mm	2	T2	GB1527	
9	管接头，*D*10	2	Q235	JB974	
10	三阀组	1			变送器附带
11	管接头，*D*14	4	Q235	JB970	
12	分离容器，*PN*6.4，*DN*100	2	20		

图名	液体流量测量管路连接图（变送器高于节流装置，导压管 $D14\times2$）*PN*1.0	图号	JK3—3—01—6

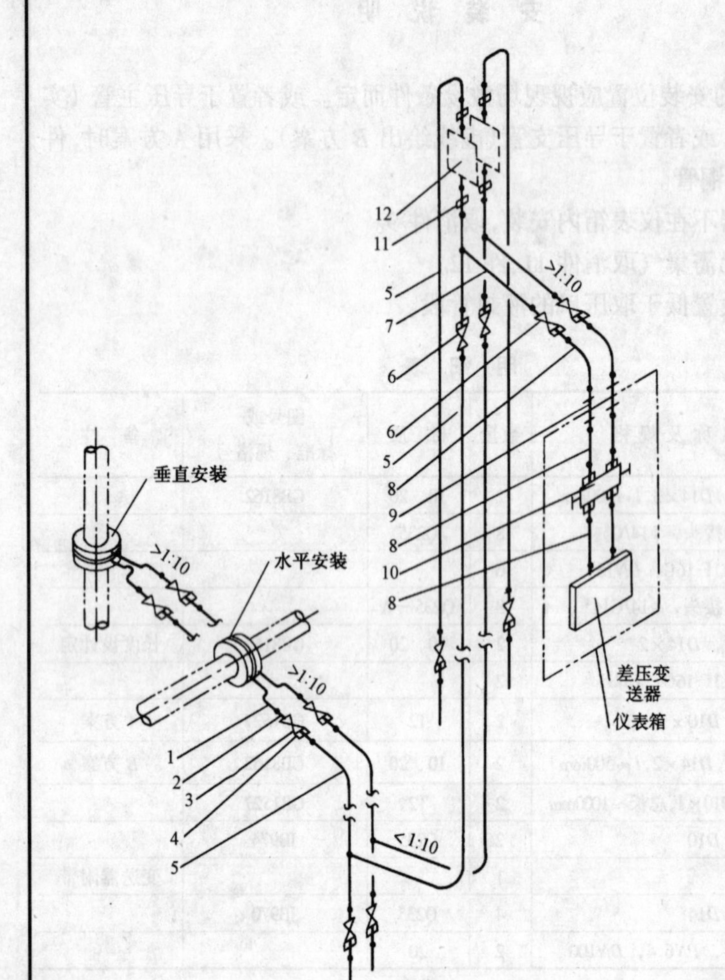

安装说明

1. 阀件6的安装位置应视现场敷设条件而定。或者置于导压主管(实线绘出*A*方案)，或者置于导压支管（虚线绘出*B*方案)。当采用*A*方案时，件7、件8为连续紫铜管。
2. 若变送器不在仪表箱内安装，取消件9。
3. 若管路无需集气，取消件11、件12。
4. 管路应设置低于取压口的液封管段。

明细表

件号	名称及规格	数量	材质	图号或标准、规格号	备注
1	焊接钢管，*DN*15，*l*≈200mm	2	Q235—A	GB/T3092	
2	直通终端接头，*DN*15/G½"	8	Q235—A		
3	球阀，Q11F-16C、*DN*15	6			
4	直通终端接头，*DN*15/G½"	8	Q235—A		
5	焊接钢管，*DN*15		Q235—A	GB/T3092	长度设计定
6	球阀，Q11F-16C，*DN*15	2			
7	紫铜管，*D*10×1	2	T2	GB1527	*A*方案
	焊接钢管，*DN*15，*l*≈500mm	2	Q235—A	GB/T3092	*B*方案
8	紫铜管，*D*10×1，总长≈1000mm	2	T2	GB1527	
9	管接头，*D*10	2	Q235	JB974	
10	三阀组	1			变送器附带
11	管接头，*D*14	4	Q235	JB970	
12	分离容器，*PN*6.4，*DN*100	2	20		

图名	液体流量测量管路连接图(变送器高于节流装置，导压管 *DN*15)*PN*1.0	图号	JK3—3—01—7

安 装 说 明

1. 若变送器不在仪表箱内安装，取消件 12。
2. 若管路无需集气，取消件 14、件 15。
3. 管路应设置低于取压口的液封管段。
4. 焊接钢管 DN20(件 6) 与管接头件 14 焊接前应进行缩口处理，以保证焊接良好。

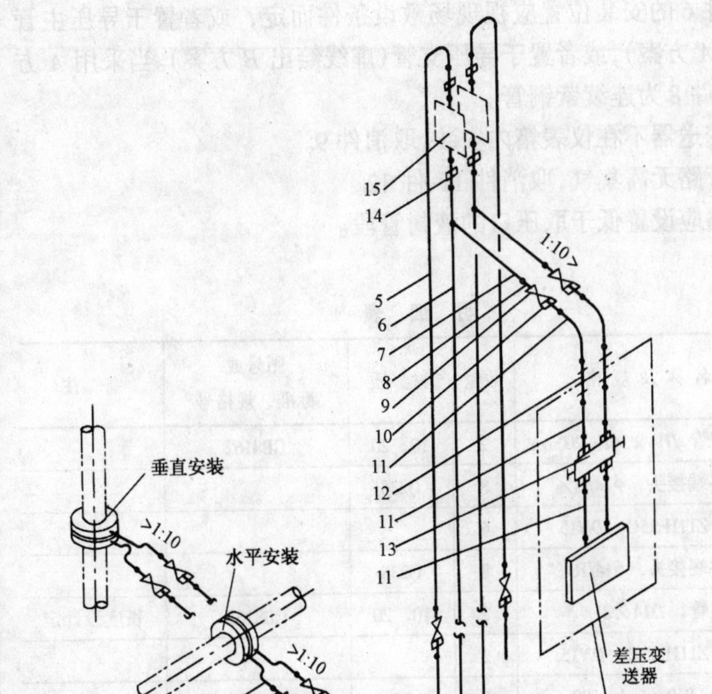

明 细 表

件号	名称及规格	数量	材 质	图号或标准、规格号	备 注
1	焊接钢管，DN20，l≈200mm	2	Q235—A	GB/T3092	
2	直通终端接头，DN20/G¾″	6	Q235—A		
3	球阀，Q11F-16C，DN20	6			
4	直通终端接头，DN20/G¾″	6	Q235—A		
5	焊接钢管，DN20	2	Q235—A	GB/T3092	长度设计定
6	焊接钢管，DN20	2	Q235—A	GB/T3092	长度设计定
7	焊接钢管，DN15，l≈500mm	2	Q235—A	GB/T3092	
8	直通终端接头，DN15/G½″	2	Q235—A		
9	球阀，Q11F-16C，DN15	2			
10	直通终端接头，ϕ14/G½″	2	Q235—A		
11	紫铜管，D10×1，l≈1000mm	2	T2	GB1527	
12	管接头，D10	2	Q235—A	JB974	
13	三阀组	1			变送器附带
14	管接头，D14	4	Q235—A	JB970	
15	分离容器，PN6.4，DN100	2	20		

图名	液体流量测量管路连接图(变送器高于节流装置，导压管 DN20) PN1.0	图号	JK3—3—01—8

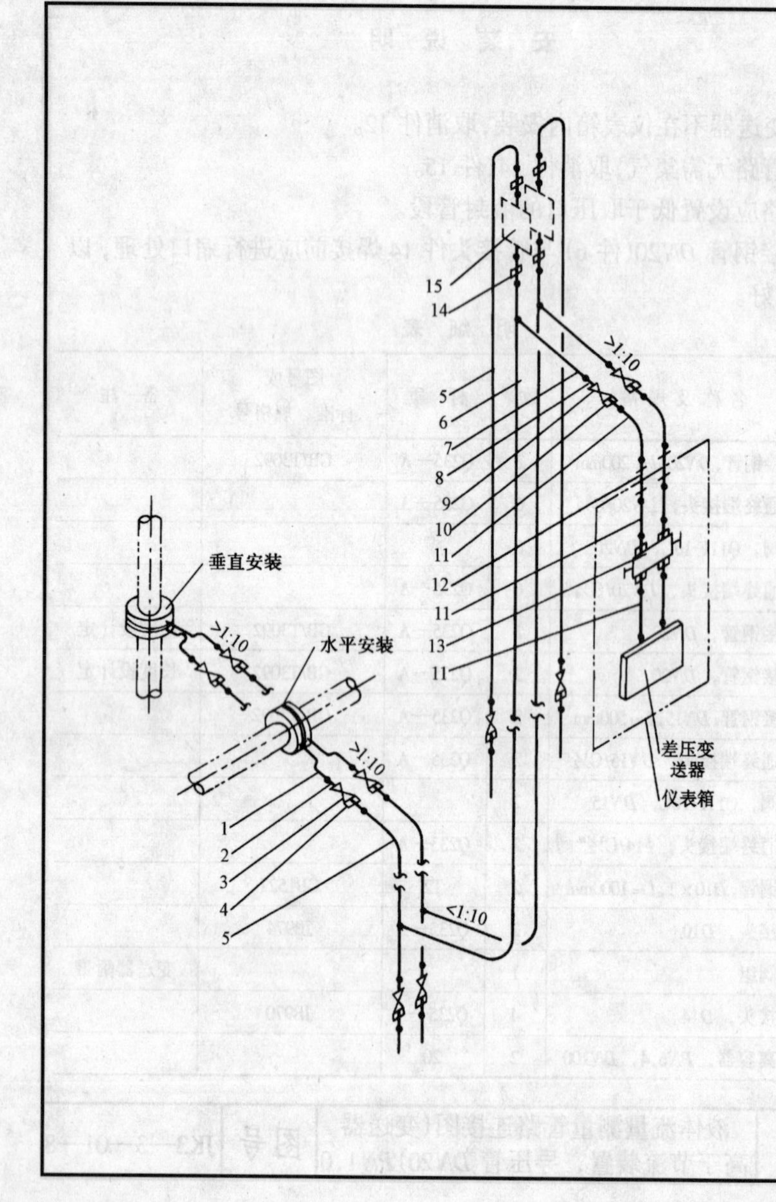

安 装 说 明

1. 阀件6的安装位置应视现场敷设条件而定，或者置于导压主管(实线绘出A方案)，或者置于导压支管(虚线绘出B方案)。当采用A方案时，件7、件8为连续紫铜管。
2. 若变送器不在仪表箱内安装，取消件9。
3. 若管路无需集气，取消件11、件12。
4. 管路应设置低于取压口的液封管段。

明 细 表

件号	名称及规格	数量	材质	图号或标准、规格号	备注
1	无缝钢管，$D14\times3$，$l\approx200$mm	2	10、20	GB8162	
2	直通终端接头，$\phi14$/R½″	8	Q235		
3	闸阀，Z11H-25C；DN15	6			
4	直通终端接头，$\phi14$/R½″	8	Q235		
5	无缝钢管，$D14\times2$	2	10、20	GB8162	长度设计定
6	闸阀，Z11H-25C；DN15	2			
7	紫铜管，$D10\times1$，$l\approx500$mm	2	T2	GB1527	A方案
	无缝钢管，$D14\times2$，$l\approx500$mm	2		GB8162	B方案
8	紫铜管，$D10\times1$，$l\approx1000$mm	2	T2	GB1527	
9	管接头，D10	2	Q235—A	JB974	
10	三阀组	1			变送器附带
11	管接头，D14	4	Q235—A	JB970	
12	分离容器，PN6.4，DN100	2	20		

图名	液体流量测量管路连接图 (变送器高于节流装置)PN2.5	图号	JK3—3—01—9

安 装 说 明

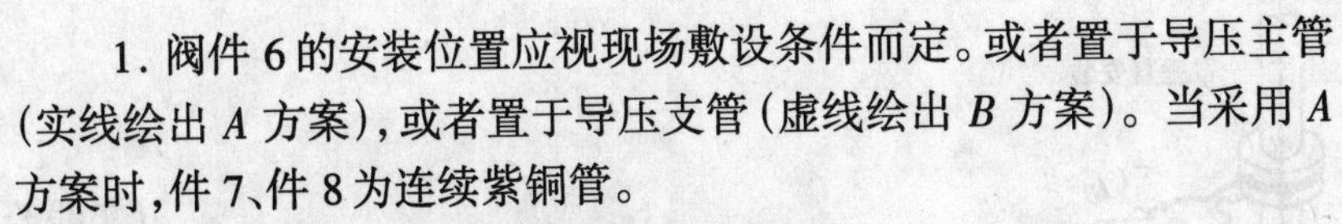

1. 阀件 6 的安装位置应视现场敷设条件而定。或者置于导压主管(实线绘出 A 方案),或者置于导压支管(虚线绘出 B 方案)。当采用 A 方案时,件 7、件 8 为连续紫铜管。

2. 若变送器不在仪表箱内安装,取消件 9。

3. 若管路无需集气,取消件 11、件 12。

4. 管路应设置低于取压口的液封管段。

垂直安装

水平安装

>1:10

<1:10

差压变送器

仪表箱

明 细 表

件号	名称及规格	数量	材 质	图号或标准、规格号	备 注
1	无缝钢管, $D14\times3$, $l\approx200$mm	2	10、20	GB8162	
2	直通终端接头, $\phi14$/R½″	8	20		
3	闸阀, Z11H-40; DN15	6			
4	直通终端接头, $\phi14$/R½″	8	20		
5	无缝钢管, $D14\times2$	2	10	GB8162	长度设计定
6	闸阀, Z11H-40; DN15	2			
7	紫铜管, $D10\times1$	2	T2	GB1527	A 方案
	无缝钢管, $D14\times2$	2	10	GB8162	B 方案
8	紫铜管, $D10\times1$	2	T2	GB1527	
9	管接头, D10	2	35	JB974	
10	三阀组	1			变送器附带
11	管接头, D14	4	35	JB970	
12	分离容器, PN6.4, DN100	2	20		

图名	液体流量测量管路连接图 (变送器高于节流装置)PN4.0	图号	JK3—3—01—10

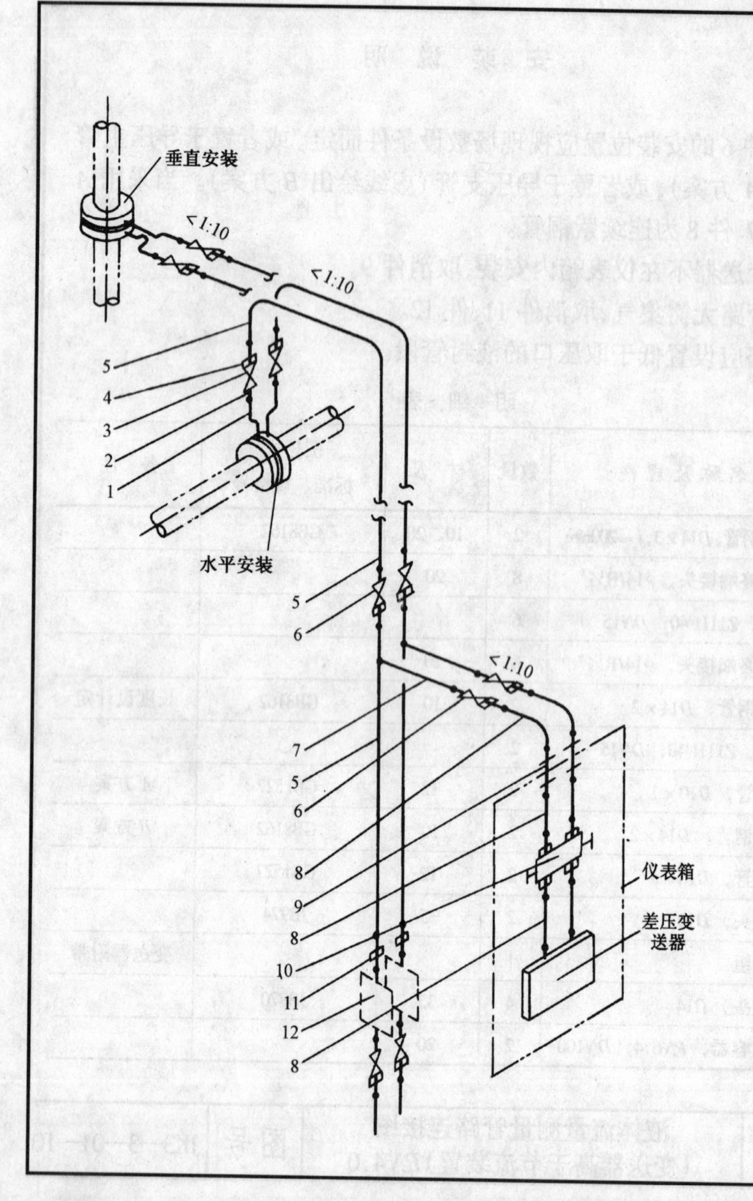

安装说明

1. 阀件6的安装位置应视现场敷设条件而定。或者置于导压主管(实线绘出 A 方案),或者置于导压支管(虚线绘出 B 方案)。当采用 A 方案时,件7、件8为连续紫铜管。

2. 若变送器不在仪表箱内安装,取消件9。

3. 若管路无需集液,取消件11、件12。

明细表

件号	名称及规格	数量	材质	图号或标准、规格号	备注
1	无缝钢管, $D14\times3$, $l\approx200$	2	10、20	GB8162	
2	直通终端接头, $\phi14/G\frac{1}{2}''$	6	Q235—A		
3	球阀, Q11F-16C; DN15	4			
4	直通终端接头, $\phi14/G\frac{1}{2}''$	6	Q235—A		
5	无缝钢管, $D14\times2$	2	10、20	GB8162	长度设计定
6	球阀, Q11F-16C; DN15	2			
7	紫铜管, $D10\times1$	2	T2	GB1527	A 方案
	无缝钢管, $D14\times2$	2	10、20	GB8162	B 方案
8	紫铜管, $D10\times1$	2	T2	GB1527	
9	管接头, D10	2	Q235—A	JB974	
10	三阀组	1			变送器附带
11	管接头, D14	2	Q235—A	JB970	
12	分离容器, PN6.4, DN100	2	20		

图名	气体流量测量管路连接图(变送器低于节流装置,导压管 $D14\times2$) PN1.0	图号	JK3—3—02—1

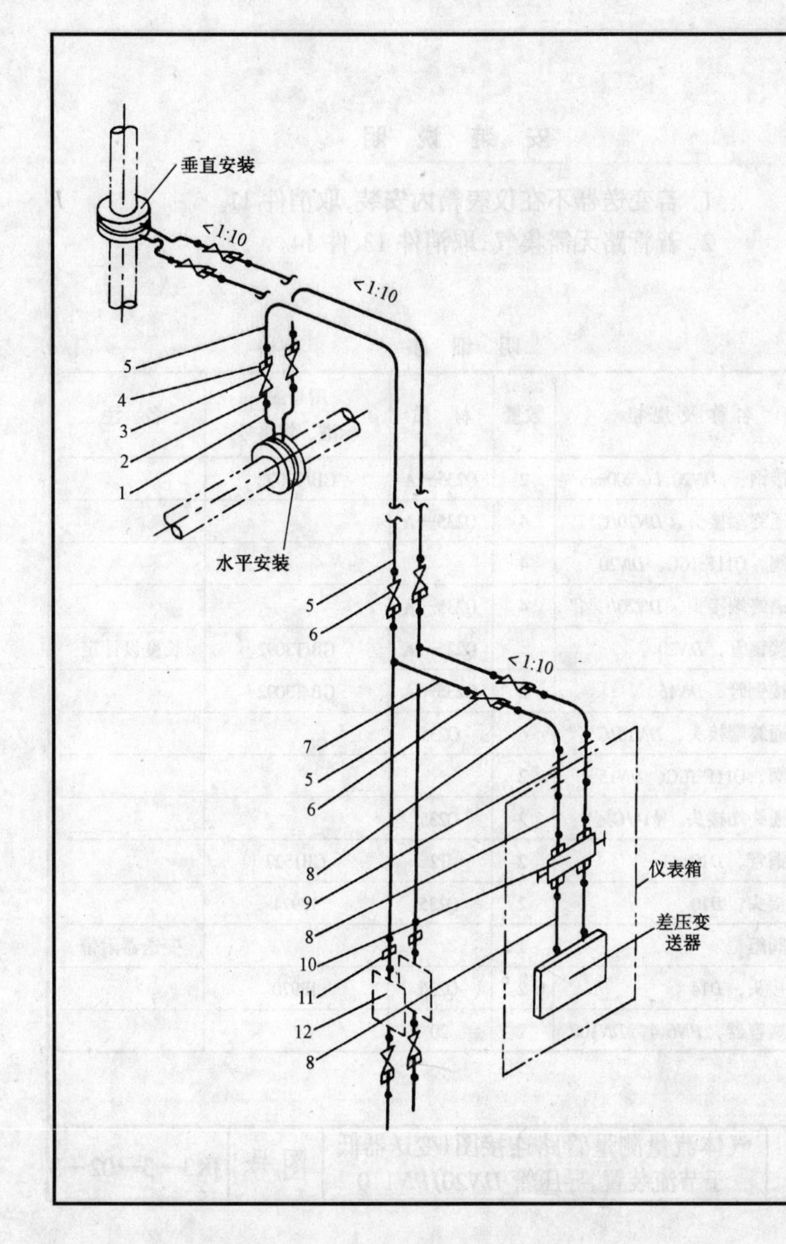

安 装 说 明

1. 阀件 6 的安装位置应视现场敷设条件而定。或者置于导压主管(实线绘出 *A* 方案),或者置于导压支管(虚线绘出 *B* 方案)。当采用 *A* 方案时,件 7、件 8 为连续紫铜管。

2. 若变送器不在仪表箱内安装,取消件 9。

3. 若管路无需集液,取消件 11、件 12。

明 细 表

件号	名称及规格	数量	材 质	图号或标准、规格号	备 注
1	焊接钢管, *DN*15, $l\approx200$mm	2	Q235—A	GB/T3092	
2	直通终端接头, *DN*15/G½″	6	Q235—A		
3	球阀, Q11F-16C、*DN*15	4			
4	直通终端接头, *DN*15/G½″	6	Q235—A		
5	焊接钢管, *DN*15		Q235—A	GB/T3092	长度设计定
6	球阀, Q11F-16C、*DN*15	2			
7	紫铜管, *D*10×1	2	T2	GB1527	*A* 方案
7	焊接钢管, *DN*15	2	Q235—A	GB/T3092	*B* 方案
8	紫铜管, *D*10×1	2	T2	GB1527	
9	管接头, *D*14	2	Q235	JB974	
10	三阀组	1			变送器附带
11	管接头, *D*14	2	Q235	JB970	
12	分离容器, *PN*6.4, *DN*100	2	20		

图名	气体流量测量管路连接图(变送器低于节流装置,导压管 *DN*15) *PN*1.0	图号	JK3—3—02—2

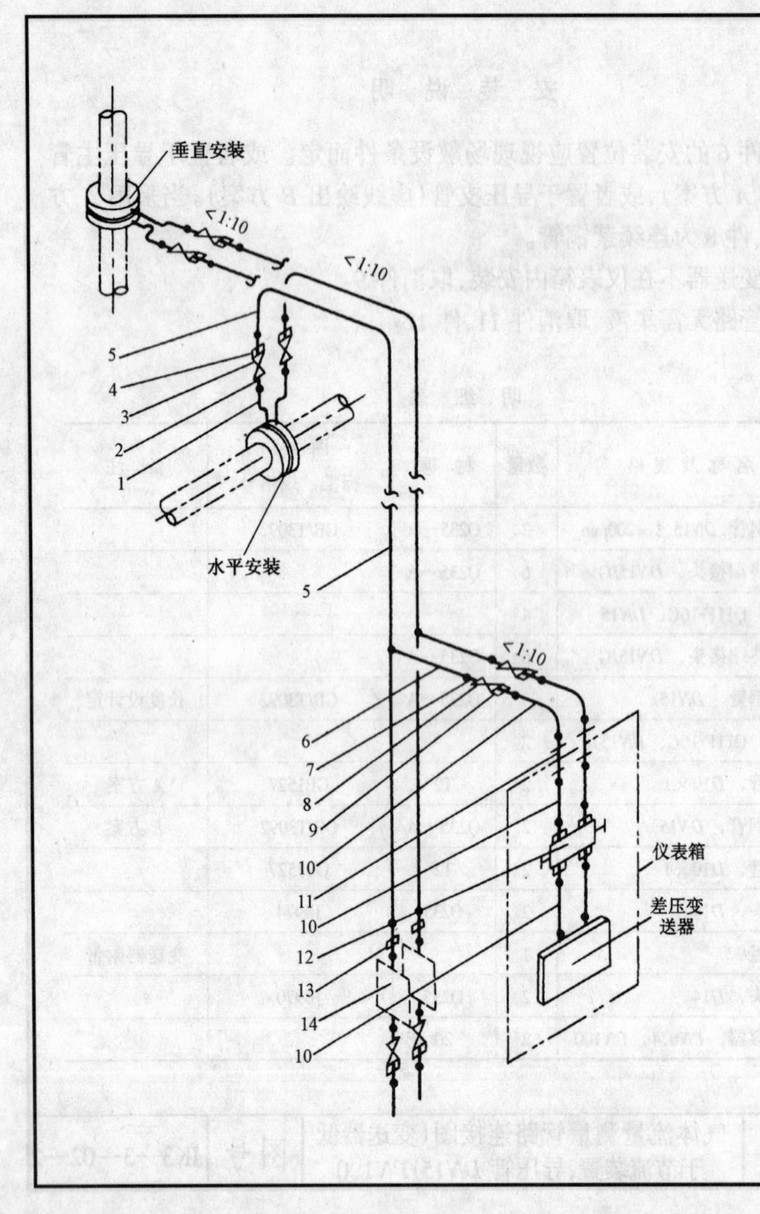

安 装 说 明

1. 若变送器不在仪表箱内安装,取消件 11。
2. 若管路无需集气,取消件 13、件 14。

明 细 表

件号	名称及规格	数量	材 质	图号或 标准、规格号	备 注
1	焊接钢管, $DN20$, $l\approx200$mm	2	Q235—A	GB/T3092	
2	直通终端接头, $DN20$/G¾″	4	Q235—A		
3	球阀, Q11F-16C、$DN20$	4			
4	直通终端接头, $DN20$/G¾″	4	Q235—A		
5	焊接钢管, $DN20$		Q235—A	GB/T3092	长度设计定
6	焊接钢管, $DN15$	2	Q235—A	GB/T3092	
7	直通终端接头, $DN15$/G½″	6	Q235		
8	球阀, Q11F-16C、$DN15$	2			
9	直通终端接头, $\phi14$/G½″	2	Q235		
10	紫铜管, $D10\times1$	2	T2	GB1527	
11	管接头, $D10$	2	Q235	JB974	
12	三阀组	1			变送器附带
13	管接头, $D14$	2	Q235	JB970	
14	分离容器, $PN6.4$, $DN100$	2	20		

图名	气体流量测量管路连接图(变送器低于节流装置,导压管 $DN20$) $PN1.0$	图号	JK3—3—02—3

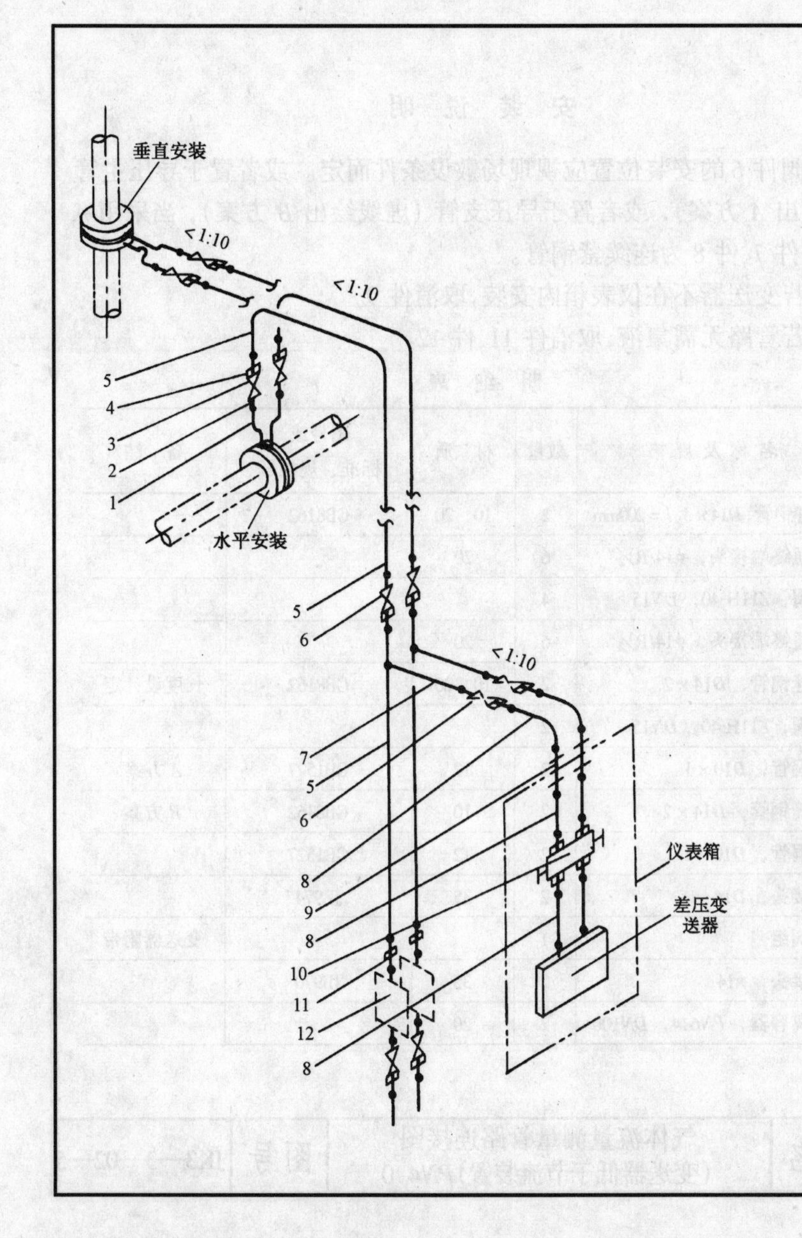

安 装 说 明

1. 阀件 6 的安装位置应视现场敷设条件而定。或者置于导压主管（实线绘出 *A* 方案），或者置于导压支管（虚线绘出 *B* 方案）。当采用 *A* 方案时，件 7、件 8 为连续紫铜管。

2. 若变送器不在仪表箱内安装，取消件 9。

3. 若管路无需集液，取消件 11、件 12。

明 细 表

件号	名称及规格	数量	材 质	图号或 标准、规格号	备 注
1	无缝钢管，*D*14×3，*l*≈200mm	2	10、20	GB8162	
2	直通终端接头，ϕ14/R½″	6	Q235		
3	闸阀，Z11H-25、*DN*15	4			
4	直通终端接头，ϕ14/G½″	6	Q235—A		
5	无缝钢管，*D*14×2		10、20	GB8162	长度设计定
6	闸阀，Z11H-25、*DN*15	2			
7	紫铜管，*D*10×1	2	T2	GB1527	*A* 方案
	无缝钢管，*D*14×2	2	10、20	GB8162	*B* 方案
8	紫铜管，*D*10×1	2	T2	GB1527	
9	管接头，*D*10	2	Q235—A	JB974	
10	三 阀 组	1			变送器附带
11	管接头，*D*14	2	Q235—A	JB970	
12	分离容器，*PN*6.4，*DN*100	2	20		

图名	气体流量测量管路连接图 （变送器低于节流装置）*PN*2.5	图号	JK3—3—02—4

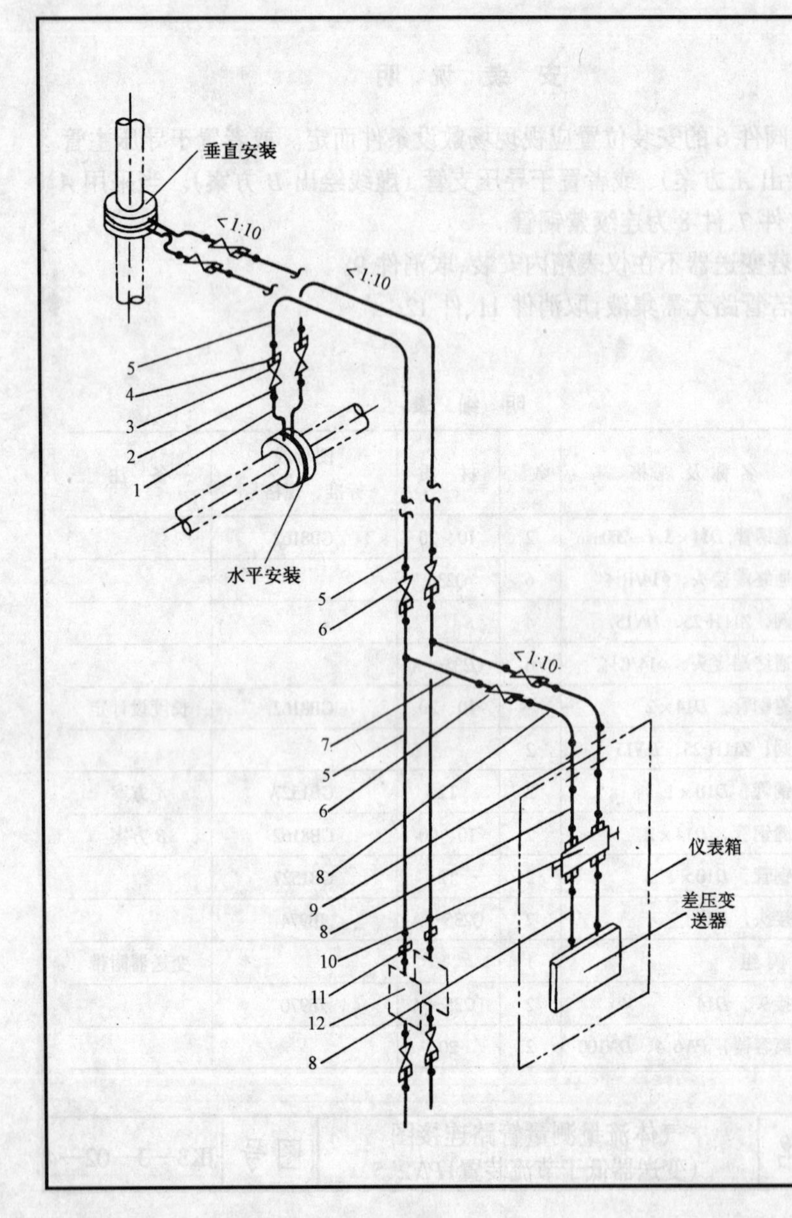

安 装 说 明

1. 阀件 6 的安装位置应视现场敷设条件而定。或者置于导压主管（实线绘出 *A* 方案），或者置于导压支管（虚线绘出 *B* 方案），当采用 *A* 方案时，件 7、件 8 为连续紫铜管。

2. 若变送器不在仪表箱内安装，取消件 9。

3. 若管路无需集液，取消件 11、件 12。

明 细 表

件号	名称及规格	数量	材 质	图号或标准、规格号	备 注
1	无缝钢管，$D14\times3$，$l=200$mm	2	10、20	GB8162	
2	直通终端接头，$\phi14$/R½″	6	20		
3	闸阀，Z11H-40，*DN*15	4			
4	直通终端接头，$\phi14$/R½″	6	20		
5	无缝钢管，$D14\times2$	2	10、20	GB8162	长度设计定
6	闸阀，Z11H-40，*DN*15	2			
7	紫铜管，$D10\times1$	2	T2	GB1527	*A* 方案
	无缝钢管，$D14\times2$	2	10	GB8162	*B* 方案
8	紫铜管，$D10\times1$	2	T2	GB1527	
9	管接头，*D*14	2	35	JB974	
10	三阀组	1			变送器附带
11	管接头，$\phi14$	2	35	JB970	
12	分离容器，*PN*6.4，*DN*100	2	20		

图名	气体流量测量管路连接图 （变送器低于节流装置）*PN*4.0	图号	JK3—3—02—5

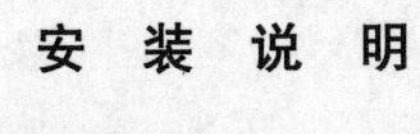

安 装 说 明

1. 本图一般适用于大管径的气体流量测量,常见的介质为煤气和空气。
2. 若变送器不在仪表箱内安装,取消件 11。
3. 若管路无需集液,取消件 13、件 14。
4. 件 1 的均压环分圆形和方形两种,其取舍设计定,详见图 JK3—2—03—7,图 JK3—2—03—8。
5. 焊接钢管 *DN*20(件 5)与管接头(件 13)焊接前应作缩口处理,以保证焊接质量。

垂直安装

水平安装

仪表箱

差压变送器

明 细 表

件号	名称及规格	数量	材 质	图号或标准、规格号	备 注
1	取压均压环				见说明 4
2	直通终端接头, *DN*20/G¾″	4	Q235		
3	球阀, Q11F-16C, *DN*20	4			
4	直通终端接头, *DN*20/G¾″	4	Q235—A		
5	焊接钢管, *DN*20	2	Q235—A	GB/T3092	长度设计定
6	焊接钢管, *DN*15	2	Q235—A	GB/T3092	
7	直通终端接头, *DN*15/G½″	2	Q235		
8	球阀, Q11F-16C, *DN*15	2			
9	直通终端接头, ϕ14/G½″	2	Q235		
10	紫铜管, *D*10×1	2	T2	GB1527	
11	管接头, *D*14	2	Q235	JB974	
12	三阀组	1			变送器附带
13	管接头, *D*14	2	Q235	JB970	
14	分离容器, *PN*6.4; *DN*100	2	20		

图名	气体流量测量管路连接图(变送器低于节流装置,均压环取压)*PN*1.0	图号	JK3—3—02—6

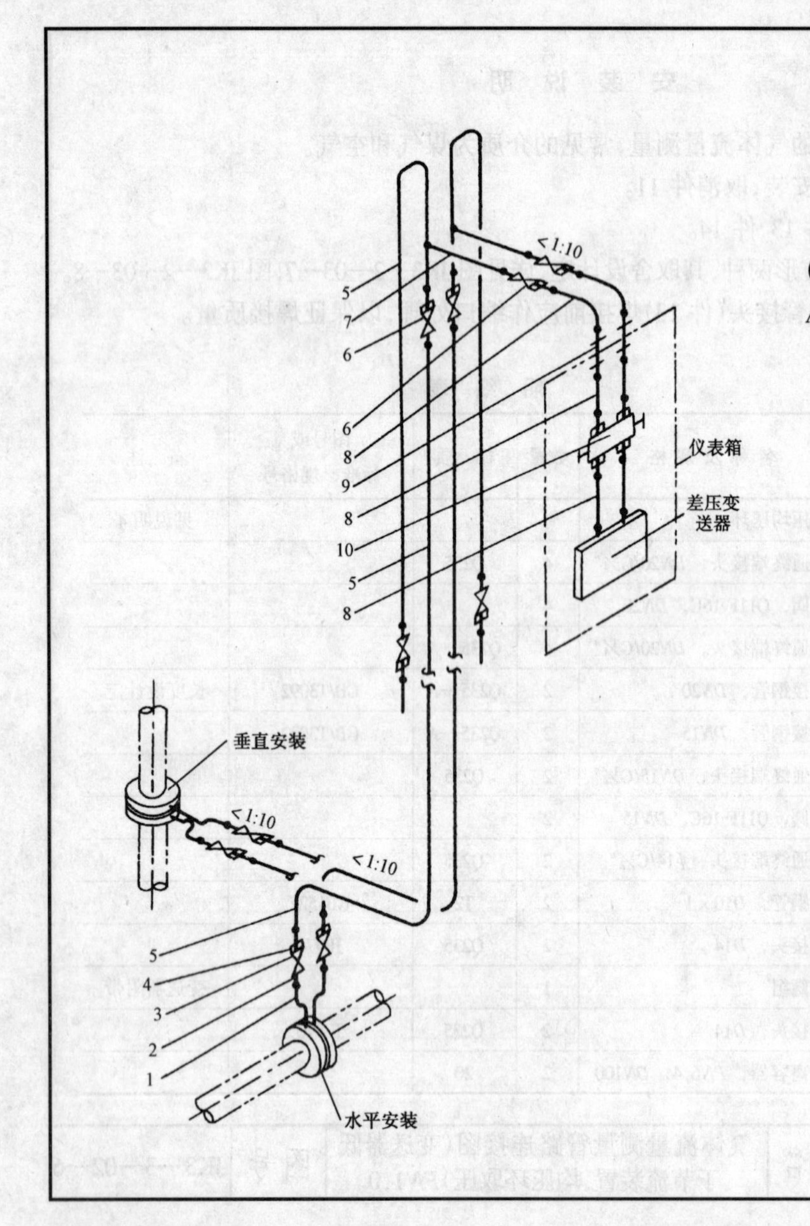

安装说明

1. 阀件 6 的安装位置应视现场敷设条件而定。或者置于导压主管（实线绘出 *A* 方案），或者置于导压支管（虚线绘出 *B* 方案）。当采用 *A* 方案时，件 7、件 8 为连续紫铜管。

2. 若变送器不在仪表箱内安装，取消件 9。

明 细 表

件号	名称及规格	数量	材 质	图号或 标准、规格号	备 注
1	无缝钢管，$D14\times3$，$l=200$mm	2	10、20	GB8162	
2	直通终端接头，$\phi14$/G½″	6	Q235—A		
3	球阀，Q11F-16C，*DN*15	4			
4	直通终端接头，$\phi14$/G½″	6	Q235—A		
5	无缝钢管，$\phi14\times2$	2	10、20	GB8162	长度设计定
6	球阀，Q11F-16C，*DN*15	2			Q11F—16 型
7	紫铜管，$\phi10\times1$	2	T2	GB1527	*A* 方案
	无缝钢管，$\phi14\times2$	2	10、20	GB8162	*B* 方案
8	紫铜管，$\phi10\times1$	2	T2	GB1527	
9	管接头，*D*14	2	Q235—A	JB974	
10	三阀组	1			变送器附带

图名	气体流量测量管路连接图（变送器高于节流装置，导压管 $D14\times2$）*PN*1.0	图号	JK3—3—02—7

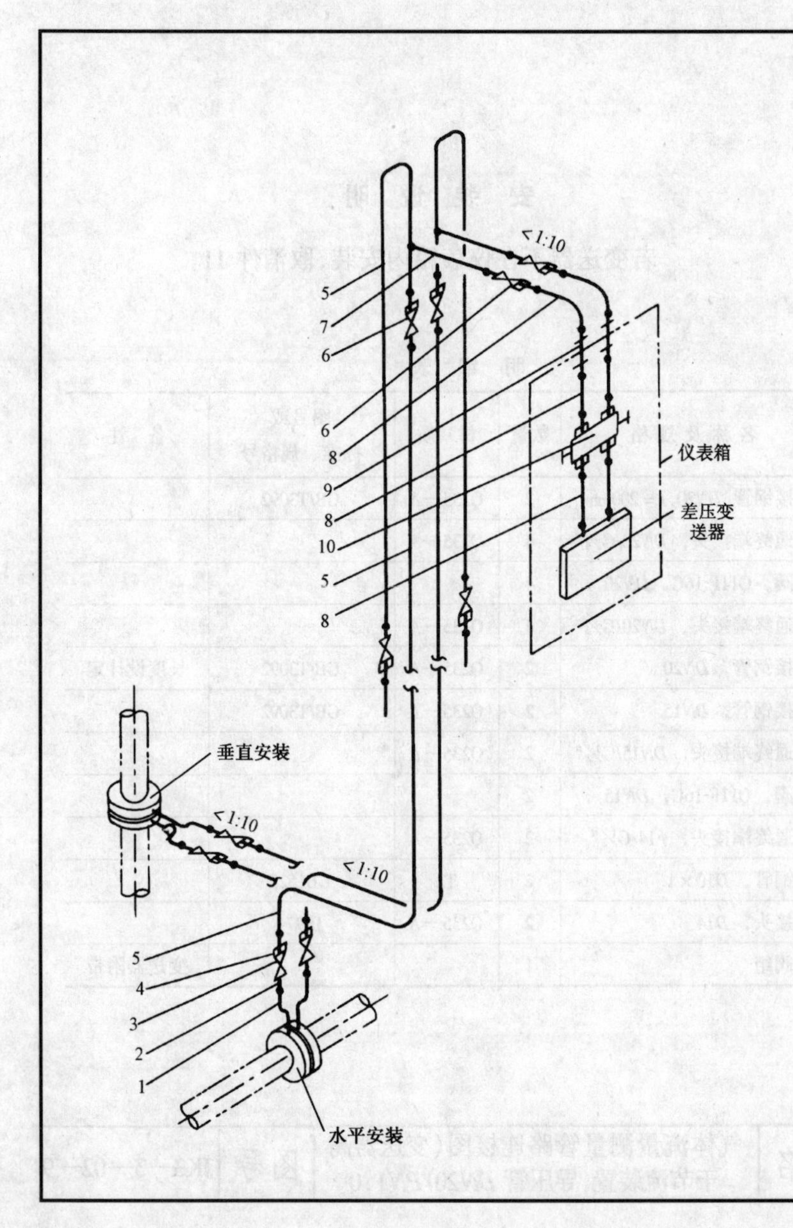

安 装 说 明

1. 阀件 6 的安装位置应视现场敷设条件而定。或者置于导压主管(实线绘出 *A* 方案),或者置于导压支管(虚线绘出 *B* 方案)。当采用 *A* 方案时,件 7、件 8 为连续紫铜管。

2. 若变送器不在仪表箱内安装,取消件 9。

明 细 表

件号	名称及规格	数量	材 质	图号或标准、规格号	备 注
1	焊接钢管, *DN*15, *l* = 200mm	2	Q235—A	GB/T3092	
2	直通终端接头, *DN*15/G½″	6	Q235—A		
3	球阀, Q11F-16C, *DN*15	4			
4	直通终端接头, *DN*15/G½″	6	Q235—A		
5	焊接钢管, *DN*15	2	Q235—A	GB/T3092	长度设计定
6	球阀, Q11F-16C, *DN*15	2			
7	紫铜管, *D*10×1	2	T2	GB1527	*A* 方案
	焊接钢管, *DN*15	2	Q235—A	GB/T3092	*B* 方案
8	紫铜管, *D*10×1	2	T2	GB1527	
9	管接头, *D*14	2	Q235	JB974	
10	三阀组	1			变送器附带

图名	气体流量测量管路连接图(变送器高于节流装置,导压管 *DN*15) *PN*1.0	图号	JK3—3—02—8

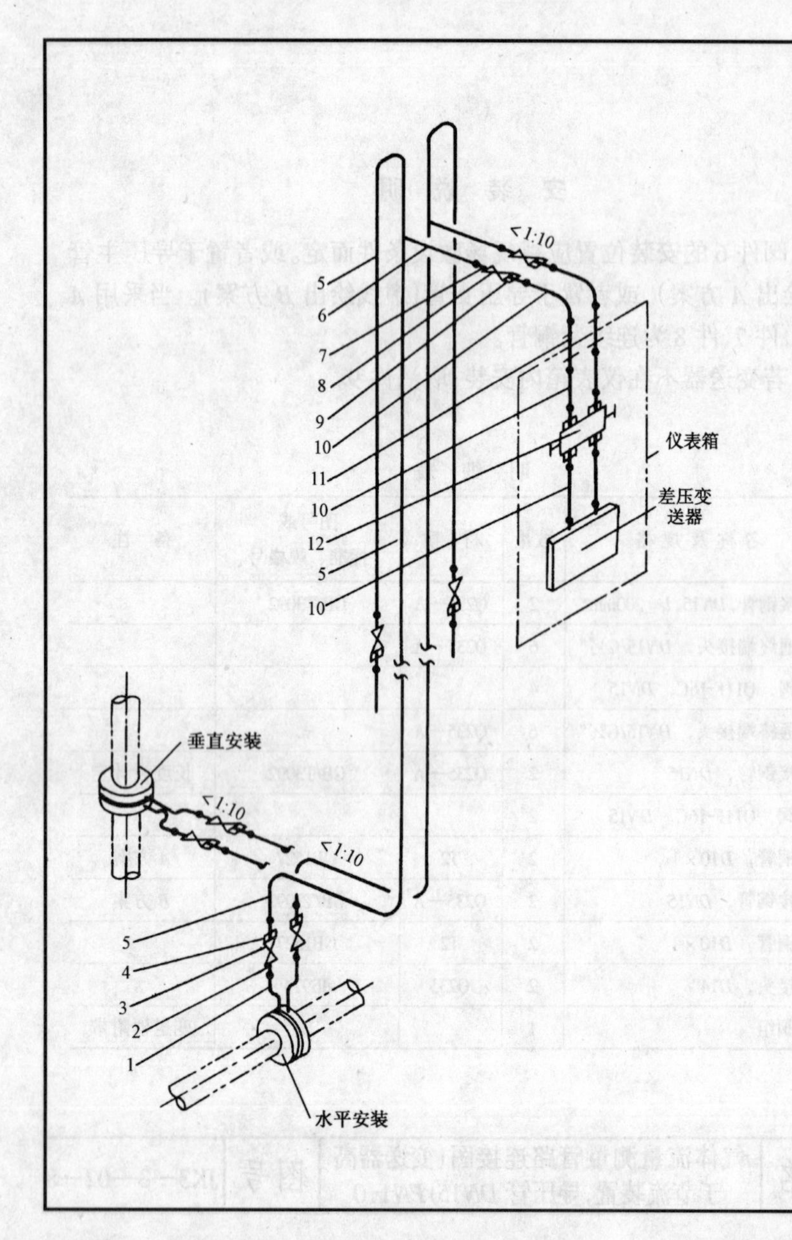

安装说明

若变送器不在仪表箱内安装，取消件11。

明细表

件号	名称及规格	数量	材质	图号或 标准、规格号	备注
1	焊接钢管，$DN20$，$l=200$mm	2	Q235—A	GB/T3092	
2	直通终端接头，$DN20$/G¾″	4	Q235—A		
3	球阀，Q11F-16C，$DN20$	4			
4	直通终端接头，$DN20$/G¾″	4	Q235—A		
5	焊接钢管，$DN20$	2	Q235—A	GB/T3092	长度设计定
6	焊接钢管，$DN15$	2	Q235—A	GB/T3092	
7	直通终端接头，$DN15$/G½″	2	Q235—A		
8	球阀，Q11F-16C，$DN15$	2			
9	直通终端接头，$\phi14$/G½″	2	Q235—A		
10	紫铜管，$D10\times1$	2	T2	GB1527	
11	管接头，$D14$	2	Q235—A	JB974	
12	三阀组	1			变送器附带

图名	气体流量测量管路连接图(变送器高于节流装置，导压管 $DN20$) $PN1.0$	图号	JK3—3—02—9

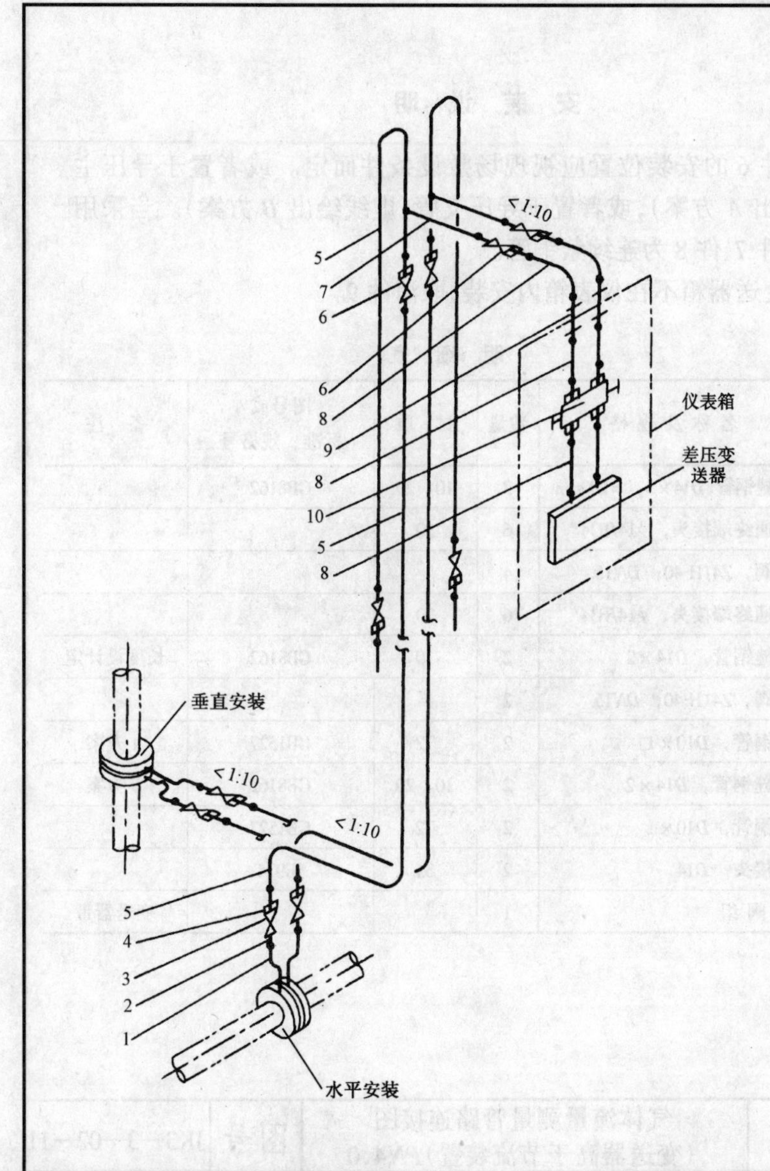

安装说明

1. 阀件6的安装位置应视现场敷设条件而定。或者置于导压主管(实线绘出 *A* 方案),或者置于导压支管(虚线绘出 *B* 方案)。当采用 *A* 方案时,件7、件8为连续紫铜管。

2. 若变送器不在仪表箱内安装,取消件9。

明细表

件号	名称及规格	数量	材质	图号或标准、规格号	备注
1	无缝钢管, $D14\times3$, $l=200$mm	2	10、20	GB8162	
2	直通终端接头, $\phi14$/R½″	6	Q235—A		
3	闸阀, Z11H-25, *DN*15	4			
4	直通终端接头, $\phi14$/R½″	6	Q235—A		
5	无缝钢管, $D14\times2$		10、20	GB8162	长度设计定
6	闸阀, Z11H-25, *DN*15	2			
7	紫铜管, $D10\times1$	2	T2	GB1527	*A* 方案
	无缝钢管, $D14\times2$	2	10、20	GB8162	*B* 方案
8	紫铜管, $D10\times1$	2	T2	GB1527	
9	管接头, *D*14	2	Q235—A	JB974	
10	三阀组	1			变送器附带

图名	气体流量测量管路连接图 (变送器高于节流装置) *PN*2.5	图号	JK3—3—02—10

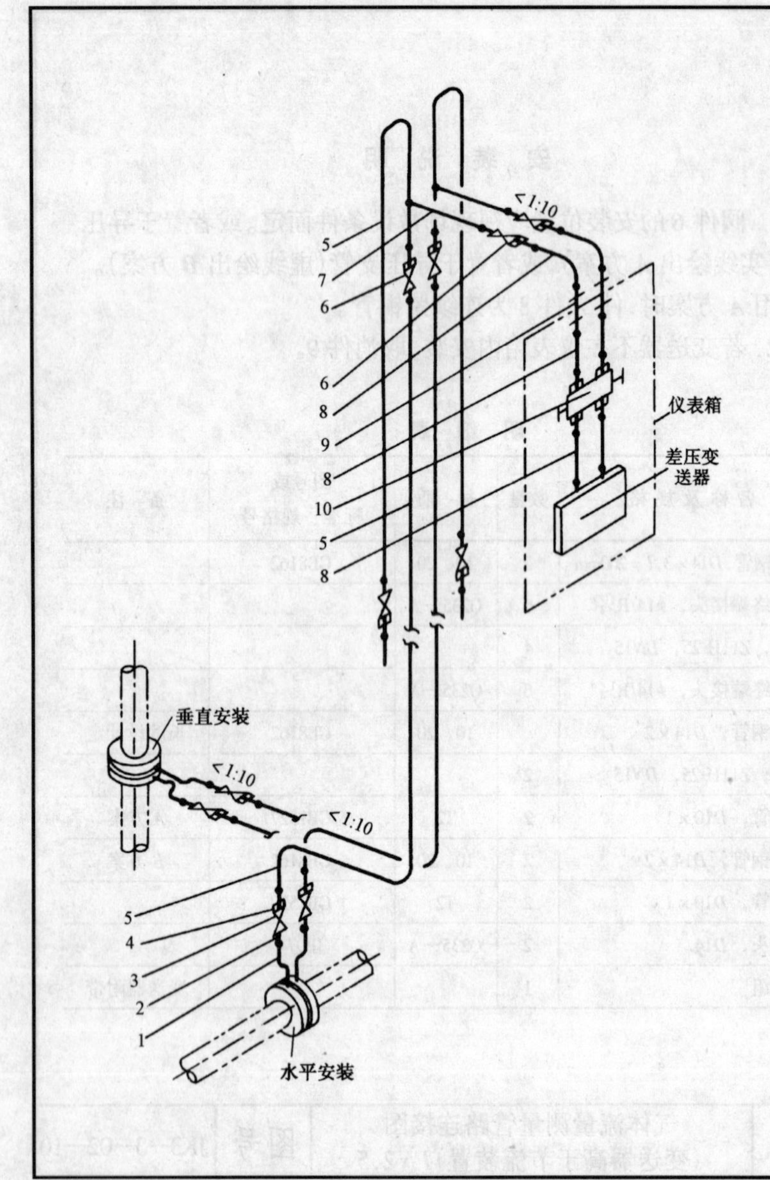

安装说明

1. 阀件6的安装位置应视现场敷设条件而定。或者置于导压主管(实线绘出A方案),或者置于导压支管(虚线绘出B方案)。当采用A方案时,件7、件8为连续紫铜管。

2. 若变送器箱不在仪表箱内安装,取消件9。

明细表

件号	名称及规格	数量	材质	图号或标准、规格号	备注
1	无缝钢管, $D14\times3$, $l=200$mm	2	10、20	GB8162	
2	直通终端接头, $\phi14$/R½″	6	20		
3	闸阀, Z41H-40; $DN15$	4			
4	直通终端接头, $\phi14$/R½″	6	20		
5	无缝钢管, $D14\times2$	2	10	GB8162	长度设计定
6	闸阀, Z41H-40; $DN15$	2			
7	紫铜管, $D10\times1$	2	T2	GB1527	A方案
	无缝钢管, $D14\times2$	2	10、20	GB8162	B方案
8	紫铜管, $D10\times1$	2	T2	GB1527	
9	管接头, $D14$	2	35	JB974	
10	三阀组	1			变送器带

图名	气体流量测量管路连接图 (变送器高于节流装置)PN4.0	图号	JK3—3—02—11

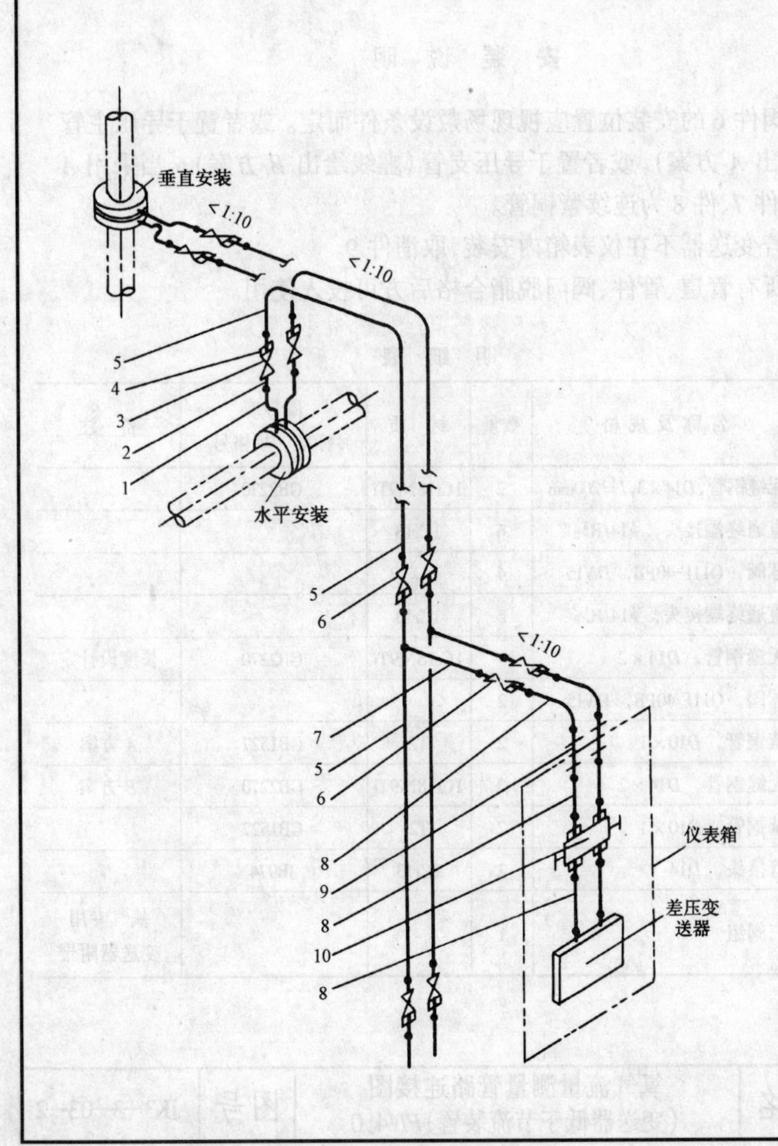

安装说明

1. 阀件6的安装位置应视现场敷设条件而定。或者置于导压主管(实线绘出*A*方案),或者置于导压支管(虚线绘出*B*方案)。当采用*A*方案时,件7、件8为连续紫铜管。
2. 若变送器不在仪表箱内安装,取消件9。
3. 所有管道、管件、阀门脱脂合格后方可投入使用。

明细表

件号	名称及规格	数量	材质	图号或标准、规格号	备注
1	无缝钢管,*D*14×3,*l*=200mm	2	1Cr18Ni9Ti	GB2270	
2	直通终端接头,ϕ14/R½″	6	1C13		
3	球阀,Q11F-25PB;*DN*15	4			
4	直通终端接头,ϕ14/R½″	6	1Cr13		
5	无缝钢管,*D*14×2	2	1Cr18Ni9Ti	GB2270	长度设计定
6	球阀,Q11F-25PB;*DN*15	2			
7	紫铜管,*D*10×1	2	T2	GB1527	*A*方案
	无缝钢管,*D*14×2	2	1Cr18Ni9Ti	GB2270	*B*方案
8	紫铜管,*D*10×1	2	T2	GB1527	
9	管接头,*D*14	2	1Cr13	JB974	
10	三阀组	1			氧气专用变送器带

图名	氧气流量测量管路连接图 (变送器低于节流装置)*PN*2.5	图号	JK3—3—03—1

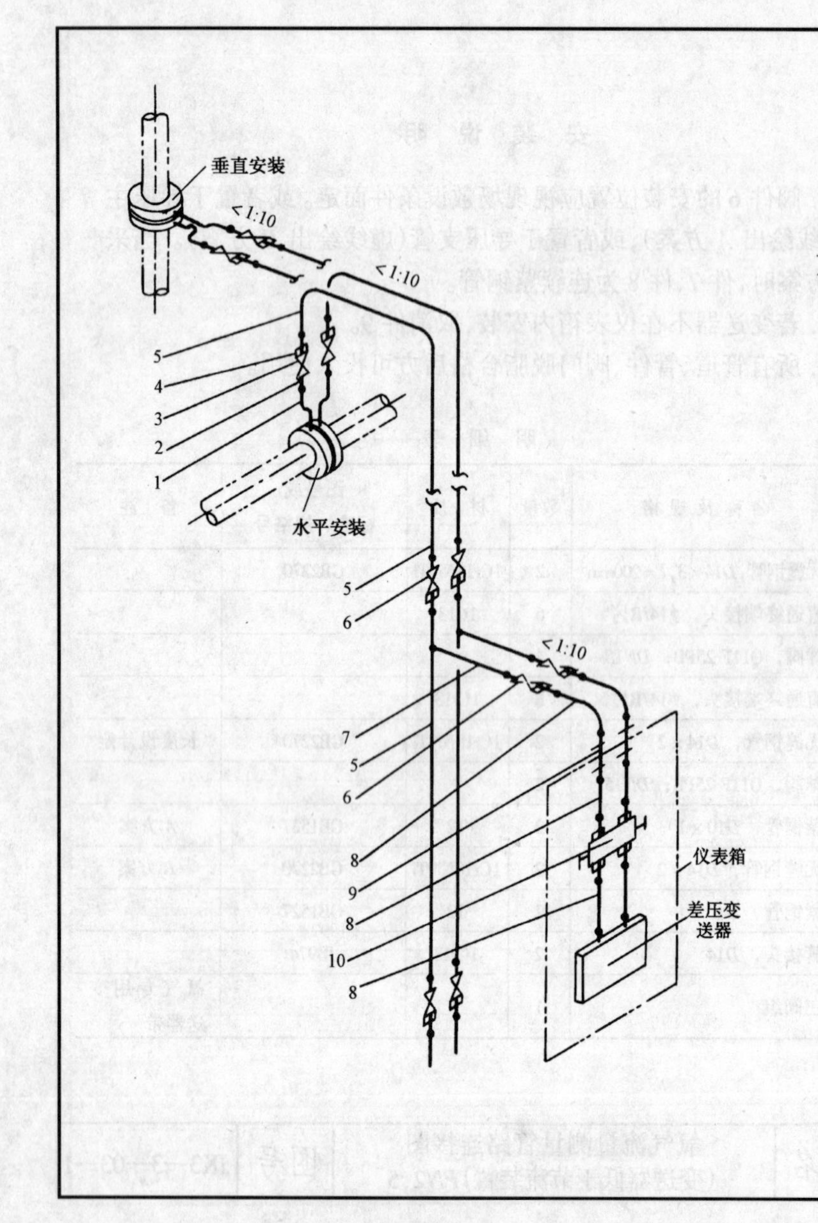

安 装 说 明

1. 阀件 6 的安装位置应视现场敷设条件而定。或者置于导压主管(实线绘出 *A* 方案),或者置于导压支管(虚线绘出 *B* 方案)。当采用 *A* 方案时,件 7、件 8 为连续紫铜管。

2. 若变送器不在仪表箱内安装,取消件 9。

3. 所有管道、管件、阀门脱脂合格后方可投入使用。

明 细 表

件号	名称及规格	数量	材 质	图号或标准、规格号	备 注
1	无缝钢管, $D14\times3$, $l=200$mm	2	1Cr18Ni9Ti	GB2270	
2	直通终端接头, $\phi14/R\frac{1}{2}''$	6	1Cr13		
3	球阀, Q11F-40PB, *DN*15	4			
4	直通终端接头, $\phi14/R\frac{1}{2}''$	6	1Cr13		
5	无缝钢管, $D14\times2$		1Cr18Ni9Ti	GB2270	长度设计定
6	球阀, Q11F-40PB, *DN*15	2			
7	紫铜管, $D10\times1$	2	T2	GB1527	*A* 方案
	无缝钢管, $D14\times2$	2	1Cr18Ni9Ti	GB2270	*B* 方案
8	紫铜管, $D10\times1$	2	T2	GB1527	
9	管接头, D14	2	1Cr13	JB974	
10	三阀组	1			氧气专用变送器附带

图名	氧气流量测量管路连接图 (变送器低于节流装置)*PN*4.0	图号	JK3—3—03—2

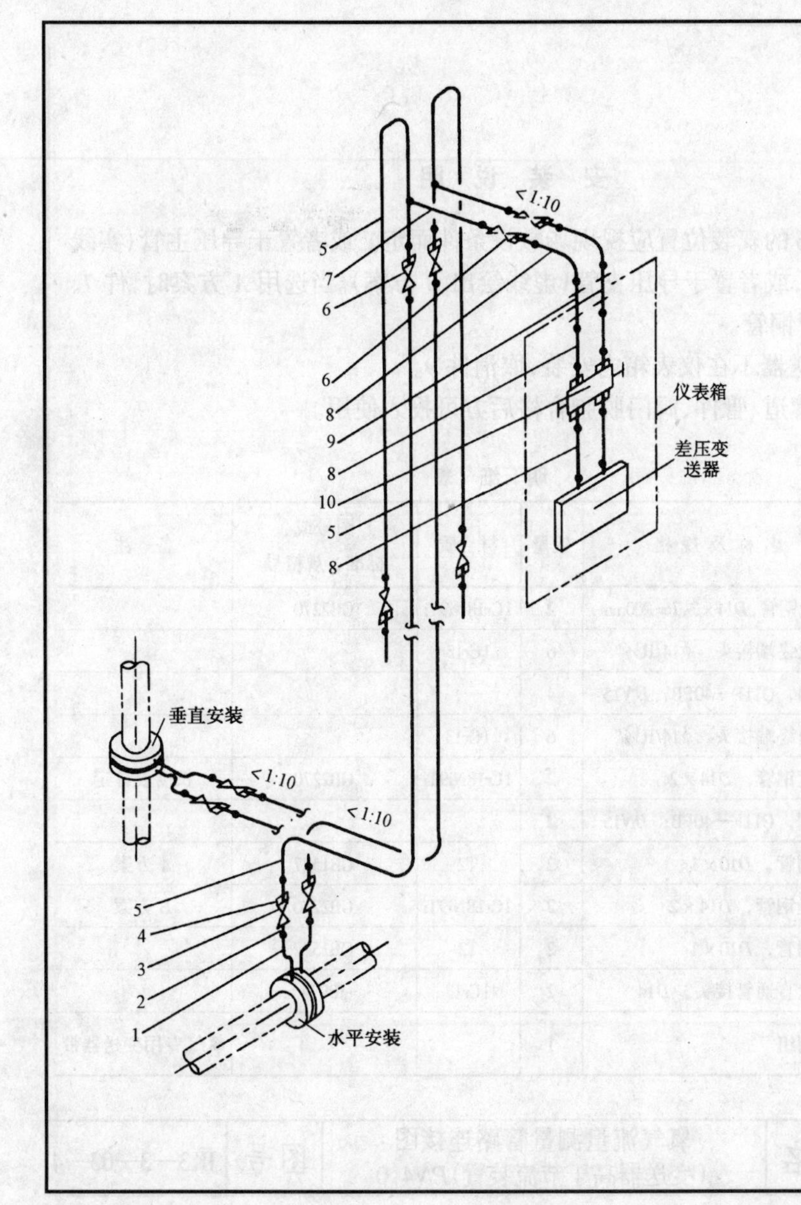

安 装 说 明

1. 阀件 6 的安装位置应视现场敷设条件而定。或者置于导压主管(实线绘出 *A* 方案),或者置于导压支管(虚线绘出 *B* 方案)。当采用 *A* 方案时,件 7、件 8 为连续紫铜管。

2. 若变送器不在仪表箱内安装,取消件 9。

3. 所有管道、管件、阀门脱脂合格后方可投入使用。

明 细 表

件号	名称及规格	数量	材 质	图号或标准、规格号	备 注
1	无缝钢管, $D14\times3$, $l=200$mm	2	1Cr18Ni9Ti	GB2270	
2	直通终端接头, $\phi14$/R½″	6	1Cr13		
3	球阀, Q11F-25PB; *DN*15	4			
4	直通终端接头, $\phi14$/R½″	6	1Gr13		
5	无缝钢管, $D14\times2$	2	1Cr18Ni9Ti	GB2270	长度设计定
6	球阀, Q11F-25PB; *DN*15	2			
7	紫铜管, $D10\times1$	2	T2	GB1527	*A* 方案
	无缝钢管, $D14\times2$	2	1Cr18Ni9Ti	GB2270	*B* 方案
8	紫铜管, $D10\times1$	2	T2	GB1527	
9	管接头, *D*14	2	1Cr13	JB974	
10	三阀组	1			氧气专用变送器附带

图名	氧气流量测量管路连接图 (变送器高于节流装置)*PN*2.5	图号	JK3—3—03—3

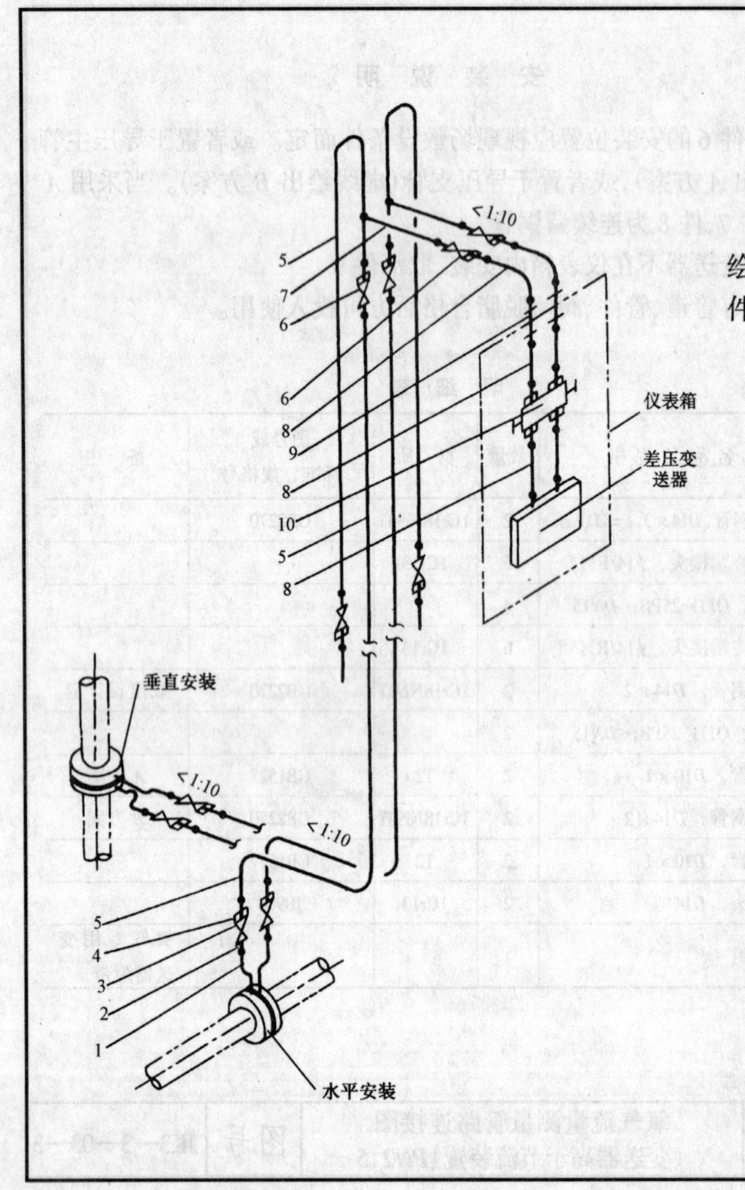

安 装 说 明

1. 阀件 6 的安装位置应视现场敷设条件而定。或者置于导压主管(实线绘出 *A* 方案),或者置于导压支管(虚线绘出 *B* 方案)。当选用 *A* 方案时,件 7、件 8 为连续紫铜管。

2. 若变送器不在仪表箱内安装,取消件 9。

3. 所有管道、管件、阀门脱脂合格后方可投入使用。

明 细 表

件号	名称及规格	数量	材 质	图号或标准、规格号	备 注
1	无缝钢管,*D*14×3,*l*=200mm	2	1Cr18Ni9Ti	GB2270	
2	直通终端接头,ϕ14/R½″	6	1Cr13		
3	球阀,Q11F—40PB,*DN*15	4			
4	直通终端接头,ϕ14/R½″	6	1Cr13		
5	无缝钢管,*D*14×2	2	1Cr18Ni9Ti	GB2270	长度设计定
6	球阀,Q11F—40PB;*DN*15	2			
7	紫铜管,*D*10×1	2	T2	GB1527	*A* 方案
	无缝钢管,*D*14×2	2	1Cr18Ni9Ti	GB2270	*B* 方案
8	紫铜管,*D*10×1	2	T2	GB1527	
9	隔壁直通管接头,*D*14	2	1Cr13	JB974	
10	三阀组	1			氧气专用变送器带

图名	氧气流量测量管路连接图 (变送器高于节流装置)*PN*4.0	图号	JK3—3—03—4

安 装 说 明

1. 阀件 12 的安装位置应视现场敷设条件而定。或者置于导压主管(实线绘出 A 方案),或者置于导压支管(虚线绘出 B 方案)。当采用 A 方案时,件 14、件 15。为连续紫铜管。
2. 若变送器不在仪表箱内安装,取消件 16。
3. 节流装置至冷凝容器段管路应尽量缩短设置,否则须进行保温。
4. 件 10 的两个冷凝容器应垂直固定安装在同一水平标高上。

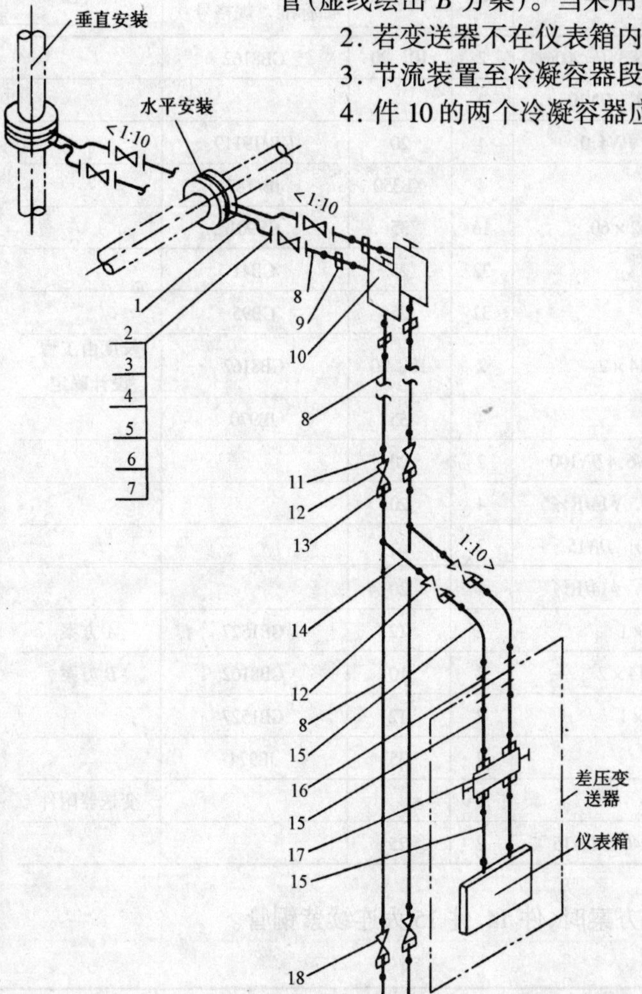

垂直安装

水平安装

<1:10

<1:10

1:10>

差压变送器

仪表箱

明 细 表

件号	名称及规格	数量	材 质	图号或标准、规格号	备 注
1	无缝钢管, $D14\times3$, $l=200$mm	2	10、20	GB8162	
2	闸阀, Z41H-40, $DN10$	2			
3	法兰, $DN10$, $PN40$	4	20	GB/T9115	
4	垫片, 10—40	4	XB350	JB/T87	
5	双头螺柱, M12×60	16	35	GB901	
6	螺母, M12	32	25	GB41	
7	垫圈, $\phi12$	32	25	GB95	
8	无缝钢管, $D14\times2$	2	10、20	GB8162	长度设计定
9	管接头, $D14$	4	35	JB970	
10	冷凝容器, $PN6.4$; $DN100$	2	20		
11	直通终端接头, $\phi14$/R½″	4	20		
12	闸阀, Z11H-40, $DN15$	2			
13	直通终端接头, $\phi14$/R½″	4	20		
14	紫铜管, $D10\times1$	2	T2	GB1527	A 方案
	无缝钢管, $D14\times2$	2	10	GB8162	B 方案
15	紫铜管, $D10\times1$	2	T2	GB1527	
16	管接头, $D14$	2	35	JB974	
17	三阀组	1			变送器附带
18	闸阀, Z11H-40, $DN15$	2			

图名	蒸汽流量测量管路连接图(变送器低于节流装置)$PN2.5$; $t\leqslant300$℃	图号	JK3—3—04—1

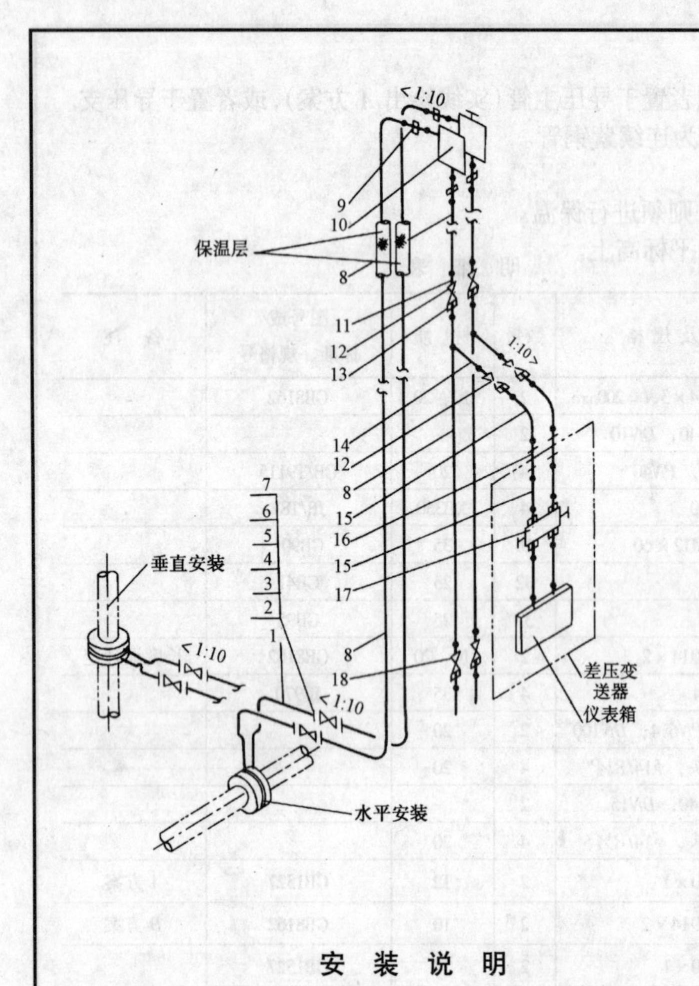

明细表

件号	名称及规格	数量	材质	图号或标准、规格号	备注
1	无缝钢管，$D14\times3$，$l=200$mm	2	10、20	GB8162	
2	闸阀，Z41H-40，$DN10$	2			
3	法兰，$DN10$，$PN4.0$	4	20	GB/T9119	
4	垫片，10—40	4	XB350	JB/T87	
5	双头螺柱，M12×60	16	35	GB901	
6	螺母，M12	32	25	GB41	
7	垫圈，$\phi12$	32	25	GB95	
8	无缝钢管，$D14\times2$	2	10、20	GB8162	长度由工程设计确定
9	管接头，$D14$	4	35	JB970	
10	冷凝容器，$PN6.4DN100$	2	20		
11	直通终端接头，$\phi14/R\frac{1}{2}''$	4	20		
12	闸阀，Z11H-40；$DN15$	2	25		
13	直通终端接头，$\phi14/R\frac{1}{2}''$	4	20		
14	紫铜管，$D10\times1$	2	T2	GB1527	A 方案
14	无缝钢管，$D14\times2$	2	10	GB8162	B 方案
15	紫铜管，$D10\times1$	2	T2	GB1527	
16	管接头，$D14$	2	35	JB974	
17	三阀组	1			变送器附件
18	闸阀，Z11H—40，$DN15$	2	25		

安装说明

1. 阀件 12 的安装位置应视现场敷设条件而定。或者置于导压主管(实线绘出 A 方案)，或者置于导压支管(虚线绘出 B 方案)。当采用 A 方案时，件 14、件 15 为连续紫铜管。
2. 若变送器不在仪表箱内安装，取消件 16。
3. 节流装置至冷凝容器段管路须保温。如图所示。
4. 件 10 的两个冷凝容器应垂直固定安装在同一水平标高上。

图名	蒸汽流量测量管路连接图(变送器高于节流装置)$PN2.5$；$t\leqslant300$℃	图号	JK3—3—04—2

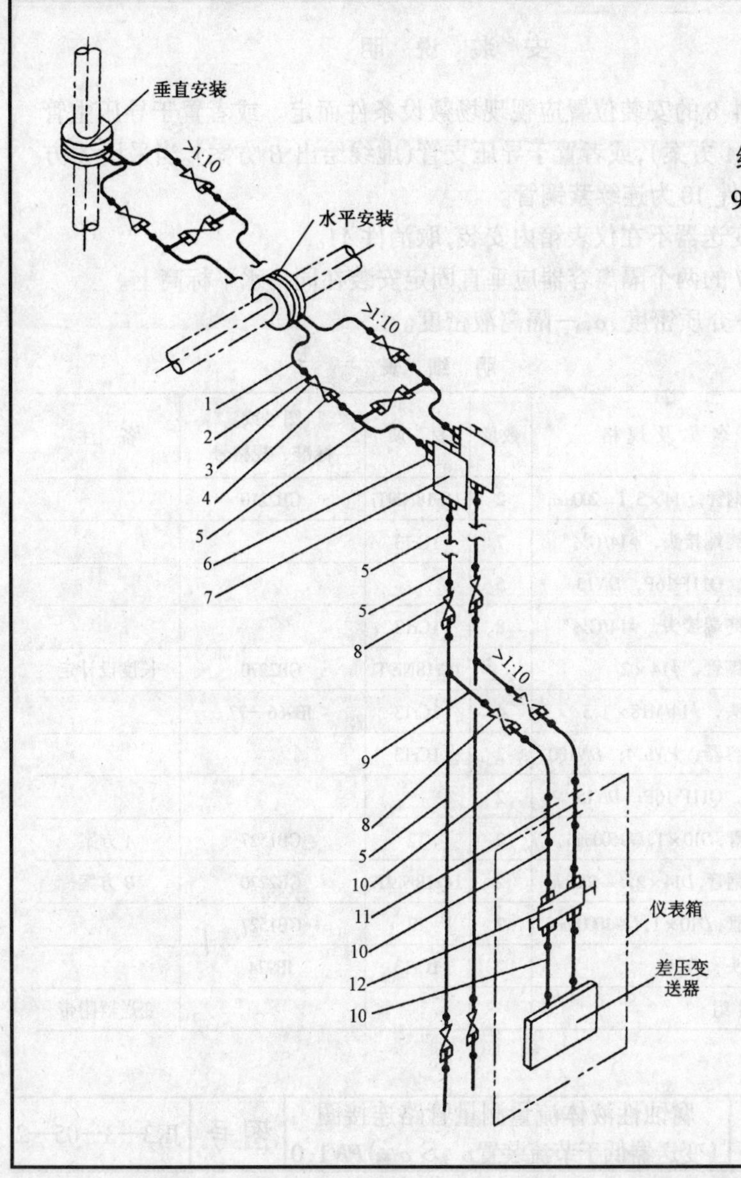

安 装 说 明

1. 阀件 8 的安装位置应视现场敷设条件而定。或者置于导压主管(实线绘出 A 方案),或者置于导压支管(虚线绘出 B 方案)。当采用 A 方案时,件 9、件 10 为连续紫铜管。

2. 若变送器不在仪表箱内安装,取消件 11。

3. 件 7 的两个隔离容器应垂直固定安装在同一水平标高上。

4. $\rho_{介}$—介质密度;$\rho_{隔}$—隔离液密度。

明 细 表

件号	名称及规格	数量	材 质	图号或标准、规格号	备 注
1	无缝钢管, $D14\times3$, $l=200$mm	2	1Cr18Ni9Ti	GB2270	
2	直通终端接头, $\phi14$/G½″	7	1C13		
3	球阀, Q11F-16P, $DN15$	5			
4	直通终端接头, $\phi14$/G½″	8	1Cr13		
5	无缝钢管, $D14\times2$		1Cr18Ni9Ti	GB2270	长度设计定
6	管接头, $\phi14$/M18×1.5	4	1Cr13	JB966	
7	隔离容器, $PN6.4$, $DN100$	2	1Cr13		
8	球阀, Q11F-16P, $DN15$	2			
9	紫铜管, $D10\times1$, $l\approx500$	2	T2	GB1527	A 方案
	无缝钢管, $D14\times2$, $l\approx500$	2	1Cr18Ni9Ti	GB2270	B 方案
10	紫铜管, $D10\times1$, $l\approx1000$	2	T2	GB1527	
11	管接头, $D14$	2	1Cr13	JB974	
12	三 阀 组	1			变送器附带

图名	腐蚀性液体流量测量管路连接图(变送器低于节流装置$\rho_{介}<\rho_{隔}$)$PN1.0$	图号	JK3—3—05—1

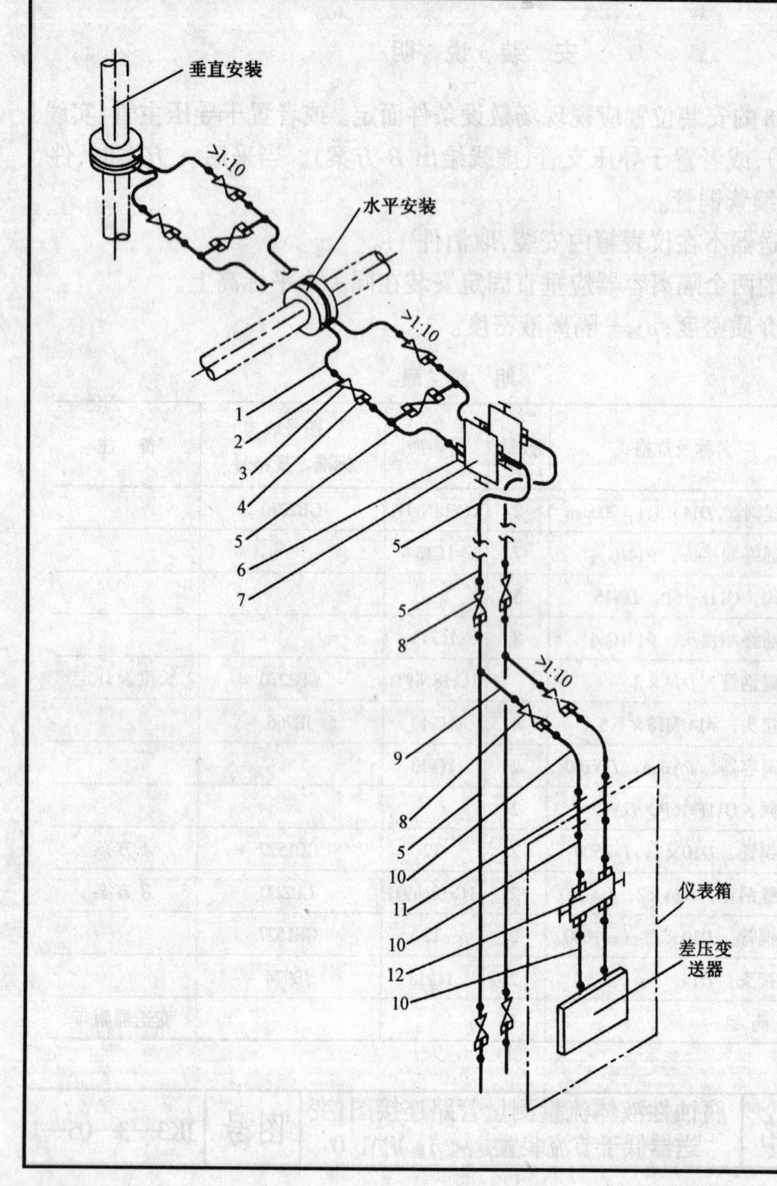

安 装 说 明

1．阀件 8 的安装位置应视现场敷设条件而定。或者置于导压主管(实线绘出 *A* 方案)，或者置于导压支管(虚线绘出 *B* 方案)。当采用 *A* 方案时，件 9、件 10 为连续紫铜管。

2．若变送器不在仪表箱内安装，取消件 11。

3．件 7 的两个隔离容器应垂直固定安装在同一水平标高上。

4．$\rho_{介}$—介质密度、$\rho_{隔}$—隔离液密度。

明 细 表

件号	名称及规格	数量	材 质	图号或标准、规格号	备 注
1	无缝钢管，$D14\times3$，$l=200$mm	2	1Cr18Ni9Ti	GB2210	
2	直通终端接头，$\phi14$/G½″	7	1Cr13		
3	球阀，Q11F-16P，*DN*15	5			
4	直通终端接头，$\phi14$/G½″	8	1Cr13		
5	无缝钢管，$\phi14\times2$		1Cr18Ni9Ti	GB2270	长度设计定
6	管接头，$\phi14$/M18×1.5	4	1Cr13	JB966—77	
7	隔离容器，*PN*6.4；*DN*100	2	1Cr13		
8	球阀，Q11F-16P；*DN*15	2			
9	紫铜管，$D10\times1$，$l\approx500$mm	2	T2	GB1527	*A* 方案
	无缝钢管，$D14\times2$，$l\approx500$mm	2	1Cr18Ni9Ti	GB2270	*B* 方案
10	紫铜管，$D10\times1$，$l\approx1000$mm	2	T2	GB1527	
11	管接头，*D*14	2	1Cr13	JB974	
12	三 阀 组				变送器附带

图名	腐蚀性液体流量测量管路连接图 (变送器低于节流装置$\rho_{介}>\rho_{隔}$)*PN*1.0	图号	JK3—3—05—2

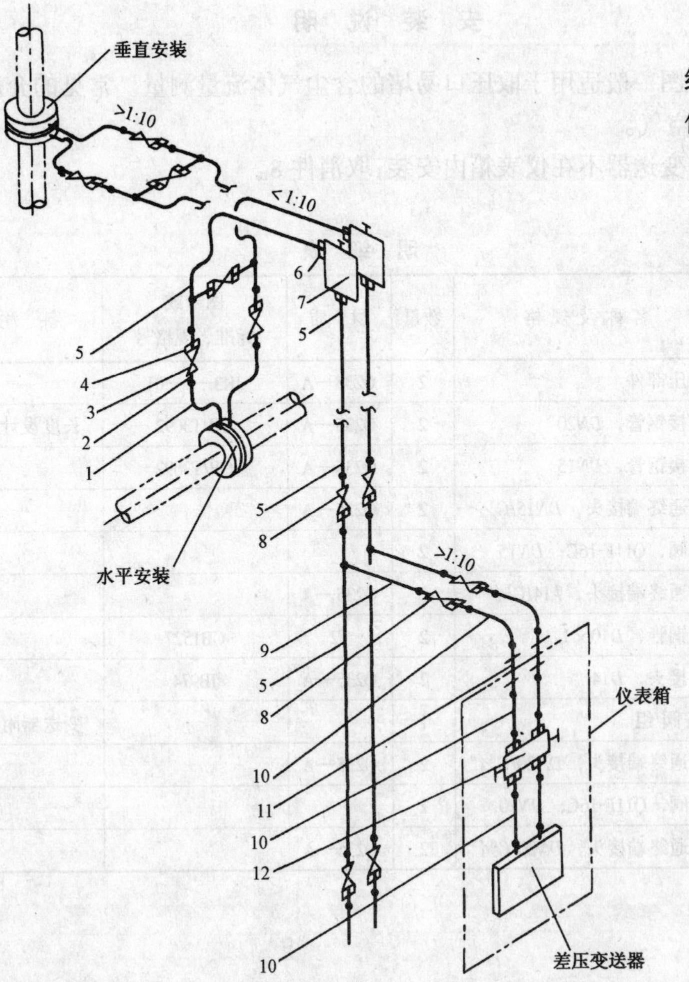

垂直安装

水平安装

仪表箱

差压变送器

安装说明

1. 阀件8的安装位置应视现场敷设条件而定。或者置于导压主管(实线绘出 A 方案),或者置于导压支管(虚线绘出 B 方案)。当采用 A 方案时,件9、件10为连续紫铜管。

2. 若变送器不在仪表箱内安装,取消件11。

3. 件7的两个隔离容器应垂直固定安装在同一水平标高上。

明细表

件号	名称及规格	数量	材质	图号或标准、规格号	备注
1	无缝钢管,$D14\times3$, $l=200$mm	2	1Cr18Ni9Ti	GB2270	
2	直通终端接头,$\phi14$/G½″	7	1Cr13		
3	球阀,Q11F-16P,DN15	5			
4	直通终端接头,$\phi14$/G½″	8	1Cr13		
5	无缝钢管,$\phi14\times2$	2	1Cr18Ni9Ti	GB2270	长度设计定
6	管接头,$\phi14$/M18×1.5	4		JB966	
7	隔离容器,PN6.4;DN100	2			
8	球阀,Q11F-16P,DN15	2			
9	紫铜管,$D10\times1$	2	T2	GB1527	A 方案
	无缝钢管,$D14\times2$	2	1Cr18Ni9Ti	GB2270	B 方案
10	紫铜管,$D10\times1$	2	T2	GB1527	
11	管接头,$D14$	2	1Cr13	JB974	
12	三阀组	1			变送器附带

图名	腐蚀性气体流量测量管路连接图(变送器低于节流装置)PN1.0	图号	JK3—3—05—3

安装说明

1. 本图一般适用于取压口易堵的含尘气体流量测量。常见的介质为煤气和空气。

2. 若变送器不在仪表箱内安装,取消件8。

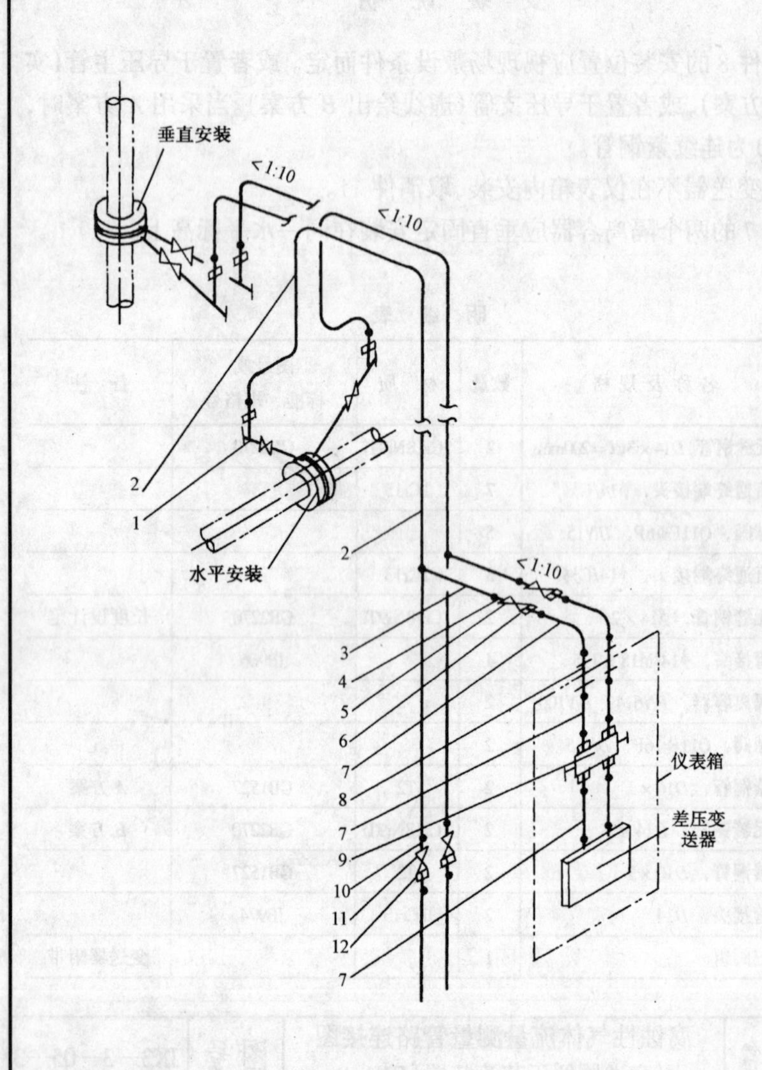

明细表

件号	名称及规格	数量	材质	图号或标准、规格号	备注
1	取压部件	2	Q235—A	JK3—4—01	
2	焊接钢管，*DN*20	2	Q235—A	GB/T3092	长度设计定
3	焊接钢管，*DN*15	2	Q235—A	GB/T3092	
4	直通终端接头，*DN*15/G½″	2	Q235—A		
5	球阀，Q11F-16C；*DN*15	2			
6	直通终端接头，ϕ14/G½″	2	Q235—A		
7	紫铜管，*D*10×1	2	T2	GB1527	
8	管接头，*D*14	2	Q235—A	JB974	
9	三阀组	1			变送器附带
10	直通终端接头，*DN*20/G¾″	2	Q235—A		
11	球阀，Q11F-16C；*DN*20	2			
12	直通终端接头，*DN*20/G¾″	2	Q235—A		

图名	脏气体流量测量管路连接图*PN*1.0	图号	JK3—3—06—1

安 装 说 明

1. 本图一般适用于脏湿气体的流量测量。常见的介质为煤气和空气。

2. 若变送器不在仪表箱内安装,取消件 10。

3. 若管路无需集液,取消件 12、件 13。

4. 件 1 的冷凝除尘器分垂直管道和水平管道两种形式,其取舍由施工设计决定。

明 细 表

件号	名称及规格	数量	材 质	图号或标准、规格号	备 注
1	冷凝除尘器（带取压管）	2	Q235—A	JK3—4—02	
2	球阀，Q11F-16C；*DN*20	4			
3	直通终端接头，*DN*20/G¾″	4	Q235—A		
4	焊接钢管，*DN*20	2	Q235—A	GB/T3092	长度设计定
5	焊接钢管，*DN*15	2	Q235—A	GB/T3092	
6	直通终端接头，*DN*15/G½″	2	Q235—A		
7	球阀，Q11F-16C；*DN*15	2			
8	直通终端接头，ϕ14/G½″	2	Q235—A		
9	紫铜管，*D*10×1	2	T2	GB1527	
10	管接头，*D*14	2	Q235—A	JB974	
11	三阀组	1			变送器附带
12	管接头，*D*14	2	Q235—A	JB970	
13	分离容器，*PN*6.4；*DN*100	2	20		
14	直通终端接头，*DN*20/G¾″	2	Q235—A		

图名	湿气体流量测量管路连接图 *PN*0.05	图号	JK3—3—06—2

3.4 通 用 图

夹角 α 可视导压管敷设方法确定。

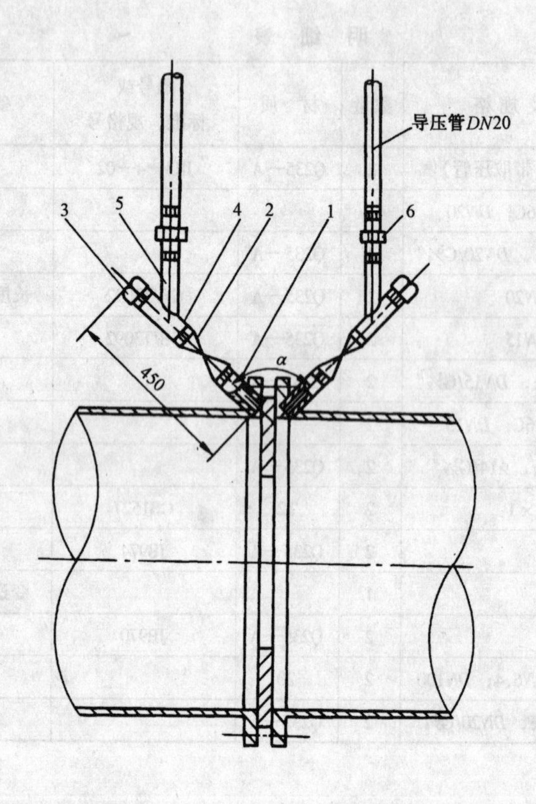

明 细 表

件号	名称及规格	数量	材 质	图号或标准、规格号	备 注
1	焊接钢管，*DN*20；*l* = 200mm	2	Q235—A	GB/T3092	
2	球阀，Q11F—16C	2			
3	管帽，*DN*20	2	KT33—8	GB3289.34	
4	焊接钢管，*DN*20；*l* = 150mm	2	Q235—A	GB/T3092	
5	焊接钢管，*DN*20；*l* = 100mm	2	Q235—A	GB/T3092	
6	活接头，*DN*20	2	KT33—8	GB3289.38	

图名	平孔板取压部件	图号	JK3—4—01

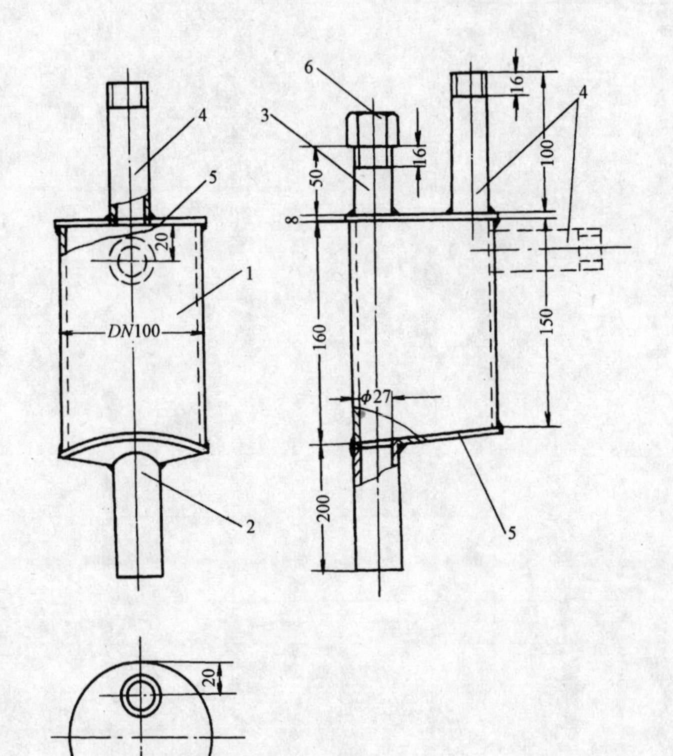

安 装 说 明

1. 本图按水平安装工艺管道画出，若工艺管道为垂直方式时，则件4焊装在侧面(如图虚线所示)。

2. 冷凝除尘器适用于脏气体流量孔板差压取压。

3. 焊接采用45°角焊缝。

4. 除尘器加工好后，应按规定试压。

明 细 表

件号	名称及规格	数量	材 质	图号或标准、规格号	备 注
1	焊接钢管，*DN*100，l = 160mm	1	Q235—A	GB/T3092	
2	焊接钢管，*DN*25，l = 200mm	1	Q235—A	GB/T3092	
3	焊接钢管，*DN*20，l = 50mm	1	Q235—A	GB/T3092	
4	焊接钢管，*DN*20，l = 100mm	2	Q235—A	GB/T3092	
5	钢板，ϕ120，δ = 6mm	2	Q235—A	GB709	
6	管帽，*DN*20	1	KT33—8	GB3289.34	

图名	冷凝除尘器	图号	JK3—4—02

4 物位仪表安装

4.1 直接安装式物位仪表安装

说　　明

1. 本部分图集适用于建筑安装工程中常用的各种物位检测仪表的安装及其管路连接。

2. 图中表示的材料适用于普通介质，如使用于腐蚀性介质中，则有关零部件、材料都应选择耐酸、耐腐蚀性材质。

3. 本部分内容包括下述四部分，通用图集中编制在JK4—4物位仪表安装图通用图中。

JK4—1　直接安装式物位仪表安装。

JK4—2　法兰差压式液位仪表安装。

JK4—3　差压法测量液位的管路连接。

JK4—4　通用图。

安 装 说 明

1. 本部分图集适用于浮球式液位计、电接点液位控制器、电容物料计、重锤式、阻旋式、音叉式、超声波式等直接安装式物位计和控制器的安装。

2. 选用说明

(1) JK4—1图纸中未包括零部件图，此部分图纸本章统一编制在JK4—4中。

(2) 图中表示的材料适用于普通物料，如使用于有腐蚀性的物料中，则有关零部件、材料都应选择耐酸、耐腐蚀材质。

(3) 对于混凝土结构的预埋件等，应在施工图设计时由仪表专业向土建或相关专业提出资料。

(4) 图中引用的各厂家仪表，在施工图中应仔细核对随机的产品说明书，以免尺寸有误。

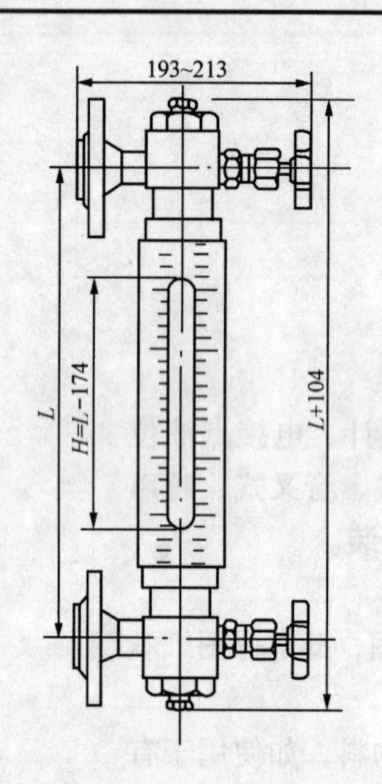

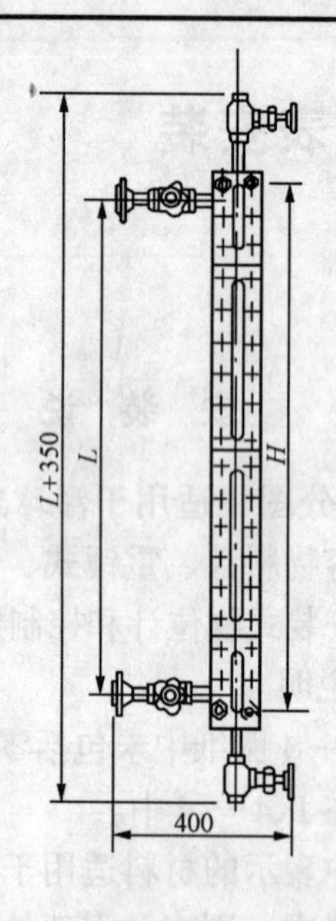

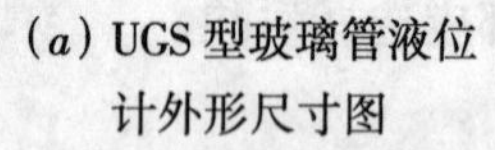

(*a*) UGS 型玻璃管液位计外形尺寸图

(*b*) WB 型玻璃板式液位计外形尺寸图

以 UGS 型玻璃管液位计为例

主要技术参数

(1)测量范围：300、500、800、1100、1400、1700、2000(mm)；

(2)工作压力：2.5、4.0、6.4(MPa)；

(3)工作温度：-50～520℃；

(4) 连接法兰：JB82 *DN*20 凸面法兰和 JB82 *DN*150 凸面法兰；GB/T9115；

(5)伴热夹套接头：EG1/2″；

(6)伴热蒸汽压力：≤0.6MPa；

(7)冲洗、排污口：M20×1.5 内螺纹接口；

(8)钢球封密压力：≥0.3MPa；

(9)介质密度：≥0.45g/cm³（对Ⅱ A 和Ⅲ A）；

(10)外形尺寸：UGS 型玻璃管液位计外形尺寸图见左图。

以 WB 型玻璃板式液位计为例

主要技术参数

(1)测量范围及可视高度，见下表。

测量范围 *L*(mm)	500	800	1100	1400	1700
可视高度 *H*(mm)	550	850	1150	1450	1750

(2)工作压力：4.0MPa、6.4MPa；

(3)工作温度：≤250℃；

(4)连接法兰：JB82 *DN*20 凸面法兰，GB/T9115；

(5)伴热夹套接头：G3/8″外螺纹；

(6)伴热蒸汽压力：≤1.0MPa；

(7)放空、排污接口：G1/2″；

(8)钢球密封压力：≥0.3MPa；

(9)接液材质：碳钢 Q235 和不锈钢 1Cr18Ni9Ti，防腐型玻璃板衬里；

(10)外形尺寸：WB 型玻璃板式液位计外形尺寸图见左图。

图名	玻璃管 玻璃板 液位计安装图	图号	JK4—1—01—1

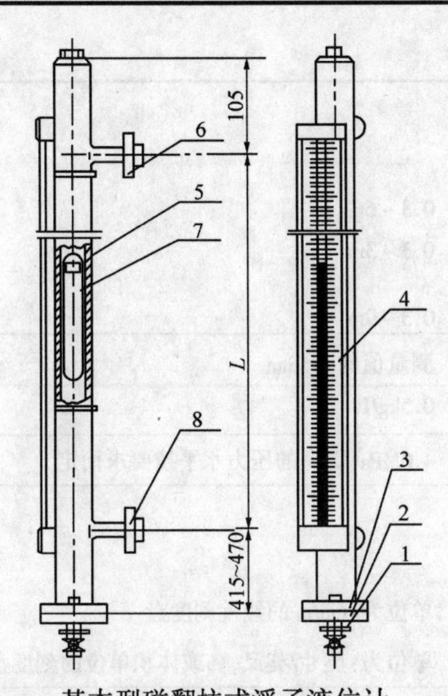

基本型磁翻柱式浮子液位计

1—排污阀；2—法兰Ⅰ；3—法兰Ⅱ；4—指示器；
5—浮子液位管；6—过程连接法兰(上)；
7—浮子；8—过程连接法兰(下)

远传型磁翻柱式浮子液位计

1—双管卡；2—传送部分钢管；
3—变送器

技术指标

1. 基本型

单台测量范围(mm)	500、800、1100、1400、1700、2500、4000、6000
单台重量(kg)	15、17、19、28、30、38、54、73
工作压力	≤4.0MPa、≤6.4MPa
现场指示精度	±5mm
介质温度	−80～+300℃
介质密度	≥0.45g/cm³(测液位)
介质密度差	≥0.15g/cm³(测界位)
介质黏度	≤0.15Pa·s
测量范围大于6m时可多台串联	

2. 远传型

测量范围	0～6000mm
精度	±10mm
回差	±5mm
输出	4～20mA(二线制)
电源电压	DC24V
环境温度	−40～+60℃
负载电阻	$R \leqslant (U-14)/0.02-R_D$(U为电源电压、$R_D$为电缆内阻)
防爆等级	ExiaⅡCT6
引线口	M20×1.5内螺纹
现场显示部分同基本型	
测量范围大于6m时可多台串联	

安装说明

CF系列磁翻柱式浮子液位计一般安装于储罐的旁通管上，与地面垂直，垂直误差＜3°。连接法兰采用*DN*25（*DN*20）凸面法兰（或根据用户现有法兰配制），用户自配凹面法兰（可与带凹面法兰的阀门直接连接）。

安装时浮子磁铁端应朝上，用户在设计选型时要考虑下端法兰到地面的距离是否足够仪表安装。（尤其是介质密度低于0.49g/cm³时）。

连接标准：法兰*DN*25、*PN*40，GB/T9115。

图名	CF系列磁翻柱式浮子液位计安装	图号	JK4—1—02—1

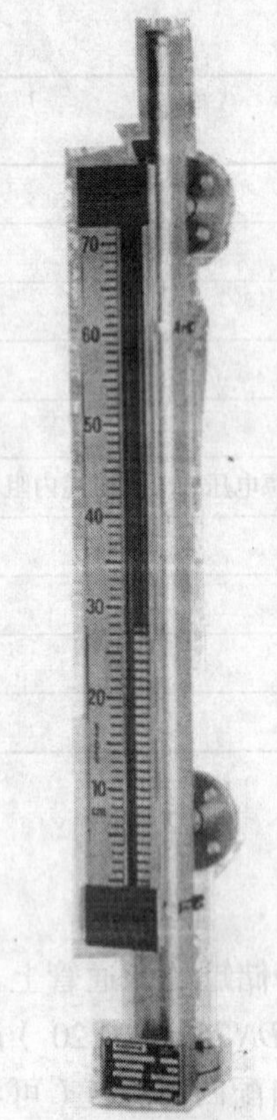

磁翻板/磁浮子 BM26

BM26 液位计适用于开口或压力容器内的液位或界面测量。特别适用于测量腐蚀性强、有害和可燃物质的液位，在恶劣的条件下工作，可靠性高。

这种仪表的操作原理是旁通管道式测量管理。测量管作为容器的一个旁通容器与其相连，测量管浮子内的磁系统带动翻板或磁浮子，指示出容器内部的相应液位、并同时触发远传管内相应的磁敏元件，指示出容器内部的相应液位，输出对应电信号。还可选择多种型号的限位开关。

(1)测量范围 0.3 ~ 6m；
(2)不锈钢，PVC 材质；
(3)可选择：PTFE 衬里、PVC 衬里；
(4)磁翻板或磁浮子指示液位；
(5)4 ~ 20mA 两线制电信号输出；
(6)多种限位开关型号选择。

技术参数

测量范围	
标准型	
NR,RR,PTFE,PRO	0.3 ~ 6m
PVC,PVDF,PP	0.3 ~ 3m
可选型	
NR,RR PRO 型(不能用于 Ex 和 F 类型)	0.3 ~ 9m
精　度	测量值的 ± 5mm
最小介质密度	0.5kg/L
最大工作压力	4.0MPa(更高的压力水平按要求而定)
取决于材质、法兰的压力等级和浮子耐压	
指　示　器	
标　准　型	单位为:cm/m 的线性刻度盘
可　选　型	单位为:英寸/英尺,%或体积单位的刻度盘
安装位置	垂直
防护等级(指示器),按 EN 60529/IEC 529 标准	IP 68(相当于 NEMA 6)
电磁兼容性(EMC)	按 EN 50081-1,EN 50082-2 标准
最高介质温度	
标　准　型	– 20 ~ 200℃
可　选　型	– 200 ~ 400℃
应用于 0 区危险场合的 BM26(带有电远传装置)	– 20 ~ 100℃
应用于 0 区危险场合的 BM26(现场指示)	– 20 ~ 200℃
防爆标志	
本安防爆	Exia Ⅱ CT5-T6
隔　　爆	Exd Ⅱ BT3-T4

图名	磁翻板/磁浮子 BM26 安装	图号	JK4—1—02—2

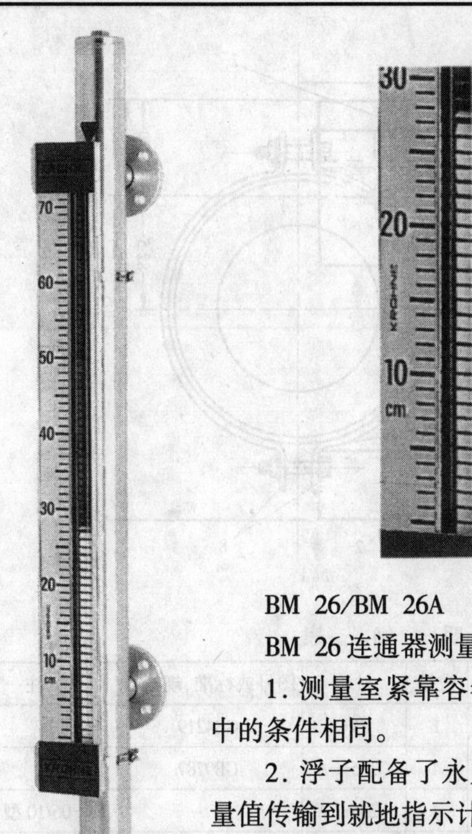

BM26/ BM26A 一旁通式液位指示计

BM 26/BM 26A

BM 26 连通器测量原理

1. 测量室紧靠容器，这样测量室与容器中的条件相同。

2. 浮子配备了永久磁铁系统，用于将测量值传输到就地指示计上。

3. 根据所选指示方式不同，浮子磁性系统带动磁片或翻转玻璃显示管中的磁性翻柱。

4. 翻转成黄色的磁柱或随动磁铁的垂直位置指示液位。

(1)用于液面或界面测量

(2) 尤其适合与高腐蚀性，有害或可燃物质一起使用，并适合恶劣的工作条件。

(3)简单的坚固设计

BM 26 A

介　质	液　体
测量范围(标准)	0.3～6m
精　度	±10mm 对测量值
操作数据	
压　力	-0.1～4.0MPa
最大压力	12.0MPa
温度标准	-40～200℃
温度选项	-200～300℃
密　度	≥0.5kg/L
黏　度	最大 5000mPa·s
工艺连接 GB/T9115、GB/T9119	*DN* 15～*DN* 50
材质(接触介质部分)	不锈钢、电镀金属
选　项	限位开关,液位变送器,加热系统,高温/低温延迟

限位开关选项

MS 15EXD

MS 15EXI

MS 20EXI

图名	BM26/BM26A 防通式液位指示计安装	图号	JK4—1—02—3

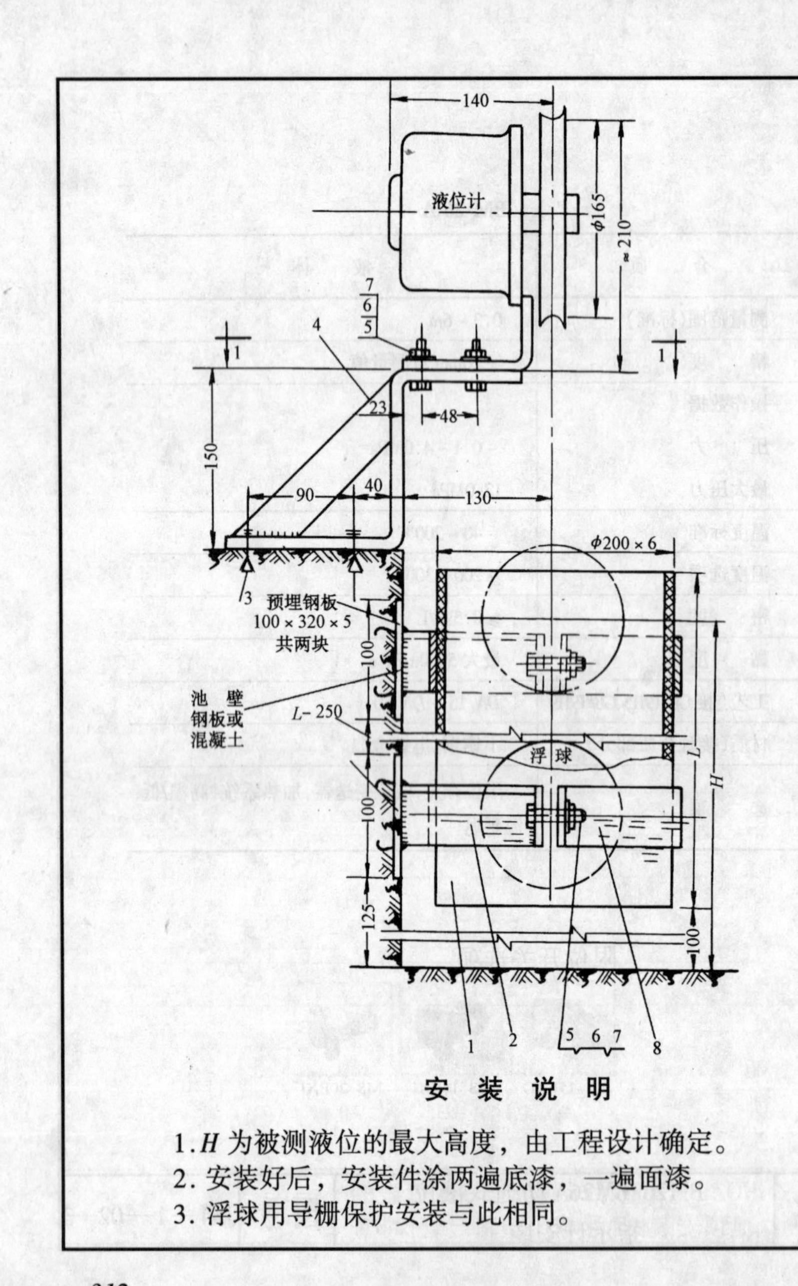

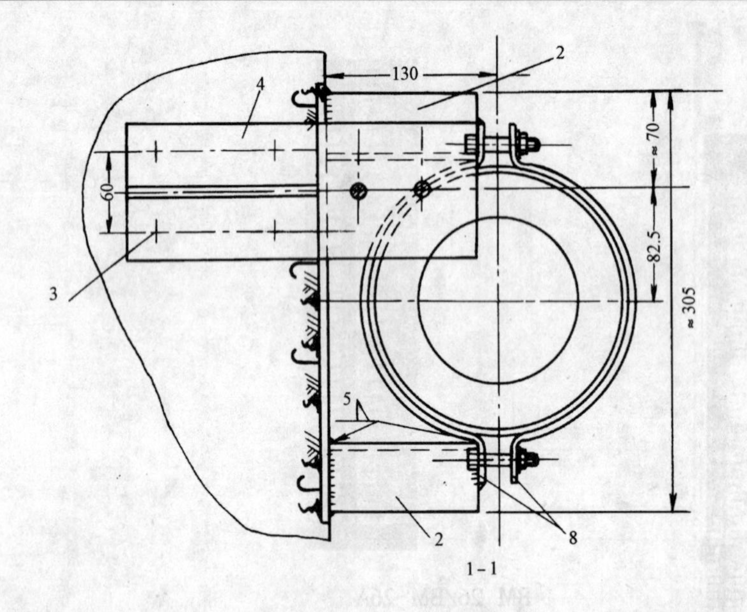

安装说明

1. H 为被测液位的最大高度，由工程设计确定。
2. 安装好后，安装件涂两遍底漆，一遍面漆。
3. 浮球用导栅保护安装与此相同。

明 细 表

件号	名称及规格	数量	材质	图号或标准、规格号	备 注
1	导管，$\phi200\times6$，$L=H$	1	PVC	GB4219	
2	角钢，∟ 50×5，$l=125$mm	4	Q235—A	GB9787	
3	膨胀螺栓，M10×95	4	Q235—A		IS—06/10 型
4	支 架	1	Q235—A	JK4—4—01	
5	垫圈，φ10	6		GB95	
6	螺栓，M10×50	6		GB5780	
7	螺母，M10	6		GB41	
8	夹 环	4	Q235—A	JK4—4—02	

图名	UQZ—$\frac{51}{51A}$型浮球液位计一次仪表的池壁安装图(浮球用塑料导管保护)	图号	JK4—1—03—1

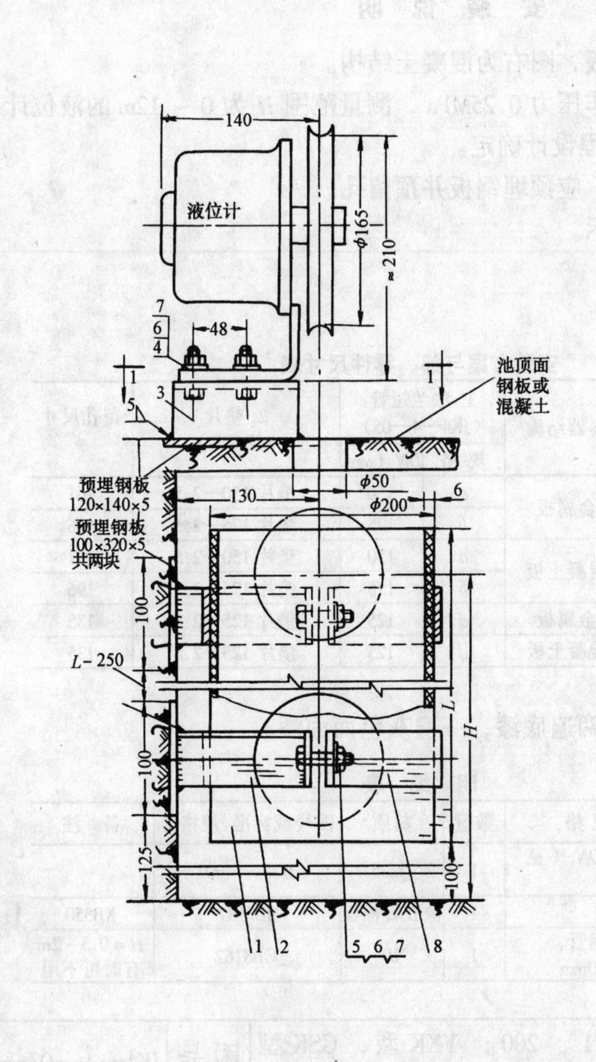

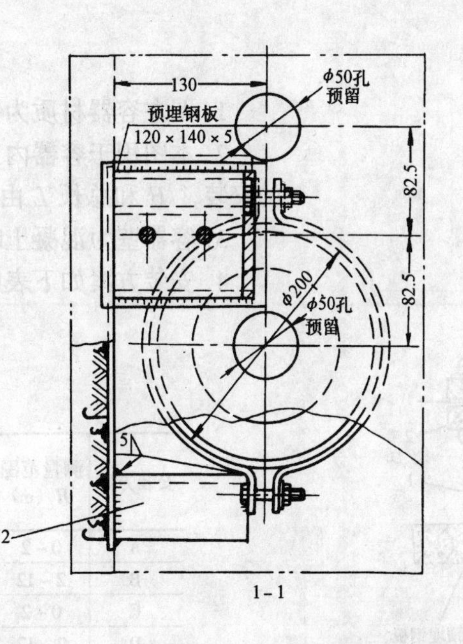

安装说明

1. H 为被测液位的最大高度，由工程设计确定。

2. 安装好后安装件涂两遍底漆一遍灰色面漆。

3. 浮球用导栅保护安装与此相同。

明细表

件号	名称及规格	数量	材质	图号或标准、规格号	备注
1	导管，φ200×6，$L=H$	1	PVC	GB4219	
2	角钢，∟50×5，$l=125$mm	4	Q235—A	GB9787	
3	支架，[10，$l=120$mm	1	Q235—A	JK4—4—03	
4	螺栓，M10×30	2		GB5780	
5	螺栓，M10×60	4		GB5780	
6	螺母，M10	6		GB41	
7	垫圈，φ10	6		GB95	
8	夹环	4	Q235	JK4—4—02	

图名	UQZ—$\frac{51}{51A}$型浮球液位计一次仪表的池顶安装图（浮球用塑料导管保护）	图号	JK4—1—03—2

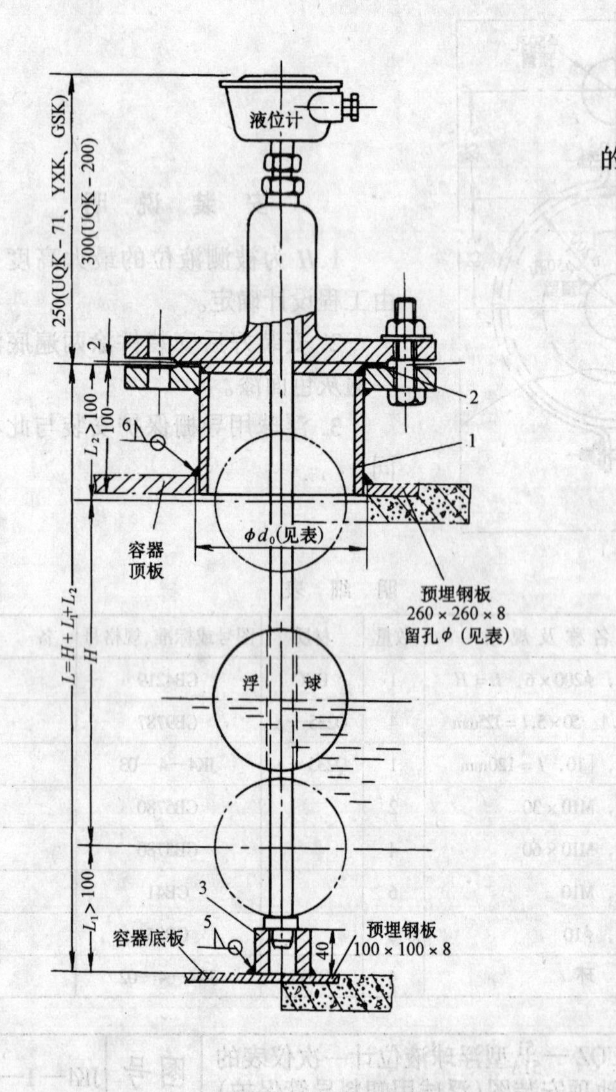

安 装 说 明

1. 图左容器材质为钢板，图右为混凝土结构。
2. 本图用于容器内工作压力0.25MPa，测量范围H为0～12m的液位计的安装，H和总长L由工程设计确定。
3. 容器壁为混凝土时，应预埋钢板并预留孔。
4. 安装方案如下表所示。

安装方案与部、零件尺寸表

安装方案	测量范围 H（m）	容器结构	1. 法兰短管（JK4—4—05） 规格	DN（mm）	2. 垫片（JB/T87）	留孔尺寸 ϕ
A	0～2	金属板	a	150	垫片150—2.5	161
B	2～12		b	175	垫片175—2.5	196
C	0～2	混凝土板	a	150	垫片150—2.5	161
D	2～12		b	175	垫片175—2.5	196
E	0～6	金属板	d	125	垫片125—2.5	135
F	0～6	混凝土板	d	125	垫片125—2.5	135

5. 安装好后安装件涂两遍底漆，一遍灰色面面漆。

明 细 表

件号	名 称 及 规 格	数量	材质	图号或标准、规格号	备 注
1	法兰短管，DN（见表），PN0.25	1	Q235	JK4—4—04	
2	垫片	1	橡胶石棉板	JB/T87	XB350
3	固定套，无缝钢管，$D50\times12$，$l=40$mm	1	10	GB8162	$H=0.5\sim2$m 有时可不用

图名	UQK—71、200；YXK型、GSK型 浮球液位计安装图 PN0.25	图号	JK4—1—03—3

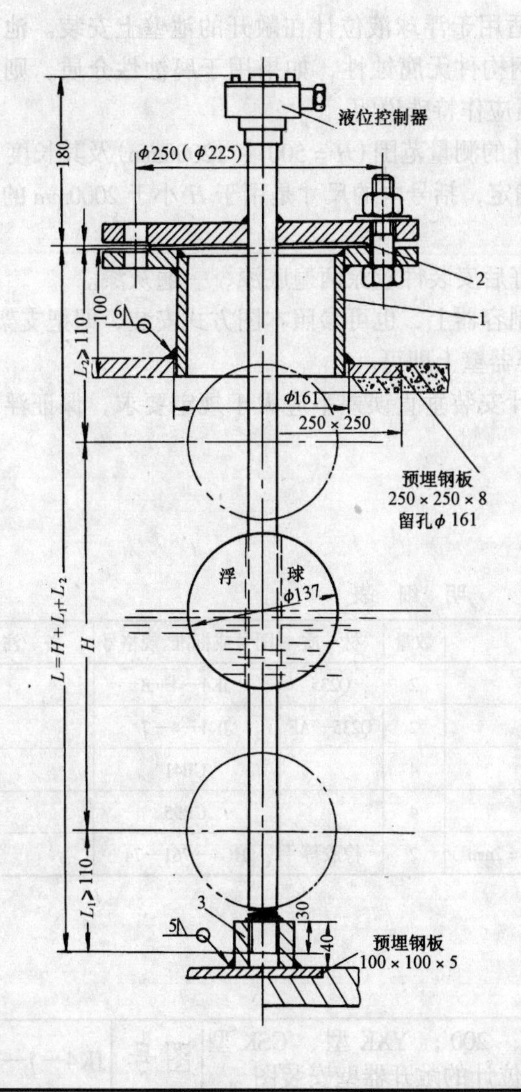

安装说明

1. 图左容器材质为钢板，图右为混凝土结构。
2. 安装方案如下表所示：

安装方案与部、零件尺寸表

安装方案	测量范围 H（m）	工作压力 PN（MPa）	容器结构	1 法兰接管	
				规格号	DN（mm）
A	0.15～7.00	0.6	金属板	c	150
B		2.5		d	
C		大气压	混凝土板	c	

3. H 和总长 L 由工程设计确定。
4. 当容器为混凝土结构时，只能在常压下使用，并应预埋钢板和留孔。
5. 安装好后安装件涂两遍底漆，一遍灰色面漆。

明细表

件号	名称及规格	数量	材质	图号或标准、规格号	备注
	UQK－$\frac{16}{16P}$（PN0.6 大气压）				
1	法兰短管，(a) DN150；PN0.6	1	Q235	JK4—4—05	
2	垫片，150－6.0	1	XB350	JB/T87	
3	固定套，无缝钢管，D50×12，l=40mm	1	10	GB8162	
	UQK－$\frac{17}{17}$P（PN2.5）				
1	法兰短管，DN150，PN2.5	1	Q235	JK4—4—05	
2	垫片，150—25	1	XB350	JB/T87	
3	固定套，无缝钢管，D50×12，l=40mm	1	10	GB8162	

图名	UQK－$\frac{16}{16P}$型、UQK－$\frac{17}{17P}$型浮球液位控制器的器顶安装图 PN0.6、PN2.5	图号	JK4—1—03—4

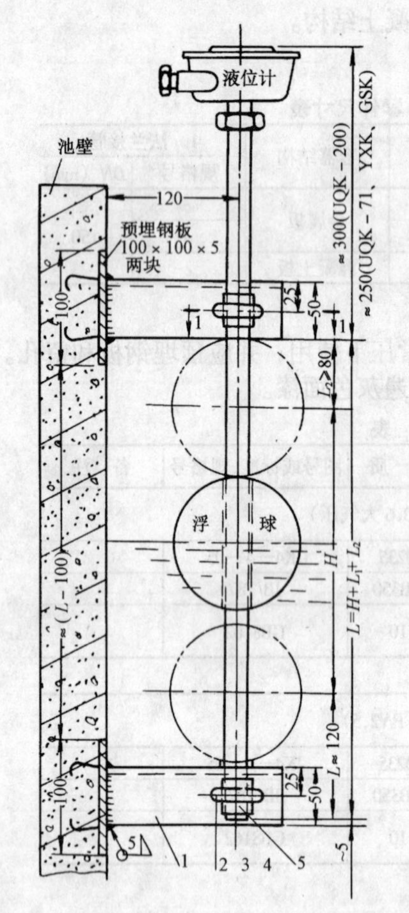

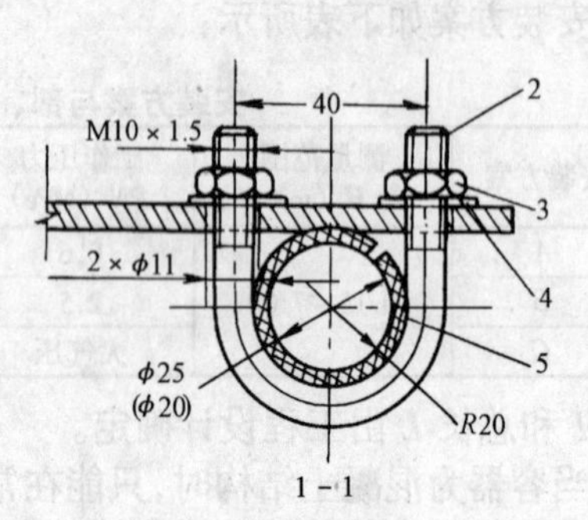

安装说明

1. 本图适用于浮球液位计在敞开的池壁上安装。池内液体应对普通钢构件无腐蚀性，如果用于腐蚀性介质，则所有安装件的材质应作特殊说明。

2. 液位计的测量范围（H = 500 ~ 12000mm）及其长度 L，由工程设计确定，括号内的尺寸是用于 H 小于 2000mm 的液位计的。

3. 安装好后安装件应涂两遍底漆，一遍灰漆。

4. 在钢制容器上，也可参照本图方式安装，即把支架（件1）焊在钢制容器壁上即可。

5. 液位计安装垂直误差不应大于规定要求，保证浮球上下浮动自如。

明细表

件号	名称及规格	数量	材质	图号或标准、规格号	备注
1	支架，∟50×5，l=140mm	2	Q235	JK4—4—8	
2	管　卡，M10	2	Q235—AF	JK4—4—7	
3	螺母，M10	4		GB41	
4	垫　圈，ϕ10	4		GB95	
5	夹布胶管内径25，l=30mm，t=2mm	2	橡胶等	HG4—761—74	

图名	UQK－71、200；YXK型、GSK型 浮球液位计的敞开器壁安装图	图号	JK4—1—03—5

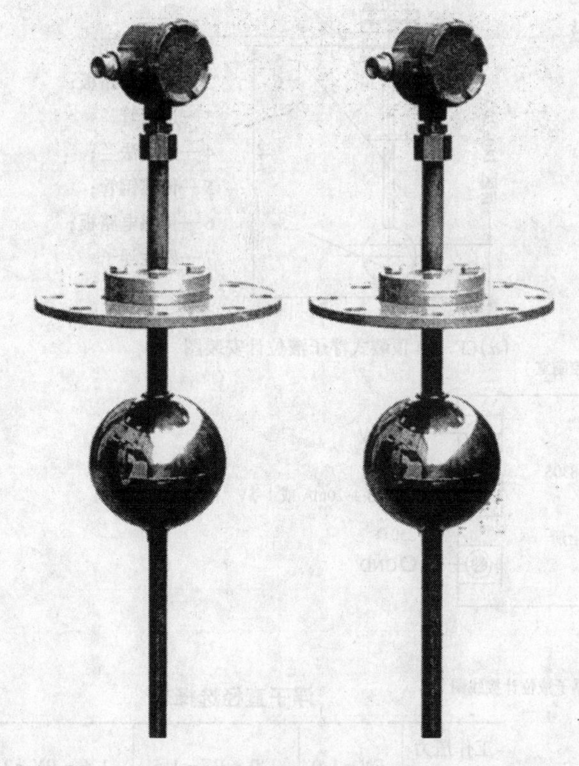

CF—4顶装式浮子液位计

技 术 指 标

测量范围	0～6m
工作压力	≤2.5MPa
介质温度	－20～120℃
介质密度	≥0.4g/cm³
介质密度差	≥0.15g/cm³(测界位)
介质黏度	≤0.15Pa·s
环境温度	－20～70℃
输出	4～20mA
精度	±10mm
负载阻抗	$R \leqslant (U-14)/0.02-R_D$（$U$为电源电压、$R_D$为电缆内阻）
供电电源	DC24V
防爆软管接头	M20×1.5内螺纹

安 装 说 明

CF—4顶装式浮子液位计以磁浮子为检测元件，经磁耦合，将容器中被测介质液位或界位转换为4～20mA标准信号。适用于埋地罐、拱顶罐、卧式罐、球罐等多种容器的液位或界位的连续测量。具有安全的防爆性能，防爆标志为ExiaⅡCT6。

图名	CF—4顶装式浮子液位计(一)	图号	JK4—1—03—6

安 装 说 明

本液位计可按照浮子直径选择罐体本身现有合适的开孔进行安装（条件允许时也可依据用户要求重新开孔）。浮子由开孔处装入罐内。浮子套在传感钢管上，装有磁铁一端朝上。

二次显示仪表用户根据要求自配，如需本公司配备，可在订货时提出要求。

连接法兰配置及几何尺寸表

工作压力(MPa)		$PN<1.0$	$1.0\leqslant PN\leqslant1.6$	$1.6<PN\leqslant2.5$	备注
适用法兰标准 / 公称直径		GB/T9119 GB/T9115 JB/T81 JB/T82	GB/T9119 GB/T9115 JB/T81 JB/T82	GB/T9119 GB/T9115 JB/T81 JB/T82	
$DN150$	法兰外径 D	265mm	285mm	300mm	
$DN200$		320mm	340mm	360mm	
$DN250$		375mm	395/405mm	425mm	
$DN150$	螺孔中心直径 K	225mm	240mm	250mm	
$DN200$		280mm	295mm	310mm	
$DN250$		335mm	350/355mm	370mm	
$DN150$	螺孔直径 L	18mm	22mm	26mm	
$DN200$		18mm	22mm	26mm	
$DN250$		18mm	22/26mm	30mm	
$DN150$	螺孔数量 n	8	8	8	
$DN200$		8	8/12	12	
$DN250$		12	12	12	
$DN150$	螺栓直径 d	M16	M20	M24	
$DN200$		M16	M20	M24	
$DN250$		M16	M20/40	M27	

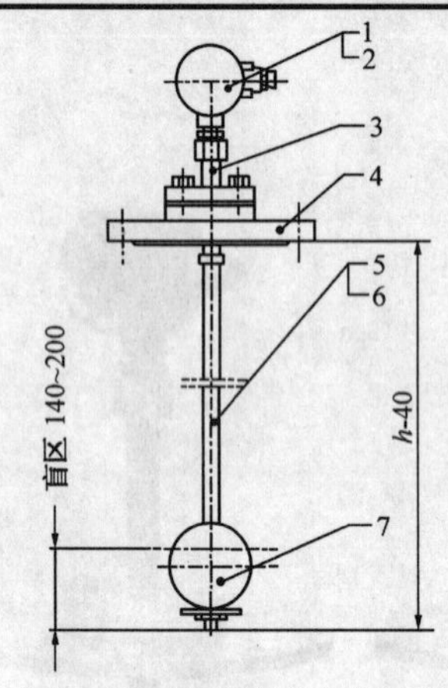

1—变送器壳；
2—转换电路板；
3—连接管；
4—连接法兰；
5—传感钢管；
6—传感电路板；
7—磁性浮子

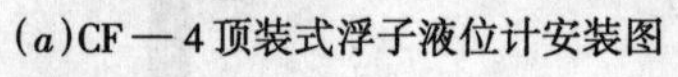

(*a*)CF—4顶装式浮子液位计安装图

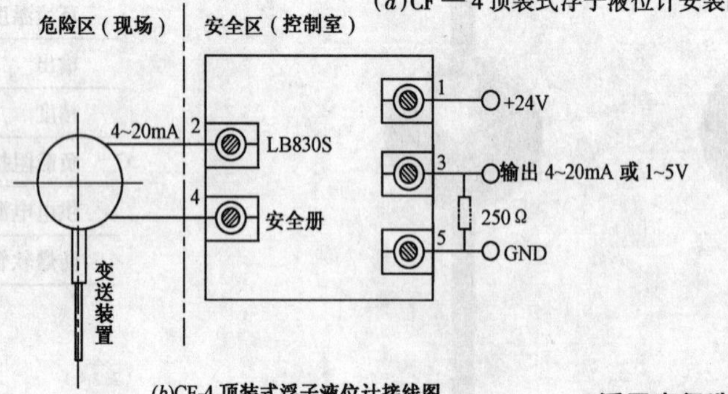

(*b*)CF-4 顶装式浮子液位计接线图

浮子直径选择表

工作压力(MPa)	$PN\leqslant1.0$	$1.0\leqslant PN\leqslant1.6$		$1.6\leqslant PN\leqslant2.5$
介质密度(g/cm^3)	≥0.6	0.4~0.6	>0.6	0.4~0.6
浮子直径 D(mm)	150 或 90	210	150	210

图名	CF—4 顶装式浮子液位计安装图（二）	图号	JK4—1—03—7

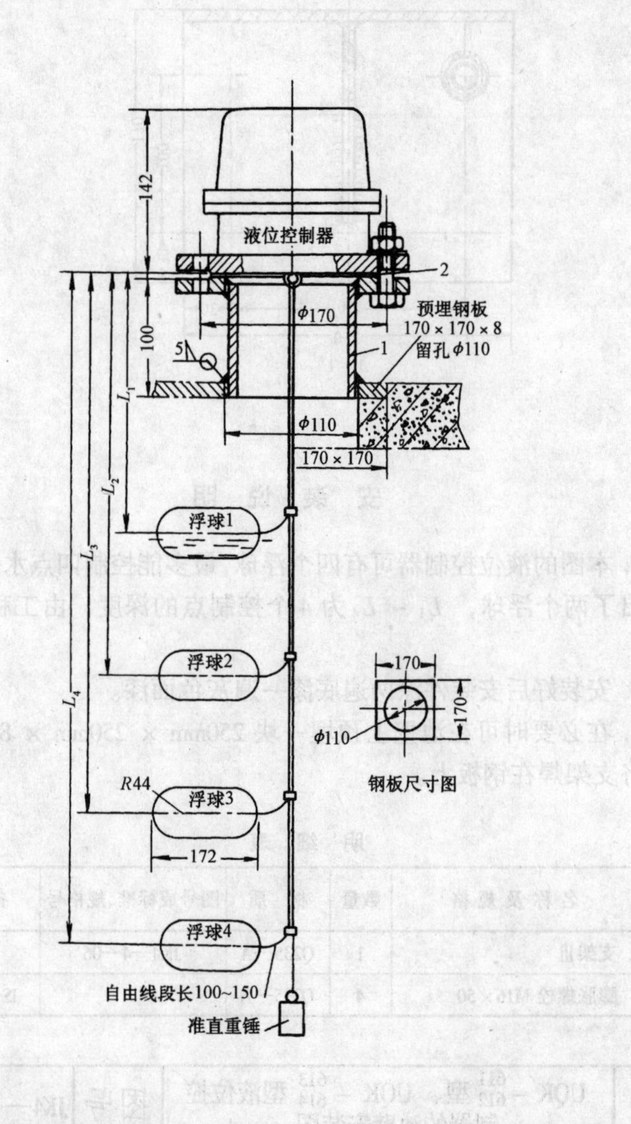

安 装 说 明

1. 本图适用于工作压力小于(或等于)0.6MPa 的容器内浮球式液位计的安装。

2. 图中 $L_1 \sim L_4$ 是液位控制的限位点深度，由工程设计确定。

3. 图左容器材质为钢板，图右为混凝土结构，当容器为混凝土结构时应预埋钢板并留安装孔，并预埋钢板。

4. 安装好后安装件应涂两遍底漆，一遍灰色面漆。

明 细 表

件号	名称及规格	数量	材 质	图号或标准、规格号	备 注
1	法兰短管（a）；DN100，PN0.6	1	Q235	JK4—4—05	
2	垫片 100—6.0	1	XB350	JB/T87	

图名	UQK − $\frac{611}{612}$型，UQK − $\frac{613}{614}$型液位控制器的器顶安装图 PN0.6	图号	JK4—1—03—8

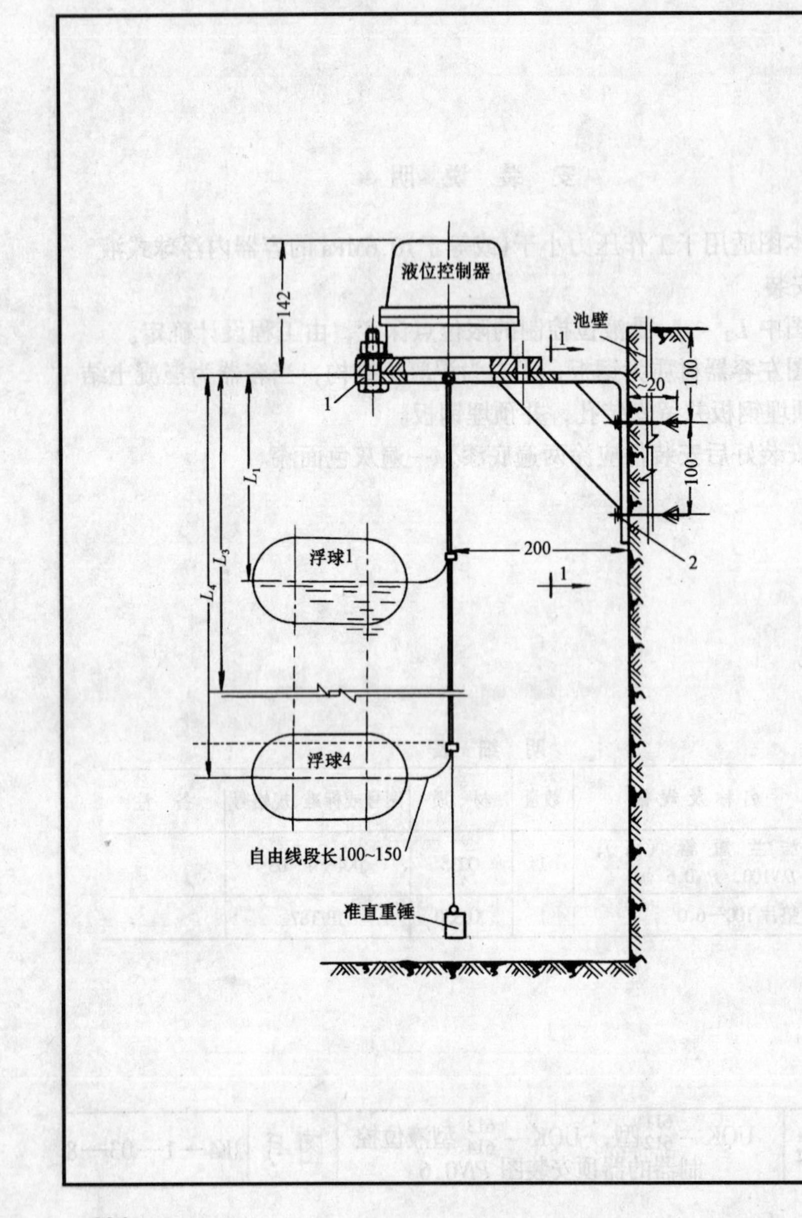

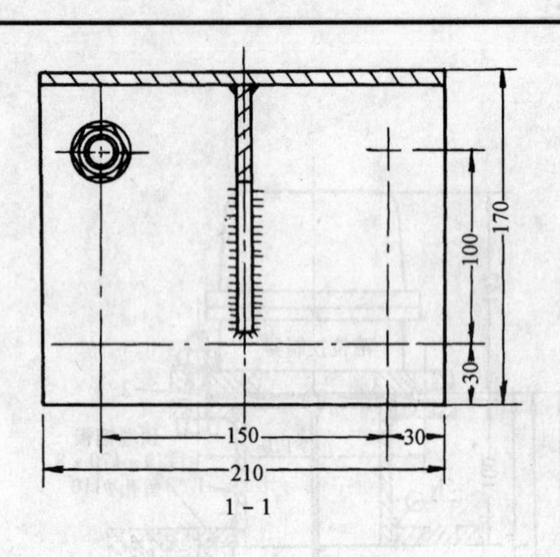

1－1

安 装 说 明

1. 本图的液位控制器可有四个浮球，最多能控制四点水位。图中只示出了两个浮球，L_1 ~ L_4 为 4 个控制点的深度，由工程设计决定。

2. 安装好后安装件涂两遍底漆一遍灰色面漆。

3. 在必要时可在池壁上预埋一块 250mm × 250mm × 8mm 的钢板，将支架焊在钢板上。

明 细 表

件号	名称及规格	数量	材 质	图号或标准、规格号	备 注
1	支架Ⅲ	1	Q235—A	JK4—4—06	
2	膨胀螺栓 M16×50	4	Q235—A		IS—06/16

图名	UQK－$\frac{611}{612}$型、UQK－$\frac{613}{614}$型液位控制器的池壁安装图	图号	JK4—1—03—9

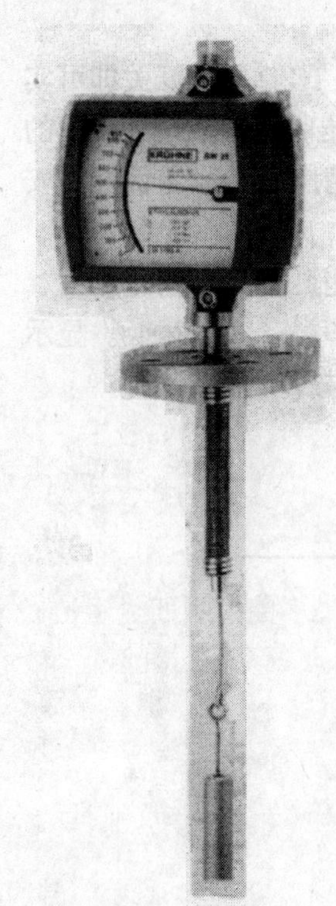

浮筒液位计 BW25

安装说明

BW25 是一种根据阿基米德原理进行液位测量的液位计。可用于测量开口和压力容器内的液位，尤其适合在高温高压条件下使用。

可测量多种介质，如：水、水溶液、酸碱，有机和无机溶剂等，还可测量两种不同液体之间的界面高度。

1. 特点：

(1)新型 ESK 变送器；

(2) 现场瞬时液位指示和 4 ~ 20mA 两线制输出；

(3)HART 通讯接口；

(4)本安防爆 Exia Ⅱ CT3 — T5；

(5)隔爆： Exd Ⅱ BT3 — T4；

(6)可选择开关报警且方便调整。

2. 技术参数

(1)工作环境

介质：液体；

密度：≥0.45kg/L；

测量范围：0.3 ~ 6m；

测量精度：±1.5%；

温度：－60 ~ 400℃；

环境温度：≤60℃

(2)工作压力

标准：4.0MPa；

可选：70.0MPa 以下

(3)指示：线性刻度划分 mm，cm，m，inch(英寸)或体积

(4)连接

法兰：DIN2501 或 ANSI 13.5、GB/T9115，GB/T9119；

标准：*DN*50，*PN*40；

可选：*DN*40/50/80/100，*PN*40；*DN*50，*PN*64/100；

$1^{1/2''}$/2″/3″/4″，150/300lb；

螺纹连接：$R1^{1/2''}$；

其他按用户要求而定

(5)防护等级(EN 60529/IEC529)：IP65。

(6)电磁兼容性(EMC)：EN50081－1，EN 50082－2

(7)防爆标志

本安防爆：Exia Ⅱ CT3－T5；

隔爆：Exd Ⅱ BT3－T4

图名	浮筒液位计 BW25 安装	图号	JK4—1—03—10

安装说明

KL40浮筒液位计具有指针式现场显示，配上KINX 3W2转角变送器和TG22限位开关即可实现4～20mA标准电流信号输出或高低位报警信号输出。适用于常压或带压容器内液位、界面的测量。特别适合用于高温、高压、易燃、易爆的场合。该产品具有测量精度高、稳定性好、安装方便等优点。

该产品具有两种结构形式：内浮筒式和外浮筒式。外浮筒式又分为侧—侧型、侧—底型、顶—侧型三种，可以满足各种场合的需要。也适用于新老设备上国内外同类产品的替换。显示部分与测量系统中被测介质完全隔离设计，使仪表具有极好的防护性能和极高的可靠性。

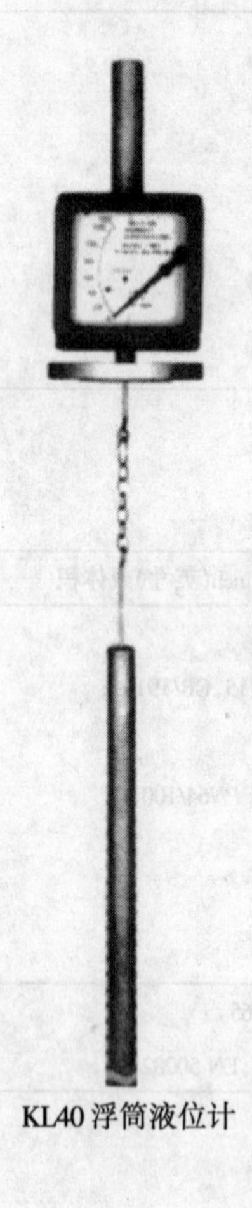

KL40浮筒液位计

技术参数：

量　程：	300～6000mm。
精　度：	1.5级。
工作压力：	标准：4.0MPa　特殊：最大25MPa。
环境温度：	－40～70℃。
介质温度：	－60～400℃。
介质密度：	0.45～3.0g/cm³。
密度差：	＞0.1g/cm³。
防护类别：	IP65。
连接法兰：	标准型：内浮筒 HG20594 *DN*50 *PN*4.0 GB/T9115、GB/T9119； 外浮筒 HG20594 *DN*40 *PN*4.0 GB/T9115、GB/T9119。 其他型：任意标准的法兰。
接液材质：	1Cr18Ni9Ti、0Cr18Ni12Mo2Ti。

图名	KL40浮筒液位计(一)	图号	JK4—1—03—11

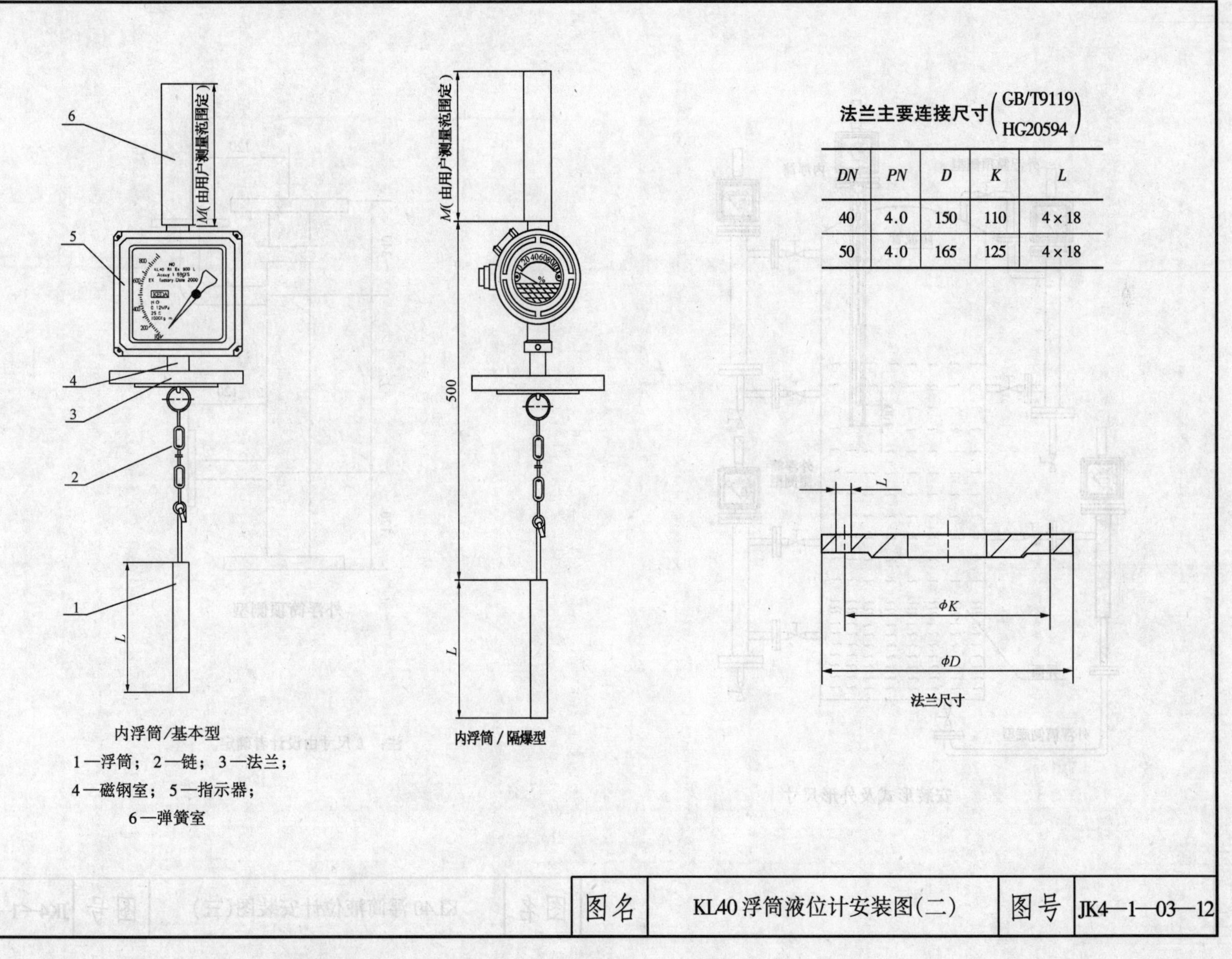

法兰主要连接尺寸(GB/T9119 HG20594)

DN	PN	D	K	L
40	4.0	150	110	4×18
50	4.0	165	125	4×18

图名	KL40浮筒液位计安装图(二)	图号	JK4—1—03—12

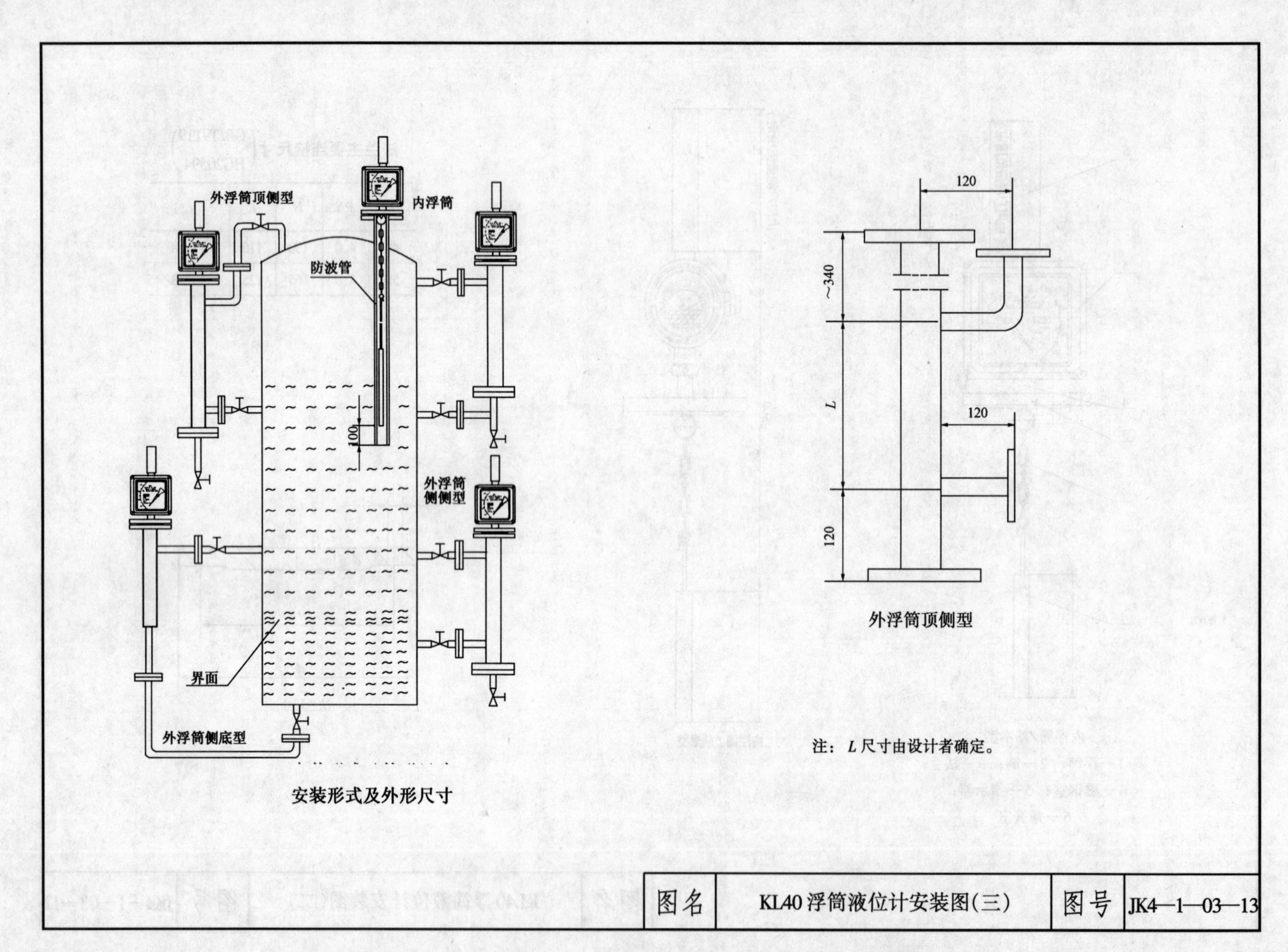

图名	KL40浮筒液位计安装图(三)	图号	JK4—1—03—13

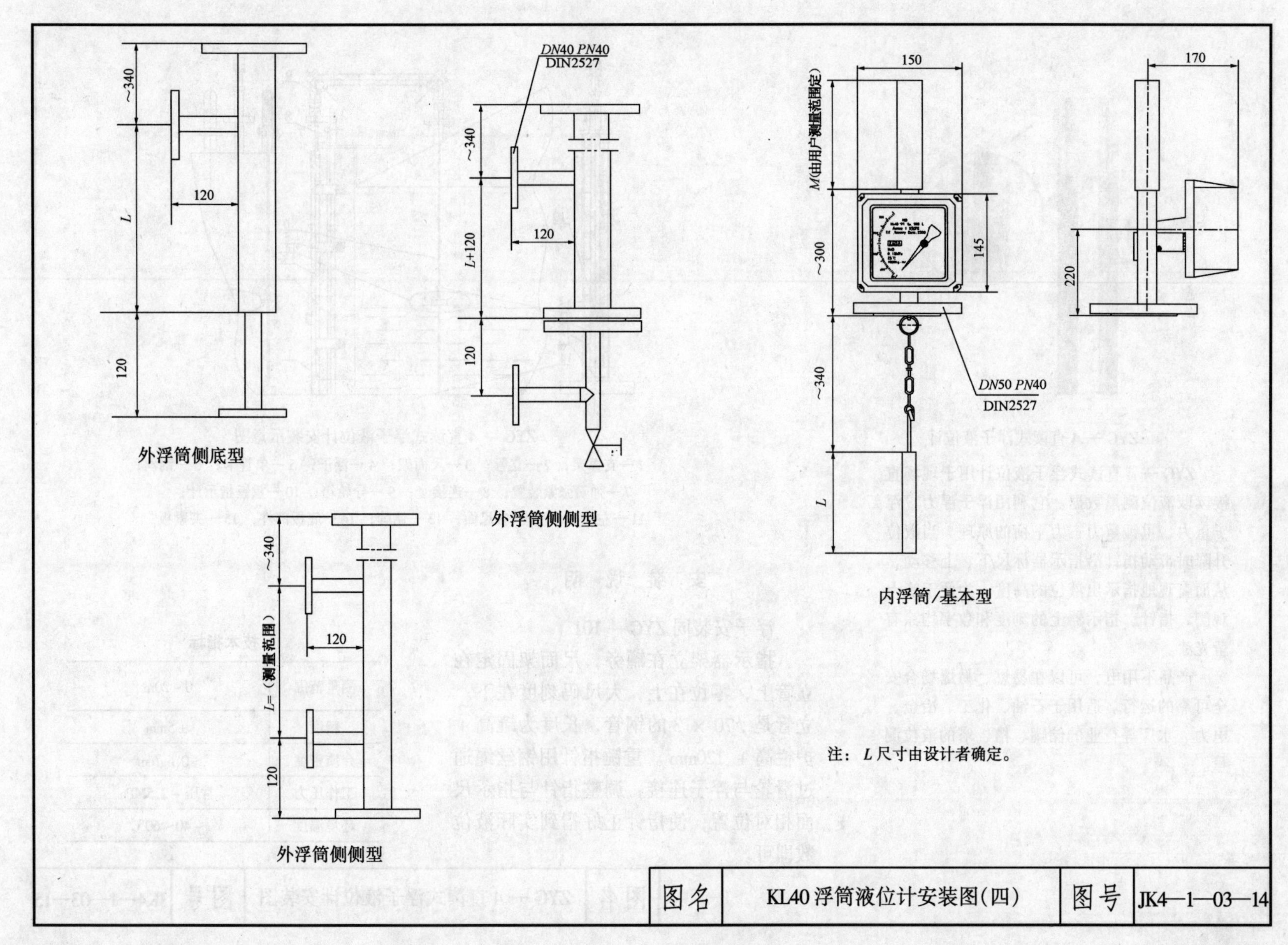

注：L尺寸由设计者确定。

图名	KL40浮筒液位计安装图(四)	图号	JK4—1—03—14

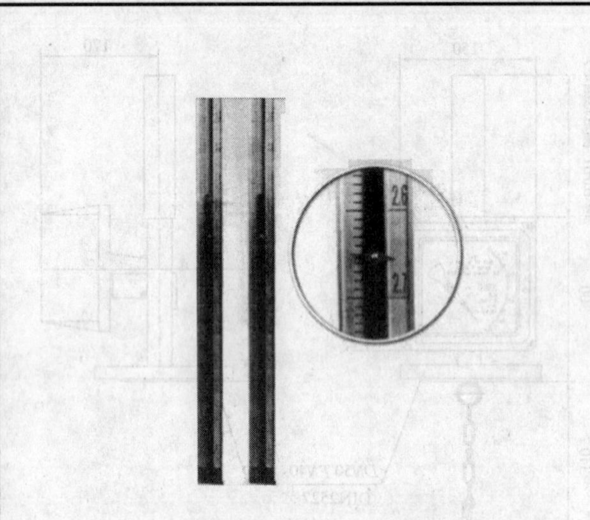

ZYG－4直读式浮子液位计

ZYG－4直读式浮子液位计用于现场直接读取液位测量数据。它利用浮子浮力、浮子重力、重锤重力三力平衡的原理。当液位升降时带动指针沿指示器标尺下、上移动，从而直观地指示出液位的高度。为便于晚上观测，指针、指示器上的刻度和数字均涂有莹光漆。

产品不用电，可以在易燃、易爆场合安全可靠的运行。适用于石油、化工、冶金、电力、水厂等行业的储罐、槽、塔的液位测量。

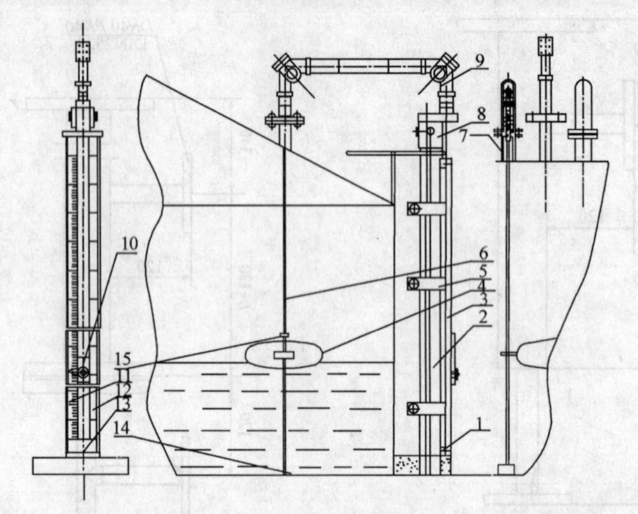

ZYG－4直读式浮子液位计安装示意图

1—支撑架；2—立管；3—尺面架；4—浮子；5—单管卡；6—钢丝；7—弹簧张紧装置；8—连接套；9—导轮箱；10—重锤指示计；11—左尺面；12—右尺面；13—铭牌；14—底板部件；15—夹紧板

安装说明

浮子安装同ZYG－101。

指示器架立在罐旁，尺面架固定在立管上，零位在上，大尺码刻度在下。立管是$\phi 70\times 3$的钢管，长度为罐高＋护栏高＋120mm。重锤指针用钢丝绳通过滑轮与浮子连接，调整指针与指示尺面相对位置，使指针正好指到实际液位数即可。

技术指标

测量范围	0～20m
精度	±5mm
介质密度	≥0.6g/cm^3
工作压力	常压～2.5MPa
环境温度	－40～60℃

图名	ZYG－4直读式浮子液位计安装图	图号	JK4—1—03—15

UQK 系列浮球液位控制器

UQK — A 系列自检式浮球液位控制器

(a)示意图

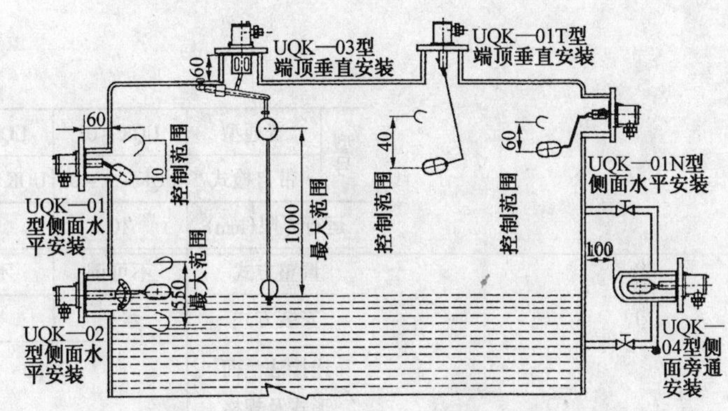

(b)UQK 型浮球液位控制器安装方式示意图

UQK 系列浮球液位控制器，当液位达到高低极限位置时，输出触点开关信号，实现液位的报警或设备控制。

UQK — A 系列自检式液位控制器除具备 UQK 功能外，还可在设备运行状态下，进行自检，以确保系统安全运行。

本产品防爆标志为 Exd Ⅱ BT4。

安装及接线

除 UQK — 01T、UQK — A — 01T、UQK — 03、UQK — A — 03 型号外，其他型号应使控制器的出线口处于垂直向下位置。

建议电缆选用外径 ϕ8 ~ ϕ9 五芯（或三芯）橡胶套软线或橡皮电缆，以保证密封性能。其中一芯为公共线，另四芯（或两芯）分别为一对常开、常闭（或单常开）触点接线。引线口为 M20 × 1.5 内螺纹。

图名	UQK 系列浮球液位控制器 UQK—A 系列自检式浮球液位控制器（一）	图号	JK4—1—03—16

技 术 指 标

型号						
普通型	UQK－01	UQK－01N	UQK－01T	UQK－02	UQK－03	UQK－04
带自检式	UQK－A－01	UQK－A－01N	UQK－A－01T	UQK－A－02	UQK－A－03	UQK－A－04
运行界限(mm)	10	60	40	80～320	8～1000	8
调整方式	不可调	不可调	可调	有级可调	无级可调	不可调
安装方式	水平	水平	垂直	水平	垂直	外侧装水平
连接法兰面形式及规格	*DN*80 $P=4.0$MPa,GB/T9115;$P\leqslant 2.5$MPa,GB/T9119 JB/T82.2,JB/T81					*DN*40
特　　点		适用高黏度介质				具有可拆性
安装尺寸 L	标准型:70mm;特殊型:150mm					292mm
工作压力	常压型 $P\leqslant 0.1$MPa,压力型 0.1MPa $< P \leqslant 4.0$MPa					
工作温度	－40～＋150℃					
触点容量	1A/AC 或 DC 220V					
材　　质	接液部分 1Cr18Ni9Ti;防爆外壳 ZL102 喷塑					
出线口螺纹	M20×1.5					
介质密度	$\geqslant 0.65g/cm^3$					
防爆标志	隔爆型 ExdⅡBT4					

图名	UQK、UQK—A技术指标(二)	图号	JK4—1—03—17

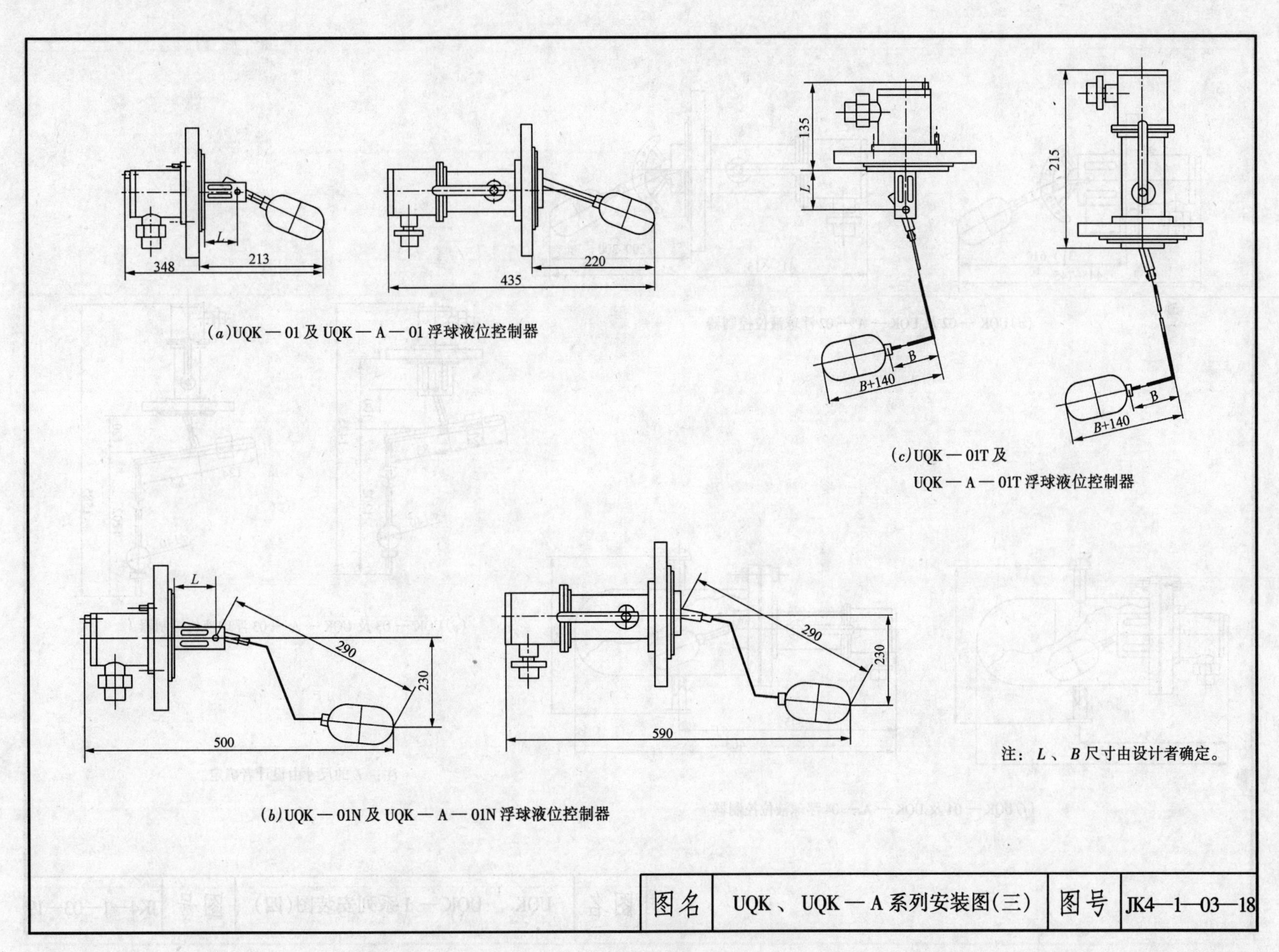

(a)UQK—01及UQK—A—01浮球液位控制器

(b)UQK—01N及UQK—A—01N浮球液位控制器

(c)UQK—01T及UQK—A—01T浮球液位控制器

注：L、B尺寸由设计者确定。

图名	UQK、UQK—A系列安装图(三)	图号	JK4—1—03—18

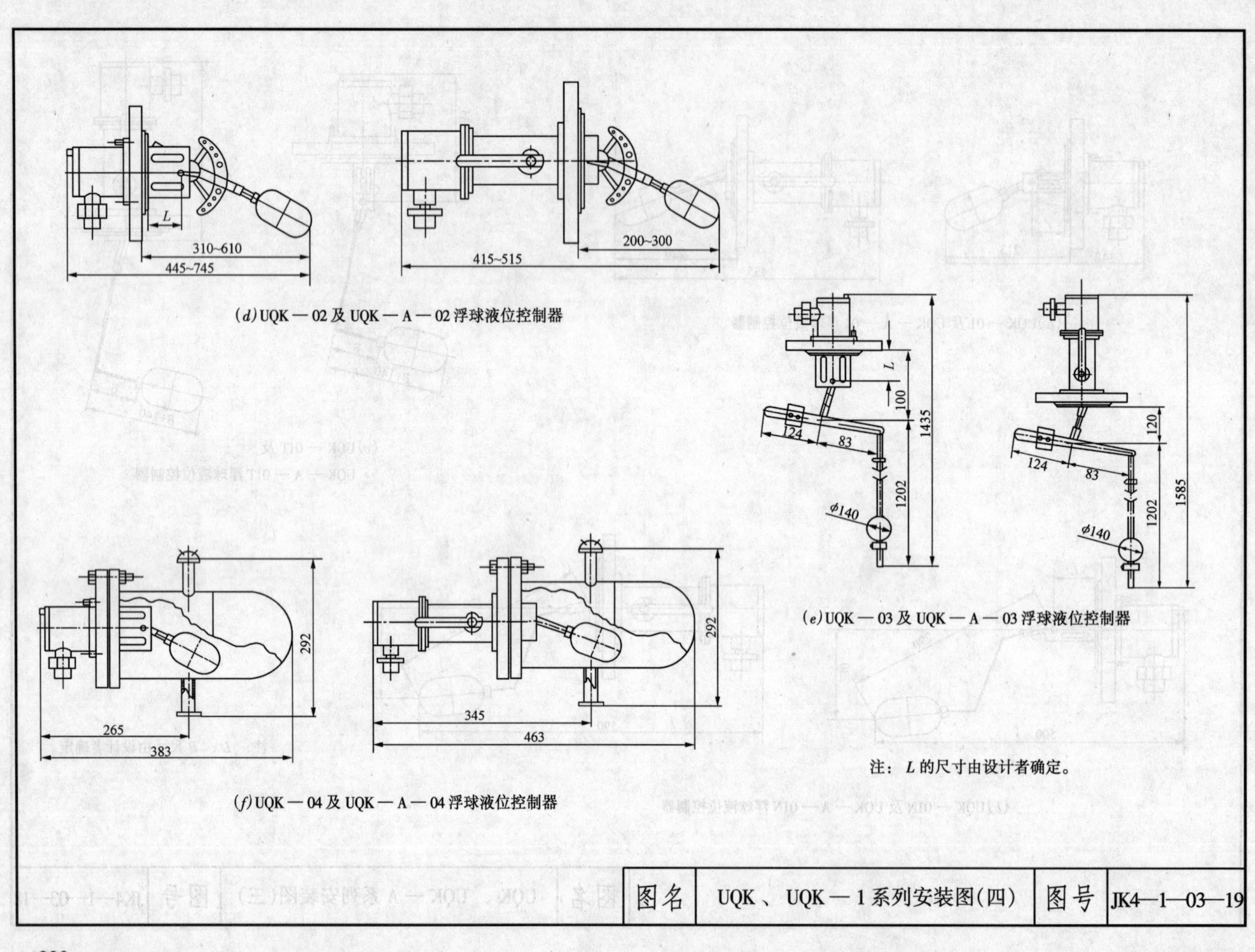

(d) UQK—02及UQK—A—02浮球液位控制器

(e) UQK—03及UQK—A—03浮球液位控制器

(f) UQK—04及UQK—A—04浮球液位控制器

注：L的尺寸由设计者确定。

图名	UQK、UQK—1系列安装图(四)	图号	JK4—1—03—19

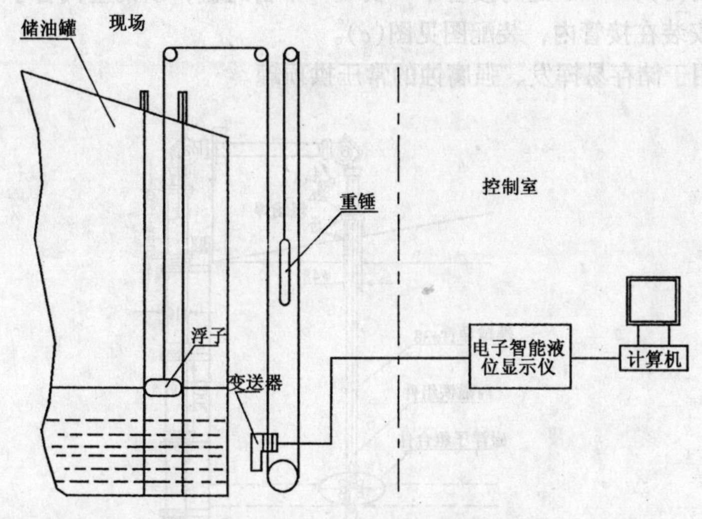

(a)ZYG — 101 电子智能液位仪系统配置

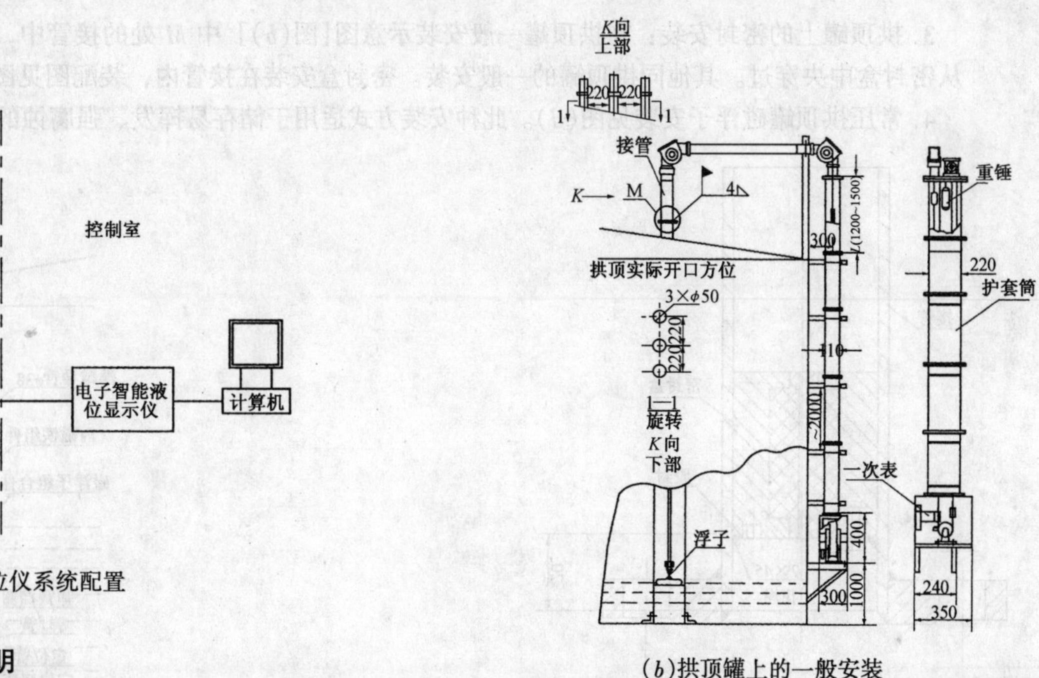

(b)拱顶罐上的一般安装

安装说明

ZYG — 101 电子智能液位仪可以动火安装，亦可以不动火安装，可以安装在常压罐上，也可以安装在压力罐上；可以安装在一般拱顶罐上，也可以安装在内、外浮顶罐上。

1. 安装位置的选择

浮子在罐内的安装位置应尽量远离进出料口、搅拌机、罐底伴热管的位置；当无法避开进出料口时，应安装偏流板；使用搅拌机的场合，应安装在搅动最小的地方。

浮子最好安装在靠近人孔、透光孔或检测孔的位置，便于安装和维护保养。

2. 拱顶罐上一般安装，见图(b)。

图名	ZYG — 101 电子智能液位仪安装拱顶罐上一般安装(一)	图号	JK4—1—04—1

3. 拱顶罐上的密封安装：在拱顶罐一般安装示意图[图(b)] 中 M 处的接管中，安装一个密封盒，以钢丝代替小钢带从密封盒中央穿过。其他同拱顶罐的一般安装。密封盒安装在接管内，装配图见图(c)。

4. 常压拱顶罐磁浮子安装见图(d)。此种安装方式适用于储存易挥发、强腐蚀的常压拱顶罐。

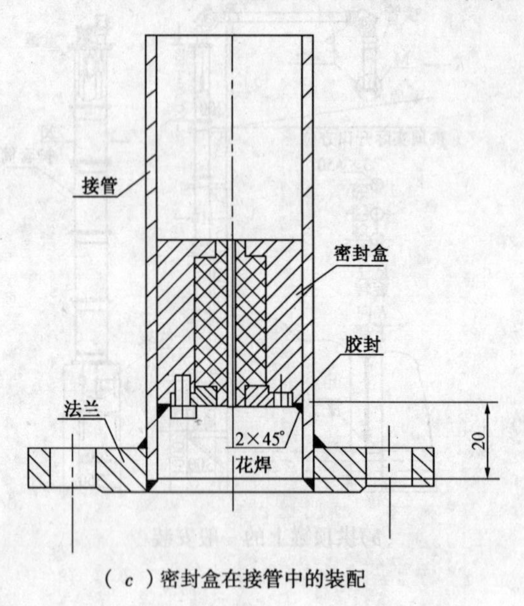

(c)密封盒在接管中的装配

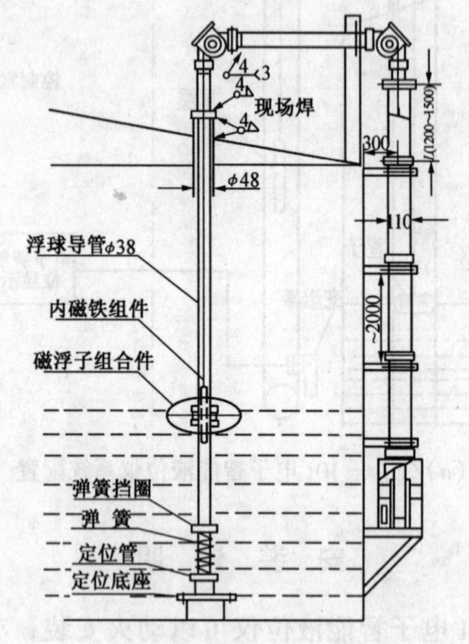

(d)常压拱顶罐磁浮子安装示意图

技术指标

(1)测量范围：0 ~ 32m；

(2)分辨率：1mm；

(3)精度：± 2mm；

(4)介质密度：0.48 ~ 1.2g/cm^3；

(5)工作压力：大气压 ~ 3.0MPa。

图名	ZYG－101电子智能液位仪密封盒在接管中的装配及常压拱顶罐磁浮子安装图(二)	图号	JK4—1—04—2

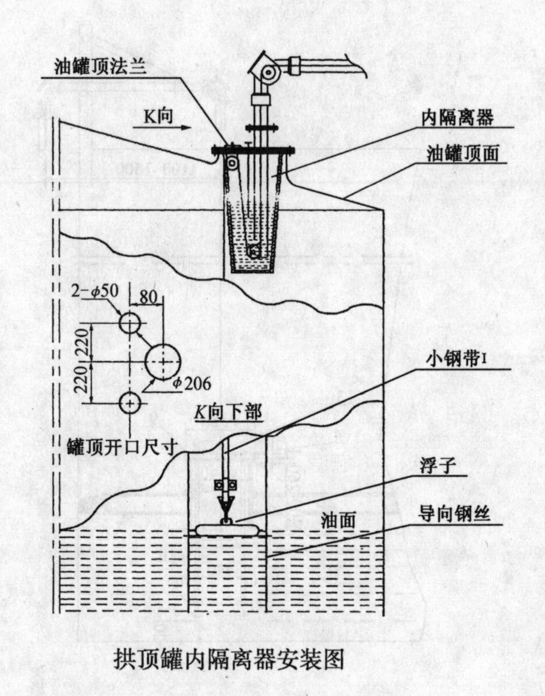

拱顶罐内隔离器安装图

K向
上部
220
220
1
1
接管
3
4II
现场焊
K
4
4
200
300
L(1200~1500)
拱顶实际开口方位
3 φ50
220
220
110
1—1
旋转
~2000
K向
下部
浮子
400
1000
300
重锤
护套筒
220
一次表
240
350

拱顶罐外隔离器安装

图名	ZYG — 101 电子智能液位仪拱顶罐 内、外隔离器安装图(三)	图号	JK4—1—04—3

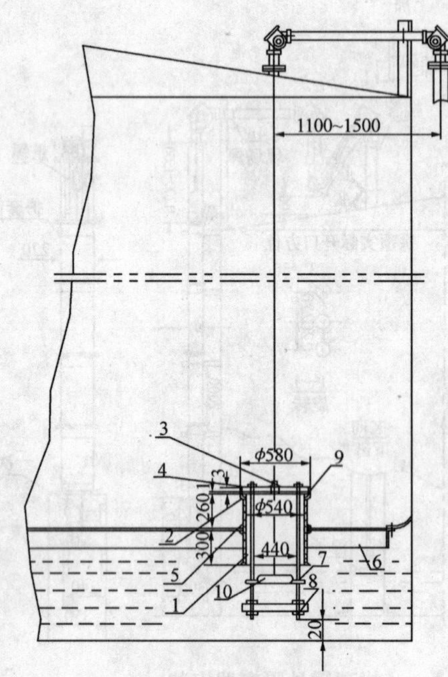

内浮顶罐安装方式

1—浮子下室；2—浮子室上盖；3—密封角板；4—上撑挡板；
5—浮子上室；6—内浮顶；7—导向杆；8—下撑挡板；
9—密封胶板；10—浮子

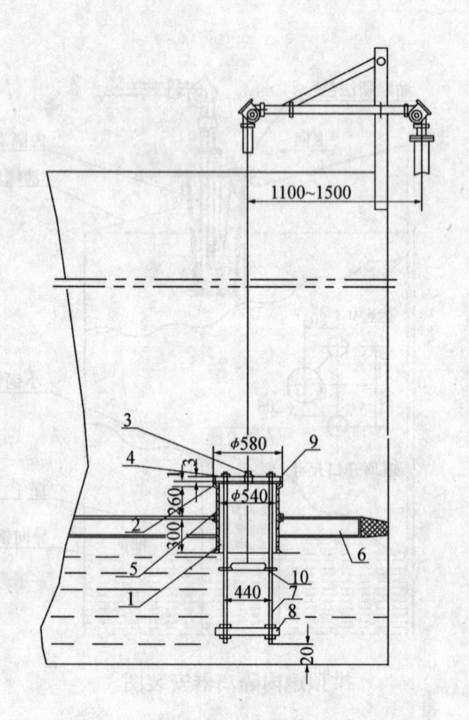

外浮顶罐安装方式

1—浮子下室；2—浮子室上盖；3—密封角板；4—上撑挡板；
5—浮子上室；6—外浮顶；7—导向杆；8—下撑挡板；
9—密封胶板；10—浮子

图名	ZYG—101电子智能液位仪内、外浮顶罐安装图(四)	图号	JK4—1—04—4

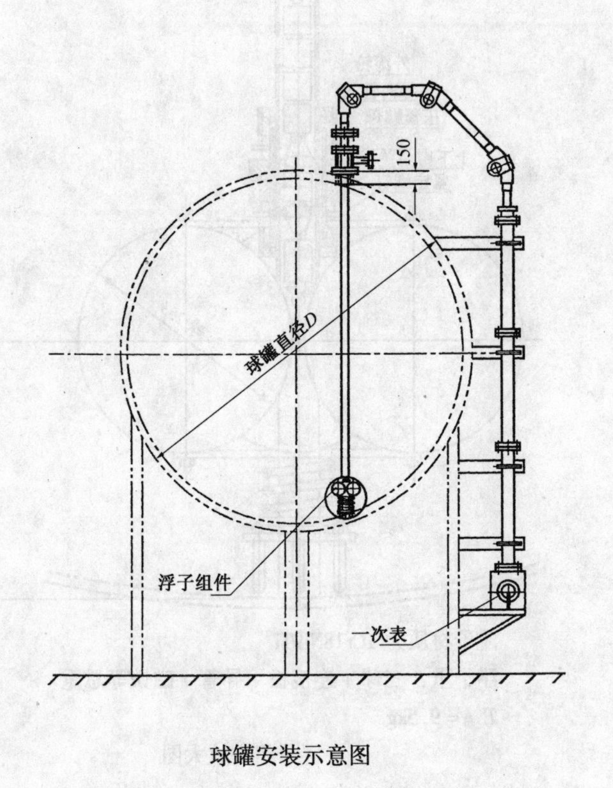

球罐安装示意图

150

一次表

浮子组件

卧式罐安装示意图

图名	ZYG－101 电子智能液位仪球罐和卧式罐安装图(五)	图号	JK4—1—04—5

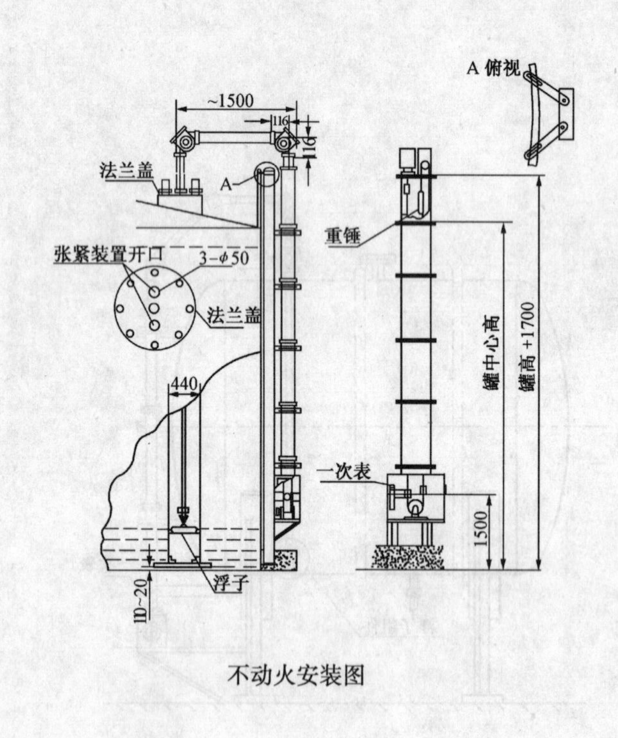

不动火安装图

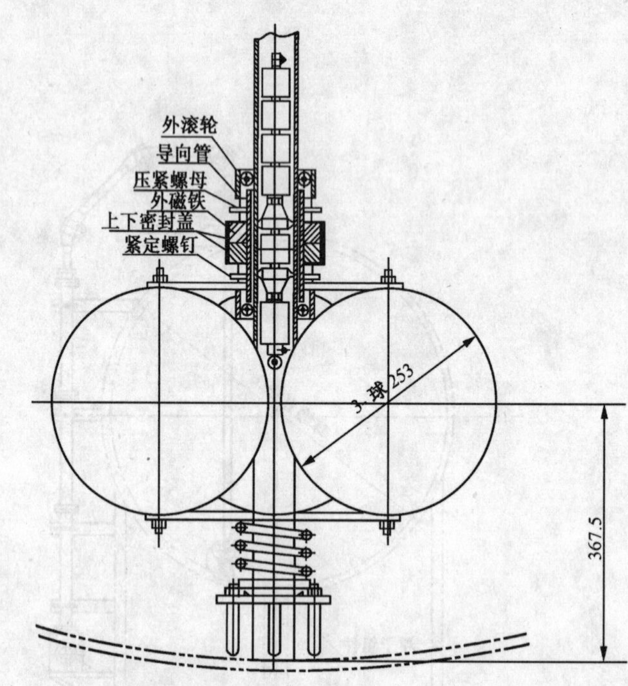

浮子材质为 1Cr18Ni9Ti

浮子重：三球＋连接板＋导管＋磁铁等总重

$T_{总}$ = 9.5kg

浮子组件放大图

安　装　说　明

二次表按其结构形式（盘装式或壁挂式）安装在控制室仪表盘上或墙壁上。

注意：安装时需要用户自备镀锌冷轧管(φ48 × 3)和角钢(∟50 × 50 × 5;Q235A)。其余零部件、材料由生产厂商提供。

图名	ZYG — 101 电子智能液位仪不动火安装图(六)	图号	JK4—1—04—6

ZYG — 101 — A 顶装式电子智能液位仪

ZYG—B101—A 变送器技术指标

液位测量	测量范围	0～25m
	分辨率	1mm
	精度	±2mm
温度测量	测量范围	－50～200℃
	分辨率	0.1℃
	精度	±0.4℃
	传感器	Pt100 或 Cu50 热电阻
介质密度		0.48～1.2g/cm³
工作压力		常压～3MPa
环境温度		－40～60℃
防护等级		IP67
防爆标志		ExiaⅡCT6
供　电		DC24V、DC8V(由二次表供)

安 装 说 明

ZYG — 101 — A 顶装式电子智能液位仪是利用浮子重力、盘簧拉力、液体浮力三力平衡和光电原理，测量容器内液位高度的液位仪表。它由 ZYG — A101 电子智能液位显示仪(简称“二次表”)、ZYG — B101 — A 顶装式电子智能液位变送器(简称“变送器”)、传动箱等部件组成。

产品特点:

(1)该仪表可测量液位、体积、介质温度等参数;

(2) 采用了罐顶安装方式，适用于各种油库，尤其是覆土罐、埋地罐等的液位测量;

(3) 该仪表内外密闭隔离，避免了油气挥发，有利于环境保护;

(4)现场直观指示液位，断电后数据不丢失;

(5)二次表通过 RS232/RS485 与上位机通讯。

图名	ZYG — 101A 顶装式电子智能液位仪(一)	图号	JK4—1—04—7

安 装 说 明

安装方式有动火安装和不动火安装，图(a)为拱顶罐上一般安装；图(b)为在内浮顶罐上安装；图(c)为球罐、卧式罐上安装；图(d)为不动火安装。

安装位置选择

浮子在罐内应远离进出口管，搅拌机、伴热管处，当无法避开进出口管处时，应安装偏流板，在搅拌机使用场合，应安装在受搅动最小的地方。

浮子最好靠近人孔、透光孔，便于安装和维护。

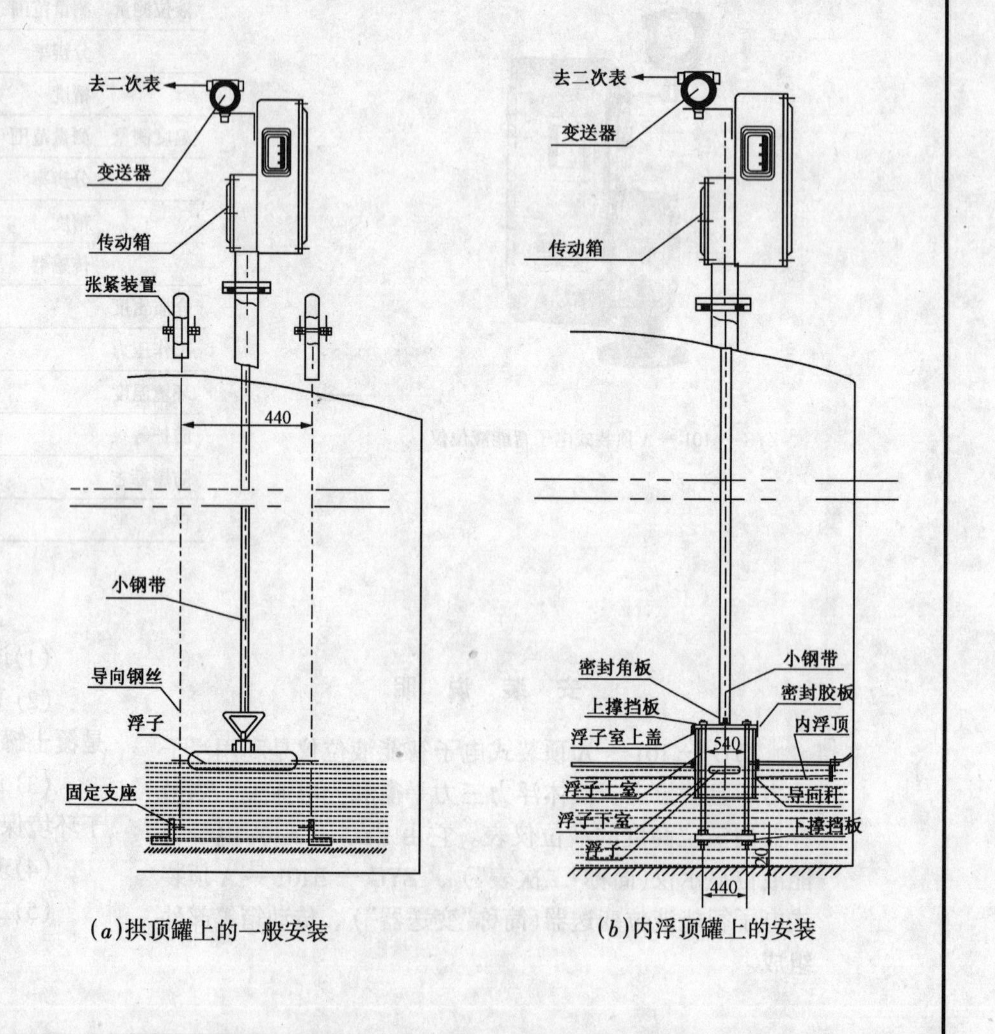

(a)拱顶罐上的一般安装　　(b)内浮顶罐上的安装

图名	ZYG—101A 顶装式电子智能液位仪 拱顶罐、内浮顶罐上安装(二)	图号	JK4—1—04—8

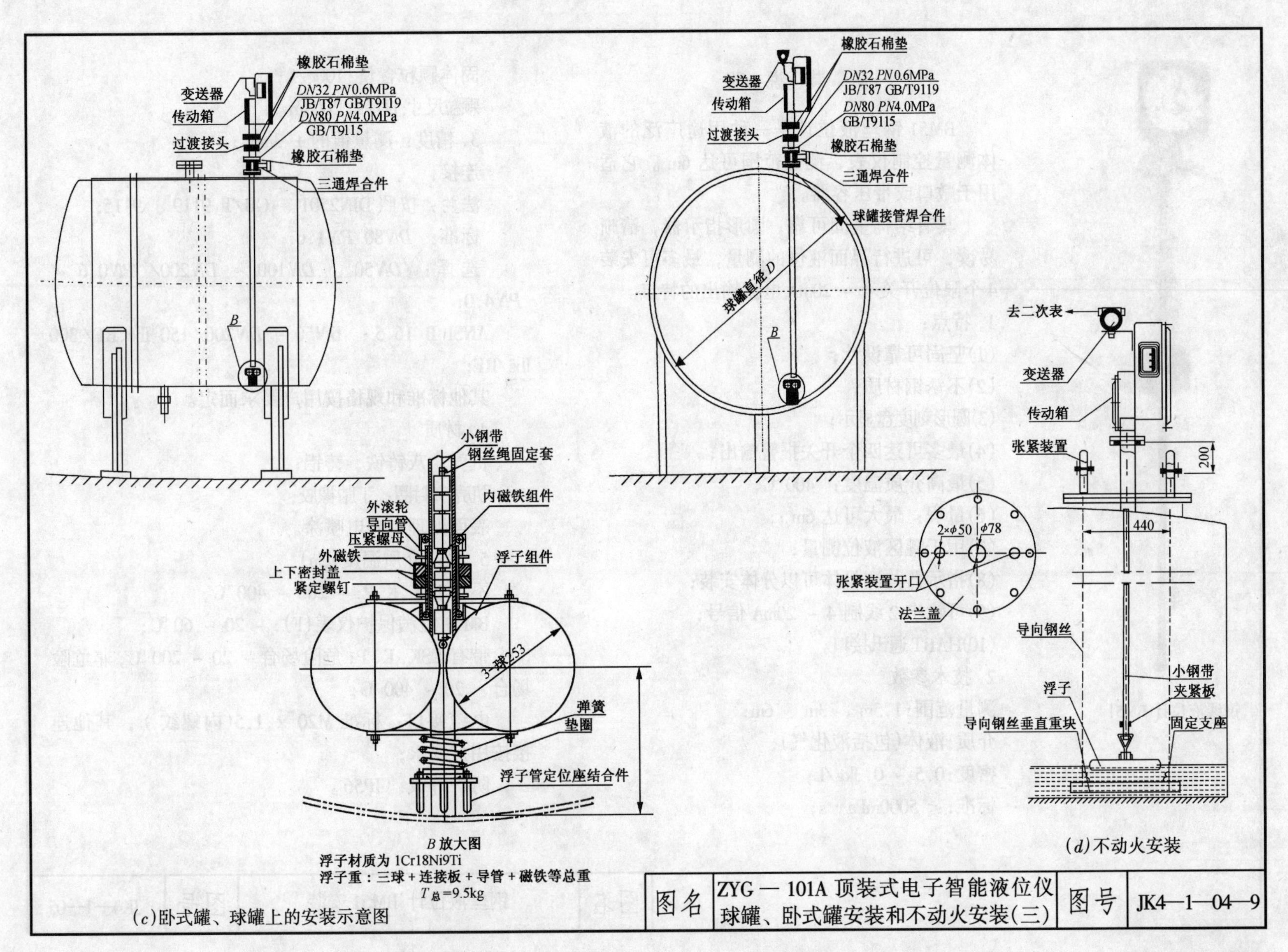

(c)卧式罐、球罐上的安装示意图

(d)不动火安装

图名	ZYG — 101A 顶装式电子智能液位仪 球罐、卧式罐安装和不动火安装(三)	图号	JK4—1—04—9

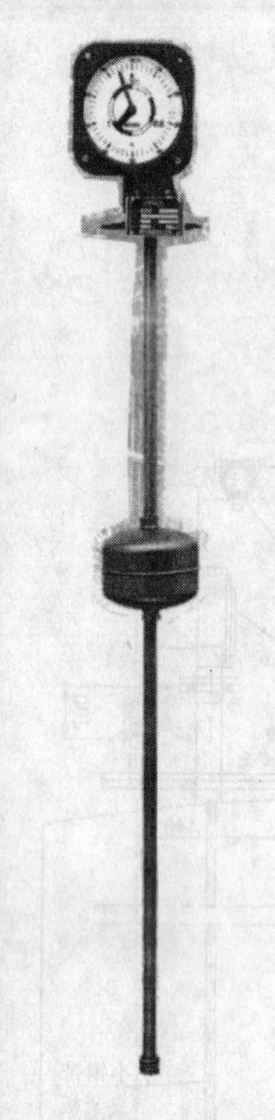

钢线液位计 BM51

安装说明

BM51 钢丝液位计是一种用途广泛的液体测量控制仪表，测量范围可达 6m 。它适用于敞口或带压容器。

具有结构坚固可靠，圆形指示器，清晰易读，可进行界面液位的测量，最多可安装 4 个限位开关 4 ~ 20mA 电流输出的特点。

1. 特点：

(1)坚固可靠设计；

(2)不锈钢材质；

(3)圆形刻度盘显示；

(4)最多可达四个开关报警输出；

(5)最高介质温度： 400 ℃；

(6)量程：最大可达 6m ；

(7)用于罐区液位测量；

(8)指示器与测量体可以分体安装；

(9)可输出 2 线制 4 ~ 20mA 信号；

(10)HART 通讯接口。

2. 技术参数

测量范围:1.5m 、 3m 、 6m;

介质:液体(包括液化气);

密度:0.5 ~ 0.3kg/L;

标准:≤ 5000mPa · s;

固体颗粒含量:100g/L;

颗粒尺寸:直径≤ 200μm。

3. 精度：测量值的 ± 3mm ；

连接：

法兰：按照 DIN2501 、 GB/T 9119 、 9115;

标准： *DN*80 *PN*1.6;

选 择： *DN*50 、 *DN*100 ~ *DN*200/ *PN*0.6 ~ *PN*4.0;

ANSI B 16.5 ： *DN*50 ~ *DN*200/ 150 lbs.RF/ 300 lbs/RF;

其他标准和规格按用户要求而定。

4. 材质

机壳：灰铸铁，铸铝；

机壳密封圈：丁腈橡胶；

表面处理：静电喷涂。

5. 最高介质温度(Tp)

不带 ESK,K,P: - 200 ~ 400 ℃;

BM51 溢满保护仪表(F): - 20 ~ 60 ℃;

带有 ESK, K, P: 危险场合 - 20 ~ 200 ℃, 非危险场合 - 20 ~ 400 ℃;

电缆接口：标准 M20 × 1.5(内螺纹)，其他连接按用户要求；

防护等级： IP56 。

图名	钢丝液位计 BM51 安装	图号	JK4—1—05

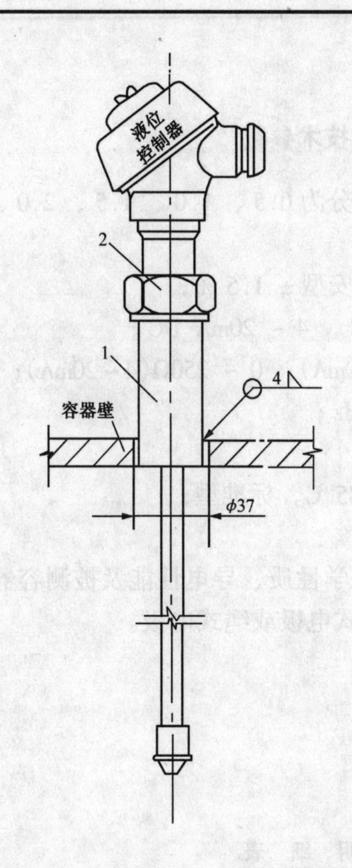

UDKS—$\frac{111}{112}$、UDK—$\frac{111}{112}$电接触液位控制安装图 *PN*0.5

件1套筒、件2连接螺母由制造商成套供应。

安装说明

1. 本图适用于锅炉汽包、除氧器、加热器、凝汽器、清水箱等设备上安装UDZ型液位计，法兰接管是设备附带的。
2. 尺寸 L 和 l 皆由工程设计确定。
3. 操作参数 *PN*4.0MPa 、$t = 250$ ℃。

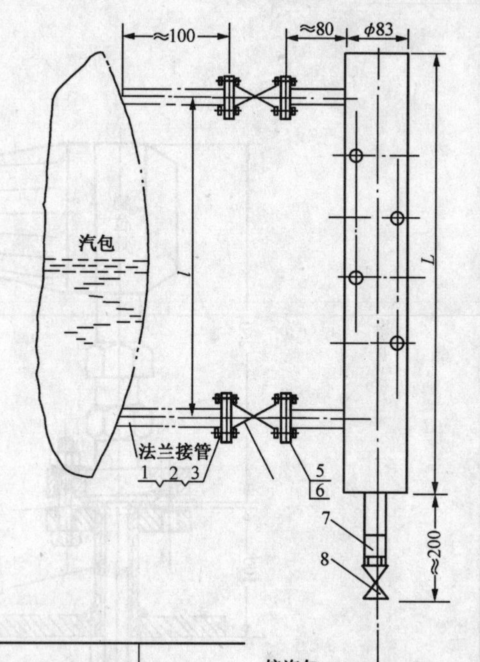

UDZ型电接点液位计测量筒

明细表

件号	名称及规格	数量	材质	图号或标准、规格号	备注
1	螺栓，M12×60	16	35	GB5780	
2	螺母，M12	16	25	GB41	
3	垫圈，ϕ12	16		GB93	
4	截止阀，J43H—40*DN*20	2	锻钢		
5	垫片，20—40	4	XB—450	JB/T87	
6	法兰，*DN*20，*PN*4.0	2	25	GB/T9115	
7	短节，R½″	1	25	YZ10—2—1A	
8	截止阀，J12SA—1；*DN*15	1			

图名	电接触液位安装器和UDZ电接点液位计安装图	图号	JK4—1—06

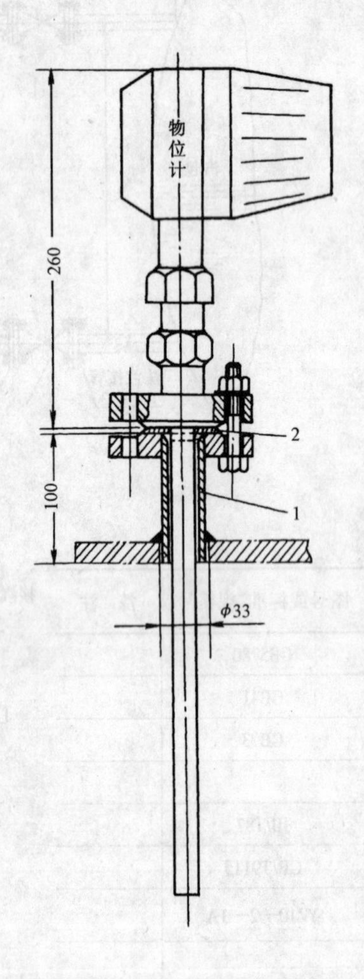

主要技术参数

1. 测量范围：按其长度来划分为0.5、1.0、1.5、2.0、3.0、4.0、6.0、10(m)；

2. 精度：普通型±1%，本安型±1.5%；

3. 输出信号：0～10mA DC，4～20mA DC；

4. 负载电阻：1.5kΩ(0～10mA)，0～250Ω(4～20mA)；

5. 电源：220V $\pm^{10\%}_{15\%}$，50Hz；

6. 电极工作压力：2.5MPa；

7. 电极工作温度：－40～85℃，标准型；

8. 高低报警设定误差：±5%；

9. 电极结构：根据介质的化学性质、导电性能及被测容器等来选用绝缘电极、裸露式电极、套管式电极或绳式电极。

明　细　表

件号	名称及规格	数量	材　质	图号或标准、规格号	备　注
1	法兰短管，*e*，*DN*25，*PN*2.5MPa	1	Q235	JK4—4—05	
2	垫片，25—25	1	XB350	JB/T87	

图名	UYZ—$\frac{50}{50}$A型电容物位计安装图 *PN*2.5	图号	JK4—1—07—1

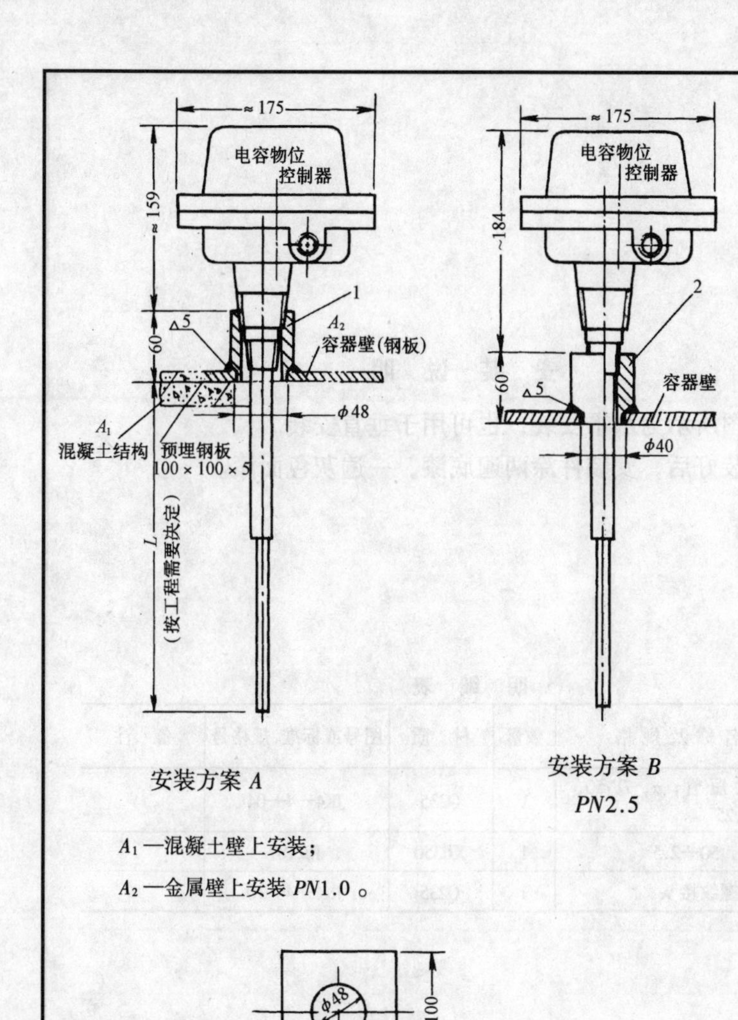

安装方案 A

安装方案 B

PN2.5

A_1—混凝土壁上安装；

A_2—金属壁上安装 PN1.0 。

预埋钢板尺寸图

主要技术指标

1. 测量灵敏度：1 、4 、10pF；
2. 输出接点：为继电器接点， 1A ， 220V AC 电阻负载，或 5A ， 28V DC 电阻负载；
3. 电极工作温度：分 - 30 ~ 85 ℃， - 65 ~ 200 ℃不等；
4. 工作压力： 0.1MPa ， 0.6MPa ， 1MPa；
5. 探头材料： 1Cr18Ni9Ti 外包环氧树脂，或是 1Cr18Ni9Ti 外包塑料(Ryton)等；
6. 电源： 220V ± 10 % 50Hz ，耗电 3W；
7. 防爆结构：隔爆型；
8. 探头连接： $Z^1/_4$″不锈钢，外螺纹； $Z^1/_4$″铝合金，外螺纹接头用于固体物料；
9. 仪表环境温度： - 40 ~ 71 ℃；
10. 可自动校正和手动校正。

安 装 说 明

1. 图中设计了 A 、 B 两种安装方案。 A 方案适用于容器内工作压力 PN1.0 ，其中 A_1用于混凝土容器， A_2用于金属容器。B 方案则仅适用于密闭的金属容器,工作压力 PN2.5 。
2. 本图只把方案 A 的接头长度设计成 60mm 。如需要控制器头部距容器壁远些，则可将 L 延长到所需的长度。
3. 物位控制器的安装方向可以是垂直向下的、水平的或斜上的。
4. 本图也可应用于分离型物位控制器探头和非接触探头的安装。
5. 预埋钢板尺寸应向土建专业提供资料，由土建专业预埋。

明 细 表

件号	名称及规格	数量	材 质	图号或标准、规格号	备 注
1	接头，a，Z1¼″，l = 60mm	1	Q235—A	JK4—4—9	只用于方案 A
2	接头，b，Z¾″，l = 60mm	1	Q235—A	JK4—4—9	只用于方案 B

图名	RF9000系列电容物位控制器标准探头安装图 PN1.0 、 PN2.5	图号	JK4—1—07—2

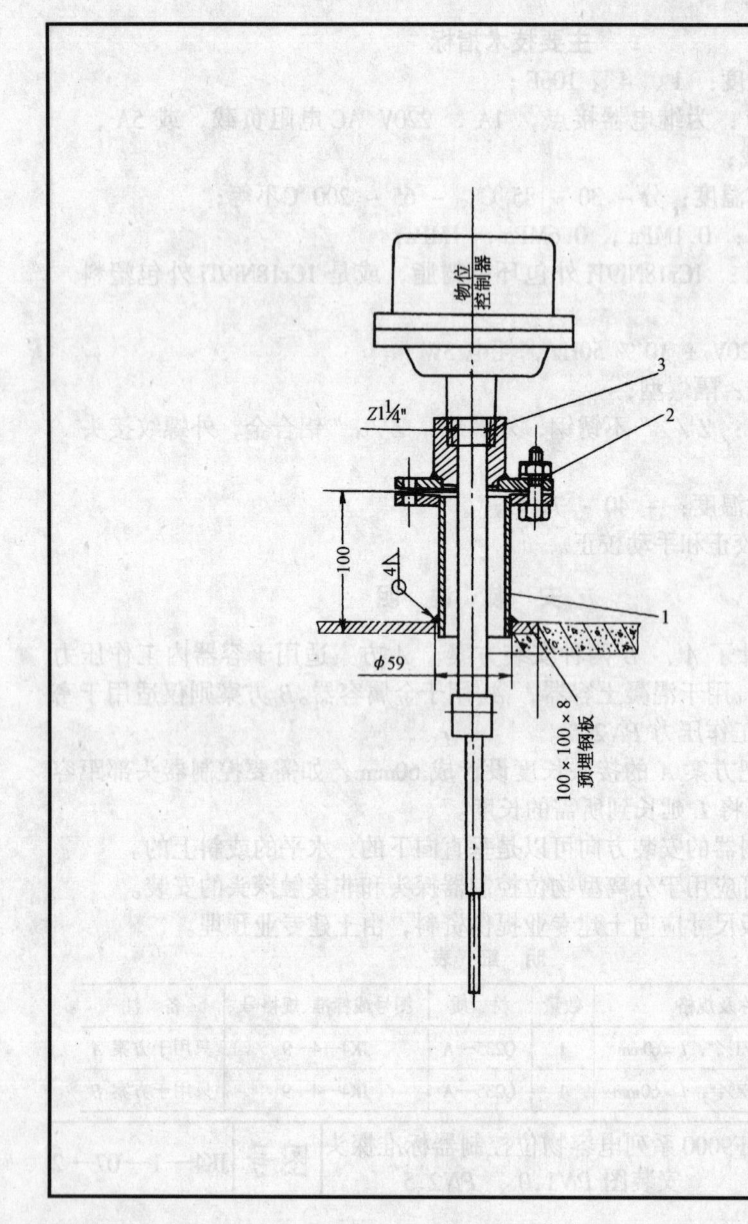

安 装 说 明

1. 本图所示为水平安装，也可用于垂直安装。
2. 安装好后，安装件涂两遍底漆，一遍灰色面漆。

明 细 表

件号	名称及规格	数量	材 质	图号或标准、规格号	备 注
1	法兰短管，*a*，*DN*50，*PN*0.25	1	Q235	JK4—4—04	
2	垫片，50—2.5	1	XB350	JB/T87	
3	法兰螺纹接头	1	Q235	JK4—4—10	

图名	RF9000系列电容物位控制器根部加长探头安装图	图号	JK4—1—07—3

(*a*)

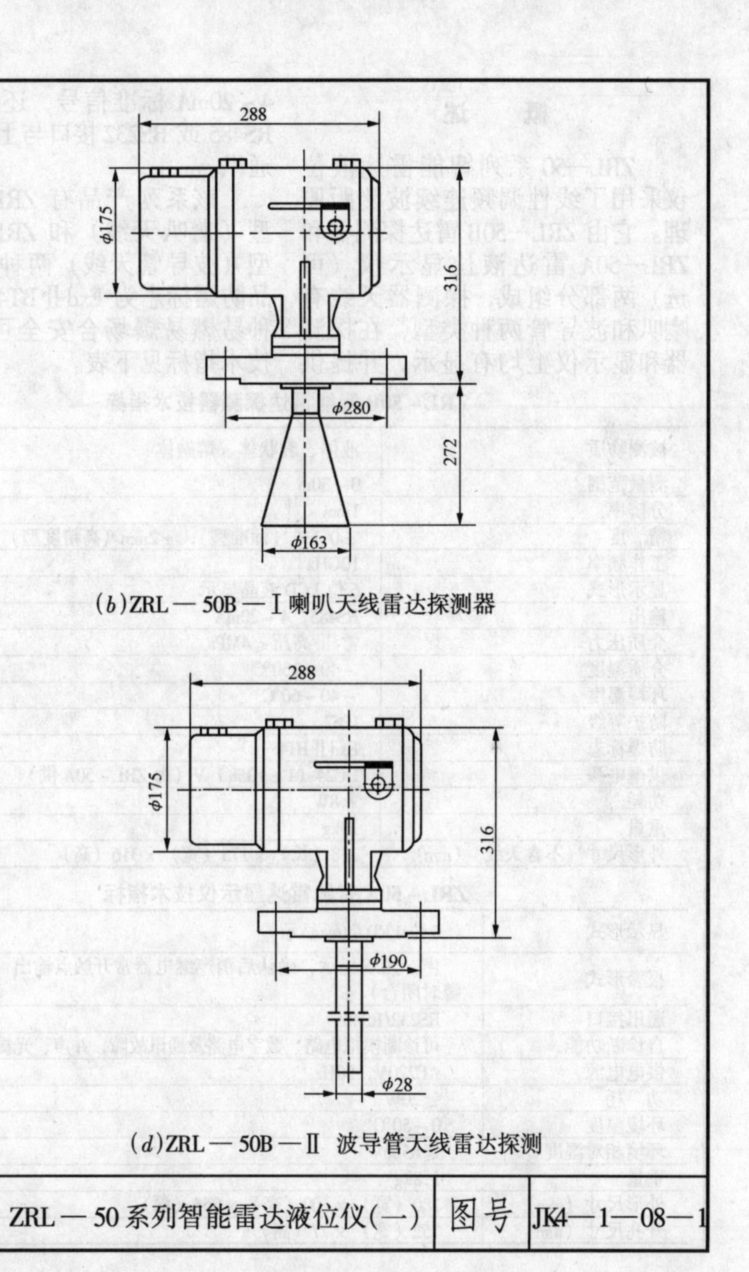

(*b*)ZRL—50B—Ⅰ喇叭天线雷达探测器

(*d*)ZRL—50B—Ⅱ 波导管天线雷达探测

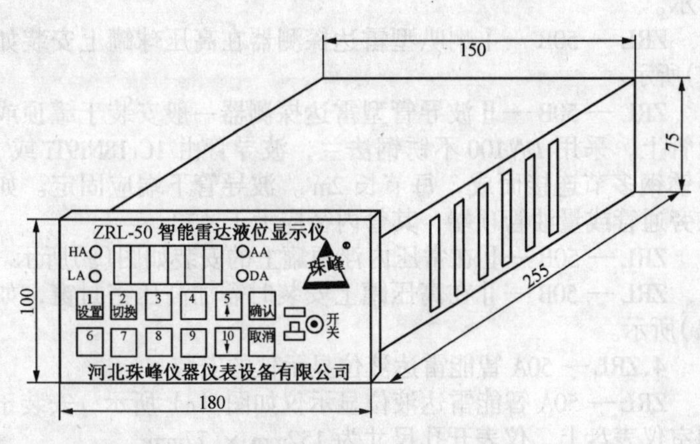

(*c*)ZRL—50A 智能雷达液位显示仪

图名	ZRL—50系列智能雷达液位仪(一)	图号	JK4—1—08—1

概　述

ZRL—50 系列智能雷达液位仪采用了线性调频连续波测距原理。它由 ZRL—50B 雷达探测器和 ZRL—50A 雷达液位显示仪（可选）两部分组成，探测器天线有喇叭和波导管两种类型，在探测器和显示仪上均有显示，并提供 4～20mA 标准信号，还可以通过 RS485 或 RS232 接口与上位计算机通讯。

该系列产品有 ZRL—50—Ⅰ型（喇叭天线）和 ZRL—50—Ⅱ型（波导管天线）两种产品。产品防爆标志为 ExdⅡBT4，可在各种易燃易爆场合安全可靠运行，技术指标见下表。

ZRL－50B 智能雷达探测器技术指标

被测物质	液体、乳状体、熔融体
测量范围	0～30m
分辨率	1mm
精　度	±0.1%（标准型）；±2mm（高精度型）
工作频率	10GHz
显示形式	6 位 LCD 液晶显示
输出	RS485，4～20mA
介质压力	常压/高压≤4MPa
介质温度	－40～150℃
环境温度	－40～60℃
防护等级	IP67
防爆标志	ExdⅡBT4
供电电源	DC24（1±10%）V（由 ZRL－50A 供）
功耗	≤8W
重量	10kg
外形尺寸（不含天线）（mm）	288（长）×175（宽）×316（高）

ZRL－50A 智能雷达显示仪技术指标

显示形式	6 位 LED 数码显示
报警形式	声、光双提示，确认后消声继电器常开触点输出（报警时闭合）
通讯接口	RS232/RS485
自诊断功能	可诊断模拟电路、数字电路及通讯故障，并声、光提示
供电电源	AC220V，50Hz
功　耗	≤20W
环境温度	0～50℃
环境相对湿度	≤85%
重量	1.8kg
外形尺寸（mm）	180（宽）×100（高）×255（深）
开孔尺寸（mm）	152（宽）×77（高）

安　装　说　明

1. 安装位置的选择

ZRL — 50B 智能雷达探测器应安装在远离罐内进出料口、搅拌器、伴热管及可能使液面产生漩涡式液面扰动的位置。

2. 连接法兰

连接法兰如下表及图(*i*)所示。

3. 探测器的机械安装

ZRL — 50B —Ⅰ喇叭型智能雷达探测器一般安装于罐顶，应满足：

(1)与罐壁距离应大于 1/7*H*，（ *H* 为安装平面到罐底的距离）。

(2) 罐顶法兰安装平面必须保持水平，以保证喇叭天线的中轴线与液面垂直。

(3)喇叭口应伸入罐内，离罐顶距离大于 10mm 。

ZRL — 50B —Ⅰ喇叭型雷达探测器在拱顶罐上安装如图(*e*)所示。

ZRL — 50B —Ⅰ喇叭型雷达探测器在高压球罐上安装如图(*f*)所示。

ZRL — 50B —Ⅱ波导管型雷达探测器一般安装于罐顶或旁通管上，采用 *DN*100 不锈钢法兰，波导管由 1Cr18Ni9Ti 或 316 不锈钢多节连接而成，每节长 2m 。波导管下端应固定。如装在旁通管或量油管顶端，其管内径应大于 ϕ70 。

ZRL — 50B —Ⅱ在常压内浮顶罐上的安装如图(*g*)所示。

ZRL — 50B —Ⅱ在高压罐上安装时需加高压密封窗，如图(*h*)所示。

4.ZRL — 50A 智能雷达液位显示仪的安装

ZRL — 50A 智能雷达液位显示仪如图（*c*）所示，安装于控制室仪表盘上，仪表开孔尺寸为 152mm × 77mm 。

图名	ZRL — 50 系列智能雷达液位仪技术指标及安装说明(二)	图号	JK4—1—08—2

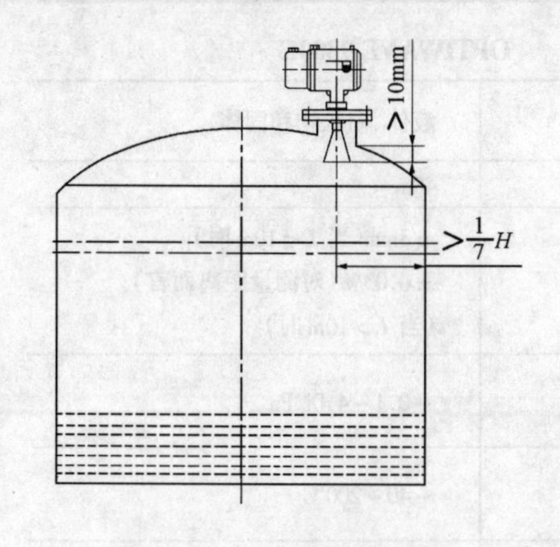

(e)ZRL—50B—Ⅰ在拱顶罐上的安装示意图

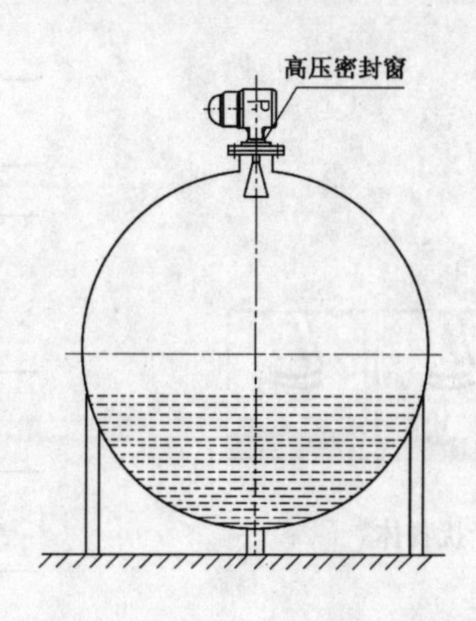

(f)ZRL—50B—Ⅰ在球罐上的安装示意图

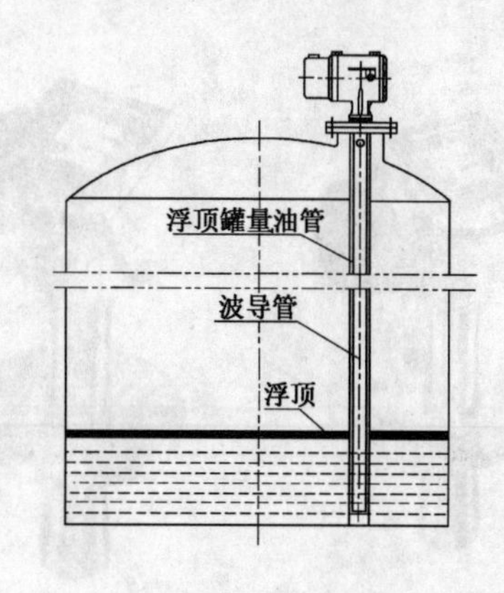

(g)ZRL—50B—Ⅱ在常压内浮顶罐上安装示意图

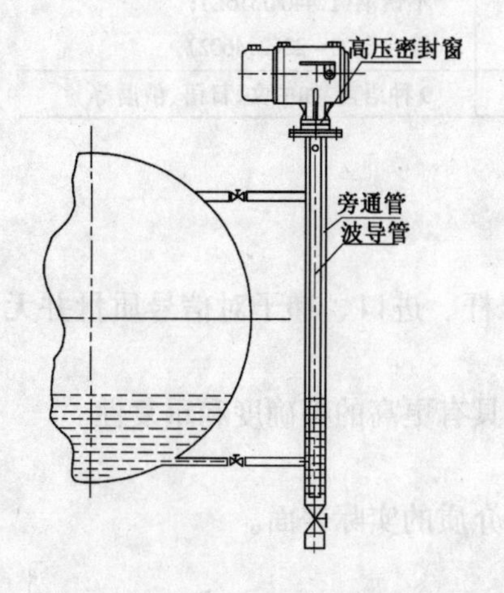

(h)ZRL—50B—Ⅱ在高压球罐上

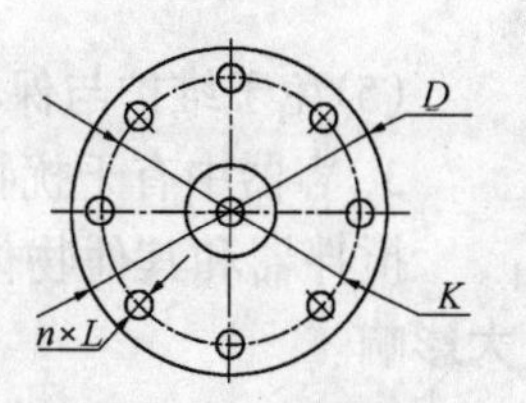

(i)连接法兰尺寸

雷达液位仪连接法兰 GB/T 9115、9119；JB/T82

法兰 探测器	DN	PN (MPa)	D (mm)	K (mm)	$n \times L$
ZRL－50B－Ⅰ常压	200	0.6	ϕ320	ϕ280	8×ϕ30
ZRL－50B－Ⅰ高压	200	4.0	ϕ375	ϕ320	12×ϕ30
ZRL－50B－Ⅱ常压	100	0.25	ϕ205	ϕ170	4×ϕ18
ZRL－50B－Ⅱ高压	100	4.0	ϕ230	ϕ190	8×ϕ23

图名	ZRL—50系列智能雷达液位仪安装尺寸和安装图(三)	图号	JK4—1—08—3

OPTIWAVE 雷达物位计

适用于各种

(1)容器中有干扰物体
(2)泡沫
(3)颤抖的表面

OPTIWAVE 7300C

介质	液体、糊状物和固体
最大测量范围	40m
精度	±3mm(当 $L \leqslant 10m$ 时) ±0.03%(对测量距离而言) (当 $L > 10m$ 时)
操作数据 压力	-0.1~4.0MPa
温度 (法兰温度)	-40~200℃
工艺连接 GB/T 9115、GB/T 9119	法兰 *DN*40~*DN*150 (*PN*4.0/*PN*1.6)
材质 (接触介质部分)	不锈钢(1.4404/316L); 镍合金 C-22(2.4602)
人机接口	9 种语言,如中文、日语、俄语等

安装说明

1.OPTIWAVE 7300C

与早期的雷达装置相比,新的 OPTIWAVE 设计更先进,能够以更大的带宽操作。这确保了更大的分辨率和更高的精确度。OPTIWAVE 较高的信号动态特性使他可探测很小的高度变化。

2.特点

(1)安装简捷;

(2)有适用向导;

(3)PACTware -准备;

(4)使用方便;

(5)免于维护与保养。

3.容器中有干扰物体

搅拌器和其他物体,如压杆、进口、梯子对信号质量并无太大影响。

好的信号更易于评估,并具有更高的精确度和重复性。

4.泡沫

好的信号能更清晰地定位介质的实际表面。

5.颤抖的表面

好的信号和改进的 PCB 板使 OPTIWAVE 能够判断容器中的真实高度,不受颤抖的表面的影响。

图名	OPTIWAVE 雷达物位计安装(一)	图号	JK4—1—08—4

OPTIFLEX 雷达物位计

OPTIFLEX 1300C

介质	液体、液体界面、糊状物和固体
最大测量范围	35m
精度(in direct mode)	液体，±3mm($L<10m$时)； ±0.03%对测量距离而言 ($L>10m$) 粉状：±20mm 有分界面：±10mm (ε_r常数)
(in TBF mode)	±20mm (ε_r常数)
操作数据 压力 法兰温度	 -0.1~4.0MPa -40~200℃
工艺连接 GB/T 9119	法兰 *DN*25~*DN*150 (*PN*4.0/*PN*1.6)
材质 (接触介质部分)	不锈钢(1.4404/316L)， 不锈钢(1.4401/316) 镍合金 C-22(2.4602)
人机接口	9种语言，如中文、日语、俄语等

适用于各种应用

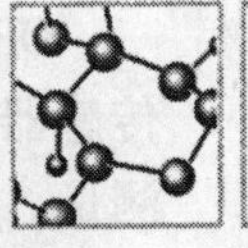

(1)不会有界面太薄的问题；

(2)最稳定的测量；

(3) OPTIFLEX 在任何应用中测量任何产品。

安 装 说 明

1.OPTIFLEX 1300C

与早期的雷达装置相比，新的 OPTIFLEX 设计更先进，分辨率更高。更细的脉冲能够测量更薄的界面。极高的稳定性带来更好的再现性，也就是更好的可靠性。

2. 特点

(1)安装简捷；

(2)有适用向导；

(3)PACTware - 准备；

(4)使用方便；

(5)免于维护与保养。

3. 不会有界面太薄的问题

OPTIFLEX 可以探测和测量非常薄的界面，仅厚于大型容器的水面上的 50mm 的油层。

4. 最稳定的测量

即使有干扰，如强烈颤抖的表面，泡沫和探头表面附着物或容器中的灰尘，OPTIFLEX 也能进行测量，而其他装置却无能为力。

5.OPTIFLEX 测量任何产品

大多数二线制 TDR 装置测量最低相对介电常数为 1.5 的介质。因此，许多有机成分无法被正确的测量。OPTIFLEX 测量最低为 1.4 的介质(用罐底跟踪模式甚至可测量 1.1)。

图名	OPTIFLEX 雷达物位计安装(二)	图号	JK4—1—08—5

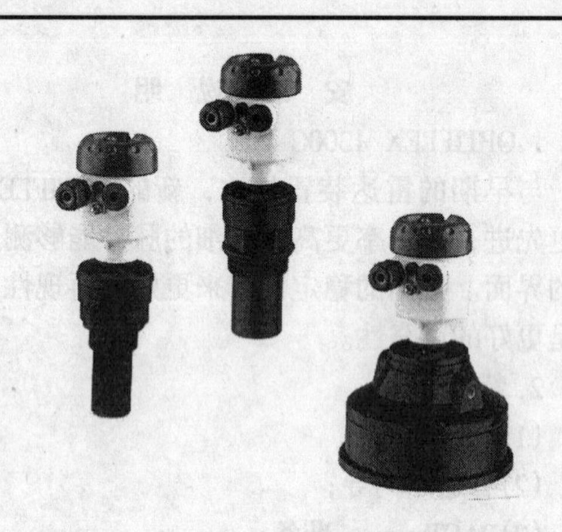

OPTISOUND 3010C ~ 3030C –用于液体测量
超声波液位计

应用领域：

(1)液体处理和储存中的液位测量；

(2)水池和废水池；

(3)非接触流量测量和开发式管道的探测。

安装说明

OPTISOUND 3010C ~ 3030C OPTISOUND 3010C ~ 3030C 是超声波传感器，用于持续的液位测量，实际上它适用于工业中的液体和固体测量，尤其适用于水和废水行业。超声波传感器的转换器会向测量介质发出短的超声波脉冲。这些脉冲将会被介质表层反射，并被转换器作为回波吸收。超声波脉冲从发射到吸收的时间与距离和水平成一定比例。确定了的水平被转换成适当的输出信号，并作为测量值输出。

型号	OPTISOUND 3010C	OPTISOUND 3020C	OPTISOUND 3030C
测量介质	液体(固体)	液体(固体)	液体(固体)
最大探头长度	液体:5m 固体:2m	液体:8m 固体:3.5m	液体:15m 固体:7m
精度	优于0.2%或±4mm	优于0.2%或±4mm	优于0.2%或±6mm
操作数据 压力 温度	 -0.02~0.2MPa -40~80℃	 -0.02~0.2MPa -40~80℃	 -0.02~0.1MPa -40~80℃
工艺连接	G1½"A	G2A	压紧法兰 *DN*100、安装在支撑件上
材料 (接液部分)	PVDF，EPDM	PVDF，EPDM	不锈钢 1.4301 (304)，1.4571 (316Ti)，UP，EPDM
选项、附件	2线/4线 4~20mA	2线/4线 4~20mA	2线/4线 4~20mA

图名	OPTISOUND 3010C ~ 3030C（液体）超声波液位计安装（一）	图号	JK4—1—09—1

OPTISOUND 3030C ~ 3050C

OPTISOUND 3010C ~ 3030C是超声波传感器，用于持续的液位测量，尤其适用于固体，同样也适用于液体。超声波传感器的转换器会向测量介质发出短的超声波脉冲。这些脉冲将会被介质表层反射，并被转换器作为回波吸收。超声波脉冲从发射到吸收的时间与距离和水平成一定比例。确定了水平被转换成适当的输出信号，并作为测量值输出。

应用领域

(1)固体处理和储存中的液位测量；

(2)筒仓和储料器中固体的液位指示；

(3)碎石器中的液位测量；

(4)传送带上的剖面测量。

OPTISOUND 3030C ~ 3050C－用于固体测量

型号	OPTISOUND 3030C	OPTISOUND 3040C	OPTISOUND 3050C
介质	液体、固体	固体(液体)	固体(液体)
最大测量范围	液体:15m 固体:7m	液体:25m 固体:15m	液体:45m 固体:25m
精度	优于0.2%或±6mm	优于0.2%或±6mm	优于0.2%或±6mm
操作数据 压力 法兰温度	 0.02~0.1MPa －40~80℃	 0.02~0.15MPa －40~80℃	 0.02~0.15MPa －40~80℃
工艺连接 GB/T9119	压紧法兰 *DN*100、安装在支撑件上	法兰 *DN*200,用带旋转紧固头时≥*DN*50	法兰 *DN*250,用带旋转紧固头时≥*DN*50
材质 (接液部分)	不锈钢1.4301(304),1.4571(316Ti),UP,EPDM	PP,Alu,电镀钢,PA,UP,不锈钢316Ti	PP,Alu,电镀钢,PA,UP,Alu/PE衬胶
人机接口	2线/4线 4~20mA	4线 4~20mA	4线 4~20mA

图名	OPTISOUND 3030C ~ 3050C（固体）超声波物位计安装（二）	图号	JK4—1—09—2

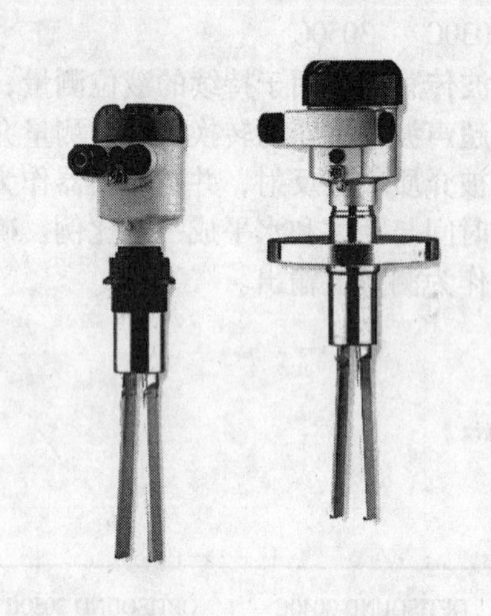

OPTISWITCH3000 系列音叉料位计

型号	OPTISWITCH 3000C	OPTISWITCH 3100C
测量介质	固体	固体
最大探头长度	—	—
密度	>0.08g/cm^3	>0.08g/cm^3
操作数据		
压力	真空～0.6MPa	真空～1.6MPa
温度	-40～80℃	-50～250℃(可带温度计)
工艺连接,GB/T9119	G1½″A	G1½″A，法兰
材料 (接液部分)	不锈钢 316L，PP	不锈钢 316L
选项、附件	继电器、电子元件和二线输出、接触式电气开关	继电器、电子元件和二线输出、接触式电气开关

安装说明

OPTISWITCH 3000 系列音叉通过压电供能，在其约 145Hz 的机械共振频率下发生振动。压电元件以机械方式固定，因此不受温度冲击限度的影响。当音叉没入产品时，频率发生改变。通过集成电子设备探测到这一信息并将之转化成一个开关信号。

OPTISWITCH 3100C， OPTISWITCH3200C 和 3300C 型号可用于标准的电缆和管道。因为有着许多操作选项，这些仪表是许多应用的理想选择。而且全都由不锈钢制成，并且拥有标准认证。

不同于本系列中的其他型号， OPTISWITCH 3100C 的选项较少。它价格较低，带有一个塑料螺纹工艺连接和塑料外壳，不带认证。

应用领域

(1)溢出和试运转保护；

(2)几乎不受所测固体化学和物理性质的影响。

图名	OPTISWITCH3000 系列、音叉料位计安装（一）	图号	JK4—1—10—1

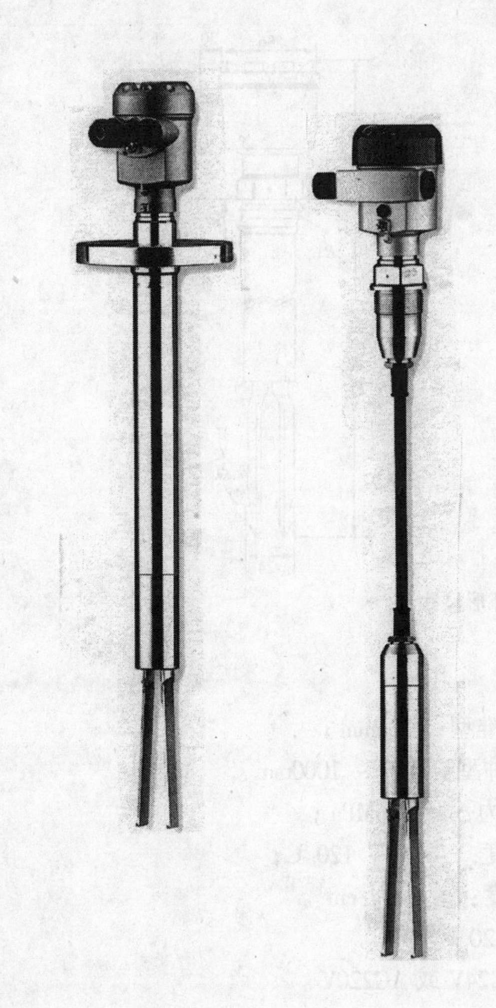

型号	OPTISWITCH 3200C	OPTISWITCH 3300C
介质	固体	固体
最大传感器长度	80m	6m
密度	>0.08g/cm^3	>0.08g/cm^3
操作数据 压力	真空~0.6MPa	真空~1.6MPa
温度	-20~80℃	-50~250℃ （可带温度计）
工艺连接，GB/T9119	G1½″A;法兰	G1½″A;法兰
材质 （接触介质部分）	不锈钢316L,PUR,CR,NBR	不锈钢316L
选项	继电器、电子元件和二线8/16mA输出、接触式电气开关	继电器、电子元件和二线8/16mA输出、接触式电气开关

图名	OPTISWITCH 3000系列音叉料位计安装（二）	图号	JK4—1—10—2

YWK 系列音叉物位开关

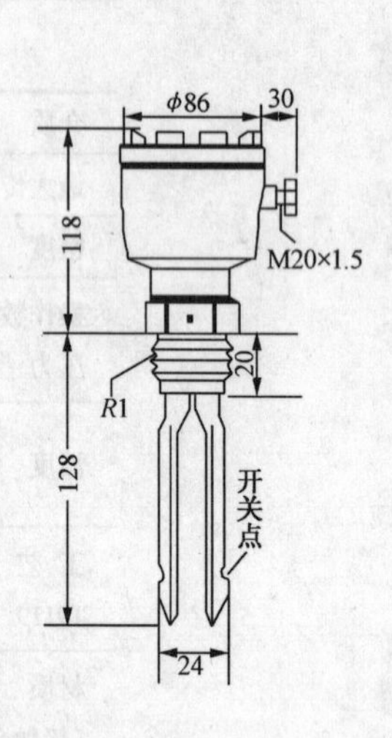

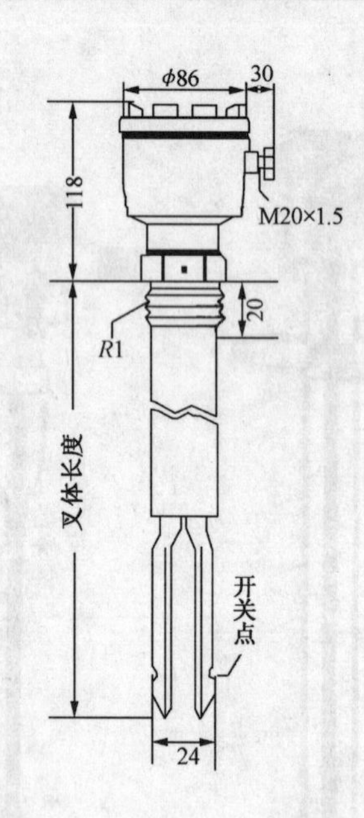

外形尺寸

安 装 说 明

YWK 系列音叉物位开关通过检测探头的谐振频率来确定物位。当探头与介质接触时，音叉的有效质量增大，谐振频率降低，探头内部的频率检测器就会检测到频率的改变，当达到设定的频率阈值时就开始报警，输出的状态同时发生改变。

YWK 音叉物位开关可通过 *R*1 锥管外螺纹和衬垫直接安装在容器或管道上的任何一个位置上。

技术指标：

(1)探头长度：标准型：100mm；

特种型：100 ~ 1000mm。

(2)介质条件：压力：≤ 2.5MPa；

温度：- 40 ~ 120 ℃；

密度：≥ 0.7g/cm^3。

(3)环境温度：- 20 ~ 70 ℃。

(4)供电电压：DC24V 或 AC220V。

(5)功耗：1.5W。

图名	YWK 系列音叉物位开关安装图	图号	JK4—1—10—3

4.2 法兰差压式液位仪表安装

说　明

1. 本部分适用于建筑工程中测量各种液体液位的变送器在工艺设备上的安装。

所选用的变送器包括带有单平、单插、双平、双插和正插负平法兰的电动和气动差压式液位变送器在常压和密封容器上的安装。使用压力为公称压力 *PN*2.5 、*PN*4.0 。安装方式上则有带一次切断阀和不带一次切断阀（无切断阀）两种；另外还有 DBUM 、DBUT 型外浮筒式液位，界面变送器和 EDR — TAS 型扩散硅电子式差压液位变送器的安装图。

2. 安装在容器上的仪表接管，应向设备专业提出资料，说明接管的规格、尺寸和具体安装位置，同时仪表专业应在设备图上会签。

3. 图中通用图请查阅 JK4 — 4 。

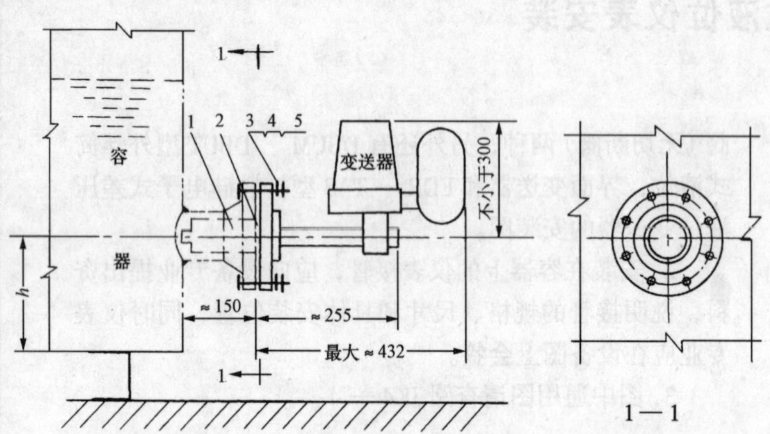

单插法兰差压式液位变送器的安装图

法兰螺栓孔方位图

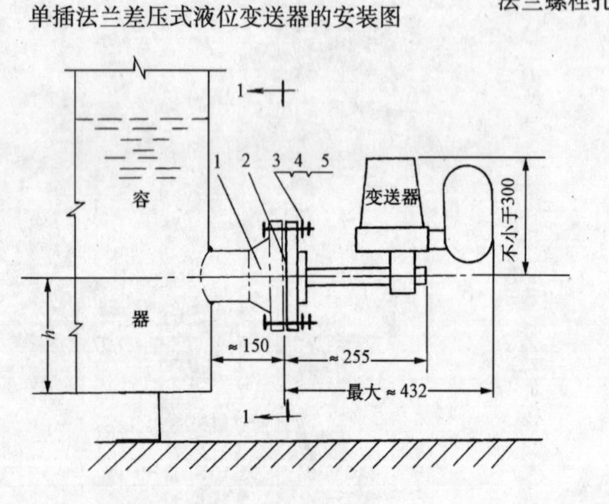

单平法兰差压式液位变送器的安装图

安装说明

1．本图是根据电动和气动的单平和单插法兰差压液位变送器(DBF、DBC、QBF、QBC等型)设计的。

2．本图适用于在常压容器上安装上述变送器，容器的工作制是间歇的，使变送器有可能拆卸下来检修。

3．法兰接管（件1）的规格因选用仪表的规格而异，应委托容器设计专业预先安装在容器上，*h* 由工艺设计确定。

4．当测量腐蚀性介质的液体时，所用部件、零件及管道材质，应选用耐腐蚀材质。

5．安装方案如下表。

安装方案与部、零件尺寸表

安装方案	变送器		1．法兰接管规格	2．垫片 (JB/T87)	3．螺栓	4．螺母	5．垫圈
	公称直径 *DN*	公称压力 *PN*					
A	80	4.0	*a*	垫片 80—40	M16×80	M16	ϕ16
B	100		*b*	垫片 100—40	M20×80	M20	ϕ20

6．凡所选变送器的法兰不符合本图所列规格时，仍可用本图之安装方式，但法兰接管上的法兰应与变送器的法兰相配合。

明 细 表

件号	名称及规格	数量	材 质	图号或标准、规格号	备 注
1	凹法兰接管，*DN*，*PN*	1		JK4—4—11	见安装说明
2	垫 片	1	XB450	JB/T87	
3	螺 栓	8	35	GB5780	
4	螺 帽	8	25	GB41	
5	弹簧垫圈	8	65Mn	GB93	

图名	DBF、DBC、QBF、QBC型单平和单插法兰差压液位变送器在常压容器上的安装图(无切断阀)	图号	JK4—2—01—1

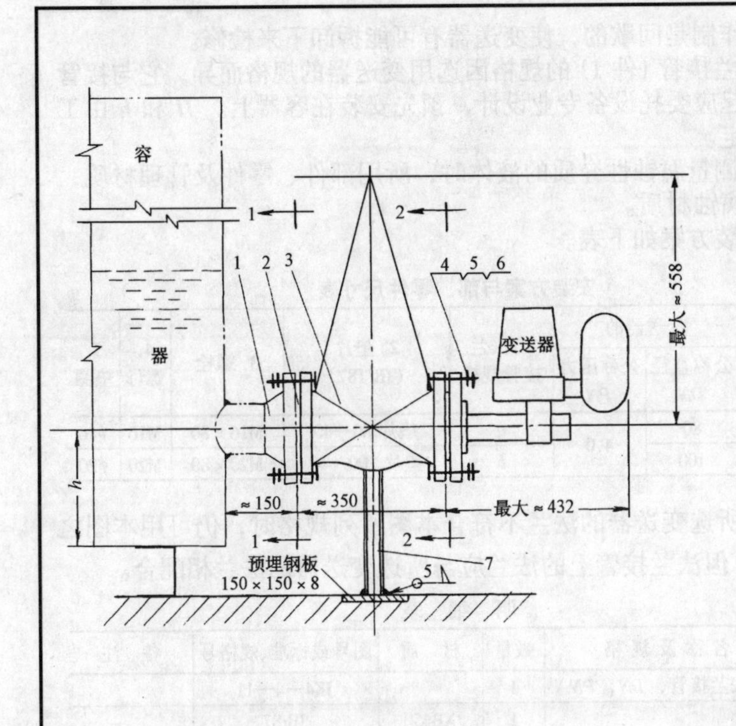

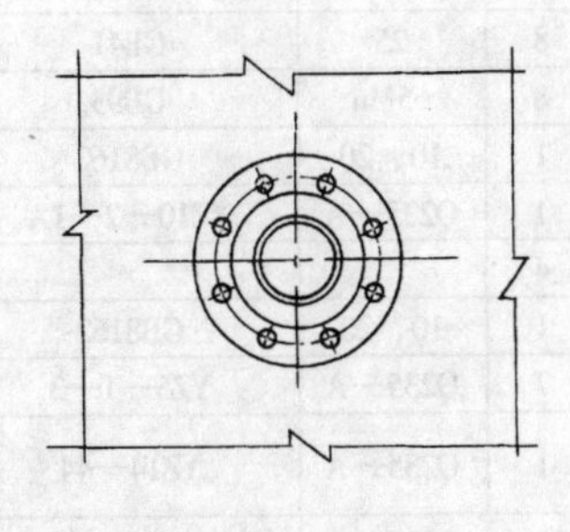

1—1(2—2)

法兰螺栓孔方位图

安装说明

1. 本图是根据电动和气动的单平法兰差压液位变送器（DBF 、DBC 、QBF 、QBC 等型）设计的。

2. 本图适用于在常压容器上安装上述变送器，容器上的工作制可以是连续的，在检修和拆卸变送器时，可将阀门关闭。

3. 法兰接管(件 1)的规格因选用变送器的规格而异，应委托容器设计，预先安装在容器上，h 由工艺专业定。

4. 闸阀(件 3)应与变送器的规格、工作压力、温度一致，也可用球阀。

5. 当测量腐蚀性介质的液体时，所用部件、零件及管道材质，应选用耐腐蚀材质。

6. 安装方案如下表。

安装方案与部、零件尺寸表

安装方案	变送器 公称直径 DN	变送器 公称压力 PN	1. 法兰接管规格	2. 垫片 (JB/T87)	4. 螺栓	5. 螺母	6. 垫圈
A	80	4.0	*a*	垫片80—40	M16×80	M16	$\phi16$
B	100		*b*	垫片 100—40	M20×80	M20	$\phi20$

7. 凡所选变送器的法兰不符合本图所列规格时，仍可用本图之安装方式，但法兰接管上的法兰应与所选闸阀配合，阀门的法兰应与变送器的法兰配合。

8. 支柱(件 7)下的预埋钢板其中心应与阀门的中心相对应。

明细表

件号	名称及规格	数量	材质	图号或标准、规格号	备注
1	凸法兰接管, *DN*, *PN*	1		JK4—4—12	见附注 3
2	垫片	2	XB450	JB/T87	
3	闸阀	1			见附注 7
4	螺栓	16	35	GB5780	
5	螺母	16	25	GB41	
6	弹簧垫圈	16	65Mn	GB93	
7	支柱, 焊接钢管, *DN*50	1	Q235—A	GB/T3092	

图名	DBF、DBC、QBF、QBC 型单平法兰差压液位变送器在常压容器上的安装图(带切断阀)	图号	JK4—2—01—2

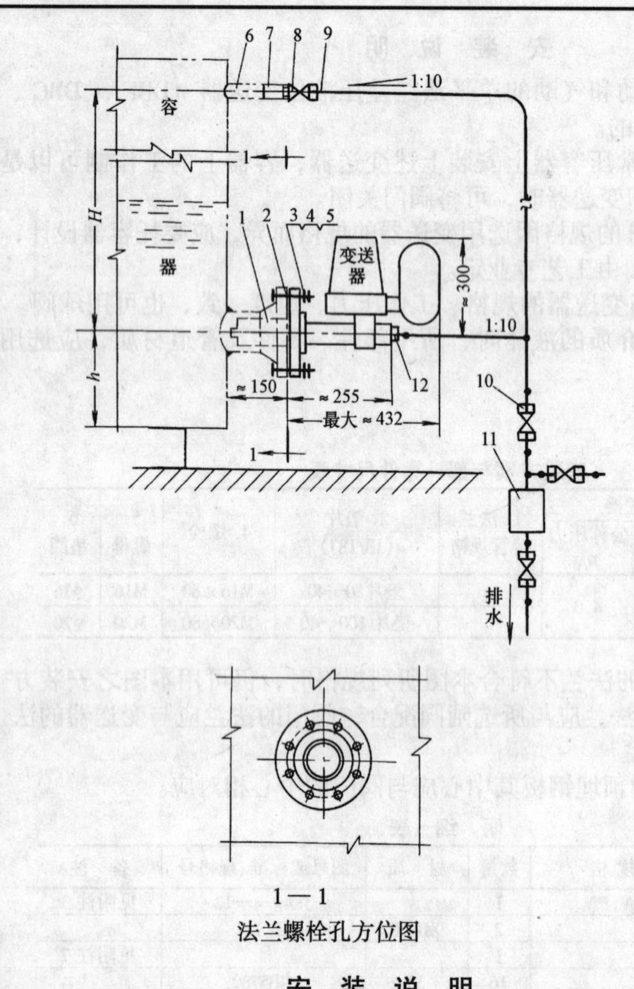

法兰螺栓孔方位图

安 装 说 明

1. 本图是根据仪表厂的产品，电动和气动的单插法兰差压液位变送器(DBF、DBC、QBF、QBC等型)设计的。

2. 本图适用于气相不易冷凝或冷凝液很少而又能及时排出的场合，在公称压力 PN4.0 的密封式容器上安装上述变送器，容器的工作制是间歇的，使变送器有可能拆卸下来检修。

3. 法兰接管（件 1）的规格因选用变送器的规格而异，它与接管（件 6）一起应委托设备专业设计，预先安装在容器上。H 和 h 由工艺专业确定。

4. 当测量腐蚀性介质的液体时，所用部件、零件及管理材质，应使用耐腐蚀材质。

5. 安装方案如下表。

安装方案与部、零件尺寸表

安装方案	变送器的		1. 法兰接管规格	2. 垫片(JB/T87)	3. 螺栓	4. 螺母	5. 垫圈
	公称直径 DN	公称压力 PN					
A	80	4.0	a	垫片 80—40	M16×80	M16	$\phi16$
B	100		b	垫片 100—40	M20×80	M20	$\phi20$

6. 凡所选变送器的法兰不符合本图所列规格时，仍可用本图之安装方式，但法兰接管上的法兰应与所选变送器的法兰相配合。

明 细 表

件号	名称及规格	数量	材 质	图号或标准、规格号	备 注
1	凹法兰接管，DN，PN	1		JK4—4—11	
2	垫片	1	XB450	JB/87	
3	螺栓	8	35	GB5780	
4	螺母	8	25	GB41	
5	弹簧垫圈	8	65Mn	GB93	
6	无缝钢管，$D22\times3.5$，$l=50$	1	10、20	GB8162	见安装说明 3
7	短节，R½″	1	Q235—A	YZ10—2—1A	
8	球阀，Q11F—40，DN15	4			
9	无缝钢管，$D14\times2$	1	10、20	GB8162	长度设计定
10	直通终端接头，ϕ14/R½″	7	Q235—A	YZ5—1—3	
11	分离容器，PN6.4MPa，DN100	1	Q235—A	YZ14—44	
12	压力表接头，G½″	1	Q235—A		随变送器带

图名	DBF、DBC、QBF、QBC型单插法兰差压液位变送器在密封容器上的安装图(无切断阀)	图号	JK4—2—01—3

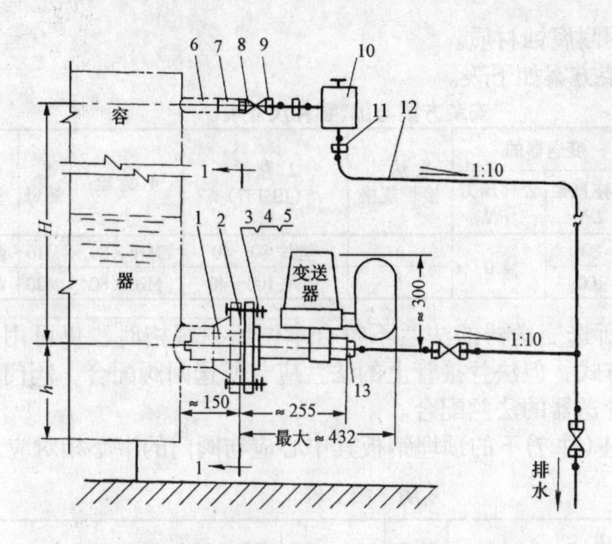

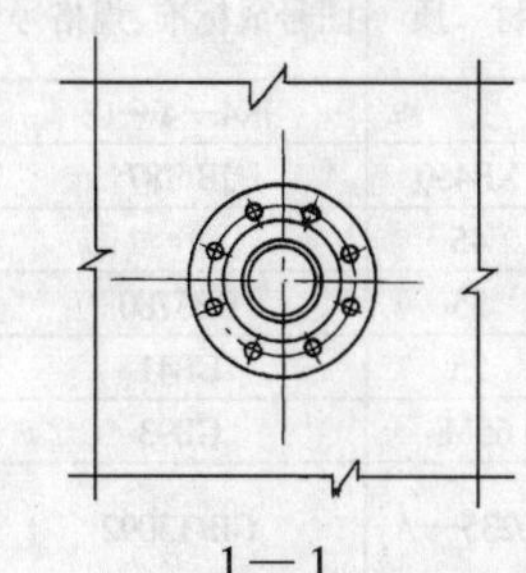

1—1

法兰螺栓孔方位图

安 装 说 明

1. 本图是根据仪表厂的产品：电动和气动的单插法兰差压液位变送器(DBF、DBC、QBF、QBC 等型)设计的。

2. 本图适用于气相冷凝液多而需要隔离的场合。在公称压力 PN4.0 的密封式容器上安装上述变送器，容器的工作制是间歇的，使变送器有可能拆卸下来检修。

3. 法兰接管（件 1）的规格因选用变送器的规格而异，它与接管（件 6）一起应委托设备专业设计，预先安装在容器上。H 和 h 由工艺专业确定。

4. 当测量腐蚀性介质的液体时，所用部件、零件及管道材质，应使用耐腐蚀材质。

5. 安装方案如下表。

安装方案与部、零件尺寸表

安装方案	变送器的 公称直径 DN	变送器的 公称压力 PN	1. 法兰接管规格	2. 垫片 (JB/T87)	3. 螺栓	4. 螺母	5. 垫圈
A	80	4.0	*a*	垫片 80—40	M16×80	M16	$\phi16$
B	100		*b*	垫片 100—40	M20×80	M20	$\phi20$

6. 凡所选变送器的法兰不符合本图所列规格时，仍可用本图之安装方式，但法兰接管上的法兰应与所选变送器的法兰相配合。

明 细 表

件号	名称及规格	数量	材 质	图号或标准、规格号	备 注
1	凹法兰接管,*DN*,*PN*(见表)	1		JK4—4—11	见安装说明 3
2	垫片	1	XB450	JB/T87	
3	螺栓	8	35	GB5780	
4	螺母	8	25	CB41	
5	弹簧垫圈	8	65Mn	GB93	
6	无缝钢管, *D*22×3.5, *l*=50	1	10、20	GB8162	见安装说明 3
7	短节，R½″	1	Q235—A	YZ10—2—1A	
8	球阀，Q11F—40 *DN*15	3			
9	直通终端接头，14/R½″	5	Q235—A	YZ5—1—3	
10	冷凝容器，*PN*6.4，*DN*100	1	Q235—A	YZ14—44	
11	管接头，*D*14	2	Q235—A	JB970	
12	无缝钢管，*D*14×2	1	10、20	GB8162	长度设计定
13	压力表接头，G½″	1	Q235—A	YZ5—5	随变送器带

图名	DBF、DBC、QBF、QBC 型单插法兰差压液位变送器在密封容器上的安装图（无切断阀带冷凝器）	图号	JK4—2—01—4

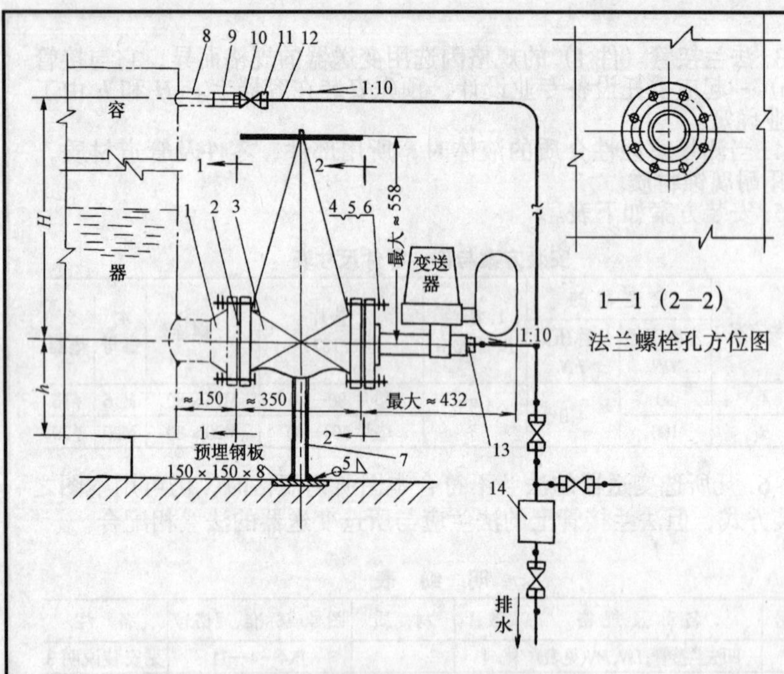

安装说明

1. 本图是根据天津自动化仪表厂，上海、四川、广东等地仪表厂的产品：电动和气动的单平法兰差压液位变送器(DBF、DBC、QBF、QBC 等型)设计的。

2. 本图适用于气相不易冷凝或冷凝液很少又能及时排出的场合，在公称压力 *PN*4.0 的容器上安装上述变送器，容器的工作制是连续的，在检修和拆卸变送器时，可将闸阀关闭。

3. 法兰接管（件 1）的规格因选用变送器的规格而异，它和接管（件 8）一起应委托设备专业设计，预先安装在容器上。*H* 和 *h* 由工艺专业确定。

4. 闸阀（件 3）应与变送器的规格、工作压力、温度一致，也可用球阀。

5. 当测量腐蚀性介质的液体时，所用部件、零件及管道材质，应使用耐腐蚀材质。

6. 安装方案如下表。

安装方案与部、零件尺寸表

安装方案	变送器的公称直径 *DN*	变送器的公称压力 *PN*	1. 法兰接管规格	2. 垫片 (JB/T87)	4. 螺栓	5. 螺母	6. 垫圈
A	80	4.0	*a*	垫片 80—40	M16×80	M16	ϕ16
B	100		*b*	垫片 100—40	M20×80	M20	ϕ20

7. 凡所选变送器的法兰不符合本图所列规格时，仍可用本图之安装方式，但法兰接管上的法兰应与所选闸阀配合，阀门的法兰应与变送器的法兰配合。

8. 支柱(件 7)下的预埋钢板其中心应与阀门的中心相对应。

明 细 表

件号	名称及规格	数量	材质	图号或标准、规格号	备注
1	凸法兰接管，*DN*，*PN*	1		JK4—4—12	见安装说明 3
2	垫片	2	XB450	JB/T87	
3	闸阀	1	45		见安装说明 4
4	螺栓	16	35	GB5780	
5	螺母	16	25	GB41	
6	弹簧垫圈	16	65Mn	GB93	
7	焊接钢管，*DN*50，*l*（按需要）	1	Q235—A	GB/T3092	
8	无缝钢管，*D*22×3.5，*l*=100mm	1	10、20	GB8162	见安装说明 3
9	短节，R½″	1	Q235—A	YZ10—2—1A	
10	球阀，Q11F—40、*DN*15	4			
11	直通终端接头，14/R½″	7	Q235—A	YZ5—1—3	
12	无缝钢管，*D*14×2	1	10、20	GB8162	长度设计定
13	压力表接头，G½″	1	Q235—A		随变送器带
14	分离容器，*PN*6.4，*DN*100	1	Q235	YZ14—44	

图名	DBF、DBC、QBF、QBC 型单平法兰差压液位变送器在密封容器上的安装图(带切断阀)	图号	JK4—2—01—5

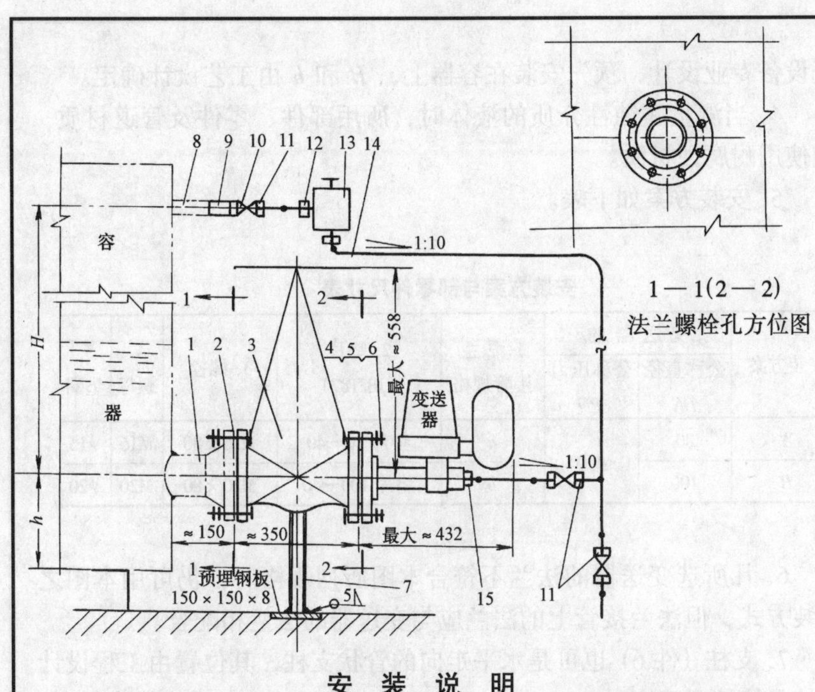

1—1(2—2)
法兰螺栓孔方位图

安 装 说 明

1. 本图是根据仪表厂的产品：电动和气动的单平法兰差压液位变送器(DBF、DBC、QBF、QBC等型)设计的。

2. 本图适用于气相冷凝液多需要隔离的场合,其公称压力 *PN*4.0的容器上安装上述变送器,容器的工作制是连续的，在检修和拆卸变送器时，可将闸阀关闭。

3. 法兰接管(件1)的规格因选用变送器的规格而异，它与接管(件8)应一起委托设备专业设计，预先安装在容器上。*H* 和 *h* 由工艺专业确定。

4. 闸阀(件3)应与变送器的规格，工作压力和工作温度一致，也可用相同规格的球阀。

5. 当测量腐蚀性介质的液体时，所用部件、零件及管道材质，应使用耐腐蚀材质。

6. 安装方案如下：

7. 凡所选变送器的法兰不符合本图所列规格时，仍可用本图之安装方式，但法兰接管上的法兰应与所选闸阀配合，阀门的法兰应与变送器的法兰配合。

8. 支柱(件7)下的预埋钢板其中心应与阀门的中心相对应。

安装方案与部、零件尺寸表

安装方案	变送器的		1. 法兰接管规格	2. 垫片(JB/T87)	4. 螺栓	5. 螺母	6. 垫圈
	公称直径 *DN*	公称压力 *PN*					
A	80	4.0	*a*	垫片 80—40	M16×80	M16	ϕ16
B	100		*b*	垫片 100—40	M20×80	M20	ϕ20

明 细 表

件号	名称及规格	数量	材 质	图号或标准、规格号	备 注
1	凸法兰接管，*DN*，*PN*(见表)	1		JK4—4—12	见安装说明3
2	垫片	2	XB450	JB/T87	
3	闸阀	1			见安装说明4
4	螺栓(见表)	16	35	GB5780	
5	螺母(见表)	16	25	GB41	
6	弹簧垫圈(见表)	16	65Mn	GB93	
7	焊接钢管，*DN*50，*l*(按需要)	1		GB/T3092	
8	无缝钢管，*D*22×3.5	1	10、20	GB8162	见安装说明3
9	短节，R½″	1	Q235—A	YZ10—2—1A	
10	球阀，Q11F—16、*DN*15	3			
11	直通终端接头，14/R½″	5	Q235—A	YZ5—1—3	
12	直通管接头，*D*14	2	Q235—A	JB970	
13	冷凝容器，*PN*6.4，*DN*100	1	Q235—A	YZ14—43	
14	无缝钢管，*D*14×2	1	10、20	GB8162	长度见工程设计
15	压力表接头，ϕ14×2(焊接式)	1	Q235—A		随变送器带

图名	DBF、DBC、QBF、QBC型单平法兰差压液位变送器在密封容器上的安装图(带切断阀和冷凝容器)	图号	JK4—2—01—6

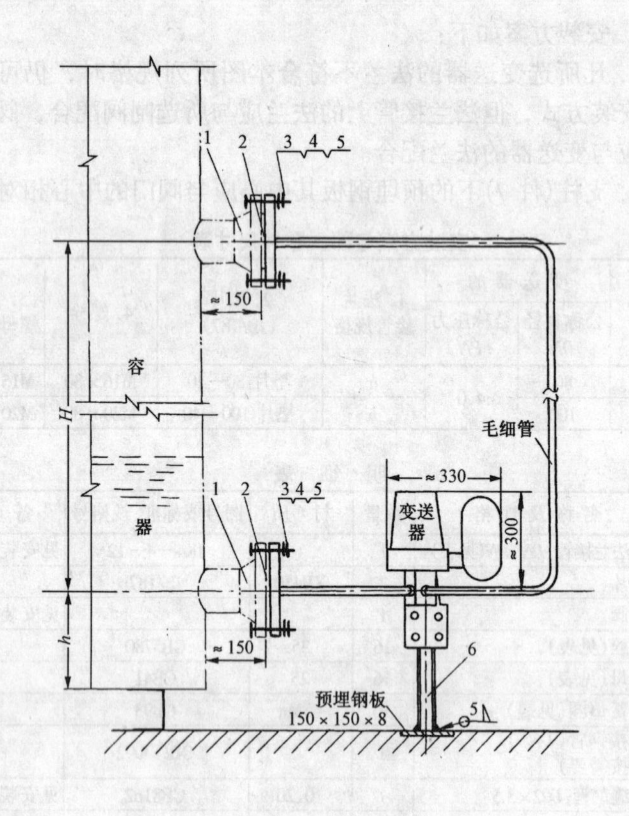

安 装 说 明

1. 本图是根据仪表厂的产品：电动和气动的双平法兰差压液位变送器(DBF、DBC、QBF、QBC等型)设计的。

2. 本图适用于在公称压力 PN4.0 的容器上安装上述变送器。容器的工作制是间歇的，使变送器有可能拆卸下来检修。

3. 法兰接管(件 1)的规格因选用仪表的规格而异，应委托设备专业设计，预先安装在容器上，H 和 h 由工艺设计确定。

4. 当测量腐蚀性介质的液体时，所用部件、零件及管道材质，应使用耐腐蚀材质。

5. 安装方案如下表。

安装方案与部零件尺寸表

安装方案	变送器的公称直径 DN	变送器的公称压力 PN	1. 法兰接管规格	2. 垫片 (JB/T87)	3. 螺栓	4. 螺母	5. 垫圈
A	80	4.0	a	垫片 80—40	M16×80	M16	ϕ16
B	100		b	垫片 100—40	M20×80	M20	ϕ20

6. 凡所选变送器的法兰不符合本图所列规格时，仍可用本图之安装方式，但法兰接管上的法兰应与变送器的法兰相配合。

7. 支柱（件 6）也可是水平走向的管状支柱，其位置由工程设计者按具体情况确定。

明 细 表

件号	名称及规格	数量	材 质	图号或标准、规格号	备 注
1	凹法兰接管	2		JK4—4—11	见安装说明 3
2	垫片	2	XB450	JB/T87	
3	螺栓	16	35	GB5780	
4	螺母	16	25	GB41	
5	弹簧垫圈	16	65Mn	GB93	
6	支柱，焊接钢管，DN50	1	Q235—A	GB/T3092	

图名	DBF、DBC、QBF、QBC 型双平法兰差压液位变送器在密封容器上的安装图(无切断阀)	图号	JK4—2—01—7

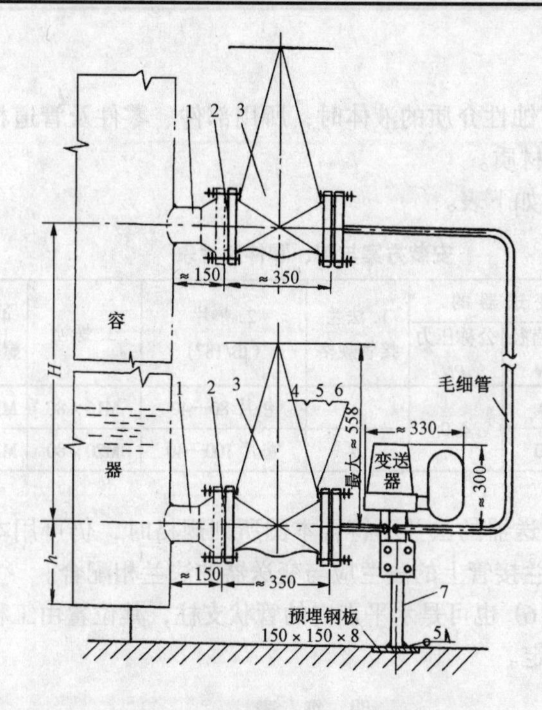

安装说明

1. 本图是根据仪表厂的产品：电动和气动的双平法兰差压液位变送器(DBF、DBC、QBF、QBC等型)设计的。

2. 本图适用于在公称压力 PN4.0 的容器上安装上述变送器。容器的工作制可以是连续的，在检修和拆卸变送器时，可将阀门关闭。

3. 法兰接管(件1)的规格因选用仪表的规格而异，应委托设备专业设计，预先安装在容器上。H 和 h 由工艺设计确定。

4. 闸阀（件3）应与变送器的规格，公称压力和工作温度一致，也可用相同规格的球阀。

5. 当测量腐蚀性介质的液体时，所用部件、零件及管道材质，应使用耐腐蚀材质。

6. 安装方案如下表。

安装方案与部零件尺寸表

安装方案	变送器的公称直径 DN	变送器的公称压力 PN	1. 法兰接管规格	2. 垫片 (JB/T87)	4. 螺栓	5. 螺母	6. 垫圈
A	80	4.0	a	垫片 80—40	M16×80	M16	ϕ16
B	100		b	垫片 100—40	M20×80	M20	ϕ20

7. 凡所选变送器的法兰不符合本图所列规格时，仍可用本图之安装方式，但法兰接管上的法兰应与所选闸阀配合，阀门的法兰应与变送器的法兰配合。

8. 支柱（件7）也可是水平走向的管状支柱，其位置由工程设计者按具体情况确定。

明细表

件号	名称及规格	数量	材质	图号或标准、规格号	备注
1	凸法兰接管，DN，PN	2		JK4—4—12	见安装说明3
2	垫片	4	XB450	JB/T87	
3	闸阀	2			见安装说明4
4	螺栓	32	35	GB5780	
5	螺母	32	25	GB41	
6	弹簧垫圈	32	65Mn	GB93	
7	支柱，焊接钢管，DN50	1	Q235—A	XB/T3092	

图名	DBF、DBC、QBF、QBC型双平法兰差压液位变送器在密封容器上的安装图(带切断阀)	图号	JK4—2—01—8

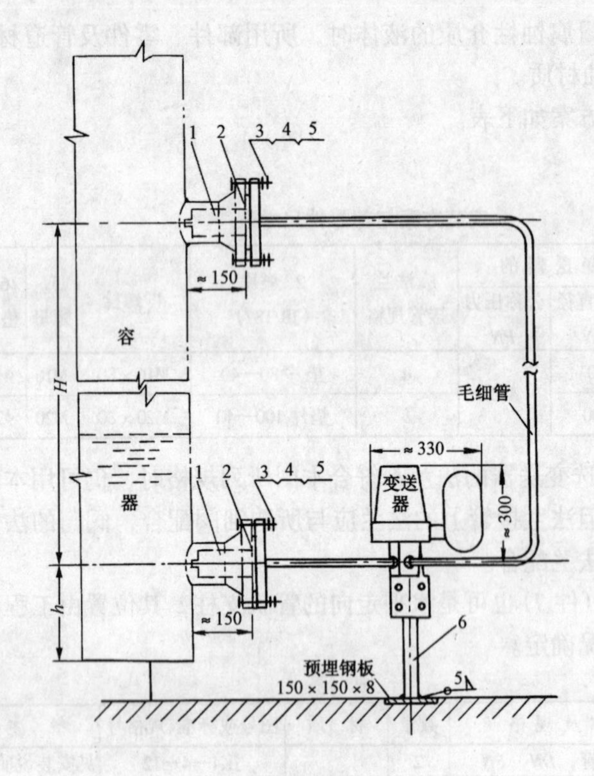

安 装 说 明

1. 本图是根据仪表厂的产品：电动和气动的双插、正插负平法兰差压液位变送器(DBF 、DBC 、QBF 、QBC 等型)设计的。

2. 本图适用于在公称压力 PN4.0 的容器上安装上述变送器。容器的工作制是间歇的，使变送器有可能拆卸下来检修。

3. 法兰接管（件 1）的规格因选用仪表的规格而异，应委托设备专业设计，预先安装在容器上。H 和 h 由工艺设计确定。

4. 当测量腐蚀性介质的液体时，所用部件、零件及管道材质，应使用耐腐蚀性材质。

5. 安装方案如下表。

安装方案与部、零件尺寸表

安装方案	变送器的公称直径 DN	变送器的公称压力 PN	1. 法兰接管规格	2. 垫片 (JB/T87)	3. 螺栓	4. 螺母	5. 垫圈
A	80	4.0	a	垫片 80—40	M16×80	M16	ϕ16
B	100		b	垫片 100—40	M20×80	M20	ϕ20

6. 凡所选变送器的法兰不符合本图所列规格时，仍可用本图之安装方式，但法兰接管上的法兰应与变送器的法兰相配合。

7. 支柱（件 6）也可是水平走向的管状支柱，其位置由工程设计者按具体情况确定。

明 细 表

件号	名称及规格	数量	材 质	图号或标准、规格号	备 注
1	凹法兰接管，DN，PN	2		JK4—4—11	见安装说明 3
2	垫 片	2	XB450	JB/T87	
3	螺 栓	16	35	GB5780	
4	螺 母	16	25	GB41	
5	弹簧垫圈	15	65Mn	GB93	
6	焊接钢管，DN50	1	Q235—A	GB/T8092	

图名	DBF、DBC、QBF、QBC 型双插、正插、负平法兰差压液位变送器在密封容器上的安装图（无切断阀）	图号	JK4—2—01—9

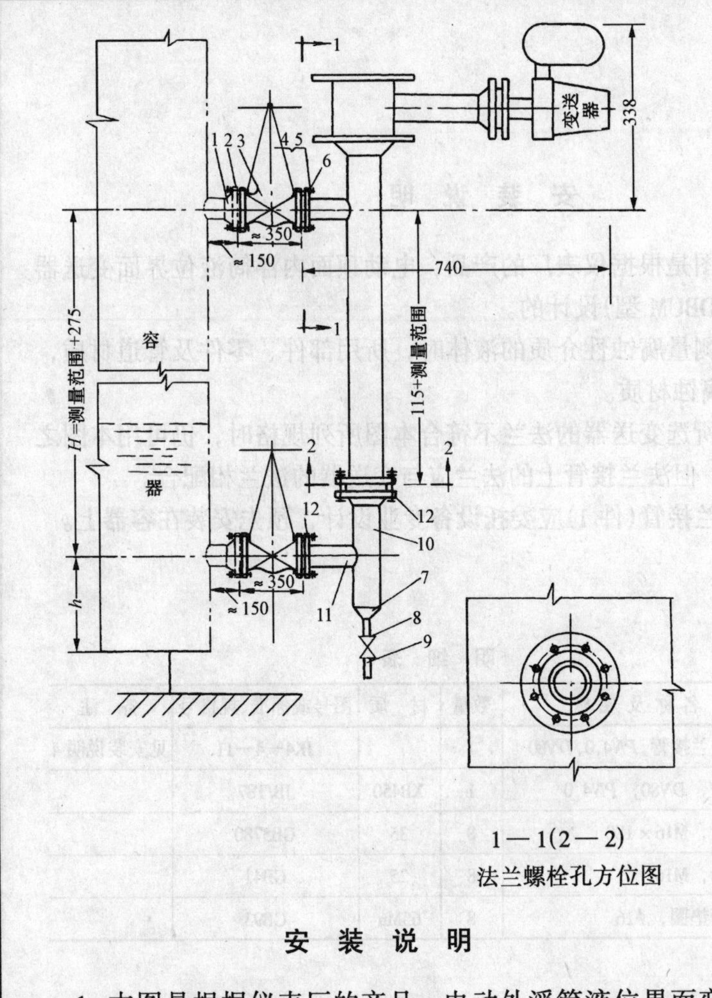

1—1(2—2)

法兰螺栓孔方位图

安 装 说 明

1. 本图是根据仪表厂的产品：电动外浮筒液位界面变送器(DBUT 型和 DBUM 型)设计的。

2. 本图适用于在公称压力 *PN*4.0 的容器上安装上述变送器。容器的工作制可以是连续的，在检修和拆卸变送器时，可将阀门关闭。

3. 法兰接管（件 1）的规格因选用仪表的规格而异，应委托设备专业设计，预先安装在容器上。*H* 和 *h* 由工艺设计确定。

4. 闸阀（件 3）应与测量介质，工作温度、工作压力一致，也可用相同规格的球阀。

5. 当测量腐蚀性介质的液体时，所用部件、零件及管道材质，应使用耐腐蚀材质。

6. 凡所选变送器的法兰不符合本图所列规格时，仍可用本图之安装方式,但应注意各法兰之间的配合,法兰接管上的法兰与闸阀配合，阀门上的法兰与变送器配合。

明 细 表

件号	名称及规格	数量	材 质	图号或标准、规格号	备 注
1	凸法兰接管, *PN*4.0, *DN*40	2		JK4—4—13	
2	垫片, *DN*40, *PN*4.0	4	XB450	JB/T87	
3	闸阀, Z41H—40, *DN*40	2			见安装说明 4
4	螺栓, M16×70	20	35	GB5780	
5	螺母, M16	20	25	GB41	
6	弹簧垫圈, ϕ16	20	65Mn	GB93	
7	异径管, *DN*40/15, *l* = 70mm	1	20		
8	球阀, Q11F—40, *DN*15	1			
9	短节, R½″	2	20	YZ10—2—1A	
10	无缝钢管, 40×3.5, *l* = 320mm	1	20	GB8162	
11	无缝钢管, 45×3.5, *l* = 102mm	1	20	GB8162	
12	法兰, *DN*40; *PN*4.0	2	20	GB/T9115	

图名	DBUM、DBUT 型侧面浮筒液位界面变送器在器壁上的安装图 *PN*4.0	图号	JK4—2—02—1

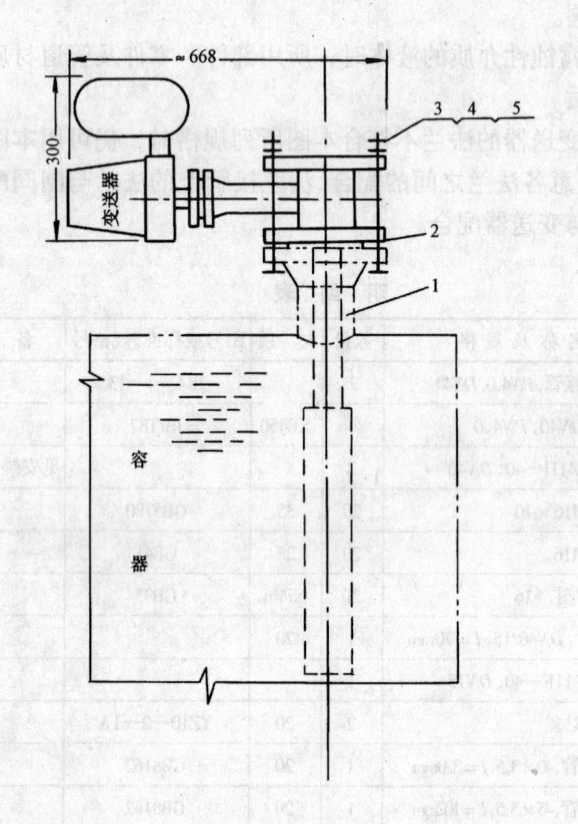

安装说明

1. 本图是根据仪表厂的产品，电动顶面内浮筒液位界面变送器(DBUT和DBUM型)设计的。

2. 当测量腐蚀性介质的液体时，所用部件、零件及管道材质，应使用耐腐蚀材质。

3. 凡所选变送器的法兰不符合本图所列规格时，仍可用本图之安装方式，但法兰接管上的法兰应与变送器的法兰相配合。

4. 法兰接管(件1)应委托设备专业设计，预先安装在容器上。

明 细 表

件号	名称及规格	数量	材 质	图号或标准、规格号	备 注
1	凹法兰接管，*PN*4.0，*DN*80	1		JK4—4—11	见安装说明4
2	垫片，*DN*80，*PN*4.0	1	XB450	JB/T87	
3	螺栓，M16×180	8	35	GB5780	
4	螺母，M16	8	25	GB41	
5	弹簧垫圈，ϕ16	8	65Mn	GB93	

图名	DBUT型、DBUM型顶面浮筒液位界面变送器在容器上的安装图 *PN*4.0	图号	JK4—2—02—2

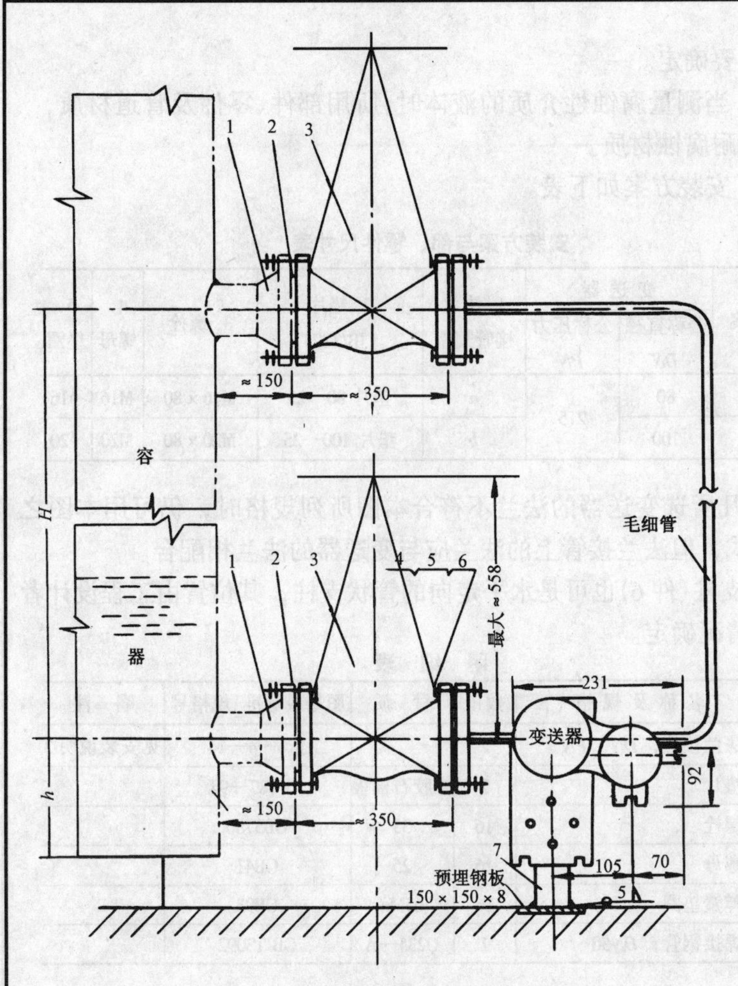

安装说明

1. 本图是根据仪表厂生产的产品：EDR — 75S 型扩散硅电子式法兰差压变送器设计的。

2. 本图适用于在公称压力 *PN*2.5 的容器上安装上述变送器。容器的工作制可以是连续的，在检修和拆卸变送器时，可将阀门关闭。

3. 法兰接管（件 1）的规格因选用变送器规格而异，应委托设备专业设计，预先安装在容器上。*H* 和 *h* 由工艺设计确定。

4. 闸阀(件 3)应与变送器的规格，工作压力和工作温度一致。

5. 当测量腐蚀性介质的液体时，所用部件、零件及管道材质，应使用耐腐蚀材质。

6. 安装方案如下表。

安装方案与部、零件尺寸表

安装方案	变送器 公称直径 *DN*	变送器 公称压力 *PN*	1. 法兰接管规格	2. 垫片 (JB/T87)	4. 螺栓	5. 螺母	6. 垫圈
A	80	2.5	*a*	垫片 80—25	M16×80	M16	ϕ16
B	100		*b*	垫片 100—25	M20×80	M20	ϕ20

7. 凡所选变送器的法兰不符合本图所列规格时，仍可用本图之安装方式，但法兰接管上的法兰应与所选闸阀配合，阀门的法兰应与变送器的法兰配合。

8. 支柱（件 7）也可是水平走向的管状支柱，其位置由工程设计者按具体情况确定。

明 细 表

件号	名称及规格	数量	材 质	图号或标准、规格号	备 注
1	法兰接管，*DN*，*PN*	2		JK4—4—14	见安装说明 3
2	垫片	4	XB450	JB/T87	
3	闸 阀， Z411H—25，*DN*80，（*DN*100）	2			见安装说明 4
4	螺栓	32	35	GB5780	
5	螺母	32	25	GB41	
6	弹簧垫圈	32	65Mn	GB93	
7	焊接钢管，*DN*50	1	Q235—A	GB/T3092	

图名	EDR—75S 型扩散硅电子式双法兰差压液位变送器在密封容器上的安装图 *PN*2.5(带切断阀)	图号	JK4—2—03—1

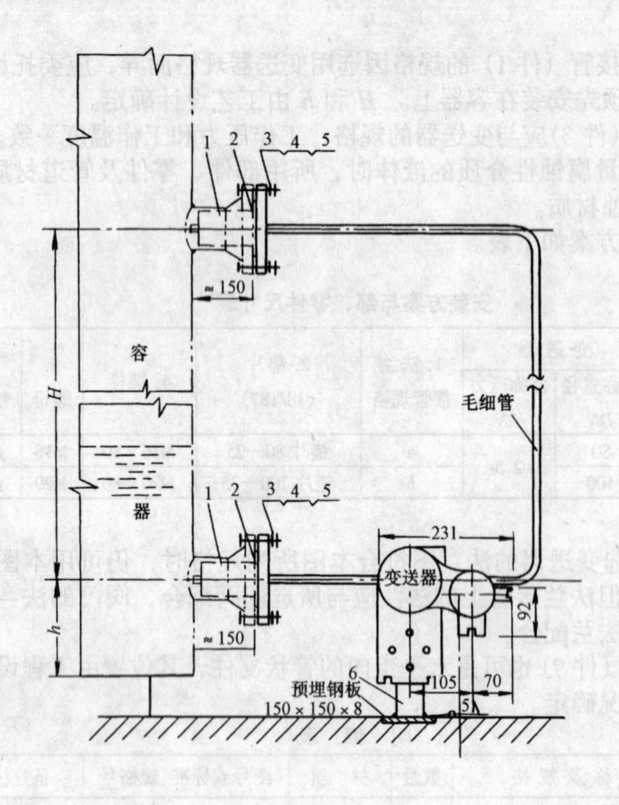

安 装 说 明

1. 本图是根据仪表厂生产的产品：EDR—75S 型扩散硅电子式双法兰差压变送器设计的。

2. 本图适用于在公称压力 *PN*2.5 的容器上安装上述变送器。容器的工作制是间歇的，使变送器有可能拆卸下来检修。

3. 法兰接管(件 1)的规格因选用变送器的规格而异，应设备工艺专业设计，预先安装在容器上。*H* 和 *h* 由工艺设计按需要确定。

4. 当测量腐蚀性介质的液体时，所用部件、零件及管道材质，应使用耐腐蚀材质。

5. 安装方案如下表。

安装方案与部、零件尺寸表

安装方案	变送器		1. 法兰接管规格	2. 垫片（JB/T87）	3. 螺栓	4. 螺母	5. 垫圈
	公称直径 *DN*	公称压力 *PN*					
A	80	2.5	*a*	垫片 80—25	M16×80	M16	φ16
B	100		*b*	垫片 100—25	M20×80	M20	φ20

6. 凡所选变送器的法兰不符合本图所列规格时，仍可用本图之安装方式，但法兰接管上的法兰应与变送器的法兰相配合。

7. 支柱(件 6)也可是水平走向的管状支柱，其位置由工程设计者按具体情况确定。

明 细 表

件号	名 称 及 规 格	数量	材 质	图号或标准、规格号	备 注
1	法兰接管，*DN*，*PN*	2		JK4—4—14	见安装说明 3
2	垫片	2	橡胶石棉板	JB/T87—94	
3	螺栓	16	35	GB5780	
4	螺母	16	25	GB41	
5	弹簧垫圈	16	65Mn	GB93	
6	焊接钢管，*DN*50	1	Q235—A	GB/T3092	

图名	EDR—75S 型扩散硅电子式双法兰差压液位变送器在密封容器上的安装图 *PN*2.5(无切断阀)	图号	JK4—2—03—2

4.3 差压法测量液位的管路连接图

说　明

1. 本部分图集适用于建筑工程中液位测量的管路连接，与法兰差压式液位仪表安装图（JK4—2）组合使用，它包括一般容器上的差压法液位测量，吹气差压法液位测量，锅炉汽包水位测量和差压法气柜高度测量的管路连接图。

2. 图集中差压变送器一般都考虑安装在仪表保护箱内，如安装在室内可取消保护箱，这时可取消管接头（JB974）。

3. 图集中通用图请查阅“通用图”（JK4—4）。

4. 液位测量仪表连接管路应与工艺管道一并试压，合格后方可投入使用。

安 装 说 明

1. 冷凝器(件 7)作隔离器用,不需要隔离时取消件 6 和件 7。

2. 当测量腐蚀性介质时,所用零件、部件及管道材质,应使用耐腐蚀材质。

3. 阀(件 10)的安装位置应视现场敷设条件而定。或者置于导压主管(实线绘出 *A* 方案),或者置于导压支管(虚线绘出 *B* 方案),当采用 *A* 方案时,件 8、件 11 为连续紫铜管。

明 细 表

件号	名称及规格	数量	材质	图号或标准、规格号	备 注
1	无缝钢管, *D*22 × 3.5, *l* = 100mm	1	10、20	GB8162	
2	直通终端接头, φ14/R½″	3	Q235—A	YZ5—1	
3	球 阀, Q11F—16C; *DN*15	2			
4	直通终端接头, 14/G½″	3	Q235—A	YZ5—1	
5	无缝钢管, *D*14 × 2	2	10、20	GB8612	长度设计定
6	管接头, *D*14	2	Q235—A	JB970	
7	冷凝容器, *DN*100, *PN*6.4	1	Q235—A	YZ13—23	
8	紫铜管, φ10 × 1		T2	GB1527	长度设计定
9	管接头, *D*14	1	Q235—A	JB974	
10	球 阀, Q11F—16C; *DN*15	1			
11	紫铜管, φ10 × 1	T2	GB1527—87	*B* 方案用	

图名	差压法测量常压容器内液位的管路连接图	图号	JK4—3—01—1

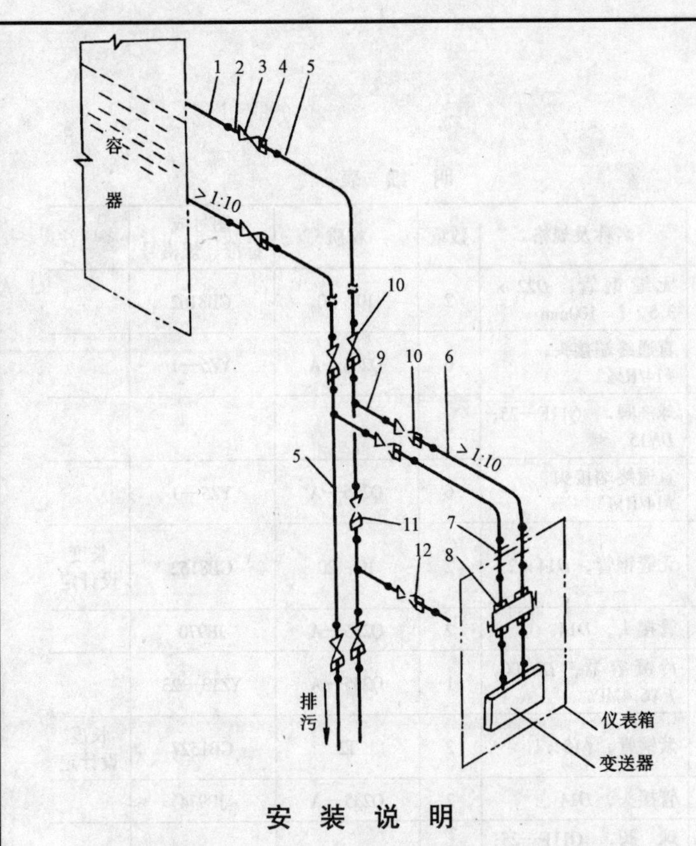

明细表

件号	名称及规格	数量	材质	图号或标准、规格号	备注
1	无缝钢管，$D22\times3.5$，$l=100$mm	1	10、20号	GB8162	
2	直通终端接头，$\phi14/R\frac{1}{2}''$	6	Q235—A	YZ5—1	
3	球阀，Q11F—25；$DN15$	4			
4	直通终端接头，$\phi14/G\frac{1}{2}''$	6	Q235—A	YZ5—1	
5	无缝钢管，$D14\times2$	2	10、20	GB8162	长度设计定
6	紫铜管，$\phi10\times1$	2	T2	GB1527	长度设计定
7	管接头，$D14$	2	Q235—A	JB974	
8	三阀组	1			变送器带
9	紫铜管，$\phi10\times1$，$l\approx150$mm	2	T2	GB1527	B方案用
10	球阀，Q11F—25；$DN15$	2			
11	球阀，Q11F—25；$DN15$	1			
12	球阀，Q11F—25；$DN15$	1			

安装说明

1. 本方案适用于气相冷凝液不多、而又能及时排除的情况。

2. 当测量腐蚀性介质时，所用零件、部件及管道材质，应使用耐腐蚀性材质。

3. 阀(件10)的安装位置应视现场敷设条件而定。或者置于导压主管(实线绘出A方案)，或者置于导压支管(虚线绘出B方案)。当采用A方案时，件9、件6为连续紫铜管。

4. 当测量负压时，需增加以虚线表示的阀门(件11、件12)。

5. 若选用B方案需增加以虚线表示的件12阀门。

图名	差压法测量压力或负压容器内液位的管路连接图 $PN2.5$(气相冷凝液少)	图号	JK4—3—01—2

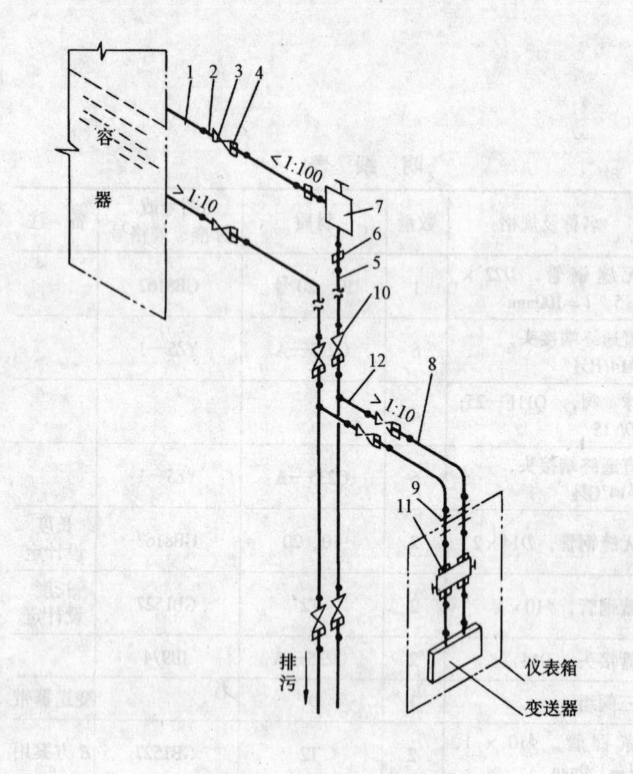

安 装 说 明

1. 本方案适用于气相冷凝液较多的情况。

2. 当测量腐蚀性介质时，所用零件、部件及管道材质，应使用耐腐蚀性材质。

3. 阀(件 10)的安装位置应视现场敷设条件而定。或者置于导压主管（实线绘出 *A* 方案），或者置于导压支管（虚线绘出 *B* 方案）。如采用 *A* 方案，则件 8、件 12 为连续紫铜管。

明 细 表

件号	名称及规格	数量	材质	图号或标准、规格号	备 注
1	无缝钢管，*D*22 × 3.5，*l* = 100mm	2	10、20	GB8162	
2	直通终端接头，ϕ14/R½″	6	Q235—A	YZ5—1	
3	球 阀，Q11F—25；*DN*15	4			
4	直通终端接头，ϕ14/R½″	6	Q235—A	YZ5—1	
5	无缝钢管，*D*14 × 2	2	10、20	GB8162	长度设计定
6	管接头，*D*14	2	Q235—A	JB970	
7	冷凝容器，*DN*100，*PN*6.4MPa	1	Q235—A	YZ13—23	
8	紫铜管，ϕ10 × 1	2	T2	GB1527	长度设计定
9	管接头，*D*14	2	Q235—A	JB974	
10	球 阀，Q11F—25；*DN*15	2			
11	三阀组	1			变送器带
12	紫铜管，ϕ10 × 1，*l* ≈ 150mm	2	T2	GB1527	*B* 方案用

图名	差压法测量压力容器内液位的管路连接图 *PN*2.5(气相冷凝液多)	图号	JK4—3—01—3

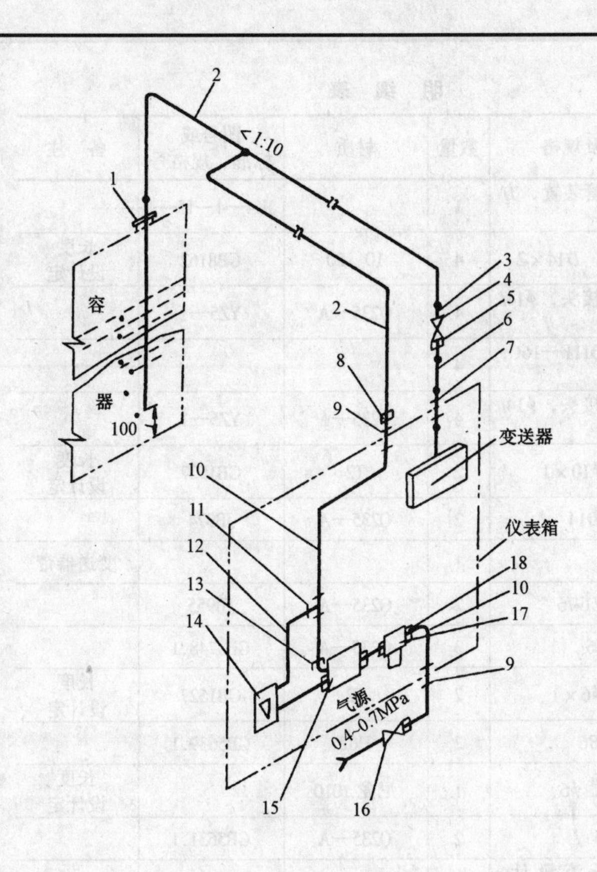

安装说明

当测量腐蚀性介质的液体时，所用部件、零件及管道材质，应使用耐腐蚀性材质。

明细表

件号	名称及规格	数量	材质	图号或标准、规格号	备注
1	单吹气插管装置，方案 *A*	1		JK4—4—15	
2	无缝钢管，*D*14×2	2	10、20	GB8162	长度设计定
3	直通终端接头，ϕ14/R½″	1	Q235—A	YZ5—1	
4	球阀，Q11F—16C；*DN*15	1			
5	直通终端接头，ϕ14/R½″	1	Q235—A	YZ5—1	
6	紫铜管，$\phi10\times1$	1	T2	GB1527	长度设计定
7	管接头，*D*14	1	Q235—A	JB974	
8	管接头，Z14/6	1	Q235—A	JB955	
9	管接头，J6	2	Q235—A	GB3748.1	
10	紫铜管，$\phi6\times1$	1	T2	GB1527	长度设计定
11	管接头，*B*6	1	H62	GB5639.1	
12	尼龙单管，ϕ6	1	尼龙 1010		长度设计定
13	管接头，ϕ6	1	H62	GB5631.1	
14	玻璃转子流量计，160L/h	1			LZB—4 型
15	恒差继动器，0.1～1.0MPa	1			QFH—100 型
16	球阀，QGQY1：*DN*10 G½″/ϕ6	1			
17	空气过滤减压器	1			QFH—111 型
18	管接头，*B*6	4	Q235—A	GB5625.1	

图名	吹气(差压)法测量常压容器液位的管路连接图(单吹气插管式)	图号	JK4—3—02—1

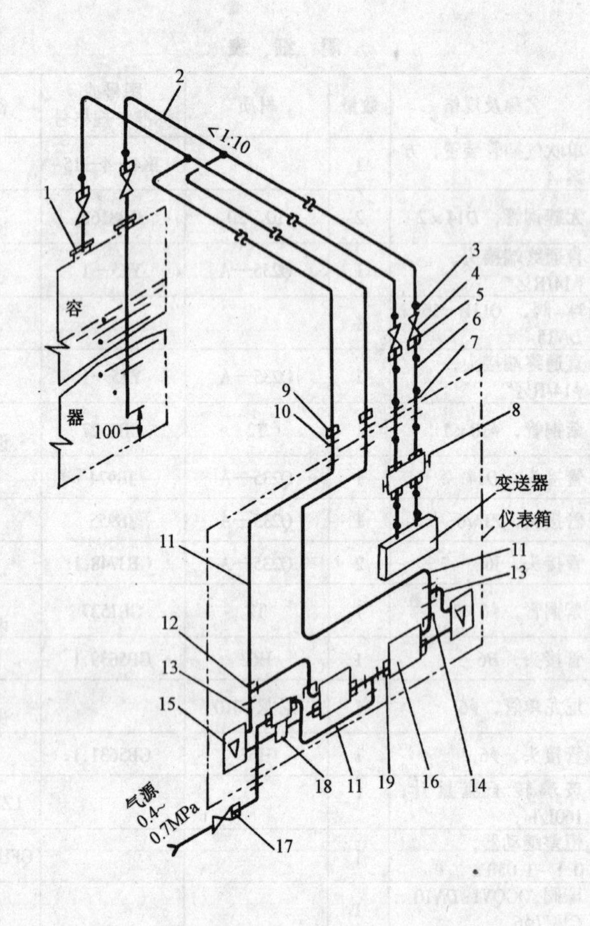

安 装 说 明

当测量腐蚀性介质的液体时,所用部件、零件及管道材质,应使用耐腐蚀材质。

明 细 表

件号	名称及规格	数量	材质	图号或标准、规格号	备 注
1	双吹气插管装置,方案 *B*	1		JK4—4—15—1	
2	无缝钢管,*D*14×2	4	10、20	GB8162	长度设计定
3	直通终端接头,ϕ14/R½″	4	Q235—A	YZ5—1	
4	球 阀,Q11F—16C;*DN*15	4			
5	直通终端接头,ϕ14/R½″	4	Q235—A	YZ5—1	
6	紫铜管,$\phi10\times1$	2	T2	GB1527	长度设计定
7	管接头,*D*14	2	Q235—A	JB974	
8	三阀组	1			变送器带
9	管接头,Z14/6	2	Q235—A	JB955	
10	管接头,J6	3	Q235—A	GB3748.1	
11	紫铜管,$\phi6\times1$	2	T2	GB1527	长度设计定
12	管接头,*B*6	2	H62	GB5639.1	
13	尼龙单管,ϕ6	1	尼龙 1010		长度设计定
14	管接头,6	2	Q235—A	GB5631.1	
15	玻璃转子流量计,160L/h	2			LZB—4 型
16	恒差继动器,0.1~1.0MPa	2			QFH—100 型
17	球阀,QGQY1;*DN*10 G½″/ϕ6	1	碳钢		
18	空气过滤减压器	1			QFH—111 型
19	管接头,*B*6	6	碳钢	GB5625.1	

图名	吹气(差压)法测量压力容器内液位的管路连接图(双吹气插管,双吹式)	图号	JK4—3—02—2

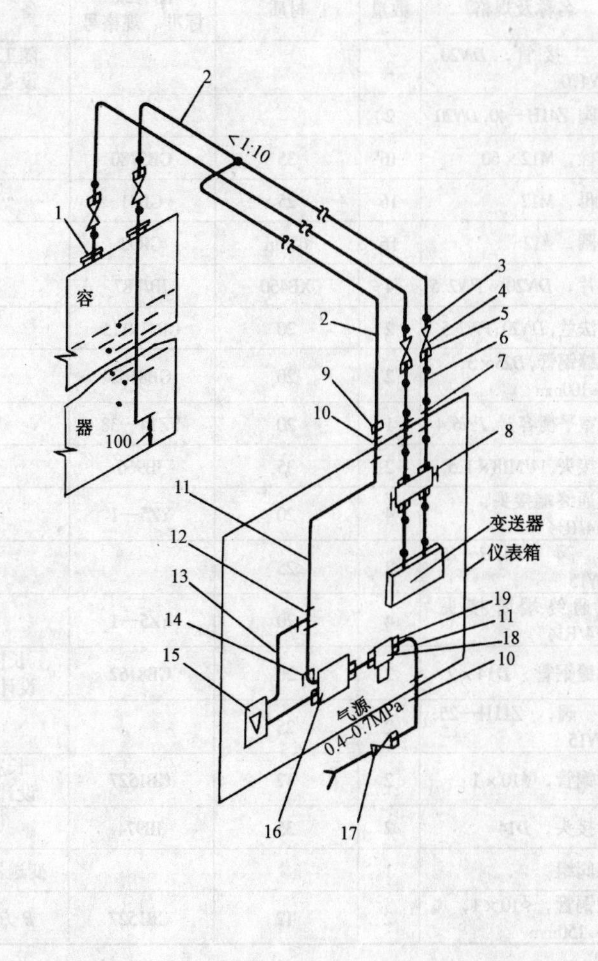

明 细 表

件号	名称及规格	数量	材质	图号或标准、规格号	备 注
1	双吹气插管装置，方案 *B*	1	碳钢	JK4—4—15—1	
2	无缝钢管，*D*14×2	3	10、20	GB8162	长度设计定
3	直通终端接头，ϕ14/R½″	4	Q235—A	YZ5—1	
4	球 阀，Q11F—16C；*DN*15	4			
5	直通终端接头，ϕ14/R½″	4	Q235—A	YZ5—1	
6	紫铜管，ϕ10×1	2	T2	GB1527	长度设计定
7	管接头，*D*14	2	Q235—A	JB974	
8	三阀组	1			变送器带
9	管接头，Z14/6	1	Q235—A	JB1955	
10	管接头，J6	2	Q235—A	GB3748.1	
11	紫铜管，ϕ10×1	1	T2	GB1527	长度设计定
12	管接头，*B*6	1	H62	GB5631.1	
13	尼龙单管，ϕ6	1	尼龙 1010		长度设计定
14	管接头，ϕ6	1	碳钢	GB5639.1	
15	玻璃转子流量计，160L/h	1			LZB—4 型
16	恒差继动器，(0.1～1)×10^5Pa	1			DFH—100 型
17	球阀，QGQY1；*DN*10，G½″/ϕ6	1	Q235—A		
18	空气过滤减压器	1			QFH—111 型
19	管接头 *B*6	4	Q235—A	GB5625.1	

图名	吹气(差压)法测量压力容器内液位的管路连接图(双吹气插管，单吹式)	图号	JK4—3—02—3

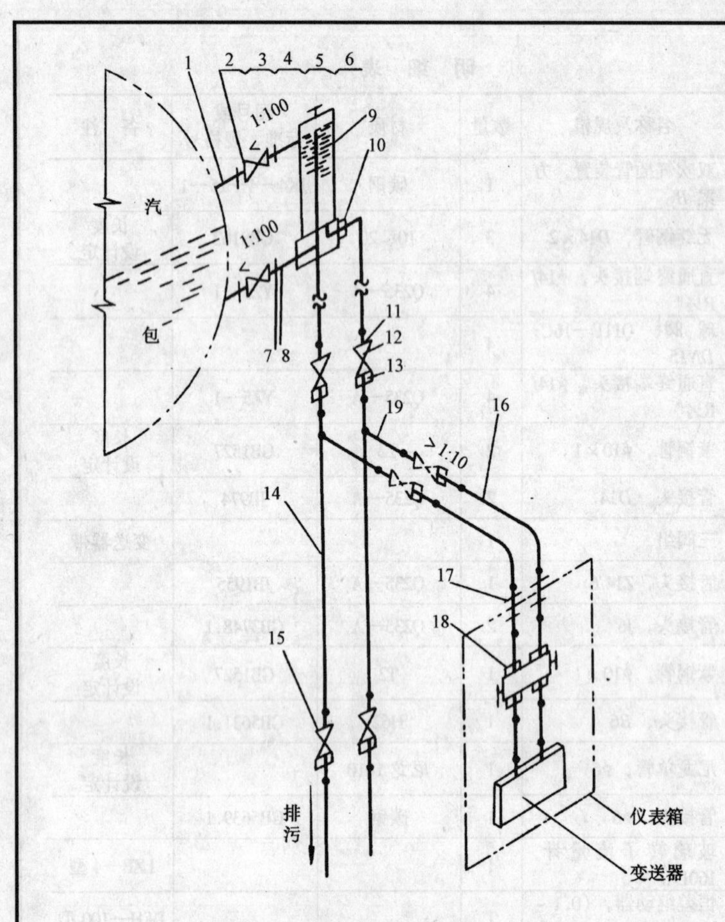

安装说明

1. 法兰接管（件 1）随锅炉设备带，其法兰为 *PN*4.0，*DN*20JB/T82、GB/T9115。

2. 阀(件 12)的安装位置应视现场敷设条件而定。或者置于导压主管(实线绘出 *A* 方案)，或者置于导压支管(虚线绘出 *B* 方案)。如采用 *A* 方案，则件 16、件 19 为连续紫铜管。

明 细 表

件号	名称及规格	数量	材质	图号或标准、规格号	备 注
1	法兰接管，*DN*20，*PN*4.0	2			随工艺设备带
2	闸阀，Z41H—40，*DN*20	2			
3	螺栓，M12×60	16	35	GB5780	
4	螺母，M12	16	25	GB41	
5	垫圈，ϕ12	16	65Mn	GB93	
6	垫片，*DN*20、*PN*2.5	4	XB450	JB/T87	
7	凸法兰，*DN*20、*PN*2.5	2	20	GB/T9115	
8	无缝钢管，*D*25×3，$l\approx$100mm	2	20	GB8162	
9	双室平衡容器，*PN*6.4	1	20	YZ14—38	
10	管接头，14/M18×1.5	2	35	JB966	
11	直通终端接头，ϕ14/R½″	4	20	YZ5—1	
12	闸阀 Z41H—25；*DN*15	2	25		
13	直通终端管接头，ϕ14/R½″	4	20	YZ5—1	
14	无缝钢管，*D*14×2	2	20	GB8162	长度设计定
15	闸阀，Z11H—25；*DN*15	2	25		
16	紫铜管，ϕ10×1	2	T2	GB1527	长度设计定
17	管接头，*D*14	2	35	JB974	
18	三阀组	1			变送器带
19	紫铜管，ϕ10×1，$l\approx$150mm	2	T2	GB1527	*B* 方案

图名	差压法测量锅炉汽包水位的管路连接图 *PN*2.5，$t\leqslant$300℃	图号	JK4—3—03

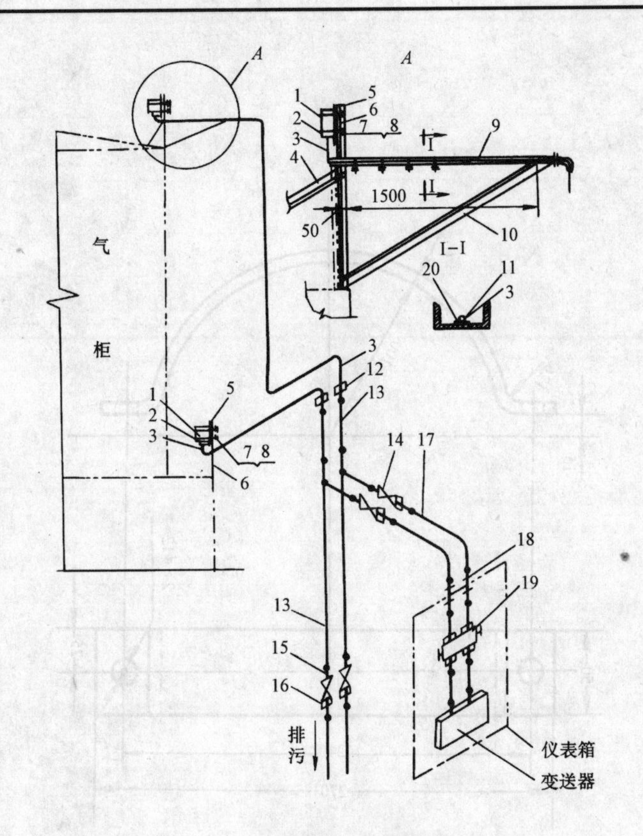

明细表

件号	名称及规格	数量	材质	图号或标准、规格号	备注
1	平衡容器 *DN*150，*PN*1.0	2	Q235—A	JK4—4—16—1	
2	管卡	4	Q235—A	JK4—4—17	
3	棉线编织胶管 $\phi8$（内径）			HG4—405	
4	拉杆∟ *L*50×5，$l=1700$	1	Q235—A	GB9787	
5	平衡容器安装板	2	Q235—A	JK4—4—18	
6	立柱∟ *L*50×5，$l=1400$	2	Q235—A	GB9787	
7	螺母 M10	8	Q235—A	GB41	
8	垫圈 10	8	Q235	GB95	
9	管槽[10、$l=3400$mm	1	Q235—A	JK4—4—19	
10	支撑∟ 50×5 $l=1700$mm	1	Q235—A	GB9787	
11	管夹	5	Q235—A	JK4—4—20	
12	橡胶管接头 I 型	2	Q235—A	YZ10—6	
13	无缝钢管 *D*14×2	2	10、20	GB8162	长度设计定
14	球阀 Q11F—16C、*DN*15	4			
15	短节 G½″	4	Q235—A	YZ10—2—1A	
16	管接头 14/G½″	4	Q235—A	JB966	
17	紫铜管 $\phi10\times1$	2	T2	GB1527	长度设计定
18	管接头 14	2	Q235—A	JB974	
19	三阀组	1			变送器带
20	螺钉 M6×20	8	GB822		

安装说明

1. 拉杆、支撑、立柱、管槽、平衡容器安装板、栏杆之间的连接均为焊接，安装立柱的栏杆要适当的加固。

2. 平衡容器内的工作液在寒冷易冻地区应是抗冻的，在炎热干燥地区时应是不易发挥的。一般可用甘油和水的混合物。

3. 安装好后刷两次底漆，一次灰色面漆。

4. 橡胶管接头与胶管连接好后用胶管夹夹紧。

5. 胶管的长度根据不同气柜的高度由工程设计者确定。

图名	差压法气柜高度测量装置安装和管路连接图	图号	JK4—3—04

4.4 通用图

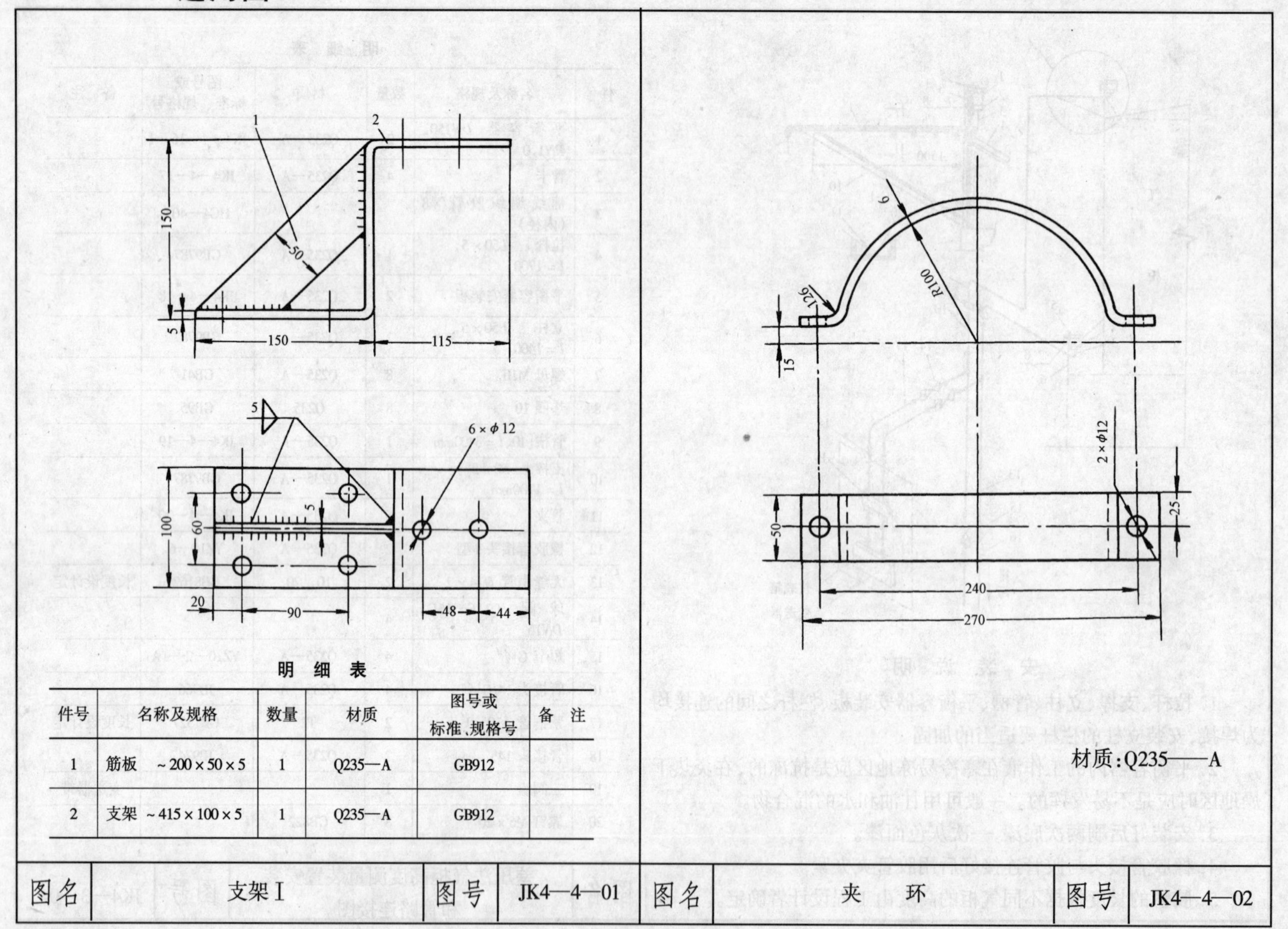

明细表

件号	名称及规格	数量	材质	图号或标准、规格号	备注
1	筋板 ~200×50×5	1	Q235—A	GB912	
2	支架 ~415×100×5	1	Q235—A	GB912	

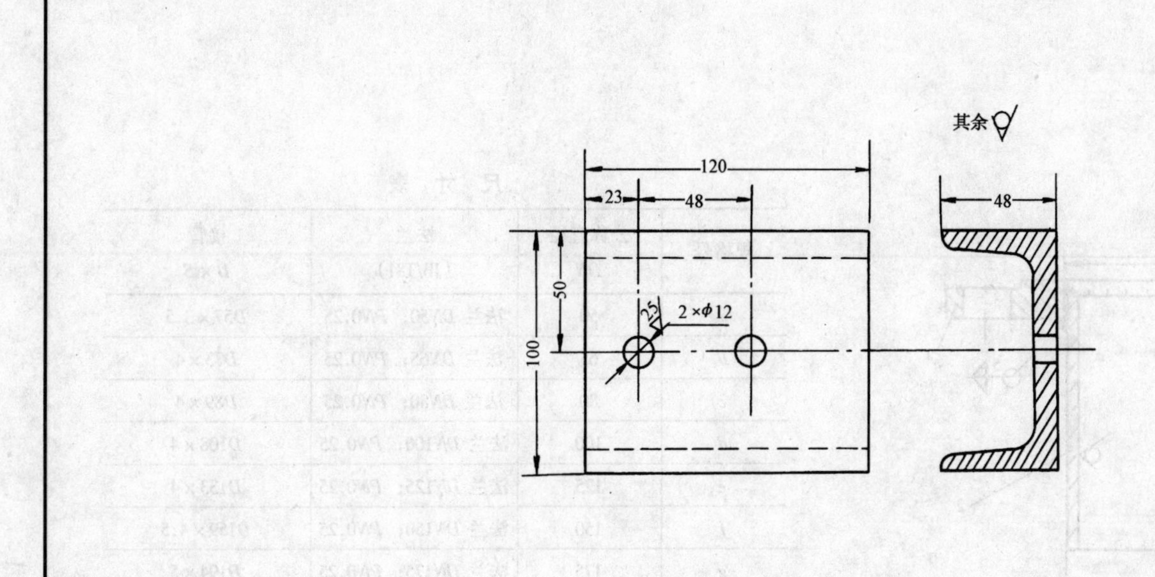

材质:Q235

图名	支架Ⅱ	图号	JK4—4—03

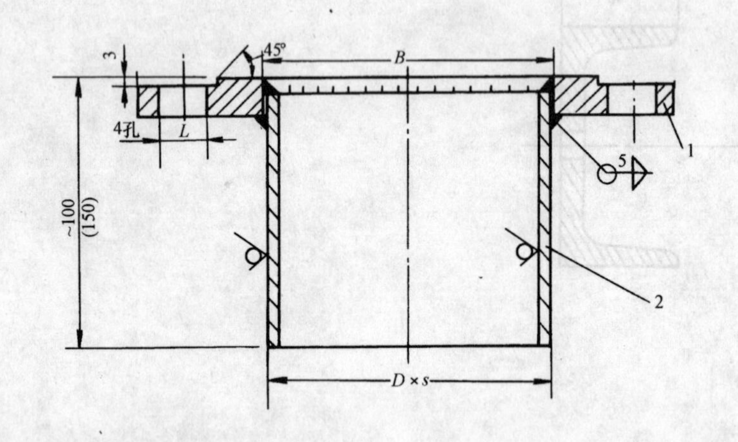

尺寸表

规格号	公称直径 DN	法兰 (JB/T81)	接管 D×S
a	50	法兰 DN50；PN0.25	D57×3.5
b	65	法兰 DN65；PN0.25	D73×4
c	80	法兰 DN80；PN0.25	D89×4
d	100	法兰 DN100；PN0.25	D108×4
e	125	法兰 DN125；PN0.25	D133×4
f	150	法兰 DN150；PN0.25	D159×4.5
g	175	法兰 DN175；PN0.25	D194×5
h	250	法兰 DN250；PN0.25	D273×6.5

明细表

件号	名称及规格	数量	材质	图号或标准、规格号	备注
1	法兰，DN，PN0.25	1	Q235—A	JB/T81	
2	无缝钢管，D×s	1	10、20	GB8162	

图名	法兰短管 DN50～DN250；PN0.25	图号	JK4—4—04

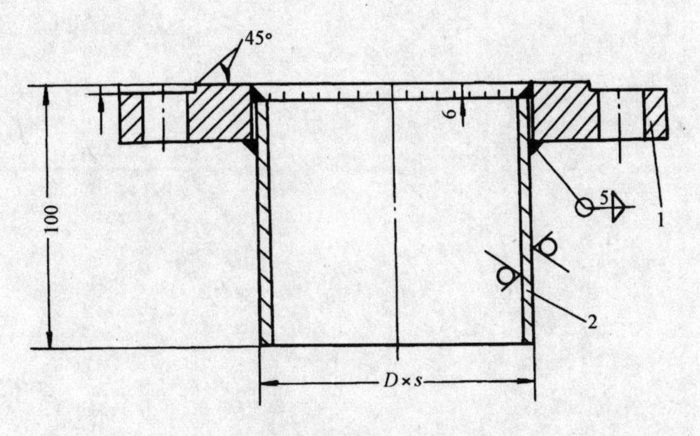

法兰短管长度由设计定

尺 寸 表

规格	公称直径 *DN*	公称压力 *PN*	1. 法　兰 (JB/T81)	2. 接管 *D*×*s*
a	100	0.6	法兰 *DN*100；*PN*0.6	*D*108×4
b	100	1.0	法兰 *DN*100；*PN*1.0	*D*108×4
c	150	1.0	法兰 *DN*150；*PN*1.0	*D*159×4.5
d	150	2.5	法兰 *DN*150；*PN*2.5	*D*159×4.5
e	25	2.5	法兰 *DN*25；*PN*2.5	*D*32×3

明 细 表

件号	名称及规格	数量	材质	图号或标准、规格号	备 注
1	法兰，*DN*；*PN*	1	Q235—A	JB/T87	
2	无缝钢管，*D*×*s*	1	10、20	GB8162	

图名	法兰短管	图号	JK4—4—05

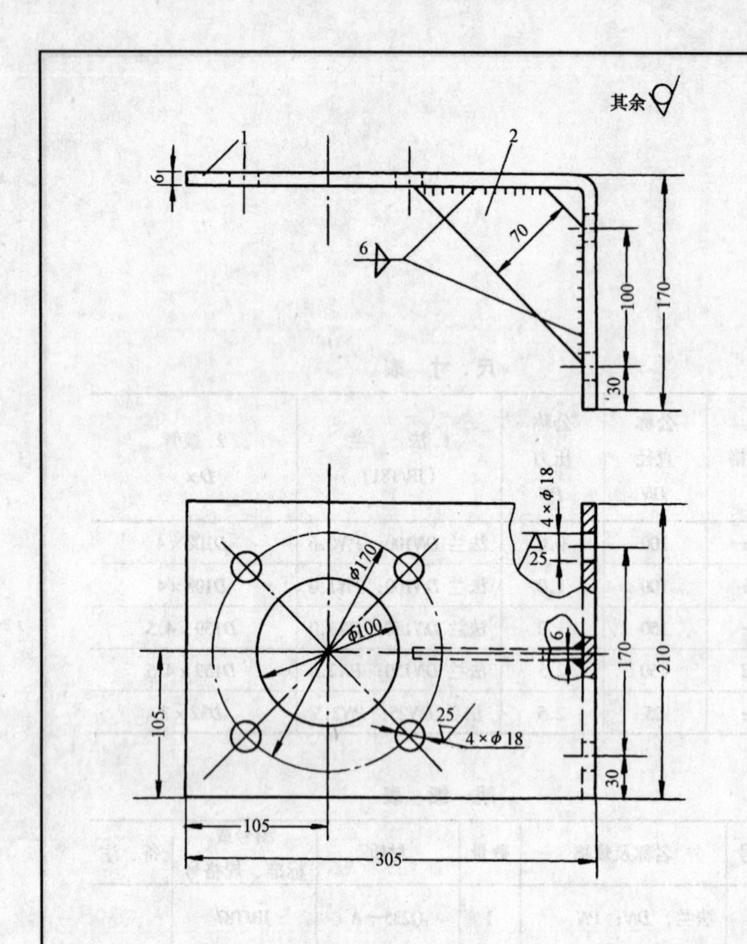

明 细 表

件号	名称及规格	数量	材质	图号或标准、规格号	备 注
1	钢板，475×210×6	1	Q235—A	GB912	
2	钢板，$\delta=6$mm	1	Q235—A	GB912	

图名	支架Ⅲ	图号	JK4—4—06

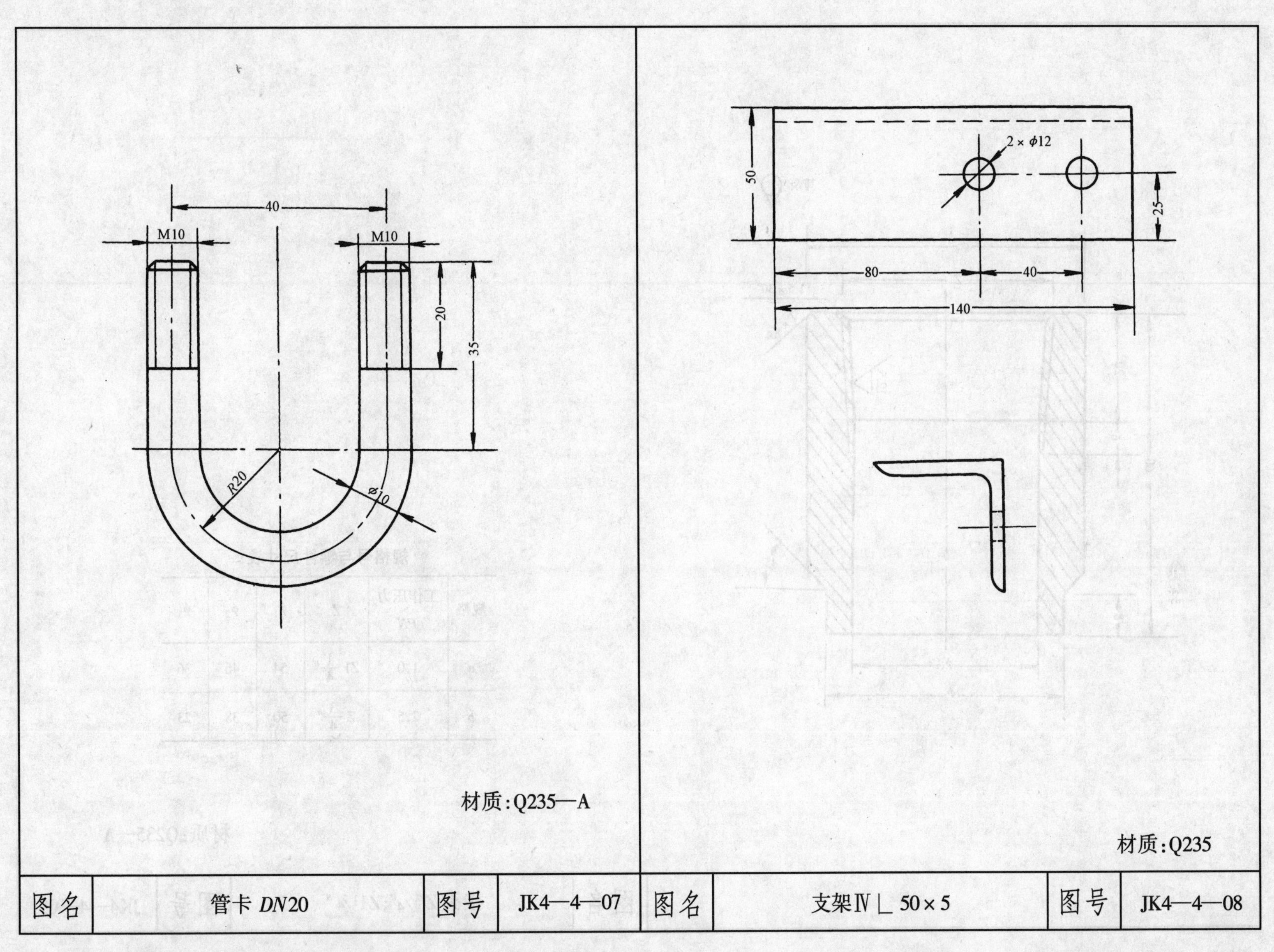
40
M10
M10
20
35
R20
ø10
材质:Q235—A
图名
管卡 DN20
图号
JK4—4—07
2×ϕ12
50
25
80
40
140
材质:Q235
图名
支架Ⅳ∟50×5
图号
JK4—4—08

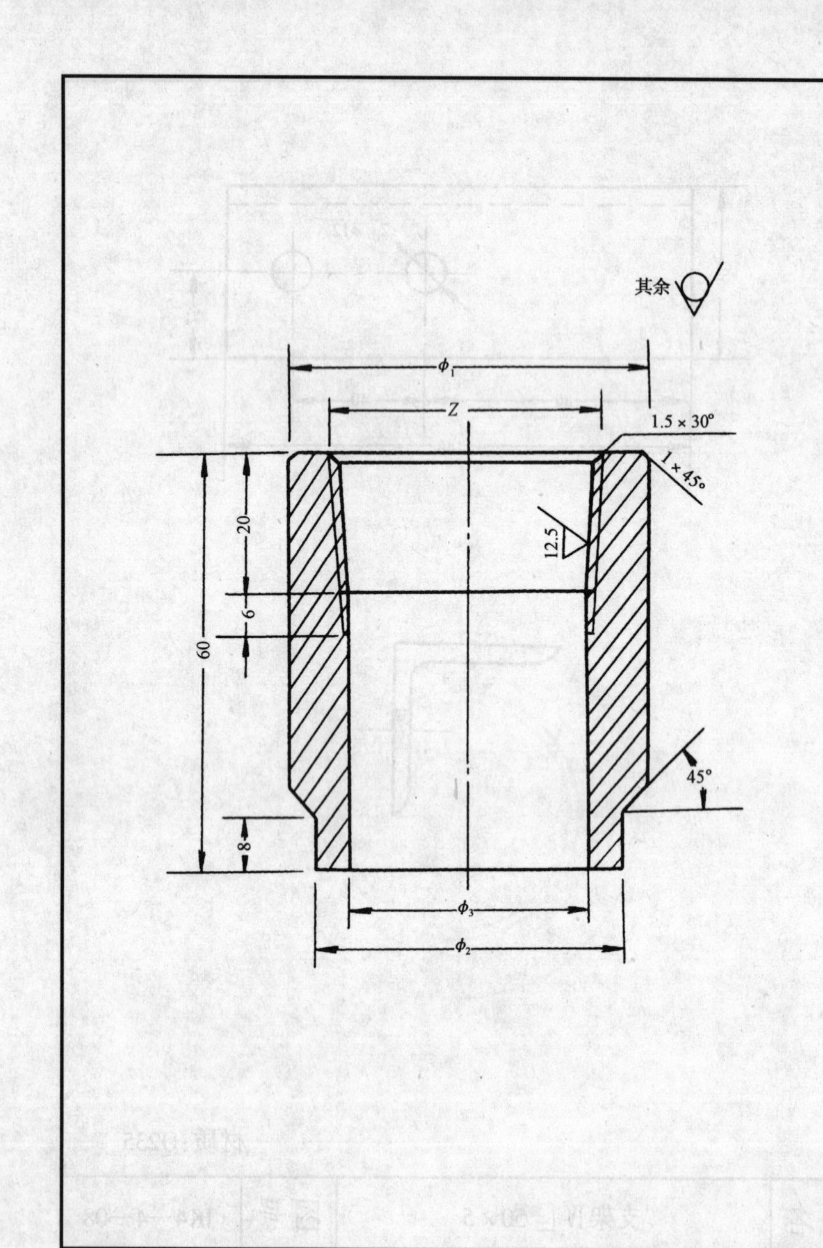

规格号与零件尺寸表

规格	工作压力 *PN*	Z	ϕ_1	ϕ_2	ϕ_3
a	1.0	Z1 $\frac{1}{4}$″	54	46	36
b	2.5	Z $\frac{3}{4}$″	50	38	23

材质：Q235—A

图名	接头 Z3/4″；Z11/4″	图号	JK4—4—09

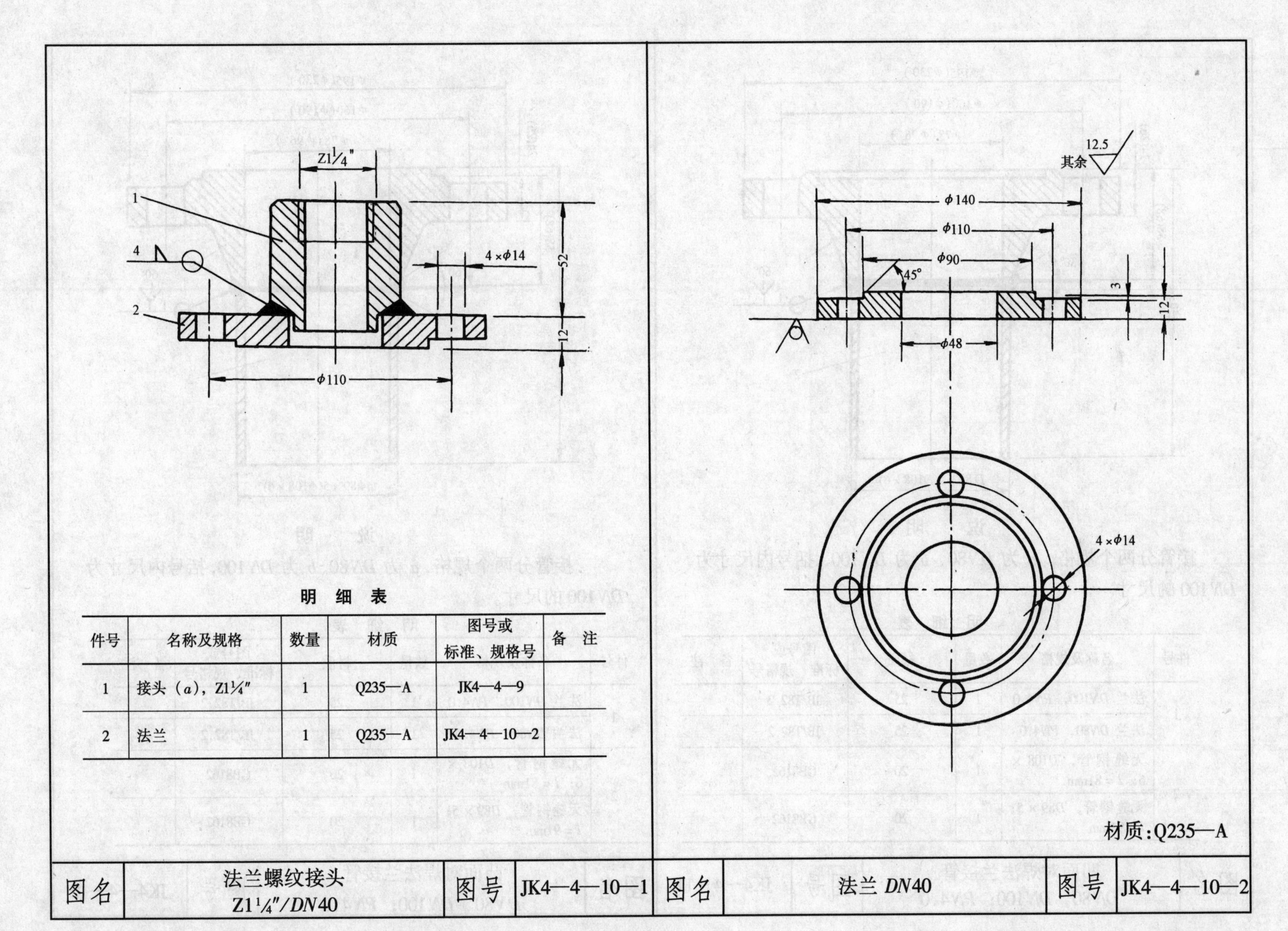

明 细 表

件号	名称及规格	数量	材质	图号或标准、规格号	备 注
1	接头（a），Z1¼″	1	Q235—A	JK4—4—9	
2	法兰	1	Q235—A	JK4—4—10—2	

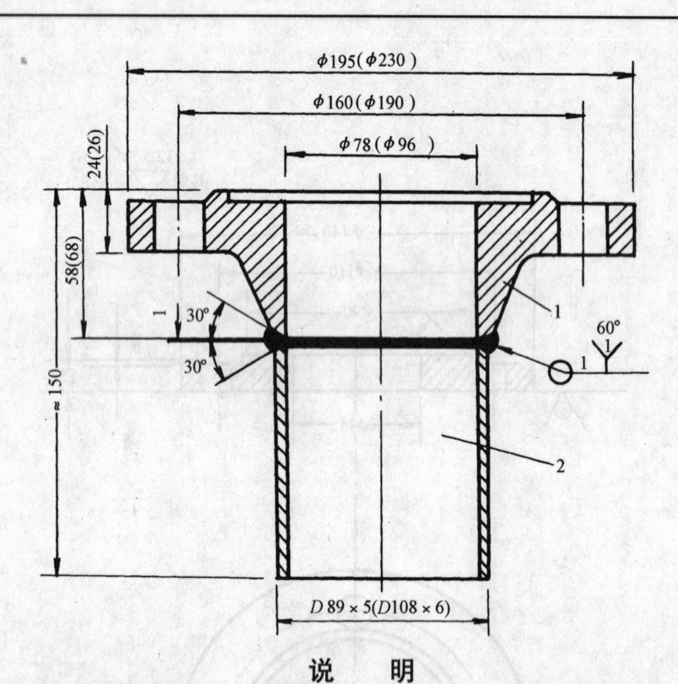

说　明

接管分两个规格，*a* 为 *DN*80、*b* 为 *DN*100，括号内尺寸为 *DN*100 的尺寸。

明 细 表

件号	名称及规格	数量	材质	图号或标准、规格号	备注
1	法兰 *DN*100，*PN*4.0	1	25	JB/T82.2	
	法兰 *DN*80，*PN*4.0	1	25	JB/T82.2	
2	无缝钢管，*D*108×6；*l*=81mm	1	20	GB8162	
	无缝钢管，*D*89×5；*l*=91mm	1	20	GB8162	

图名	凹面对焊法兰接管 *DN*80、*DN*100；*PN*4.0	图号	JK4—4—11

ϕ195(ϕ230)
ϕ160(ϕ190)
ϕ78(ϕ96)
24(26)
58(68)
≈150
60°
1
60°
1
1
2
ϕ89×5(ϕ108×6)

说　明

接管分两个规格，*a* 为 *DN*80、*b* 为 *DN*100，括号内尺寸为 *DN*100 的尺寸。

明 细 表

件号	名称及规格	数量	材质	图号或标准、规格号	备注
1	法兰 *DN*100，*PN*4.0	1	25	JB/T82.2	
	法兰 *DN*80，*PN*4.0	1	25	JB/T82.2	
2	无缝钢管，*D*108×6；*l*=81mm	1	20	GB8162	
	无缝钢管，*D*89×5；*l*=91mm	1	20	GB8162	

图名	凸面对焊法兰接管 *DN*80、*DN*100；*PN*4.0	图号	JK4—4—12

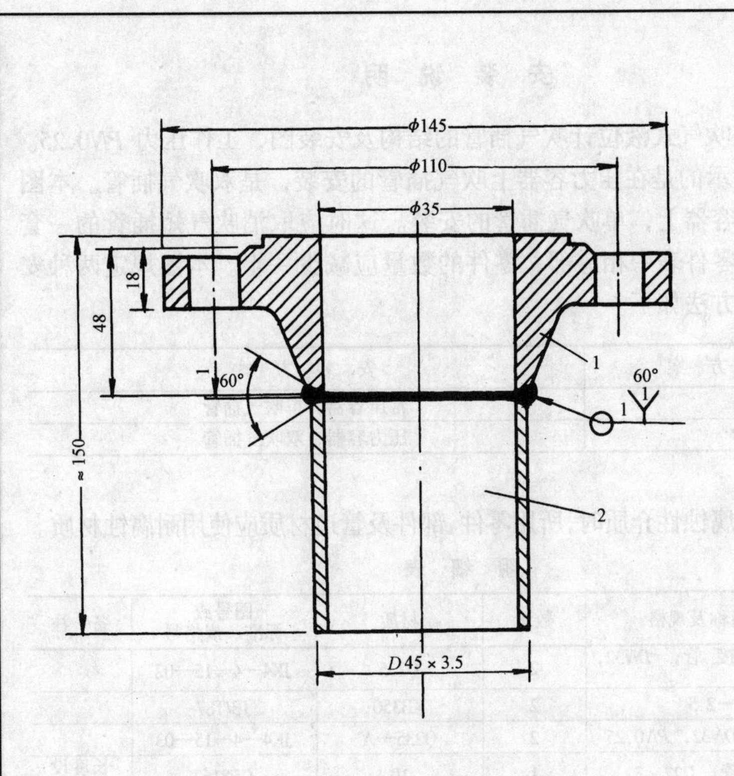

明 细 表

件号	名称及规格	数量	材质	图号或标准、规格号	备 注
1	法兰 *DN*100，*PN*4.0	1	25	JB/T82.2	
2	无缝钢管 *D*45 × 3；*l* = 100mm	1	20	GB8162	

图名	凸面对焊法兰接管 *DN*40；*PN*4.0	图号	JK4—4—13

说 明

接管分两个规格，*a* 为 *DN*80、*b* 为 *DN*100，括号内尺寸为 *DN*100 尺寸。

明 细 表

件号	名称及规格	数量	材质	图号或标准、规格号	备 注
1	法兰 *DN*100，*PN*2.5	1	20	JB/T82.1	
	法兰 *DN*80，*PN*2.5	1	20	JB/T82.1	
2	无缝钢管 *D*108 × 4；*l* = 81	1	10、20	GB8162	
	无缝钢管 *D*89 × 4；*l* = 91	1	10、20	GB8162	

图名	凸面对焊钢制管法兰接管 *DN*80、*DN*100；*PN*2.5	图号	JK4—4—14

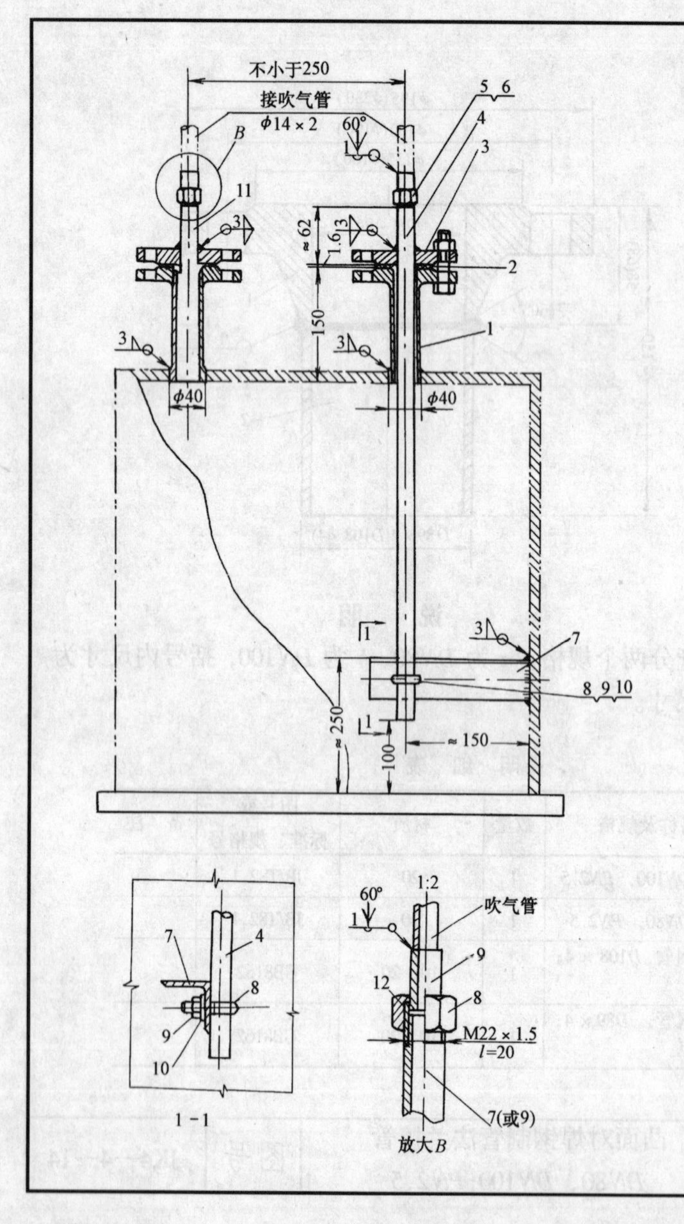

安 装 说 明

1. 本图是吹气式液位计吹气插管的结构及安装图，工作压力 *PN*0.25。

2. 图中表示的是在压力容器上吹气插管的安装，是双吹气插管。本图也可用于常压容器上，单吹气插管的安装。这时应取消吹气短插管的一套装置，部件、零件表中相应部、零件的数量应减少一半。本图规定两种安装方案的表示方法如下。

安 装 方 案	安 装 方 式
A	常压容器，单吹气插管
B	压力容器，双吹气插管

3. 当测量腐蚀性介质时，所用零件、部件及管道材质应使用耐腐蚀材质。

明 细 表

件号	名称及规格	数量	材质	图号或标准、规格号	备 注
1	法 兰 接 管，*DN*32，*PN*0.25	2	Q235	JK4—4—15—02	
2	垫片 32—2.5	2	XB350	JB/T87	
3	法兰，*DN*32，*PN*0.25	2	Q235—A	JK4—4—15—03	
4	无缝钢管，$D22\times3$	1	10	GB8162	长度设计定
5	外套螺母，M22×1.5	2	Q235—A	JB981	
6	接管，*D*14	2	Q235—A	JB2099	
7	固定角钢，∟50×5，*l*=185mm	1	Q235—A	JK4—4—15—04	
8	管卡	1	Q235—B	JK4—4—15—05	
9	螺母，M8	2	Q235—A	GB41	
10	垫圈，$\phi8$	2	Q235	GB95	
11	无缝钢管，$D22\times3$，*l*=215mm	1	10	GB8162	
12	垫片，*D*/*d*=22/16，*b*=1.0	2		XB350	

图名	吹气式液位计吹气插管安装图	图号	JK4—4—15—1

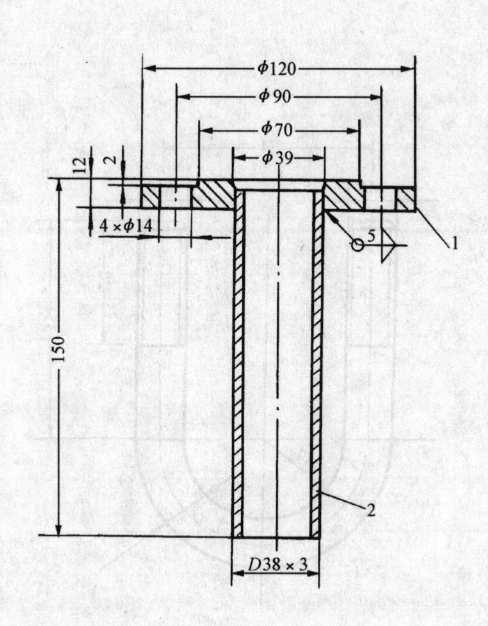

明 细 表

件号	名称及规格	数量	材质	图号或 标准、规格号	备 注
1	法兰 *DN*32，*PN*0.25	1	Q235—A	JB/T81	
2	无缝钢管，*D*38×3； *l*=145mm	1	10	JB8162	

图名	法兰接管 *DN*32；*PN*0.25	图号	JK4—4—15—2

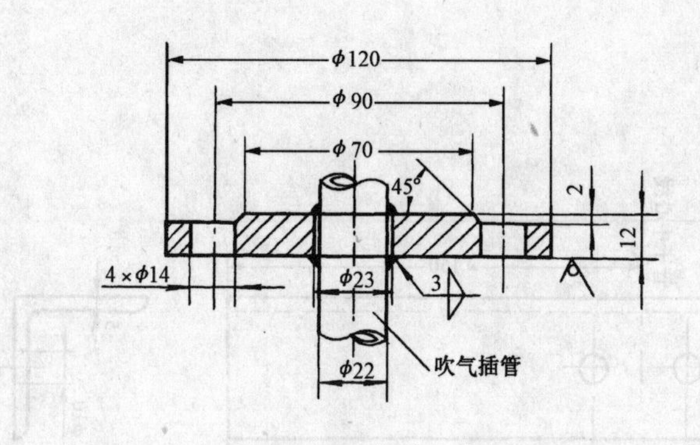

说 明

本法兰除管子孔为 ϕ23 外，其余均按法兰 *DN*32, *PN*0. 25(JB/T81)加工制作。

材质:Q235—A

图名	法兰 *DN*32；*PN*2.5	图号	JK4—4—15—3

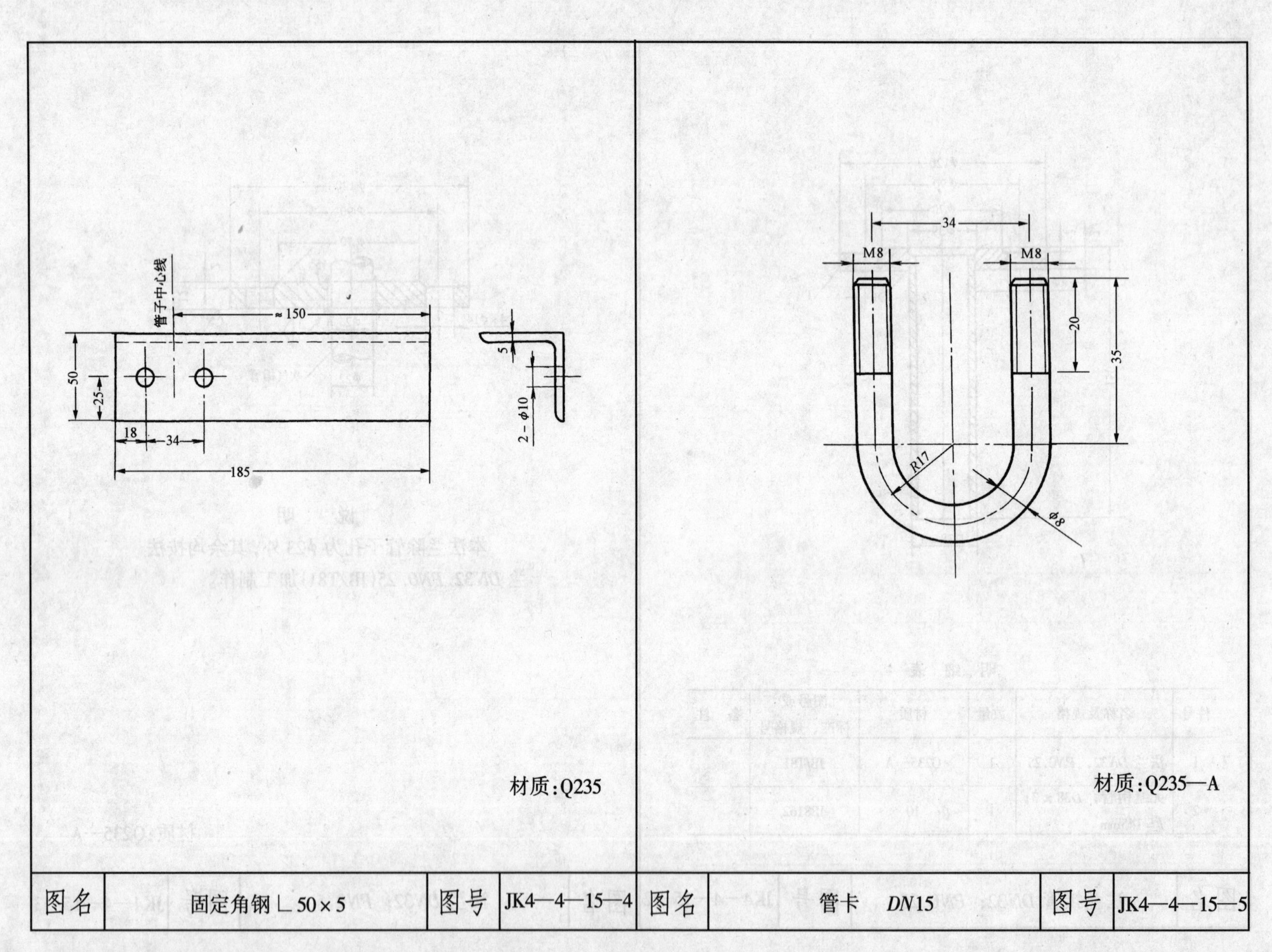

图名	固定角钢∟50×5	图号	JK4—4—15—4	图名	管卡 DN15	图号	JK4—4—15—5

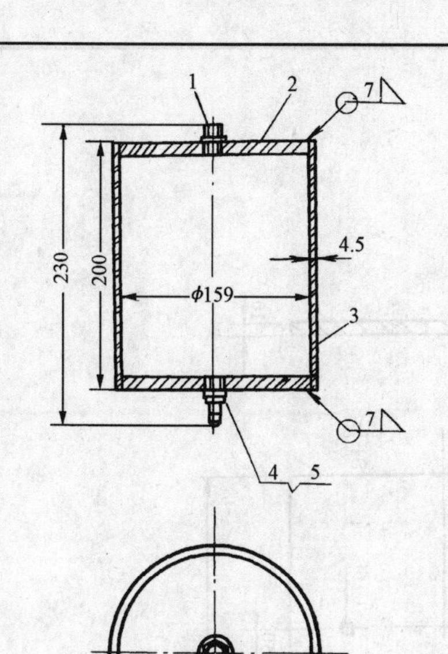

安 装 说 明

1. 平衡容器制成后应进行水压试验，试验压力为1.5MPa。

2. 平衡容器的外表面应涂以防锈漆。

明 细 表

件号	名称及规格	数量	材质	图号或 标准、规格号	备 注
1	螺塞，M10×1	1	Q235—B	JB1000	
2	平封头	1	Q235—A	JK4—4—16—2	
3	无缝钢管，$D159\times4.5$，$l=200$mm	1	10	GB8162	
4	橡胶管接头（Ⅱ） $a=$ M10×1 $a_2=10$	1	Q235—A	YZ10—6—2	$a_1=b$
5	垫圈，ϕ10	1	XB350	JB1002	

图名	平衡容器 *DN*150；*PN*1.0	图号	JK4—4—16—1

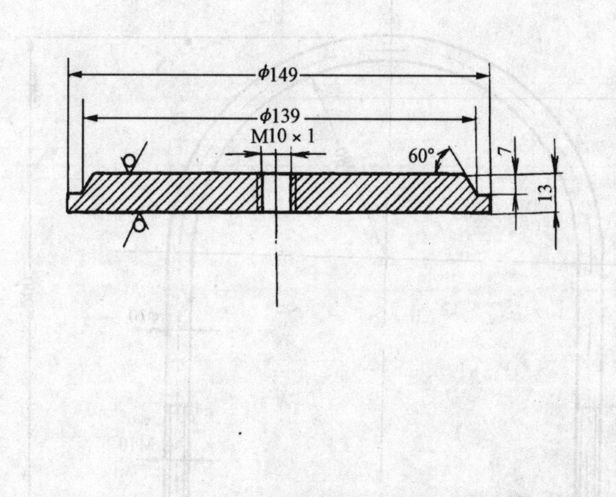

材质:Q235—A

图名	平封头	图号	JK4—4—16—2

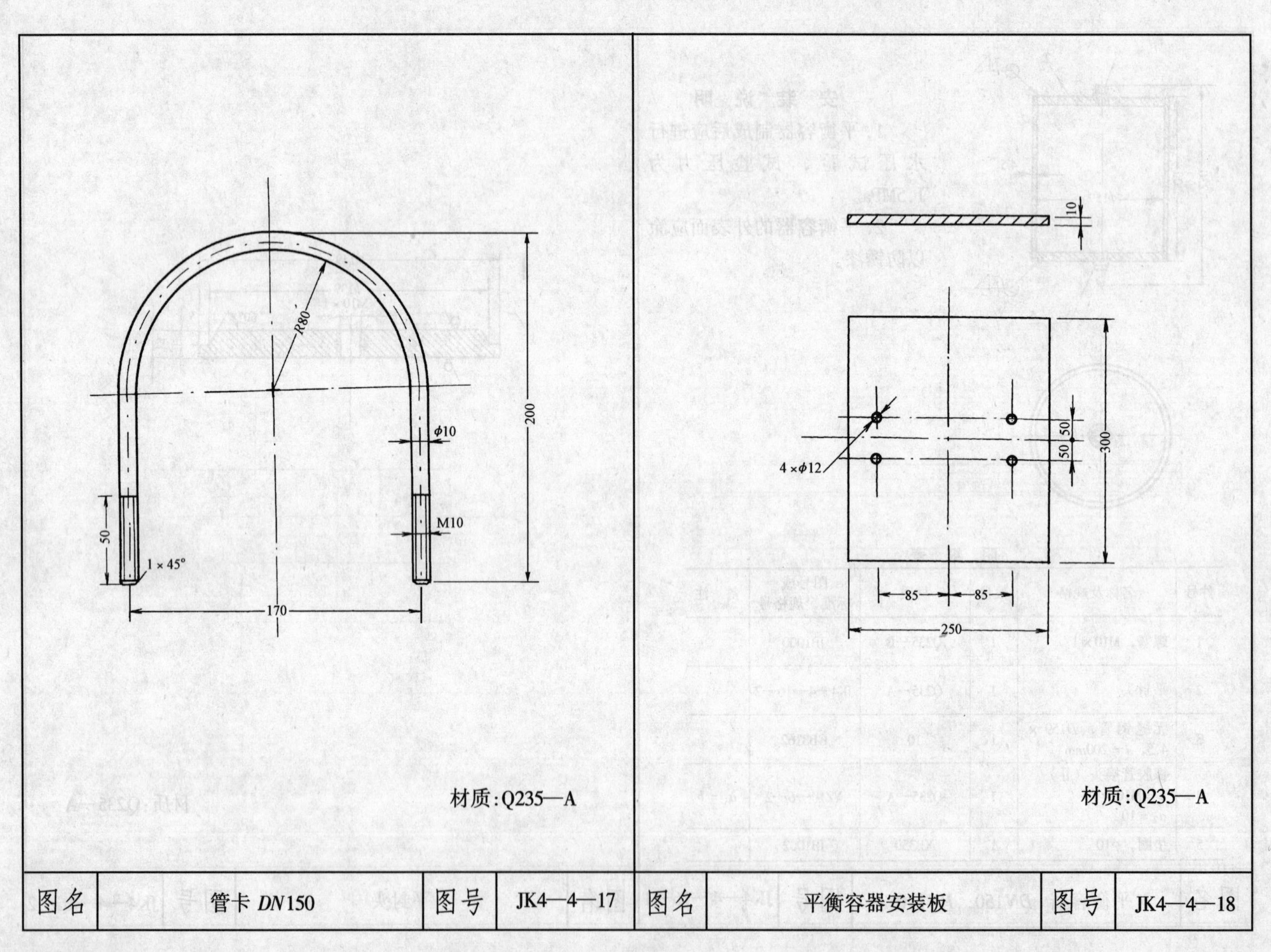
R80
200
ϕ10
M10
50
1×45°
170
10
50
50
300
4×ϕ12
85
85
250
材质:Q235—A
材质:Q235—A
图名
管卡 DN150
图号
JK4—4—17
图名
平衡容器安装板
图号
JK4—4—18

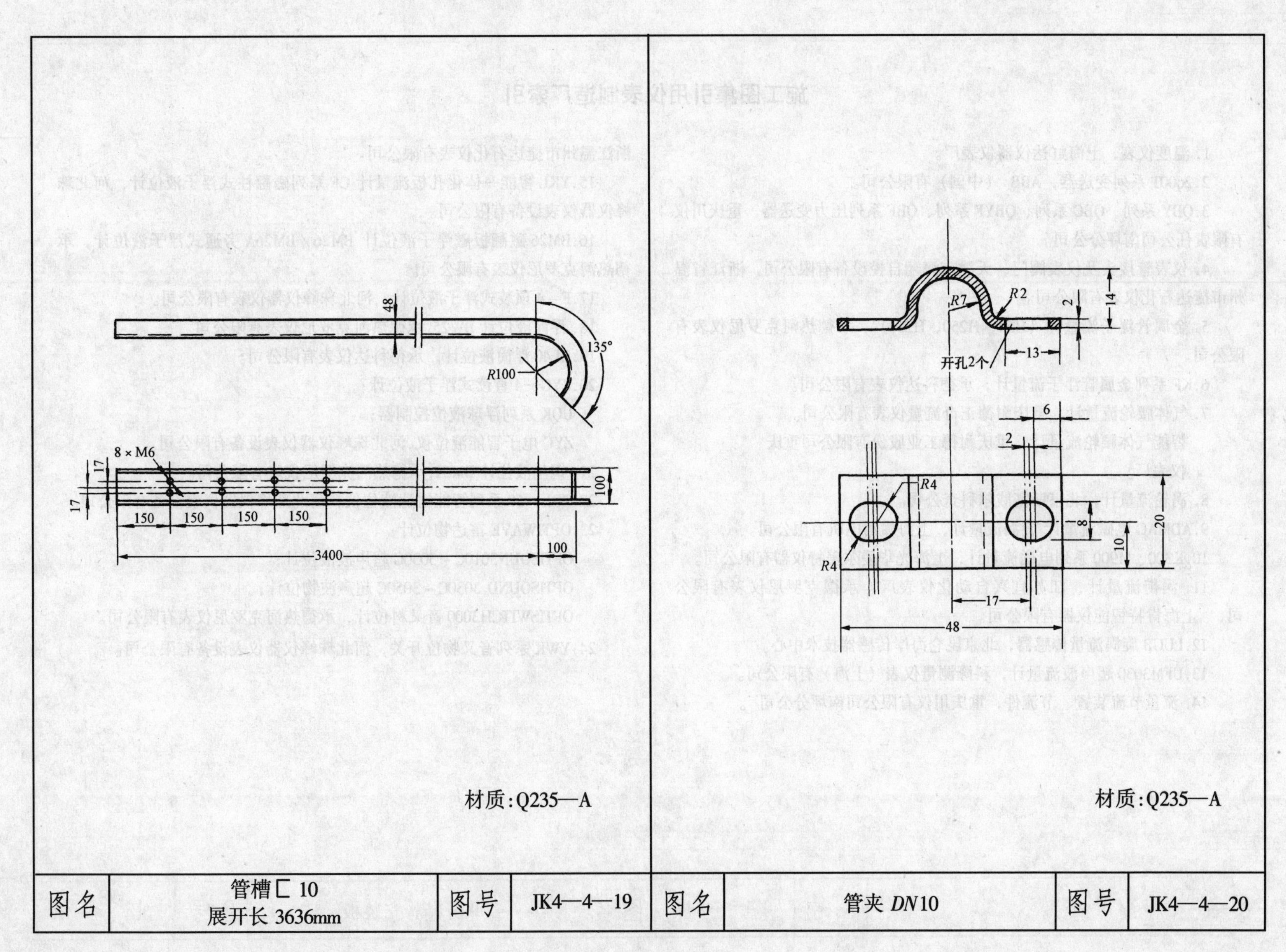

48
135°
R100
8 × M6
17
17
150
150
150
150
3400
100
100
材质:Q235—A
R7
R2
2
14
13
开孔2个
6
2
R4
R4
8
20
10
17
48
材质:Q235—A
图名
管槽⊏ 10
展开长 3636mm
图号
JK4—4—19
图名
管夹 DN10
图号
JK4—4—20

施工图集引用仪表制造厂索引

1. 温度仪表，上海虹达仪器仪表厂。

2. 2600T系列变送器，ABB （中国）有限公司。

3. QBY系列、QBC系列、QBYF系列、QBF系列压力变送器，重庆川仪有限责任公司南坪分公司。

4. 仪表管接头及仪表阀门，天津市海翔自控设备有限公司，浙江省温州市捷达石化仪表有限公司。

5. 金属管浮子流量计（H54、H250、H256），承德热河克罗尼仪表有限公司。

6. KF系列金属管浮子流量计，承德科达仪表有限公司。

7. 气体腰轮流量计，重庆耐德正奇流量仪表有限公司。
智能气体腰轮流量计，重庆耐德工业股份有限公司重庆仪表厂。

8. 涡轮流量计，北京斯富威尔科奇公司。

9. ADMAG电磁流量计 旋涡流量计，上海横河电机有限公司。

10. K300、M900系列电磁流量计，上海光华爱尔美特仪器有限公司。

11. 涡街流量计，江苏宜兴自动化仪表厂、承德克罗尼仪表有限公司、 上海肯特智能仪器有限公司。

12. LUGB旋涡流量传感器，北京昆仑海岸传感器技术中心。

13. UFM3030超声波流量计，科隆测量仪表（上海）有限公司。

14. 流量节流装置、节流件，重庆川仪有限公司南坪分公司 。浙江温州市捷达石化仪表有限公司。

15. YKL智能一体化孔板流量计 CF系列磁翻柱式浮子液位计，河北珠峰仪器仪表设备有限公司。

16. BM26磁翻板磁浮子液位计 BM26/BM26A旁通式浮子液位计，承德热河克罗尼仪表有限公司。

17. F－4顶装式浮子液位计，河北珠峰仪器仪表有限公司。

18. 浮筒液位计BW25,承德热河克罗尼仪表有限公司。

19. KL40浮筒液位计，承德科达仪表有限公司。

20. ZYG—4直读式浮子液位计；
UQK系列浮球液位控制器；
ZYG电子智能液位仪,河北珠峰仪器仪表设备有限公司。

21. 钢丝液位计BM51,承德热河克罗尼仪表有限公司。

22. ZRL—50系列智能雷达液位仪，河北珠峰仪器仪表设备有限公司。

23. OPTIWAVE雷达物位计；
OPTISOUN3010C～3030C超声波液位计；
OPTISOUND 3030C～3050C超声波物位计；
OPTISWITCH3000音叉料位计，承德热河克罗尼仪表有限公司。

24. YWK系列音叉物位开关，河北珠峰仪器仪表设备有限公司。